JN437481

제2판

신편철도차량공학

– 철도차량기사, 기술사 시험대비 –

손영진 · 송문석 · 이희성 · 황시원 공 저

도서출판
구미서관

머리말

제2판을 내면서

세계 각국의 서로 다른 철도만큼이나 철도에 관한 어원도 다르고 편의성에 따라 여러 형태의 운영시스템 속에서 현대 철도의 중요함은 지구 온난화 속에 참으로 대단한 위치에서 역할을 하고 있다.

철도는 공공 교통수단으로 빠르고, 안전하고, 친환경적이고 경제성과 정시성이 우수한 현대문명의 이기로서 철도르네상스시대를 맞고 있는 21C의 급변하는 생활문화 속에 깊숙이 자리 잡고 있다.

1825년 철도의 아버지 조지스티븐슨(George Stephenson)의 증기기관차 발명 이후 산업사회 발전에 놀라운 속도로 접근하면서 복잡한 생활물류와 인류의 기본적인 이동권 확보 교통난 문제해결에 효과적으로 변모하는 훌륭한 철도시스템으로 발전하여 왔다.

우리나라 철도역사 만큼이나 분주하게 변모하고 있는 철도차량기술도 날로 하루가 다르게 변하는 고급화 추세에 심화되는 기술을 본서 한 권의 책으로 감당하기에는 역부족이어서 철도차량제동장치기술을 본문에 상당부분 역설하였으며, 그래도 부족한 면은 철도차량별 심화기술 및 이론 분야를 총망라하여 현장 철도기술 분야에 충분한 엔지니어로서 업무수행에 적응할 수 있도록 응용문제와 해설을 논거하였다.

철도기술자(Special Engineer)로서 육상교통분야 융합교통자로서 손색이 없도록 E&M과 O & M분야까지 세밀하게 누락되지 않도록 심혈을 기울려 집필 개정하였다. 특히 본서가 2011년 문화체육관광부 선정 우수학술도서로 선정되어 저자들에겐 큰 영광이며 막중한 책임감을 느끼는 바이다.

이 책은 제1장 교통수단별 환경, 제2장 철도교통과 수송, 제3장 철도교통 역사, 제4장 철도차량 구동기술 이해, 제5장 철도운전기술 이해, 제6장 철도교통안전, 제7장 전기동력차기술이해, 제8장 자동운전기술 이해, 제9장 철도차량 제동장치 기술, 제10장 신교통 경량전철기술, 제11장 고속철도(KTX)차량 기술, 제12장 철도차량 유지관리, 제13장 철도차량 용어해설, 제14장 철도차량관련 문제 및 해설 등 총 14개의 장으로 구성되어 있으며, 특히 이번 개정판은 제9장 철도차량 제동장치 기술을 추가하고 내용을 수정・보완하였으며, 제

14장에 철도차량기사와 기술사시험 예상문제를 다량 추가하였으므로 철도차량기사나 철도차량기술사를 준비하는 수험생들에게 많은 도움이 될 것이며, 철도기술경영(Management of Technology)에 지침서가 되는데 큰 기여를 할 수 있을 것으로 기대한다.

앞으로 이 책의 부족한 부분이나 잘못된 부분은 계속해서 수정보완 할 것을 약속드리며, 끝으로 이 책의 출판을 맡아 수고하신 구미서관 임해진 사장님과 기인수 상무님을 비롯한 편집부 관계자 여러분께도 진심으로 감사드린다.

2013년 9월

저자 손영진, 송문석
이희성, 황시원

목 차

제1장 교통수단별 환경 / 1

제2장 철도교통과 수송 / 41

제7장 전기동력차 기술이해 / 193

제11장 고속철도(KTX) 차량기술/ 377

제12장 철도차량 유지관리 / 389

제14장 철도차량관련 문제 및 해설 / 481

제1장

제1장 교통수단별 환경

제1절 교통수단의 발전

제2절 육상교통 자동차의 영향

제3절 자동차와 신교통 융합기술 발전

제1장 교통수단별 환경

제1절 교통수단의 발전

1.1 우마차의 시대

고대 인류문명의 획기적인 전기가 되는 원형바퀴와 달구지를 발명한 것은 기원전 6천년 경으로 추정되고 있다. 처음에는 소달구지로 수확한 곡물을 운반하였으나 보다 더 빨리 달리고 싶은 인간의 속도욕망은 야생의 말을 가축으로 키워 마차를 만들었으며, 이 발명은 기원전 3천년 경 중앙아시아의 아리아족으로 전해진다. 이들이 발명한 마차는 세계 각처로 번져나가 고대 로마제국은 마차가 끄는 전차군단으로 기동력을 발휘하여 서양 세계를 정복하였고, 유럽전역에 도로망을 닦아 "모든 길은 로마로 통한다."고 하는 명언을 남겼다. 인간은 우마차를 이용하면서 풍력이나 수력에 의해 움직이는 차량(Vehicle)에 대한 꿈을 버리지 않았고, 더 나아가 자기 힘으로 달리는 「말 없는 마차(Horseless Wagon /Horseless Carrige」의 발상을 하게 되었다.

그림 1.1 우마차

1250년 영국의 과학자이며 철학자인 베이컨은 그의 저서「과학적 근대철학」에서 자동차, 비행기 기선 등을 예언하였고, 15세기 르네상스시대에 대예술가인 레오나르도 다빈치는 1480년 태엽으로 달리는 자동차를 스케치로 남기었다.

1.2 증기자동차의 출현

1765년 영국의 제임스 와트가 증기기관을 발명하여 증기엔진 시대를 열었고, 1769년 프랑스의 포병장교인 니콜라스 죠셉 뀌뇨는 2기통 증기엔진을 탑재한 3륜 증기자동차를 세계 최초로 발명하였다. 그러나 그는 시험도중 사고를 일으켜 감옥에 갇히는 불운을 겪었다. 그 후 끊임없는 증기자동차의 실용화 노력은 이어져 1820~1840년에 걸쳐서는「증기자동차의 황금시대」를 열었다. 그러나 증기자동차의 보급으로 실업자가 늘어나고 도로 파손과 검은 연기로 시민의 반감이 일어나자 자동차 발달을 못마땅히 여겨 온 마차와 철도업자들이 증기자동차를 규제하라는 압력을 넣어 영국은 1865년「적기조례(Red Flag Act」라는「세계 최초의 교통법」이 제정되어 영국에서는 자동차의 발달이 더 이상 이루어지지 않았다.

그림 1.2 증기자동차

1.3 증기철도(Steam Railway)와 기선의 전성시대

1825년 조지스티븐슨(George Stephenson)이 증기기관차를 발명함으로써 증기철도는 급속하게 발달하여 1838년 영국의 철도길이는 8백km를 넘어섰고 10년 후에는 8천km로 10배나 증가하였다. 또 유럽대륙과 미대륙에서도 철도가 급격히 보급되어 자동차와 비행기가 출현하기까지 증기기관 철도와 기선은 19세기 교통혁명의 주역이 되었다.

그림 1.3 뉴올리언스에서 세인트루이스까지 운항했던 기선
'로보트 E. 히호'와 '나체스호', Currier and Ives의 석판화

1.4 가솔린 자동차의 발명

실린더 내에서 직접 연료를 연소시켜 그 폭발력으로 동력을 얻는 내연기관의 실험은 오래전부터 있었지만 실용화된 것은 1862년 프랑스 르노아르의 2기통 석탄가스 엔진이었다.

그 후 1870년 독일의 오토가 가솔린을 이용하여 열효율이 높은 4기통 엔진을 발명한데 이어 오토의 조수인 독일의 고트리브 다임러(G. Daimler)는 철도가 탄생된지 60년이지만 1885년 자동차용 가솔린엔진을 개발하였고 이듬해인 1886년 2인승 4륜 마차의 탑재에 성공함으로써 세계 최초의 가솔린 자동차를 발명하였다.

또한 같은 해 독일의 발명가인 칼 벤츠(K. Benz)도 가솔린엔진을 탑재한 3륜 자동차를 개발하였는데, 이 두 사람은 서로 상대방의 존재를 모른 채 자동차를 발명하여 독일은「근대 자동차의 아버지」로 불리 우는 이 두 사람을 갖게 되는 영광을 갖게 되었고, 이들이 세운 회사는 1926년 합병하여 유럽 최대의 복합기업인 다임러 벤츠그룹(Daimler Benz)과 세계적 자동차 메이커인 메르세데스 벤츠(Mercedes Benz AG)로 성장하였다.

그림 1.4 벤츠 3분 승용차(1885년)

1.5 전기자동차의 출현과 퇴진

전기자동차는 프랑스 라파엘과 영국의 포크 등에 의해 개발되어 가솔린 자동차보다 3년 먼저 실용화되었으며, 초창기인 1900년 전후까지는 내연기관 자동차를 압도하였다. 또 1899년 자동차레이스에서 전기자동차가 시속 105km를 기록하여 세계 신기록을 세우기도 하였다.

그림 1.5 1899년에 처음으로 100km/h의 속도가 가능해진 전기자동차인 'La Jamais Contente' Camille Jenatzy이 탑승

그러나 축전지의 무게가 1톤 가까이나 되며 주행거리도 짧고 충전시간도 길어 내연기관자동차에 밀려 1920년경에 완전히 자취를 감추고 말았다. 세계 자동차산업의 역사는 1886년 독일에서의 자동차 발명으로 시작되어 100여 년에 걸친 변화와 경쟁을 거듭하면서 20세기 근대산업 발전을 선도하였고 현대과학문명의 꽃을 피웠다. 자동차의 최초 발명이후 지난 100여 년간 기본 컨셉트는 크게 변화가 없었다.

그러나 생산방식, 규모, 조직 등과 기술의 진보로 얻어진 경제성, 편리성, 거주성, 생산성 등은 초기에는 상상조차 할 수 없었던 대변혁이었다. 초기 자동차산업의 생성은 결코 우연이 아니었다. 19세기 산업화 초기단계에서 각종 기계공업제품의 생산이 수공업방식에서 직공을 중심으로 기술이 축적되어 갔으며 특히 19세기 말 미국에서 「Singer」와 「Colt」브랜드로 유명한 재봉기나 총기류의 대량생산에서 얻어진 기계설비를 이용한 생산시스템은 20세기 초 미국 자동차산업의 도입기반이 되는 하부구조가 되었다.

이 하부구조를 바탕으로 1910년대 미국의 포드사가 주도하는 주문생산에서 대량생산으로의 대전환을 세계 자동차 산업발전과정의 그 첫 시작이라고 하면, 1950년대 유럽의 생산자가 미국의 대량생산에 대응하기 위한 제품의 다양화는 제2의 대전환이었으며, 1960년대 말 일본의 생산자가 생산조직과 방식의 획기적인 변화로 값싸고 품질 좋은 차로 미국을 비롯한 전 세계 시장을 지배하게 된 것이 제3의 대전환이라고 할 수 있다.

그림 1.6 1913년의 토마스 에디슨과 전기자동차.
국립미국사박물관(National Museum of American History)

1.6 자동차산업의 생성

자동차 발명의 영예는 독일이 갖고 있지만 당시 독일에서는 자동차를 위험물로 취급하여 여러 가지 규제를 가함으로써 산업의 발전은 기대할 수 없게 되었고 1889년 프랑스 파나르 르바소는 독일 다임러사로부터 제작권을 획득하여 세계 최초의 자동차 메이커가 되는 기록을 갖게 되었다.

1890년 이후 프랑스의 르노, 푸조, 이태리의 피아트 등 소규모 메이커가 수없이 생겨나 수공업형태 생산으로 한 종류에 한 대꼴로 만들어지는 오늘의 시작차와 같은 것이 주류를 이루었고 수요도 부자들의 오락용에 불과하였다. 그 후 생산량은 서서히 증가하여 1900년에는 독일과 프랑스가 세계자동차 시장의 58%를 차지하면서 세계 총생산 규모는 년간 5만대에 이르렀다.

한편 미국은 철도건설에 주력하여 1850년에 이미 철도 총길이가 1만 4,520km에서 20세기 초에는 40만 km를 넘어서는 철도대국이 되어 있었다. 미국대륙은 더욱 광활해졌고 개인주의적 국민성과 풍부한 석유자원에 힘입어 자동차산업이 급격히 발전하게 되는 기반이 조성되어 1899년 올즈모빌사가 「세계자동차의 메카」로 불리우는 디트로이트에 세워져 훗날 제너럴 모터스(GM)의 탄생기반이 되었다. 20세기에 들어 1903년 포드 자동차 사를 창설한 포드 1세가 포드 A형을 생산하기 시작할 즈음 당시 미국의 총생산은 1만 1천대로 유럽에 비해 약간 늦은 출발을 하고 있었다.

1.7 포드 혁명과 GM의 세계제패

포드사는 1909년 1500만대 생산기록을 갖는 세계 자동차사상 초유의 단일모델인 「포드 T-Model」을 개발하였다. 「포드혁명」 또는 「포드생산방식」으로 불리는 포드시스템은 컨베이어에 의한 대량 생산방식으로 자동차생산의 혁명을 이루었으며, 저렴한 가격으로 대량보급하게 되어 미국은 세계최초로 「자동차대중화시대」를 열게 되었다. 그러나 1920년대에 들어서 미국 자동차시장에 이상한 변화가 나타났다.

미국 총생산 362만대 가운데 포드가 167만대를 기록한 1923년 이듬해부터 생산과잉과 대체수요 발생으로 단순한 디자인의 「포드 T-Model」에 싫증을 느낀 수요자가 외면하기 시작하였고, 포드사는 다양한 수요의 욕구에 유연하게 대응하지 못했기 때문에 GM의 추격에 밀려 결국 오늘날까지 GM에 이어 세계 2위의 자리에 머무르게 되었다.

한편 1908년 GM을 창업한 위리엄 듀란은 2년 후 「Buick」, 「Olds」, 「Cadillac」 등 25개 사를 흡수합병하면서 비약적인 발전을 거듭하였고, 1923년부터 알프레드 슬로안의 탁월한 경영능력으로 오늘날 세계최대의 기업으로 성장하는 기반을 다졌다.

그림 1.7 1996년에 발표 약 200여대가 리스형식으로 제공된
제너럴 모터스(GM)의 "EV1"

1.8 BIG3의 세계진출과 유럽시장의 확대

미국의 BIG3(GM, FORD, CHRYSLER)는 1920년대부터 유럽을 중심으로 세계에 진출하여 유럽시장에 막대한 영향을 끼쳤다. 유럽에 진출한 미국의 현지조립공장은 유럽의 고 관세장벽 때문에 현지에서 일괄 생산할 수 있도록 전략을 바꾸었으며, 미국의 제조기술과 유럽메이커의 최고기술을 향한 노력이 더해져 유럽시장은 적정생산규모를 확보하였고, 다양한 제품개발로 1950년부터 이후 세계 최대의 생산지역으로 등장하게 되었다. 그러나 1950년대 초 유럽경제가 회복하기 시작할 무렵 세계시장의 85.9%를 차지하고 있던 미국은 해외시장에서 벌어지는 치열한 경쟁으로부터 보호되어 시장변화에 둔감하였고, 스스로 자만에 빠져 기존 제조방식이 최적상태가 아니라는 사실을 인식하지 못하였다.

반면에 유럽메이커들은 제품차별화와 시장세분화 전략을 통해 서서히 세계자동차산업의 강자로 등장하기 시작하였으며 일본도 급속한 경제성장을 바탕으로 세계자동차산업의 경쟁대열에 진입하면서 독특한 생산방식을 개발하는 노력을 통해 경쟁력을 강화시켜 나갔다. 한편 1970년대 초 유럽의 시장규모와 생산대수는 미국을 능가하기에 이르렀으며, 1950년 37만대에 불과하던 수출은 1970년 189만대로 증가하여 세계 최대의 수출지역으로 떠오르게 되었다.

1.9 일본의 세계제패와 미 · 일 · EC의 3극화체제 형성

일본의 자동차산업은 1920년대 GM과 FORD의 진출로 대량생산의 기반이 다져졌으나, 1936년 외국기업을 배제하는 법규가 제정되어 독자적으로 자동차산업을 형성하게 되었다. 그러나 군사목적과 트럭중심의 형편없는 구조로 산업은 매우 취약하였다.

1950년대에 들어 한국전쟁에 따른 특수경기, 군수산업기술자의 민수사업 대거참여, 정부와 업계의 외국차 진출제한, 승용차 중심으로의 산업전환 등에 따라 비약적인 성장의 기반을 다지고, 1960년대 들어 세계무역장벽 완화로 자동차무역시장의 규모가 커지면서 일본도 수출시장에 뛰어들었다. 특히 일본은 새로운 산업조직과 특유의 생산방식으로 새로운 노사관계를 만들었고 「도요다생산방식」으로 대표되는 「간판방식」과 「JIT방식」에 「TQC」가 확산되면서 일본 특유의 제조철학이 뿌리를 내렸다. 이러한 제조기술은 가일층 개선되었고 여기에 1968년부터 불붙은 자동차대중화(Motorization)로 내수기반이 확장되면서 대량생산과 저코스트의 생산자로서 세계시장에서 경쟁력을 키워갔다.

특히 1970년대 2차에 걸친 오일쇼크 때 연료소모가 적은 소형차급에서 완전경쟁우위를 확보함으로써 1970년에 이미 530만대 생산기록을 세우고, 1974년에는 268만대 수출로 세계 최대 수출국으로 부상하여 미국, 유럽과 함께 세계시장을 지배하는 3극화체제를 형성하게 되었다.

그림 1.8 도요타에서 개발한 "RAV4 EV"

1.10 신흥공업국의 세계 진출

미국 · 일본 · 유럽의 3국체제 속에서 1980년대부터는 개발도상국과 동구제국이 저임금과 양산체제를 바탕으로 세계 자동차산업의 새로운 세력으로 등장하였다. 그러나 한국과 멕시코, 브라질 등 몇 개 국가를 제외하고는 성공한 국가가 별로 없었다.

한국은 1962년 완성차 수입 금지와 함께 국산화 정책, 중화학공업 정책, 수출산업화 정책을 강력히 추진하고, 80년대 고도성장에 따른 자동차대중화 진입을 바탕으로 소형차가 미국시장 진출에 성공하였으며, '90년대 중반에 세계 5위의 생산대국으로 부상하여 신흥공업국 중 가장 경쟁력을 갖게 되었다.

제2절 육상교통 자동차의 영향

2.1 자동차의 발명이 우리나라에 끼치는 영향

일반적으로 자동차라 함은 생산재임과 동시에 주요한 내구소비재이다. 자동차관리법상 자동차의 정의는 "원동기에 의하여 육상에서 이동할 목적으로 제작된 용구 또는 이에 견인되어 이동할 목적으로 제작된 용구"를 뜻하는데, 이러한 자동차의 특성으로 자동차 산업은 가장 중요한 제조업산업 중의 하나로 간주되어 지고 있다. 또한 자동차 산업은 한 나라의 경제력과 기술수준을 가늠하는 척도가 될 뿐만 아니라 경제성장에 결정적인 역할을 하는 경제의 주도적인 산업중의 하나이다.

이러한 자동차산업의 구조적 특성을 살펴보면 첫째, 일반적으로 자동차산업은 제품들을 제조하는 데에 관련된 모든 기업과 그러한 기업에 의해 수행되는 활동을 포함하는 광범위한 관련 산업을 가지고 있는 대표적인 종합산업이다. 즉 소재 및 부품생산과 관련해서는 철강금속공업, 전기전자공업, 석유화학공업, 섬유공업, 기계공업 등과 자동차 임대업, 주차장업 등 운수서비스업, 판매 유통부분에서는 자동차 판매, 부품 및 용품의 판매, 정비업 등과도 깊은 연관성을 가지고 있다. 이외에도 금융업, 보험업, 주유업, 광고업, 중고차 매매업 등 기타 관련된 산업과도 연계를 가지고 있다.

둘째, 관련 산업의 발전이 자동차 산업발전에 절대적인 영향을 미치며 전후방 파급효과가 큰 산업이다. 자동차산업은 정밀기계공업을 바탕으로 약 2만여 점의 부품들을 조립, 생산하는 대표적인 조립공업으로 특히 부품의 종류 및 소재면에서 거의 전 분야의 제조업과 관련을 갖고 있다. 그러므로 이러한 소재 및 부품산업의 뒷받침 없이는 산업의 균형 있는 발전을 기대하기 어려우며, 2차 · 3차 계열의 부품산업의 하부구조구축 및 발전이 매우 중요시된다. 또한 자동차산업의 파급효과가 큰 관계로 그 나라의 기술수준과 경제력을 측정하는 주요한 자료로 사용되기도 하는 선도적인 산업이다.

셋째, 자동차산업은 규모의 경제 효과가 큰 산업이다. 자동차산업은 막대한 규모의 설비투자와 개발비가 소요되는 관계로 적정수준의 생산규모를 유지하여 생산비용을 절감시켜야만 가격경쟁력이 확보되기 때문이다.

넷째, 자동차산업은 시장생산성에 기반을 둔 산업이다. 철도차량, 항공기, 선박 등 기타 운송기기의 생산이 주문방식에 기반을 두고 있는데 반해 자동차는 시장생산을 기반으로 한 대량생산방식의 특성을 지니고 있다.

다섯째, 자동차산업은 승용차 중심의 선진국 주도형 산업이다. 한나라의 내구소비재를 대표하는 승용차가 산업의 중심에 있고, 선진 7개 공업국이 차지하는 생산량이 70%를 상회하는 등 선진국이 주도하는 산업이다. 또한 세계 메이커간에 생산, 판매, 자본투자 및 기술 등에 있어서 제휴관계가 많으며 국제화의 진전으로 경쟁사간의 인수·합병도 일어나는 등 선진국의 주요 메이커를 중심으로 한 국제화 수준이 매우 높은 산업이다.

2.2 우리나라 자동차산업의 발전과정

1996년 한국의 자동차산업은 미국, 일본, 독일, 프랑스에 이어 세계 5위의 자동차 생산국으로 부상하였다. 불과 30년의 발전역사를 가진 한국의 자동차산업이 이제는 100여년의 역사를 지닌 선진공업국으로부터 견제의 대상이 된 것이다.

그림 1.9 1955년 국산 첫 1호차 시발(始發)

그림 1.10 1974년 이탈리아 토리노 모터쇼에 출품된 첫 국산 모델 '포니'.

(1) KD조립시대(1962~1976)

한국의 자동차산업이 발전하게 된 것은 1962년의 경제개발 5개년 계획이 시작되면서부터 이다. 이전까지는 미군부품을 단순 조립하는 수준을 넘지 못하였으며 대부분의 완성차는 수입으로 충당되었었다.

1962년의 경제개발계획과 함께 자동차공업 육성계획이 수립되면서, 새나라자동차가 연간 2,600대의 소형차 생산능력을 갖춤으로서 한국의 자동차산업은 근대적 산업으로서의 기틀을 다졌다. 또한 정부의 강력한 자동차공업 육성정책에 힘입어 기아산업, 신진자동차, 아세아산업 등이 자동차산업에 참가하여 1968년경 국내 자동차생산능력은 2만 8,000대로 늘어나게 되었다. 그러나 자동차 업체들이 대부분의 중간부품을 수입하여 단순 조립하는 수준이어서 국산화율은 매우 낮았는데, 정부는 자동차산업의 국산화 3개년 계획을 세우고 엔진과 변속기, 차체 등 주요 기능부품을 국산화 하고자 노력하였다.

(2) 자립기술 기반구축(1976~1986)

정부는 1973년 '장기 자동차 진흥계획'을 발표하여 KD조립단계에 있던 자동차산업을 수출산업화하기로 결정하였고, 자동차업계도 고유모델 양산을 의욕적으로 추진하였다. 1976년 현대자동차는 국내 최초의 고유모델 '포니'를 출시하는 한편, 연간 5만대의 종합 자동차공장을 완성하였다. 이로서 한국자동차산업은 규모는 작지만 처음 자립기술의 생산공장을 구축하게 되었다. 고유모델 출시 3년만인 1978년 약 1만 8,000대를 수출함으로서 한국 자동차산업이 KD조립에서 일거에 수출산업으로 도약하는 계기를 마련하게 되었다. 당시 국내경제가 두자리 수의 고도성장을 계속함에 따라 '포니'의 성공은 한국 자동차산업의 낙관적 무드를 확대·재생산하였다.

1984년 한국의 1인당 국민소득이 2,000달러를 넘어서면서 국내 자동차 대중화가 진행되기 시작하였다.

(3) 대량수출, 대량생산 기반의 확립(1986~1994)

1986년 현대자동차의 미국 시장 진출 첫 해 한국자동차산업은 모두 30만대를 수출함으로서 대량생산·대량수출의 양적성장 기반을 마련할 수 있었다. 특히 88올림픽을 전후로 내수판매가 40%의 폭발적인 증가율을 기록함에 따라 1988년 자동차 생산대수는 사상 처음으로 100만대를 넘어섰다. 1980년 10만대 생산에서 불과 8년만에 100만대

생산체제를 확립하게 된 것이다.

한국 자동차산업은 1980년대 후반 대량생산체제를 확립함과 동시에 생산방식의 현대화에도 박차를 가하게 되었다. 부품의 외주조달을 확대하는 한편으로 적기 조달방식이 도입되었고, 통합생산관리 시스템과 혼류생산을 골자로 하는 유연생산방식이 구축되기 시작하였다.

그림 1.11 수출용 자동차

(4) 개방화의 추진(1994~1996)

1995년 11월 30일 한·미 자동차협상이 타결되어 배기량별 차등세 폭 완화, 수입차 형식승인제도의 개선, 외국인 소비자 금융회사 설립의 완전 자유화 등을 약속함으로서 관세율 인하, 수입차 중과세 폐지 등 국내 자동차시장은 완전히 개방되었다.

한편, 1996년 한국 자동차산업은 121만대의 완성차를 수출함으로서 KD를 포함하면 세계에서 8번째로 100만대를 수출하는 국가의 대열에 합류하게 되었고, 한국 자동차산업이 세계 5위 생산국의 저력을 해외에서도 평가받게 되었다. 또한 1995년 삼성그룹이 승용차산업에 진입함으로서 국내 자동차산업은 오랜 3社 경쟁체제에서 5社 경제체제(쌍용 포함)로 변화하게 되어, WTO체제의 출범과 더불어 국내외의 자동차시장 경쟁은 더욱 치열하게 되었다.

2.3 한국 근대사 숨은 풍경들-자동차

근대 문물 가운데 자동차는 부익부 빈익빈의 계급격차를 가장 확실하게 표상하는 사치품이었다. 1920년대 초창기 택시 삯이 당시 쌀 반가마니 값과 맞먹었고, 시외버스

격인 승합자동차 요금도 비싸 서민들은 탈 엄두를 내지 못했다.

그러나 보통사람들이 느꼈던 자동차의 이미지가 '부자들의 전유물'식으로 단순하지만은 않았다. 식민지의 궁핍한 현실에서 눈총도 많이 받았지만 차는 근대사회 특유의 개인적 욕망과 대중 현시욕 따위가 함께 어울린 세속 공간이기도 했던 것이다.

그림 1.12 30년대 금강산 해금강 가는 길목의 적벽강에서 뗏목배에 실려 강물을 건너는 자동차의 모습 당시 재력가나 고관들은 자동차편으로 금강산을 탐승 구경

우리나라의 자동차는 1903년 고종의 자가용 용도로 미국공사를 통해 들여온 미제차(기종불명)가 최초다. 상용화는 1910년대 이후 고관대작과 선교사, 일본 재력가들이 미국산 차를 타고 다닌 데서 비롯했다. 육중한 체구와 속도로 근대성의 위세를 과시한 열차와 달리 자동차는 훨씬 유연한 인상으로 다가왔다. 같은 탈 것임에도 행동반경이 자유로워 일반인들이 자동차의 존재를 인식하는 데는 시간이 걸리지 않았다.

그림 1.13 30년대 경성에서 영업했던 일본인 운수업체 당시 조선최대의 택시업체인 아사히 자동차회사(오른쪽)와 게이진 트럭회사(왼쪽) 정면에 큰 자동차고 모습

자동차는 애초부터 재력·권력과의 유착 속에 뿌리를 내렸다. 정부고관과 귀족 전용으로 처음 도입되었고, 보급이 본격화한 뒤에도 친일파나 정상배, 기생들이 보란 듯 애용했기 때문이다. 1912년 대구-포항 간 시외운수영업이 개시되고 1910년대 말부터는 택시운행이 일상화되면서 대중화 시도도 있었으나 당시 운임이 택시는 2 ~ 3원, 시외합승차도 1원을 넘어 서민들에게는 그림의 떡이었다.

그림 1.14 고관대작들은 자동차 보급이후에도 여전히 가마타고 행차하는 것을 선호 구한말 황제가 탄 가마 모습(왼쪽) 30년대 운전학원인 동양자동차학교(오른쪽) 초기에는 돈을 주고 수강생을 모집 20년대 이후 운전사의 인기를 업고 운전학원 호황

부러움과 질시에 젖은 민중들은 지나는 차에 돌을 던지거나 함정을 파놓고 빠뜨리는 사고를 적지 않게 일으켰다. 일감 뺏긴 인력거·마차꾼들도 길을 막으며 운행을 방해하기 일쑤였고 운수회사들의 열악한 근로조건 때문에 쟁의도 잦았다.

이런 이유로 당시 지식인 소설가들은 빈부차이 극심한 현실을 고발하는 소재로 자동차를 즐겨 택했다. 동반 작가 이효석이 초기 단편 <도시와 유령>에서 자동차 사고로 발목을 잃은 한 부랑노파의 비참한 삶을 소개한 것이나 박영준의 <모범경작생>에서 시골농부들이 신작로 자동차를 흉보는 대목 따위는 자동차에 대한 뒤틀린 인식의 일단을 드러내고 있다.

인력거는 1890년대 자동차보다 앞서 들어왔으나 20년대 전성기를 맞은 뒤 차에 밀려 점차 사라지는 운명을 맞는다. 총독부는 이런 양상을 고려했음인지 28년 경성에 부영버스제도를 신설해 대중교통화 정책을 꾀한다.

부영버스는 운영난으로 이듬해 곧장 전차운영주인 경성전기로 넘어가지만 이후 전차노선의 빈틈을 메우며 애용된다. 하지만 30년대 말 전시상황에서 느려터진 목탄차가 등장하면서 자동차는 거꾸로 퇴행적 동원체제의 상징이 된다.

물론 자동차가 철도처럼 손가락질만 받은 것은 아니다. 택시와 버스는 선남선녀들이 들끓었던 연애 현장이었으며, 최초의 여성운전사, 유람버스의 요지경, 짧은 치마를 입은 미녀 여차장들의 일거수일투족 등은 장안의 화제 거리였다. 도시적 욕망을 표상하던 자동차는 질시와 선망의 복잡한 시선을 받으며 난만한 현대 도시문화의 여명을 예고했던 셈이다.

그림 1.15 20년대 진남포 역 앞에 늘어선 인력거와 택시 모습

육상교통수단 자동차교통에 비하여 2002년 국가과학기술지도에 의하면 철도기술 분야별 기술수준, 전문 인력 보유 및 인프라구축 등을 포함한 전반적인 철도기술개발수준은 선진국 대비 약 50% 수준에 불과한 것으로 나타나고 있다.

그림 1.16 대중교통버스

교통수단에 따라서 환경변화는 다르며, 사람이 이동하는 데 자가용승용차 보다 철도와 버스 등의 공공교통수단을 이용하면 이산화탄소 배출량을 크게 줄일 수 있다. 그러나 여객수송 분담율은 자가용승용차가 점점 늘어나고 있는 실정이다. 1908년 처음으로 양산된 승용차인 T형 포드가 등장한지 100여 년이 되었다.

표 1.1 철도기술개발수준

철도기술분야	기 술	기술수준 (%)	전문인력 보유(%)	인프라 구축(%)	비 고
고속철도	틸팅 기술	30	50	50	기술개발 초기단계
	경량화 기술	50	60	50	
PRT/GRT	지능화 기술	30	50	10	개념적 기술개발, 타당성 검토단계
	무인운전 기술	40	50	10	
LIM AGT	열차제어 기술	60	60	30	기초기술 확보
신에너지차량	연료전지 기술	40	60	60	기초기술 개발단계
자기부상열차 (중저속/고속)	부상추진 기술	70/30	80/50	80/10	실용화 기술개발 최종단계
	유도 및 제어기술	70/40	70/50	80/10	
Aero Train	부상추진 기술	10	10	10	국내 수평성장 기술 초기단계
	자세제어 기술	10	10	10	
통합연계 대륙철도시스템	궤도 간 가변 시스템	30	50	50	개념정립 단계
	multimode 동력차량 기술	70	80	80	실용화기술 개발단계
철도스마트 구조물 기술	지능형철도구조물 설계시공기술	70	80	60	실용화를 위한 기술개발 단계
	철도안전종합 방재시스템기술	40	80	50	
평 균		44.28	56.42	45.00	

주 : 선진국을 100으로 기준한 우리나라의 상대적 평가지수
자료 : 재정경제부외, NTRM(국가기술지도) 2002. 11.
〈선진국 대비 철도기술수준비교〉

자동차의 등장은 교통체계뿐만 아니라 사회적으로 큰 변화를 가져왔다. 국토를 가르는 도로망의 건설, 자동차 산업을 중심으로 한 경제성장, 장거리를 고속으로 이동하는 수단으로 인한 광역경제권의 발전 등을 가져왔으며, 자동차의 연료로 적합한 석유의 대량 소비가 이루어졌다. 이러한 자동차 산업은 20세기의 사회경제를 이끌어 왔기 때문에 사람들이 편리성 향상을 갈망하며 계속 해서 발전시켜 왔다.

자동차의 대량생산 보급은 거대한 산업으로 성장하여 2007년 한해 도요타가 951만대, GM이 926만 대를 생산하였으며, 매출액도 2007년에 도요타 260조원, GM 194조원,

현대차그룹 103조원이나 되었다. 이 많은 자동차들은 이산화탄소(CO_2)를 배출하고, 배출 가스는 사람들의 건강을 해치는 것도 수반하게 되었다. 대량으로 보급한 자동차가 소비하는 대량의 석유는 공장이나 발전소에서 이용되는 다른 화석연료와 함께 이 100년 동안에 지구의 기후변동에 영향을 줄 정도로 대기 중의 온실효과 가스 농도를 높였다. 자동차가 탄생된 지난 100년간 평균기온이 도쿄는 3℃가 상승하였다고 한다. 매우 우려할 만한 상황이다. 기온 상승이 1.5 ~ 2.5도를 넘으면 「20 ~ 30%의 생물 멸종위험이 높아질 가능성이 있다」라고 하며, 세계의 평균기온을 2 ~ 3℃상승만으로 안정시키기 위해서는 이산화탄소 배출을 2000년도에 비하여 2050년에 50 ~ 85%의 감소가 필요하다고 한다.

1908년부터의 100년 기간 중 전반기의 운송수단이 철도였던 전성기도 있었지만 자동차 중심의 100년이라고 볼 수 있으며, 인류는 자동차의 편리성 향상에 반하여 환경적으로 지속 가능한 사회를 잃어버리고 있다. 자동차 대량 보급의 100년을 보낸 우리는 다음의 100년을 향해서 인간이 중심이 되는 지속 가능한 환경교통이 실현되는 사회로의 전환을 도모해 가지 않으면 안된다. 세계의 대도시들은 이 같은 교통 문제에 대한 해법으로 경전철을 많이 도입하고 있다. 트램, 또는 전차라고 번역되는 경전철은 교통사고의 위험이 적고 전기, 또는 자기부상열차 방식으로 운영되기 때문에 도심의 공기를 오염시키지도 않는다. 캐나다의 밴쿠버에는 길이 49.1km의 모노레일이 운영되고 있으며, 바젤, 멜번, 프랑크푸르트, 빈, 홍콩 등에서도 트램은 주요한 교통수단이다.

세계는 1992년 리우 유엔환경개발회의에서 지속가능한 개발을 위해 환경 보전의 뜻을 확고히 했다. 이후 선진국들은 교통과 환경문제에 대해 공통의 문제의식을 갖고 이를 해결하는 구체적인 방안을 논의하고 있다. 자동차의 증가로 인한 환경오염과 교통체증의 심각성에 대해 위기의식을 느끼고 자동차 수요억제, 대중교통의 활성화에 힘쓰고 있다. 특히, 경제성과 환경편익이 큰 교통수단인 철도는 최근 10년간 급격한 기술 발전을 이뤘다. 대단위 수송, 에너지 절약, 환경오염 감소 등의 이점을 가진 철도 산업은 앞으로 세계가 나아가야 할 교통수단의 모범답안으로, 더욱 큰 성장이 기대되는 산업이다.

제3절 교통차량 융합기술 발전

3.1 자동차와 철도차량의 유사점 기술

자동차와 같은 연료와 구동방식이 일부 같은 디젤차량과 도시철도의 주종을 이루는 전기차량을 비교해 보면 저탄소 녹색성장을 내세우며 전기철도의 비율이 높아가고 있지만 전 세계적으로 볼 때 아직도 약 80%의 영업거리는 디젤차량이 차지하고 있다.

디젤차량은 주로 디젤동차라고 부르는 디젤기관차와 발전기를 거쳐 모터를 구동하는 디젤전기기관차를 통칭하여 분류하며 디젤기관차는 트럭이나 버스와 같은 주행원리로 움직인다. 디젤기관차는 4사이클 디젤기관이 탑재되어 실린더 내에서 연료를 연소시켜 이 연소가스의 팽창력으로 피스톤을 움직이고, 이어지는 연결막대기에 의해 크랭크축에 동력을 전달하면 컨버터에서 변화된 회전력이 추진축과 기어를 통해 바퀴에 전달되어 차량이 움직인다.

지금까지 디젤기관차의 연료는 휘발유가 아닌 경유만을 사용하고 있는데 이것은 대량수송 수단으로서의 열차가 충돌 등의 사고 발생 시에도 화재가 쉽게 일어나지 않도록 인화성이 비교적 낮은 연료를 사용하고자 하였기 때문이다. 따라서 디젤차량이라고 함은 사용연료가 경유라는 것을 의미한다. 전기식 디젤기관차를 디젤전기기관차라고 부르며, 우리나라에서는 대표적인 디젤 전기기관차로 무궁화호열차를 끌고 가는 차량을 들 수 있다.

이 기관차는 연료유가 가진 열에너지를 기계적 에너지로 바꾸는 디젤기관, 기관에서 발생된 기계적 에너지를 전기적 에너지로 바꾸는 발전기, 발전기에서 발전한 전기적 에너지를 기계적 에너지로 바꾸는 전동기, 전동기에서 발생하는 기계적 에너지를 기어를 거쳐 바퀴에 전달하여 주행하기 위한 대차 및 주행장치로 구성된다. 열차가 뒤로 움직이고자 할 때에는 발전기에서 전동기로 가는 전기의 +, − 극을 바꾸어주면 반대로 회전하게 되므로 앞뒤 어느 방향으로도 같은 속도를 낼 수 있게 된다.

전기차량은 전차선으로부터 전력을 공급받아 전기동력을 기계동력으로 전환시키는 장치를 탑재하고 있다. 전기차량은 동력발생장치와 연료를 가진 디젤차량보다 동력장치가 가벼워 단위중량당 발생출력이 크다는 장점이 있다. 따라서 힘이 세고 빨리 달려야 하는 고출력의 초고속열차들은 대부분 전기차량 방식을 채택하고 있다.

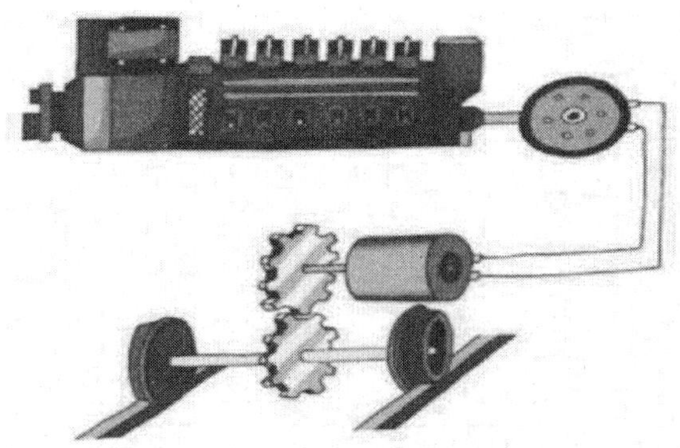

그림 1.17 디젤전기기관차 원리

전기차량은 변전소에서 전차선에 전기를 공급하면 차량 지붕에 장착된 팬터그래프가 차량으로 전기를 공급하고 변압기를 거쳐 모터에 전기를 보내면 바퀴가 움직이게 된다. 전기차량 가운데 전기기관차는 화물용, KTX(Korea Train Express)와 같은 고속전철은 고속여객용, 전동차는 도심 출퇴근 여객용으로 분류하고 있다. 현재 우리나라는 철도 영업키로 중의 절반가량이 전철화가 되었고, 2015년까지 70% 이상으로 높일 계획이다. 전기차량은 반드시 전차선이 가설되어야 운행이 가능하지만, 열차 운행 빈도가 적거나 광활한 지역에서는 전차선이 없어도 운행이 가능한 디젤차량이 적합하다고 할 수 있다.

일본의 도쿄는 세계의 도시 중에서 지하철, 경전철 및 버스 등 최고 수준의 공공 교통기관을 가지고 있다.

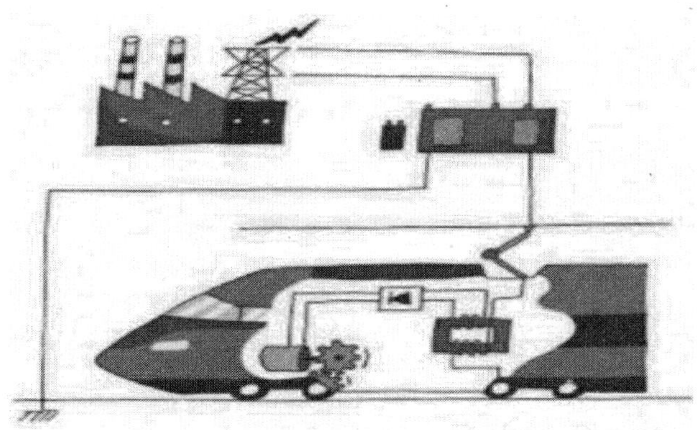

그림 1.18 전기차량 원리

이러한 도시로서의 잠재력을 지속적으로 키워 나가기 위해서는 CO_2 감소에 의한 환경교통을 만들어 가야 한다. 인간이 중심이 되는 지속가능한 환경 교통의 실현에는 생활 형태나 비즈니스 스타일을 자동차에 과도 하게 의존하지 않는 교통수단을 정착시켜야 할 필요가 있다.

교통수단별 CO_2 배출량은 CO_2 감소의 관점에서 자가용 승용차보다 철도나 노선버스의 이용이 바람직하고 또한, 가까운 거리는 도보나 자전거를 이용하는 것이 바람직하다고 말할 수 있다. 지구온난화의 문제만을 보면 교통수단이 달릴 때에 직접 배출하는 CO_2 뿐만이 아니라, 에너지의 크기를 생각할 필요가 있다.

예를 들면, 전철은 CO_2를 내지 않지만 전기를 일으키는 발전소가 CO_2를 배출하고 있다. 그러나 그것을 거슬러 올라가 계산해도 자동차보다 압도적으로 환경에 좋은 이동수단인 것이다. 자동차에서는 연료전지차가 개발되고 있어 가솔린차의 1.5 ~ 2배의 효율을 얻을 수 있다고 기대되고 있지만, 그런 데도 철도에는 미치지 못한다.

전기자동차의 동력원이 발전소이며, 발전까지 거슬러 올라간 전체의 효율은 가솔린차 보다 다소 좋지만 조건에 따라서는 가솔린차보다 나빠지기도 한다. 또 연료전지 그 외의 에너지 절약 승용차가 실용화되었다고 해도 그것이 보급되어 기존 자동차가 신차종으로 대체되기까지는 장기간이 필요해서 자동차가 전체적으로 곧바로 효율이 향상하는 것은 아니라고 하는 점 에도 주의가 필요하다.

적어도 도시에서는 자동차를 타지 않고 도보, 자전거, 버스, 전철 및 경전철 그 외의 공공 교통을 이용할 수 있는 환경교통 조성이 필요하다.

이산화탄소 배출이 적은 교통수송망의 실현을 위해서는 공공교통기관의 이용촉진, 집약형도시구조로의 전환, 자전거 이용 촉진, 화물자동차로부터 환경부하가 적은 수송기관으로의 화물수송 이동 등에 의한 물류의 효율화, 교통 흐름의 원활화 등을 촉진해야 한다.

이를 위해 이산화탄소 배출량이 적은 철도나 버스 등의 공공교통수송망의 정비나 도시기능의 집약화 등이 요구된다. 구체적으로는 광역 적 · 간선적인 버스노선의 유지·확보, 철도신선건설, LRT 등의 건설 등의 공공교통기관의 편리성의 향상 추진이 필요하다.

또한 이산화탄소 배출량이 적은 철도, 해운으로의 화물 수송의 수송수단 변경이나 국제화물의 육상교통거리를 줄이는 등의 추진이 요구된다. 구체적으로는 철도화물 수송력 증강사업, 해운 · 철도의 분기점인 항만의 기능충실과 각 수송기관의 연계강화 및 그린물류 파트너십 등의 추진이 필요하다.

도심 내에서의 미래교통수단은 전기를 공급받는 가선이 없이 배터리로 구동하는 경제성 및 에너지 절약차량 LRV 등을 개발하여 운행하기 위한 노력을 기울이고 있다. 일본에서 이산화탄소를 줄이기 위해 개발 중인 배터리구동 버스와 전차에 대하여 실용기술을 최대한 활용 적용 개발에 성공하고 있다.

(1) 비접촉 충전 하이브리드 버스

비접촉 급전 하이브리드 시스템은 일본에서 개발시험 중인 배터리주행 버스이다. 충전방식은 노면에 매립한 급전 장치에서 자기유도에 의해 비접촉(충전용 코드 없음)으로 차량에 탑재한 배터리에 급속히 대량 충전하는 것이다.

그림 1.19 하이브리드 버스

이 버스는 충전된 배터리 전기로서 모터구동주행하고, 비상시엔 엔진으로 움직이며, 주행 중에 CO_2를 배출하지 않는 하이브리드 차량이다. 비접촉 급전방식을 채용한 이유는 버스 전용의 대용량 배터리를 충전할 때에 유선에서는 보다 대형의 플러그가 아니면 급속 충전이 불가능하기 때문이다.

비접촉은 버스를 소정의 위치에 정차하기만 하면 충전을 실시할 수 있는 편리성 등을 갖고 있다. 일본의 교통안전환경연구소를 중심연구기관으로서 실용화 연구를 하고 있는 비접촉급전 하이브리드 자동차는 배터리를 만 충전을 하면 15km를 주행할 수 있고, 만 충전 시간은 30분이 소요된다.

1) 차량의 구성

일본 국토교통성은 히노 자동차와 하네다 도쿄선 버스 등의 협력을 얻어 하네다 공항 내에서 공항 터미널간의 무료 연락 버스에 비접촉 충전으로 운행하는 「IPT 하이브리드 버스」 1대를 도입하여, 2008년 2월 15일부터 운행을 개시 했다. 비접촉 충전으로 BT전기에 의해 영업 운행을 실시하는 대중교통은 일본에서 처음이다.

대중교통시스템에 있어서의 비접촉 급속충전의 실용화가 한 걸음 가까워진 것이다. 「IPT 하이브리드 버스」는 차량 중앙의 프레임 밑면에 대형 코일을 설치하고 있어 노면에 설치된 충전 코일에 접근하여 전기를 얻는다. 전기는 천정에 탑재된 리튬 이온 배터리에 저장할 수 있다.

완전히 충전되었을 때 시가지에서 약 15km의 거리를 주행할 수 있다.

또, 발전용 엔진을 병용하는 하이브리드 주행이라면 대략 300km를 주행할 수 있다. 충전 코일은 하네다 공항으로부터 조금 떨어진 하네다 도쿄선 버스의 도쿄 영업소 내에 하나 설치되어 있다.

콘크리트로 절연되고 있지만 노면에 매립하지 않고, 차량이 가대에 올라타 충전하는 가설치의 형태로 운영하고 있다. 실제의 운행에서는 하네다 공항내를 전기만으로 주행하고 전기가 없어지면 영업소로 돌아와 충전을 실시한다. 배터리는 정격전압 51.8V, 정격 용량 40Ah의 리튬 이온 배터리팩을 20개 탑재하고, 정격 전압 518V, 정격 용량 80Ah, 정격 에너지 용량 41.4kWh의 대용량 배터리를 사용한다. 도요타의 「프리우스」 30대분 이상의 배터리를 탑재하고 있으며, 배터리만의 구동으로 시가지에서 약 15km 주행할 수 있다.

대용량 배터리를 탑재해 모터로의 구동에 중점을 두었기 때문에, 동력 기관은 모터와 4728cc의 디젤 엔진을 건식 클러치 등에서 접속해 일체화시켜 탑재하였다. 모터와 디젤엔진을 적당히 결합시키는 것이다.

일반 대형 노선버스 차량에 탑재하고 있는 1만 520cc의 디젤엔진과 동등한 스펙인 최대 출력 177kW(240PS), 최대 토르크 834Nm(85kgm)의 성능을 발휘하고 있다. 또, 모터를 발전기로써 작동시켜 감속시에 발전을 할 수 있는 회생 기능도 갖게 하고 있다.

(2) 급속충전 하이브리드 전차

가선 · 배터리 하이브리드 전차(Hi-tram)는 가선 또는 차량에 적재한 배터리의 양방향으로부터 구동에너지를 얻어 주행한다. 또 제동시 회생에너지를 가선과 배터리로 반환하는 에너지 유효활용이 가능한 전원 하이브리드형 전차이다.

그림 1.20 거리를 주행중인 카와사키중공업 노면전차 (SWIMO)

따라서 무가선 구간에서는 배터리 에너지에 의해 가선 없이 구동이 가능하다. 일본 RTRI는 배터리 에너지로 무가선 구간을 연속주행 하도록 수 km 간격의 중간역 등에서 단시간에 에너지공급을 하는 급속충전기술 개발을 하였다. RTRI에서 개발한 지속가능한 그린교통시스템인 하이 트램에 대한 성능과 시험결과를 살펴보면 녹색교통에 기여하고 있다고 본다.

그림 1.21 무가선 노면전차

1) 무가선 구간을 배터리로 주행하는 의의

① 환경측면

전기구동이므로 배기가스 없이 주행이 가능하며, 엔진방식에 비해서 거리의 저공해화를 도모한다. 팬터그래프의 습동음을 일으키는 개소나 가선과 귀선레일에 흐르는 고조파가 과제로 되는 개소에서는 집전을 하지 않고서도 주행함으로써 문제를 해결할 수 있다. 또는 가선부설을 생략 한다면 도시경관의 보전, 개선이 가능해져 관광자원 가치의 향상에 기여할 수 있다.

② 서비스측면과 운용측면

무가선구간이나 가선구간에서도, 전압이 다른 직류전화 구간이나 교류전화구간에서 배터리 구동에 의해 진입하고 주행하기 때문에 전원측면에서의 직통운용이 가능하다. 그 결과 환승이 적게 되어 여객이용 편리성이 향상된다. 또, 가선 정전 등의 비상시에는 자차 배터리의 전력에 의해 자력 이동이 가능하여 여객이 갇히는 일이 없게 된다.

③ 건설 및 보수 측면

가선설치설비비용의 저감이나 가선설비보수 비용절감을 꾀할 수 있다. 또, 협소한 장소에서 가선의 높이 문제에서 선로부설을 할 수가 없는 경우가 있다. 이 같은 장소에서 배터리 주행을 전제로 한 노선건설이 가능하게 되어 공공 교통 네트워크의 확충에 기여한다. 병용궤도의 교차점에서는 가선설비의 높이가 대형 자동차의 주행을 방해하는 예가 있다. 자동차교통 저해방지의 관점에서 교차점만이 라도 가선을 없애는 것은 매우 효과적이다.

2) 급속충전에서 무가선 주행 가능한 차량을 실현하기 위한 요소기술

① 대전류로 충전하기 위해 기존 인프라와 맞는지, 여객이 쉽게 접촉 않는 구조를 고려, 강체가선에 팬터그래프를 접하는 충전방식으로 하였다. 이 때 강체가선 트로리와 팬터그래프 습판이 움직이지 않는 접촉점인 충전점에서 용착을 일으키지 않는 것이 중요하다. 대전류에 의한 용착을 막는 부재조합을 확인할 필요가 있다.

② 동력용과는 별도로 영업차에 필요한 공조 등의 서비스 전원을 공급하기 위한 배터리에너지의 대용량화(72kWh)를 행하였다. 또, 급속충전대응 가능한 배터리

의 높은 Power화(600kW)를 행하였다. 따라서 대전류급속충전시의 배터리 발열에 의한 수명단축을 피하기 위하여 배터리 온도상승 억제책으로서 모듈마다 공냉휀 풍량 설정, 셀 간격 설정 등이 필요하다.

③ 가선집전과 배터리축전의 하이브리드 구성에 의해 정차중의 대전류급속충전(높은 파워)이 가능하게 되었다. 충전용 전력변환기의 대용량화(600kW 전류가역초퍼 2대로 구성 및 제어알고리즘의 개발)하였다. 또, 1,500V가선과 600V가선에 대응 가능한 듀얼 전압화(초퍼입출력 반전에 의한 직류중간회로 750V화)를 시행함으로써 2가지 전원 공급선로에서 운행토록 하였다.

④ 하이트램의 주요특징

대용량·고효율 리튬 이온 2차 전지를 탑재 배터리 전력에 의한 가선 없는 주행으로 도시 경관의 향상에 기여할 수 있다. 정차 중에 팬터그래프로부터 배터리에 급속 충전하는 것으로 주행을 계속하는 것이 가능하다.

각종 전원에 대응한 전력 변환기를 개발 각종 전원(직류 1500V, 600V가선, 600V배터리)에 대응. 배터리 충·방전을 맡아, 가선·배터리 하이브리드 주행이 가능하다. 브레이크시의 운동 에너지 회수 재이용에 의한 에너지 절약화가 가능하다.

철도선에의 최고속도는 70km/h이며, 직류 1500V에도 대응하고 있다.

각지에서의 시험 주행에의 대응이 가능 국내 최소급 치수의 차량에 배터리나 제어기기를 컴팩트하게 탑재 했다.

높은 가감속도 성능을 실현할 수 있는 전축구동 시스템을 탑재하고 있다.

3) 가선 · 배터리 하이브리드 LRV 시험전차

개발한 각 요소기술을 조합하여 제작한 일본 내 최소형 철도차량으로 배터리, 충방전 기능이 부착된 전력변환기를 마련하였다. 영업선에서 주행 가능한 가선 하이브리드의 배터리 구동형 초저상 LRV 차량으로서 차체는 길이 12.9m 단일차체로서 일반적인 보기대차를 사용한 부분 초저상차량이며, 레일면에서의 승강구 및 상면 높이는 350mm, 초저상부는 기울지 않는 평면으로 구성되었다. 4축 모두가 전동축으로서 공전활주를 억제하면서 높은 가감속도를 얻어 철도선 주행을 예측한 속도 70km/h이상의 성능을 갖는다. 배터리는 정격전류의 20배 전류에 의해 급속충전이 가능한 망간계 리튬이온 2차전지를 이용하고, 정격 600V 120Ah(72kWh)로서 냉각계나 차단기 등의 보호시스템을 모두 포함해서 무게가 약 2톤이다. 차량전후단의 경사부에서 우선적으로 모듈을 배치하고, 나머지를 승무원석 부근에 배치했다.

4) 주행시험에서 얻은 경험기술

① 정차중 배터리에 급속충전 구내시험선에 세운 정류소에 3m길이 강체가선 아래에 개발한 신차 LRV를 정차시키고 팬터그래프로서 노선 중간역을 모의하여 배터리 전류 1000A로서 60초간의 충전에서 공조 미사용 시 약 8km, 공조사용 시 약 4km이상 주행상당의 에너지를 충전할 수 있었다. 또한, 종착(회차)역의 모의에서는 전류 500A 3분이상의 충전에서 거리 약 12km 주행 상당의 충전이 가능하였다. 운전 다이아에 영향을 미치지 않는 정차시간에서 필요한 전력량을 공급할 수 있다는 것을 확인하였다. 또한, 강체 트로리와 팬터그래프 습판과의 사이에서 용착발생은 하지 않았고, 충전시 배터리 온도상승 은 3℃이하로 억제할 수 있었다고 한다.

② 본선 주행시험 편도 8.5km의 노선 1.5왕복(입고분을 합하면 25.8km)을 기본단위로 해서 1일 당 3왕복 또는 4왕복의 시험을 하였다. 2007년 11월 22일부터 2008년 3월 7일까지, 약 40일 동안 2,083km(배터리 주행 413km 포함) 본선주행시험을 하였다. 배터리만으로 한번 충전주행거리는 공조난방(평균외기온도 -2℃일 때 공조온도 20℃설정) 동작 상황하에서 25.8km 달렸다. 시험다이아 노선 1.5왕복(25.8km)마다 입고하도록 설정되었으며, 거의 만충전에서 배터리 용량 (72kWh)의 58%(42kWh)를 사용, 1.5왕복을 약 3시간 주행하였다. 이 때 배터리 온도상승은 5℃, 수명에 미치는 온도상승을 억제할 수 있다. 공조 동작 상태에서의 무급전 주행이 충분이 가능하다는 것을 나타내었다. 또한, 구동인버터의 회생효율(회생전력량/역행전력량)은 41%로 전동차 회수율 수준과 비슷한 수치이다.

③ 저온 기동시험 동계의 저온 환경에서 야간에 옥외에 유치한 후 아침에 배터리 온도 -5℃(외기온도 -10℃) 등의 저온 상태에서의 기동시험을 하였다. 기동직후부터 주전류 통전이 가능하였다.

5) 시험결과 분석이해

차내에 탑재한 배터리만으로 달려, 정류소에서 멈춘 수십초간에 전기소비량을 급속 충전할 수 있는 노면 전차를 일본철도 종합기술연구소가 개발했다. 2007년 11월

말부터 삿뽀로시에서 성능을 확인하는 실증 시험을 시작한 저상차량이며, 탑재한 리튬 전지를 풀 충전하면 약 15km 달릴 수 있다. 감속 시에는 전차 발전량의 70%를 배터리에 저장할 수 있으며, 정차역에서는 팬터그래프를 올리고 가선으로부터 전기를 급속 충전한다. 실차 주행의 결과 가선·배터리 하이브리드 LRV 도입에 의해 10%정도 에너지 절약효과를 얻을 수 있었으며, 운행 도중에서 배터리교환 등은 일체 없었다. 금후 하이트램(Hi-tram)을 이용하여 고속주행시험이나 급속충전시험의 신뢰성 향상, 차량뿐만 아니라 시스템으로서의 무가선 철도를 실현해 나아간다면 도시 간, 도시 내의 교통개선에 기여할 수 있을 것으로 기대한다.

① 지구온난화방지 관점에서의 교통 정책

지구 온난화방지에 이산화탄소(CO_2)의 감소가 시급함에도 불구하고 세계의 CO_2 배출량은 계속 증가하고 있다. 일본의 여객수송에 있어 CO_2 배출량은 40%(1990 ~ 2004년)나 크게 증가하였다. 그 중에서도 승용차와 항공기가 모두 50% 이상이라고 하는 대폭적인 증가가 있었다. 여객 수송의 CO_2 배출량은 교통수단별(전철, 경전철, 버스, 승용차, 자전거 등)에 의해서 차이가 크기 때문에 이용하는 교통수단의 선택이 중요하다. CO_2 배출의 측면에서 도시교통은 물론 도시간 여객 교통수단을 비교하면 자동차나 항공기에 비해 철도가 우수한 것은 분명하지만, 그것이 일반 시민이나 매스컴 등에 널리 인식되어 이용하는 교통수단을 선택할 때의 지표로 사용되고 있다고는 말하기 어렵다. 이동하는 교통수단을 선택할 때 단위 당 CO_2 배출량이 작은 교통수단을 기업이나 소비자가 적극적으로 선택함으로써 CO_2 배출 감소가 이루어질 수 있는 정책과 조치가 필요하다. 일본의 기후네트워크 단체에서 검토 분석한 내용을 보면 다음과 같다.

② 일본 여객수송의 CO_2 감소방안 검토

- 여객수송 부문의 CO_2 배출 트랜드

  수송부문의 CO_2 배출량은 20.3%증가(1990 ~ 2004년)이지만, 그중에서도 여객 부문이 42.5%로 대폭 증가되어 대책이 매우 중요한 과제이다. 1990년에 비하여 2004년에는 여객 교통량의 증가량이 10%인데도 CO_2 배출량의 증가는 40%로 아주 커졌다. 이것은 단위 당 CO_2 배출량이 큰 승용차(52.6%)와 항공기(53.2%)의 배출량이 급증했기 때문이다.

- 철도 · 항공기 · 승용차의 CO_2 배출량의 비교

  1명을 1km 수송하기 위해서 배출하는 CO_2량을 보면, 승용차는 철도의 10배, 항공기는 철도의 6배 정도 많다.
- 이용자의 교통수단 선택의 경향

  도시 간 이동에 있어서의 교통수단의 선택은 우선 거리, 소요시간, 운행빈도 등의 편리성이나 요금에 달려 있다고 생각할 수 있다. 거리가 긴 도쿄 - 후쿠오카 간에서는 소요시간부터 항공기가 우위에 있고, 그 절반의 거리인 도쿄 - 오사카 간에서는 편리성 등에서 신칸센이 항공기를 꽤 웃돌며, 거리가 짧은 나고야-나가노간은 철도와 자동차가 거의 비슷한 상황에 있다.
- 항공기 · 승용차의 이용 증가에 의한 CO_2 배출증가 현황

  도쿄-오사카간의 교통수단별 여객 수송량의 변화(1990 ~ 2004년)는 철도는 절대량이 거의 보합수준이지만 항공기의 점유율이 10%에서 20%로 급증하였다. 일본 전체로 볼 때 이 기간에 항공기 이용의 증가로 300만톤, 승용차 이용의 증가로 4500만톤 정도의 CO_2 배출이 증가 되었다.
- 교통기관의 선택에 의한 CO_2 배출 감소의 가능성

  도쿄 - 오사카 간에서 신칸센 1편성(승차 인원수 851명)이 배출하는 CO_2량은 8.8톤이지만, 같은 사람 수를 수송하는 항공기는 47.7톤, 자동차는 82.3톤의 CO_2를 배출한다. 도쿄 - 오사카 간에서 비행기 1편을 줄일 경우 감소되는 CO_2량은 약20톤이다(수송인원 343명).
- 교통의 선택에 의해서 감소할 수 있는 CO_2 배출량

  일본 전체로 볼 때, 항공기와 승용차 이용객의 10%가 철도로 옮겨갈 경우, 1232만 톤의 CO_2 배출 삭감이 된다. 이것은 여객부문 전체 CO_2 배출량의 7.7%에 상당하는 아주 큰 규모이다.
- 교통수단에 관한'사회적 비용'

  지구 온난화를 촉진하는 다른 환경문제나 교통사고 등에 관련해 본래 부담해야 할 코스트인"사회적 비용"의 관점에서 보아도 철도는 자동차나 항공기보다 뛰어난 교통수단이다. 그러나 현재의 모든 제도는 요금에 사회적 비용의 반영이 불충분하기 때문에 경제적인 철도임에도 불구하고 환경 부하가 큰 항공기나 자동차가 코스트면에서 상대적으로 우대되고 있다고 말할 수 있다.

③ 환경교통수단 선택에 필요한 정책

승객이동에 있어서의 교통수단 선택은 단위 당 CO_2 배출량이 큰 항공기와 승용차로부터 단위 당 CO_2 배출량이 작은 철도로 옮겨가면 CO_2 배출 감소에 큰 효과가 있다. 그러나 현실은 철도로의 승객이동은 진행되지 않고, 오히려 항공기·승용차의 점유율이 증가하고 있는 상황이다. 따라서 도시 간 여객교통의 CO_2 배출량을 줄이기 위해서는 철도 관련기관의 노력만으로는 불충분하고, 환경부하 코스트 등의 사회적 비용이 적절히 반영되는 제도 · 정책이 필요하다고 할 수 있다.

④ 여객의 교통기관 선택의 이동을 촉진하기 위한 정책

일본의 기후네트워크 단체에서 검토한 보고서에서 교통기관 선택의 승객이동을 촉진하기 위해서는 환경부하 코스트를 적절히 반영하는 것이 필요하다.

교통분야에 있어서 철도는 증기차에서 디젤차로 다시 전기차로 대체되고, 친환경 철도로의 발전을 거듭하여 이산화탄소 배출량을 급격히 감소하고 있다. 그러나 자동차의 증가 등으로 이산화탄소(CO_2) 배출량이 증가하여 지구의 온난화가 가속되고 있다. 이와 같이 지구 온난화를 촉진시키는 이산화탄소의 배출량을 줄이지 않으면 심각한 사회문제로 대두된다. 또한, 석유도 머지않아 고갈될 것으로 예측하기도 한다. CO_2는 인간의 호흡에 의한 배출량을 절대적으로 줄일 수 없는 것이 있는 반면, 수송부문에서는 교통정책에 의해 CO_2 배출량은 물론 에너지소비를 크게 줄일 수 있을 것이다. 그 방법으로 첫째, 이동교통수단을 승용차에서 CO_2 배출량이 적은 자전거, 버스, 전철을 이용하도록 유도하는 제도를 마련하는 것이다. 아울러 운행빈도를 높여 언제든지 이용할 수 있는 교통네트워크가 이루어져야 한다. 둘째, 이용하기 편리한 연계교통네트워크가 이루어져야 한다.

간선은 철도, 가정에서 철도역까지는 버스, 도심 내에서는 경전철과 자전거를 쉽게 이용할 수 있는 노선건설(지하철, 경전철, 모노레일, 트램, 노면전차, 자전거 도로 등)이 이루어져야 할 것이다. 셋째, 그린성장동력인 철도시스템의 지속적인 연구개발이 이루어져야 한다. 도심에서의 배터리구동 하이브리드차량의 개발, 중력튜브 열차시스템, 무가선 철도시스템, 차량의 고빈도 운행시스템, 연계교통시스템 개발 등이 필요하다. 이와 같이 교통부문에서 교통수단에 대한 요금에 사회적 비용의 반영 등의 제도개선과 배출량이 적은 철도이용의 장려, 그린성장 기술개발 등의 배출량 감소시책을 펴나간다면 CO_2 배출량을 현격히 줄여 지구온난화방지에 크게 기여할 수 있을 것으로 본다.

3.2 신교통 융합기술

Maglev Trains(자기부상 열차)가 시험되고 얘기 된 지 몇십년이 되어 왔다. 이제 중국의 세계 첫 상업 열차가 이 기술의 미래를 결정할 것 같다.

비평가들은 현재의 고속철도에 비해 별반 이득이 없고 가격도 높다고 반대하지만 반면 다른 이들은 편안함, 여전히 높은 속도, 높은 효율성과 적은 환경오염, 그리고 싼 유지비를 내세운다. 기술은 계속 발전할 것이며 그로서 투자도 증가시킬 것이다.

테크케스트는 산업국가들의 교통 혼잡지역 30%가 자기부상열차를 2030년에서 ± 10년 내에 사용할 것으로 예상한다. 자동화 고속도로(Automated highways)도 나온다.

끝없는 교통체증 상황으로 볼 때 자동화된 고속도로는 새로 길을 내는 것보다 비용이 싸고 더 빠르며 안전해 보인다.

센서와 무선커뮤니케이션 시스템을 장착한 자동차들은 전자화된 차선 위에서 줄줄이 작은 행과 열을 맞추어 가면서 속력과 방향, 멈춤 등이 컴퓨터를 통해 조정된다.

안전성에 대한 의문이 있긴 하지만 자동화된 고속도로가 자가운전보다 더 안전하고 효율적이라고 많이들 주장한다.

테크케스트는 고속도로 교통의 30%가 2025년에서 ± 5년 안에 자동화된 길에 다니게 될 것이라고 예상한다.

지능형 교통시스템(ITS, Intelligent Transport System)은 도로와 차량 등 기존 교통의 구성 요소 즉, 도로와 차량 등 하드웨어 중심의 기반시설에 첨단의 전자. 정보. 통신 기술을 적용시켜 교통 시설을 효율적으로 운영하고 통행자에 유용한 정보를 제공하여 안전하고 편리한 통행과 전체 교통체계의 효율성을 기하도록 하는 교통부문의 정보화 사업이다.

1899년 5월에 첫 운행을 시작한 우리나라 철도는 그동안 많은 기술적인 발전을 이루었다. 특히 경부고속전철의 개통과 철도전문 정부출연연구기관의 설립은 한국 철도기술에 새로운 전환점이 되었다. 철도기술은 승객이 원하는 목적지까지 얼마나 안전하게, 편리하게 도착할 수 있게 할 것인가 하는 관점에서 발전되어 왔다. 이러한 철도는 도시 간 운행되는 간선철도와 도시권역에 운행되는 도시철도로 크게 구분할 수 있다. 이 책에서는 고속철도처럼 새로운 선로를 건설하지 않고 기존 선로에서 보다 빨리 주행할 수 있는 틸팅열차, 도시권역에서 무인으로 운행될 한국형경량전철 K-AGT, 버스와 지하철의 장점을 모은 바이모달 트램, 승객여정선택형 대중교통수단 PRT, 전동차에 전력을 공급하는 가선이 없는 저상트램 등 현재 국내에서 운행되고 있지는 않지만 연구되고 있는 첨단 철도시스템에 대해 소개한다.

(1) 곡선에서 더 강한 한국형 틸팅열차(Tilting Train)

틸팅열차는 '틸팅'이라는 말 그대로 기울이면서 달리는 열차를 말한다. 곡선구간을 주행할 때 차량을 곡선 안쪽으로 기울어지게 함으로써 달릴 때 생기는 원심력을 감소시키는 원리를 이용한 열차다. 스케이트나 오토바이 선수가 곡선구간을 달릴 때 몸을 안쪽으로 최대한 기울이는 것과 같은 원리다.

곡선구간에서도 고속으로 주행이 가능해 전체 운행시간을 단축할 수 있기 때문에 이탈리아, 스웨덴 등과 같이 산악지형이 많은 나라에서 틸팅기술이 발달되어 있다. 우리나라는 선진국보다는 다소 늦은 2001년부터 한국철도기술연구원이 중심이 되어 20여 개의 산학연 연구기관이 공동으로 2007년 초 6개의 차량으로 연결된 틸팅열차 개발을 완료하고, 그 해 4월부터 호남선과 전라선, 충북선, 중앙선 등에서 신뢰성을 높이기 위한 시험을 진행 중이다.

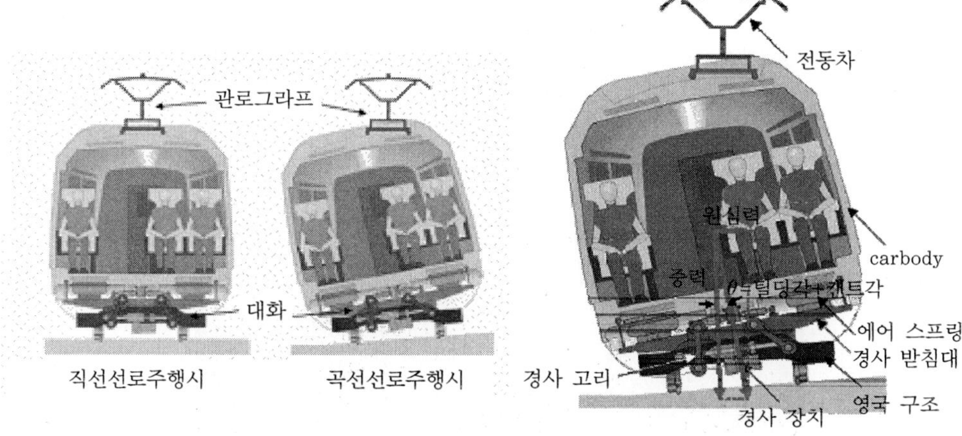

그림 1.22 틸팅열차

틸팅열차는 철도 고속화를 위해 새로운 선로를 건설하지 않아도 되기 때문에 건설비용 절감과 환경파괴 방지, 전기에너지 활용에 따른 친환경성 등의 장점이 있는 철도시스템이다. 한국철도기술연구원에서 개발한 틸팅열차는 설계최고속도 200km/h, 운영최고속도가 180km/h인 준고속 여객열차이다. 차체가 탄소섬유의 복합소재로 제작되어 기존의 차체에 비해 30% 이상을 경량화 했고, 세계 최초로 전체 차체를 일체형 성형기법으로 제작한 것이 특징이다. 또한 틸팅열차의 핵심이라고 할 수 있는 틸팅 대차는 첨단의 전기기계식 제어시스템으로 차체의 경사를 조정하며, 조향장치가 부착돼 곡선구간에서의 탈선을 방지할 수 있고, 위성신호에 의해 곡선을 자동 검지해 곡선 구간이 나타나면 스스로 차체를 기울인다. 또한 열차에 전력을 공급받는 장치인 지붕에 있는 집전장치는 보다 안정적인 전력공급을 위해 차체와는 반대로 기울어진다. 차체가 흔들리면서 고속주행을 하지만 승객들은 거의 느낄 수 없으며, 차량 내 각종 시설물을 고급화하여 쾌적한 승차감과 함께 편의성을 높였다.

틸팅열차는 고속철도가 아닌 일반철도가 다니는 지역의 시민들이 철도를 보다 편리하게 이용할 수 있도록 개발된 열차로, 우리나라 철도의 중심축인 고속철도 경부선과 호남선을 연결하는 일반철도로 더욱 효율적인 철도 네트워크를 구성하는 것을 목표로 하고 있다. 또한 디젤연료를 사용하는 노후화된 새마을열차를 대체하는 열차로도 추진되고 있는데, 그렇게 되면 현재 100~140km/h대에 머물러 있는 일반 철도의 속도를 향상시키게 돼 고속철도와 함께 우리나라 철도를 한 단계 더 업그레이드 할 것으로 전망한다.

그림 1.23 시험중인 틸팅열차

(2) 무인운전 한국형 경량전철 K-AGT

지하철은 도심지의 주된 교통수단이다. 그러나 막대한 건설비와 운영유지비가 필요하기 때문에 신선 건설이나 노선확장이 쉽지 않다. 경량전철은 버스와 지하철의 중간 규모로 건설비와 운영유지비를 절감할 수 있어 지자체마다 시민의 새로운 교통수단으로 주목하고 있다. 철도선진국에서는 1970년대 초반부터 건설을 시작하여 도시의 특성에 따라 AGT, 모노레일, LIM 등 다양한 형태의 경량전철을 운영하고 있다.

그림 1.24 한국형 경량전철 K-AGT

1996년부터 2005년까지 50여개 산학연과 공동으로 한국형경량전철 K-AGT 시스템을 개발하고, 2009년 6월 현재 신뢰성을 향상하기 위한 시험을 경북경산에 위치한 시험선에서 수행하고 있다. 차량시스템의 경우 1차 개발 시제품인 K-AGT I과 성능과 신뢰성을 더욱 향상한 K-AGT II가 있다.

차량은 두량으로 구성되어 있으며, 한량 당 57명의 승객이 탈 수 있다. 기관사가 없이 무인으로 운전되며, 기존 지하철과 달리 바퀴가 고무로 되어 있다. 선로도 철제레일이 아닌 일반도로와 유사한 구조로 되어 있으며, 전력공급선이 지붕에 있지 않고 측면에 있는 것이 특징이다. 최고속도는 70km/h로 기존 지하철의 지선, 중소도시의 간선, 대도시 및 위성도시의 연계교통 수단으로 적합하다. 시스템의 성능과 안전성을 더욱 향상하기 위해 경북 경산에 2.37km 길이의 전용시험선을 건설하여 운영하고 있다.

개발된 K-AGT 차량시스템 기술은 2010년 부산지하철 3호선 미남~안평 구간에 운행될 차량에 적용되었으며, 계획 중인 전국의 경량전철 노선에 더욱 많이 활용될 것이라 기대된다. 경량전철시스템을 건설 및 계획 중인 운영기관 및 지방자치단체에 활용될 수 있도록 적극적인 기술지원을 하고 있다.

(3) 버스와 지하철의 장점을 모은 바이모달 트램

바이모달 트램(Bimodal Tram)은 버스처럼 일반도로를 달릴 수 있고, 지하철처럼 전용 궤도에서 자동운전이 가능한, 즉 두 가지 모드에서 모두 달릴 수 있는 대중교통수단이다. 수송능력은 버스와 경량전철의 중간규모인 2천 ~ 5천명/방향 · 시간 정도로서, 30 ~ 50만 인구 도시의 주요 간선교통이나 도시 간 연계교통 수단으로 적합하다. 또한 건설비도 2 ~ 44억 원/km로 저렴하며, 1 ~ 2년 이내에 시스템설치가 가능하고 일반도로를 이용할 수 있으므로 유연한 노선선정이 가능하다.

초기에는 일반도로-수동운전으로 운영을 시작하고 단계적으로 예산 및 필요에 따라 전용궤도 - 자동운전으로 서비스 수준과 수송량을 향상시킬 수 있다.

2003년부터 산학연 공동으로 바이모달 트램을 개발하고 있으며, 2009년 1월 제작이 완료돼 현재 공장에서 시운전 시험 중이며, 압축천연가스(CNG)나 연료전지를 전원으로 사용한다. 지하에 매설돼 있는 자석이 레일 역할을 하기 때문에 겉으로 봐선 전용차선을 달리는 기존 버스와 별 차이가 없다. 그리고 CNG연료는 엔진의 오염 배출물을 대폭 줄였고, 하이브리드 추진시스템을 사용하기 때문에 연료 소비가 적어서 대기환경 개선을 위한 녹색 철도의 대표 시스템이다.

차량외형은 다양한 도시미관과 잘 어울리도록 함으로써 타고 싶은 마음이 들도록 디자인에도 상당한 고려를 하고 있다. 또한 교통약자의 편리를 위해 차량을 초저상으로 하여 정거장 높이에 맞추고 지하철과 같이 정거장에 정밀 정차시켜 유모차, 카트 및 휠체어가 계단 없이 유연하게 탑승할 수 있다.

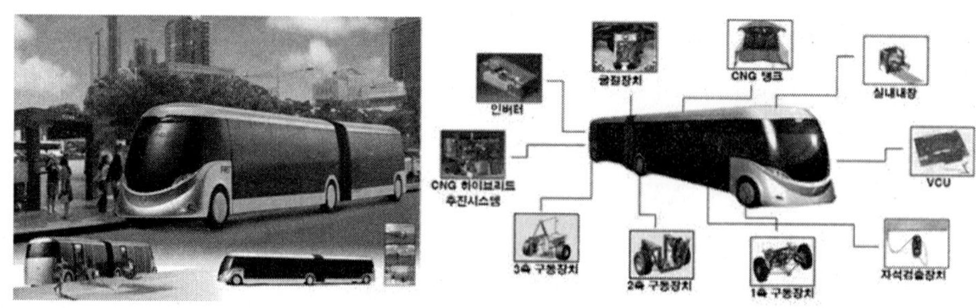

그림 1.25 바이모달 트램

바이모달 트램은 교통약자의 이동편의 제공과 대중교통 육성 및 이용촉진을 위한 정부정책에 따라 자가용을 대체할 수 있는 경제적 이용 따라 품질의 대중교통수단으로서 세종시 및 송도 신도시 등에 적합하도록 신계선 급행버스 유형중 상급노선에 적용됨으로 효과가 클 것으로 기대 된다.

(4) 배터리로 움직이는 무가선 하이브리드 저상트램

자동차, 버스의 증가로 한때 거의 사라졌던 도심의 트램(노면전차)이 유럽, 미국, 일본 등 선진국을 중심으로 르네상스를 맞이하고 있다. 도로교통과는 달리 온실가스를 배출하지 않는 점과 도시미관에 어울리는 랜드마크로서의 역할, 그리고 기술의 발전으로 더욱 편리하고 쾌적해진 것이 주요 이유이다.

그림 1.26 하이브리드 저상 트램

전 세계적인 트램에 대한 재조명과 우리나라에서 최근 급증하고 있는 경전철에 대한 수요에 힘입어, 한국철도기술연구원은 유럽의 신형 저상 트램과 우리나라의 배터리 기술 등 첨단기술을 융합한 이른바 '무가선 하이브리드 저상 트램'이라는 새로운 트램의 개발 중에 있다. 개발 중인 시스템의 특징은 기존의 전동차와 같은 전력공급선(전차선)이 없이 차량에 탑재된 2차전지 배터리를 주 동력원으로 사용하여, 매연이나 소음이 없고 도시미관에도 좋다.

2차전지형 저상 트램은 세계에서 유일하게 프랑스 니스의 광장 일부 구간(약 500m)에만 실용화돼 있으며, 한국의 뛰어난 2차전지 기술을 이용해 무가선으로 10km이상 운행가능하며, 필요에 따라 유가선 구간도 운행할 수 있도록 하고, 전자기 유도를 응용한 CPS(무접촉 전원공급 장치)를 적용하여 정차 시 무접촉으로 전원을 공급받을 수 있도록 개발할 계획이다.

무가선 하이브리드 저상 트램은 하이브리드 추진시스템, 배터리 집적제어기술, 저상대차 기술을 핵심기술로 한다. 저상대차 기술은 차량 구동 장치가 들어가는 대차 높이를 낮추어, 레일 면에서 객차의 바닥까지의 높이를 약 30cm 정도로 교통약자의 승하차를 편리하게 한다.

일반도로 위에 노면레일을 설치하기 때문에 건설비용도 지하철의 20분의 1 정도, 교각이 필요한 모노레일의 10분의 1 정도로 저렴하다. 전차선이 필요 없어 가선을 통한 에너지 손실률을 10% 이상을 절감할 수 있고, 제동 시 생성되는 에너지를 배터리에 충전해 운행함으로써 에너지 효율성을 30%이상 높일 수 있다.

개발될 차량의 크기는 3량으로 좌석이 약 130석, 최소한 250여명을 수용할 수 있다. 속도는 최고시속 100km/h이지만, 도심에서는 평균 20km/h로 주행한다. 또한 버스 승강장처럼 20 ~ 30cm의 블록만 있으면 승하차가 가능해 공간 활용성도 좋다.

현재 개발 중인 무가선 하이브리드 저상 트램은 2011년까지 시제차량 개발을 완료하고 그 이후에는 시스템의 신뢰성향상을 위한 시험을 할 예정이다.

트램은 2012년 여수세계박람회, 울산, 송파신도시 등에서 적용을 확정했거나 계획중에 있으며, 전 세계 400여 곳에서 운행 중에 있어 무가선 트램 개발에 대한 향후 전망은 매우 밝은 것으로 보인다.

(5) 승객여정선택형 대중교통수단 PRT(Personal Rapid Transit)

승객여정선택형 대중교통수단인 PRT는 버스와 경량전철의 중간정도의 수송수요를 담당할 수 있는 도시철도시스템 중 하나이다.

기존의 도시철도와 달리 승강장에서 대기하고 있는 PRT를 승객이 불러서 목적지까지 무인으로 운행하며, 차량당 1 ~ 20명 정도 승차할 수 있도록 설계된다.

이러한 PRT는 대규모 교통시설간 효율적인 연계수단, 지선교통체계와 간선교통체계간의 연결, 중심 업무지구내 일정 범위 안에서의 지역적 연계, 위락 시설간 연계교통수단으로 적합하다.

새로운 개념의 대중 교통수단인 PRT는 1970년대에 그 개념이 등장했으나 네트워크 제어 등에 대한 기술적인 문제, 소형무인차량에 대한 사회의 부정적 반응 등으로 실질적인 상용화에는 이르지 못했으나, 최근 영국 히드루 공항에서 2010년 이후로 운행을 목표로 건설 중에 있다.

그림 1.27 PRT 시스템

PRT의 핵심기술인 네트워크제어 기술연구를 수행하고 있으며, 이를 기반으로 한국 환경에 적합한 PRT시스템을 개발하고, 세계시장에 진출하는 전략을 갖고 있다.

대중 교통수단인 철도기술은 국민 소득증가에 따른 삶의 질에 대한 요구, 저탄소, 에너지 절감형 대중교통수단인 철도에 대한 시대 환경 변화 등은 철도기술발전의 중요한 모티브가 되고 있다.

따라서 철도기술은 사용자 입장에서 서비스 질의 향상과 철도운영자 입장에서 수익증대, 국가차원에서는 환경개선 및 경제성장에 기여하는 방향으로 지속적으로 발전할 것이다. 이에 따라 앞에서 설명한 교통수단이외에도 더욱 다양한 새로운 철도시스템이 출현할 것이다.

철도를 이용하는 사람이나 기술을 개발하는 사람 모두가 보다 빠른, 보다 편리한, 보다 안전한 철도에 대한 열망을 갖고 있다.

제 2 장

제2장 철도교통과 수송

제2장 철도교통과 수송

제1절 철도의 발전

1.1 철도의 황금기

(1) 철도의 개발은 산업혁명, 증기기관차의 도입 및 석탄과 철 광산의 광대한 개척과 더불어 발전하였다. 최초 철도선로는 1930년 유럽에서 운영되기 시작하였으며, 대부분의 철도망은 20세기 초에 최대로 발전하였다.

(2) 동력 기관은 1835년에 영국에서 100km/h, 1890년에 프랑스에서 144km/h, 1903년 독일에서 213km/h의 성능을 달성하여 이들이 철도수송의 빠른 성장에 기여하였다.

(3) 20세기 초 전기차 운전은 세계대전 이전에 신호와 집중 원격제어의 발달로 1950년대에 현재의 철도 유형이 만들어졌다.

1.2 철도와 그 밖의 경쟁 교통수단

(1) 시대의 풍조가 변하여 20세기 초 번성하였던 철도는 비행기와 자동차 등과 의 경쟁에서 뒤지게 되었다. 그 이유는 철도가 대부분 국유화되어 현대화 및 개량화 되지 못하여 속도, 수송비의 절감과 더 좋은 조직, 서비스의 개량 등에서 따라 잡지 못하였기 때문이다.

(2) 속도 경쟁에 이기기 위해 프랑스는 250~300km/h로 운행하는 고속열차를 개발하였고, 1970년대 중반부터 에어트레인(Aerotrain : 프로펠러 추진식 공기부상열차)과 자기부상열차를 연구하여, 1969년에 에어트레인 422km/h, 1999년에 마그레브(Maglev)는 552km/h의 속도로 시험 주행에 도달하였다.

(3) 철도는 자동차 등 타 분야 활동의 자극을 받아 발달해왔다.

1.3 철도조직의 발전

(1) 철도는 1935 ~ 1960년대 사이에 대부분 국유화로 되어 1960 ~ 1980년대까지 적자 경영을 하였고, 1990년대부터 철도가 수송시장에서 경쟁력을 갖기 위해 수송서비스 조직에서 더 많은 노력과 융통성을 갖게 되었다.
(2) 수송비 절감, 새로운 기술적용, 현대화 등을 적극 추진하여 일본, 영국, 스웨덴 등의 일부 국가는 국유 철도를 사유화 하였다.
(3) 1991년 이후 철도 활동의 자유화로 철도의 단일조직을 지양하고 "운영에서 기반시설을 분리"하는 추세에 있다. 이는 국가의 책임으로 효율적이고 안전한 철도기반시설을 건설하여 운영자에게 제공하며, 철도운영자들은 그 기반 시설, 열차를 운행할 수 있어 타 교통수단과 경쟁을 하고, 시설사용료는 국가에 지불하는 방식이다.

제2절 철도수송의 특성

2.1 대량수송

철도수송은 대량수송 능력이 있어서 화물(15,000톤 ~ 25,000톤 수송)과 여객을 대량(일본의 도쿄~오사카 간 515km에서 고속열차는 하루에 약 520,000명을 수송)으로 수송할 수 있는 특성을 가지고 있다.

2.2 에너지 효율성

철도수송은 하나의 자유도를 가져 문전교통(Door to Door)이 불가능하나, 자동제어, 컴퓨터와 전자공학에 의한 대규모 사용에 유리하여 단위 수송량이 크게 증가, 즉 동일한 추진력으로 도로위의 차량보다 훨씬 더 큰 하중을 운반한다. 따라서 철도수송은 동일 교통에 대하여 도로수송의 1/2정도만 에너지를 소비하며, 비행기는 철도보다 에너지를 5 ~ 7배 정도 더 소비하는 것으로 알려져 있다.

전 세계에서 석유의 비축은 오늘날 이후 3세대 정도에 최대 수요를 충족시킬 수 있다고 보며, 에너지 전문가들이 신흥경제의 수요를 고려한다면 2010 ~ 2020년에 잠재적 에너지 위기를 예견하므로 전기철도가 더욱 필요할 것이다.

2.3 친환경성

철도수송은 자동차에 비해 환경오염이 낮고, 전기열차는 오염을 일으키지 않는다.

2.4 안전성

동일 교통량에 대하여 철도수송은 도로에서 발생하는 사망 위험의 1/8정도라고 한다.

제3절 철도교통의 발전

3.1 철도에 비해 도로 수송의 장점

- 문전수송(Door to Door Transport)
- 더 높은 속도, 적은 주행시간
- 높은 승차감
- 유연과 낮은 비용 등

3.2 철도의 여객교통 분담

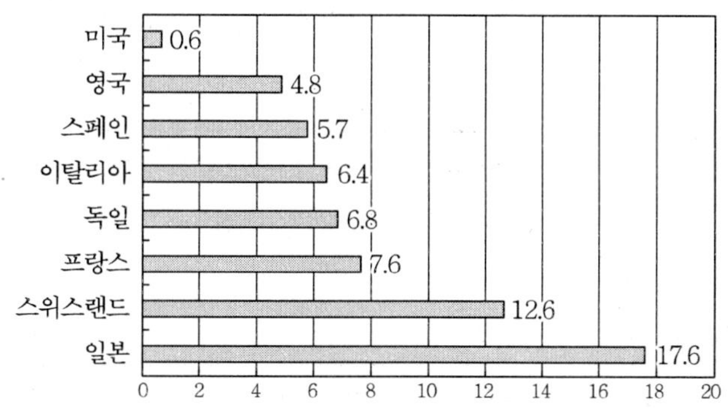

그림 2.1 세계 여러 국가의 여객 시장에서 철도의 분담(1997년, %)

3.3 철도의 화물교통 분담

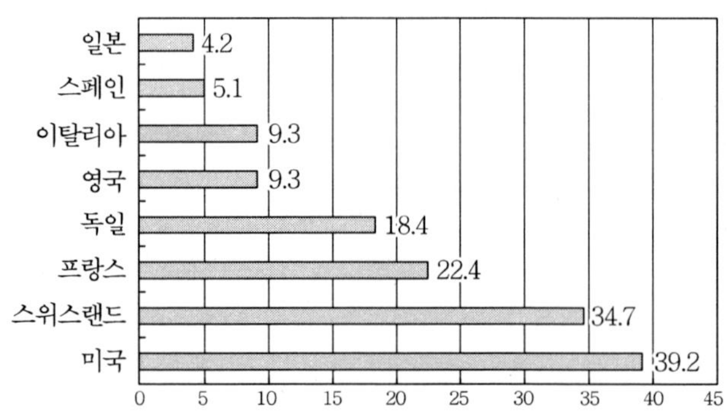

그림 2.2 세계 각국의 화물 수송 시장에서 철도의 분담(1997년, %)

제4절 국내 수송 체계

4.1 수송 · 물류체계의 여건

(1) 유효연장(2002년 기준)

- 철도 : 4,899km
- 도로 : 129,730km

(2) 수송분담율

표 2.1 수송분담율 (2003년/인, ton기준)

구분	도로	철도	지하철	해운	항공	계
여객(%)	75.6	8.2	15.9	0.1	0.2	100.0
화물(%)	74.6	6.2	-	19.2	0.1	100.0

※ 도로의 수송 분담율이 지나치게 높아 막대한 교통 혼잡비와 국가 물류비용 등이 많이 발생하고 있음.

(3) 교통시설투자

표 2.2 교통시설투자 (제1차 계획 : 2004년)

구 분	도로	철도	공항	항만	기타	총계	비고
집행실적 (%)	52.8	24.9	3.6	8.6	1.1	91.0	집행중 9%

※ 인천국제공항 개항(2001년 3월)
경부고속철도 개통(2004년 4월)

(4) 시설투자 계획(철도 : 2004년 기준)

- 영업거리 : 3,374km
- 복선화율 : 39%
- 전철화율 : 39.8%
- 수송 및 에너지 효율이 우수한 철도수송의 분담율을 높여 교통 혼잡비용과 국가 물류비용을 점차 감소시켜가고 있다.

4.2 전국적인 철도망 확충

(1) 남북 6개축 및 동서 6개축을 고속철도와 연계하여 고속화 (최고속도 180 ~ 200 km/h 이상)된 간선 철도망 구성예정.

(2) 지선은 고속철도 및 간선철도의 접근노선으로 역할 분담.

표 2.3 전국 간선 철도망

남북 6개축	동서 6개축
• 호남축 : 인천 ~ 천안 ~ 익산 ~ 목포	• 동서1축 : 서울 ~ 춘천 ~ 인제 ~ 속초
• 서해 · 전라축 : 서울 ~ 예산 ~ 익산 ~ 여수	• 동서2축 : 평택 ~ 여주 ~ 원주 ~ 강릉
• 경부축 : 서울 ~ 대전 ~ 대구 ~ 부산	• 동서3축 : 보령 ~ 조치원 ~ 제천 ~ 동해
• 중부내륙 : 수서 ~ 여주 ~ 충주 ~ 진주	• 동서4축 : 익산 ~ 무주 ~ 김천 ~ 영덕
• 중앙축 : 청량리 ~ 제천 ~ 경주	• 동서5축 : 광주 ~ 남원 ~ 대구 ~ 포항
• 동해축 : 저진 ~ 강릉 ~ 포항 ~ 부산	• 남해축 : 목포 ~ 순천 ~ 진주 ~ 부산

※ 수송 · 물류 정책방향 및 과제를 참조하였다.

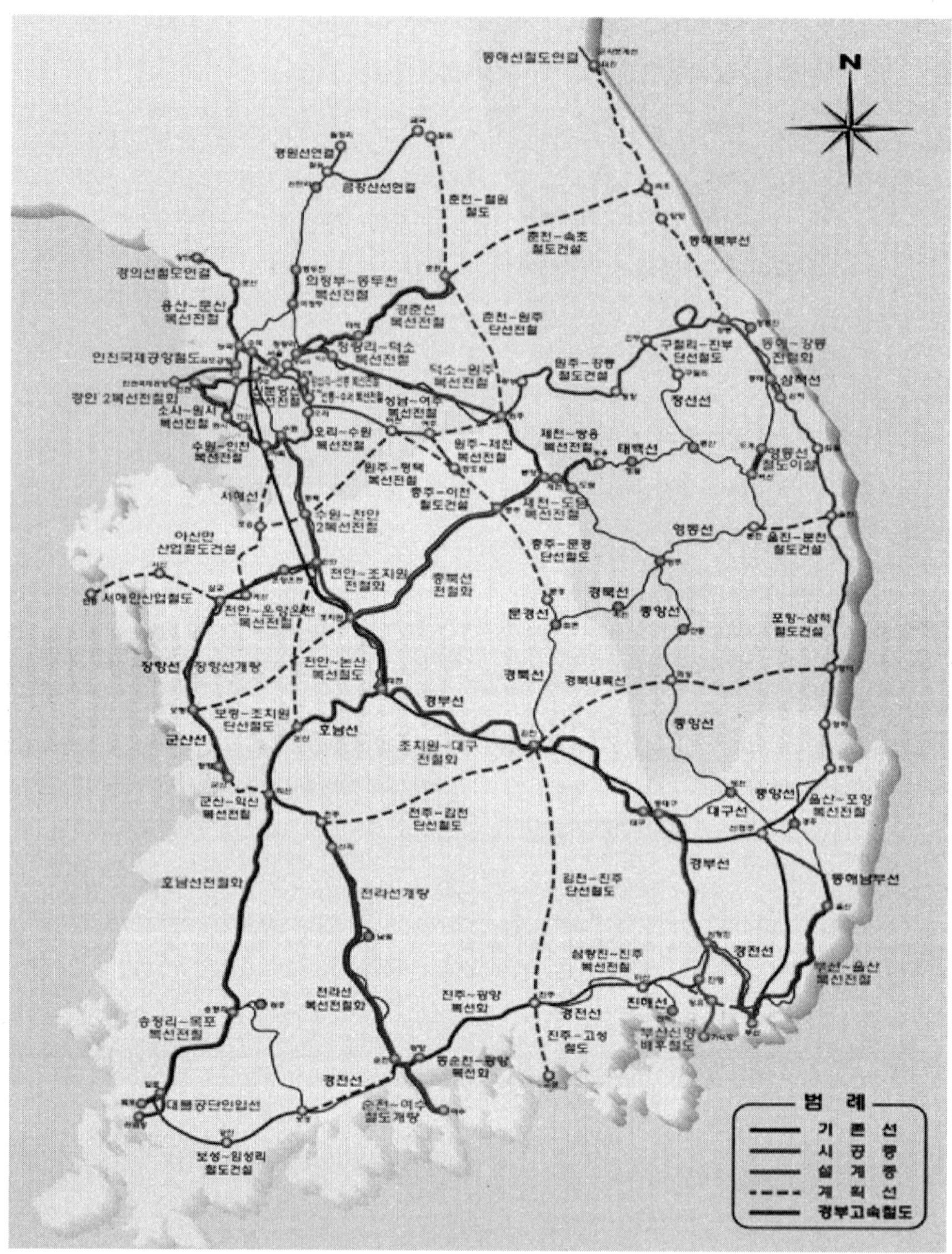
N
동해선철도연결
경원선연결
금강산선연결
춘천~철원 철도
춘천~속초 철도건설
동해북부선
경의선철도연결
의정부~동두천 복선전철
용산~문산 복선전철
경춘선 복선전철
춘천~원주 단선전철
청량리~덕소 복선전철
인천국제공항철도
덕소~원주 복선전철
원주~강릉 철도건설
구절리~진부 단선철도
동해~강릉 전철화
삼척선
경인 2복선전철화
소사~원시 복선전철
성남~여주 복선전철
오리~수원 복선전철
정선선
수원~인천 복선전철
원주~제천 복선전철
제천~쌍용 복선전철
태백선
영동선 철도이설
원주~평택 복선전철
충주~이천 철도건설
서해선
수원~천안 2복선전철
제천~도담 복선전철
아산만 산업철도건설
충주~문경 단선철도
영동선
울진~분천 철도건설
천안~조치원 전철화
충북선 전철화
서해안산업철도
천안~온양온천 복선전철
경북선
문경선
중앙선
포항~삼척 철도건설
장항선
장항선개량
천안~논산 복선철도
경북선
경북내륙선
경부선
보령~조치원 단선철도
호남선
중앙선
군산선
조치원~대구 전철화
군산~익산 복선전철
전주~김천 단선철도
대구선
중앙선
울산~포항 복선전철
경부선
동해남부선
호남선전철화
전라선개량
김천~진주 단선철도
삼랑진~진주 복선전철
경전선
부산~울산 복선전철
전라선 복선전철화
전주~광양 복선화
경전선
진해선
송정리~목포 복선전철
진주~고성 철도
부산신항 배후철도
동순천~광양 복선화
경전선
대불공단인입선
순천~여수 철도개량
보성~임성리 철도건설
범 례
기 존 선
시 공 중
설 계 중
계 획 선
경부고속철도

그림 2.3 전국철도망도

제5절 철도의 사업과 기술

5.1 철도의 약점

(1) 경영과 조직의 불가변성
(2) 직원의 부족
(3) 높은 수송비용(뒤진 운영방법 결과)
(4) 철도기반시설 비용은 철도가 부담
(5) 수송 활동 없는 선로에 대한 의무운영

5.2 철도의 장점

(1) 날자와 계절에 영향을 덜 받고 여객과 화물수송
(2) 환경오염의 최소화
(3) 혼잡 완화에 기여
(4) 타 수송수단보다 에너지 절약
(5) 저렴한 운임
(6) 대량수송

5.3 철도재건의 개발방책과 수단

(1) 조직의 보다 큰 유연성 확보(투자확대)
(2) 적소 인원배치 및 전문 인력 배치(구조개혁)
(3) 수송시장에서 경쟁적 철도서비스를 제공(철도서비스 향상)
(4) 차량과 기반시설의 체계적 유지관리
(5) 기반시설의 현대화
(6) 적자의 점진적 감소(의무 운영선 축소)
(7) 환경을 오염시키지 않고 교통혼잡을 야기 시키지 않은 철도운영에 대한 적당한 보상

5.4 효과적 철도수송

(1) 경제의 국제화에 따른 수송시장의 전개
(2) 고객서비스에 기초한 타 분야와 경쟁
(3) 세계적 철도서비스를 위한 각종 철도기술의 일치성(호환성)
(4) 장기 운영 수익성 확보(각종 이익창출)

5.5 고속열차

(1) 철도에서 고속의 적용

• 고속열차는 주행시간의 감소를 바라는 고객의 요구에 따라 발전되었다.

- 1964년 10월에 도카이도 신간선(동경-신오사카 515km)이 개업한 이래 약 35년이 경과하였다. 그 사이에 산요 신간선(신오사카-오카야마 1972년 3월, 오카야마-하카다 1975년 3월 개통), 도호쿠 신간선(오미야-모리오카 1982년 6월, 우에노-오미야 1985년 3월, 동경-우에노 1991년 6월 개통), 죠에쯔 신간선(오미야-니이가타 1982년 10월 개통), 호쿠리쿠 신간선(다카사키-나가노 1997년 10월 개통)이 건설되었다. 또한 궤간은 신간선과 같은 표준궤이나 차체는 기존선 특급 크기와 같은 미니 신간선인 야마가타 신간선(후쿠시마-야마가타 1992년 7월 개통), 아키타 신간선(모리오카-아키타 1997년 3월 개통)이 건설되어 신간선 철도망이 전국으로 확대되었다.

그림 2.4 일본 신간선 고속열차

신간선의 이러한 성공은 당시 자동차에 뒤처져 침체 기미에 있던 철도의 부활 가능성을 세계에 알려주었다.

그림 2.5 운행중인 신간선 고속열차

특히, 유럽에서는 신간선의 성공을 계기로 철도 고속화에 대한 기술개발이 활발하게 이루어졌으며 1980～1990년대에 프랑스의 TGV, 독일의 ICE, 이탈리아의 ETR500 등 최고 운전속도가 250～300km/h인 고속열차가 탄생하였다.

그림 2.6 이탈리아 ETR

그림 2.7 프랑스 TGV

더욱이 1988년 5월에는 독일의 ICE가 406.9km/h, 1990년 5월에는 프랑스의 TGV가 515.3km/h로 최고 속도 기록을 경신 2007년에 574.8km/h까지 발전하였다.

그림 2.8 독일 ICE 고속열차

- 1980 ~ 1990년대에 독일, 이탈리아, 스페인, 프랑스의 TGV대서양선, TGV지중해선, 파리 ~ 런던선 등이 건설되었다.
- 2004년 300km/h 서울 ~ 대구 ~ 부산간 건설 운영 중
- 중국 베이징 ~ 상하이, 상하이 ~ 난창 노선 등 18개 구간에 시속 200km가 넘는 고속열차를 투입했다. 중국 언론들은 철도교통에 '바람의 시대'가 열렸다고 환호하고 있다.

이번 고속열차 투입으로 중국 철도에서 시속이 200km 이상인 구간은 모두 6849km로 늘어났다. 이 가운데 친황다오 ~ 선양, 칭다오 ~ 지난, 정저우 ~ 우한 노선 등 846km 구간에는 시속 250km로 달리는 고속열차가 운행된다. 한국의 서울 ~ 부산 고속철도

구간(409km)보다 2배 이상 길다.

고속열차 투입으로 주요 도시를 오가는 시간이 기존 특급열차(시속 120km)보다 20 ~ 30% 줄어들 전망이다. 특급열차로 12시간 걸렸던 베이징 ~ 상하이 구간은 10시간이면 주파할 수 있다. 운행시간이 가장 많이 단축된 구간은 베이징 ~ 푸저우 구간으로, 19시간 40분 걸리던 것이 14시간으로 줄어들게 됐다.

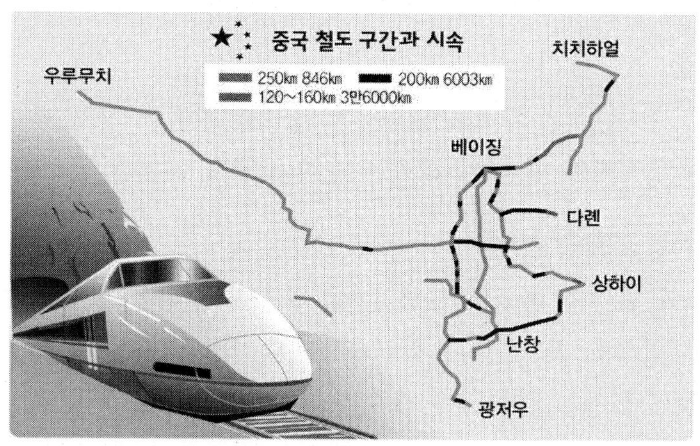

그림 2.9 중국 철도 구간과 시속

- 고속의 접근방법
  - 여객열차만 고속선로를 운행
  - 고속 신선을 여객열차와 화물열차로 혼용 운행

(2) 주행시간 단축영향

- 고속철도는 한 도시의 중심에서 다른 도시의 중심까지 주행시간이 자동차 보다 훨씬 짧고, 비행기보다도 더 짧을 수 있어서 교통 이용자가 점차 증가하고 있다.
- 버스와 지하철 및 철도정거장의 접근성을 개량하여 보다 효율적으로 서비스를 제공하여 시간과 비용의 관점에서 즐거운 여행이 되게 하고 있다.

(3) 고속철도 선로의 기술적 특징

- 고속철도는 일반 전철에 비해 곡률반경이 크고 구배가 낮으며, 견인동력이 훨씬 크다는 특징이 있다.

제6절 철도에서 기타 수송 서비스

6.1 도시철도 서비스

- 폭발하는 교통문제를 수송용량이 큰 철도를 이용하여 경감시킬 수 있으며, 도심에서 교외까지 철도선로가 서비스를 제공한다.

6.2 합동 수송

- 여러가지 수송방식은 수송비에 있어서 상대적 장점을 갖고 있으므로 몇가지 수송방식을 혼성하여 이용함으로써 비용과 시간을 최대한 절약할 수 있다.

6.3 기반시설과 운영의 분리

- 기반시설과 운영의 분리는 경쟁체계를 도입하기 위한 첫 단계로써 기반시설은 국가의 책임으로 하고, 모든 철도회사는 궤도를 사용하는 요금을 국가에 지불하고 운영(유럽에는 많은 철도운영회사가 있다.)
- 우리나라에서는 2004년부터 철도 기반시설 건설과 운영조직을 분리하여 시행중에 있다.

6.4 Channel 터널의 프로젝트 소개

- 영국과 프랑스는 한 세기 이상의 노력으로 1986년 두 국가간 철도연결 결정.
- 총 연장 50km의 해저터널은 7.6m의 내부직경을 가진 두개의 터널과 보수 및 비상사고 등에 대비한 제3터널(직경 4.8m)로 구성되어 있다.
- 레일은 해저 25m ~ 40m 아래에 위치(375m마다 보조터널 연결)
- 건설비는 터널건설 50%, 차량 10%, 궤도, 통신, 신호 전기설비 40%
- 1994년 가을에 개통, 런던 ~ 파리까지 3시간(160km/h)
- 트럭과 버스를 동시에 수송하는 셔틀 여객 열차를 운영
- 런던 ~ 파리간 주행시간 비교
  - 기차 + 배 : 6시간 45분
  - 비행기 : 3시간
  - 기차 + Channel터널 : 3시간
- Channel터널은 민간이 자금을 조달(55년간 운영)하여 건설하였다.

제 3 장

제3장 철도교통 역사

제3장 철도교통 역사

제1절 교통시스템

1.1 도로교통(Road Traffic)

1) 특징

① 지형의 제약이 적고 융통성, 기동성, 문전 연결성이 유리하다.
② 여객 수송과 소량 화물의 단거리 수송에 유리하다.
③ 최근 고속도로의 발달, 자동차의 대형화로 중장거리 화물 수송 증가
④ 문전 연결성의 장점으로 택배 산업 발달

2) 발달

가로·소로	→	신작로	→	군사 도로	→	산업 도로	→	고속 도로
조선시대 이전		일제 강점기		6.25전쟁 이후		1960년대		1970년대 이후

그림 3.1 도로전경

1.2 철도교통(Railway Traffic)

1) 특징

① 대량화물과 안전성에 유리하나 기동성이 낮고 지형의 제약이 크다.

② 고속도로, 해상화물수송의 발달로 비중 저하

③ 수도권 광역화에 따른 전철의 발달로 여객수송 비중 증가

2) 발달

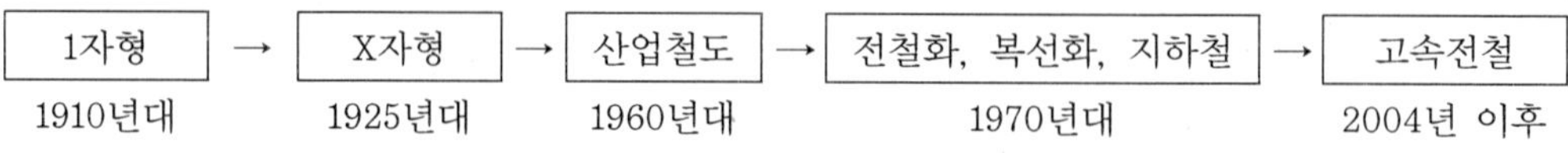

그림 3.2 철도선로

1.3 해상교통(Ocean Transportation)

① 장거리, 대량화물수송에 유리하나 신속성이 부족하다.

② 무역량의 증가로 해상화물수송 급증

그림 3.3 해상교통

1.4 항공교통(Air Traffic)

① 지형의 제약이 적고 신속한 수송에 유리
② 운송비가 비싸고 기상조건의 제약이 큼
③ 국제 이동량이 증가하여 항공수요 증가추세

그림 3.4 항공교통

1) 일반교통의 정의

① 사람이나 화물을 한 장소에서 다른 장소로 이동시키는 모든 활동 혹은 과정
② 장소와 장소간의 거리를 극복하기 위한 행위
③ 사람의 움직임에 편의를 제공하는 수단

2) 일반교통의 역할

① 정치적 : 국가 또는 사회의 발전정도를 평가하는 기준
② 경제적 : 생산성의 극대화와 산업구조의 개편 수단 제공
③ 사회적 : 지역간의 격차해소와 문화적 일체감 조성

3) 일반교통의 3요소

① 교통주체 : 사람, 물건
② 교통수단 : 자동차, 버스, 전철, 지하철, 비행기, 선박
③ 교통시설 : 교통로(도로, 철도, 운하, 항로), 역, 주차장, 공항, 항만

4) 일반교통의 기능

① 승객과 화물을 일정시간에 목적지까지 운송
② 문화, 사회활동 등을 수행하기 위한 이동수단 제공
③ 도시화를 촉진시키고 대도시와 주변도시를 유기적으로 연결
④ 생산성 제고와 생산비 절감에 기여
⑤ 유사시 국가 방위에 기여
⑥ 도시간, 지역간의 사회, 정치적 교류촉진
⑦ 소비자에게 다양한 품목을 제공하여 교역의 범위를 확장

제2절 철도교통 환경

2.1 영국철도의 성장

- 1830년 : 선로관리 철도회사 설립
  기관차+객차 제공하는 선로위에서 수송을 독점 도입하는 것으로 통행료만 지불하면 궤도용 마차 함께 운행 할 계획이었다.
- 1840년 : 영국의회의 결정으로 관철됨
- 1980년 후반 : 스웨덴 철도의 상하분리 실험 성공

- 국가주도 종합적 노선계획에 의거 건설은 프랑스, 벨기에서 시행
  그러나 영국철도는 자유롭게 건설. 철도시스템이 무계획적 건설추진
- 1880년에 영국의 15개 대도시중 12개 도시에서 런던까지 복수 노선들이 생겨 원하는 노선을 선택 가능토록 됨

> 예 : 3개 민영철도 라이벌 시대 : 맨체스터, 글래스고, 에딘버러에서 런던까지 3개 노선운영

※ 경쟁 속에서 장단점 발생

- 장점
  - 열차운행 빈도와 속도가 높아 도시성장일조
  - 운임인상도 억제되어 제조업체, 무역업체 이득 봄
- 단점
  - 포츠머스 2개 철도회사 보유 : 서로 최악을 다툴 뿐
  - 입스위치 1개 철도회사 보유 : 충분히 만족스런 서비스제공

경쟁 체제를 찬성하던 비판적이던 매우 비싼 대가를 요구한다는 사실.
막대한 비용이 들어가는 노선이 중복건설 발생 → 켄트지역(사례)
인구가 희박한 농촌 지역까지 노선을 연장 건설함은 물론 런던까지 유사한 열차운행, 역, 인력, 장비 중복투자 - 전체적 경쟁력 악화됨

2.2 교통 개인주의 수송독점화

막대한 투자비 소요되는 선로 등 기반시설 중복건설하지 않고, 한 선로 위에 각기 다른 회사들의 여러 열차가 서로 경쟁하며 서비스 수준 높일 수 있는 방법은 다음과 같다.

※ 마차궤도에, 도로에, 통행료를 내고 자기 소유의 마차를 개별적으로 운행 익숙해 있었기 때문

※ 철도가 다른 교통수단과 다르지 않다고 이해 새로운 교통수단 기술에 적응 안 됨.

☆ 라드너(D, Larder) 1851년 발간 Railway Economy에서 철도 초창기를 다음과 같이 회고

- 누구나 철도 선로 위를 지나다닐 수 있고(정해진 규정, 법령만 지키면 된다는 생각이 일반적임)

※ 규칙을 지키지 않는 운송업체를 제외

※ 철도는 거대한 기계처럼 각 부분들이 서로 긴밀하게 연결되어 특정수준의 일치성 요구됨

- 이런 이유로 서로 독립적인 여러 운송업체에 의해 운영될 수 없다.
- 철도 운영은 통일적인 관리와 서로 맞아 떨어지는 행동요구
- 일반도로에서는 전체운송업체와 도로관리청 각각 맡은 역할을 하면 되나 철도에서는 단일한 운영회사 결합만이 가능

※ 1830년 조지스티븐슨

리버풀&맨체스터 철도에 처음 도입 → 선로관리 철도회사가 기관차와 객차를 제공 수송독점개념

기술적 측면 → 철도노선과 차량운영을 하나의 체제로 구상

(유료도로, 운하에 익숙해왔던 개별 교통체계관점에 익숙한 환경 속에 그의 생각 관철되기 시간 걸림)

※ 1840년 영국의회, 선로와 기관차 소유 철도회사들이 철도경영의 본성을 이유로 여객수송의 실질적인 독점을 해야 한다는 결정에 도달했다.

2.3 교통수단별 특성이해

주요 교통시스템은 전통적으로 해상, 항공, 도로, 철도 4가지로 분류된다. 이러한 교통시스템의 특성을 좌우하는 수송량과 서비스수준, 장애, 정체시의 간섭 상태 등에서 각각의 교통수단 시스템은 확연히 다르다.

1) 해상교통과 항공교통

해상교통과 항공교통 → 터미널만 연결하는 교통수단이다(점을 연결).

해상교통은 항(Port) 항공교통은 공항(Airport)

터미널에서의 입출항 또는 이착륙 시설규모에 수송량이 좌우 된다.

※ 터미널과 터미널 사이를 오갈 때는 대부분 자유롭게 추월 위치를 바꿀 수 있다.

※ 바다와 하늘이라는 자연 자체가 거의 무한한 기반시설을 제공함으로 각각의

터미널은 상호 간섭 없이 사실상 독점운영

※ 항공교통에서 개별적 비행기간 서로 영향을 미치지 않는다. 관제시스템도 개별적 공항에서의 이착륙통제를 위주로 국부적이고 시설 중심적 특성을 가진다. 그러나 철도교통은 선로 위를 운행하는 각각의 열차들이 상호 직접 영향을 미친다.

※ 철도 관제시스템도 네트워크 전반에 걸쳐 모든 열차의 진로를 설정하는 등 열차 운행 자체를 직접적으로 통제하는 운영 중심적 특성을 갖는다.

☆ 해상교통과 항공교통은 부두와 공항 터미널별로 시설 관리자가 독립적으로 관리하면서 비교적 다수의 선박운송업체와 항공사 또는 선박이나 비행기를 소유한 개인들을 상대하는 시설과 운영의 분리(상하분리)방식으로 발달

2) 도로교통

도로변에서 자동차에 타고 내리고 짐을 싣고 내리는 면을 연결하는 교통수단

※ 해상, 항공교통은 터미널처리능력으로 수송량 결정 도로교통은 목적지사이 연결도로의 자동차 수용능력으로

※ 주행 중 다른 자동차를 추월하는 것이 가능, 차량의 속도와 정체 여부에 따라 서비스 수준이 달라짐

※ 차선의 폭, 경사, 평탄성, 도로상태 등에 따라 다르지만 도로용량은 기본적으로 차선 수에 좌우된다.

- 일반적으로 한차선 수용가능 자동차 숫자 1,500대/시간
- 자유로운 주행 시 속도의 90%이상 달리려면 도로수송량의 60%이하
- 도로가 정체되면 줄지어 있는 각 자동차의 차마다 2초가량 지연

※ 도로 진출입과 주행을 전적으로 각 운전자 맘대로 할 수 있는 완전한 개별 교통시스템이다.

도로시설과 자동차 운송부문이 분리된 상하분리 방식으로 정의함.

3) 철도교통

역이라는 터미널에서만 여객과 화물을 취급한다는 점에서는 해상, 항공교통과 비슷하다.

☆ 해상 항공교통은 멀리 떨어져 점 특성

철도교통은 인접근거리(열차운행에 직접적으로 관여) 선 특성

☆ 도로교통에서는 추월이 가능

철도교통에서는 레일에 의해 기계적으로 안내, 선로 전환기 설치된 역 구내를 제외하곤 추월 불가능

※ 구원열차로 회송하기까지는 불통

도로교통 - 운전자들의 기량에 맡겨져 있어 사고에 매우 취약

철도교통 - 열차가 궤도를 벗어날 수 없는 것, 상대적 안전성 높다.

여객열차, 화물열차를 동일노선에 운행 복선은 양방향으로 1시간당 15개 열차, 단선은 1시간당 4개열차를 넘으면 지연발생시 회복 곤란

※ 철도자원은 자본집약적으로 이용률이 단지 몇%만 떨어져도 비용은 크게 증가

※ 철도관제

계획된 열차시각표에 의거, 각 열차의 진로를 설정, 정시 운행시키는 역할

※ 철도교통 = 통합적 방식 선로관리, 교통관제, 운송서비스

2.4 철도 상하분리 시스템

1980년 후반 스웨덴

도로 수송모델→ 철도시스템에 적용

선로사용료(Track Charge)

$$Yi = ai \times bi \times xi$$

(Yi)연간비용 = 도로 수송관련 공정한 비용 산출을 위한 고정비용(ai)

경제사회적 한계비용과 일치하는 가격계수(bi)

연간 총 ton-km(xi)

고속철도 - 유지보수비의 100%에 더하여 건설투자비를 회수

일반철도 - 유지보수비의 70% 선로사용료

철도운송 매출액의 30%에 달하는 고율의 선로사용료 부과

도로는 고속도로(일반도로면제)통행료는 운송매출액의 10%↓

제3절 철도의 역사(History of Railway)

3.1 철도의 변천과 역사

철도가 오늘날과 같이 눈부시게 발전하게된 것은 오랜 기간 동안 수많은 시행착오 및 끊임없는 연구개발의 성과이다.

그림 3.5 초기 철도 궤도 및 차륜

철도란 일반적으로 '궤도 위에 동력장치를 갖춘 차량을 주행시켜 사람과 화물을 대량으로 수송하는 시스템'을 말한다. 법률상 철도는 '철도(rail way)'와 '궤도(street rail way)'로 구별하고 있다. 공학적으로 철도는 레일 또는 일정한 안내길(guide way) 즉, 선로전환기를 따라 사람과 화물을 실어 나르는 차량을 운전하는 설비를 말하기도 한다.

그림 3.6 철도 선로 전환기

철도라는 명칭은 한국과 일본에서는 '철도(鐵道)', 중국에서는 '철로(鐵路)', 영국에서는 '레일웨이(railway)', 미국에서는 '레일로드(rail road)', 독일에서는 '아이젠반(eisenbahn)', 프랑스에서는 '슈맹 드 페르(chemin de fer)' 등으로 불리고 있다. 그 어원은 모두 '철의 길'이라는 뜻에서 유래했다.

철도의 현대적 의미는 단순히 '철로 만든 길'뿐만 아니라 차량을 운전하여 사람과 화물을 수송하고 그에 따르는 조직/관리 및 영업을 계속하는 기업으로 해석되고 있다.

단순한 철길은 '철도의 시대' 이전부터 광산지대 등에서 비교적 간단한 구조로 사용돼 왔으나 그것은 제한된 지역 내에서의 단순 운반 설비에 지나지 않았으므로 엄밀히 철도라고 할 수는 없는 것이다.

소와 말이 마차를 끌어 사람과 짐을 운반하던 고대에도 길은 필요했다. 그러나 무거운 돌덩어리 같은 짐을 실은 마차가 통과하면서 길이 파손되기 일쑤였다. 파손된 길을 통해 짐을 옮기는 일은 몹시 불편했다. 이때부터 고대인들은 일종의 유도 통로인 널빤지를 도로에 깔기 시작했다. 원시적 개념의 철도인 셈이다.

6세기경 독일 광산에는 마차가 유도 통로에서 벗어나지 않도록 바퀴에 간단한 '윤연(輪緣)'이라는 플랜지(wheel flange)를 붙여 사용했다.

1500년대 영국과 프랑스, 독일 등 유럽의 철도는 지금과는 많이 달랐다. 철도차량을 지탱하는 선로를 뜻하는 궤도(軌道)가 나무로 만들어졌던 것이다. 나무로 만든 궤도를 길바닥에 설치하고, 그 위를 말 한 마리가 끄는 수레 2 ~ 3량을 다니게 한 것이 최초의 철도의 개념이다.

이 시절 나무로 만든 바퀴가 나무로 만든 레일 위를 달리다 보니 플랜지 부분이 자주 망가졌다. 사람들은 철로 된 바퀴인 철륜(鐵輪)을 점점 연구하기 시작했다. 나무 대신 철로 만든 최초의 레일은 방망이 모양의 철판을 사용했다.

1767년 영국의 레이놀즈가 철제 오목 형 레일을 발명한 것을 시작으로 22년 후 영국의 리콜라스 제솝이 지금의 I자형에 가까운 주철 레일을 만들게 됐다.

1769년 스코틀랜드 출신 제임스 와트가 최초로 증기 기관을 발명 특허를 받았다. 증기기관은 물을 끓여 발생한 증기가 갖고 있는 열에너지를 기계적 일로 변환시켜 동력을 발생시키는 원동기를 말한다. 에너지의 원천이 되는 석유, 석탄, 물, 파도, 조석의 힘과 같은 천연 자원들은 아무리 많아도 활용하지 못하면 소용없는 법이나, 이 자원들을 이용해 필요한 힘을 만드는 장치인 원동기를 고안한 것이 제임스 와트의 증기기관이었다.

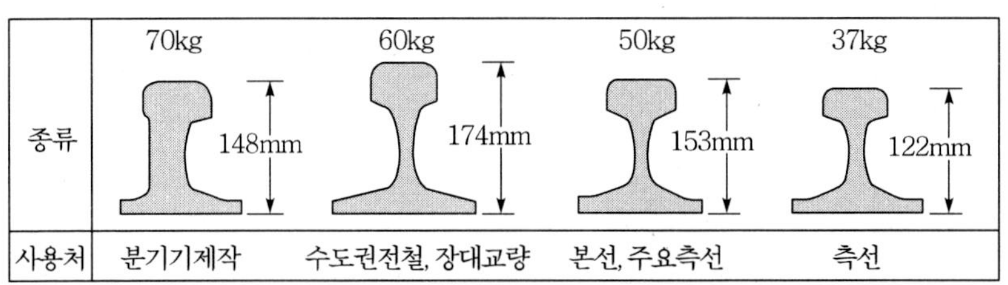

그림 3.7 레일 종류 및 사용처

이 증기기관을 이용, 현재와 같은 개념의 철도를 처음 만든 사람은 영국의 리처드 트리비식이었다. 그가 1803년에 만든 증기기관차는 시속 8km의 속도를 낼 수 있는 40마력의 기차였다. 이 증기기관차는 나무 대신 철로 만든 궤도 위를 달렸다.

증기 기관차의 등장으로 '수송혁명'을 주도한 철도는 20세기 중반까지 지상교통의 절대강자로 군림했다. 이후 항공, 선박, 자동차 등 다른 교통수단의 발달로 철도의 역할은 상대적으로 급속히 줄어들었다. 철도는 급기야 사양 산업으로 전락하면서 존폐위기를 맞기도 했다.

그러나 철도는 다시 부활하고 있다. 고속열차의 등장으로 철도는 항공기와 경쟁할 만큼 첨단기술이 집약된 고부가가치 산업으로 떠오르고 있다. 이제 철도는 21세기 핵심운송수단으로 각광받고 있다.

철도는 그동안 회생이 어려울 정도로 만성적자에 시달렸다. 시속 300km의 고속철도가 개통된 후 철도는 불사조처럼 지상교통의 주역으로 또다시 부활하고 있다. 철도는 국경까지 무너뜨리고 있다. 지구촌을 하나로 묶는 최첨단 교통수단으로 거듭나고 있다. 프랑스와 영국의 유로터널이 유럽 국가들을 하나의 대륙으로 연결했듯 한국-중국-러시아-유럽을 철도로 이어간다면 유라시아를 하나의 지구촌으로 만들 수 있을 것이다. 이처럼 세계는 국제적인 철도 네트워크로 연결되면서 국가와 대륙을 하나로 잇는 '철도의 르네상스 시대'를 맞고 있다.

현대사회는 점차 시간의 흐름과 더불어 철도설비/기술에 관한 지식이 쌓이면서 과거 일반철도로부터 현재 고속철도까지를 개발해 내고 있으며, 미래에 사용될 교통수단으로서 속도향상에 의한 운송시간 단축이라는 부분 이외에 다른 부분에 대한 연구 또한 병행되어야만 한다.

이런 측면에서 철도교통의 신교통시스템은 교통체증, 대기오염 등 자동차교통에 의해 교통 환경, 도시환경이 악화되는 것을 지켜주며, 지하철과 버스의 중간 수송력과 건설비 절감 등의 장점을 지녀 앞으로 새로운 도시교통수단으로서 중요한 역할을 담당하게 될 것이다.

신교통시스템으로서의 철도교통으로는 경량전철, 노면전차, 모노레일, AGT, LIM, 자기부상열차, 산악열차가 있다.

경량전철의 정의는 나라마다 약간씩 다르다. 영어로 LR(light rail)이라 부르고, 이 용어의 어원은 정확하지 않으나 미국의 노면전차인 trolley, streetcar, 영국의 노면전차인 tram, tramway의 의미를 확대한 표현으로 1960년대에 들어와 처음 사용되었다. 미국 내에서도 경량전철에 대해서는 대중교통협회(American Public Transportation Association: APTA)와 수송연구위원회(Transportation Research Board: TRB)의 정의가 조금 다르지만 우리나라에서는 유/무인운전 여부에 따라 유인운전인 경우는 노면전차, 무인운전인 경우에는 AGT로 구분하여 정의하는 것이 혼돈이 없는 무난한 분류가 될 것이다.

노면전차는 motorization(자가용사용)의 진행에 따른 노면교통의 정체와 더불어 그 대부분이 폐지되었지만, 개량형 노면전차는 폐지된 노면전차의 기능을 재평가, 최신기술을 도입함으로써 노면전차를 새로운 시스템으로 부활시킨 것이다. 이에 따라 정시운행과 고속주행이 가능하게 되었다. 노면전차는 기본적으로 도로 위를 일반교통수단과 함께 운행된다. 노면전차는 도시의 대량수송 시스템과 비교하면 수송력, 속도 등은 떨어지지만 일반적인 도로를 이용하므로 역 설비, infrastructure, 신호시스템을 단순하게 할 수 있어 건설비가 대폭적으로 절감되는 큰 장점이 있다. 인구가 20~30만 정도의 수송수요가 그다지 많지 않은 중/소도시에 교통효율을 위해 도입이 가능하다. 특히 개량형 노면전차(Light Rail Transit: LRT)는 기존의 노면전차와 비교해 최고속도 및 가/감속성능을 개선함과 동시에 1열차 당 수송력을 향상시켰다. 특히 최근에는 고령자, 신체부자유자가 이용이 쉽고 승/하차 시 차량 상면과 차이가 적어 승/하차 시간 단축과 승강장 설치 불필요로 건설비가 절감되는 LRT 저상식 차량의 연구 개발/도입이 활발하다.

모노레일은 열차가 1개의 주행로(궤도)나 Beam에 의해 지지되거나 매달려, 주로 고무타이어 차륜에 의해 주행하는 시스템으로 지지방식에 의해 과좌식(Straddle Type)과 현수식(Suspended Type)으로 나뉜다. 현수식은 곡선반경 때문에 급한 곡선이 많은 좁은 도로에는 채용되지만 주행성능과 수송력이 과좌식에 비해 떨어진다. 모노레일은 용지의 점용면적이 크지 않고 도입 공간 구조물이 적으며 타 교통수단과 입체교차로 충돌이나 탈선의 위험성이 없어서 안정성이 높다. 또한 고무타이어를 사용하므로 급 구배, 급 곡선에서 운전이 용이하다. 현수식일 경우에는 차내에서 조망이 훌륭하기도 하다. 하지만 분기 장치가 복잡하여 작동시간이 다소 오래 걸리는 점도 있다.

AGT(Automated Guideway Transit)는 각종의 궤도형 중량구공(안내 궤조 식)시스템을 총칭한다. 경량화를 위한 알루미늄/FRP 차량구조와 특수고무타이어를 주행부분에 사용하며 지하철 건설비의 60～70% 비용으로 건설되며 자동운행으로 인건비가 30% 절감된다. AGT란 일반적으로 '고가의 전용궤도에 소형경량의 고무타이어 부착 차량을 컴퓨터에 의해 운행/관리하는 시스템'을 말하며 최소간격으로 운행하여 무인운전도 가능한 시스템이다. 일본에서는 일반적으로 이 시스템을 '신 교통시스템'으로 부르고 있는데 기존철도나 지하철과는 다른 '경량전철'이라는 의미로 모노레일을 비롯해 노면전차, 리니어 지하철을 포함해 좁은 의미의 AGT로 부르기도 한다.

LIM(Linear Induction Motor: 리니어 지하철, 소단면 지하철)은 리니어 모터를 사용함에 따라 차량단면을 줄여 터널단면을 적게 함으로써 건설비를 절감할 수 있다. 리니어 모터는 평판모양의 전동기이므로 차량하부를 낮출 수 있으므로 적은 터널 단면에서 일정한 차량공간을 확보할 수 있다. 대량의 수송수요가 필요하지 않은 경우에는 수송수요에 적합하도록 차량단면을 소형화하여 보다 경제적으로 지하철을 건설할 수 있다.

자기부상열차는 상전도자기부상식과 초전도자기부상식으로 나뉜다. 상전도 자기 부상식(Electromagnetic Suspension: EMS)은 자기의 흡인력으로 차량이 부상하고 선형전동기로 추진하는 시스템이다. 운행속도가 300km/h, 200km/h, 100km/h의 3가지 방식이 개발 중이며 도시철도시스템으로는 100km/h 방식이 적합한 것으로 판단된다. 대표적인 시스템이 일본의 HSST(High Speed Surface Transport)이다. 초전도자기부상식은 자기의 반발력으로 차량이 부상하고 리니어 모터로 추진하는 시스템이다. 대표적인 시스템은 일본의 야마나시(Yamanash: test track)으로 운행속도가 400km/h 이상이다.

전 국토의 75%가 산악인 우리나라에 관광 및 지역간 교통수송을 담당하는 산악열차가 운행되지 않고 있다는 것은 아쉬운 일이다. 국토균형발전정책과 철도인프라구축 우선정책의 원칙을 고려하여 산악열차를 건설한다면 관광측면은 물론 서울의 서북지역과 동북지역을 관통하는 지선역할측면에서 모범이 될 수 있지 않을까? 설계, 건설, 운영의 친 환경성을 확보하는 기본 설계를 꼭 지니면서 교통약자인 노약자, 장애우, 어린이까지 접근이 용이하도록 선진사례를 통하여 검토하고 실행토록 해야 한다.

철도는 고속성, 정시성, 안정성, 대량수송 등의 효용성에서 인정을 받으며 심화되고 있는 환경공해 및 교통난의 한계에 대처할 수 있는 환경 친화적 교통수단이다. 또한 더욱 빠르고 쾌적한 이동수단의 산업적이며 사회적인 이용자 요구가 확대됨에 따라 고속철도 및 경전철 건설과 같은 기술적 측면에서의 발전이 가속화되고 있다.

미래에 요구되는 교통수단은 여러 가지 필요한 요소가 있겠으나 그 중에서도 지역특성에 적합하면서도 친환경적이며 사용자 위주의 기능과 디자인을 갖추어야 한다. 이러한 요소와 조건들에 우선적으로 가장 적합한 수단으로 철도가 있으며, 필요와 목적, 조건에 따라서 신 교통시스템을 활용하고 발전시켜야 한다.

아직까지 많은 문제점을 가지고 있는 우리의 현실을 인식하고, 지금까지 쌓아온 철도산업의 정보와 기술력에 디자인까지를 더하여 현실의 문제점을 개선하기 위한 연구가 더욱 많이 진행되어야 할 것이다.

3.2 철도(Railway)의 기원

① 16C경 독. Harz 광산에서 차륜(Wheel)이 지나는 부분에 나무(Wood) 판자를 깔아 차량(Rolling Stock) 통행을 한 것이 철도(Railway)의 초기 형태다.

② 1767. 영. Raynolds가 요철(凵)형 철제 레일(Rail)을 처음으로 사용.

③ 1789. Ricolas Jessop이 차륜(Wheel)에 플렌지(Flange)를 붙인 레일을 고안, 레일에 탈선 방지용 플랜지(Frange)가 필요 없게 되었고 레일은 공학형에 가까운 형상이 되어 요철(冂)형 철제 레일(Rail)을 나오게 한 기원이 되었다.

④ 차량의 동력원은 인력과 축력을 사용. 경사면과 같은 자연조건을 이용하였다.

⑤ 1765. 영. J.Watt가 증기기관을 발명한 후 차량의 동력으로 이용하려고 연구를 시도한 결과

⑥ 1804. 영. Richard Trevithick에 의하여 마침내 레일 위에 증기기관차를 제작하여 10톤의 철광석을 실은 화차를 끌고 속도 80km/h로 주행에 성공한 후

⑦ 1813. 영. Wiliam heddley

⑧ 1814. 영. George Stephenson에 의해 증기기관차를 제작하는데 성공. 광산마차철도에 널리 이용하게 되었다.

3.3 철도(Railway)의 발달

① 1825. 9. 27. 영. Stockcton-Darlington 약 40km를 George Stephenson이 제작한 증기기관차 Locomotion호로 시승객과 석탄을 실은 35량(차중 90톤)의 차량을 속도 16km/h로 직접 주행하였다.

② 1825. 10. 10. 지방민의 요청에 의해 여객과 화물을 시작한 것이 철도영업의 개시이다.

③ 1830. 9. 15. Liverpool－Manchester간 50km철도 개통이 여객수송의 철도임. 이때 스티븐슨 부자가 공동 제작한 Rocket호가 최고속도 46km/h를 기록하였다.

④ 1831. 미. 현재와 같은 평저레일(Flat-Bollomed Rail)이 고안되어 영국에서 제작 사용하였다.

⑤ 1855. 오늘날의 레일의 길이 및 형상이 제작되어 철도의 발달이 크게 진전하게 되었다.

⑥ 1850. 영. 20,000km, 미. 30,000km 철도 연장을 가지고 있다.

⑦ 1869. 미. 대륙횡단 철도(동서)가 개통되었다.

⑧ 20C초. 러. 세계 최장의 단일철도 시베리아 철도가 블라디보스토크 까지 이르렀다.

제4절 철도의 탄생배경

4.1 철도의 최초개통

- 1825년 개통된 스톡톤(Stockcton) & 달링톤(Darlington) 철도, 영국
- 프랑스, 독일, 미국 등 외국의 엔지니어와 공직자들에게 벤치마킹대상이었다
- 말이 아닌 증기 엔진으로 움직이는 공공철도란 말로 표현키 어려운 경이로움이었다.

4.2 이듬해 리버풀(Liverpool)&맨체스터(Manchester) 철도 연결법안 의회통과

※ 한 미국기술자의 이야기를 빌리면 다음과 같다.

"말의 품종을 더 개량하는 것은 거의 기대하기 어렵지만 철마의 품종개량이 어디까지 이를 것인지는 현시대의 어느 누구도 알기 어려울 것이다"라고 말했다

① 스톡톤& 달링톤 개통이
② 리버풀 & 맨체스터를 돈 많은 사람들이 두 도시를 철도로 연결하는 계획을 스티븐슨과 협의해 왔다
③ Liverpool & manchester 철도회사는 그때까지 존재했던 그 어느 회사보다 큰 규모기업이었다. 이 계획은 철도를 반대하는 사람들을 뺀 모든 이들에게는 환상적으로 보였다
④ 리버풀 & 맨체스터 노선은 약 45km
평탄하게 하려고 63개 교량 거대한 아치9개로 받쳐 올린 540m높이, 고가교 1개, 페닌즈산맥 통과 540m 깊이 개착로(Cutting터널 건설을 피해 산을 깎아 만든 통로) 차트모스(사람이 다닐 수 없는 Chatmoss)라는 늪지를 건너야 했다. 당시의 건설 장비들이 제한되어 있었던 당시 철도 건설자들에겐 어느 것과도 비교 할 수 없는 "도전"이었다.
"어떻게 해야 할지 모르지만 좌우간 우리는 해낼 것이다"
새로운 도전을 두려워 않던 스티븐슨은 지형을 분석 측량 시작했다.
공식적 건설허가 나기 전 문제를 일으킬지도 모르는 농부들의 눈에 뛰지 않게 작업은 은밀히 추진되어야 했다
→ 현대 청문회에 비교하면 어려움이 컷다는 생각이 든다.
철도 법안이 의회에서 토의 될 때 겪어야 했던 고충이 컷을 것으로 이해된다.

4.3 철도건설법안 통과 시련

조지 스티븐슨
- 화려한 언변도 없고
- 논리적 토론교육 받지 못했고
- 탄광 노동자 출신

(상대는) 지주출신의 엘리트(몇 세기 동안 누려온 특권, 위험에 처할까 두려워) 노련한 변호사들을 동원했으나 스티븐슨은 오직 소들을 놀라게 하는 괴물 증기기관차뿐이 전부였다.

※ 철도 건설과정에서 수없이 반복 제기되었던 사항들은 여러 가지가 있다.

(질문) 철도는 속도가 빨라서 위험하다는 반대론이 공개석상에서 제기

스티븐슨의 대응

(대답) 빠를수록 균형을 잡기 쉬운 아이스 스케이팅에 비유 기관차가 빨리 달릴수록 더욱 안정감이 느껴진다고 대응

(질문) 만약에 한 시간에 20Km속도로 달리는 기관차가 갑자기 소하고 충돌하면 치명적이지 않겠는가?

(대답) 물론 무척 치명적이다. 그 소에게는 이라고 받아넘겼다.

그러나 철도가 지닌 경제적 의미가 조사되었을 때 반대론 뒤에 숨어 있는 진정한 동기가 무엇인지? "돈"이였다.

도로건설과 보수에 많은 돈을 투자한 재산가가 물었다.

이모든 것이 어떤 결과를 가져올지 알아야겠다.

- 마차에 쓰이는 마구 제작자
- 마차 제작자
- 마부
- 도로변 여관 주인
- 말 사육자와 거래상들은 어떻게 되는가?

(대답) 스티븐슨 친구들

"그들은 모두 철도회사 주주가 될 것이다"라고

(주장) 보수적 엔지니어들은?

- 차트모스를 통과하려는 계획은 현실적이지 못하다
- 모든 기관차들이 늪 속으로 가라앉아 버릴 것이다
- 그것은 미친 짓이다.

※ 스티븐슨의 사람됨이 풍기는 잘못 될리 없다는 자신감이 반대자를 극복하게 하여 마침내 한번 부결되었던 리버플 & 맨체스터 철도 법안은 수정된 형태로 1826년 의회를 통과했다.

- 차트모스는 약 50Km에 이르는 늪지였다.
- 첫 측량 때 몸이 무거운 스티븐슨은 무릎까지 빠져서 직원들이 구출해야했다.
- 신발 밑에 스키처럼 넓은 판자조각을 매어 극복

※ 6톤 기관차가 6km의 늪을 메워나가기도 했다.

※ 밤새 몇 개 화차 분량 마른 뗏장이 깊이 가라앉아버려 그도 걱정했다. 그러나 스티븐슨은 한다면 한다는 사람이었다. 몇 주 동안 밤낮을 가리지 않고 횃불을 비쳐

가며 차트모스에 뗏장들을 끊임없이 넣었다. 마침내는 단단한 기초가 형성되었다

4.4 리버풀 & 맨체스터 철도 개막

- 선로 옆 고정형 증기기관 설치하여 체인으로 열차를 끄는 방법을 도입했다.
- 말이 끄는 교통으로 돌아가는 것이 더 경제적은 아닐까? 하는 생각이 대부분이였다. 그렇지만 스티븐슨은 새로운 교통수단으로서 철도의 잠재력을 꿰뚫어 본 선구자였다.

※ 통행료 지불하는 공공시설 이용 자기소유 마차를 달리던 그 시대 상인들 생각은 달랐다.

(한편)

☆ 1825년 개통된 스톡톤 & 달링톤 철도는?

① 로프(고정형 증기기관 가동) → 말도 끌고 → 증기기관 이용했다.
② 탄광에서 배가 닿는 강어귀까지 수송목적을 가지고 있다.
③ 여객수송은 비정기적으로 마차운영회사에 위탁하였다.

☆ 리버풀 & 맨체스터 철도는 1829년 9월 15일 웰링턴공사 참석개통

① 대도시간을 승객수송에서 70%의 수입을 벌어들이는 정기 여객 열차 위주노선
② 동력원으로 기관차만 사용
③ 궤도 차량 철도회사가 소유

※ 당시에는 혁신적인 발상이어서 의구심을 품는 사람 많았다.

1) 레인힐 기관차 경주대회(우승금 500파운드)

- 조건
  - 기관차 무게 6톤 이하
  - 평탄선에서 3배 이상 무거운 열차를 시속 16Km로 연속 끌 수 있어야함.
  - 최대보일러 압력은 4.2Km/cm^2 넘으면 안 됨
  - 전체 높이는 굴뚝을 포함 3.6m 초과 안 됨
- 1829년 10월 6일(레인힐 기관차 경주대회) : 5대 기관차 참가(리버풀 주민 1만 명 모임)
  - 노벨티(Novelty)호 구리색과 파랑

- 상파레이우(SansPareil)호 초록과 노랑, 검정
- 로켓(Rocket)호 노랑과 검정에 하얀 굴뚝
- 사이클로페드(Cycloped)호 일찍 탈락
- 퍼시비어런스(Perseverance)호 일찍 탈락

Rule : 각 기관차가 20회를 돌아 총 112km 달려야 하고 약 3km 길이 경주코스는 질서유지를 위해 200명 경찰관 투입

기관차	내 용
노벨티호(Novelty)	• 그레이하운드처럼 힘차게 출발했으나 빨리 힘을 잃었다 • 2톤밖에 가지 않는 가벼운 무게로 곧 멈췄다. • 다시 시도하다 멈추기를 반복
상파레이우호(SansPareil)	• 조악한 솜씨로 석탄 실은 짐차 연결하자 아예 움직이지 못함.
로켓호(Rocket)	• 로버트 스티븐슨(스티븐슨 아들) • 한번 고장 없이 질주, 여러 번 반복해서 달렸다. • 1829년 자신의 동력으로 자신의 무게보다 3배나 무거운 짐을 끌 수 있는 차는 없었다.

※ 무개차 + 탄수차를 분리하자 50Km/h 속도가능

※ 심판관들이 로켓호를 선정했다.

※ 리버풀&맨체스터 철도회사는 8대 주문

※ 당대 인기 여배우 화니 켐블(Fanny kemble)을 기관차 운전실로 초청(스티븐슨 전략)

그림 3.8 현재 런던 과학박물관에 전시 중인 로켓호

- 1830년 8월 26일자 그녀의 편지내용 :

우리는 레일 위를 따라 조그만 기관차로 안내 되었어요. 그녀(그들은 이 묘한, 불을 먹는 말들을 모두 암말로 만들었어요)는 보일러, 아궁이, 조그만 플랫폼, 긴 의자 ,의자 뒤에는 그녀가 24km를 달려도 목마르지 않도록 충분한 물을 담은 통이 있었고, 전체 엔진이 보통 소방차보다 크지 않았어요. 또 피스톤이 반짝이는 강철 다리 1과 10개의 바퀴로 된 발이 있었죠. 피스톤은 증기를 움직이는데 증기가 피스톤 윗부분에 더 많이 가해질수록 더 빨리 움직여요. 이 놀라운 짐승의 고삐와 재갈, 굴레는 조그마한 강철 손잡이인데 다리, 즉 피스톤에 증기를 보냈다 빼냈다 할 수 있어 어린애도 다룰 수 있을 정도예요. 쓰다듬어 주고 싶은 충동을 느끼게 만드는 이 칙칙폭폭 거리는 작은 동물을 객차에 매고, 스티븐슨씨는 나를 엔진의 벤치에 안내 했어요. 처음에는 16km/h 출발해서 나중에는 56km/h까지 속도가 올라갔다.

4.5 전기철도(Electric Railway)의 발달

① 1879.5.31. 독. 시멘스 할스케(Siemens H)회사가 베를린(Berlin) 박람회에서 직류 150V, 2.2kw, 2극 직류전동기로 제3궤조방식 전기기관차를 궤간 490mm. 길이 550m인 선로에 객차3량을 최고속도 12km/h로 주행에 성공함으로서 시작되었다.

② 1881.5.12. 베를린 근처 리히터필터(Lichtererfelde)에서 최초로 공공 전기 철도가 직류 100V로 2.5km구간 선로를 개통하여 48km/h 속도로 영업 운전을 개시함으로서 시작되었다.

③ 1890. 영국 런던 5.2km 지하철(Underground)에 최초 소형 전기기관차 운행되었다.

※ 최초의 교류전철-1930년 초 스위스 개통

3개국 고속철도(TGV , ICE , ETR)가 스위스 알프스 산을 통과하였다.

그림 3.9 데로전기기관차

그림 3.10 한국최초 전기기관차

제5절 한국철도의 역사

5.1 한국철도

① 고종 26년. 주한대리공사 이하영이 귀국 시 기차모형을 소개하여 철도의 인식을 갖게 되었다.

② 1895. 미국, 영국, 프랑스, 러시아, 일본 등 철도부설권을 제의해 왔다.

③ 1896. 3. 29. 미국. James R Morse에게 경인선 철도 부설권을 특허하였다.

④ 1897. 3. 22. 경인선 기공식을 했다.

⑤ 1898. 5. 10. 일본 경인철도 합자회사에 인계됨. 자본 난에 직면.

⑥ 1899. 5. 4. 서대문 - 청량리(홍능) 8km 노면전차 개통.

⑦ 1899. 9. 18. 제물포 - 노량진. 33.2km 경인선 개통. 기관차 - 4대, 객차 - 6량, 화차 - 28량, 역 - 7개로 1일 4개 열차 운행 영업 개시.

⑧ 1905. 1. 경부선 개통, 1906. 4. 경의선 개통, 1914. 1. 호남선 개통, 1914. 8. 경원선 개통, 1927. 9. 함경선 개통, 1936. 12. 전라선 개통, 1942. 4. 중앙선 개통, 1955. 12. 영암선 86.4km, 1955. 7. 문경선 22.5km, 1957. 3. 영월선 22.6km, 1963. 10. 영동선, 1966. 1. 태백선 34.3km, 1966. 10. 경북선 29.7km 개통되면서 경부선과 중앙선을 연결하였다.

1967. 9. 증기기관차에서 디젤 또는 전기기관차로 전면 교체됨. 1968.6. 중앙선에 CTC(열차집중제어장치, Centralized Traffic Control)을 설치. 1969. 4. 경부선에 ATC (열차자동제어장치, Automatic Train Control)을 설치. 6월부터 4시간 50분에주행. 1970. 2.호남선, 경원선, 중앙선에 ATS(열차자동정지장치, Automatic Train Stop)를 설치, 1971.철도청에 컴퓨터 설치 전산화 구축 시작

5.2 전철화 및 전기 동력차 운행

① 1931. 경원선 철원-내금강 116.6km 1500V.

② 1943. 경원선 복계-삼방 직류 3000V.

③ 1973. 중앙선 청량리-제천. 155.2km AC 25kV

④ 1974.8.15. 지하철 1호선 개통 및 수도권지역 98.6km 연장

⑤ 1975.12. 영동선, 태백선 등 산업선로 320.8km가 전철화 되었음.

⑥ 1977.1. 수도권전철 CTC. 서울-부산 간 마이크로웨이브 통신망.

5.3 한국철도 개통 및 이벤트 사항

① 한국철도의 주요간선 개통

선 명	구 간	영 업km	역 수	년 도
경부선	서울 ~ 부산	444.5	81	1905. 1. 1.
경인선	영등포 ~ 인천	27.0	12	1905. 1.
호남선	서대전 ~ 목표	259.2	48	1914. 1.
중앙선	청량리 ~ 경주	382.5	73	1942. 4.
경의선	서울 ~ 문산	46.0	13	1906. 4.
경춘선	성북 ~ 춘천	87.3	17	1939.
전라선	신리 ~ 여수	119.1	36	1936.12.
충북선	조치원 ~ 봉양	115.0	16	1958.
영동선	영주 ~ 강릉	193.6	35	1963.
태백선	제천 ~ 태백	103.8	19	1965.
경전선	삼랑진 ~ 송정리	315.0	52	1967.
장항선	천안 ~ 장항	143.1	28	1931.
동해남부선	부산진 ~ 포항	145.8	32	1935.

② 한국철도의 최고, 최대

최고지역	추전역	해발 852m
최북단역	신탄리역	북위 38도13분(휴전선에서 9.5km)
최남단역	여수역	북위 34도 45분 (서울에서 449km)
최장터널	정암터널	길이 4,505m (고한 ~ 추전간 직선터널)
최대루푸터널	함백 제1터널	길이 2,450m (함백 ~ 조동간)
최장교량	한강 아치교	길이 1112.8m (용산 ~ 노량진간)
최고교량	길아천	높이 32.97m, 길이 235.72m
최급구배	태백선	구배 30.3%, 연장 11,147m
여객최고취급역	서울역	승차인원 163,546명(96년 9월 추석 전일)
화물최고취급역	도담역	발송량 15287톤 (361량)
최고열차속도	새마을호	서정리~천안간 표준선구 140km/h

5.4 세계 각국의 철도 개통 현황

연도	국명	연도	국명
1825. 9. 27.	영국	1839.	체코슬로바키아
1828. 10. 4.	프랑스	1839. 9. 20.	네덜란드
1830. 12. 25.	미국	1839. 10. 3.	이탈리아
1834. 12. 17.	아일랜드	1842.	북부아일랜드
1835. 5. 3.	벨기에	1844. 6. 15.	스위스
1835. 12. 7.	독일	1845.	폴란드
1836. 7. 3.	캐나다	1846.	헝가리, 유고
1837.	쿠바	1847. 6. 27.	덴마크
1838.1.6	오스트리아	1848. 10. 28.	스페인
1838. 4. 14.	러시아	1848.	영령 기나
1850.	멕시코	1870.	에스토니아
1851.	페루, 칠레	1871.	콜롬비아, 에콰도르, 타스마니아
1853. 4. 16.	인도	1872. 10. 14.	일본
1854.	노르웨이	1874	튜니시아
1854. 4. 30.	브라질	1877.	미얀마
1854. 9. 12.	오스트레일리아	1880.	과테말라
1855.	이집트, 파나마	1881.	뉴파운드랜드, 중국
1856.	폴투갈, 스웨덴	1882.	엘살바도르
1857. 8. 30.	아르헨티나	1885.	말라야
1859.	룩셈부르크	1889.	볼리비아
1860. 1. 4.	터키	1891.	대만
1860.	라트비아	1892.	필리핀, 이란
1861.	파라과이	1893.	타일랜드
1862.	핀란드	1894.	만주
1863.	리투아니아	1899. 9. 18.	한국
1863. 12. 1.	뉴질랜드	1900.	수단
1866.	불가리아	1951.	리베리아
1869.	그리스, 루마니아, 우루과이		

제6절 철도산업발전기본법

6.1 철도용어 정의

제3조 (정의) 철도산업발전기본법에서 사용하는 용어의 정의는 다음 각 호와 같다.

1. "철도"라 함은 여객 또는 화물을 운송하는데 필요한 철도시설과 철도차량 및 이와 관련된 운영·지원체계가 유기적으로 구성된 운송체계를 말한다.
2. "철도시설"이라 함은 다음 각목의 1에 해당하는 시설(부지를 포함 한다)을 말한다.
   (가) 철도의 선로(선로에 부대되는 시설을 포함한다), 역시설(물류시설、환승시설 및 편의시설 등을 포함한다) 및 철도운영을 위한 건축물·건축설비
   (나) 선로 및 철도차량을 보수·정비하기 위한 선로보수기지, 차량정비 기지 및 차량유치시설
   (다) 철도의 전철전력설비, 정보 통신설비, 신호 및 열차제어설비
   (라) 철도 노선간 또는 교통수단과의 연계운영에 필요한 시설
   (마) 철도기술의 개발·시험 및 연구를 위한 시설
   (바) 철도경영연수 및 철도전문 인력의 교육훈련을 위한 시설
   (사) 그밖에 철도의 건설·유지보수 및 운영을 위한 시설로서 대통령령이 정하는 시설
3. "철도운영"이라 함은 철도와 관련된 다음 각목의 1에 해당하는 것을 말한다.
   (가) 철도 여객 및 화물 운송
   (나) 철도차량의 정비 및 열차의 운행관리
   (다) 철도시설·철도차량 및 철도부지 등을 활용한 부대사업개발 및 서비스
4. "철도차량"이라 함은 선로를 운행할 목적으로 제작된 동력차、객차、화차 및 특수차를 말한다.
5. "선로"라 함은 철도차량을 운행하기 위한 궤도와 이를 받치는 노반 또는 공작물로 구성된 시설을 말한다.
6. "철도시설의 건설"이라 함은 철도시설의 신설과 기존 철도시설의 직선화·전철화·복선화 및 현대화 등 철도시설의 성능 및 기능향상을 위한 철도시설의 개량을 포함한 활동을 말한다.
7. "철도시설의 유지보수"라 함은 기존 철도시설의 현상유지 및 성능 향상을 위한 점검·보수·교체·개량 등 일상적인 활동을 말한다.

8. “철도산업”이라 함은 철도운송·철도시설·철도차량 관련 산업과 철도기술개발 관련 산업 그밖에 철도의 개발·이용·관리와 관련된 산업을 말한다.
9. “철도시설관리자”라 함은 철도시설의 건설 및 관리 등에 관한 업무를 수행하는 자로서 다음 각목의 1에 해당하는 자를 말한다.
   (가) 제19조의 규정에 의한 관리청
   (나) 제20조 제3항의 규정에 의하여 설립된 한국철도시설공단
   (다) 제26조 제1항의 규정에 의하여 철도시설관리권을 설정 받은 자
   (라) 가목 내지 다목의 자로부터 철도시설의 관리를 대행위임 또는 위탁받은 자
10 “철도운영자”라 함은 제21조 제3항의 규정에 의하여 설립된 한국철도공사 등 철도운영에 관한 업무를 수행하는 자를 말한다.
11. “공익서비스”라 함은 철도운영자가 영리목적의 영업활동과 관계없이 국가 또는 지방자치단체의 정책이나 공공목적 등을 위하여 제공하는 철도서비스를 말한다.

6.2 광의의 철도

① 강삭철도(鋼索鐵道 Cable Railway)
② 가공삭도(架空索道 Aerial Ropeway)
③ 모노레일(Monorail)
④ 신 교통시스템
⑤ 자기부상철도(磁氣浮上鐵道 Magnetic Levitation Railway)

1) 목적

공익사업으로 여객과 화물을 안전, 신속, 정확하게 경제적으로 수송하여 공공의 편리, 국토개발, 산업 발전 등을 도모하는데 있으며 비상시에는 군대와 군수품을 수송하여 국토를 방위하는 역할도 수행하는 목적을 갖는다.

철도는 항공, 해상 수송수단과 타 육상교통기관에 비하여 다음과 같은 우수성이 인정되어 많은 발전을 이어왔고 앞으로도 계속적인 발전이 기대된다.

① 신속성(迅速性, Speedy)

수송비용이 높은 항공기에 비하여 속도측면에서 뒤지지만 자동차, 선박에 비하여 우수하다.

② 신뢰성(信賴性, Reliability)

항공기를 비롯한 타 교통수단은 날씨의 영향을 많이 받는 반면 철도는 거의 정확한 시각에 목적지에 도착한다.

③ 안전성(安全性, Safety)

추가적인(지상) 보안설비를 갖추어 안전성 측면에서 유리하다.

④ 저렴성(低廉性, Inexpensiveness)

대량수송이 가능하여 수송능력이 높아 저렴한 수송을 제공 한다.

⑤ 대량수송성(大量輸送性, Mass Transport)

단순한 대량수송 측면에서는 선박에 뒤지지만 1편성 당 운행시격을 감안하면 전체 수송력은 대단히 크다.

⑥ 장거리성(長距離性, Long Distance)

선박이나 항공기에 미치지 못하지만 철도는 전국 어디에나 도달할 수 있는 전체적인 측면에서 우수 하다.

⑦ 쾌적성(快適性, Delightfulness)

동요가 적고 넓은 공간제공 넓은 의자 폭 긴 의자간 거리, 낮은 차내 소음이 강점이다.

⑧ 편리성(便利性, Conveniencibility)

접근성이 우수하다.

⑨ 저공해성(低公害性, Anti-pollution)

자동차는 배기가스 항공기는 소음이 심한 반면 철도는 이 두 가지 모두 우수한 면이 있다.

⑩ 기타(其他)

적은사람과 물건수송에는 부적합하고 기동성이 떨어지고 여행 기간 동안 개인의 프라이버시(Privacy)가 보장되지 않는다.

제7절 철도교통의 기술상 분류

7.1 동력에 의한 분류

① 증기철도(蒸氣鐵道, Steam Railway)

② 전기철도(電氣鐵道, Electric Railway)
③ 내연기관철도(內燃機關鐵道, Internal Combustion Railway)

7.2 궤간에 의한 분류

① 표준궤간철도(標準軌間鐵道, Standard Gauge Railway) - 1,435mm
② 광궤철도(廣軌鐵道, Broad Gauge Railway) - 1,520mm(시베리아 횡단철도), 1,674mm (인도, 칠레, 아르헨티나)
③ 협궤철도(挾軌鐵道, Narrow Gauge Railway) - 1,067mm(일본)

7.3 궤도의 수에 의한 분류

① 단선철도(單線鐵道, Single Track Railway)
② 복선철도(複線鐵道, Double Track Railway)
③ 다선철도(多線鐵道, Multiple Track Railway)

7.4 구동 및 지지방식에 의한 분류

① 점착철도(粘着鐵道, Adhesion Railway, Conventional Railway)
② 치차철도(齒車鐵道, Rack Railway)
③ 강삭철도(鋼索鐵道, Cable Railway)
④ 가공철도(架空鐵道, Rope Railway)
⑤ 단궤철도(單軌鐵道, Monorail)
⑥ 무궤철도(無軌鐵道, Railless Car, Trolley Bus)
※ ①은 보통철도이고 ②~⑥은 특수철도이다.

7.5 부설지역에 의한 분류

① 평지철도(平地鐵道, Plans Railway)
② 산악철도(山岳鐵道, Mountainous Railway)
③ 시가철도(市街鐵道, Street Railway)
④ 해안철도(海岸鐵道, Seashore Railway)
⑤ 교외철도(郊外鐵道, Suburban Railway)

7.6 시공기면의 위치에 의한 분류

① 지표철도(地表鐵道, Surface Railway)
② 고가철도(高架鐵道, Elevated Railway)
③ 지하철도(地下鐵道, Underground Railway, Subway)

7.7 운전속도에 의한 분류

① 완속철도(緩速鐵道, Low Speed Railway) - 200km/h이하
② 고속철도(高速鐵道, High Speed Railway) - 300km/h이하
③ 초고속철도(超高速鐵道, Ultra Rapid Transit) - 300km/h이상

7.8 선로등급에 의한 분류

① 1급선 철도(1級線 鐵道, First Class Track Railway)
② 2급선 철도(2級線 鐵道, Second Class Track Railway)
③ 3급선 철도(3級線 鐵道, Third Class Track Railway)
④ 4급선 철도(4級線 鐵道, Fourth Class Track Railway)
⑤ 공장선 및 자갈선 철도(工場線 및 자갈선 鐵道, Factory or Ballast Transport Railway)

7.9 법제상 분류

① 국유철도(國有鐵道, National Railway, Government Railway)
② 지방철도(地方鐵道, Local Railway, Private Railway)
③ 전용철도(專用鐵道, Exclusive Railway)
④ 궤도(軌道, Street Railway)

7.10 소유자(경영주체)에 의한 분류

① 국영철도(國營鐵道, National Management Railway)
② 공영철도(公營鐵道, Public Management Railway)
③ 사영철도(私營鐵道, Private Management Railway)

7.11 경제상의 분류

1) 운송상의 중요도에 의한 분류

① 간선철도(幹線鐵道, Truck Route Railway)
② 주요선철도(主要線鐵道, Main Line Railway)
③ 지선철도(支線鐵道, Branch Line Railway)

2) 수송대상에 의한 분류

① 일반철도(一般鐵道, General Railway)
② 여객전용철도(旅客專用鐵道, Passenger-Exclusive Railway)
③ 화물전용철도(貨物專用鐵道, Freight-Exclusive Railway)
④ 특수물자수송철도 (特殊物資輸送鐵道, Railway for Particular Materials)

3) 수송목적에 의한 분류

① 도시간철도(都市間鐵道, Intercity Railway)
② 도시고속철도(都市高速鐵道, Urban Rapid Transit)
③ 개척철도(開拓鐵道, Reclamation Railway)
④ 관광철도(觀光鐵道, Sightseeing Railway)
⑤ 군용철도(軍用鐵道, Military Railway)
⑥ 광산철도(鑛山鐵道, Mining Railway)
⑦ 삼림철도(森林鐵道, Forest Railway)
⑧ 임항철도(臨港鐵道, Harbour Railway)
⑨ 산업철도(産業鐵道, Industrial Railway)

7.12 열차의 정의

열차(Train)란 본선 선로를 운행할 목적으로 조성된 차량 또는 차량 군이 운행번호를 부여받고 본선 선로를 주행하는 차량을 말한다. 『차량기지, 정차장에 유치된 차량은 열차가 아니다.』

1) 목적에 의한 종류

① 여객열차(旅客列車, Passenger Train) - 여객, 수소하물(手小荷物), 우편물
② 화물열차(貨物列車, Freight Train)

③ 기타열차 - 특별열차(귀빈용), 공사열차, 배설열차, 살사열차, 시운전열차, 구원열차, 회송열차, 단행기관차

2) 운전시기에 의한 분류

① 정기열차(定期列車, Regular Train)
② 계절열차(季節列車, Seasonal Train)
③ 부정기열차(不定期列車, Irregular Train) - 연간 50%이상 운행되는 열차
④ 임시열차(臨時列車, Special Train) - 수송력 증대를 위하여 일시적 운행

3) 운전 거리에 의한 분류

① 직통열차(直通列車, Through Train) - 중간구간 없이 시점~종점간 운행
② 구간열차(區間列車, Local Train) - 근거리구간 운행
③ 소운전 열차(小運轉列車) - 구간열차 중 특히 단거리 운전 열차

7.13 열차의 편성

1) 여객열차

여객열차의 편성은 편성 기준 역, 지정된 종단역, 분기역 방향을 향하여 편성 한다. 혼합열차는 그것을 견인하고 있는 기관차에 의해 중간 역에서 화차의 해결이 이행되므로 역순으로 연결된 화차를 전부의 객차를 후부에 연결한다..

구분	편성
한국	← 편성기준역 2등열차 : 우편차 + 하물차 + 2등차절반수량 + 식당차 + 2등차절반수량 1, 2등열차 : 우편차 + 하물차 + 1등침대차 + 1등차 + 식당차 + 2등차
일본	← 편성기준역 부속편성의 우편차 또는 하물차+본 편성 본편성+부속편성 객차

2) 화물열차

① 장거리화물열차 : 조차장(操車場, Shunting Yard)단위에서 합쳐진 화차에 의해 편성
② 근거리 화물열차 : 가장 가까운 역순으로 배열되고 차급화차는 전부, 소 구급화차는 후부에 연결

③ 화물열차의 연결량 수는 수송비의 경제점으로 부터 가능하면 크게 하는 것이 유리하나 수송속도, 선로 유효장, 기관차 견인정수(牽引定數 Locomotive Rating) 선로구배 등에 제한을 받는다.

7.14 철도차량의 종류 및 제원

1) 기관차

① 전기기관차 제원

구 분		8000대	8100대	8200대	비고
일반	제 작 사	50C/S	Siemens/로템	Siemens/로템	−35~+45
	크 기	20,730×3,060×4,495	19,580×3,000×4,470	19,580×3,000×4,470	
	중 량	132톤	88톤	88톤	
	전 원	1φ 25Kv, 60Hz	1φ 25Kv, 60Hz	1φ 25Kv, 60Hz	19~29.5
	속 도	85Km/h	운전140, 최고150m/h	최고150Km/h	
	출 력	3,900Kw	5,200Kw	5,200Kw	
	제어방식	싸리스타제어	VVVF제어	VVVF제어	
	견 인 력	426KN	330KN	**320KN**	
	전기제동력	20.8톤	160KN	**216KN**	
	대차배열	Bo-Bo-Bo	Bo-Bo	Bo-Bo	
	치 차 비	6.4 : 1	6.29 : 1	**5.88 : 1**	
전장	집전장치	싱글암	700A	700A	
	고압차단장치	공기차단	1,000A	1,000A	
	주변압기	5,230KVA	6,306KVA	**6,316KVA**	
	전력변환장치	2,526KVA × 2	(1,300KVA×2) ×2	(1,300KVA×2) ×2	
	보조전원장치	115Kw × 2	80KVA×2 : Var 80KVA×2 : Con	**80KVA×2 : Var**	
	객차보조전원장치		700KVA	**450KVA×2**	
	견인전동기	655Kw	1,325Kw	1,325Kw	
	견인제어,진단장치	전자제어함	SIBAS 32	SIBAS 32	
	신호/보안장치	ATS, 무전기	ATS, Radio, 운전자경계	**ATS, Radio, 경계,방호,후부**	
	축 전 지	75Ah	80Ah	**100Ah**	
기계	제동종류	공기/발전제동 상용, 발전, 비상, 수용	회생/공기제동 상용, 회생, 비상, 수용,주차	회생/공기제동 상용, 회생, 비상, 수용,주차	
	공기압축기	2,600ℓ /분	2,400ℓ /분	**2,400ℓ /분×2ea**	
	휠/제동	1,250mm/답면	1,250mm/디스크	1,250mm/디스크	
	고정축거	2,900mm	3,000mm	3,000mm	
	대차중심거리	11,800mm	9,900mm	9,900mm	
	현수장치	코일스프링/고무블럭	코일스프링/코일스프링	코일스프링/코일스프링	
	연결기높이	880mm	880mm	880mm	
	연결기형식	AAR"E"형	AAR"E"형	AAR"E"형	
	완충기	고무완충기, 220톤	고무완충기, 220톤	고무완충기, 220톤	
	에어컨	7,500Kcal/h	5,600Kcal/h	5,600Kcal/h	
	기기배치	중앙배치, 좌우측 통로	좌우배치, 중앙통로	좌우배치, 중앙통로	

② 디젤전기기관차 제원

구분	기 형	4400호대 GT18B-M	7000호대 FT36 HCW-2	71-7200호대 GT26CW	7300호대 GT26CW-2	7400호대 GT26CW-2	7500호대 GT26CW / GT26CW-2
기 관		8-645E3C	16-645F3B	16-645E3	16-645E3	16-645E3	16-645E3
기관관계	시린다(경×행정)mm	230×254	230×254	230×254	230×254	230×254	230×254
기관관계	사 이 클	2	2	2	2	2	2
기관관계	압 축 비	16:1	16:1	14.5:1	14.5:1	14.5:1	14.5:1
기관관계	회 전 방 향	반시계방향	반시계방향	반시계방향	반시계방향	반시계방향	반시계방향
기관관계	회전수 유 전(RPM)	300	390	315	315	315	315
기관관계	회전수 8놋치(RPM)	900	900	900	900	900	900
기관관계	기관 조속기	PGR	PG	PG	PG	PG	PG / PGR
최 고 속 도(km/h)		110	150	110	150	150	110
견인마력(Hp)		1,500	3,000	3,000	3,000	3,000	3,000
운전정비중량(t)		88.0	118	132.0	124.0	126.0	132.0/126.0
운전축당중량(t)		22.0	19.7	22.0	20.7	21.0	22.0/21.0
차륜직경(mm)		1,016	1,016	1,016	1,016	1,016	1,016
차축 베아링		로라	로라	로라	로라	로라	로라
자날직경(mm)		165×305	140-254	140×254	140×254	140×254	140×254
고 정축거(mm)		2,438	3,708	3,708	3,708	3,708	3,708
대차간 중간거리(mm)		8,534	12,497	12,497	12,497	12,497	12,497
최소곡선반경(m)		44.5	76.0	83.5	83.5	83.5	83.5
치 차 비		62/15	57/20	57/20	57/20	57/20	62/15
길이(mm)		14,220	20,982	20,787	20,787	20,787	20,787
폭		3,132	3,150	3,127.5	3,127.5	3,127.5	3,127.5
높 이		4,462	4,000	4,254	4,254	4,254	4,254
공급용적	연료유 (GAL) (ℓ)	793 3,000	1,300 4,920	2,400 9,100	2,590 9,800	2590 9,800	2,400/2,590 9,100/9.800
공급용적	윤활유 (GAL) (ℓ)	130 492	243 920	243 920	243 920	243 920	243 920
공급용적	냉각수 (GAL) (ℓ)	150 568	295 1,120	295 1,120	295 1,120	295 1,120	295 1,120
공급용적	모 래(m^3)	0.24	0.85	0.85	0.85	0.85	0.85

구 분		기 형	4400호대	7000호대	71-7200호대	7300호대	7400호대	7500호대
			GT18B-M	FT36 HCW-2	GT26CW	GT26CW-2	GT26CW-2	GT26CW / GT26CW-2
전기관계	MG	형 식	AR6	AR10	AR10	AR10	AR10	AR10
		연속정격(A)	3,200	4,200	4,200	4,200	4,200	4,200
		발생전력 (kw)	1,920	2,130	2,130	2,130	2,130	2,130
	AG	형 식	5A-8147	3A-8147	A-8102	3A-8147	3A-8147	A-8102 /5A-8147
		정격전류(A)	199		225	225	225	225
		발생전력 (kw)	18kw/AC	18kw/AC	18	18kw/AC	18kw/AC	18
	AC	형 식	CA6	CA5	D14	CA5	CA5	D14/CA-5
		정 격 (KVA)	200	200	100	200	200	100/200
	TM	형 식	D78BTR	D77B	D77B	D77B	D77BTR	D77B /D77BTR
		1시간정격 (A)	1,050	1,075	1,075	1,075	1,075	1,075
	축전지	전 압 (V)	Ni-cd 60	64	64	64	64	64
		용 량(AH)	215	432	432	432	432	428/432
제동관계	제 동 변 형 식		26L	26L혼합	26L	26L	26L	26L
	압축기	형 식	WLNA	WLN	WBG	WBG	WBG	WBG/WLG
		배출용량 (CFM)	254	254	400	400	400	400
	주공기류용량 (m^3)		0.820	0.820	0.820	0.820	0.820	0.820
	제 동 배 율		5.75	5.75	6.87	6.87	6.87	5.75/6.87
	발전제동 제한전류(A)		-	600	600	600	600	600
	제 동 통 수		8	12	12	12	12	12
	제동통직경(mm)		203×203	203×203	203×203	203×203	203×203	203×203

2) 고속열차

구 분	항 목			주 요 제 원
일반사항	속 도	최고 설계속도	차 량	330Km/h
			선 로	350Km/h
		최고운행속도		300Km/h
	편 성	계		20량(2P+2M+16T)
		1등실 수		4량
		2등실 수		14량
	열차치수	총열차길이		388,104mm
		동 력 차(L×W×H)		22,607×2,814×4,100mm
		동력객차(L×W×H)		21,845×2,904×3,484mm
		객 차(L×W×H)		18,700×2,904×3,484mm
	궤 간			1,435mm
	중 량	총중량	공 차	701.1톤
			영 차	771.2톤(통상), 841.3톤(비상)
		동 력 차		68톤(2량)
		동력객차	공차/영차	74.71톤/83.11톤(2량)
		객 차	공차/영차	490.39톤/552.09톤(16량)
	설 계 시 격			3분
	좌석수	계		935석(간이좌석 30석 제외)
		1등실(13.6%)		127석(장애인석 5석)
		2등실(86.4%)		808석
	동 력	견인 동력		13,560KW(모터 12대)
		최대견인력		382KN
		최대견인제동력		300KN
	소 음	객실	동력객차(MT)	70dB
			객 차(IT)	66dB
		운 전 실		78dB
		터 널		300Km/h시 7dB 증가
		외부소음		93dB

구 분	항 목			주 요 제 원
주요장치	전차선 전압	정 격		단상 AC25KV, 60Hz
		급전방식		AT(Autotransformer) 방식
	팬터그래프	형 식		Single-Arm식(GPU-25KV)
		수 량		2대/편성(사용 1대)
		집전용량		1,000A/대(연속), 1,200A/대(1분)
		접 촉 력		70N
		중 량		335Kg
		작용공기압		4 ~ 10bar
		유효작동범위		100~2,700mm(바닥정지면 기준)
		높이(최고~최소)		6,988 ~ 4,188mm
		고속신선에서높이		5,080mm
		횡풍에 의한 최대 높이		5,280mm (높이상승 제한장치 여유 200mm)
	주변압기	정격 1차전압		25KV, 60Hz, 용량 7,300KVA
		절연등급		H종
		냉 각 제		실리콘 오일
		중 량		10,600Kg
	견인전동기	형 식		동기전동기(SM47)
		정 격		1,130Kw/motor
		최고회전수		4,000rpm
		냉각방식		강제통풍
		중 량		1,525Kg
		최대견인력		382KN/열차
	제동장치	제동거리	비상시	300Km/h시 3,300m
			상용시	300Km/h시 6,600m
		제동방식		마찰/회생/발전제동
대 차	대차수량	구동대차		6대/편성
		객차대차		17대/편성
	중심거리	동 력 차		14,000mm
		객 차		18,700mm
	고정축거			3,000mm
	설계속도			임계속도 400Km/h이상
	스프링 하질량	동 력 차		2,048Kg
		객 차		2,003Kg
	차륜직경	신 품		920mm
		마모한도		850mm

구 분	항 목			주 요 제 원
연결기	형 식	동력차전부		AAR Coupler
		동력차후부		UIC Coupler
	높 이	동 력 차		815 ~ 900mm
객실설비	화 장 실	형 식		탱크형 : Double tank(314ℓ) Single tank(154ℓ)
		수 량		17 + 1H/편성(장애자용 1)
	소화물설비			21개소(승강대 입구)
	창 문	구 조		28mm(복층유리)
		비상탈출용		객차당 4개씩 설치, 투명강화유리
	여객정보설비	모니터	1등실	24개소(천정형 17인치 LCD)
			2등실	52개소(천정형 17인치 LCD)
		인 터 콤		10set(승무원간, 승무원-승객간)
	음식제공설비	냉장고		2개소
		캔 자판기		10대
		스넥 자판기		3대
	출 입 문	객실당 수		2개소(플러그인 도어)
		총 출입문수		36개소/편성
		높 이		1,825mm
		폭		824mm
	승 강 문	높 이		1,835mm
		폭		820mm

① 제원비교

구분	고속차량(KTX)	전기동차(VVVF제어)	전기기관차(8200대)
형식	GPU	YT88A	EL-YP200G
동작방식	스프링상승, 하강	공기상승, 스프링하강	공기상승, 공기하강
조작공기압력	7~9bars	4~6kgf/cm^2	5.0~8.0bar
압상력	7kgf	6kgf	7.0± 0.5kgf
높이			
접은 높이	708mm	280mm이하	555+10mm
최저작용높이	100mm	530mm이하	185mm
표준작용높이	892mm	1,000mm	
최고작용높이	2,700mm	1,400mm이하	2,400mm
최대 펼친 높이	2,800mm	1,480mm	2,500±50mm
최대 넓이	1,450mm	1,525±5mm	1,450mm
습판 넓이	1,050mm	1,000mm	1,030mm
전차선 높이	5.08m	5.20m	5.20m
전차선 편위	중심에서±200mm	중심에서±200mm (최대±250)mm	중심에서±200mm (최대±250)mm
습판의 재질	카본 (Carbon Strip)	동계 소결합금	흑연 카본 (Graphite Carbon)
중량	335kg	187kg	120±10kg
정격전류			
최대	1,200A(1분)	2,000A(1분간)	1,200A
정차시		500A	
정격	1,000A(연속)	1,500A	700A

② 현황

항 목		주 요 제 원
보 유	편성 수	46편성(수도권 30편성, 부산 16편성)
	량 수	920량(동력차 92, 동력객차 92, 객차 736량)
편 성	구 성 (20량/편성)	P+M+T(특×4)+T(일반×12)+M+P (P : 동력차, M : 동력객차, T : 객차)
	좌 석	935석(특실 127석, 일반실 808석) 장애인 석 : 2석 포함(전동휠체어석)
속 도	최고 운행속도	300 km/h
	설계 최고속도	330 km/h(선로 : 350 km/h)
동 력	견인동력	13,560kW(18,184 Hp)
	최대견인력	382 kN(31.8kN×12Motor)
	최대 제동력	300 ton

3) 디젤동차

구분			새마을			무궁화			통근형	
			101-108	111-130	131-262	9221	9319-9321	9421	9501-9565	9601-9666
주기관	형식		MTU12V 396TC13	MTU16V 396TC13	MTU16V 396TC14	Cummins NTA855R1	Cummins NTA855R 1	Cummins NTA855R1 (한,9421)	Cummins NTA855R1×1	Cummins NTA855R1 ×2
	시린더경×행정(mm)		165×185	165×185	165×185	140×152	140×150	140×152	140×152	140×152
	작동사이클		4	4	4	4	4	4	4	4
	압축비		12.0:1	12.0:1	13.5:1	14.3:1	14.3:1	14.3:1	14.3:1	14.3:1
	회전수	유전	600	600	600	600	600	600	600	600
		최고	1,800	1,800	1,800	2,100	2,100	2,100	2,100	2,100
	출력(마력/RPM)		1525/1800	1980/1800	1980/1800	350/2100 ×2	350/2100 ×2	315/2100	350/2100	350/2100
	배기량(ℓ)		47.5	63.3	63.3	14	14	14	14	14
보조기관	형식		Cummins NT855GC3	MTU8V 183TE12	MTU8V 183TE12	–	–	Cummins NT855R5(G)	Cummins NT855R5(G)×1	–
	시린더경×행정(mm)		140×152	128×142	128×142	–	–	140×152	140×152	–
	작동사이클		4	4	4	–	–	4	4	–
	압축비		15.0:1	16.25:1	16.25:1	–	–	15.1:1	15.1:1	–
	회전수(정격)		1,800	1,800	1,800	–	–	1,800	1,800	–
	연속출력(마력/RPM)		335/1800	388/1800	388/1800	–	–	251/1800	251/1800	–
	발전전압 및 출력		AC440V3φ 295KVA	AC440V3φ 336KVA	AC440V3φ 336KVA	–	–	AC440V3φ 130KVA	AC440V3φ 180KVA	–
차체	연결기면간길이(mm)		23,500	23,500	23,500	21,500	21,500	21,500 (한,9421-9422 22,000)	21,500	21,500
	고정축거	MAN	2,500	2,500	2,500	2,100	2,100	2,100	2,100	2,100
		ASEA	2,600	2,600	2,600					
	높이(mm)		3,750	3,750	3,750	4,200	4,200	4,200	4,260	4,260
	폭(mm)		3,000	3,000	3,000	3,200	3,200	3,200	3,200	3,200
	대차중심간거리(mm)		15,200	15,200	15,200	14,800	14,800	14,800	14,800	14,800
	중량(톤)	공차	64	69	69	47	47	41	50	50
		정비	66	70.5	70.5	49	49	43	52	52
		축당	16.5	17.6	17.6	12.3	12.3	10.6	13	13
동력전달장치	변속기		L520rU2	L520rU2	L520rU2	T211R	T211R	T211R (한,9421-9422)	T211Rz	T211Rz
	감속기		2.925:1	3.162:1	3.162:1	2.93:1	2.93:1	2.93:1	2.929:1	2.929:1
	차륜경		860	914	914	860	860	860	860	860
제동	제동변형식	주	KbrXI전공	KbrXI전공	KbrXI전공	ME23C	ME23C	ME23C	ME23C	–
		보조	ME23A	ME23A	ME23A					
	공기압축기형식		VV230/180	YT3000AM	YT3000AM	30CFM	30CFM	30CFM	30CFM×1	30CFM×1
	배율(레바비)		2.7	2.7	2.7	2:1	2:1	2:1	1.5:1	1.5:1
공급량	연료탱크(ℓ)		2,500	2,500	3,000	620×2	620×2	600×1 600×2 (한,9421-9422)	1,200×1	600×2
	주기관윤활유용량		200(ℓ)	230	230	47.3	47.3	47.3	47.3	47.3
	주기관 냉각수		560(ℓ)	720	720	141	141	141	141	141
축전지			MG250 (2직3병렬)	MG250 (2직3병렬)	MG250 (2직3병렬)	MG250 (2직)	MG250 (2직)	MG250 (2직)	MG250 (2직)	MG250 (2직)
최고속도(km/H)			150	150	150	120	120	120	120	120
가속도(km/H/S)			1.17	0.591	0.591	0.54	0.54	0.54	0.55(만차)	0.55(만차)
감속도(km/H/S)			3.31	3.31	3.31	3.87	3.87	3.87	3.4(만차)	3.4(만차)

4) 전기동차

구 분	저항제어방식 전기동차	인버터제어방식 전기동차
편성	6량(4M2T) : Tc-M-M′ -M-M′ -Tc 10량(6M4T) : Tc-M-M′ -T-M-M′ -T-M-M′ -Tc	6량(3M3T) : Tc-M-M′ -T-M′ -Tc 10량(5M5T) : Tc-M-M′ -T-M′ -T1-T-M-M′ -Tc
궤간	1,435mm	1,435mm
정원	Tc : 148(48)인, M.T : 160(54)인, ( )내는 좌석정원	Tc : 148(48)인, M.T : 160(54)인, ( )내는 좌석정원
자중	Tc : 34.8톤, M : 43.2톤, M′ : 47.6톤, T : 33톤	Tc : 33톤, M : 38톤, M′ : 42톤, T : 27.5톤, T1 : 32톤
차량성능	가속도 : 2.5km/h/s, 상용제동감속도 : 3.0km/h/s 비상제동감속도 : 4.0km/h/s, 최고속도 : 110km/h	가속도 : 2.5km/h/s, 상용제동감속도 : 3.0km/h/s 비상제동감속도 : 4.0km/h/s, 최고속도 : 110km/h
차체크기	최대크기 : 19,500(L)×3,120(W)×3,800(H)mm 팬터접은높이 : 4,500mm, Floor상면높이 : 1,200mm	최대크기 : 19,500(L)×3,120(W)×3,750(H)mm 팬터접은높이 : 4,500mm, Floor상면높이 : 1,150mm
대차	TYPE : 스윙볼스터방식 대차,고정축거 : 2,100mm, 기초제동장치 : 답면제동(M), 디스크제동(T)	TYPE : 볼스터레스 공기스프링 대차, 고정 축거: 2,100mm, 기초제동장치 : 답면제동(M), 디스크제동(T), (자동간극조절장치 내장)
주전동기	120KW, 375V, 360A, 1,650rpm	3상 유도전동기, 1시간정격 : 230KW, 1,100V, 150A, 2,050rpm, 70HZ
구동장치	평형 카르단식 구동장치, 치차비 : 5.80(87/15)	평형 카르단식 구동장치, 치차비 : 7.07(99/14)
제어장치	저항제어	VVVF인버터제어
제동	SELD발전제동병용 전자직통 공기제동	회생제동(AC/DC)병용 응하중을 가진 디지털 전기지령, 전기연산식
공기압축기	YT2000DM3스크류Type, 직류(교류)전동기 구동	YT2000AMZ스크류Type, 교류전동기 구동
보조전원	전원 : 정지형인버터(190KVA) 알카리 축전지 : (60Ah/5H)	전원 : 정지형인버터(190KVA) 알카리 축전지 : (60Ah/5H)
승객출입문	단기통 복동식 도어엔진, 래크엔피이언 TYPE 연동기구(출입구 폭 130mm)	단기통 복동식 도어엔진, 래크엔피이언 TYPE 연동기구(출입구 폭 130mm)
냉방장치	10,500kcal/h(Tc.M′ .T:3대/량,M:4대/량) 집중가변제어(완전자동)	20,000kcal/h×2/량, 집중가변제어(완전자동)
안내전광판	LED에 의한 문자자동 표시 (승무원실에서의 지령에 따른 역명안내를 표함한 각종 정보현시 시스템)	LED에 의한 문자자동 표시 (승무원실에서의 지령에 따른 역명안내를 표함한 각종 정보현시 시스템)
열차정보장치	역통과경보장치 및 TIS	역행, 제동지령의 직렬전송, 고장Monitor 및 차상검사장치를 통합한 제어정보 관리장치
보안장치	ATS	ATS/ATC
속도제어	저항, 직·병렬, 계자제어	인버터제어(가변전압, 가변주파수)

5) 객차

구분		새마을	무궁화	비고
차체 재질		STS	Mild	무궁화격하차량 STS
차체 치수(m)		23.5 × 3	23.5 × 3.2	구형무궁화 21 × 3
자중(톤)		39	40	새마을 특실 40
연결기면간거리		23,500(mm)	23,500(mm)	
최대차체높이(mm)		3,700	4,200 (지붕 3,700)	
대차중심간거리		15,900(mm)	15,900(mm)	
상면높이(mm)		1,188	1,200	
연결기높이(mm)		890	890	
차륜직경(mm, 신품)		860	860	
최고속도		150km/h	150km/h	
기후조건	사용조건	-35℃~40℃	-35℃~40℃	
	습도	80% 이내	80% 이내	
최급구배		35/1000	35/1000	
최소곡선반경		100m	100m	
공기압력 (kg/cm^2)	주공기	9	9	
	제동공기	6	6	
냉방능력(kcal/unit)		15,000 × 2대	5,500 × 6대	
난방능력(W)		600 × 32set	600 × 30set	
제동장치		KNORR	ERE	
연결장치		타이트록크형	타이트록크형	
완충기		120톤 고무완충기	120톤 고무완충기	

① 대차제원

구분			만(MAN)		아세아	소시미	세브론
			구형	신형			
고정축간거리(mm)			2,200	2,500	2,600	2,360	2,200
센터플레이트높이(mm)			888	880	–	880	719
공기스프링시트높이(mm)			888	895	–	758	949
사이드베러높이(mm)			–	–	–	918	–
저널치수(mm)			130 × 205	130 × 205	130 × 240	130 × 205	130 × 205
제동디스크치수(mm)			660 × 114	′87 이전 : 660 × 144 ′89 이전 : 660 × 110		660 × 144	660 × 144
제동레바비			3.9	3.5	1.57	4	3.65
오일댐퍼	축상댐퍼	수량	4		4	4	4
		감쇠력	압축 : 2,000, 인장 : 4,000 * 감쇠력 단위 : N/10cm/S		3,000	220	4,300 (최대 14,000)
	수직댐퍼	수량	2		2	2	–
		감쇠력	2,000		2,200	220	–
	횡댐퍼	수량	2		2	2	2
		감쇠력	3,000		1,800	4,700	2,400 (최대 8,400)
	요댐퍼	수량	–	2	–	2	2
		감쇠력	–	9,400	18,000	9,400	6,300(최대 8,000)
1차 현수장치			코일스프링+판스프링		세브론 고무스프링	원추형 고무스프링	세브론 고무스프링
2차 현수장치			공기스프링		코일스프링	공기스프링	
공기스프링중심거리(mm)			2,000	2,000	–	2,000	2,000
축수 중심간 거리(mm)			–	–	2,600	–	–

구분			NT21	KT23	KT24
고정축간거리(mm)			2,100	2,300	2,400
센터플레이트높이(mm)			888	879	879
공기스프링시트높이(mm)			–	949	938
사이드베러높이(mm)			933	–	–
저널치수(mm)			130 × 205	130 × 240	130 × 240
제동디스크치수(mm)			660 × 144 / 660 × 110	660 × 110	660 × 110
제동레바비			3.89	2.11/DISK	3.3/차축
오일댐퍼	축상댐퍼	수량	4	4	4
		감쇠력	압축 : 2,600 인장 : 5,200	압축 : 2,600 인장 : 5,200	–
	수직댐퍼	수량	2	2	2
		감쇠력	2,000	2,000	–
	횡댐퍼	수량	1	1	1
		감쇠력	3,900	3,900	–
	요댐퍼	수량	–	–	–
		감쇠력	–	–	–
1차 현수장치			코일스프링	세브론 고무스프링 + 1차수직오일댐퍼	세브론 고무스프링 + 1차수직오일댐퍼
2차 현수장치			코일스프링	볼스터레스 공기스프링 + 수직오일댐퍼	볼스터레스 공기스프링 + 수직오일댐퍼
공기스프링중심거리(mm)			–	2,000	2,000
축수 중심간 거리(mm)			2,370	–	–

6) 발전차 제원

구분	새마을호 및 무궁화용	통일호용	장대열차용
차체길이(mm)	17,970	13,770	17,970
차체폭(mm)	3,004	3,004	3,000
차체높이(mm)	4,173	4,173	3,790
제동장치	CK1P디스크	디스크및답면	KNORR 디스크
대차	NTA21C축	프레스강용접구조B축	HT25축
대차중심간거리(mm)	11,700	8,600	11,400
기관실크기(mm)	9,400×2,840	8,400×2,840	9,500×2,863
승무원실(mm)	2,390×2,840	2,750×2,840	2,590×2,836
차장실(mm)	1,790×2,840	無	1,850×2,836
화물실(mm)	3,670×2,840	1,950×2,840	3,010×2,836
속도검출기	속도발전기	無	Mage Sensor 속도발전기

7) 엔진·발전기 제원

구분		200KW 커민스			300KW 커민스	
엔진	형식	NT 855 G1, G6			NTA 855 G3	
	제작사	CUMMINS			CUMMINS	
	연속정격출력(Hp)	385			480	
	정격회전수(rpm)	1,800			1,800	
	연료소비량	79.7ℓ /h, 74ℓ /h			92.7 ℓ /h	
	중량(Kg)	1,270			1,370	
발전기	형식	SF020 A04	HC 444 C2	LSA46.1L6	SGH 300	HC434 F2
	제작사	효성중공업	STAMFORD	LEROY SOMER	효성중공업	STAMFORD
	정격출력(KVA)	250	250	250	375	380
	유효전력(KW)	200	200	200	300	300
	전류(A)	328	328	328	492	492
	정격전압(V)	440	440	440	440	440
	극수	4	4	4	4	4
	중량(Kg)	1,500	885	705	2,500	1,160

8) 화차(각종)

제원 / 차호대	보유량	제작		용량				대차		제동장치			차체(mm)			속도	비고
		년도	제작소	자중	하중	용적	계산	형식	제동방식	삼동변	제동통	적.영	길이	폭	높이		
유 개 차																	
20001-20063	63	96	한진	23.5	51	85	1.0	바바	–	KRF-3	단식	–	13950	3000	3942	90	
20064-20223	160	〃	현대	〃	〃	〃	〃	〃	〃	〃	〃	〃	〃	〃	〃	〃	K2(1)
20224-20463	240	97	〃	〃	〃	〃	〃	〃	〃	〃	복식	적공	〃	〃	〃	〃	K2(25)
전개형유개차																	
20464-20563	100	98	현대	27.6	48	106	1.1	용접	편압식	K2	복식	적공	15310	3078	4444	100	
20564-20588	25	99	한국철도	27.2	〃	〃	〃	〃	〃	〃	〃	〃	15610	〃	4394	〃	
20589-20698	110	〃	〃	28	〃	109	〃	〃	양압식	P4a	단식	–	15910	〃	〃	120	
20699-20837	139	2000	〃	〃	〃	〃	〃	〃	〃	〃	〃	〃	〃	〃	〃	〃	
20838-20981	144	2003	태양중공업	25.9	〃	116	〃	〃	〃	KRF-3	〃	〃	〃	3080	4328	〃	
냉연코일																	
921001-921074	74	2002	고려차량	23.1	52	60	0.9	용접	편압식	KRF-3	단식	–	12910	2900	3656	100	
921075-921094	20	2004	〃	〃	〃	〃	〃	〃	〃	〃	〃	〃	〃	〃	〃	〃	
922001-922060	60	2006	태양중공업	24.2	51	63	〃	〃	〃	〃	복식	〃	〃	2800	3610	120	
922061-922080	20	2007	〃	〃	〃	〃	〃	〃	〃	〃	〃	〃	〃	〃	〃	〃	
보선용발전차																	
259001-259016	16	2003	태양중공업	26.8	28.3	63	1.0	용접	편압식	KRF-3	단식	–	12500	3000	3690	100	
유개차 합계	**1,171**																
무개일반차																	
50001-50115	115	97	수산	20.5	55	49	1.0	바바	–	KRF-3	복식	적공	13950	2887	2468	90	K2(53)
50116-50235	120	99	한국철도	21.2	53.8	〃	〃	용접	양압식	P4a	단식	–	〃	〃	〃	120	
50236-50335	100	2000	〃	〃	〃	〃	〃	〃	〃	〃	〃	〃	〃	〃	〃	〃	
50336-50410	75	〃	〃	〃	〃	〃	〃	〃	〃	KRF-3	〃	〃	〃	〃	〃	〃	
50411-50651	241	2002	디자인리미트	21.7	54	〃	〃	〃	〃	〃	〃	〃	〃	〃	〃	〃	
50652-50905	254	2003	〃	〃	〃	〃	〃	〃	〃	〃	〃	〃	〃	〃	〃	〃	
50906-51136	231	2004	고려차량	〃	〃	〃	〃	〃	〃	〃	〃	〃	〃	〃	〃	〃	
51137-51236	100	〃	성신산업	〃	〃	〃	〃	〃	〃	〃	〃	〃	〃	〃	〃	〃	
59001-59090	12	67	인창	17	40	34	〃	바바	–	K2	KC	〃	14060	2870	3980	90	
59101-59103	3	98	신성	30	〃	20	1.1	용접	편압식	〃	복식	적공	14910	2800	2905	〃	
582002	1	75	한기	19	53	49	1.0	바바	–	〃	〃	〃	〃	〃	〃	〃	
583002-583538	202	79	대우	20	〃	〃	〃	〃	〃	KRF-3	단식	–	〃	〃	〃	〃	K2(72)
583540-583726	95	〃	조공	〃	〃	〃	〃	〃	〃	〃	〃	〃	〃	〃	〃	〃	K2(47)
583729 . 583731	2	80	〃	〃	〃	〃	〃	〃	〃	〃	〃	〃	〃	〃	〃	〃	
583733-583769	20	79	〃	〃	〃	〃	〃	〃	〃	〃	〃	〃	〃	〃	〃	〃	K2(6)
583801-583970	168	83	대우	〃	〃	〃	〃	〃	〃	〃	〃	〃	〃	〃	〃	〃	K2(4)
583971-584063	93	84	현대	〃	〃	〃	〃	〃	〃	〃	〃	〃	〃	〃	〃	〃	K2(5)
584064-584156	92	85	대우	〃	〃	〃	〃	〃	〃	〃	〃	〃	〃	〃	〃	〃	K2(3)
584157-584231	74	〃	조공	〃	〃	〃	〃	〃	〃	〃	〃	〃	〃	〃	〃	〃	K2(2)
584232-584273	42	98	한진	21.1	〃	〃	〃	용접	편압식	K2	복식	적공	〃	〃	2468	100	
584274-584321	48	99	〃	〃	〃	〃	〃	〃	〃	〃	〃	〃	〃	〃	〃	〃	
951001-951104	104	97	대우	20.1	〃	43	〃	〃	〃	〃	〃	〃	〃	〃	2301	〃	
951105-951144	40	99	〃	〃	50	〃	〃	〃	〃	〃	〃	〃	〃	〃	〃	〃	
자 갈 차																	
590301-590350	50	97	현대	24	50	34	1.0	용접	편압식	K2	복식	적공	13910	3100	2839	100	
590351-590374	24	99	대우	24.8	〃	〃	〃	〃	〃	〃	〃	〃	〃	〃	〃	〃	
590375-590439	65	2002	디자인리미트	24.1	〃	〃	〃	〃	〃	KRF-3	단식	–	〃	〃	〃	〃	
590440-590474	35	2003	〃	〃	〃	〃	〃	〃	〃	〃	〃	〃	〃	〃	〃	〃	
959001-959090	90	97	수산	24.2	〃	〃	〃	바바	–	K2	복식	적공	〃	〃	〃	90	
959091-959164	74	98	현대	25.2	〃	〃	〃	용접	편압식	〃	〃	〃	〃	〃	〃	100	
959165-959328	164	2001	한국철도	24.8	〃	〃	〃	〃	〃	KRF-3	단식	–	〃	〃	〃	〃	

제원 / 차호대	보유량	제작		용량				대차		제동장치			차체(mm)			속도	비고
		년도	제작소	자중	하중	용적	계산	형식	제동방식	삼동변	제동통	적.영	길이	폭	높이		
홉 파 차																	
60001-60115	115	96	대우	23.8	51	42	0.9	바바	–	K2	복식	적공	13000	3200	3140	90	
60116-60325	210	″	수산	24.5	″	″	″	″	″	″	″	″	″	″	″	″	
60326-60450	125	97	″	25.6	50	″	″	용접	편압식	″	″	″	12310	″	″	100	
60451-60522	72	98	현대	25.2	″	″	″	″	″	″	″	″	″	″	3155	″	
60523-60612	90	99	″	″	″	″	″	″	″	″	″	″	″	″	″	″	
60613-60765	153	2002	디자인리미트	26.8	″	″	″	″	양압식	KRF-3	단식	–	″	″	3140	120	
60766-60823	58	2003	지일정공	26.5	″	″	″	″	″	″	″	″	″	″	″	″	
60824-60873	50	″	고려차량	26	″	″	″	″	″	″	″	″	″	″	″	″	
965201-965219	19	84	대우	24.4	″	40	″	바바	–	K2	KC	″	12000	″	3140	90	
무개차 합계	**3,626**																
일반유조차																	
40021-40072	52	96	한진	20.6	51	54	0.9	바바	–	KRF-3	단식	–	12000	2936	4446	90	
40073-40090	18	97	″	″	″	″	″	″	″	K2	복식	적공	″	″	″	″	
40091-40219	129	2002	태양금속	22.3	50	56	″	용접	편압식	KRF-3	단식	–	″	3180	4337	110	
40220-40331	112	2003	디자인리미트	22	″	55	″	″	″	″	″	″	″	″	″	″	
40332-40353	22	2002	태양금속	″	″	″	″	″	″	″	″	″	″	″	″	″	
940861-940900	40	2000	수산	24	48	53	″	용접	편압식	KRF-3	단식	″	″	3091	″	100	
940903-940925	10	78	대우	22	50	52	″	바바	–	K2	KC	″	″	2936	4425	90	
940931-940950	20	89	조공	21.2	″	55	″	″	″	″	복식	적공	″	″	″	″	
940951-940965	15	90	한유	22.9	″	″	″	″	″	″	″	″	″	2866	4483	″	
940966-940997	32	″	조공	21	″	″	″	″	″	″	″	″	″	″	″	″	
941001-941028	28	79	″	22	″	″	″	″	″	″	KC	영공	″	″	4481	″	
941029-941066	37	80	″	″	″	″	″	″	″	″	″	″	″	″	″	″	
941067-941096	30	88	″	″	″	″	″	″	″	″	복식	적공	″	″	4483	″	
941097-941136	39	89	조공	21.2	″	″	″	″	″	″	″	″	″	″	″	″	
941137 . 941138	2	92	한유	21	″	″	″	″	″	″	″	″	″	″	″	″	
941139-941153	15	″	한진	24	48	″	″	″	″	″	″	″	″	″	″	″	
941154-941178	25	″	″	22	50	″	″	″	″	″	″	″	″	″	″	″	
941179-941188	10	″	″	23.4	48.6	″	″	″	″	″	″	″	″	″	″	″	
941189-941243	55	93	″	″	″	″	″	″	″	″	″	″	″	″	″	″	
941244-941288	45	97	코리아타코마	24.4	47.4	53	″	용접	편압식	″	″	″	″	3000	4290	100	
941289-941323	35	99	수산	24	48	″	″	″	″	″	″	″	″	3091	4300	″	
944001-944013	13	91	한유	21.1	50	65	1.0	바바	–	″	″	″	14010	2936	4496	90	
944014-944020	7	92	″	″	″	52	″	″	″	″	″	″	″	″	″	″	
944021-944070	50	93	″	22.9	″	55	0.9	″	″	″	″	″	12000	2651	4184	″	
944071-944140	70	94	한진	23.7	49	54	″	″	″	″	″	″	″	″	″	″	
945001-945100	97	91	대우	20	50	″	″	″	″	″	″	″	″	2936	4446	″	
945101-945120	20	92	한유	21	″	55	″	″	″	″	″	″	″	2866	4500	″	
946511-946519	9	91	″	20.5	″	54	″	″	″	″	KD	–	″	″	4483	″	
아 스 팔 트																	
40001-40020	20	96	수산	24.4	48	50	1.0	바바	–	KRF-3	단식	–	13950	2651	4183	90	
942001-942003	3	82	현대	27.4	45	48	″	″	″	K2	KC	영공	″	″	4184	″	
945121-945127	7	95	한유	24.5	47.5	50	0.9	″	″	″	복식	적공	12000	2860	4339	″	
황 산 차																	
948541-948550	10	99	한유	20.6	50	28	0.9	용접	편압식	K2	복식	적공	12000	2400	4132	100	
948551-948563	13	2000	″	″	″	″	″	″	″	KRF-3	단식	–	″	″	″	″	
948564-948583	20	2001	고려차량	″	″	″	″	″	″	″	″	″	″	″	″	″	
948584-948595	12	2002	″	″	″	″	″	″	″	″	″	″	″	″	″	″	
948596-948605	10	2003	″	″	″	″	″	″	″	″	″	″	″	″	″	″	
프로필렌차																	
948276-948287	12	2004	고려차량	27.5	20.7	47	0.9	용접	편압식	KRF-3	단식	–	11910	2900	4195	100	
948288-948299	12	2005	″	″	″	″	″	″	″	″	″	″	″	″	″	″	
948300-948309	10	2006	″	27.8	25	″	1.0	″	″	″	″	″	13070	2700	″	90	
948310-948334	25	2007	″	″	″	57	″	″	–	″	″	–	″	″	″	″	

제원 \ 차호대	보유량	제작		용량				대차		제동장치			차체(mm)			속도	비고
		년도	제작소	자중	하중	용적	계산	형식	제동방식	삼동변	제동통	적.영	길이	폭	높이		
벌크차																	
490201-490218	18	81	대우	19.5	52	44	0.9	바바	–	KRF-3	단식	–	13160	3100	3850	90	K2(1)
490219-490248	29	82	조공	〃	〃	〃	〃	〃	〃	〃	〃	〃	〃	〃	〃	〃	K2(6)
490249-490300	51	81	현대	〃	〃	〃	〃	〃	〃	〃	〃	〃	〃	〃	〃	〃	K2(20
490301-490340	40	84	〃	20	〃	〃	〃	〃	〃	〃	〃	〃	〃	〃	〃	〃	K2(8)
490341-490380	39	〃	조공	〃	〃	〃	〃	〃	〃	〃	〃	〃	〃	〃	〃	〃	K2(10
490381-490420	39	〃	대우	〃	〃	〃	〃	〃	〃	〃	〃	〃	〃	〃	〃	〃	K2(8)
490421-490464	42	87	현대	〃	〃	〃	〃	〃	〃	〃	〃	〃	〃	〃	〃	〃	K2(13
490465-490482	18	〃	대우	〃	〃	〃	〃	〃	〃	〃	〃	〃	〃	〃	〃	〃	K2(3)
490483-490514	31	〃	조공	〃	〃	〃	〃	〃	〃	〃	〃	〃	〃	〃	〃	〃	K2(8)
490515-490650	136	2001	태양금속	22.7	〃	〃	〃	용접	양압식	〃	〃	〃	〃	〃	〃	120	
490651-490762	112	2002	〃	22.2	〃	〃	〃	〃	〃	〃	〃	〃	〃	〃	〃	〃	
490763-490792	30	2003	〃	〃	〃	〃	〃	〃	〃	〃	〃	〃	〃	〃	〃	〃	
490793-490884	92	〃	고려차량	22	〃	〃	〃	〃	〃	〃	〃	〃	〃	〃	〃	〃	
490885-491012	128	〃	태양중공업	22.1	〃	〃	〃	〃	〃	〃	〃	〃	〃	〃	〃	〃	
491013-491118	106	2003	〃	〃	〃	〃	〃	〃	〃	〃	〃	〃	〃	〃	〃	〃	
838301-838320	20	97	한유	20	〃	〃	〃	바바	–	K2	복식	적공	〃	〃	〃	90	
838701-838750	50	93	대우	〃	〃	〃	〃	〃	〃	〃	〃	〃	〃	〃	〃	〃	
838801-838825	25	〃	현대	〃	〃	〃	〃	〃	〃	〃	〃	〃	〃	〃	〃	〃	
839301-839320	20	95	한유	19.4	〃	〃	〃	〃	〃	〃	〃	〃	〃	〃	〃	〃	
839321-839370	50	96	〃	19.9	〃	〃	〃	〃	〃	〃	〃	〃	〃	〃	〃	〃	
839371-839400	30	97	〃	20	〃	〃	〃	〃	〃	〃	〃	〃	〃	〃	〃	〃	
839501-839600	100	96	현대	19.5	〃	〃	〃	〃	〃	〃	〃	〃	〃	〃	〃	〃	
839601-839671	71	93	〃	20	〃	〃	〃	〃	〃	〃	〃	〃	〃	〃	〃	〃	
847301-847340	40	〃	한유	〃	〃	〃	〃	〃	〃	〃	〃	〃	〃	〃	〃	〃	
847341-847462	112	94	〃	〃	〃	〃	〃	〃	〃	〃	〃	〃	〃	〃	〃	〃	
847501-847598	98	〃	현대	19.7	〃	〃	〃	〃	〃	〃	〃	〃	〃	〃	〃	〃	
847599-847600	2	96	〃	19.5	〃	〃	〃	〃	〃	〃	〃	〃	〃	〃	〃	〃	
847701-847720	20	94	한진	20	〃	〃	〃	〃	〃	〃	〃	〃	〃	〃	〃	〃	
847721-847750	30	〃	대우	〃	〃	〃	〃	〃	〃	〃	〃	〃	〃	〃	〃	〃	
848001-848050	50	97	한진	19.9	〃	〃	〃	〃	〃	〃	〃	〃	〃	〃	〃	〃	
848051-848080	30	〃	수산	20.7	〃	〃	〃	〃	〃	〃	〃	〃	〃	〃	〃	〃	
848081-848130	50	〃	현대	20	〃	〃	〃	〃	〃	〃	〃	〃	〃	〃	〃	〃	
848301-848350	50	92	한유	19.3	〃	〃	〃	〃	〃	〃	〃	〃	〃	〃	〃	〃	
848351-848400	50	93	〃	20	〃	〃	〃	〃	〃	〃	〃	〃	〃	〃	〃	〃	
848401-848462	62	92	〃	19.3	〃	〃	〃	〃	〃	〃	〃	〃	〃	〃	〃	〃	
848463-848492	30	93	〃	20	〃	〃	〃	〃	〃	〃	〃	〃	〃	〃	〃	〃	
848493-848500	8	94	〃	〃	〃	〃	〃	〃	〃	〃	〃	〃	〃	〃	〃	〃	
848501-848600	100	93	현대	〃	〃	〃	〃	〃	〃	〃	〃	〃	〃	〃	〃	〃	
848601-848671	71	92	〃	〃	〃	〃	〃	〃	〃	〃	〃	〃	〃	〃	〃	〃	
848672-848678	7	93	〃	〃	〃	〃	〃	〃	〃	〃	〃	〃	〃	〃	〃	〃	
848679-848700	22	94	〃	〃	〃	〃	〃	〃	〃	〃	〃	〃	〃	〃	〃	〃	
848701-848750	50	92	한진	19.4	〃	〃	〃	〃	〃	〃	〃	〃	〃	〃	〃	〃	
848751-848800	50	93	〃	20	〃	〃	〃	〃	〃	〃	〃	〃	〃	〃	〃	〃	
848801-848840	40	91	현대	〃	〃	〃	〃	〃	〃	〃	〃	〃	〃	〃	〃	〃	
848841-848875	35	92	〃	〃	〃	〃	〃	〃	〃	〃	〃	〃	〃	〃	〃	〃	
848876-848900	25	93	〃	〃	〃	〃	〃	〃	〃	〃	〃	〃	〃	〃	〃	〃	
849001-849080	80	90	조공	〃	〃	〃	〃	〃	〃	〃	〃	〃	〃	〃	〃	〃	
849081-849130	50	91	〃	〃	〃	〃	〃	〃	〃	〃	〃	〃	〃	〃	〃	〃	
849131-849180	50	93	한진	〃	〃	〃	〃	〃	〃	〃	〃	〃	〃	〃	〃	〃	
849181-849230	50	〃	대우	〃	〃	〃	〃	〃	〃	〃	〃	〃	〃	〃	〃	〃	
849301-849360	60	90	〃	〃	〃	〃	〃	〃	〃	〃	〃	〃	〃	〃	〃	〃	
849361-849390	30	91	한유	〃	〃	〃	〃	〃	〃	〃	〃	〃	〃	〃	〃	〃	
849391-849400	10	93	〃	〃	〃	〃	〃	〃	〃	〃	〃	〃	〃	〃	〃	〃	
849401-849462	62	90	현대	〃	〃	〃	〃	〃	〃	〃	〃	〃	〃	〃	〃	〃	
849463-849482	20	91	〃	〃	〃	〃	〃	〃	〃	〃	〃	〃	〃	〃	〃	〃	
849483-849500	18	92	한유	19.3	〃	〃	〃	〃	〃	〃	〃	〃	〃	〃	〃	〃	
849501-849550	50	90	현대	20	〃	〃	〃	〃	〃	〃	〃	〃	〃	〃	〃	〃	
849551-849600	50	91	〃	〃	〃	〃	〃	〃	〃	〃	〃	〃	〃	〃	〃	〃	
849601-849680	78	90	〃	〃	〃	〃	〃	〃	〃	〃	〃	〃	〃	〃	〃	〃	
849681-849700	20	92	〃	〃	〃	〃	〃	〃	〃	〃	〃	〃	〃	〃	〃	〃	
849701-849770	70	90	조공	〃	〃	〃	〃	〃	〃	〃	〃	〃	〃	〃	〃	〃	
849771-849800	30	92	한진	19.4	〃	〃	〃	〃	〃	〃	〃	〃	〃	〃	〃	〃	
849801-849820	20	90	현대	20	〃	〃	〃	〃	〃	〃	〃	〃	〃	〃	〃	〃	

제원 / 차호대	보유량	제작		용량				대차		제동장치			차체(mm)			속도	비고
		년도	제작소	자중	하중	용적	계산	형식	제동방식	삼동변	제동통	적.영	길이	폭	높이		
849821-849900	80	91	현대	20	52	44	0.9	바바	–	K2	복식	적공	13160	3100	3850	90	
849901-849999	99	92	〃	〃	〃	〃	〃	〃	〃	〃	〃	〃	〃	〃	〃	〃	
949151-949190	40	84	조공	〃	〃	〃	〃	〃	〃	〃	KD	영공	〃	〃	〃	〃	
949191-949220	30	〃	현대	〃	〃	〃	〃	〃	〃	〃	〃	〃	〃	〃	〃	〃	
949221-949300	80	89	조공	〃	〃	〃	〃	〃	〃	〃	복식	적공	〃	〃	〃	〃	
949431-949440	10	83	현대	20.3	〃	〃	〃	〃	〃	〃	〃	〃	〃	〃	〃	〃	
949441-949480	40	84	대우	20	〃	〃	〃	〃	〃	〃	〃	〃	〃	〃	〃	〃	
949621-949630	10	83	현대	19.8	〃	〃	〃	〃	〃	〃	〃	〃	〃	〃	〃	〃	
949631	1	79	〃	20	〃	〃	〃	〃	〃	〃	〃	〃	〃	〃	〃	〃	
949641-949650	10	84	현대	19.8	〃	〃	〃	〃	〃	〃	〃	〃	〃	〃	〃	〃	
949651-949690	40	〃	〃	20	〃	〃	〃	〃	〃	〃	〃	〃	〃	〃	〃	〃	
949701-949710	10	〃	조공	〃	〃	〃	〃	〃	〃	〃	〃	〃	〃	〃	〃	〃	
949711-949740	30	〃	대우	〃	〃	〃	〃	〃	〃	〃	〃	〃	〃	〃	〃	〃	
949741-949790	50	85	〃	〃	〃	〃	〃	〃	〃	〃	〃	〃	〃	〃	〃	〃	
949801-949820	20	84	〃	〃	〃	〃	〃	〃	〃	〃	〃	적공	〃	〃	〃	〃	
949821-949880	60	89	현대	〃	〃	〃	〃	〃	〃	〃	복식	〃	〃	〃	〃	〃	
949901-949940	40	86	〃	〃	〃	〃	〃	〃	〃	〃	단식	–	〃	〃	〃	〃	
949941-949980	39	88	〃	〃	〃	〃	〃	〃	〃	〃	복식	적공	〃	〃	〃	〃	
조 차 합계	**4,947**																
평판일반차																	
71036-71158	58	2000	한국철도	22.1	52	–	1.1	용접	양압식	P4a	단식	–	16000	2800	1125	120	
71165-71194	4	2001	디자인리미트	22.6	〃	〃	〃	〃	〃	〃	〃	〃	〃		〃		
71198-71260	63	〃	태양금속	22.5	53	〃	〃	〃	〃	〃	〃	〃	〃	〃	〃	〃	
71261-71296	36	2002	〃	〃	〃	〃	〃	〃	〃	〃	〃	〃	〃	〃	〃	〃	
971101-971145	45	98	현대	22.6	50	〃	1.4	〃	편압식	K2	복식	적공	19570	2770	1074	〃	
핫 코 일 차																	
765151-765186	36	98	한진	21.6	54	–	0.9	용접	편압식	K2	복식	적공	12000	2800	1125	100	
765187-765220	34	〃	현대	21.3	〃	〃	〃	〃	〃	〃	〃	〃	〃	〃	〃	〃	
765221-765264	44	99	〃	〃	〃	〃	〃	〃	〃	〃	〃	〃	〃	〃	〃	〃	
765265-765314	50	2003	삼환종합기계	21.5	〃	〃	〃	〃	양압식	P4a	단식	–	〃	〃	1890	120	
곡 형 차																	
979991	1	85	일본	82	110	–	2.1	주강	–	K2	KD	–	30000	2300	2650	70	
979992	1	96	수산	54.1	90	〃	1.7	〃	〃	〃	〃	〃	23460	2420	1463	〃	
979993	1	2000	우크라이나	90	165	〃	2.2	바바	〃	분배밸브	356×4	〃	30695	3150	4143	80	
미군. 탱컨겸용																	
499600-499619	20	91	한진	34.2	70	–	1.2	바바	–	K2	복식	적공	16910	3180	1375	70	
499620-499639	20	92	〃	35	〃	〃	〃	〃	〃	〃	〃	〃	〃	〃	〃	〃	
499640-499659	20	93	〃	〃	〃	〃	〃	〃	〃	〃	〃	〃	〃	〃	〃	〃	
499660-499684	25	99	〃	34.4	〃	〃	〃	주강3축	〃	〃	〃	〃	〃	〃	〃	〃	
499685-499719	35	2000	한국철도	〃	〃	〃	〃	바바	〃	〃	〃	〃	〃	〃	〃	〃	
499720	1	99	〃	〃	〃	〃	〃	〃	〃	〃	〃	〃	〃	〃	〃	〃	
자 동 차																	
971001-971040	40	93	현대	28	15	–	1.7	바바	–	K2	단식	–	23800	2920	3520	90	
컨테이너차																	
70001-70097	97	97	현대	18.5	50	–	1.0	용접	양압식	P4a	단식	–	13410	2332	1065	120	
70101-70255	155	99	한국철도	17.5	〃	〃	〃	〃	〃	〃	〃	〃	〃	〃	〃	〃	
70256-70300	45	2000	〃	〃	〃	〃	〃	〃	〃	〃	〃	〃	〃	〃	〃	〃	
70301-70401	101	〃	디자인리미트	17.7	〃	〃	〃	〃	〃	〃	〃	〃	〃	〃	〃	〃	
70402-70477	76	2001	〃	〃	〃	〃	〃	〃	〃	〃	〃	〃	〃	〃	〃	〃	
70478-70577	100	2002	로템	18.5	〃	〃	〃	〃	〃	〃	〃	〃	〃	〃	〃	〃	
70578-70663	86	〃	디자인리미트	18.1	〃	〃	〃	〃	〃	〃	〃	〃	〃	〃	〃	〃	
70664-70707	44	2001	〃	〃	〃	〃	〃	〃	〃	〃	〃	〃	〃	〃	〃	〃	
70708-70721	14	〃	〃	〃	〃	〃	〃	〃	〃	〃	〃	〃	〃	〃	〃	〃	
70722-70749	28	2002	〃	〃	〃	〃	〃	〃	〃	〃	〃	〃	〃	〃	〃	〃	
70750-70845	96	2003	성신산업	18.5	〃	〃	〃	〃	〃	〃	〃	〃	〃	〃	〃	〃	
70847-70988	142	2006	SLS중공업	21.4	66	〃	〃	스위 모션	편압식	〃	〃	〃	14160	〃	〃	〃	

제 원 / 차호대	보유량	제작		용량				대차		제동장치			차체(mm)			속도	비 고
		년도	제작소	자중	하중	용적	계산	형식	제동방식	삼동변	제동통	적.영	길 이	폭	높 이		
70989-71000	12	2007	성신산업	18.1	50	–	1.0	용접	양압식	P4a	단식	–	14160	2332	1065	120	
76001-76098	98	〃	〃	〃	〃	〃	〃	〃	〃	〃	〃	〃	〃	〃	〃	〃	
76099-76198	100	〃	고려차량	〃	〃	〃	〃	〃	〃	〃	〃	〃	〃	〃	〃	〃	
760815-760820	6	87	조공	23	51	〃	1.4	바바	–	K2	〃	적공	19510	2485	〃	90	
770001-770061	61	92	한진	22	54.5	〃	〃	용접	양압식	P4a	단식	–	19570	2579	〃	110	
770062-770075	14	87	〃	〃	〃	〃	〃	〃	〃	〃	〃	〃	〃	〃	〃	〃	
974001-974008	8	92	〃	17.5	48	〃	1.1	바바	–	K2	복식	적공	14960	〃	〃	90	
974101-974120	20	97	해태	18.2	56.5	〃	1.4	〃	〃	〃	〃	〃	19310	2530	1150	〃	
975001-975022	22	96	대우	20.7	〃	〃	〃	〃	〃	〃	〃	〃	19570	2579	1065	〃	
975023-975050	28	97	〃	〃	〃	〃	〃	〃	〃	〃	〃	〃	〃	〃	〃	〃	
975201-975300	100	〃	한진	18.2	〃	〃	〃	〃	〃	〃	〃	〃	19310	2530	1150	〃	
976001-976042	42	92	대우	20	〃	〃	〃	〃	〃	〃	〃	〃	19570	2577	1065	〃	
976043-976062	20	94	〃	20.3	〃	〃	〃	〃	〃	〃	〃	〃	〃	〃	〃	〃	
976063-976092	30	95	〃	〃	〃	〃	〃	〃	〃	〃	〃	〃	〃	〃	〃	〃	
976101-976125	25	97	수산	20.9	〃	〃	〃	〃	〃	〃	〃	〃	〃	2579	〃	〃	
976201-976236	36	92	한진	20	54.5	〃	〃	〃	〃	〃	〃	〃	〃	〃	〃	〃	
976237-976296	60	95	〃	20.6	56.5	〃	〃	〃	〃	〃	〃	〃	〃	〃	〃	〃	
976301-976342	42	〃	현대	20.2	54.5	〃	〃	〃	〃	〃	〃	〃	〃	〃	〃	〃	
976401-976435	35	〃	수산	20.8	56.5	〃	〃	〃	〃	〃	〃	〃	〃	〃	〃	〃	
976501-976526	26	〃	〃	〃	〃	〃	〃	〃	〃	〃	〃	〃	〃	〃	〃	〃	
976601-976642	42	〃	현대	20.2	〃	〃	〃	〃	〃	〃	〃	〃	〃	〃	〃	〃	
976701-976722	22	〃	한유	20.7	55.8	〃	〃	〃	〃	〃	〃	〃	〃	〃	〃	〃	
976723-976744	22	〃	〃	〃	56.5	〃	〃	〃	〃	〃	〃	〃	〃	〃	〃	〃	
976801-976820	20	〃	수산	20.8	〃	〃	〃	〃	〃	〃	〃	〃	〃	〃	〃	〃	
976821-976871	51	96	〃	〃	〃	〃	〃	〃	〃	〃	〃	〃	〃	〃	〃	〃	
976901-976922	22	〃	〃	20.4	〃	〃	〃	〃	〃	〃	〃	〃	〃	〃	〃	〃	
976923-976944	22	97	〃	〃	〃	〃	〃	〃	〃	〃	〃	〃	〃	〃	〃	〃	
탱.컨겸용																	
760851-760904	54	89	조공	21	50	–	1.1	바바	–	K2	복식	적공	14960	3180	1370	90	
760905-760954	50	90	〃	〃	〃	〃	〃	〃	〃	〃	〃	〃	〃	〃	〃	〃	
냉동컨테이너																	
970001-970016	16	97	현대	19.5	48	–	1.0	용접	양압식	P4a	단식	–	14410	2332	1065	120	
970101-970119	19	〃	한진	〃	〃	〃	〃	〃	〃	〃	〃	〃	〃	〃	〃	〃	
970201-970209	9	〃	현대	〃	〃	〃	〃	〃	〃	〃	〃	〃	〃	〃	〃	〃	
970301-970312	12	〃	〃	〃	〃	〃	〃	〃	〃	〃	〃	〃	〃	〃	〃	〃	
970401-970409	9	〃	한유	〃	〃	〃	〃	〃	〃	〃	〃	〃	〃	〃	〃	〃	
970501-970505	5	〃	해태	〃	〃	〃	〃	〃	〃	〃	〃	〃	〃	〃	〃	〃	
컨겸평판																	
70846	1	2003	로템	23	53	–	1.1	스위모션	양압식	KRF-3	단식	–	16000	2800	1125	120	
71001-71035	35	99	한국철도	22.7	52	〃	〃	용접	〃	P4a	〃	〃	〃	〃	1360	〃	
71081-71160	67	2000	〃	22.1	〃	〃	〃	〃	〃	〃	〃	〃	〃	〃	1125	〃	
71161-71195	31	2001	디자인리미트	22.6	〃	〃	〃	〃	〃	〃	〃	〃	〃	〃	〃	〃	
71196 . 71197	2	〃	태양금속	22.5	53	〃	〃	〃	〃	〃	〃	〃	〃	〃	〃	〃	
763001-763033	33	98	대우	23.1	51.5	〃	〃	〃	〃	〃	〃	〃	14960	3180	1370	〃	
763034-763117	84	99	〃	〃	〃	〃	〃	〃	〃	〃	〃	〃	〃	〃	〃	〃	
763118-763217	100	2002	디자인리미트	22.9	52	〃	〃	〃	〃	〃	〃	〃	16000	2800	1125	〃	
763218-763317	100	2005	성신산업	22.2	〃	〃	〃	〃	〃	〃	〃	〃	〃	〃	〃	〃	
763318-763427	109	〃	삼환종합기계	22.8	〃	〃	〃	〃	〃	〃	〃	〃	〃	〃	〃	〃	
763218-763317	100	2005	성신산업	22.2	〃	〃	〃	〃	〃	〃	〃	〃	〃	〃	〃	〃	
763318-763427	109	〃	삼환종합기계	22.8	〃	〃	〃	〃	〃	〃	〃	〃	〃	〃	〃	〃	
평판차 합계	**3,240**																
소 화 물 차																	
230001-230094	93	98	현대	25.5	15	85	1.3	용접	편압식	LN	단식	–	18310	3000	3873	120	
230095-230166	71	99	〃	26.3	〃	〃	〃	〃	〃	〃	〃	〃	〃	〃	〃	〃	
차 장 전 용																	
87021-87055	35	2000	한국철도	16.6	–	–	0.9	〃	2축형	〃	〃	〃	12000	3350	3750	120	
총 화차보유량	**13,183**																

제 4 장

제4장 철도차량 구동기술 이해

제1절 철도교통차량의 분류

제2절 철도교통차량의 동역학

제3절 열차의 성능

제4장 철도차량 구동기술 이해

제1절 철도교통차량의 분류

일반적으로 레일 또는 이에 준하는 궤도빔에 차륜 등을 사용하여 중량을 부담시켜서, 인력 또는 축력 이외의 동력을 사용하여 운행하는 것을 통상 철도차량이라고 한다. 철도차량의 분류 기준은 견인동력의 유무, 사용 에너지종류, 수송대상 및 동력의 개수에 따라 나누어진다.

1.1 견인동력의 유무에 따른 분류

1) 동력차(Motor car)

원동기를 가지고 단독(동력차) 또는 자기 이외의 차량과 연결되어 운전되는 차량(제어차와 부수차)으로 기관차, 전동차, 내연동차 및 동력화차의 총칭이다.

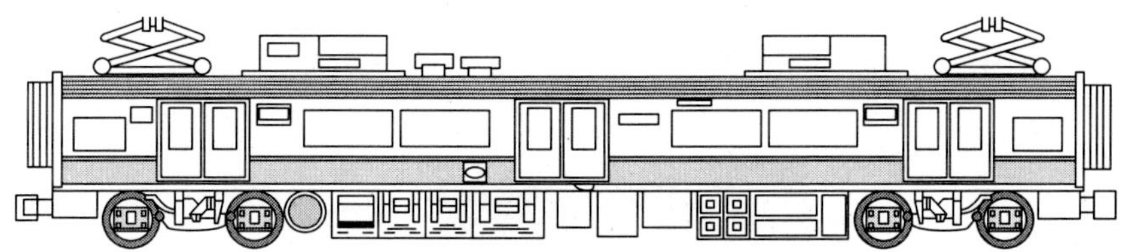

그림 4.1 동력차

2) 부수차(trailer car)

동력차(Motor Car)와 같이 기관(Engine)이나 전동기(Traction Motor)를 장착하지 않고 동력차에 연결되어 운행되는 차량을 말한다.(제어:Control Car, 부수차:Trailer)

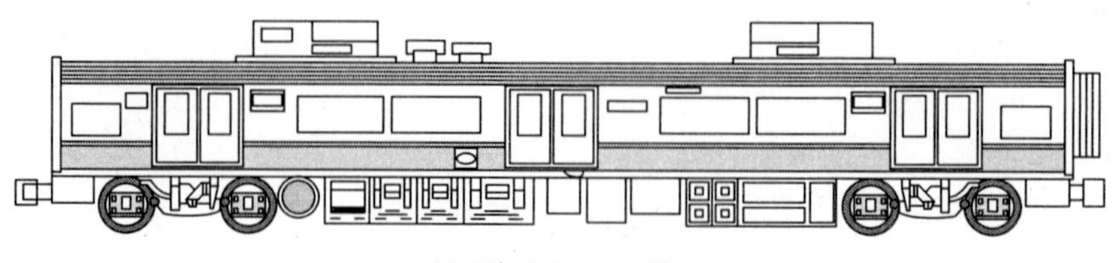
그림 4.2 부수차

1.2 에너지원에 따른 분류

1) 전기차(Electric Locomotive)

원동기로 전동기(Motor)를 사용하는 동력차를 말한다.(전기기관차, 전동차, 고속열차)

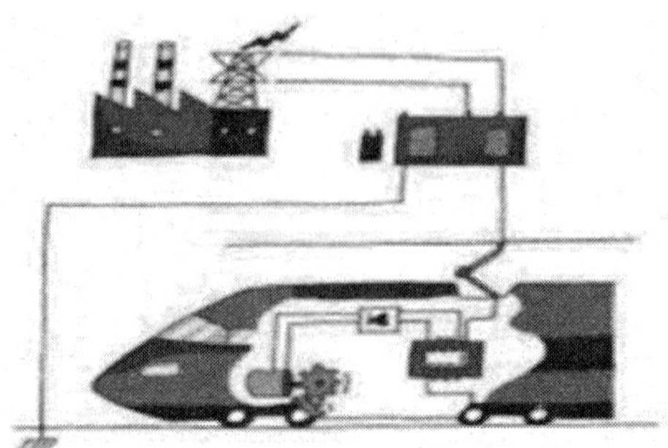
그림 4.3 전기차 개략도

2) 내연기관차(Internal Combustion Locomotive)

원동기로 내연기관을 사용하는 동력차(내연기관차, 내연동차, 디젤기관차, 디젤동차, 가솔린동차, 가스터빈 동차, 터보엔진기관차 등)를 말한다.

그림 4.4 내연기관차 개략도

3) 증기기관차(Steam Locomotive)

증기기관을 동력원으로 사용하는 차량으로 현재는 거의 사라지고 사용 되는 예는 없다.

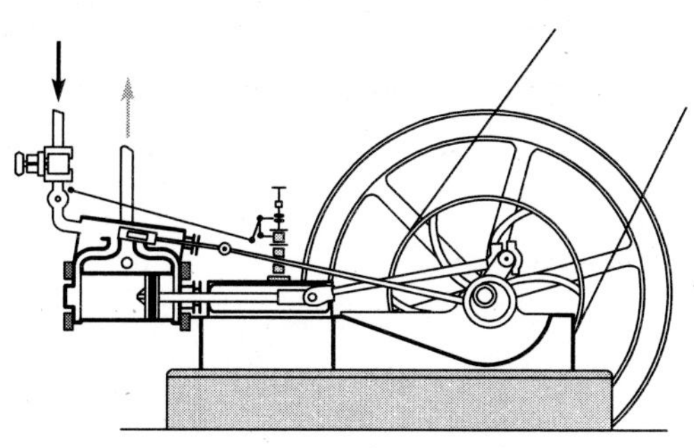

그림 4.5 증기기관차 개략도

1.3 수송대상에 따른 분류

1) 여객차 및 화물차

차량의 용도에 따라서 분류하는 기준으로 통근 및 이동의 용도로 여객용으로 제작된 여객차와 곡물, 상품, 원유 등을 운반하는 화물운반용으로 제작된 차량을 말한다.

1.4 동력 개수에 따른 분류

1) 동력집중식

차량 여러 대의 편성으로 된 열차를 1기 또는 2기에 탑재한 기관차가 동력을 가지지 않은 여객차나 화물차를 견인, 이 경우에 견인하는 여객차 또는 화물차의 양수(輛數)를 필요에 따라 융통성 있게 연결 및 분리하여 사용할 수 있어서 사용효율성이 높다. 또한 다음과 같은 장점이 있다.

- 여객차 및 화물차의 구조를 간단히 할 수 있는 이점이 있다.
- 축중의 낮추는 데 불리하며, 원동기의 수가 작으므로 유지보수의 노력이 적게 든다.

2) 동력분산식

여객차의 여러 대의 차체 밑부분(床下)에 디젤엔진 또는 견인전동기를 장착하여 열차견인에 필요한 동력을 분산하는 방식이다. 이 방식은 다음과 같은 특징이 있다.

- 견인력을 높일 수 있어서 가속성능을 높이고, 축중을 분산시키며, 전체적으로 견인력을 높일 수 있다. 또한, 전기제동을 사용하는 경우에 마찰제동력의 부족을 보완하기에 용이하다.

표 4.1 동력분산식과 동력집중식의 성능비교

종류 / 항목	동력 분산식 열차			동력 집중식 열차
	12M	6M6T	4M8T	P + 12T + P
열차 중량(%)	100	96	94	110
차량제작 가격(%)	100	88	84	86
가속성능(km/h/sec)	3.2	2.0	1.5	1.4

* 6M6T vs (P+12T+P)비교 : 차량 제작가격은 비슷하지만 6M6T의 가속성능이 40% (2.0/1.4)정도 우수하고 열차중량은 13%(96/110)정도 가벼워 에너지 절약 면에서도 유리하다.

3) 동력분산식의 장단점 비교

표 4.2 동력분산식의 장단점

동력분산식의 장점	동륜(동력이 연결된 차륜)의 수가 많기 때문에 가속성능이 높고 축중이 가벼워 선로에 미치는 영향이 적고 동력원의 분할병합(分割併合)이 용이하여 기동성이 높을 뿐만 아니라 기관차가 없으므로 열차의 길이가 짧고, 일부가 고장 나도 운행이 가능한 장점이 있다.
동력분산식의 단점	상하에 동력장치가 있어 진동 및 소음으로 인하여 승차감이 저하되고 동력장치의 수가 증가하여 차량의 코스트가 높다. 화물열차와 겸용인 기관차의 경우에는 운용효율이 낮다.

1.5 동력원에 따른 분류

철도교통차량의 종류를 동력원에 따라 크게 분류하면 내연기관차와 전기기관차로 분류할 수 있으며 다음과 같다.

1) 가솔린기관차

취급 안전성에 문제가 있고 철도의 운전특성에 부적합 극히 드물게 사용되고 있다.

2) 가스터빈엔진기관차

가스터빈이 소형이고 가벼우며, 대 출력을 얻기 쉽다. 가격이 비싸고, 구조가 복잡하여 정비가 어렵고, 연비 및 소음문제 미해결로 극히 드물게 사용된다.

3) 디젤기관차

중량이 전기차에 비해서 무겁고, 성능도 떨어져 전기차의 보급과 함께 쇠퇴했고 현재는 전철화 되지 않은 구간 및 지선에서는 유효한 기관차 형식이다.

① 디젤기관차의 운전특성

일정 회전수 이하에서는 운전이 불가능하여, 엔진과 동륜 또는 (동축 또는 차축)과는 직결하여 시동이 불가능하다.

디젤엔진의 출력이 회전수에 비례하여 직선상으로 증가하는 반면에 통상의 사용회전수 범위 내에서 회전수에 관계없이 토크가 일정하기 때문에 엔진과 동륜/동축에 동력을 원활하게 전달하는 장치가 필요하다. 동력전달방식에 의해서, 기계식, 전기식, 액체식으로 나뉘어 진다.

② 디젤기관차의 동력전달방식에 의한 분류

(가) 기계식(기어식, 치차식)

엔진출력을 클러치, 기어변속기, 추진축, 감속기, 동륜으로의 동력전달을 기계적 방법으로 구동시키는 방법으로 기어식 자동차와 유사하여, 변속레버로 조작하여 단계적 변속하므로 운전에 숙련이 필요하다. 또한 기동/변속 시에 쇼크가 크고, 총괄제어가 곤란하여, 중련운용이나 편성운전에 부적합하다. 현재는 100~200 HP 정도의 소형 산업용 기관차 이외에는 거의 사용하지 않는다.

(나) 액체식

엔진출력을 액체변속기, 역전기구, 감속기, 동륜으로의 동력전달을 기계적 방법으로 동륜 구동시키는 방법으로 운전이 원활하고, 중련운전이 가능하고, 액체의 압력을 이용하므로 기동시에 엔진에 무리가 없으며, 충분한 토크를 얻는 것이 가능하며, 연속 변속도 가능하다. 동력전달효율은 기계식에 비해서 떨어지지만 전기식에 비해서 중량이 가볍고, 제작비 저렴하여 광범위하게 사용된다.

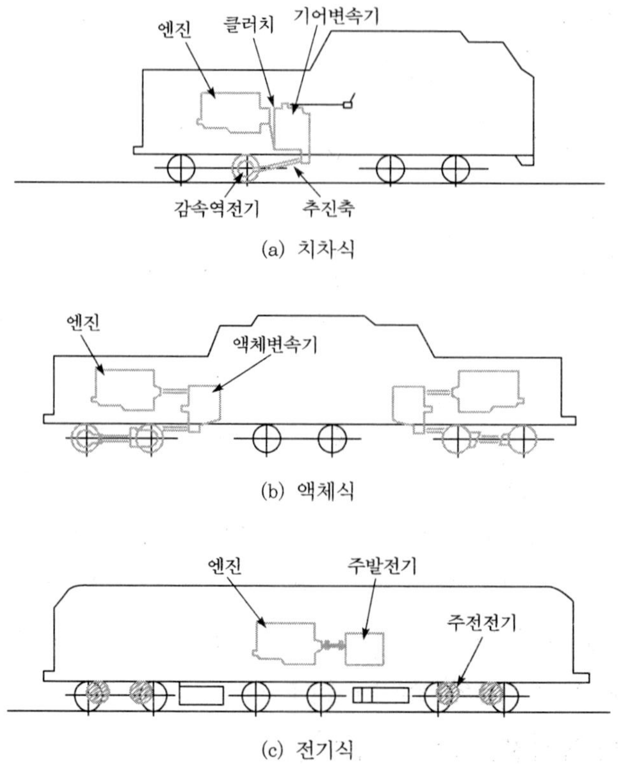

그림 4.6 디젤기관차의 동력전달방식 종류

(다) 전기식

디젤엔진의 회전력으로 발전기를 돌려서 직류 또는 교류 전기를 얻고, 발생 전력을 견인전동기에 공급하여 동륜을 구동시키는 방법으로 엔진, 발전기, 전동기 등 중량 고가의 장치를 탑재, 차량의 중량이 무겁고, 제작비 높다. 2,000 HP이상의 대형 엔진에 사용이 가능(액체식은 대형 액체변속기 제작이 곤란)하고, 총괄제어도 용이한 장점이 있다. 미국에서 특히 많이 사용하고 있으며, 우리나라도 미국 EMD의 디젤엔진을 탑재한 전기식 디젤기관차를 다수 사용하고 있다.

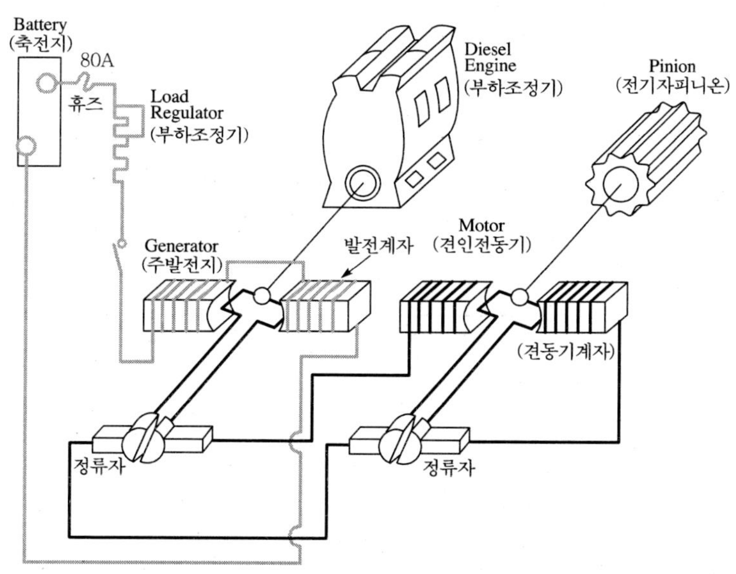

그림 4.7 전기식 디젤기관차

4) 전기기관차(Electric Locomotive)

가선전원의 전기방식에 의해서 직류차, 교류차, 교직류차로 나뉘고 집중도에 따라 동력집중식(EL;전기기관차 Locomotive)과 동력분산식(EC : 전동차 Car)으로 분류된다.

① 직류차

전력회사 공급전류인 교류를 직류로 변환하는 정류기 등이 필요하여 설비 및 구조가 복잡하다. 전압이 낮은 대신에 대전류가 흘러야 하고, 전압강하가 많게 되므로 변전설비의 설치간격을 짧게 해야 한다.저전압 대전류를 감당하도록 직경이 큰 전선 및 이를 지지하기 위한 튼튼한 구조물 등 비용이 비싸지만, 차량 측은 전기기기가 교류에 비하여 간단하고 가격도 저렴하다. 주로 직류 600 ~ 3,000V를 사용하며 우리나라는 1,500V를 전차선에서 직류를 받아 직류전동기를 구동하여 운행한다. 주로 도시 내 구간에서 도시철도차량에 쓰인다.

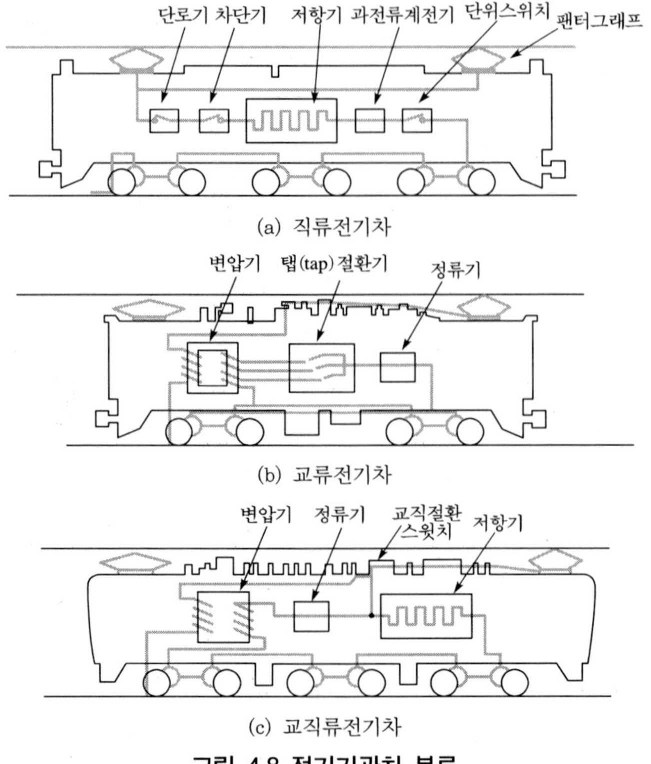

(a) 직류전기차

(b) 교류전기차

(c) 교직류전기차

그림 4.8 전기기관차 분류

② 교류차

(가) 단상교류식

정류기가 필요 없는 등 변전소의 설비나 전차선로의 구조가 직류반식에 비하여 간단하므로 비용이 저렴하고, 전압강하가 적고, 전력손실이 적으므로 변전설비의 설치간격을 넓힐 수 있다. 차량의 전기장치가 복잡하게 되고, 유도장애가 일어나기 용이한 문제점 등이 있다. 단상교류방식에서는 단상교류를 단상교류정류자 전동기를 구동하는 방식과 단상교류를 정류해서 직류전동기를 구동하는 방식이 있고, 또 사용주파수에 따라 상용주파수를 이용하는 것과 특수 주파수를 이용하는 방식이 있다.

(나) 3상 교류방식

3상식은 주전동기에 3상 유도전동기가 이용되지만, 상변환장치를 필요로 하지 않아 전기차 설비는 간단하다. 정류문제가 없으며, 전력회생제어가 쉽게 이루어지는 반면 속도제어가 어렵고, 기동 토크도 작다. 또한 집전에는 3본의 전선을 필요로 하므로 복잡하고, 절연이격 및 집전장치가 복잡하므로 일반 철도에서는 부적합하다. 저압 제3궤조 방식에 일부 사용되고 있다.

③ 교직류 전기차

교류구간과 직류구간을 직통으로 운행이 가능하도록 전기기기를 갖추고, 직류와 교류구간이 바뀔 때마다 교직전환스위치를 통해 전동기를 구동하는 전기차를 이른다.(서울지하철 1~4호선)

1.6 동력차성능

1) 견인력(인장력)의 분류

견인전동기에서 발생하는 회전력이 동륜에 전달되어 차륜답면에 발휘되는 힘을 견인력(인장력)이라고 말한다.

① 견인력이 작용하는 장소에 의한 분류

- 지시(도시)견인력
- 동륜주견인력
- 유효견인력(인장봉견인력)

② 견인력의 크기를 제한하는 인자에 의한 분류

견인전동기의 인장력은 견인전동기의 출력에 의하여 제한된다. 즉 시발시는 전류의 크기에 의하여 제한되고, 최대 인장력은 점착중량의 크기에 의하여 제한된다. 그리고 고속일 때는 견인전동기의 운전특성에 의하여 제한된다. 견인력의 크기를 제한하는 인자에 의한 견인력은 다음 3종류가 있다.

- 기동견인력
- 점착견인력
- 특성견인력

1.7 견인력 이론

1) 지시견인력

동력차의 구조에 따른 견인력 즉 동력차의 자체저항(치차전달손실, 축수의 마찰손실 등)을 무시하고 기계효율을 100%로 보았을 견인력을 말하며 견인력 중 가장 큰 값을 가진다.

지시견인력 산출식은 구조적인면에서 산출하는 방법도 있으나 결과식은 같으므로 다음과 같은 방법으로 산출한다. 물체에 작용한 힘을 F(Kg), 힘의 방향으로 이동한 거리를 S(m)라고 할 때 일의 크기(일량) W=F·S(Kg.m)이므로 동륜직경을 D(m), 효율 100(%)일 때 동륜주에서 발휘되는 견인력(지시견인력)을 Ti(Kg), 동륜 1개당 1회전 시 일량을 W_1(Kg.m)라면

$$W_1 = Ti \times \pi \times D\,(Kg.m)$$
$$= Ti \times \pi \times D\,(Kg.m) \quad (1)$$

견인전동기 전기자의 반경을 r(m), 견인전동기의 회전력을 T(Kg), 견인전동기 효율을 η, 치차비를 Gr라면 동륜1회전시 견인전동기는 Gr회전을 하므로 동륜1회전시 견인전동기 1개당 일량 W_2(Kg.m)는 다음과 같다.

$$W_2 = T \times 2 \times \pi \times r \times Gr \times \eta\,(Kg.m)$$
$$= T2\pi rGr\eta\,(Kg.m) \quad (2)$$

(1)식과 (2)식은 동륜 1개당 1회전 시 일량이므로 $W_1 = W_2$가 된다.

즉 $Ti\pi D = T2\pi rGr\eta\,(Kg.m)$

$$\text{동륜 1개당지시견인력 } Ti = \frac{2TrGr\eta}{D}(kg) \quad (3)$$

견인전동기수를 m개라면 동력차 1량당 동륜에서 발휘되는

$$\text{총지시견인력 } Ti = \frac{2TrmGr\eta}{D}(kg) \quad (4)$$

한편 견인전동기효율을 η, 전기자 전압을 E(V),전기자 전류를 I(A)라면 견인전동기 1개가 1초간 발생한 전력 P(왓트)는 다음과 같다.

$$P = EI\eta\,(\text{왓트}) \quad (5)$$

운전속도를 V(K/h),지시견인력을 Ti(Kg)이라면 동륜 1개당 1회전시

$$\text{일량 } W = Ti \times V\,(Kg.Km/h) \quad (6)$$

(6)식을 Kg.m/s로 단위환산하면

$$\text{일량 W} = \text{Ti} \times \frac{\text{V}}{3.6}(\text{kg.m/s}) \tag{7}$$

(7)식을 마력으로 단위환산하면

$$\text{일량 W} = \text{Ti} \times \frac{\text{V}}{3.6} \times \frac{1}{75}(\text{마력})$$

$$\therefore \text{동륜주마력 } \frac{\text{Ti}\cdot\text{V}}{270}(\text{마력}) \tag{8}$$

(8)식을 W(왓트)로 단위환산하면

$$\text{일량 W} = \text{Ti} \times \frac{\text{V}}{3.6} \times \frac{1}{75} \times 735(\text{W})$$

$$= \frac{\text{Ti}\cdot\text{V}}{270} \times 735(\text{왓트}) \tag{9}$$

견인전동기 출력이 동륜에 나타나므로 (8)식 = (5)식이 성립한다.

$$\text{Ti} \times \frac{\text{V}}{3.6} \times \frac{1}{75} \times 735 = \text{EI}\eta$$

$$\frac{\text{Ti}\cdot\text{V}}{270} \times 735 = \text{EI}\eta(\text{왓트}) \tag{10}$$

$$\therefore \text{견인전동기1개일 때 Ti} = 0.367 \times \frac{\text{EI}\eta}{\text{V}}(\text{kg}) \tag{11}$$

$$\therefore \text{견인전동기m개일 때 Ti} = 0.367 \times \frac{\text{EIm}\eta}{\text{V}}(\text{kg}) \tag{12}$$

위 (3), (4)식과 (11), (12)식이 지시견인력을 나타내는 식으로서 견인력과 치차비, 기타 관계는 다음과 같다.

- 견인력은 견인전동기의 회전력에 비례한다.
- 견인력은 치차비에 비례한다.
- 견인력은 견인전동기 수에 비례한다.
- 견인력은 동륜직경에 반비례한다.
- 견인력은 전기자 전류에 비례한다.

- 견인력은 견인전동기 출력에 비례한다.
- 견인력은 견인전동기 효율에 비례한다.
- 견인력은 운전속도에 반비례한다.

2) 동륜주견인력

지시견인력에서 동력전달장치의 효율을 계산한 견인력을 동륜주견인력이라고 하며 실제로 동륜주와 레일면간에서 발휘되는 견인력이다. 기관에서 발생한 회전력에서 동력전달장치 각부의 마찰에 의한 기계저항 손실, 보조장치(캄축치차열과 부속장치치차열 등) 손실 및 치차전달손실 등을 차인한 것이 동륜주견인력으로 되므로 동륜주견인력 값은 지시견인력 보다 항상 작다.

① 동륜주견인력 산출식(1)

일반적으로 지시견인력에서 치차장치전달효율 η' 를 차인하면 동륜주견인력이 된다.

$$\text{동륜1개당지시견인력 } Ti = \frac{2TrGr\eta}{D}(kg)\text{에서}$$

$$\text{동륜1개당동륜주견인력 } Td = \frac{2TrGr\eta\eta'}{D}(kg) \qquad (13)$$

견인전동기수를 m개라면 동력차 1량당 동륜에서 발휘되는 견인전동기 출력이 동륜에 나타나므로 (8)식 = (5)식이 성립한다.

$$\text{동륜주견인력 } Td = \frac{2TrmGr\eta\eta'}{D}(kg) \qquad (14)$$

$$Ti \times \frac{V}{3.6} \times \frac{1}{75} \times 735 = EI\eta$$

$$\frac{Ti \cdot V}{270} \times 735 = EI\eta$$

$$\therefore TM1\text{개일때 } Td = \frac{0.367 \times EI\eta\eta'}{V}(kg) \qquad (15)$$

$$\therefore TMm\text{개일때 } Td = \frac{0.367 \times EIm\eta\eta'}{V}(kg) \qquad (16)$$

② 동륜주견인력 산출식(2)

동력차가 Td(Kg)의 견인력을 발휘하면서 V(Km/h)의 속도로 주행한다면 동륜주가 발휘하는 1시간당 일량(일의 크기) W(Kg.Km/h)는 다음과 같다.

$$W = Td \cdot V\,(Kg.Km/h) \tag{17}$$

(17)식의 (Kg.Km/h)단위를 (Kg.m/s)단위로 변환하면

$$W = \frac{Td \cdot V \times 1000}{60 \times 60}(kg.m/s)$$

$$W = \frac{Td \cdot V}{3.6}(kg.m/s) \tag{18}$$

1마력은 75(Kg.m/s)이므로 (18)식을 마력으로 환산하면 동륜주마력(Hpd)이 된다.

$$Hpd = \frac{Td \cdot V}{3.6} \times \frac{1}{75}(\text{마력})$$

$$= \frac{Td \cdot V}{270}(\text{마력}) \tag{19}$$

또 지시마력 즉 크랑크축마력(Hpb)에 치차전달효율을 계산하면 동륜주마력(Hpd)이 되므로 치차전달효율을 η라고 하면

$$Hpd = Hpb \times \eta \tag{20}$$

(19)식=(18)식이므로

$$Hpd = Hpb\eta = \frac{Td \cdot V}{270}(\text{마력}) \tag{21}$$

$270Hpb \cdot \eta = Td \cdot V$(마력)

(20)식에서 동륜주견인력 Td를 산출하면

$$\therefore Td = \frac{270 \cdot Hpb \cdot \eta}{V}(kg) \tag{22}$$

위 (16),(21)식은 동륜주견인력을 나타내는 식으로서 견인력과 마력, 속도관계는 다음과 같다.

- 견인력은 축마력에 비례한다.
- 견인력은 치차전달효율에 비례한다.
- 견인력은 운전속도에 반비례한다.

3) 유효견인력(인장봉인장력)

동력차가 평탄 직선선로에서 동력차 및 객화차를 가속시킬 때 유효하게 작용하는 견인력을 유효견인력 또는 인장봉견인력이라고 하며 실제로 객화차를 견인하는데 필요한 견인력 즉 객화차의 연결기에 나타나는 견인력으로서 견인력 중 가장 작은 견인력이다.

유효견인력은 드로우 바(draw bar) 견인력이라고도 하며 동력차의 동륜주견인력에서 동력차 자체의 주행저항을 차인한 견인력을 말하며 주행저항의 크기에 따라서 다르다. 특히 구배선로, 곡선선로에서 유효견인력 값은 감소되며 열차출발 시에는 출발저항 때문에 유효견인력 값은 감소된다.

동륜주견인력을 Td(Kg), 동력차주행저항을 R(Kg/ton), 동력차중량을 W(ton), 유효견인력(인장봉인장력)을 Tf(Kg)라면

유효견인력 $Tf = Td - W \cdot R(Kg)$

4) 정격견인력

견인전동기의 출력(용량)을 정격전압, 정격전류 등으로 표시하는 견인력을 정격견인력이라고 한다. 정격견인력에는 다음과 같은 것이 세분화된다.

- 연속정격
- 1시간정격
- 공칭정격

5) 기동견인력

기동(발차)시 견인전동기에 과대전류가 흐르지 않도록 제한하는 견인력을 말한다. 다시 말하면 기동(발차)시에 견인전동기의 온도상승이 허용한도를 초과하지 않도록 제한하는 견인력이다. 운전계획상 기동견인력 값은 다음과 같이 제한한다.

- 평상발차시
  - 여객열차 : 1시간 정격전류의 120% 이내
  - 화물열차 : 1시간 정격전류의 100% 이내
- 도중구배에서 기동(발차)시
  - 1시간 정격전류의 160% 이내

6) 점착견인력(점착력)과 점착계수

① 점착견인력(점착력)

동륜상 중량이 적고 동륜답면과 레일간 마찰계수(점착계수)도 적으면 동력차는 공전하기 쉽다. 동륜답면과 레일간의 마찰력에 의하여 제한되는 견인력 즉 동륜상 중량에 의하여 제한되는 견인력을 점착견인력(점착력)이라고 한다. 점착견인력은 동력차 운전정비중량과 동륜답면과 레일면간 마찰계수의 상승적이며 점착견인력에는 동력전달효율은 포함되지 않는다. 그리고 점착견인력은 동륜과 레일사이에서 공전하지 않는 한계견인력이라고도 말한다.

동륜상 중량(점착중량)을 Wd(ton) = 1000Wd(Kg), 동륜과 레일간 마찰계수(점착계수)를 μ, 점착견인력(점착력)을 Ta(Kg)라고 하면

점착견인력(점착력) $\mathrm{Ta} = 1000\mu \mathrm{Wd(Kg)}$

점착견인력(점착력)은 동륜답면과 레일면간 마찰계수(점착계수) 및 점착 중량에 비례한다. 동륜주견인력이 점착견인력 보다 크면 동륜은 공전하므로 동륜주견인력은 항상 점착견인력의 제한을 받는다. 즉 공전하지 않기 위해서는 동륜주견인력 < 점착견인력의 관계가 성립되어야 한다.

② 점착계수

동륜과 레일간 마찰계수 즉 동륜상 중량(점착중량)에 대한 점착견인력(점착력)의 비를 점착계수라고 한다.

동륜상 중량(점착중량)을 Wd(ton) = 1000Wd(Kg), 동륜과 레일간 마찰계수(점착계수)를 μ, 점착견인력(점착력)을 Ta(Kg)라고 하면

점착견인력(점착력) $\mathrm{Ta} = 1000\mu \mathrm{Wd(Kg)}$

$\therefore$ 점착계수 $\mu = \dfrac{Ta}{1000\,Wd}$

위 식에서 점착계수 μ는 점착견인력(점착력)에 비례하고 동륜상중량(점착중량)에 반비례한다. 점차계수는 레일면에 습기가 있을 때는 약간 감소되고, 기름이 레일면에 있을 때는 급격히 감소된다. 각 차축의 축중 이동현상이 있고 점착계수 또한 변수적인 값을 가지기 때문에 차량에는 점착상태와 활주상태의 경계가 명확하지 않다. 또 점착계수는 속도가 높아짐에 따라서 감소되는데 이것은 축중

의 상하동에 의한 축중이동의 영향때문이다. 그리고 비, 서리, 눈과 레일의 오염, 기름 등에 의하여 점착계수는 감소된다. 공전현상이 발생하면 점착계수 값이 감소된다. 이때 살사를 시행하면 점착계수를 증가시킬 수 있다.

동륜과 레일간 마찰계수(점착계수)를 μ, 열차속도를 V(Km/h)라고 하면 운전계획상 디젤전기기관차와 디젤동차의 점착견인력 산출식은 다음과 같다.

$$\text{점착계수} \quad \mu = 0.265 \times \frac{1+0.114V}{1+0.150V}$$

7) 특성견인력

동력차의 특성곡선에서 산출하여 운전계획에 적용하는 견인력 즉 견인전동기의 운전특성에 의하여 제한되는 견인력으로서 직렬, 직병렬, 병렬, 병렬약계자회로 운전시 최종 놋치에 있어서의 견인력이다. 운전계획 시에는 병렬최종 놋치일 때의 견인력을 사용한다.

기동(발차)시 점착견인력은 기동견인력 보다 크고 속도가 상승됨에 따라서 병렬최종 놋치가 되므로 이후부터는 특성인장력으로 발휘된다. 그리고 점착. 기동. 특성견인력은 속도향상에 따라서 작아진다. 운전계획상 특성견인력 값은 다음과 같다.

① 전기기관차

공칭 전차선전압에 의하여 사정하고 적정사정이 곤란할 때는 공칭전압의 90%이하로 사정한다.

② 디젤기관차

평상발차시

- 여객열차 : 1시간 정격전류의 120% 이내
- 화물열차 : 1시간 정격전류의 100% 이내

도중구배에서 기동(발차)시

- 1시간 정격전류의 160 % 이내

③ 디젤동차

평상발차시

- 점착견인력에 대응한 견인력의 95%이하로 사정한다.

도중구배에서 기동(발차)시

- 점착견인력에 대응한 견인력으로 사정한다.

8) 견인력과 치차비의 관계

동륜주견인력 $Td = \frac{2TrmGr\eta\eta'}{D}(kg)$ 식에서

동륜직경과 견인전동기 회전력이 동일한 조건일 때 치차비를 Gr_1에서 Gr_2로 바꾸었을 때 기관차 견인력을 비교하면 다음과 같다.

치차비가 Gr_1인 기관차의 동륜주견인력을 Td_1(Kg), Gr_2로 변경하였을 때 동륜주견인력을 Td_2(Kg)라면

동륜주견인력 $d_1 = \frac{2TrmGr_1\eta\eta'}{D}(kg)$

동륜주견인력 $Td_2 = \frac{2TrmGr_2\eta\eta'}{D}(kg)$

양 기관차의 Td_1과 Td_2의 비는 다음과 같다.

$$\frac{Td_1}{Td_2} = \frac{\frac{2TrmGr_1\eta\eta'}{D}}{\frac{2TrmGr_2\eta\eta'}{D}}$$

$$\frac{Td_1}{Td_2} = \frac{Gr_1}{Gr_2}$$

$$Td_2 = Td_1 \times \frac{Gr_2}{Gr_1}$$

• 위 식에서 견인력은 치차비에 비례함을 알 수 있다.

치차비가 62 : 15인 기관차와 57 : 20인 기관차의 동륜주견인력을 비교하면 다음과 같다.

57:20인 기관차의 견인력과 치차비를 Td_1, Gr_1,

62:15인 기관차의 견인력과 치차비를 Td_2, Gr_2라고 하면

$$치차비 = \frac{대치차의치수}{소치차의치수}$$

$$= \frac{동륜치수}{견인전동기치수}$$

$$= \frac{\text{견인전동기 회전수}}{\text{동륜 회전수}}$$

$Gr_1 = \frac{57}{20}$, $Gr_2 = \frac{62}{15}$ 이므로

$$Td_2 = Td_1 \times \frac{Gr_2}{Gr_1}$$

$$\text{견인력 } Td_2 = Td_1 \times \frac{\frac{62}{15}}{\frac{57}{20}}$$

$$= Td_1 \times \frac{62}{15} \times \frac{20}{57}$$

$$= Td_1 \times 1.45$$

∴ 치차비가 62 : 15인 기관차는 57 : 20인 기관차 보다 동일조건인 경우 약 1.45배의 견인력을 향상시킬 수 있다. 즉 치차비가 클수록 견인력을 향상시킬 수 있다.

- 62 : 15인 기관차 : 저속용에 적합(견인력을 요구하는 화물열차용)
- 57 : 20인 기관차 : 고속용에 적합(속도를 요구하는 여객열차용)

9) 견인력과 동륜직경의 관계

동륜주견인력 $Td = \frac{2TrmGr\eta\eta'}{D}(kg)$ 식에서

치차비와 견인전동기 회전력이 동일한 조건일 때 동륜직경을 D_1에서 D_2로 바꾸었을 때 기관차 견인력을 비교하면 다음과 같다. 동륜직경이 D_1인 기관차의 동륜주견인력을 Td_1(Kg), D_2로 변경하였을 때 동륜주견인력을 Td_2(Kg)라면

$$\text{동륜주견인력 } Td_1 = \frac{2TrmGr_1\eta\eta'}{D_1}(kg)$$

$$\text{동륜주견인력 } Td_2 = \frac{2TrmGr_2\eta\eta'}{D_2}(kg)$$

양 기관차의 Td_1과 Td_2의 비는 다음과 같다.

$$\frac{Td_1}{Td_2} = \frac{\dfrac{2TrmGr_1\eta\eta'}{D_1}}{\dfrac{2TrmGr_2\eta\eta'}{D_2}}$$

$$\frac{Td_1}{Td_2} = \frac{\dfrac{1}{D_1}}{\dfrac{1}{D_2}}$$

$$\frac{Td_1}{Td_2} = \frac{D_2}{D_1}$$

$$Td_2 = Td_1 \times \frac{D_1}{D_2}$$

• 위 식에서 견인력은 동륜직경에 반비례함을 알 수 있다.

1.8 기관차 운전속도

1) 견인전동기의 회전수와 운전속도의 관계

1분 동안 견인전동기의 회전수를 N(rpm), 치차비를 Gr이라면

견인전동기가 1회전 할 동안 동륜은 $\frac{1}{Gr}$ 회전을 하므로

$$\text{1분 동안 동륜회전수} = N \times \frac{1}{Gr}(\text{회전/분}) \qquad (22)$$

(22)식을 1시간 동안 동륜회전수로 변환하면

$$\text{1시간 동안 동륜회전수} = N \times \frac{1}{Gr} \times 60\ (\text{회전/h}) \qquad (23)$$

또 동륜직경을 D(m)라면

$$\text{동륜1회전 시 진행하는 거리} = \pi \times D(m) \qquad (24)$$

동륜은 1회전 시 $\pi \cdot D(m)$ 진행하고, 1시간 동안에

$N \times \frac{1}{Gr} \times 60$ 회전을 하므로 동륜이 1시간 동안에 진행하는 거리, 즉 속도는 다음과 같다.

$$V = \pi DN \times \frac{1}{Gr} \times 60(m/h) \tag{25}$$

(25)식은 분속(m/h)이므로 시속(Km/h)으로 단위환산하면

$$V = \pi DN \times \frac{1}{Gr} \times 60 \times \frac{1}{1000}(km/h)$$

$$= 0.1885 \times \frac{DN}{Gr}(km/h) \tag{26}$$

동륜직경 D의 단위를(mm)로 하고 계산하였을 때 속도 V(Km/h)는 다음과 같다.

$$V = \frac{DN}{5310Gr}(km/h) \tag{27}$$

위 (26)식과 (27)식에서 운전속도와 치차비, 기타 관계는 다음과 같다.

- 운전속도는 동륜직경에 비례한다.
- 운전속도는 견인전동기 회전수에 비례한다.
- 견인전동기의 최대 안전속도는 1시간 정격속도의 약 2배의 속도로 제한 한다.
- 견인전동기 최대회전수(현재 2500r.p.m.)를 초과하면 전기자 바인드선이 탈출되는 고장이 발생한다.
- 운전속도는 치차비에 반비례한다.

▷ 7500호대 차량최고속도 산출식은?

풀이) 7500호대 동륜직경 D ⇒ 1016(mm) = 1.016(m). 견인전동기 최고회전수 ⇒ 2500(회전/분), 치차비 ⇒ 62 : 15이므로

위 식(26)에 대입하면

$$V = 0.1885 \times \frac{DN}{Gr}(km/h)$$

$$= 0.1885 \times \frac{1.016 \times 2500}{\frac{62}{15}}(km/h)$$

$$= 115.8(km/h)$$

동륜직경이 가장 얇은 기관차도 운전해야 하므로 보정 6번인 견인전동기가 최고

회전수로 운전할 수 있는 115.8(Km/h)의 실제속도는 105(Km/h)가 된다.
∴ 구하는 답은 105(Km/h)이다.

2) 운전속도와 역기전력의 관계

견인전동기계자의 자력선(자속)수를 ϕ(Wb), 견인전동기 1분간 회전수를 N(rpm), 상수를 K,역기전력을 Ec(V)라고 하면, 역기전력은 자속과 회전수의 상승적이므로 역기전력 $EC = K\phi N(V)$가 된다.

$$\therefore \text{견인전동기회전수 } N = \frac{Ec}{K\phi}(rpm) \tag{28}$$

(28)식에서 다음과 같은 결론을 얻을 수 있다.

- 견인전동기 회전수는 역기전력에 비례한다.
- 견인전동기 회전수는 자력선(자속)에 반비례한다.
- 운전속도는 견인전동기 회전수에 비례하므로 운전속도도 역기전력에 비례한다.

3) 운전속도와 치차비의 관계

$V = 0.1885 \times \frac{DN}{Gr}(km/h)$식에서 동륜직경과 견인전동기 회전

회전수는 동일한 조건에서 치차비를 Gr_1에서 Gr_2로 바꾸었을 때 기관차속도를 비교하면 다음과 같다.

$$\begin{aligned}\text{치차비} &= \frac{\text{대치차의치수}}{\text{소치차의치수}} \\ &= \frac{\text{동륜치수}}{\text{견인전동기치수}} \\ &= \frac{\text{견인전동기회전수}}{\text{동륜회전수}}\end{aligned}$$

치차비가 Gr_1인 기관차의 속도를 V_1(Km/h), Gr_2로 변경하였을 때 속도를 V_2 (Km/h)라면

$$V_1 = 0.1885 \times \frac{DN}{Gr_1}(km/h)$$

$$V_2 = 0.1885 \times \frac{DN}{Gr_2}(km/h)$$

양 기관차의 V_1과 V_2의 비는 다음과 같다.

$$\frac{V_1}{V_2} = \frac{0.1885 \times \frac{DN}{Gr_1}}{0.1885 \times \frac{DN}{Gr_2}}$$

$$= \frac{\frac{1}{Gr_1}}{\frac{1}{Gr_2}}$$

$$= \frac{Gr_2}{Gr_1}$$

$$\therefore V_2 = V_1 \times \frac{Gr_1}{Gr_2}$$

▷ 위 식에서 운전속도는 치차비에 반비례함을 알 수 있다.

치차비가 62 : 15인 기관차와 57 : 20인 기관차의 속도비를 구하면 다음과 같다.

62 : 15인 기관차의 속도와 치차비를 V_1, Gr_1, 57 : 20인 기관차의 속도와 치차비를 V_2, Gr_2라고 하면

$Gr_1 = \frac{62}{15}$, $Gr_2 = \frac{57}{20}$이므로

$$\therefore V_2 = V_1 \times \frac{Gr_1}{Gr_2}$$

$$= V_1 \times \frac{\frac{62}{15}}{\frac{57}{20}}$$

$$= V_1 \times \frac{62}{15} \times \frac{20}{57}$$

$$= V_1 \times 1.45$$

∴ 치차비가 57 : 20인 기관차는 62 : 15인 기관차 보다 동일조건인 경우 약 1.45배의 속도를 향상시킬 수 있다. 즉 치차비가 작을수록 열차속도를 향상시킬 수 있다.

- 62 : 15인 기관차 : 저속용에 적합(견인력을 요구하는 화물열차용)
- 57 : 20인 기관차 : 고속용에 적합(속도를 요구하는 여객열차용)

4) 운전속도와 동륜직경의 관계

$V = 0.1885 \times \frac{DN}{Gr}(km/h)$식에서 치차비와 견인전동기 회전수는

동일한 조건에서 동륜직경을 D_1에서 D_2로 바꾸었을 때 기관차 속도를 비교하면 다음과 같다. 동륜직경이 D_1인 기관차의 속도를 V_1(Km/h), D_2로 변경하였을 때 속도를 V_2(Km/h)라면

$$V_1 = 0.1885 \times \frac{D_1 N}{Gr}(km/h)$$

$$V_2 = 0.1885 \times \frac{D_2 N}{Gr}(km/h)$$

양 기관차의 V_1과 V_2의 비는 다음과 같다.

$$\frac{V_1}{V_2} = \frac{0.1885 \times \frac{D_1 N}{Gr}}{0.1885 \times \frac{D_2 N}{Gr}} = \frac{D_1}{D_2}$$

$$\therefore V_2 = V_1 \times \frac{D_2}{D_1}$$

위 식에서 운전속도는 동륜직경에 비례함을 알 수 있다.

1.9 치차비

치차는 견인전동기 기어케이스(치차함)내에 내장되어 견인전동기의 동력을 동륜에 전달한다. 치차는 소치차(견인전동기 치차)와 대치차(동륜치차)로 구성되어 있으며 소치차의 치수와 대치차의 치수비를 치차비라고 한다.

$$치차비 = \frac{대치차의치수}{소치차의치수} = \frac{동륜치수}{견인전동기치수} = \frac{견인전동기회전수}{동륜회전수}$$

그림 4.9 차륜 및 치차함 장착사진

1) 치차비의 선정

치차비는 운전속도에 반비례하고 견인력(인장력)에 비례한다. 치차비 대신 동륜직경을 변경하여서 속도 또는 견인력을 상승시킬 수 있으나 치차비를 변경하는 것이 편리하다. 치차비는 동륜의 회전수에 반비례하고 견인력에 비례하므로 여객열차용 동력차의 치차비는 작게, 화물열차용 동력차의 치차비는 크게 한다.

① 치차비의 제한 조건

- 견인전동기의 최대허용회전수 제한

  치차비가 클수록 동일속도에 있어서 견인전동기의 회전수가 많아지므로 고속운전의 제한을 받는다.

- 차량한계 제한

  치차비가 크다함은 동륜직경이 크다는 것을 의미한다. 치차비가 과도하게 크면 차량한계를 벗어나게 된다.

- 기동인장력(견인력) 제한

  치차비를 과도하게 작게하면 기동시(발차시) 인장력(견인력) 부족을 초래한다.

② 치차비 선정시 고려사항

- 치차비는 다음 사항을 고려하여 선정한다.

- 열차종별
- 역간 평균 역행(力行)시분
- 역간거리의 장단
- 선로상태

1.10 디젤전기기관차 견인 지배요소

1) 디젤전기기관차의 동력전달

디젤기관(연료가 가지는 열에너지를 기계적에너지로 변환시키는 장치)의 크랑크축은 주발전기(기관에서 발생한 기계적에너지를 전기적에너지로 변환시키는 기기)의 전기자를 회전시킨다. 전기자가 회전함에 따라서 발전한 주발전기의 전기적에너지는 견인전동기에 공급되어 기계적에너지로 변환된다. 견인전동기에서 발생한 기계적에너지는 치차를 거쳐서 동륜에 전달되어 주행한다. 다시 말하면 디젤기관이 주발전기의 전기자를 회전시켜서 발전한 동력(전력)은 견인전동기에 공급되어 동륜을 회전시킴으로서 열차를 견인하게 된다. 이때 견인전동기가 동륜을 구동시킴으로서 발생하는 동륜주견인력은 디젤기관의 실린더 내에서 연소한 연료에너지에 의한 것이며 디젤기관의 출력 보다 항상 적다. 그리고 디젤기관의 출력제어는 기관사가 조작하는 가감간 위치에 따라서 기관조속기와 부하 조정기에 의해서 조절된다.

2) 디젤전기기관차의 견인력을 지배하는 요소

디젤전기기관차의 견인력은 디젤기관출력, 주발전기성능, 견인전동기성능, 치차비(기어비), 동륜상하중 및 레일면의 상태 등에 의하여 좌우된다.

① 디젤기관 출력

디젤기관에서 발생한 동력은 주발전기를 구동하는 외에 보조장치(보조발전기, 교류발전기, 기관송풍기, 공기압축기, 기계식 기관냉각선풍기, 발전기냉각송풍기, 견인전동기냉각송풍기 등)를 구동하므로 열차견인에 사용되는 동력은 기관에서 발생한 총 마력에서 보조장치 구동에 소요된 동력을 감한 것이 된다.

디젤기관의 출력은 주발전기와 견인전동기를 거쳐서 치차전달장치를 통하여 동륜에 전달되어 열차를 견인하게 된다. 그러므로 기관출력이 열차견인에 미치는 영향은 대단히 크다.

② 주발전기 성능

주발전기는 기관의 기계적동력을 전기적인 동력으로 변환시켜서 견인전동기에 공급한다. 주발전기는 견인전동기가 저속회전을 할 때 저전압 고전류를 발전하고 견인전동기가 고속회전을 할 때 고전압 저전류를 발전하여 일정량의 전력을 견인전동기의 요구에 맞게 공급한다. 그러므로 주발전기의 성능이 견인력에 미치는 영향이 크다. 일반적으로 디젤전기기관차의 주발전기 성능(효율)은 93 ~ 95%다.

③ 견인전동기 성능

견인전동기는 주발전기의 전기적 동력을 기계적 동력으로 변환시켜 동륜을 회전시킨다. 열차의 최저속도는 견인전동기의 안전전류 한계 즉 전기자권선과 계자권선의 열의 한계에 의하여 결정되고 최고속도는 견인전동기 전기자 회전수의 안전한계에 의하여 결정된다. 따라서 견인전동기의 성능이 견인력에 미치는 영향 또한 크다.

- 견인전동기의 최저 회전수 : 400(r.p.m.), 최고회전수 : 2500(r.p.m.)
- 치차비 62 : 15인 기관차의 최저속도 : 18Km/h, 최고속도 : 105Km/h
- 치차비 57 : 20인 기관차의 최저속도 : 27Km/h, 최고속도 : 150Km/h

④ 동륜상 하중

동륜은 기관차를 지지하며 견인전동기에 의하여 구동된다. 동륜상 하중은 동륜과 레일면간에 작용하는 점착력을 좌우한다. 점착력 보다 견인력이 크면 공전하기 때문에 동륜상 중량이 견인력에 미치는 영향이 크다고 할 수 있다. 디젤전기기관차에는 차축마다 견인전동기가 있으므로 동륜상 하중은 100%다.

⑤ 레일면의 상태

차륜이 레일 위를 회전하면서 주행할 수 있는 것은 차륜답면과 레일면 사이에 마찰이 있기 때문이다. 레일면에 습기, 물, 어름, 서리, 기름 등이 있으면 마찰계수(점착계수)가 감소되기 때문에 공전우려가 크다. 그러므로 레일면의 상태 또한 견인력에 영향을 준다.

제2절 철도교통차량의 동역학

2.1 동력학일반

철도시스템은 물리, 기계공학, 전기공학, 토목공학, 시스템공학 등 모든 과학을 총동원하여 철도라는 독특한 특성을 가진 수송수단에 적용한 종합과학의 산물이며, 철도차량의 주행 중 발생하는 열차동역학과 관련 설비간의 인터페이스 내용을 요약하여 설명한다.

2.2 차 륜

차륜은 차축에 압입되어 레일 위를 전동하면서 운전 중의 진동에 견디고 고속으로 회전하므로 차축에 대하여 편중되지 않도록 만들어 진다.

또 차륜의 외주에는 레일에 따라 안전한 주행을 할 수 있도록 플랜지(Flange)가 있고 레일과 접촉하는 답면(Tread)은 마모가 빠른 부분이어서 평로나 전기로에서 제작한 탄소강을 사용하며 그 강괴를 단련 압입하여 제조한다.

그림 4.10 차륜

1) 차륜의 분류(Wheel)

차륜은 그 구조상 일체차륜과 외륜부 차륜으로 대별되며 윤심(Wheel)에 외륜(Tire)를 가열 끼움하여 사용하는 것을 외륜부 차륜이라 하여 외륜부 원판차륜과 외륜부 스포크 차륜으로 구분하고 윤심과 외륜이 입체로 제작된 것을 일체차륜이라 하여 외륜의 이완이나 파손 등의 염려가 없고 편중되는 경향도 없어 최근의 차량은 대부분 일체차륜을 사용한다.

2) 차륜 답면의 형상(Shape of the wheel tread)

답면이란 외륜이나 일체 차륜의 외주면을 말하며 플랜지와 구배를 설치하여 곡선통과시 원활한 운전을 할 수 있도록 하였다.

① 답면구배(Tread slope)

답면의 구배는 운전속도 120km/h까지 1/20 ~ 1/10로 하고 121km/h이상일 때는 1/40로 하도록 되어 있으며 현재 새마을호 객차의 차륜 답면구배는 1/40이 대부분이지만 일부에서는 선진국에서 사용하고 있는 호이만(HEUMANN) 답면도 사용하고 있다.

② 차륜직경(Wheel dia)

차륜직경의 원형은 860mm로서 최소는 일체 차륜의 경우 객차 780mm, 화차 768mm이며 외륜부 차륜은 786mm로 한도를 정하고 외륜의 폭은 130 ~ 150mm이며 차륜의 두께는 65mm가 원형이다.

③ 플랜지(Wheel Flange)

플랜지의 높이는 원형 25mm, 한도 35mm로 하고 두께는 원형 34mm 한도 23mm로 하여 진행방향을 유도하는 동시에 차량의 진동에 의한 횡압으로 부터의 탈선을 방지하는 역할을 한다.

3) 차륜 각부의 고장

차륜에는 여러 가지 고장이 발생되며 외부적인 조건과 내부적인 원인에 의하여 발생된다. 재질의 불량이나 공작상의 결함으로 발생하는 내부적 고장은 원인을 발견하기 어려우나 선로 또는 기계적 작용으로 발생되는 고장은 그 원인의 발견이 비교적 용이하다.

차륜에 고장이 발생하면 운전 중 대형사고가 발생할 수 있으며 고장개소와 원인은 다음과 같다.

① 차륜에 발생하는 주요 고장

- 플랜지 마모 및 결손
- 답면 마모, 변형, 찰상 또는 인상박리
- 외륜의 하자 또는 열손
- 외륜의 이완 또는 탈출
- 윤심부의 하자
- 보스(Boss)의 열손 또는 하자
- 보스의 이완 또는 탈출

② 플랜지 마모의 원인

- 동일방향의 곡선구간을 장기간 운행할 때
- 브레이크 빔의 굴곡 또는 제륜자 걸이의 취부위치가 불량할 때
- 동일축의 좌우 차륜에 직경차가 있을 때
- 페데스탈과 복스와의 좌우, 전후 유간 또는 브라스와 저널 카라와 유간이 과대할 때

③ 답면 찰상의 원인

- 제동력 과대로 활주 또는 완해 불량
- 수용제동기 체결 운전
- 좌우 차륜 직경 상이
- 곡선 통과시 일방의 차륜 활주
- 동일형이 아닌 제동장치를 연결했을 때(L형과 ARE형 제동장치와의 혼합편성 등) 제동 및 완해 시간 차이
- 축당 제동력 차이가 심할 때
- 제동력은 일정하나 레일면의 상태 변화로 점착계수 감소
- 제동력과 점착력이 일정하나 윤중이 감소될 경우

④ 답면 찰상으로 인하여 발생하는 고장

- 차량의 각 부분을 이완 또는 손상
- 승차감 악화, 적화물의 손상 및 화붕 원인
- 차륜의 수명 단축

- 선로 손상
- 차축 발열의 원인
- 소음 발생과 동요 증대

⑤ 외륜 이완의 원인

- 외륜과 내륜의 접촉면 가공 불량
- 압입전 청소불량과 소감불량
- 외륜 두께가 얇을 때
- 제동에 의한 외륜과 내륜과의 온도차가 심할 때
- 장기간 제동체결 또는 완해 불량으로 브레이크 슈가 차륜과의 마찰열로 가열되었을 경우

⑥ 외륜의 가열 및 열손의 원인

- 외륜의 재질 불량
- 외륜과 윤심과의 공작 결함으로 밀착 불균형
- 소감대 과대
- 얇아진 플랜지가 선로상 장애물 타격

2.3 열차의 운동역학

1) 차륜답면(Wheel tread, 車輪踏面)과 윤축(Wheelset, 輪軸)

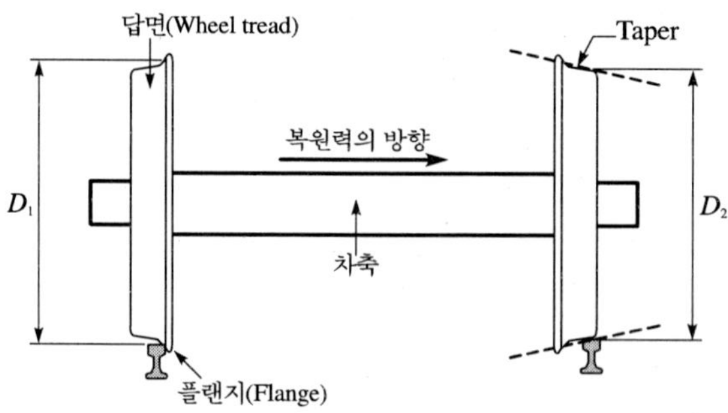

그림 4.11 철도차량의 윤축

① 철도차량의 윤축은 견인모터나 엔진 크랭크축의 회전력을 받아 회전운동을 하여 철도차량을 선로 위로 전후진시키는 역할을 한다. 윤축은 좌우 한 쌍의 차륜답

면(Wheel tread)으로 구성되며, 차륜답면은 위의 그림 4.10처럼 테이퍼(Taper)형상으로 되어 있어 레일상을 구르며 주행할 때 차량이 한쪽으로 쏠릴 경우에는 경사진 테이퍼로 인한 복원력이 작용하여 차량이 똑바로 주행할 수 있게 해준다.

② 그림 4.11에서 윤축이 좌측으로 쏠리는 경우에는 좌측 차륜은 우측 차륜 보다 직경이 큰 부분($D_1 > D_2$)으로 레일과 접촉하면서 구르게 된다.

③ 윤축은 일체로 되어 있어 같은 회전수로 회전하는 좌측차륜쪽이 우측차륜보다 더 많은 거리를 달려($\pi D_1 > \pi D_2$이므로) 앞으로 나가려 하고 상대적으로 우측 차륜쪽은 우측으로 끌어당기는 힘이 발생하여 윤축을 원위치로 되돌아오게 한다. 우측으로 쏠리는 경우는 그 반대 현상이 나타난다.

④ 테이퍼 단면을 가진 윤축은 항상 선로의 중앙으로 향하는 힘이 작용하게 되며, 차량은 안정되게 주행한다. 철도차량에서 이 테이퍼의 역할은

- 곡선을 통과할 때에 외측차륜은 내측차륜보다 긴 거리를 주행하게 되지만 테이퍼에 의해 무리없이 진행할 수 있게 한다.
- 마모나 제작 정밀도에 의해 나타날 수 있는 좌 · 우 차륜의 직경차이를 보완하여 차량이 무리 없이 진행하게 한다.
- 일단 한쪽으로 쏠린 윤축은 앞에서 설명한 것처럼 복원되어 평형을 유지하면서 주행한다.

⑤ 이상에서 알 수 있듯이 차륜답면이 테이퍼 형상으로 되어있는 것은 주행의 안정성이라는 측면에서 보면 아주 좋다. 그러나 이러한 테이퍼 형상차륜의 문제점은 윤축이 한쪽으로 쏠렸다가 반대쪽으로 쏠리는 현상의 반복으로 인해 열차가 뱀처럼 꾸불꾸불 전진하는 소위 사행동(蛇行動, Hunting)이 일어나기 쉽다는 점이다. 이 때문에 차체도 횡(橫)방향으로 흔들려 요잉(Yawing), 롤링(Rolling)현상이 나타나게 되고 차륜의 프랜지와 레일이 서로 충돌하게 되어 마모, 파손 심지어는 탈선하는 경우도 있다.

⑥ 이 사행동은 사인파 형상으로 나타나는데 이론상 파장 S는 차륜답면의 기하학적 형상에 따라 정해진다.

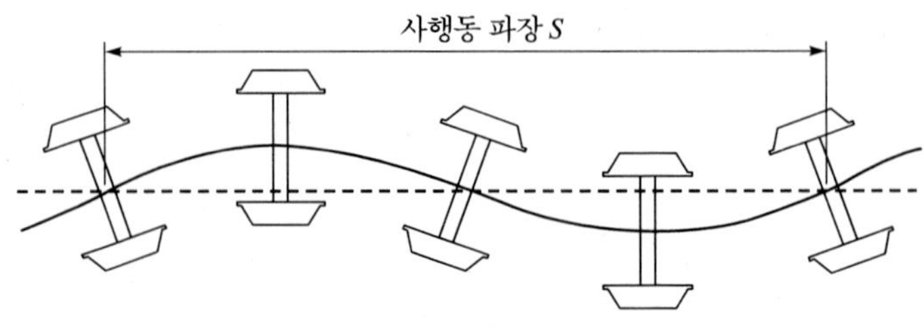

그림 4.12 윤축의 사행동

$$S = 2\pi\sqrt{\frac{br}{\gamma}}$$

여기서, b : 좌우차륜이 레일과 접촉하는 점간의 거리의 1/2

r : 접촉점에서의 차륜의 반지름

γ : 접촉점 부근에서의 차륜의 평균 답면 구배

⑦ 사행동은 위와 같이 기하학적으로 정해지고 속도와는 무관하지만 속도를 높이면 진동관성력의 작용에 의해 다음 그림과 같이 조건이 더욱 악화된다.

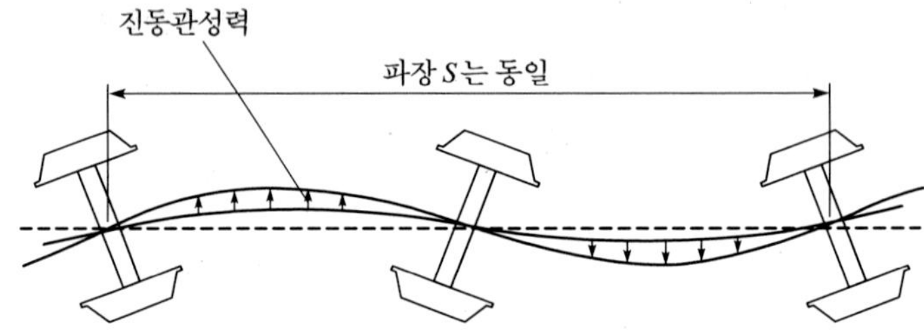

그림 4.13 윤축의 사행동과 진동관성력의 영향

⑧ 사행동을 방지하는 방법 : 답면구배를 적게 하여 사행동 파장을 크게 함으로써 일정 주행속도에서의 사행동 진동수를 감소시키는 방법과 1축 사행동이 발생하지 않도록 대차에 윤축을 강하게 잡아매고 대차와 윤축이 결합되는 윤축지지부에 적절한 스프링 및 댐퍼(Damper) 등을 사용하여 공진(共振)하지 않도록 하는 방법 등이 있다.

2.4 차량진동의 종류

차량진동은 운전상태에 따라서 변화한다. 차량진동 방향과 그성질에 의해 분류하면 아래 그림과 같다. 방향은 X,Y,Z축 방향으로의 진동, 즉 전후, 좌우 및 상하 진동과 X축을 중심으로 회전하는 롤링(Rolling), Y축을 중심으로 회전하는 피칭(Pitching), Z축을 중심으로 회전하는 요잉(Yawing) 등이 있으며 차량이 받는 전체 진동은 그들 진동의 조합으로 표시할 수 있다.

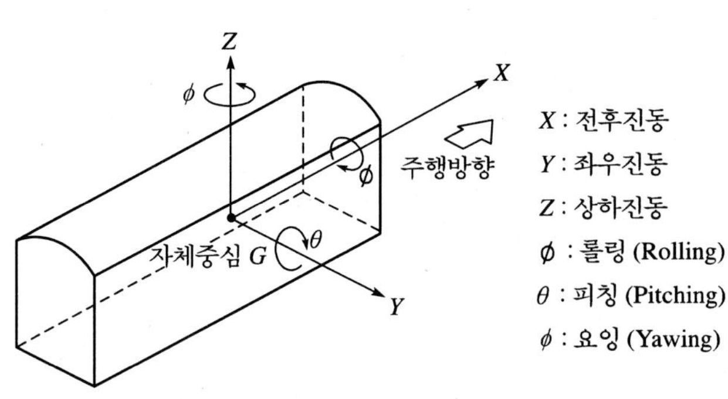

그림 4.14 차체진동의 여러 가지 형태

2.5 탈선(脫線) 이론

1) 경합탈선(競合脫線)

경합탈선이라 함은 철도차량의 탈선은 차량이나 궤도 등 어느 한쪽만의 원인으로 인하여 일어나는 일은 드물고 차량, 선로 등 여러 원인 들이 상호복합작용하여 탈선이 일어나게 된다.

2) 탈선의 종류

경합탈선은 차륜과 레일간에서 일어나는 현상으로 타오르기 · 미끄러져오르기 탈선, 튀어오르기 탈선 등 크게 두 가지로 분류된다.

① 타오르기 · 미끄러져오르기 탈선

차륜의 플랜지(Wheel flange)가 회전하면서 레일을 타오르거나 또는 미끄러져 올라가는 것으로 주로 곡선에서 일어난다. 튀어오르기 탈선은 차륜 플랜지가 레일에 충돌하고, 그 힘으로 차륜이 튀어올라 탈선하는 것으로 주로 속도가 빠를 때 일어난다.

② 탈선계수

이러한 탈선에 대한 안전성은 차륜이 레일을 횡방향으로 미는 힘 즉 횡압(橫壓, Lateral force라 하고 일반적으로 Q로 나타냄)과 차량의 하중으로 위에서 아래로 누르는 힘 즉 윤중(Wheel load라 하고 일반적으로 P로 나타냄)의 비(比) Q/P를 탈선계수(Derailment coefficient)라 하며 Q/P가 크면 클수록 탈선의 가능성은 커진다.

③ 타오르기, 미끄러져오르기 탈선의 Q/P 한계치

차륜이 횡방향으로 힘을 받아 그 플랜지 부분에서 레일과 접촉하여 타고 오르게 되는 상황을 그림으로 그려보면 다음과 같이 된다.

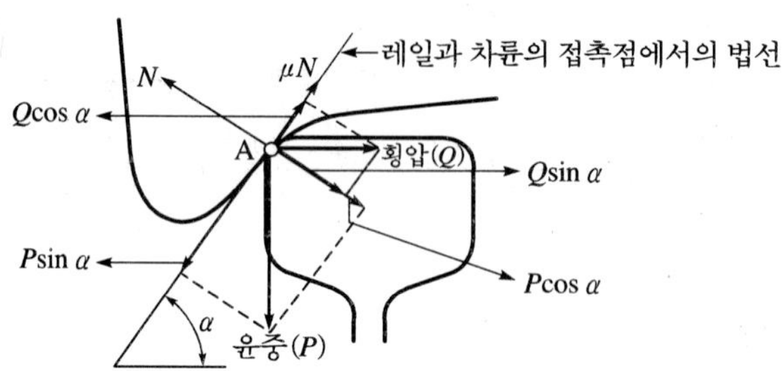

그림 4.15 차륜과 레일 사이에 작용하는 힘

이 경우 A점에서 차륜은 횡압 Q와 윤중 P를 레일에 가하며, 이 힘의 비(比) Q/P가 얼마일 때 탈선하는지가 탈선의 Q/P 한계치가 된다.

④ 튀어오르기 탈선의 Q/P 한계치

모형실험과 이론해석을 통한 연구에 의하면 횡압은 대단히 짧은 시간만 작용되고, Q/P의 한계치는 다음 식으로 나타낸다.

$$\frac{Q}{P} \fallingdotseq 0.05\frac{1}{t}$$

여기서, t : 횡압이 작용하는 시간

⑤ 탈선계수의 허용치

탈선에 대한 Q/P의 허용치는 앞 두 식으로 표시되지만 실제로는 지금까지의 경험을 참고로 하여 20%의 여유를 주어 다음 식을 안전계수로 한다.

횡압이 비교적 긴 시간 걸리는 경우

$$\frac{Q}{P} = 0.8' = \frac{횡압}{운동}$$

횡압이 충격적으로 짧은 시간 걸리는 경우

$$\frac{Q}{P} = 0.04\frac{1}{t}$$

2.6 차량의 전복(轉覆)

곡선부분에서 고속으로 주행하는 차량에 작용하는 외력을 그림으로 표시하면 아래와 같다. 여기서 풍압력 ①은 단위면적당의 바람의 압력과 차량 측면의 면적을 곱한 값이고 ②의 상하진동 관성력은 앞에서 설명한 바 있는 차량진동의 종류를 나타내는 그림에서 z축방향의 진동, ③은 롤링(Rolling), ④는 y축 방향의 진동, ⑤는 열차가 곡선을 지날 때 선로 외측으로 작용하는 원심력을 나타내며 ⑥,⑦은 앞뒤 차량과의 연결부분에서 받는 힘의 상하 및 좌우 성분을 표시하고 있다. 이들 외력 중에서도 전복에 큰 영향을 미치는 힘은 차체에 대한 풍압력, 주행에 의해 발생하는 횡진동 관성력, 곡선 통과시 원심력이 있다.

이러한 외력들과 차체 무게의 합력의 방향이 A와 B의 사이에 있으면 전복의 위험이 없지만, 점선과 같이 오른쪽 차륜과 레일이 만나는 B점을 통과할 때는 반대측 A점의 윤중은 0이 되고, 더욱 외측으로 향하면 부상(浮上)하여 전복하게 된다.

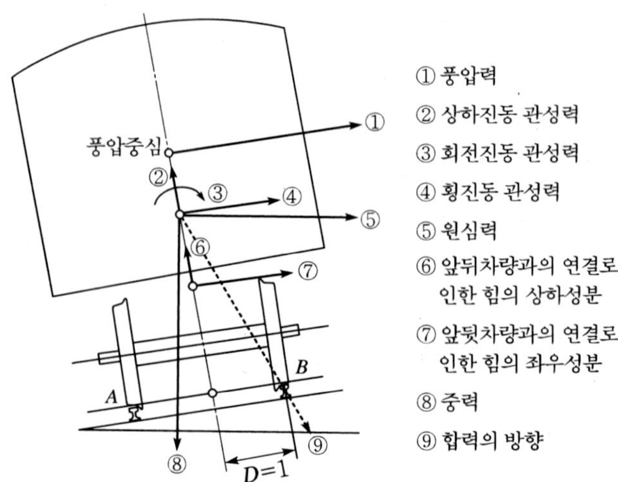

그림 4.16 차량에 가해지는 외력의 종류

차량의 전복에 대한 위험률을 D로 표시하면 위 그림 4.15의 점선과 같은 경우 D = 1이 되고 합력이 양쪽 레일의 중간지점을 통과할 때는 D = 0이 된다. 실제 설계시 D = 1까지는 설계할 수 없고 안전을 고려하여 약간 낮은 수치로 한다.

제3절 열차의 성능

3.1 점착과 점착계수

① 철도차량이 레일 위를 주행하고 도중에 속도를 가감하며 제동을 써서 수시로 정차할 수 있는 것은 차륜이 레일 위에서 미끄러져버리지 않는 힘, 즉 차륜답면과 레일접촉면과의 마찰력 때문인데 이를 철도에서는 점착력 혹은 점착이라 한다. 구동력이나 제동력이 점착력보다 큰 경우에는 기동시나 가속시에는 공전(Slip)하고 제동시에는 활주(Skip)한다.

② 이런 현상은 자동차를 운전해 보면 비오는 날이나 눈길에서 출발시 바퀴가 헛돌거나 브레이크를 잡을 때 미끄러져 버리는 현상과 같다. 철도의 경우는 마찰이 일어나는 차륜과 레일이 모두 금속이기 때문에 자동차나 비행기(아스

팔트와 고무)에 비해 마찰계수가 휠씬 작은 악조건 속에서 어떻게 점착을 최대한 유효하게 이용하여 기동, 가속, 감속, 제동을 반복할 수 있을 것인가 하는 것이 큰 숙제이다.

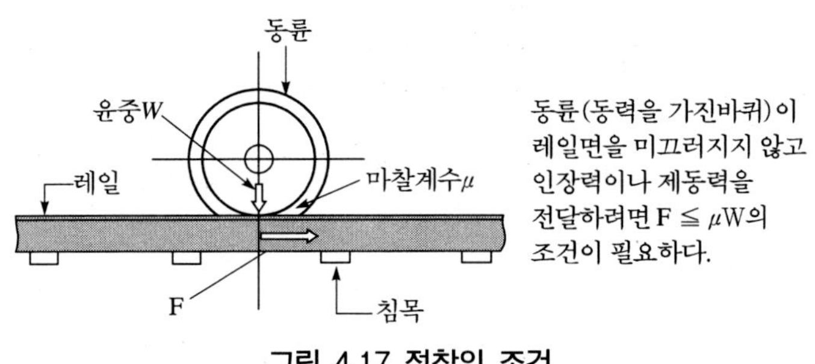

그림 4.17 점착의 조건

③ 주행중 동륜(동력을 가진 바퀴)과 레일의 관계를 역학적 관점에서 보면 차륜답면상에 작용하는 구동력 또는 제동력(둘다 레일과 평행한 힘이다) F와 답면이 레일과 접촉하는 점에 수직으로 가해지는 힘(이것은 축중이라 칭함)W, 답면과 레일과의 마찰계수(철도에서는 점착계수라 함) μ와의 관계는 $F \leq \mu W$의 식이 성립한다. 만약 F가 μW보다 크면 기동시나 역행시에는 공전(Slip)현상이 나타나 레일에 큰 손상을 주게 되고 제동시에는 활주(Skip)현상이 나타나 차륜답면에 플랫(Flat : 답면이 국부적으로 평평하게 되는 현상)을 일으켜 차륜에 손상을 입히게 된다.

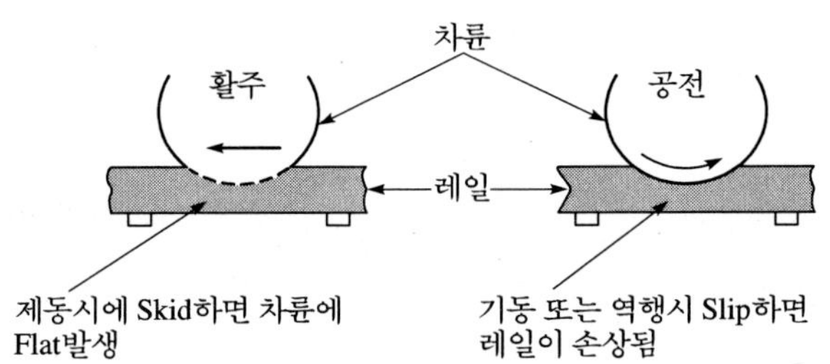

그림 4.18 활주(skid)와 공전(slip)

④ 따라서 어떻게 하면 점착을 향상시킬까, 공전이나 활주를 조기에 감지하여 예방할 것인가, 공전이나 활주 후 재빨리 점착상태로 다시 돌아오게할 것인가 등에

관한 연구가 활발하게 진행되고 있다.

⑤ 점착력은 축중(W)과 점착계수(μ)를 곱한 값이지만 축중은 선로 보호등을 위해 규정에 의해 노선별로 제한되어 있기 때문에 축중(W)을 무한정 증가시킬 수는 없다. 점착계수는 접촉면의 상태 즉 차륜답면과 레일의 표면에 부착된 물, 기름, 먼지, 녹 등에 의해 그 변화가 매우 크다. 가령 건조하고 맑은 날 가장 좋은 상태의 점착계수(μ)가 0.2~0.3 정도라면 접촉면에 비나 서리가 내릴 경우 점착계수는 약 1/2로 줄고 특히 기름류의 오물이 부착되면 1/3 가까이로 점착계수가 줄어든다고 알려져 있다. 또 점착계수는 열차의 속도에 따라서도 광범위하게 변화하는 복잡한 문제이다.

⑥ 점착력 향상 : 제어의 다단계화 및 연속화를 통해 구동력을 급격히 변화시키지 않는다든가 축중을 급격히 변화시키지 않기 위해 축중의 이동에 대해 보상하는 방법을 채택한다든지 등의 다양한 연구가 행해지고 있다. 예로부터 이용되어온 모래를 뿌리는 살사방법은 점착계수를 일시적으로 높이는 효과는 비교적 크다고 할 수 있지만 접촉면이 손상되는 결점도 가지고 있다.

⑦ 점착의 문제는 철도차량에 있어 숙명적인 문제로서 고속화의 가장 큰 장애요인이다. 그 이유는 동력차의 파워(F)를 아무리 크게 하여도 점착력 μW만큼만 차량을 끄는 데 유효하게 사용되고 남는 힘 즉 $F-\mu W$는 낭비되는 힘이기 때문이다. 지금까지의 연구에 의하면 점착력을 이용한 차량의 속도는 350~380km/h 정도가 한계라고 여겨진다. 그 이상의 초고속화는 비점착 즉 차륜과 레일의 접촉이 없는 견인방법의 개발이 필요한데 일본, 독일 등지에서 활발히 연구되고 실용화 단계에까지 이른 자기부상 주행방식 등이 그 대표적인 예이다.

3.2 열차의 견인력

① 철도차량은 견인모터나 엔진 크랭크축의 회전력으로 차륜을 회전시켜 추진력을 얻는데 이 추진력은 차륜과 레일의 접촉부분의 마찰력에 의해 생기는 것으로 이를 견인력이라 부른다.

② 답면의 마찰계수 μ와 그 축에 가해지는 축중 W를 곱한 값이 그 축이 얻을 수 있는 최대 견인력이 된다. 열차편성 중에 구동축(동력을 가진 축)의 수를 늘리

고 구동축에 가해지는 중량을 무겁게 하거나 마찰계수 μ를 크게 하면 견인력을 크게 할 수 있겠으나, 마찰계수는 레일의 표면이나 답면의 상태, 날씨 등에 따라 크게 달라진다는 것은 이미 전술한 바 있다. 예를 들어 자중 40톤에 구동축 4축의 차량이 있다고 하자. 마찰계수 μ가 0.1이라면 이 차량이 얻을 수 있는 견인력은 0.1 × 10톤(축당 하중) × 4축 = 4톤이 된다.

③ 기관차는 다수의 객차와 화차를 견인하기 위해 큰 견인력을 필요로 하기 때문에 가능한 한 차량을 무겁게 하여 축중을 크게 하는 것이 좋을 듯 하나 레일, 도상, 교량 등의 부담하중에는 제한이 있어 무작정 축중을 크게 할 수는 없고 허용축중한계 내에서 구동축 수를 늘려 소정의 견인력을 얻는 방법을 사용할 수밖에 없다.

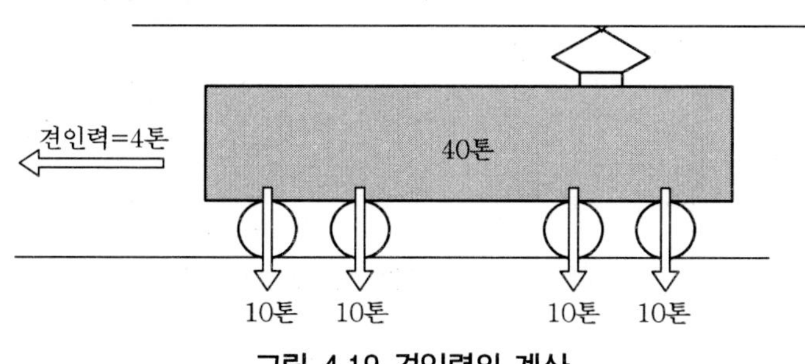

그림 4.19 견인력의 계산

3.3 열차저항(Train Resistance)

열차가 주행하는 상태에서는 여기에 거스르는 다시 말해 주행을 방해하는 힘이 발생하는데 이를 열차저항이라 하고, 공기저항에다 차륜 및 기타 회전부분의 마찰 등에 의한 저항을 합한 값인 주행저항, 오르막길을 오를 때의 구배저항, 곡선통과시의 저항 등이 있다. 열차저항은 일반적으로 이 주행저항, 구배저항, 곡선저항의 3요소를 더한 값으로 표시한다.

1) 주행저항(R_R : Running Resistance)

평탄직선 선로상에서의 공기저항, 차륜의 구름저항, 회전 부위의 마찰력 등을 합하여 주행저항이라 한다. 이를 이론적으로 해석하는 것은 매우 곤란하기 때문에 실제로 차량을 주행시켜 실험적으로 구해지는데 속도가 증가함에 따라 저항치가 커진다.

다음 그래프는 실험치의 한 예로 구체적으로는 저속인 20 ~ 40km/h부근에서는 2kgf/ton(차량 중량 1ton당 2kgf의 저항)전후, 고속인 80 ~ 100km/h에서는 4 ~ 6kgf/ton 정도가 된다. 특히 고속에서는 차량 머리부분의 형상이라든지 측면의 요철에 의해 공기 저항이 크게 영향을 받는다. 이외에도 차량은 기동 및 정지를 수없이 반복하면서 운행되는데 정지로부터 주행에 이르는 순간에 큰 저항이 발생하여 4 ~ 6kgf/ton정도가 된다. 이것은 주행저항과 별도로 출발저항이라고 부른다.

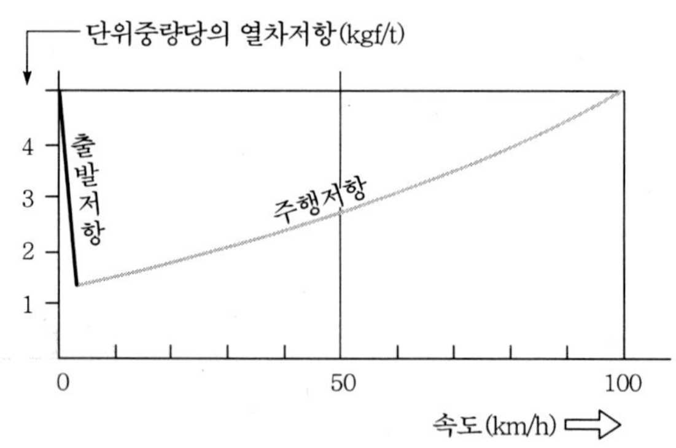

그림 4.20 출발저항 및 주행저항

2) 구배저항(R_G : Grade Resistance)

차량이 상구배(오르막)에 의해 주행을 방해받는 힘은 다름 그림의 R_G이고 수식으로 표시하는 것이 가능하다. 주행저항처럼 차량의 중량 1톤당의 저항(kgf/ton)으로 표시하면 그림에서의 차량의 중량 W는 1톤 = 1000kg이고 α는 아주 작은 값이므로 R_G = 1톤 × tanα가 됨을 알 수 있다. 여기서 tanα를 선로의 구배를 표시하는 단위인 천분율로 표시하면

$G‰ = \frac{G}{1,000}$ 이다.

따라서 R_G(kg) = 1000(kg) × $\frac{G}{1,000}$ = G(kg)가 되어 천분율로 표시한 구배치가 곧 구배저항이 된다.

예를 들면 20‰ 상구배에서는 1톤당 20kgf의 구배저항을 받는 다고 말할 수 있

다. 또 상구배에서는 ⊕방향의 저항을 받고 하구배에서는 ⊖방향의 저항을 받음은 물론이다.

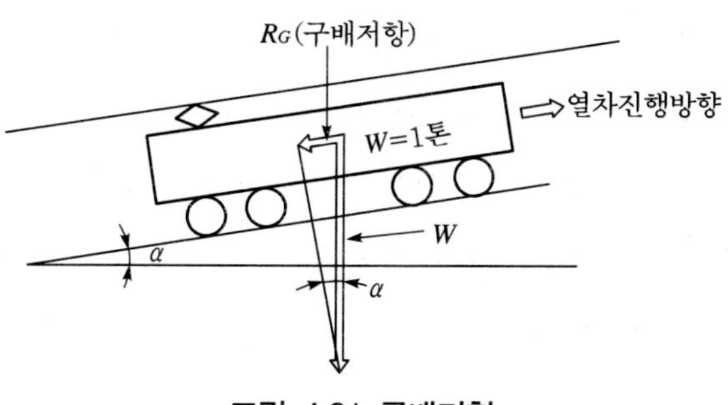

그림 4.21 구배저항

3) 곡선저항(R_C : Curve Resistance)

차량이 곡선을 통과할 때 차륜과 레일 사이의 마찰이나 대차의 회전으로 인해 삐걱거리는 마찰음 등을 들을 수 있는데 이처럼 곡선 부위에서 차량의 주행을 방해하는 힘을 곡선저항이라 하고 곡선 반경이 짧을수록 이 저항은 커진다. 즉 곡선반경의 크기에 반비례한다. 곡선반경을 통과할 때 차륜과 레일과의 마찰력에 의한 저항, 곡선반경을 Rm라고 하면 곡선 저항은 t당 약 6000N/R에서 산정된다. 반경 300m 곡선에서 거의 0.2%의 구배에 상당하기 때문에 운전계획 등에서 곡선이 개재(介在)하는 구배선의 구배저항은 곡선저항이 추가된다.

3.4 열차의 가속도 · 감속도

① 열차가 정지상태에서 출발하여 속도를 높여가는 과정을 역행(力行) 또는 가속상태라고 하고 1초간에 속도가 몇 km/h 빨라지는가를 숫자로 표시한 것을 가속도라고 부르며 αkm/h/s로 표시한다. 예를 들면 1초간에 3km/h씩 속도가 증가하고 있다면 α = 3km/h/s이다. 만약 α = 3km/h/s로 발차하여 20초 동안 역행 또는 가속하였다면 20초 후의 속도는 3km/h/s × 20s = 60km/h로 된다.

② 속도가 일정치에 도달하면 공급동력을 끊어 열차가 타성, 즉 관성력으로 달리는 상태로 되고 이것을 타행운전 상태라 부른다. 정차지점에 가까워지면 브레이크를 잡아 속도를 낮추는 과정을 브레이크 상태 혹은 감속상태라고

부르고 가속도와는 반대로 1초간에 몇 km/h만큼 속도가 내려가는가를 감속도라고 하여 βkm/h/s로 표시한다.

③ 열차가 진행하기 위해서는 주행을 방해하는 열차저항보다 큰 견인력을 내지 않으면 안 되는 것은 당연하다. 자전거를 타고 속도를 높이고 싶을 때는 페달을 강하게 밟아야 하는 것처럼 가속력은 견인력에 비례하는 것을 알 수 있다. 자전거에 두 사람이 타면 같은 힘으로는 가속이 떨어진다. 즉 가속도와 질량은 반비례한다. 이런 사실을 뉴턴은 운동방정식으로 다음 식처럼 표시하였다.

힘(F) = 질량(m)×가속도(α)

④ 위 식을 차량의 성능 계산에 적합한 단위로 바꾸어 견인력, 차량중량, 가속도의 관계식을 보면

F(견인력) : kgf

W(차량 중량) : ton

m(질량 : kg) = $\frac{W}{}$

(g는 중력가속도로 980cm/s/s = 9.8 × 3.6 km/h/s이다)

α(가속도) : km/h/s라 할 때

$$F = m \times \alpha = \frac{W \times 1000}{} \times \alpha = \frac{1000}{9.8 \times 3.6} W\alpha = 28.35\alpha W$$이다.

실제로는 차륜, 치차 등 회전 부분에는 관성력이라고 하는 가속을 방해하는 힘이 작용하고 있기 때문에 소요견인력을 약 10% 정도 더 쳐주어야 한다. 이것을 감안하면 다음 식이 된다.

$$F = 28.35\,W \times 1.1 = 31\,W$$

이 식은 열차저항이 없을 때를 나타내고 실제 열차저항을 가미한 식으로 표시하면 다음 식이 된다.

$$F = 31\alpha W + R_R W + R_C W + R_G W$$

⑤ 즉 중량 W인 열차를 가속시키기 위해서는 가속에 필요한 힘(31αW)에다 주행저항($R_R W$), 곡선저항($R_C W$) 및 구배저항($R_G W$)를 합한 만큼의 힘이 소요된다.

⑥ 일반적으로 어느 정도 속도가 높아지면 전기차에서는 모터의 특성상 서서히 견

인력이 약화되고 열차저항은 속도에 비례하여 커지기 때문에 견인력과 열차저항이 같아지는 속도점이 생기는데 이 속도를 균형속도라 한다.

⑦ 감속도의 경우도 가속도와 마찬가지 방법으로 생각할 수 있지만 브레이크를 잡아 속도를 낮출 때는 열차저항이 감속시키는 힘과 같은 방향으로 작용하기 때문에 브레이크힘 F_β(kgf)는 다음 식과 같이 표시할 수 있다.

$$F_\beta = 31\beta W - R_R W - R_C W - R_G W$$

⑧ 타행운전의 경우에는 외부에서의 동력, 즉 힘의 공급이 없으므로 $F_\beta = 0$로 하여 β를 계산해 보면 열차저항에 의해 서서히 속도가 내려가는 것을 알 수 있다. 열차의 속도 향상, 다시 말해 출발점에서 도착점까지의 운행 소요시분을 줄이기 위해 승차감을 해치지 않는 범위 내에서 α와 β를 최대한 높여 가속과 감속에 의한 시간소모를 줄여야 한다.

3.5 열차의 제동거리

① 열차의 제동거리(s)라 함은 기관사가 제동을 취급한 후 정차할 때까지의 시간 동안 열차가 진행한 거리를 말하며 공주거리(S_1)와 실(實) 제동거리(S_2)로 나누어 생각해 볼 수 있다. 기관사가 제동을 취급하였다고 하더라도 바로 전 열차에 제동효과가 생기는 것은 아니고 공기압을 이용하는 기초제동장치에서의 공기이동, 밸브 개폐 등에는 얼마만큼의 시간이 필요하기 때문이다.

② 다음 그림 4.22에서 알 수 있듯이 공주거리는 기관사가 제동을 취급한 후 예정제동력의 75%에 도달할 때까지의 열차주행거리를 말하며 실(實) 제동거리는 예정제동력의 75% 이상으로 제동력이 충분히 커진 후 열차가 정지할 때까지의 주행거리를 말한다.

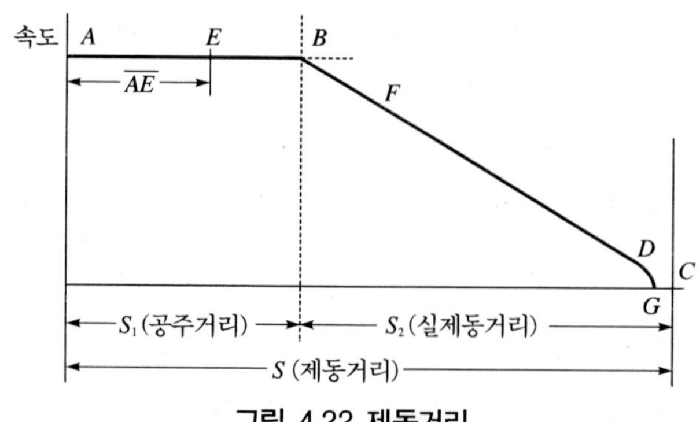

그림 4.22 제동거리

여기서, $\overline{AE}$: 제동이 전혀 걸리지 않고 주행한 거리

$\overline{AB}$: 공주거리(시간)

B : 예정제동력의 75%에 도달하는 점

E : 제동징후 시작점

F : 전차량에 제동작용(100%)이 나타나기 시작하는 점

DG : 열차가 저속이 되면 마찰계수의 증가로 제동력이 커지기 때문에 D점에서 C점으로 향하지 않고 급격히 감속되어 G에 이른다.

③ 실(實)제동거리 산출방법

중량이 W(ton)이고 속도가 V(km/h)인 열차의 실제동거리를 산출하기 위해서는 운동하고 있는 열차의 운동을 멈추게 하는 것이므로 열차를 멈추기 위해 외부에서 투입된 일과 열차가 가지고 있는 운동에너지가 서로 같다는 원리를 이용하면 된다. 그런데 열차의 속도를 0으로 하기 위해 투입된 일은 열차의 감속력(F)에 실제동이 시작된 이후에 열차가 진행한 거리, 즉 실제동거리(S_2)를 곱하면 되고 열차의 운동에너지는 $\frac{mv^2}{2}(1+e)$이다.

따라서, $F \cdot S_2(kg \cdot m) = \frac{mv^2}{2}(1+e)(\mathrm{kg} \cdot \mathrm{m})$로 쓸 수 있다.

단 여기서 e는 부가관성중량으로 일반 열차에는 6% 정도를 잡아준다.

3.6 열차의 브레이크 성능과 최대운전속도

① 열차의 속도를 자유자재로 조절하려면 역행(力行) 성능과 함께 브레이크 성능 역시 중요한 역할을 한다.

② 브레이크의 강약을 자유롭게 선택할 수 있어야 하는 것이다. 브레이크를 작동시킬 때도 역행 때와 마찬가지로 차륜과 레일의 마찰력(점착력)에의해 제동력(브레이크힘)이 얻어지는 것이며, 점착계수가 크면 강한 제동력을 얻을 수 있지만 점착계수는 기상조건 등에 따라 변화가 심하기 때문에 매우 불안정한데다 열차의 속도에 따라서도 점착계수의 값이 변화하여 고속으로 되면 될수록 브레이크 효과는 나빠진다. 열차의 최고속도, 브레이크 성능, 역간거리 등을 고려하여 열차를 안전하게 운행하기 위해서는 반드시 신호시스템과 연계하여 생각하여야 한다.

③ 열차가 운행되는 선로에는 신호기가 설치되어 있는데 신호기와 다음 신호기와의 사이를 신호폐색구간이라 부르고 폐색구간마다 진행, 주의, 정지 등의 신호현시에 맞추어서 브레이크 성능을 고려한 제한속도를 설계하여 정지신호 앞에서는 반드시 정지할 수 있도록 되어 있다.

④ 열차의 제동거리는 열차의 안전운행에 중요한 요소이고 신호기와 다음 신호기와의 거리인 폐색구간의 길이를 정하는 것과도 밀접한 연관이 있다.

⑤ 폐색구간의 길이는 최고운전속도, 열차밀도(일정한 시간 내에 통과하는 열차수) 등을 결정하는 중요한 열쇠이다. 통근용 전동차구간처럼 대량수송이 필요한 경우는 폐색구간을 짧게 하여 열차수를 증가시키고 최고속도는 어느 정도 희생하는 반면 장거리에서 운전시분의 단축을 꾀하는 경우는 최고속도를 우선하는 폐색구간의 길이를 길게 설정하는 것이 일반적이다.

⑥ 열차의 최고운전 속도를 향상시키기 위해서는 점착한도를 최대한 활용한 고성능 브레이크시스템이 요망된다. 일반적으로 열차의 브레이크장치에는 공기브레이크와 전기브레이크가 주로 사용되고 있지만 운전자가 브레이크 조작을 하여도 약 1~2초간은 브레이크가 작동하지 않고 계속 달리는 공주시간이 있음은 전술한 바와 같다.

⑦ 따라서 열차의 최고운전속도를 구하기 위해서는 공주시간, 규정으로 정해진 최

대브레이크 거리, 감속도 β등을 고려하여야 한다.

⑧ 고속철도에서처럼 속도가 높은 열차는 감속 성능을 향상시키려는 노력에도 불구하고 브레이크 거리를 크게 늘려 잡아야 하기 때문에 그림 4.23 하단에서처럼 폐색구간의 거리(2,800m)도 자연히 길어져야 한다.

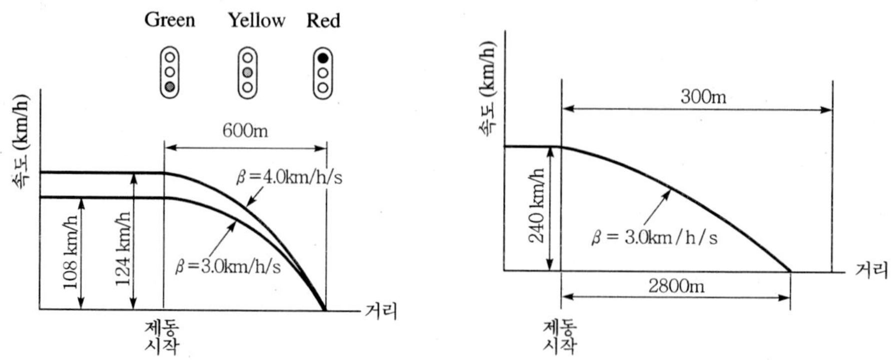

그림 4.23 제동거리와 감속성능의 관계

3.7 운전곡선(Run Curve)

열차는 정해진 노선을 운행한다. 열차가 A역에서 B역, 계속해서 C역으로 주행하는 상태를 이해하기 쉽게 하기 위해서 그래프로 표시한 것이 운전곡선이다. 열차의 주행 상태에는 3가지의 모드(Mode)가 있다.

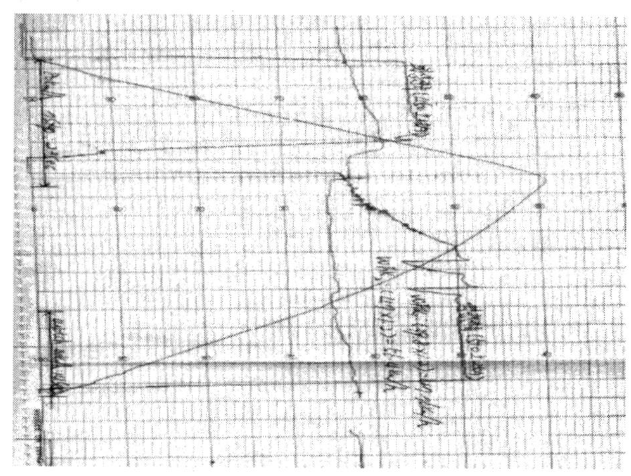

그림 4.24 전동차 실제속도 – 제동곡선

① 역행(가속)모드

열차에 동력을 가하여 가속하는 상태로 속도가 서서히 증가한다.

② 타행모드

열차에 동력을 끊고 관성력으로 주행하는 상태로 열차저항에 의해 속도가 서서히 감소한다.

③ 제동모드

제동을 체결하여 속도를 줄여 나가거나 열차를 정지시키는 모드이다.

3.8 열차의 속도

열차의 속도를 표시하는 방법에는 다음과 같은 것들이 있다.

① 최고운전속도

영업운전상의 최고속도로서 현재는 프랑스 TGV열차와 일본의 신간선열차가 최고운전속도 경쟁을 하고 있는 바 이미 300km/h를 넘어서 350km/h에 도전하고 있다.

② 균형속도

견인력과 열차저항(속도 증가에 비례하여 커진다)이 똑같이 되는 속도로서 더 이상 속도를 증가시킬 수 없다. 최고운전속도는 바로 이 균형속도에 의해 좌우된다.

③ 평균속도

열차가 A역을 출발하여 B역에 도달하려면 정지상태(속도 0)와 최고운전속도 사이에서 속도를 변화시키면서 운전한다. 가령 A역과 B역 사이를 일정한 속도로 주행했다고 가정할 때 같은 시간에 B역에 도달하는 속도를 평균속도라 한다(그림 4.25 참조). A·B역간의 평균속도는 다음 식처럼 표시할 수 있다.

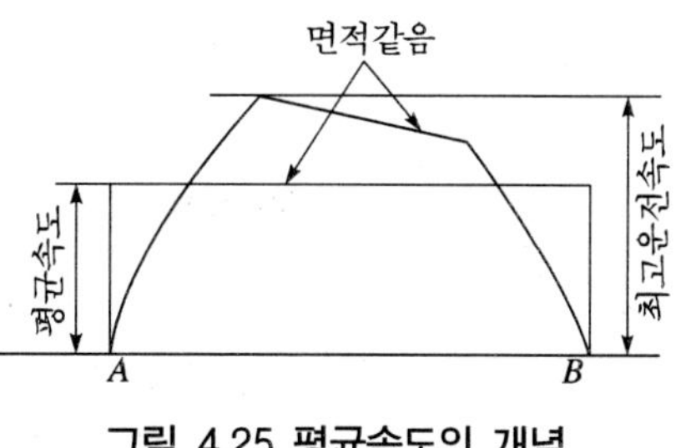

그림 4.25 평균속도의 개념

$$\text{평균속도(A · B역 사이)} = \frac{\text{A · B역 간의 거리(km)}}{\text{A · B역 간의 소요시간}}$$

④ 표정속도

시발역에서부터 종착역까지의 평균속도에 도중역에서의 정차시분도 계산에 넣어 표시한 것을 표정속도라 부르고 다음 식으로 표시할 수 있다.

$$\text{표정속도} = \frac{\text{구간거리(km)}}{\text{정차시분을 포함한 구간소요시간}}$$

표정속도를 향상시키는 것이 운전시분을 단축시키는 방법이다. 물론 최고속도 향상도 유효한 방법이 되겠지만 여기에는 한계가 있기 때문에 일반적으로 정차시분을 단축하든지 정차역의 수를 줄이는 방법이 사용된다. 특급열차의 정차역수가 보통열차보다 적은 것은 바로 이 표정속도를 향상시키기 위해서이며 통근열차처럼 역간거리가 짧고 정차역의 수가 많은 경우는 가속도、감속도가 클수록 평균속도 및 표정속도를 높일 수 있다. 고가속、고감속의 전동차들이 계속해서 개발되고 있는 것은 이러한 이유에서이다.

3.9 동력집중과 동력분산

열차에 동력을 가진 축, 즉 견인력을 내는 축(구동축)을 어떻게 배치하느냐 하는 것은 열차의 성능에 큰 영향을 미친다.

기관차가 끄는 객차열차는 대표적인 동력집중방식이고 편성 중 여러 대의 차량에 동력을 분산 배치한 통근형 전동차는 동력분산식이라 부른다. 동력집중방식과 동력분산방식은 각각의 장단점을 가지고 있어 운용목적에 따라 적절히 사용된다.

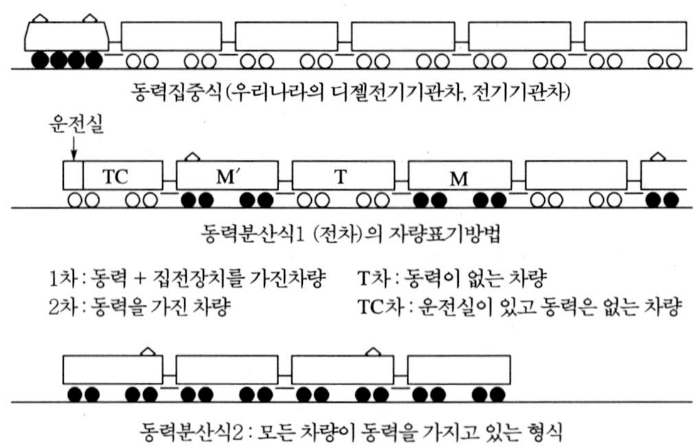

그림 4.26 동력집중식과 동력분산식

1) 동력분산식의 장점

① 높은 가속도를 얻을 수 있음 : 구동축이 많기 때문에 견인력을 크게 하는 것이 가능하고 높은 가속력을 얻을 수 있다. 통근차를 동력분산의 전동차 로 편성을 하는 것은 바로 이러한 이유 때문이다.

② 축중을 분산할 수 있음 : 견인력은 전술한 바와 같이 구동축에 가해지는 중량에 의해 결정되기 때문에 동력집중식으로 하면 구동축에 중량을 집중시키게 되어 축중이 무겁게 된다. 따라서 궤도, 교량 등 지상설비의 강화가 필요하게 되지만 축중을 분산하면 선로의 건설비를 줄일 수 있어 유리하다.

③ 전기브레이크를 사용할 수 있음 : 전차의 경우는 제동시에는 구동모터를 발전기로서 작동시켜 그 전기에너지를 저항기에 흡수시키는 방법 등으로 제동력을 얻는 것이 가능하다.

2) 동력분산식의 단점

① 동력을 분산하기 위해 상하(차체 밑부분)에 기기를 분산 배치하고 있어 모터의 구동음이나 발열기기를 냉각하기 위한 냉각팬의 소음이 있을 수 있다.

② 동력차에 각각의 구동모터를 제어하는 기기들이 있어 편성 전체로서의 부품수가 많아져 유지보수에 손이 많이 간다.

③ 전차편성의 경우 다른 전차를 연결하는 것이 곤란하고 객차열차처럼 기관차 이외의 객차를 자유롭게 연결, 조정하는 것이 어렵다.

제 5 장

제5장 철도운전 기술 이해

제5장 철도운전 기술 이해

제1절 철도운전 이해

도시철도 수송기관의 기본 사명은 승객을 목적지까지 안전하고, 신속하고, 정확하며, 또한 쾌적하게 수송하는데 있다.

수송업무의 중추가 되는 운전계획은 안전운행이라는 기반 위에 경제성, 능률성, 합리성 및 승객에 대한 서비스면 등을 고려하여 운전계획이 수립되어야 한다. 운전계획은 수송수요를 예측하고 선형 및 전동차 특성 등에 따른 운전 곡선도를 제작하여 이것을 기초로 최적의 수송력을 창출하여 운용효율을 극대화시키는데 있다. 따라서 승객의 수송을 원활히 하기 위해서는 수송수요, 수요추이, 수요파동 등을 조사하고 장래의 변화예측 및 지역적인 사정, 시간적인 특수사정 등을 고려하여 수송수요에 상응하는 수송력을 계획하여야 한다.

이러한 계획을 바탕으로 운전 곡선도 작도 및 표준 운전 시분을 산정하고 이 자료를 근거로 전동차 소요량과 운행 시격을 결정하여 열차 다이아를 제작한다. 한편 열차 다이아를 근거로 전동차 운행표, 열차운전 시각표 등의 작성 및 소요 승무원을 산정하여 효율적으로 승무원을 관리하여야 한다. 또한 운전계획 과정에서 열차운행 혼란의 극소화와 혼잡구간에 대한 반복운전으로 승객에 대한 서비스 제공 및 고장 차량의 비상대비를 위한 운전설비도 함께 검토되어야 한다.

제2절 열차운영

역 설비, 차량, 선로, 에너지공급 및 신호보안설비 등 철도의 모든 하드웨어(Hardware)를 가장 효율적으로 조합할 때 여객과 화물수송의 최적화를 달성하는 동시에 철도의 경제성도 높여야 하는 철도운영의 핵심이 바로 이 열차 운영 매니지먼트이다.

2.1 수송계획

최고경영자의 경영방침과 수송수요를 근거로 하여 근무자들이 수송계획을 수립하는데 수송계획의 주요 내용은 같다.

① 수송력 설정
수송수요의 변화를 열차편성과 열차수

② 열차방식의 선정
열차를 전기차로 할 것인가 디젤차로 할 것인가 어떤 목적으로 사용 될 것인지를 인지하고 결정

③ 열차단위와 횟수의 결정
열차의 용량에 따른 적정한 빈도 결정

④ 열차종별의 책정
운행기간에 따라 정기 및 임시열차 등 필요에 따라 여러 종류로 책정

⑤ 열차의 속도 책정

2.2 열차계획

① 수송력 검토확정
② 열차의 설정구간
③ 열차의 배열
④ 차장율과 유효장 결정
⑤ 차중률과 견인정수
⑥ 기준운전시분

⑦ 정차역과 정차시분
⑧ 열차최소 간격
⑨ 열차다이어
⑩ 차량과 승무원 관리
⑪ 열차의 지령

이와 같이 열차운전을 하도록 하기 위하여 수송계획을 기초로 하여 위와 같은 조건을 고려하고 결정한다.

제3절 운전계획 수립

운전계획 수립은 결과적으로 열차운행 스케줄을 작성하는 것으로 써, 수송수요 예측, 수송수요 분석, 수송력 검토, 시설, 설비의 수용조건, 소요 전동차 편성 등을 검토하여 운전계획이 수립된다.

3.1 수송수요 예측

교통영향평가서를 근거로 수송수요를 예측하고 1차로 동 자료를 근거로 수송수요를 예측하고 있다.
2차로 해당기관의 영업분야에서 년 1회씩 수송수요를 조사하여 조사된 자료를 운전계획 수립에 활용하고 있다.

3.2 수송수요 분석

신설 노선의 이용승객은 선별 및 년도별로 다소 차이가 있으나 전일(全日) 대비 시간당 출, 퇴근 시간대에 약 12 ~ 19%가 집중적으로 발생되며, 또한 혼잡도는 도심부 및 승환역 주변에서 최대치를 나타낸다.

3.3 수송력 검토

1) 승차기준

① 혼잡도 : 200%

② 정원 : 선두차 - 148명(좌석 48, 입석 100)
중간차 - 160명(좌석 54, 입석 106)

③ 열차조성 : 10량 또는 8량

3.4 운행시격

1) 열차 설정 상, 설비측면

① 운행시격은 선행열차와 후속열차의 운전간격을 시, 분으로 표시한 운행간격을 말하며, 그 노선에 있어서의 최소값을 최소 운행시격이라고 한다.

② 후속열차가 언제나 간격제어에 대한 속도억제 브레이크를 필요로 하지 않은 진행을 지시하는 신호에 의하여 운전할 수 있는 것이 전제조건이다.

③ 최소 운행시격은 열차 간격제어의 방식, 폐색구간, 열차편성, 가/감속도 및 구내배선 등 각종 요소에 의하여 결정된다.
여기서 열차의 지연 회복 등을 고려하여 최소 운행 시격보다 약 10초 이상의 여유를 두고 운전계획을 수립하고 있다.

2) 수송수요 측면

① Rush-Hour 운행시격
RH 최대 재차 인원 ÷ 수송력 = 운행횟수(회)
60분 ÷ 운행횟수 = 운행시격(분)

② 평시(NH, Normal hour) 운행시격
단위시간 재차인원 ÷ 수송력 = 운행횟수(회)
60분 ÷ 운행횟수 = 운행 시격(분)
위 식에 의하여 산출할 수 있지만 타 노선과 운행시격 차가 큰 경우에 승환 승객 집중으로 인한 혼잡을 예방하기 위하여 실제 운행시격과 지역조건, 승환 노선 시격 등을 고려하여 경영자 방침에 의하여 설정한다.

③ 조조, 심야시간 운행시격

경제성 및 이용승객 서비스를 고려하여 적정 시격을 결정한다.

3) 혼잡도

경제발전 등으로 시민들의 생활이 윤택하여 짐에 따라 쾌적한 교통 편의제공을 위하여 200% 내외로 계획되고 있다.

3.5 시설 및 설비 수용성

시설 및 설비의 규모는 열차운행 및 승객을 수용할 수 있는 고정된 값을 가지고 있으므로 운전계획 수립시 반드시 수용 가능여부를 판단하여야 하며 고려해야할 주요 항목은 다음과 같다.

- 영업 연장의 규모 및 단계별 개통계획
- 기존 및 향후 노선과의 연계수송
- 반복운행 및 회차설비
- 야간 유치 및 비상시 고장차 대피설비
- 유지보수를 고려한 Motor Car 유치설비
- 영업중지 구간 단축 및 응급조치를 위한 대처방안
- 평면 및 종단 선형과의 부합성
- 지역특성 및 역세권 현황에 따른 승강장 형태
- 역별 승객 편의 설비(에스컬레이터) 수용성

3.6 소요차량 편성 수 산출

보유하고 있는 전동차 모든 편성을 매일 매일 열차운용에 투입하여 사용하는 것이 아니고, 그 일부는 비상대기 및 검수 등의 예비로써 확보 되어야 한다.

차량운용율이란 1일의 운용차량 수(정기, 부정기, 임시열차를 포함)와 총보유 차량 수에 대한 비율로 차량검수 상태를 알 수 있는 가장 간편한 표준치이다.

즉 『차량운용율 + 예비율 = 100%』로 보는 것이다.

여기서 예비율을 얼마로 할 것인가 하는 것은 상당히 어려운 점이 있다. 새로운 System 및 전동차를 신조하여 운용하는 초기 단계에는 상당기간 차량의 조율 없는 상태에서 낮은 예비율을 적용하는 것은, 초기 고장 및 수송 수요예측 불확실성 등의 이유로 운용에 어려운 점이 예상되어 다소 높은 예비율을 적용하여 차량 각부의 조율 및 기계 성능의 안정이 있는 후부터 10 ~ 15% 정도 적용하는 것이 타당하다.

소요차량 편성수의 총 수량은 영업용 운용차량과 예비차량을 합한 것이다. 영업용 운용차량의 편성수를 구하는 산정식은 다음과 같다.

$$Nt = \frac{(T+t)\cdot 2}{P}$$

여기서, Nt : 운용차량 소요 편성수

T : 표정시분(시발역 출발시각부터 종착역 도착시각까지)

t : 양단 역의 반복 시분

P : 최소 운행시격(분)

예비차량은 운용예비와 검수 예비로 구성되며 보유율은 운용 편성수의 12% 정도를 적정하고 있다. 예비차량의 보유율이 과대하면 투자비의 낭비가 되고 부족하면 원활한 영업운전에 지장을 초래한다.

제4절 열차 운전속도

4.1 운전속도의 구분

1) 평균속도(Average Speed)

열차가 운전한 구간의 총 거리를 그 구간에서 정차한 시분을 뺀 실제 주행한 총 시간으로 나눈 속도를 말한다.

* 열차가 주행한 총거리 ÷ (총 운전시간 − 정차시간)

2) 표정속도(Scheduled Speed)

열차가 운전한 총 거리를 도중의 정차시간까지를 포함한 전체의 운전시간으로 나눈 속도를 말한다.

* 열차가 주행한 총거리 ÷ 총 운전시간

3) 최고속도(Maximum Speed)

차량 및 선로 등의 조건에서 허용되는 최고속도를 말한다.

4) 균형속도(Balancing Speed)

동력차의 인장력과 열차저항이 균형되어 등속 운전시의 속도를 말한다.

(5) 제한속도

운전의 안전확보를 위하여 여러가지 조건에서 제한을 둔 속도를 말한다.

제5절 운전속도 제한요인

5.1 신호

신호란 열차 및 차량의 운전에 관하여 진입에 대한 가, 부 여부를 지시하는 것으로써 열차진로의 지장여부와 조건에 따라 열차를 정지시키거나 운전속도를 제한하는 등의 기능을 가진다.

따라서 반드시 이러한 신호의 현시 조건에 따라 열차를 운전하여야 한다. 열차 또는 차량의 ATC 신호에 따른 ATO 운전속도는 다음과 같다.

1) ATC 신호

02, 01, 25, 35, 45, 55, 60, 65, 70, 75, 80, 90신호

2) ATO(정상)

정지, 정지, 22, 32, 42, 50, 55, 60, 65, 70, 75, 85km/h

3) ATO(회복)

정지, 정지, 22, 32, 42, 52, 57, 62, 67, 72, 77, 87km/h

5.2 선로의 형태

선로의 조건은 수평과 직선으로 되는 것이 좋으나 지형과 구조물 등의 특성에 따라 레일의 종류(60kg, 50kg 등), 노반의 상태, 곡선, 구배 및 분기기 설치 등 선로의 형태를 다르게 하여야 하며 그에 따라서 운전 속도가 제한된다. 선로 형태에 따라 운전 속도를 제한하는 것은 열차 주행시 수평 및 직선에서 이 조건과 동일한 제동력 및 제동거리를 확보하여 안전운행을 확보하는 목적

그림 5.1 선로의 곡선 및 분기부

1) 분기기에 따른 제한속도

열차 및 차량을 한 궤도에서 다른 궤도로 이동시키기 위한 궤도상의 설비를 분기장치 또는 분기기(turnout)라하며 분기부는 포인트부(point : 전철기), 리드부, 크로싱부 3부분으로 구성된다.

분기 리드부는 곡선이며, 동개소를 차량이 통과시에도 원심력에 의해 차량은 외방으로 탈출하려고 하나 이를 방지하기 위하여 외측레일을 높이는 캔트를 붙여야 하나 분기부에는 캔트를 부여할 수 없기 때문이다.

2) 하구배에 따른 제한속도

선로는 수평에 가깝도록 부설하는 것이 바람직하나 지상과 터널, 고가의 연결부

등 특성에 따라 불가피하게 구배가 주어지게 되며, 이 구배는 열차의견인중량이나 운전속도를 제약하는 등 수송능률에 직접적으로 큰 영향을 미칠 뿐만 아니라 선로의 보수비나 차량의 관리비용에도 적지 않은 영향을 미치게 되므로 완만한 구배를 형성할 수 있도록 노력하여야 한다.

특히 지하철 구조물에서는 지하수를 배수하여야 되는 필요에 따라 완만한 구배는 반드시 존재하고 있다.

3) 곡선에 따른 제한속도

선로의 곡선은 지형과 구조물 등으로 인하여 방향을 전환하여야 할 필요가 있을 때 방향 전환지점에 삽입하는 것으로 보통 원 곡선(元曲線)을 사용하며 곡선의 반경을 그 단위로 한다.

또한 곡선의 선로에는 열차운행 중 원심력에 의한 탈선이나 전복을 막기 위 하여 바깥쪽 레일에 Cant(기울기)와 안쪽 레일에 Slack(확대 궤간)을 두고 있다.

5.3 차량의 구조 및 상태

1) 차량의 구조 및 상태에 의한 제한속도

차량의 견인전동기와 차량과의 치차비(齒車比), 연결기의 강도, 차량의 상태 (파손, 제동축 비율 등)는 차량의 최고속도를 결정하는 데 가장 큰 요인이 된다. 도시철도에 운행하고 있는 차량의 최고속도는 100 km/h이다.

2) 제동축수 부족시의 제한속도

① 연결 축수 100에 대하여 제동 축수 80% 이상인 경우에는 60km/h 이하의 속도로 운전하고, 계속 운전에 대하여는 운영사령의 지시에 따른다.

② 연결 축수 100에 대하여 제동 축수 80% 미만인 경우에는 가장 가까운 역에 승객 하차시키고, 45km/h 이하로 주의운전 하여야 한다.

③ 연결 축수 100에 대하여 제동 축수 50% 미만인 경우에는 다른 열차와 합병하여 구원 조치하여야 하며, 열차의 맨 뒤 차량이 제동 축수가 부족한 경우에는 승객을 취급하는 열차로 사용할 수 없다.

제6절 폐색방식(Block System) 및 종류

열차운전은 안전 확보를 위하여 열차속도에 따른 제동 거리만큼의 간격을 유지해야 한다. 또한 동일한 선로에는 많은 열차가 전후하여 운전되는 것이므로 어떠한 방법을 강구하지 않는다면 열차 상호간의 안전을 확보할 수 없게 된다. 물론 각 열차는 제정된 시간에 따라서 운전하는 것이기는 하나, 열차 또는 선로의 고장, 기타의 사정으로 정상운전을 할 수 없을 때에는 열차와 열차가 접근하여서 위험한 사태를 초래할 염려가 있게 된다. 이런 경우 열차 상호간의 위험을 방지하고 안전을 확보하기 위하여 열차와 열차와의 사이에 일정한 공간적 거리를 두고 운전하도록 취해진 방법을 폐색이라고 한다.

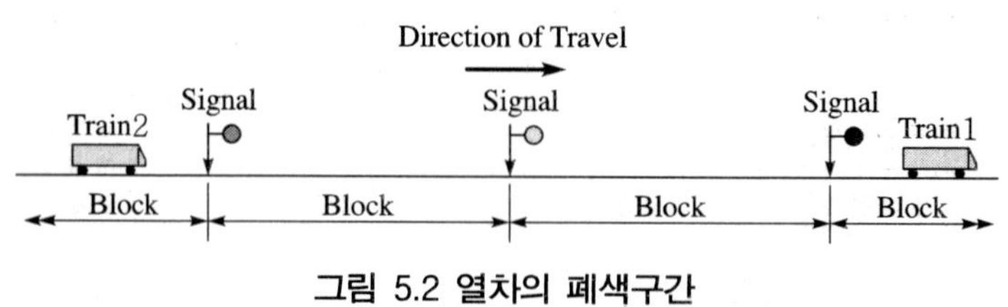

그림 5.2 열차의 폐색구간

폐색을 운용하기 위하여 일정한 나누어진 구역을 폐색구간으로 부르고 이와 같은 방법으로 운전하는 방식을 폐색방법이라 한다.

폐색방법은 본선을 일정한 구역으로 나누어 그 구역 내에는 1개 열차 외에 다른 열차를 동시에 운전시키지 않는 방법과 동일방향에 계속하여 운전한 열차가 있을 때에는 일정한 시간을 경과하지 않으면 다음 열차를 운전시키지 않는 방법이 있다.

폐색방식은 1개의 폐색구간 내에는 1개의 열차밖에 운전하지 않는 방법으로 열차는 일정한 구역을 점유하고 그 구역을 안전하게 고속도로 운전할 수가 있으므로 열차상호간의 안전이 확보되는 반면, 폐색 준용법은 단지 일정시간이 경과하면 다음 열차를 운전하게 되기 때문에 절대적인 안전 확보가 필요하다. 그러므로 폐색 준용법에 의하여 열차가 운행될 경우에는 취급상의 엄격한 제한을 받게 된다.

폐색방식은 폐색구간을 운전하는 열차의 안전을 확보하기 위하여 시행하는 것으로써 가장 완벽한 방법을 채택하여야 하고, 이러한 방법을 상시 사용하고 있으므로 이를 상용 폐색방식이라 한다.

그러나, 폐색장치의 고장, 열차 또는 선로의 고장 등으로 상용 폐색방식을 시행할 수 없을 경우에는 이에 버금가는 대용 폐색방식을 사용하고, 대용폐색방식을 사용할 수 없을 경우에는 최후의 수단으로 폐색 준용법을 사용하고 있다.

6.1 폐색방식의 종류

1) 상용 폐색방식(Regular Block System)

① 차내신호 폐색식
② 자동폐색식
③ 연동폐색식
④ 통표폐색식

2) 대용 폐색방식(Substitute Block System)

① 복선운전을 할 때 : 지령식, 통신식
② 단선구간 또는 단선운전을 할 때 : 지도 통신식

3) 폐색 준용법(Block Applied Method)

① 전령법
② 무폐색 운전

6.2 폐색방식 시행 원칙

1) 열차의 운전은 본선을 폐색구간으로 분할하여 상용 폐색방식에 의하여 시행하여야 하며, 상용 폐색방식에 의할 수 없는 경우에는 대용 폐색방식을 시행하여야 한다.

2) 폐색방식에 의할 수 없는 경우에는 폐색 준용법을 시행한다.

6.3 폐색구간의 경계

1) 상용 폐색방식을 시행할 때

장내표지, 출발표지, 폐색표지가 설치된 지점. 다만, 단선구간에서 양방향 운전시는 진행방향의 출발, 자동폐색, 장내경계표지가 설치된 지점

2) 대용 폐색방식을 시행할 때

① 지령식 : 운영사령이 지정하는 구간
② 통신식 : 정거장 내외의 경계
③ 지도통신식 : 운영사령이 지정하는 정거장 내외의 경계

3) 폐색 준용법을 시행할 때

① 전령법 : 운영사령이 지정하는 구간
② 무폐색 운전 : 정거장간에서 다음 폐색 경계표지 설치지점까지

6.4 1폐색구간에 2이상의 열차를 운전할 수 있는 경우

1) 무폐색 운전에 의하여 폐색 경계표지 내방으로 진입할 때

2) 전령법에 의하여 열차를 운전할 때

3) 폐색구간 내에서 열차를 분할하여 운전할 때

제7절 선로용량

어떤 선구(線區)에 하루 동안 몇 개의 열차를 운행시킬 수 있는가 하는 것이 선로용량이다. 이 경우 대도시의 전차선구 등에서는 러시아워의 열차설정 능력이 중요하기 때문에 피크타임 1시간 당 몇 열차로 표시된다.

① 단선구간의 선로용량(간이식) :

$$N = [1.440/(t+s)] \times d$$

여기서, s = 열차취급시간, t = 평균운전시분, d = 선로이용률, N = 선로용량

제8절 차량한계 및 건축한계

8.1 차량한계(Rolling Stock Gauge)

① 차량의 크기, 특히 차량의 단면은 크면 클수록 더 많은 승객과 화물을 운반할 수 있지만 무턱대고 크게 하는 것은 허용되지 않는다. 차량의 단면은 차량한계가 정해져 있어서 이 한계를 넘을 수 없도록 제작된다. 또한 차량한계의 외측에 특정의 간격을 두고 건축한계가 정해져 있어 이 한계 내에 역사설비나 신호, 전주 등의 철도건조물 등이 들어올 수 없도록 규제된다. 이 차량한계와 건축한계는 차량과 시설물 사이에 일정의 공간을 확보하여 어떤 경우에도 서로 접촉하지 않고 안전하게 차량을 운용할 수 있도록 하기 위해 정해 놓고 있는 것이다.

② 차량한계는 직선로에서 차량이 정지상태에 있을 때 이 한계를 넘을 수 없도록 되어 있는 치수상의 제약이지만 차량이 주행중의 동요나 스프링의 변위 등에 의해 차량한계를 침범하여도 건축한계와의 사이에 일정한 치수상의 여유공간을 설정하여 안전을 확보하고 있다.

③ 차량한계는 건축한계와 마찬가지로 1급선, 2급선, 3급선, 4급선에서 모두 동일하며 곡선부에서는 차량한계를 $\frac{50,000}{R}$ mm 만큼 확대하는데 이점은 건축한계도 마찬가지이다.(R은 곡선반경)

그림 4.27의 차량 한계도에서 실선은 일반차량에 대한 구체(構体)의 한계를 정하고 있다. 여기서 일반차량이라 함은 가공전차선에서 전기를 공급받아 전기운전을 하는 전차를 제외한 모든 차량을 말하며 열차표지 등 특수장치를 고려하지 않은 기초적인 한계를 말하고 폭 3,400mm(열차표지에 대한 한계 3,600mm), 레일면 위의 높이는 4,800mm이다.

┼┼──┼┼──┼┼─선은 가공전차선에 전기를 공급받아 전기운전을 하는 차량이 집전장치를 접었을 때의 차량지붕에 설치된 옥상장치의 한계이다.

─○─○─○─○─ 선은 열차후부표시등 및 측등의 표시가 이보다 외측으로 나와서는 안 된다는 표시이고 ─●─●─●─●─선은 가공전차선의 최대 높이가 5800mm이므로 200mm의 여유를 주어 6,000mm로 하였는데 이는 집전장치를 폈을 경우 집전장치, 공기관, 호스 등에 대한 한계로 정한 것이다.

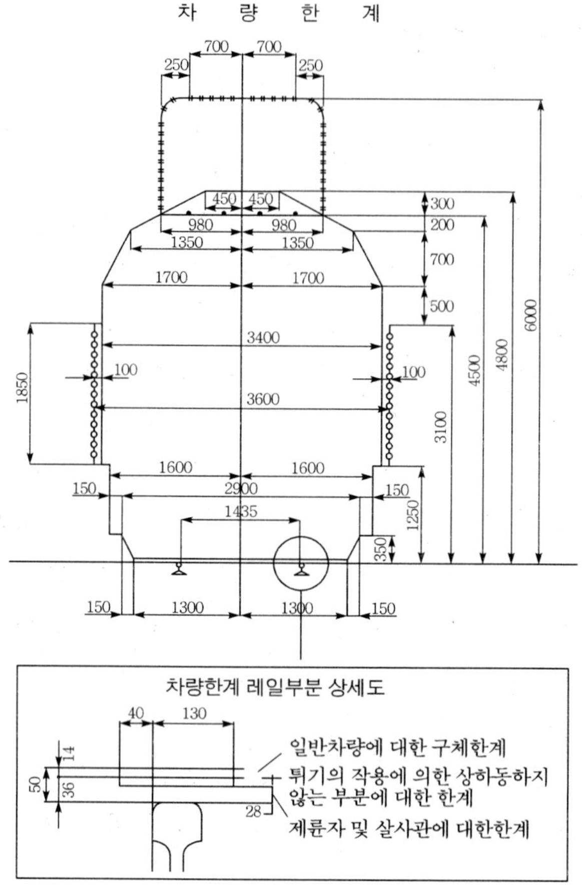

그림 5.3 차량한계의 예(한국철도)

차량한계 레일 부분 상세도에서 _._._._._.선은 튀기의 작용에 의하여 상하동하지 않는 부분은 스프링의 작용에 의하여 상하동하는 부분보다 레일면과의 간격이 적어도 좋다고 생각해서 레일면 에서의 간격을 구체(構体)한계에서 12mm 감한 38mm로 정한 것이다.

-----------선은 차륜답면과 접촉하는 마찰력으로 제동력을 발생시키는 제륜자 및 레일과 차륜답면 사이에 모래를 뿌려 점착력(마찰력)을 크게 하는 살사관에 대한 한계이며 이들은 사용목적상 레일면에 가깝게 설치하지 않으면 안되므로 레일면과의 간격을 25mm로 한 것이다.

8.2 건축한계(Structure Gauge)

건축한계는 차량한계를 정한 후에 상당한 여유를 두고 그 치수를 정한다. 위쪽 원호부의 정점의 높이는 차량한계(4,800mm)에 350mm의 여유를 두어 5,150mm로 하였고 너비는 차량한계(3,600mm)에 좌우 각각 300mm씩 간격을 두어 4,200mm로 정했다. 또한 승강장 및 적하장이 접근하는 부분은 궤도 중심에서 차량한계(1,600mm)보다 75mm의 여유를 두어 1,675mm로 했다.

—·—·—·— 선은 전기운전을 하는 구간의 건축한계로 경우에 따라 건축한계를 변화시킬 수 있으며 가공전차선에 의해 전기를 공급받아 운전을 하는 구간에서는 가공전차선 및 그 현수장치는 이 한계 안쪽으로 들어가도 무방하다.

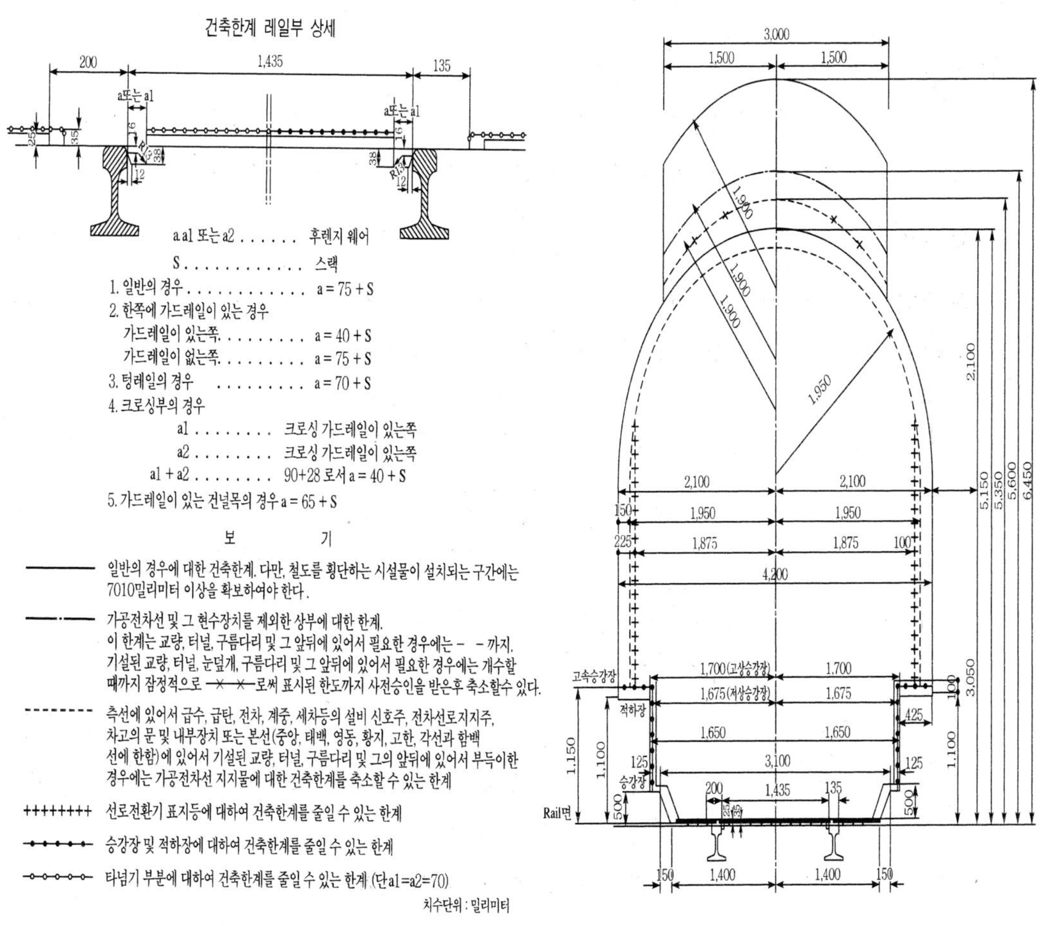

그림 5.4 철도의 건축한계(한국철도)

또한 측선에서 급수주, 급유대 및 세차대 등은 그 작업의 성질상 차량에 접근하는 것이 편리하여 그 한계를 일반 건축한계폭 보다 150mm 축소하여 차량한계와의 간격을 250mm로 하고 전철기 표지등의 건축한계는 특수시설에 대한 것으로 225mm 축소하여 차량한계와의 간격을 175mm로 정했다. 전차선 승강장의 한계는 저상승강장 및 적하장의 한계가 궤도 중심에서 1,675mm이므로 25mm 더 여유를 두어 1,700mm로 했고 높이는 적하장 높이 1,100mm보다 50mm 더 여유를 두어 1,150mm로 하였으며 차량한계와의 간격은 높이, 너비 공히 100mm이다(그림 5.4는 한국철도의 건축한계를 나타낸 그림이다).

8.3 곡선에서의 차량한계 및 건축한계

① 차량편기의 영향

차량이 곡선을 통과할 때 차량의 양쪽 끝부분은 곡선 바깥쪽으로 차량의 중앙부분은 곡선 안쪽으로 삐져나올(편기할) 것이므로 양쪽끝과 중앙부의 편기량을 계산하여 그 중 큰 수치인 $W = \dfrac{50,000}{R}$을 기준으로 하여 차량한계와 건축한계를 확대하여 준다. 여기서 W는 곡선부에서 차량한계와 건축한계를 궤도 중심에서부터 양측으로 확대하여야 할 치수이고 R은 곡선반경이다.

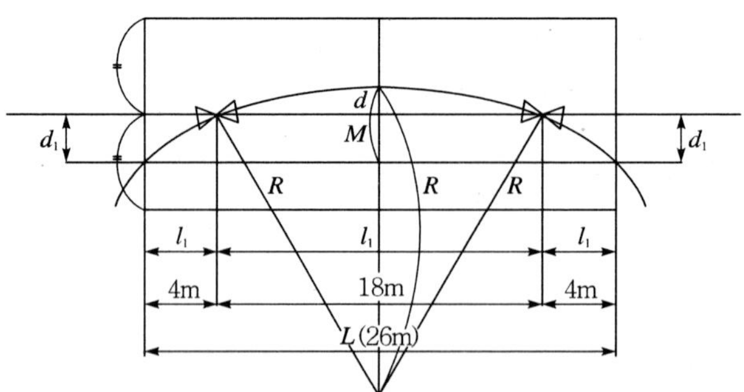

l_1 : 대차중심간의 거리(18m)
l_1 : 대차중심으로부터 차량양끝까지의 거리(4m)
L : 차량의 전길이 = $l_1 + 2l_1$ =26m
R : 곡선로의 반경

그림 5.5 곡선로에서의 차량 편기량

② 캔트의 영향

곡선부에서는 주행 중인 차량의 원심력을 상쇄하기 위해 적당량의 캔트를 선로에 설치한다. 따라서 곡선부에서는 차량이 좌우비스듬히 놓이게 되고 건축한계도 캔트량 만큼 경사지게 되므로 궤도 중심으로부터 건축한계의 선로내측상부, 선로외측하부까지의 거리가 다음 그림 4.29의 B, A만큼 변하게 된다.

그림 4.29에서 캔트로 인하여 선로, 차량, 건축한계가 전체적으로 θ만큼 기우는 것으로 가정하고 레일 중심간 간격(1,500mm)을 G, 캔트량을 C라 하면

$\tan\theta = \dfrac{C}{G} = \dfrac{B}{H_1} = \dfrac{A}{H_2}$ 임을 쉽게 알 수 있다.

즉 $A = C \cdot \dfrac{H_2}{G} = C \times \dfrac{1,150}{1,500} \fallingdotseq 0.8C$

$B = C \cdot \dfrac{H_1}{G} = C \times \dfrac{3,600}{1,500} = 2.4C$

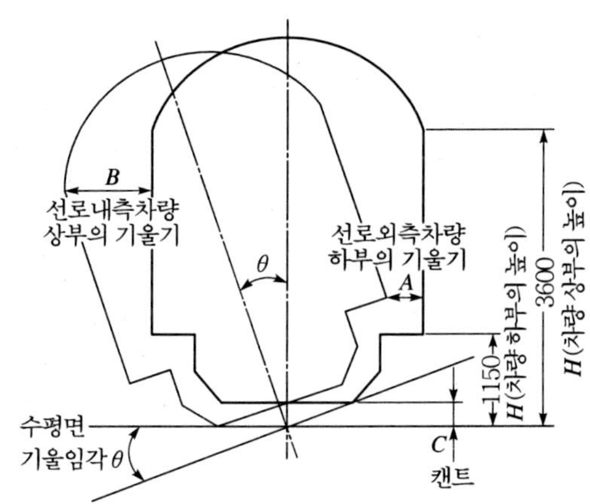

그림 5.6 곡선부에서의 캔트에 의한 차량의 기울기

제 6 장

제6장 철도교통안전

제1절 안전관리

철도교통은 산업화로 인한 대도시 인구집중, 경제 및 여가활동의 증가, 경제발전에 따른 수송수요 증가 등으로 인해 교통수단으로서 필연성과중대성이 함께 요구되면서 한 단계 더 발전할 수 있는 초석을 마련하였지만, 안전이 확보되지 않는다면 영업활동의 막대한 손실은 물론 사회적, 경제적 손실과 생산성 감소 등 사회 전반에 미치는 영향은 매우 크며, 업무 수행중 본인 부주의에 의한 직무사고 또한 있어서는 안 될 사항이기 때문에 안전확보는 철도의 지상 과제이다.

제2절 도시철도 사고의 분류

도시철도 사고의 분류는 다음 그림 6.1과 같다.

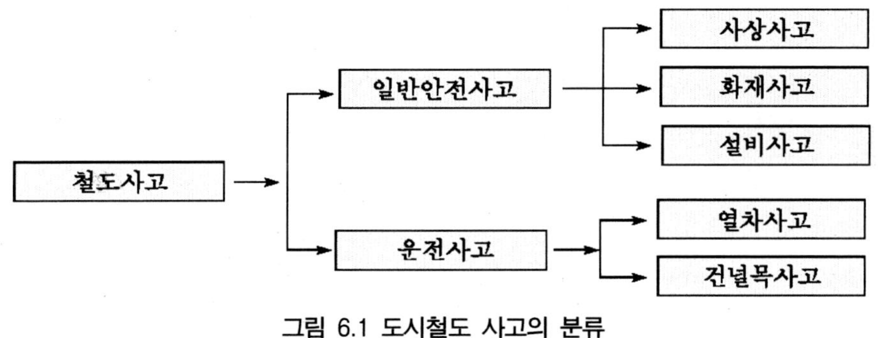

그림 6.1 도시철도 사고의 분류

제3절 사고원인 및 예방대책

3.1 차량고장 발생시 기관사의 자세

① 선 보고 후 조치 한다.

② 10분 이내에 본선을 개통 한다는 신념을 갖는다.

③ 응급처치는 최소한의 필요 조치를 취하고 인명피해 및 병발사고 예방을 최우선으로 조치한다.
④ 당황하지 않고 조치 할 수 있다는 자신감을 갖는다.
⑤ 고장유니트 또는 고장차량을 확인 후 처치에 임한다.
⑥ 전부 운전실에서 처치 불능 시 속히 후부운전실에 가서 시도하여 본다.
⑦ 응급처치가 되지 않을 경우에는 일단 판타그라프를 하강시켰다가 약 3 ~ 4분 경과 후에 재기동 시켜본다.
⑧ 후부운전실 또는 재기동으로 처치불능 시는 즉시 구원요청 한다.

3.2 취급부주의 운전사고

1) 원인

① 안전의식 부족과 안전관리 생활화 미비
② 지적확인 환호응답 및 안전수칙 등 기본적 준수사항 이행 부족
③ 형식적인 점검
④ 신규 및 전입자에 대한 교육 및 관리소홀
⑤ 불안전요인을 알고 있으면서도 안전조치 미 강구
⑥ 근무 교대시 업무 인계인수 소홀
⑦ 주요지시 및 정보사항 확인 소홀 및 미 준수
⑧ 정당한 신호, 전호를 취급하지 않은 운전취급
⑨ 관계진로 및 신호현시 상태를 확인하지 않은 열차취급
⑩ 타성적인 운전취급 및 안이한 정신자세 등

2) 대책

① 지적확인 환호응답 철저
② 각종 지시사항 확인 및 준수
③ 정신자세 확립 및 잡념, 억측 엄금
④ 타성적인 운전취급 배제하고 재확인 하는 자세 견지

3.3 직무사고

1) 원인

① 업무시작 전 안전조치 여부 확인소홀
② 행동으로 이어지지 않는 안전수칙
③ 선로 횡단시 지적확인 환호응답 불이행
④ 침착하지 않고 서두르는 조급한 마음
⑤ 본연 업무의 정확한 이해와 이례사항발생시 조치 요령의 충분한 숙지

2) 직무안전사고 예방을 위한 행동요령

① 기관사 안전수칙을 숙지하고 이행할 것
② 철저한 지적확인환호 이행으로 각종 사고를 미연에 방지할 것
③ 차량기지구내 검수대 보행 시 추락에 주의할 것
④ 전차선 설치구간에서는 전차선 접촉에 주의할 것
⑤ 출입금지 장소(고압전기 설비 설치장소 등)에 출입 시에는 반드시 관계자의 승인을 얻은 후 출입할 것
⑥ 출고점검 시 안전수칙 준수 및 이동금지전호 철거여부를 확인할 것
⑦ 차량기지구내 선로통행 시는 반드시 지정된 통로를 이용하고, 부득이하게 선로를 횡단 시에는 좌, 우를 확인 후 신속히 횡단할 것
⑧ 선로전환기 철차나 레일 두부를 밟고 보행하지 말 것
⑨ 운전실 승하차 시에는 반드시 운전실 난간을 잡고 안전하게 승하차하고 절대로 뛰어 내리지 말 것
⑩ 기동 전 전차선 급전여부를 확인할 것
⑪ 기동 중인 전동차의 고압부분에는 절대 접촉하지 말 것
⑫ 차량기지구내 검사고 입, 출고 시 관계규정을 준수(서행) 할 것
⑬ 운행중인 열차에서는 절대로 신체의 일부를 밖으로 노출하지 말 것
⑭ 차량 상 하에서 Cock개방 등의 작업 시는 두부 손상에 주의할 것
⑮ 운전실 출입문 및 측 창문 쇄정 시 손가락이 끼이지 않도록 주의할 것
⑯ 이례사항 발생 시 침착한 행동으로 안전조치 후 사고 조치 등

제4절 사상사고 발생시 조치

4.1 사상사고의 종류

1) 사상사고 : 도시철도사업과 관련하여 발생한 인명사고를 말한다.

2) 여객사상사고 : 여객이 도시철도를 이용 중 입은 부상 또는 사망사고를 말한다.

3) 공중사상사고 : 일반공중이 입은 부상 또는 사망사고를 말한다.

4) 직무사상사고 : 직무와 관련하여 입은 부상 또는 사망사고를 말한다.

4.2 사상사고 발생 또는 발견 시 기관사의 조치

1) 즉시 정차

① 비상제동 체결

② 당시속도, 발견거리 등 확인

2) 운영사령에 상황보고 : 관할 토목분소 관계직원 소집요청

3) 대 승객 안내방송 후 제어대 중앙 방송제어기 스위치를 사령위치로 전환

4) 전동방지 : 주차제동 체결, 역전기 취거

5) 운실 쇄정 후 현장조치

① 사망이 명백한 경우 외에는 즉시 응급조치 후 운영사령의 지시에 따른다.

② 부상자가 있는 경우 열차 진행방향의 최근 역까지 이송 후 구호를 의뢰 한다.

③ 사망자는 열차운전에 지장이 없는 장소에 안치하고, 다음 역 도착 즉시 역장에게 조치를 의뢰한다.

④ 목격자 진술서 확보 : 불가능한 경우에는 관계직원(역무원)에게 의뢰

⑤ 대 승객 안내방송 이행

⑥ 운영사령에 상황보고(6하 원칙에 의한 보고)

4.3 사상사고 발생 시 급보사항

1) 기관사, 역장 → 운영사령

① 사고발생 일시 및 장소 ② 관계열차
③ 사고상황 및 피해정도 ④ 사고의 원인
⑤ 사상자 인적사항 ⑥ 당시속도, 발견거리 등

4.4 열차 내에서의 사상사고

1) 열차운전 중 차내에서 여객사상사고가 발생된 경우에는 열차 진행방향의 최근 정거장 역장에게 사고개요 신고 및 사상자 구호를 의뢰하여야 한다.

4.5 전동차 제동거리 산출식

$$S = \frac{V}{3.6} \times t + \frac{V^2}{7.2 \times [\ \beta \pm \ (I\ /\ 31.1)\ ]}$$

여기서, S = Braking Distance(m), V = 열차속도(km/h)

I = 구배율 β = 감속도 t = 공주시간

상용 제동시	3.5km/h/sec	1.2sec
비상 제동시	4.5km/h/sec	1.0sec

1) 전동차 비상제동 거리표(감속도 : 4.5Km/h/sec 적용)

표 6.1 전동차 비상제동 거리표

속도		제동거리 (m)	속도		제동거리 (m)
km/h	m/s		km/h	m/s	
5	1.39	2	55	15.28	109
8	2.22	4	58	16.11	120
10	2.78	6	60	16.67	128
12	3.33	8	62	17.22	136
15	4.17	11	65	18.06	148
18	5.00	15	68	18.89	162
20	5.56	18	70	19.44	171
22	6.11	21	72	20.00	180
25	6.94	26	75	20.83	194
28	7.78	32	78	21.67	209
30	8.33	36	80	22.22	220
32	8.89	40	82	22.78	230
35	9.72	48	85	23.61	247
38	10.56	55	88	24.44	263
40	11.11	60	90	25.00	275
42	11.67	66	92	25.56	287
45	12.5	75	95	26.39	305
48	13.33	84	98	27.22	324
50	13.89	91	100	27.78	336
52	14.44	98			

제5절 지적확인 환호

1) 지적확인환호의 목적

기기의 오 취급, 신호·전호·표지상태의 오인으로 인한 안전사고 사전예방

2) 지적확인환호 시행

기관사는 다음 각 호의 경우 확인할 대상물을 지적, 확인 환호하여 기기취급의 정확을 기하여야 한다.

① 운전중 신호의 현시상태 전호, 표지 및 진로의 방향 기타 중요한 사항을 확인한 때

② 차량점검 시 주요기기의 상태 및 기능을 확인할 때
③ 기기를 수동 취급할 때

3) 기본요령

지적확인 환호의 기본요령은 아래에 의한다.
① 먼저 취급 또는 확인할 대상물을 찾는다.
② 인지로 대상물을 정확히 지적한다.
③ 대상물의 명칭과 상태를 확인한다.
④ 일정한 위치에서 명확하게 환호한다.
⑤ 2인 이상 승무 시에는 운전업무를 수행하는 자가 선창하고, 보조업무를 담당하는 자는 확인 후 복창한다.
⑥ 5감(시각, 촉각, 청각, 후각, 지각)을 통한 확인
⑦ 형식을 배제하고, 실질적인 확인.
⑧ 평소 지적확인환호의 생활화.

4) 정거장 착발 시 단독지적확인환호 요령 및 순서

① 정 위치 정차 시 "정차양호"
② 출입문 개방, 대표등 소등 시 "소등"
③ 진로개통표시기 확인 시 "00선 진로개통 또는 진로정지"
④ 출입문 폐문, 대표등 점등 시 "점등"
⑤ 후부 승강장 상태 확인 시 "후부양호"
⑥ 출발버튼 점등 후 버튼취급 시 "출발"

제6절 기관사 안전관리

6.1 기관사 안전수칙

① 운전 시작 전 제동성능과 ATC/ATO 기능을 확인하자.
② 운전 중에는 신호조건에 따라 운전하고 각종 제한속도는 철저히 준수하자.
③ 의심스러울 때는 일단정차 후 가장 안전한 방법을 취하자.
④ 열차사고 등 선로에 내릴 때에는 인접선 열차에 주의하자.
⑤ 이례사태 발생 시는 당황하지 말고 침착하게 행동하고 안전하게 조치하자.
⑥ 억측운전이 사고발생의 원인이 된다는 것을 명심하자.
⑦ 규정의 준수와 지시의 실천이 안전운행 확보의 첩경임을 명심하자.
⑧ 출입문 취급 시 승객의 승하차 상태를 반드시 확인하자.
⑨ 열차 출고 시는 주차제동 풀림상태와 차륜막이 제거상태를 반드시 확인하자.
⑩ 운전 중에는 어떠한 경우라도 신체가 차창 밖으로 나가서는 안 된다.

6.2 신체검사

1) 주기

① 최초검사 : 해당업무를 수행하기 전에 실시하는 신체검사
② 정기검사 : 최초검사를 받은 후 2년 마다 실시하는 검사
③ 특별검사 : 철도사고 등을 일으키거나 질병 등의 사유로 해당업무를 적절히 수행하기 어렵다고 철도운영자 등이 인정하는 경우에 실시하는 신체검사

2) 철도사고란(철도안전법 시행령 57조)

① 열차의 충돌·탈선사고
② 철도차량 또는 열차에서 화재가 발생하여 운행을 중지시킨 사고
③ 철도차량 또는 열차운행과 관련하여 3인 이상의 사상자가 발생한 사고
④ 철도차량 또는 열차의 운행과 관련하여 5천만원 이상의 재산피해가 발생한 사고

3) 벌칙

① 신체검사를 받지 않고 업무에 종사한 자 및 업무를 하게한 자는 1년 이하의 징역 또는 1천만원 이하의 벌금

6.3 적성검사

(1) 주기

① 최초검사 : 해당업무를 수행하기 전에 실시하는 적성검사
② 정기검사 : 최초검사를 받은 후 10년 마다 실시하는 검사
③ 특별검사 : 철도사고 등을 일으키거나 질병 등의 사유로 해당업무를 적절히 수행하기 어렵다고 철도운영자 등이 인정하는 경우에 실시하는 적성검사

(2) 검사항목

1) 최초검사

① 문답형검사 : 지능, 작업태도, 품성
② 반응형검사 : 속도예측 능력, 주의력(선택적 주의력, 주의 배분 능력, 지속적 주의력) 거리지각능력, 안정도
③ 불합격 기준

- 지능검사 점수가 85점 미만인 자(해당 연령대 기준 적용)
- 반응형검사 중 속도예측능력과 선택적 주의력검사 결과가 부적합 등급으로 판정된 경우
- 작업태도검사와 반응형검사의 점수합계가 50점 미만인 경우
- 품성검사 결과 부적합자로 판정된 자.

2) 정기검사

① 문답형검사 : 작업태도
② 반응형검사 : 속도예측 능력, 주의력(선택적 주의력, 지속적 주의력), 안정도
③ 불합격 기준

• 작업태도검사와 반응형검사의 점수합계가 40점 미만인 경우

3) 특별검사

① 문답형검사 : 지능, 작업태도, 품성

② 반응형검사 : 속도예측 능력, 주의력(선택적 주의력, 주의 배분 능력, 지속적 주의력) 거리지각능력, 안정도

③ 불합격 기준

• 지능검사 점수가 85점 미만인 자(해당 연령대 기준적용)

• 반응형검사 중 속도예측능력과 선택적 주의력검사 결과가 부적합 등급으로 판정된 경우

• 작업태도검사와 반응형검사의 점수합계가 50점 미만인 경우

• 품성검사 결과 부적합자로 판정된 자.

(3) 벌칙

적성검사를 받지 않고 업무에 종사한 자 및 업무를 하게한 자는 1년 이하의 징역 또는 1천만 원 이하의 벌금

6.4 안전교육

1) 교육시간 : 분기별 6시간

2) 교육내용

① 철도안전법령 및 안전관련 제규정

② 철도운전 및 관제이론 일반

③ 철도사고사례 및 사고예방대책

④ 철도사고 및 운행장애 등 비상시 응급조치 및 대책

⑤ 안전관리의 중요성 등 정신교육

⑥ 근로자의 건강관리

⑦ 기타 안전 및 보건관리에 관한여 필요한 사항 등

3) 교육방법 : 강의 및 실습

4) 벌칙 : 안전교육을 실시하지 아니한 철도운영자는 1천만 원 이하의 과태료 처분

6.5 음주제한

1) 음주상태의 기준 : 혈중 알콜농도 0.05% 이상

2) 마약류관리에 관한 법률에 의한 마약류를 사용한 경우

3) 측정방법 : 호흡측정기 검사

4) 벌칙

① 2년 이하의 징역 또는 2천만 원 이하의 벌금
- 술을 마시거나 마약류를 사용한 상태에서 업무를 한 자
- 술을 마시거나 마약류사용 확인 및 검사를 거부한 자

6.6 운전면허 취소의 경우

1) 거짓 그 밖의 부정한 방법으로 운전면허를 받은 때
2) 운전면허 효력정지 중 철도차량 운전시
3) 술에 만취된 상태(혈중 알콜농도 0.1% 이상)에서 운전시
4) 술에 취한 상태의 기준(혈중 알콜농도 0.05% 이상)을 넘어 운전을 하다 철도사고를 일으킨 때
5) 마약류를 사용한 상태에서 운전할 때
6) 운전면허증을 타인에게 대여한 때
7) 철도차량운전중 고의 또는 중과실로 철도사고를 일으킨 때(사망자가 발생한 때)
8) 술을 마시거나 마약을 사용한 상태에서 업무를 하였다고 인정할 만한 상당한 이유가 있음에도 불구하고 확인 또는 검사(측정)요구에 불응한 때
9) 결격사유에 해당할 때

① 20세 미만자

② 정신병자, 정신 미약자, 간질병자

③ 마약, 대마, 향정신성 의약품 또는 알코올 중독자

④ 듣지 못하는 자,앞을 보지 못하는 자
⑤ 다리, 머리, 척추 그 밖의 신체장애로 인하여 걷지 못하거나 앉아 있을 수 없는 자
⑥ 한쪽 팔 및 한쪽 다리 이상을 쓸 수 없는 자
⑦ 한쪽 다리 발목 이상을 잃은 자
⑧ 한쪽 손 이상의 엄지손가락을 잃었거나 엄지손가락을 제외한 손가락의 모든 마디를 3개 이상 잃은 자
⑨ 말을 하지 못하는 자
⑩ 운전면허 취소된 날부터 2년이 경과하지 않았거나 운전면허 효력정지 중인 자

6.7 운전면허 효력정지의 경우

1) 철도차량 운전 중 고의 또는 중과실로 철도사고를 일으킨 때

① 1천만 원 이상의 물적 피해가 발생한 때
- 1차 : 효력정지 15일 이상
- 2차 : 효력정지 3월 이상
- 3차 : 면허 취소

② 부상자 발생한 때(3주 이상 진단)
- 1차 : 효력정지 3월 이상
- 2차 : 면허 취소

(부상자 5명은 사망자 1명으로 본다)

2) 술에 취한 상태(혈중알코올농도 0.05이상 0.1이하)에서 운전하였을 때

- 1차 : 효력정지 3월 이상
- 2차 : 면허 취소

6.8 운전면허 관리

(1) 갱신

1) 유효기간 : 5년

2) 갱신절차

① 유효기간 만료일 전 6월 이내 철도차량운전면허갱신신청서를 교통안전공단에 제출
② 유효기간 만료일 6월전 까지 본인에게 통보

3) 증빙서류

① 철도차량운전 면허증
② 운전면허 갱신에 필요한 경력
- 운전면허의 갱신을 신청하는 날 전 5년 이내에 운전면허 유효기간 내에 6월 이상 해당 철도차량 운전경력

③ 철도차량 운전업무에 아래 하나에 해당하는 업무에 2년이상 종사한 경력
- 관제업무
- 교육훈련기관에서의 교육훈련업무
- 철도운영자 등이 철도차량운전자를 대상으로 지도교육 또는 관리 또는 감독업무
- 운전면허 유효기간 내에 교육훈련기관에서 철도차량 운전에 필요한 이론교육(규정, 기술)과 기능교육을 면허갱신 신청일 전까지 각 20시간 이상을 받은 경우

④ 운전면허 효력이 정지된 자가 운전면허의 갱신을 받고자 하는 경우 효력이 정지된 날부터 6월 이내에 갱신을 신청하여 운전면허를 받아야 한다.
갱신을 받지 아니한 때는 그 기간이 종료된 날의 다음 날부터 효력 상실
⑤ 운전면허 갱신을 받은 경우 갱신 받은 운전면허의 유효기간은 갱신 받기 전 유효기간의 만료일 다음날부터 유효기간을 기산한다.

(2) 벌칙

① 10만원
- 운전면허 취소 또는 효력정지처분을 받은 날로 부터 15일 이내에 교통 안전공단에 운전면허증을 반납하지 아니한 자.

② 1년 이하의 징역 또는 1천만원 이하의 벌금
- 무면허 또는 효력이 정지 중 운전한 자 및 운전업무를 하게 한자

제 7 장

제7장 전기동력차 기술이해

제7장 전기동력차 기술이해

제1절 도시철도시스템 개요

1.1 도시철도차량(Urban Railway Rolling Stocks) 개요

중량전철. 경량전철. 소형전철. 도시형 궤도시스템에 사용되는 모든 차량을 의미한다.

- 중량(重量)전철(Heavy Train) - 서울메트로, 서울도시철도, 한국철도공사
- 중량(中量)전철(Medium Train) - 부산교통공사, 대구도시철도공사, 광주도시철도공사, 대전도시철도공사, 인천메트로.

1.2 국내외 기술현황

구분	기 술 현 황
일본	• 21C형 통근용AC(Advanced Commuter Train)열차 • 관절대차 +구동전동기 – 전방감시카메라(건널목 상태파악) • 화상데이터 사령실 전송 – 운전실 흡수 공간 배치 • 대차단위 제동제어장치도입– 회생제동 병용 전기 지령식 공기제동 • 4점 공기스프링지지 방식 – 직접구동전동기 채택 • Al합금 더블스킨 차체구조
프랑스	• 완전무인운전시스템 – 운전실을 없앴음– 좌석 세로방향 전방시야 개방 – 운전부수차(1)+모터차(4)+운전부수차(1) – 회생제동장치+공기제동장치
국내	• 1세대 전동차 – 1974년. 1호선 Bolster. DC저항제어 • 2세대 전동차 – 1984년 3,4호선 Bolster. DC Chopper • 3세대 전동차 – 1995년 7,8호선 Bolsterless형. AC GTO인버터 • 4세대 전동차 – 2004년 대전 Bolsterless형. AC 1GBT인버터 • 5세대 전동차 – Bolsterless형 개별제어 관절대차직접구동

1.3 기술의 구성 및 분류

1) 차량시스템 기술

- 시스템 엔지니어링기술
- 차량시스템 인터페이스기술
- 시스템 RAMS(Reliability Availability Maintainability Safety) 관리기술

2) 차체구조물 기술

- 언더프레임, 사이드프레임, 앤드프레임, 지붕
- 일반강재 → 스테인레스강 → 알미늄합금강(광주지하철) → 복합재(틸팅열차)
- 재활용 - 알미늄합금강 높음

3) 연결기 및 완충장치기술

- 편성운전 원칙 철도차량에 필수
- 자동연결기. 반영구식연결기(서울지하철 6, 7, 8호선, 광주지하철 1호선). 완충장치
- 복합 밀착식 연결기(차량 전두부)
  (서울지하철 5, 6, 7, 8호선 인천지하철 1호선 부산지하철 2호선)

4) HVAC(Heating Ventilating and Air Conditioning)기술

- 객실온도, 습도, 풍량, 공기질 제어
- 지붕 집중형 및 분산형

5) 운전실 및 의장기술

- 운전실 정면에 운전대 뒷면에 배전반
- 차량 측면 8곳 출입구
- 객실의자 - 횡방향

6) 대차시스템기술

- 차체와 승객하중지지
- 안전하고 쾌적하게 선로 위를 주행
- 차륜 답면에 생기는 동력 차륜의 견인력 차체에 전달

① 볼스터(Bolster)대차, 부산1.

공기스프링과 측면 베어링으로 차체와 연결되어 차체하중을 부담

대차길이방향 하중은 볼스타 앵커가 부담

센타피봇 마모량의 정기적인 보수요구

② 볼스터레스(Bolsterless)대차

공기스프링이 대차들과 연결되어 하중을 부담

견인장치가 차체에 연결되어 대차의 길이 방향 하중을 부담

견인장치 링크부위의 정기적인 보수요구

③ 1차 현가장치

세브론형 - 상대적으로 조립하기 쉽다

횡방향 충격저항이 매우 우수하다.

고무와 함께 수직하중 받기 때문에 축중이 일정하다.

원추형 고무형 - 조립하기 쉽다

고무에 의해 수직하중지지를 한다.

④ 2차 현가장치

공기스프링 - 수직, 수평방향 공기압력으로 스프링 작용한다.

저강성 가능, 오리리스에 의해 댐퍼 불필요하다.

공차 및 만차 높이 일정, 고무사용 수명 길다

코일스프링 - 수직, 수평방향 코일 압력으로 스프링 작용을 한다.

저횡강성 가능하다.

7) 집전기술

- 다이아몬드형 - DC/AC용 전동차에 사용한다.
- 싱글암형 - KTX에 사용한다.

8) 전력변환기술

- Pan → 차량 → 여러 전력형태로 변환시키는 기술이다.
- 차량 → TM, 속도제어 방법은 다음과 같다.
  - 저항제어(저항치 감소 전류일정)

- 직병렬제어(전압제어)Chopper
- 계자제어(고속대역시 TM 계자를 약하게)
- Chopper제어(Thyristor 매초, on/off)
- VVVF 인버터제어(GTO, IGBT, PWM)

9) 동력전달장치기술

- TM의 회전력 → 윤축에 전달하는 장치이다.

① 직각카르단식

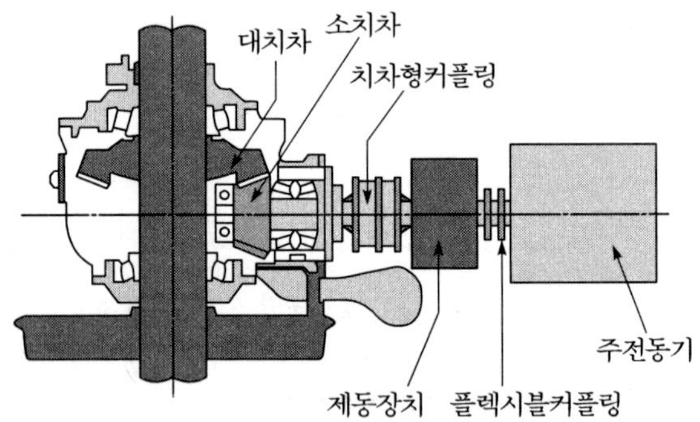

그림 7.1 직각카르단식

② 평행카르단식

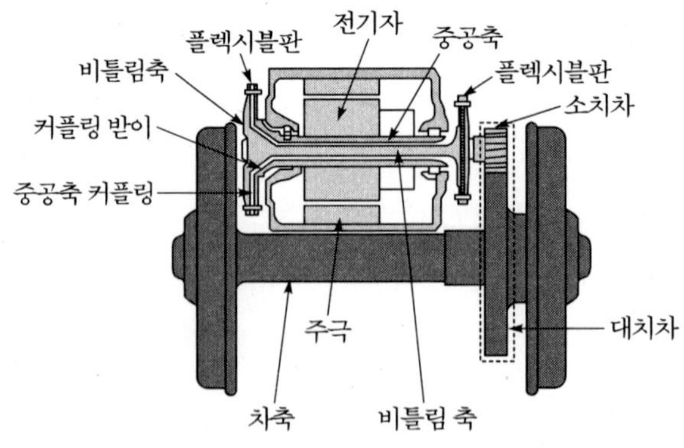

그림 7.2 평행카르단식

③ 중공축 평행카르단식

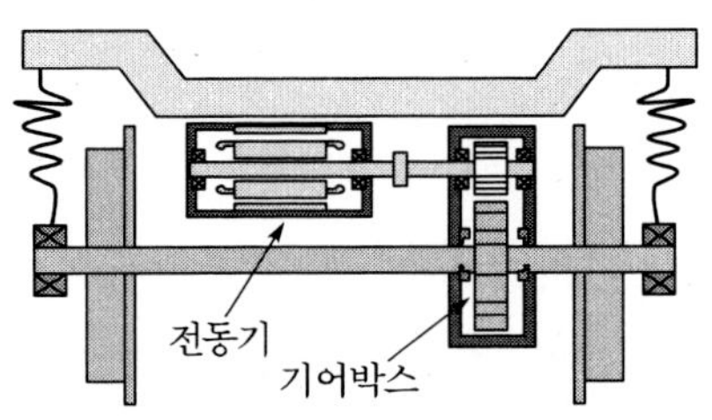

그림 7.3 중공축, 평행카르단식

10) 전기차량의 동력전달장치

주전동기의 회전력을 윤축을 통해 전달하는 것이 동력전달장치이다. 전동기는 정밀한 구조이기 때문에 선로로부터의 충격을 직접 받도록 한 적재방식은 좋지 않으므로 중간에 스프링을 넣는 것이 바람직하다.

그러나 스프링을 설치하여 대차와 언더프레임을 부담하고 있는 윤축은 스프링의 눌러짐 정도만큼 대차와 언더 프레임에 대하여 다소의 상대적인 상하 운동을 하기 때문에 전동기를 대차와 언더 프레임에 고정한 경우에는 전동기의 전기자 축에 설치된 피니언의 중심과 차축에 부착된 대기어 중심과의 거리가 변동되어 기어의 맞물림이 어긋나게 된다.

따라서 동력전달 치차장치는 편차가 없이 기어의 맞물림에 문제가 없도록 하면서 주전동기를 스프링 위에 적재 가능하도록 하는 것이 최대의 과제다.

① 조괘식(釣掛式) 동력전달장치

이 방식은 주 전동기의 한쪽 끝에는 축 베어링을 넣어 차축에 놓고 또 다른 끝단은 돌기를 내어 대차 프레임으로 떠받치는 구조로 차축에 부착된 대기어의 중심과 전기자축 끝에 부착된 소기어의 중심과의 거리가 일정하므로 기구적으로 대단히 간단하다.

그러나 전동기 중량의 약 반 정도가 차축으로 지지되는 단점이 있다. 즉 전동기 중량의 반 정도가 스프링하 질량으로 되어 선로로부터의 충격을 받게 된다. 그 때문에 전동기의 고장이 잦아져 차축에 부착된 축 베어링의 보수에 어려움이 있다. 고속회전 전동기의 채용이 곤란하고, 선로와의 충격으로 승차감이 나빠지게 되며 선로에 대한 영향이 좋지 않다는 등의 많은 불리한 점들을 포함하고 있다.

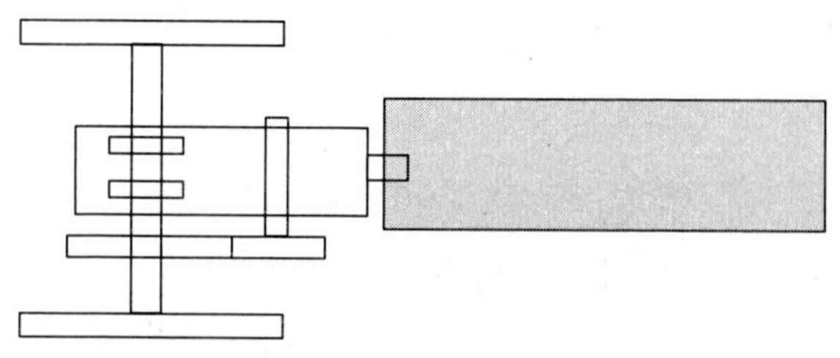

그림 7.4 조괘식 동력전달장치

② 스프링상 장하식 동력전달장치

앞의 조괘식 동력전달장치의 단점을 해소하기 위해 주전동기를 스프링 상의 대차 또는 차체 내에 적재하고 전기자 축과 차축과의 중심간의 거리가 다소 변동하여도 소기어와 대기어의 맞물림이 변화하지 않는 기구로 지금까지 꾸준히 연구되고 있다. 지금까지 실용화된 방식에는 2개의 방식이 있다. 그 하나는 소기어와 대기어와의 거리를 일정하게 하면서 대기어를 차축에 고정하지 않음으로써 양자의 상호 편차를 허용하게 하는 방식이고, 또 하나는 소기어를 직접 전기자 축에 설치하지 않음으로써 양자의 상호편차를 허용하게 하는 방식이다. 전자는 주로 동력용량이 큰 전기기관차에 채용되며, 후자는 일본에서 전차의 대부분에 채용하고 있는 것으로서 카르단식(Cardan식)과 WN(Westinghouse사 설계)식 등이다.

③ 퀼(Quill)식 동력전달장치

퀼식은 주전동기와 대기어를 지지하여 회전되는 중공축을 대차 프레임에 고정시켜, 대기어와 윤축의 윤심부에 압입되어 있는 스파이더가 상호 소이동을 하면서 회전력을 전달하는 기구로 되어 있다.

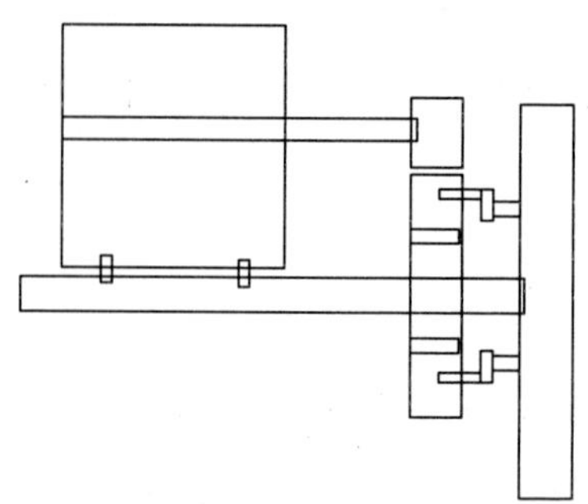

그림 7.5 퀼식 동력전달장치

따라서 선로로부터의 충격은 스파이더와 대기어와의 작은 틈으로 이동하여 직접 대기어에는 전달되지 않는다. 그러나 중공축과 대기어 사이의 축 베어링과 스파이더와 대기어와의 끼움 등이 복잡하기 때문에 보수가 곤란한 점이 있다.

일본의 신형 전기기관차에 채용된 퀼 식은 전기기관차의 스프링상 장하식의 결정판으로 기대 되었지만 각부의 마모가 진행됨에 따라 진동이 격증하고, 기관차 전체의 보수에도 큰 영향을 미치는 등의 문제가 발생했다.

④ Link식 동력전달장치

퀼식이 기대에 미치지 못하자 새로운 대책으로 채택된 것이 링크식이다. 링크식 동력전달장치는 고무부착 링크기구에 의해서 차륜과 기어심 사이의 변화를 흡수하는 중간체를 끼워 넣고 있다. 링크식의 최대의 특징은 퀼식을 최소한의 공사로도 개조가 가능하다는 것으로서, 자려진동(自勵振動)과 피칭공진을 피하기 위해 대기어의 회전방향 스프링 정수를 적게 하였으며, 퀼식의 스파이더에 상당하는 링크를 기어박스의 밖으로 내어 기어박스의 밀봉을 쉽게 하고 있다. 또 기어 컴파운드를 사용하여, 장시간 시험결과 거의 문제가 안 되기 때문에 퀼 식은 차츰 링크식으로 개조되었다.

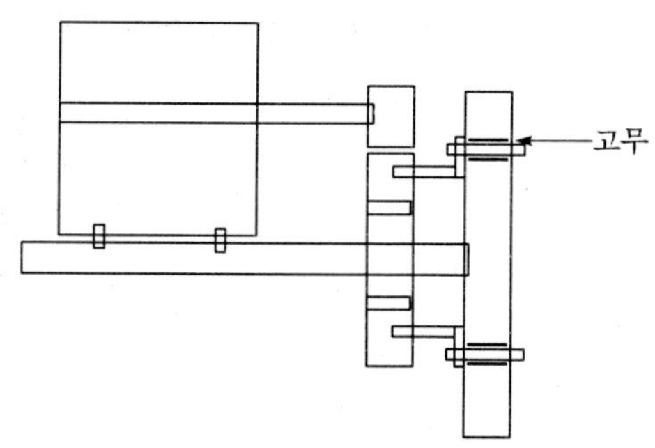

그림 7.6 링크식 동력전달장치

⑤ 카르단식 동력전달장치(Cardan Driving Device)

일본의 경우 전동차가 질적으로 크게 개량된 첫째 이유는 스프링상 장하식 동력전동장치의 채용에 있다. 주 전동기를 대차 프레임에 고정하고 기어장치의 중간에 유연한 연결장치를 설치하는 방식으로 그 구조에는 중공축 평행, 평행, 직각의 각 카르단 식이 개발되고 있다. 이것에 따라 고속전동기와 고정도 기어의 채용이 가능하게 되었으며, 성능향상과 더불어 승차감의 개량에 공헌하게 되어 전차화분야를 비약적으로 발전시켰다. 중공축 평형 카르단식은 일본 국철의 재래선 전차와 사철전차에 많이 사용되었으며, 평행 카르단식은 신간선 전차와 광궤의 사철 전차에, 직각 카르단식은 일부 사철 전차에 채용되고 있다.

중공축 평행 카르단 식은 전동기축을 중공으로 하여 그 안에 카르단 축을 통과시켜 양단에 유연한 연결장치를 설치하여 전기자축과 소치차축을 연결, 주전동기에 대한 윤축의 상호편차를 허용하고 있다. 이 방식은 주전동기의 폭을 크게하기 위해 전동기의 출력용량을 크게 하였으며 차륜간이 좁은 협궤용에 적합한 방식이다.

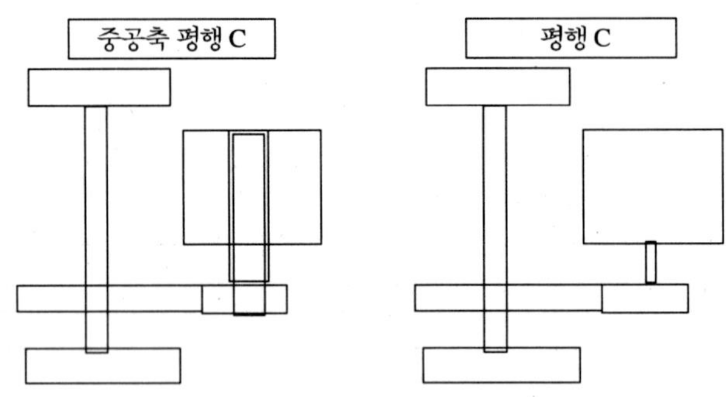

그림 7.7 중공축 및 평행카르단식

평행카르단식은 전기자 축단과 소기어 축단과의 중간에 카르단 축, 유연한 연결장치를 설치한 것으로서 차륜간이 넓은 광궤전차에 보급되고 있다. 영단 지하철과 신간선 전차에 채용되고 있는 WN식은 플렉시블 기어 카플링이다.

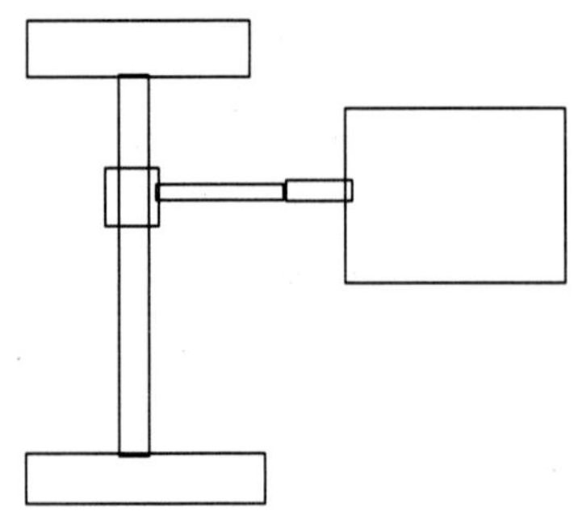

그림 7.8 직각 카르단식

11) 전동기(Traction Motor)기술

전기차 구동용 전동기

T = kϕI

E = kϕN

유도전동기=직류전동기일 경우

- 크기는 90% 중량 70%이다.
- 회전력은 전압, 주파수, Slip 주파수에 의해 변한다.
- 낮은 회전수에서 주파수와 전압이 낮아진다.
- 속도가 올라가 주파수 높아지면 전압이 높아진다.
- 최대토크 - 회전자계 > 회전속도이다.
- 정격 - 연속정격. 1시간정격이 있다.
- 절연종류 - B종. 내열성 우수한 F, H종 C종(폴리마이드) 등을 사용한다.
- 최고속도 - 서울지하철 1호선 110kph, 2.3.4호선 100kph, 5.6.7.8호선 80kph로 호선별로 다르다.

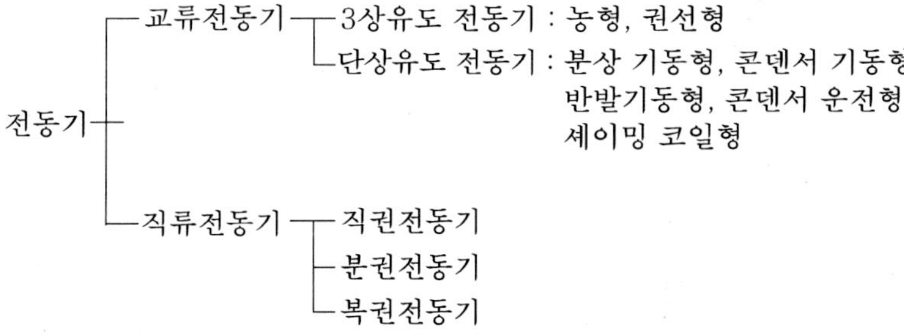

12) 제동기술(Brake Technology)

- 도시철도 운전규칙(국토교통부령 제23조, 제29조)에 "열차비상제동거리 600m 이하로 해야 한다"로 규정되어 있다.
- 기계제동 및 전기 제동이 있다.
- 1호선 비상 4.0km/h/s(보안제동은 4.5km/h/s이다)
- 제동성능 : 답면제동 < 디스크제동
- 점착성능 : 답면제동 < 디스크제동
- 제동력은 차륜경에 반비례(삭정시감속도 증가) 한다.

• 전기제동 - 견인회로에서 이루어진다.

- 발전제동 : Pan → s/w on → M → Ground

  Pan - s/w off - R - M - S/w off → Ground

- 회생제동(1960년 이후)

  Pan - s/w on - M-S/w-Ground

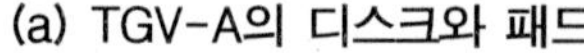
(a) TGV-A의 디스크와 패드

(b) TGV-A의 소결합금 마찰재

그림 7.9 디스크 패드 및 소결합금 마찰재

13) 차량제어기술(Rolling Stocks Control Technology)

• 철도차량 PC도입(1980년 초)

• TIS(Train Information System)감시가능

• TCMS(Train Control & Monitoring System)

- 추진제어. 제동, 보조전원, 고전압, 승객서비스
- ATO. ATC와 인터페이스 통해 P/B 지시
- RS232 .RS485. HDLC. FSR.직렬통신방식

• 상태감시(TIS)

- 서비스기기제어(TGIS)

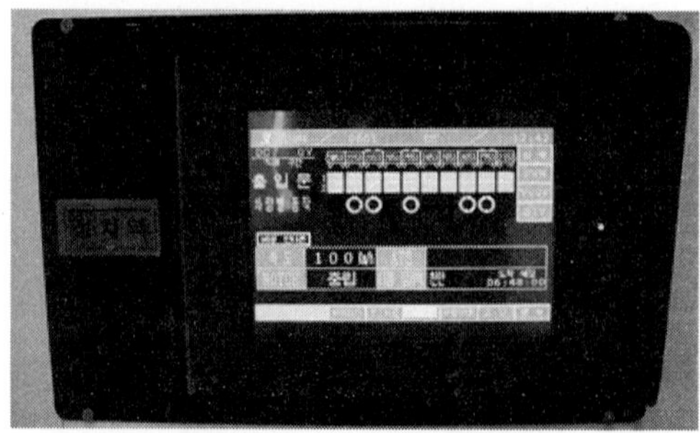

그림 7.10 TGIS 모니터

- 자동운전제어(TCMS)
- 무인운전제어(차세대 TCMS)

그림 7.11 TCMS 모니터

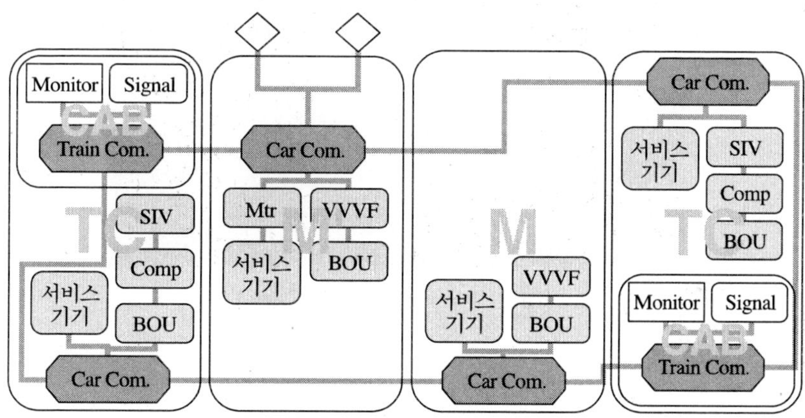

그림 7.12 TCMS 시스템개념도

그림 7.13 CAR 컴퓨터 케이스

그림 7.14 TGIS TRAIN 컴퓨터

14) 차량유지보수 기술

- 차량시스템 정상적인 기능유지
- 예방정비와 사후정비
- RAMS(Reliability, Availability, Maintainability, and Safety)
- RCM(Reliability centered Maintenance)DB
- Modtrain(Modular train)제작조립업체 직접
- 검수주기에 영향 요인
  - 주행거리 : 대차, 윤축, TM, Pan
  - 운행시간 : 차체, 승객설비, 고무류, 공기토스류
  - 가동시간 : PCB, 공기제동기

- 동작횟수 : 차단기, 전자기기, 접촉자

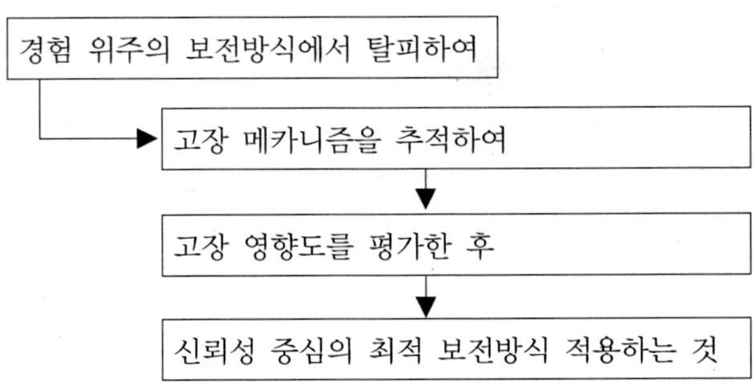

1.4 도시철도차량시스템 기술 발전방향

- 승객안전 최우선 철도는 기술발전 속도가 상대적으로 느린 편
- Maintenance free화
- 유지보수시스템의 표준화 정보화 및 RAMS, RCM기술접목
- 차체, 대차, 부품 경량화 추세

제2절 전기동차 개론

2.1 전기동차의 정의

전기동차는 궤도로부터 일정한 높이에 전차선을 가설하여 변전소로부터 공급되는 전압을 전차선을 통해 공급받아 동력을 발생시키는 전동기를 구동하는 차량으로서 동력을 발생시키는 전동기가 분산되어 있는 동차를 말하며, 일정한 편성(編成)으로 구성되어 운행한다.

전차선에 공급되는 교류 25KV 구간과 직류 1500V 구간을 운행할 수 있는 교직류전동차(ADV)와 직류구간만을 운행할 수 있는 직류전동차(DCV)로 구별된다.

2.2 전기동차의 특징

전기동차는 도심지의 근거리 교통수단으로서 높은 운행밀도를 가지고 있으며, 많은 승객을 신속·정확하게 목적지까지 수송하기 위하여 다음과 같은 특징을 가지고 있다.

1) 동력이 분산되어 있다.

전기동차는 여러대의 차량을 한 개의 편성으로 구성하여 운행하고 있다. 편성된 차량중에서 동력을 발생시키는 차량(M차 : Motor Car)을 분산하여 연결하여 놓음으로서 객실공간 확보, 축당중량 분배 등을 고려하고, 또한 고가속이 가능하고 운행 중 편성차량 중 일부 차량에서 고장이 발생하여도 정상적인 차량의 동력만으로 응급운전을 할 수 있다는 장점이 있다.

2) 총괄제어(總括制御) 운전을 한다.

전기동차는 각각의 차량을 4량, 6량, 8량, 10량 등으로 조합하여 1개 편성으로 운용할 수 있으며 모든 편성의 제어를 전부 운전실에서 일괄적으로 동시에 할 수 있는 기능을 가지고 있으며, 일부의 기기는 후부 운전실에서만 제어가 가능하다.

3) UNIT

여러 대의 차량을 1개 편성으로 구성하여 열차로 운행이 가능한 기능을 갖춘 최소 구성단위를 UNIT라고 한다.

① UNIT 구성의 기본조건

- 최초 기동에 필요한 에너지원 ·················· 축전지
- 최초 기동에 필요한 압력공기 ·················· 보조 공기압축기
- 객실 등, 냉난방 등 승객 서비스 전원 ········· 보조 전원장치
- 열차 운행에 필요한 외부전원 수전장치 ······ 집전장치
- 동력을 발생시키기 위한 제반 장치 ············ 인버터, 전동기

2.3 전동차의 추진원리

전동차는 변전소로부터 전차선으로 공급되는 DC 1,500V 전원을 집전장치로 받아들

여서 이를 전력변환장치에서 열차를 움직이기에 적당한 전력으로 변환시켜 견인전동기로 공급하면 전동기가 회전하고 그 회전력에 의해 추진한다.

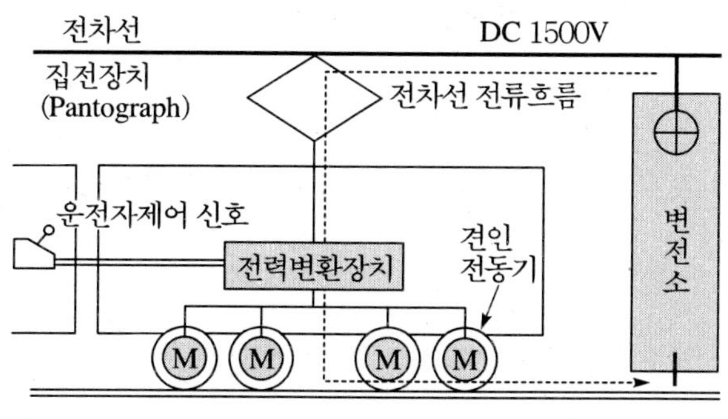

그림 7.15 전동차 추진원리

제3절 전기동차의 종류

전동차의 종류를 구분하는 기준은 여러 방법이 사용되고 있으나 제어시스템 공급사에 의한 구분과 운행구간 또는 전동기에 공급되는 전력 제어방법에 따라 다음과 같이 두 가지로 구분하고 있다.

3.1 제어시스템 공급사(제작사)에 의한 구분

① ABB 전동차 : 스웨덴 ABB와 현대정공

② GEC 전동차 : 영국 GEC 알스톰과 대우중공업

③ 도시바 전동차 : 일본 도시바와 한진중공업

④ 미쯔비시 전동차 : 일본 미쯔비시와 현대정공

3.2 운행구간 및 전력공급에 의한 구분

- 교·직류 겸용 전동차
- 직류전용 전동차

1) 교 · 직류 전동차 특성

① 교류구간이나 직류구간을 모두 운행할 수 있다.

② 보안도가 높아진다.

③ 교류구간에서는 높은 전압(25kv/AC)을 받기 때문에 각 기기의 절연도가 높아야 한다.

④ 직류구간 운행 중에는 교류구간에서만 사용되는 기기는 사용되지 않는다.

⑤ 교·직 양용이기 때문에 차량제작비가 높다.

3.3 전동기에 공급되는 전력의 제어방법에 의한 구분

- 저항 제어차
- 초퍼(Chopper) 제어차
- VVVF(Variable Voltage Variable Frequency) 제어차

(1) 저항(RHEOSTATIC)제어차

우리나라에 처음으로 도입된 전동차는 모두 견인전동기 회로에 저항을 삽입하고 저항의 값을 변경시키는 방식으로 전차의 속도를 제어하였으며, 서울시 지하철 1호선과 수도권 전철구간에 운행되는 전동차중 구형(舊形) 전동차가 이에 해당된다.

이 전동차는 견인전동기인 직류직권전동기를 제어할 때 견인전동기 회로에 큰 저항기(主 抵抗器)를 삽입하고 Pilot Motor를 이용하여 이 저항치를 조정하여 전동기에 공급되는 전압과 전류를 제어하는 방법으로 전동기의 속도를 제어한다.

전동차가 역행(力行, Powering)을 할 때는 P1, P2가 접촉하고 B는 차단되어 전차선 전류가 견인전동기와 주저항기를 통해 흐르게 하여 열차를 가속시키고, 제동 시에는 반대로 P1, P2가 차단되고 B가 접촉하여 전차선 전력과 완전히 격리된 LOOP 회로를 구성한다.이 경우 견인전동기는 미미(微微)한 잔류자기(殘留磁氣)에 의해 발전을 시작하지만 직류직권전동기의 특성상 발전된 전류가 계자를 여자시키는 순환회로에 의해 매우 짧은 기간에 큰 발전전류가 확립되며, 발전된 전류가 형성하는 강한 전자력이 계자와 전기자 사이에서 열차를 감속시키는 방향으로 작용하여 열차를 감속시킨다.

이와 같이 전자력의 역학관계에 의해 운동에너지를 감소시키는 방법을 이용한 제동

장치를 전기제동장치라 하며, 이때 발전된 전력을 저항기를 통해 소비시키는 제동을 발전제동이라 하고, 電源 측(전차선)으로 되돌리는 제동을 회생제동이라 한다.

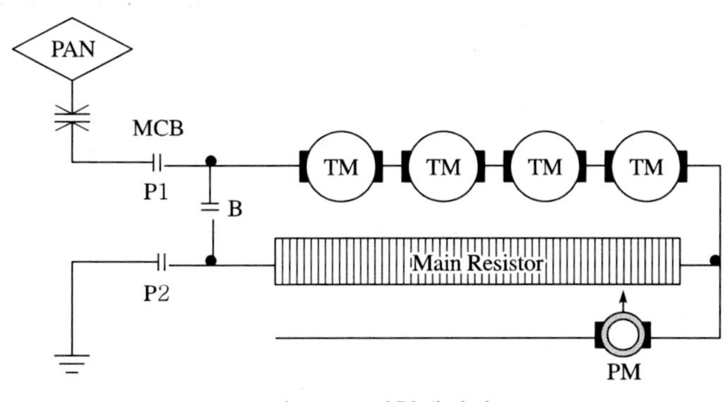

그림 7.16 저항제어차

(2) 초퍼(CHOPPER)제어차

현재 서울지하철 2, 3호선 및 부산지하철의 주력 전동차로 운행중인 초퍼 제어차는 비록 직류전동기를 사용하지만 저항제어차보다 한 단계 진보된 기술로 제작된 전동차라 할 수 있다.

저항제어차는 전차선에서 견인전동기로 공급되는 전력을 저항기를 통해 강제로 소비시키는 방법으로 속도를 제어하는데 비해 초퍼제어차는 싸이리스터를 이용한 초퍼장치로 전차선 전압을 적절히 조절하여 견인전동기에 공급하여 속도를 제어하고, 또 회생제동을 사용하므로 저항 제어차에 비해 획기적이라 할 수 있을 정도로 전력에너지의 소비를 절감시킬 수 있다. 초퍼는 직류전압을 싸이리스터를 사용하여 고빈도로 쵸핑하여 변압시키므로 직류 변압기라고도 한다.

역행 시는 T1이 동작하여 on time에 비례한 전류를 견인전동기에 공급하고, 회생제동 시는 T2가 동작하여 발전회로를 구성하는데 T2가 off 되고있는 동안(off time) 견인전동기에서 발전된 전력이 D2를 통해 전차선으로 송출된다.

또한 FL(Filter Reactor)과 FC(Filter Capacitor)는 싸이리스터가 on / off 될 때마다 견인전동기 회로의 전압과 전류가 급변하는 것을 흡수하여 안정시키며, Free Wheeling Diode는 T1의 on time 동안 전동기의 계자 및 전기자 코일에 축적되었던 전력이 off time 동안 계속 흐르게 하여 견인전동기회로의 전압 및 전류가 급격히 변하지 않도록 한다.

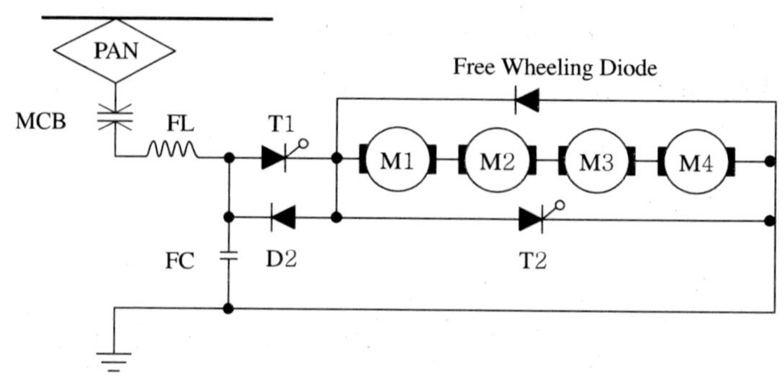

그림 7.17 초퍼제어차

※ 초퍼제어차의 전류흐름

① 역행

- T1 on : 전차선 → MCB → FL → T1 → M1 → M2 → M3 → M4 → Rail
- T1 off : M1 → M2 → M3 → M4 → FWD → M1 …

② 제동

- T2 on : M4 → M3 → M2 → M1 → T2 → M4 …
- T2 off : M4 → M3 → M2 → M1 → D2 → FL → MCB → 전차선

(3) VVVF(Variable Voltage Variable Frequency) 제어차

1990년대 이전까지 우리나라의 철도 동력차에 사용되는 견인전동기는 모두 직류직권 전동기를 사용하였다.

이는 직류직권전동기가 교류 유도 전동기에 비해 성능이 좋아서가 아니라 비교적 간단한 제어장치로 속도를 제어할 수 있는 특성을 가졌기 때문이다. 브러시가 없어 Brushless Motor라고도 불리는 교류 유도전동기는 보수점검이 거의 필요가 없을 정도로 성능이 우수한 전동기로서 사회에서는 널리 사용되고 있었지만 전동기의 특성상 속도 제어가 매우 까다로워 당시의 기술로는 열차를 견인하는 전동기로 사용하기가 어려웠기 때문에 차선(次善)의 선택을 하였던 것이다.

그러나 철도공학자들은 교류유도전동기에 대한 미련을 버리지 못하고 부단의 노력을 경주하던 중 '90년대 들어 전력용 반도체 기술과 마이크로프로세서의 발전에 힘입어 어렵게만 느껴졌던 열차 견인용 교류유도전동기의 실용화가 가능해 졌다. 즉 고속 스위칭 교류유도전동기의 속도제어가 가능해진 것이다.

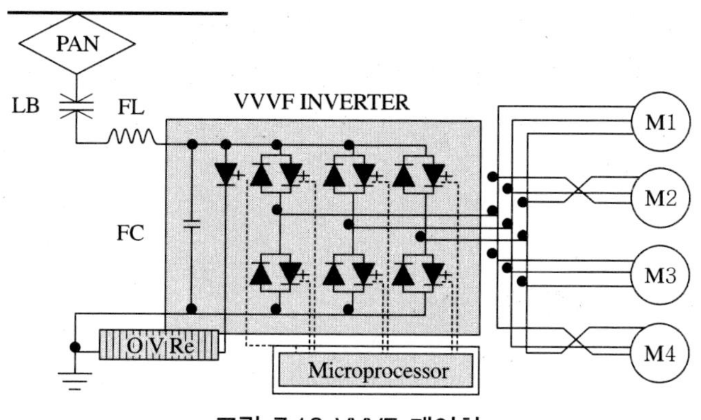

그림 7.18 VVVF 제어차

VVVF는 교류유도전동기의 제어 방법인 전압과 주파수를 동시에 변환시킨다는 뜻으로 Variable Voltage Variable Frequence의 약자이며, 우리나라에는 1992년 안산선 ~ 과천선 ~ 지하철 4호선이 연결 개통되면서 교직(交直) 양용 VVVF 전동차를 운행한 것이 교류유도전동기를 견인전동기로 사용한 시발점이 되었다.

1) 주행시스템은 PWM(Pulse Width Modulation) 콘버터 및 VVVF인버터로 구성된 주변환장치에 의해 종전 직류직권전동기 구동방식을 삼상교류 유도전동기 구동방식(종전 DC 120KW 전동기→ AC 200KW 유도전동기)으로 전환하여 견인전동기의 간소화와 무보수화를 실현하였으며, 과거 6M4T의 차량 구성비를 5M5T 또는 3M3T 등으로 동력비율을 낮추는 성과를 이루었다.

2) 삼상교류 유도전동기에는 정류장치나 브러시가 없어 보수 점검에 드는 시간 및 경비가 대폭 절감될 뿐만 아니라 전동기의 신뢰도를 높일 수 있다.

3) 기계적인 조작 없이도 인버터에 의해 정·역행 운전이 가능하므로 기계적인 접촉기, 절환기 및 회로차단기 수가 감소되어 크기 및 중량이 축소될 수 있다.

5) 직류전동기와 동일한 출력에서 약 30%정도 소형 경량화 시킬 수 있다.

6) 회생제동방식을 채택함으로서 대폭적인 에너지 절감효과를 얻을 수 있다.

7) 고속운전에 의한 속도향상을 꾀할 수 있다. 즉, 직류직권전동기의 최고회전수는 3,000 ~ 3,500rpm이고, 삼상 교류 유도전동기의 경우에 있어서는 5,000 ~ 7,000 rpm 까지도 높일 수 있을 정도로 전기자의 기계적인 강도가 월등하다.

8) 농형 전동기의 분권특성으로 차축 공전에 대해 재점착성능이 향상되어 설계시 점착 특성을 높게 잡을 수 있다. 따라서 견인되는 차에 대한 전동차 비율저감, 높은 가감속 특성으로 성능향상, 회생제동률 분담 증가로 인한 회생율 향상을 꾀할 수 있다.

제4절 전기동차의 차종 및 편성

4.1 전기동차의 차종

전기동차는 견인 및 승차효율을 극대화하기 위하여 동력을 분산하여 설치함으로서 각 차량을 기능별, 용도별로 구분하여 다음과 같이 분류하고 있다.

표 7.1 전기자동차의 기능별, 용도별 분류

차량 종류	호칭 약호	구조 및 기능
제어차	TC (Train Control Car)	운전실을 구비하여 전기동차를 제어하는 차량
구동차	M (Motor Car)	동력장치를 가진 차량
	M1, M2, M' (Motor Car)	동력장치와 집전장치를 가진 차량
부수차	T(T1) (Trailer Car)	객차
	T1(T2) (Trailer Car)	객차

4.2 전동열차의 편성

전동차가 열차로서의 기능을 갖는 최소 편성단위는 4량으로 그 형태는 TC + M + M' + TC이나 편성량 수를 증가 운행함에 따라 6량 편성, 8량 편성, 10량 편성으로 구성하여 운행할 수 있으며, "M + M'" 2량을 1unit 단위로 편성하여 4량 편성열차는 1개 유니트, 6량 편성열차는 2개 유니트, 8량과 10량 열차는 3개 유니트로 되어있다.

① 4량 편성(2M2T) :

TC - M1 - M2 - TC(최소 편성단위)

② 6량 편성(3M3T) :

TC - M - M' - T - M' - TC

TC - M1 - T1 - M1 - M2 - TC

③ 8량 편성(4M4T) :

TC - M - M' - T - T - M - M' - TC

TC1 - M1 - M2 - T1 - T2 - M1 - M2 - TC2

④ 10량 편성(5M5T) : TC -M- M'-T-M'-T1 -T-M -M'-TC

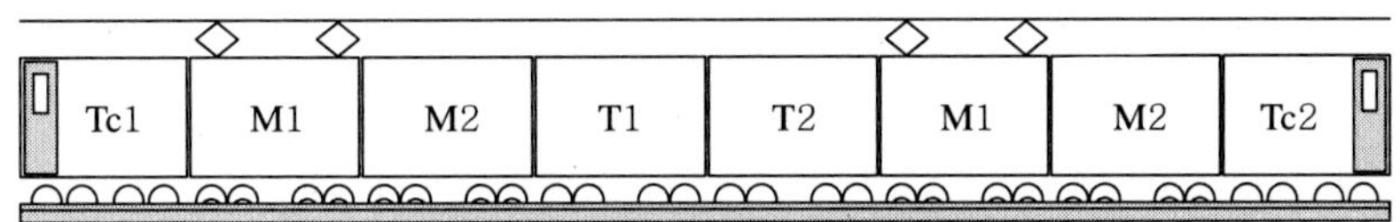

그림 7.19 전동열차 편성(8량)

4.3 전동열차의 특성

1) 승객 정원

① TC : 148명(좌석 48명, 입석 100명)

② M, T : 160명(좌석 54명, 입석 106명)

2) 주요 성능

① 최고속도 : 100Km/H(일부차량 110Km/H)

② 최고 운행속도 : 80Km/H(일부구간 90Km/H)

③ 표정속도 : 35Km

④ 가속도 : 3.0km/h/s

⑤ 감속도 : 상용 3.5km/h/s,비상 4.5km/h/s

⑥ 져크제어 한계 : 0.8 m/sec^3

3) 제어회로 전압

① 직류 100V DC(70~110V DC)
② 교류 220 / 380V AC(+5%, -10%), 60Hz(±2%)

4) 제어 공기 압력

① 5kg/cm²(변동 범위 : 4 ~ 6kg/cm²)

5) 속도제어 및 제동방식

① 속도제어 방식 : 가변전압 가변 주파수(VVVF) 인버터와 응하중에 의한 속도제어
② 제동방식 : 회생제동 병용, 전기지령식에 의한 응하중부 공기제동

6) 운전실

비행기의 조종석이 궁금하듯이 매일 타는 지하철의 운전실도 꽤나 궁금할 것이라고 생각된다. 어떻게 생겼는지, 무엇이 있는지 보자. 참고로 일부에서는 기관실이라고 흔히 설명하는데 기관실이란 열차가 운행하기 위한 기관들이 있는 곳이므로, 기관사들이 타고 운전하는 곳은 운전실이다.

그림 7.20 과천-안산-4호선, 분당선 차량의 운전실

그림 7.21 부산지하철 2호선 차량의 운전실

먼저 a와 b의 차량에는 상당한 차이가 있다. 먼저 a차량은 1인승무에 맞게끔 설계는 되어있지만 현재 2인 승무를 하고 있으며, 양손으로 운전하고 있다(Two-hand driving). 반면에 옆의 사진의 경우 전형적인 서울의 2기지하철 또는 대도시지하철에서 사용하고 있는 1인 승무를 하고 있는 지하철이며, 한손운전 또는 자동운전이 가능하게끔 설계되어있다.

4.4 운전실에 공통적으로 있는 기기들

1) 열차무선장치

열차의 안전운행에 필요한 장치중에 하나이며, 운전사령실과도 통화가 가능하게 한다.

그림 7.22 열차무선장치

2) 각종 계기류

어느 전동차에나 똑같이 있는 세 개의 게시판이다. 압력계, 전압계들이다. 운행에 가장 기초되는 중요사항들이기도 하다.

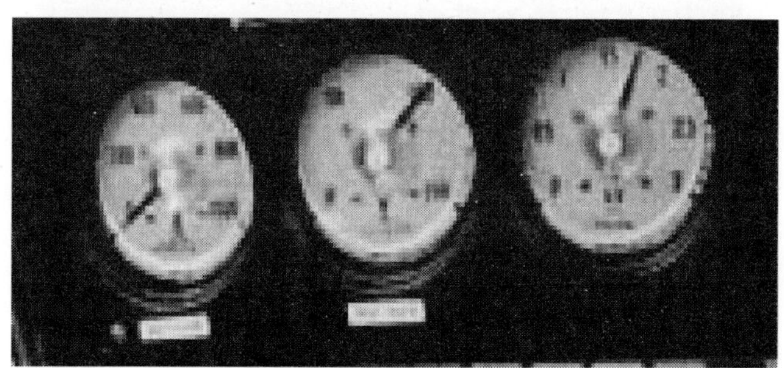

그림 7.23 각종 계기류

3) 방송장치

운전실의 마이크는 단순하게 객실 내 안내방송뿐만 아니라 객실내 긴급통화 또는 운전실 전후부간의 통화 등에 사용되는 장치이다.

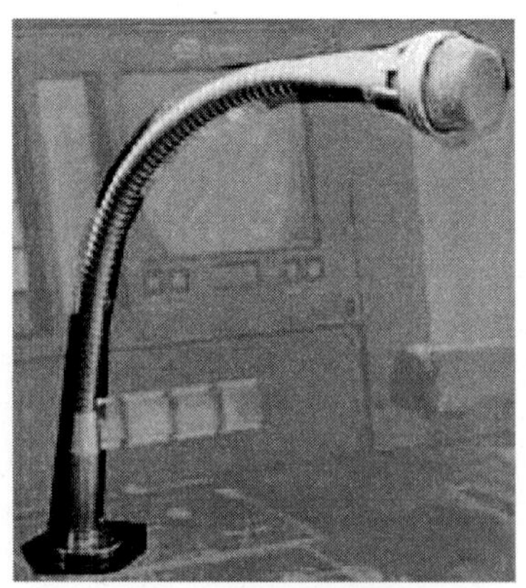

그림 7.24 방송장치

4) 차량유지설비

팬터그래프(집전기)의 상승 또는 하강, 압축기사용 또는 주차제동의 체결 또는 완해, 비상연장급전 등 차량유지에 가장 필수적인 것을 조작할 수 있는 장비들이다.

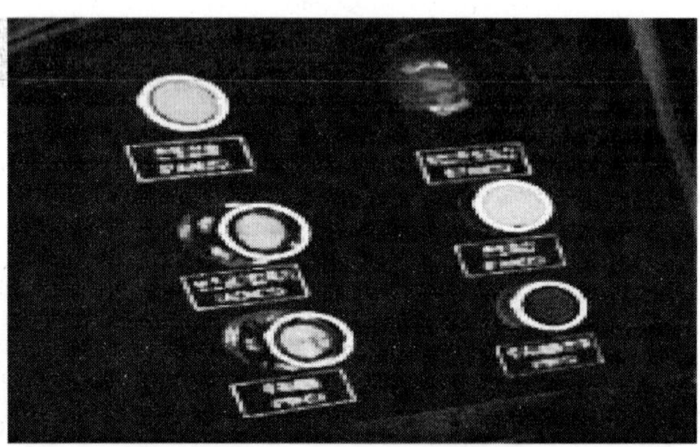

그림 7.25 차량유지설비 조작스위치

4.5 운전실의 서로 다른 장비들

1) 속도계

열차의 안전운행에 또하나 중요한 장비가 속도계이다. 왼쪽에 있는 것은 ATC신호를 위한 속도계이며, 오른쪽은 ATS신호를 위한 것이다. 예를 들어서 과천 - 안산 - 4호선 차량들처럼 ATC신호를 사용하는 구간과 ATS신호를 사용하는 구간 모두를 통과하는 차량의 경우 두 개의 속도계가 모두 장착되어 있다. 참고로 ATS신호계는 차량제작사마다 거의 모양이 획일적이나, ATC신호계는 크게 막대형과 원형이 있으며, 사진은 원형이다. 막대형은 그나마 차량간 차이가 별로 없으나 원형의 경우 제작사에 따라서 다 다르다.

그림 7.26은 가장 전형적인 속도계이며, 그와 다른 방식을 쓰는 것은 대구지하철(아날로그계기판에 ATC속도지령이 또하나의 침으로 표시), 부산지하철 2호선(속도계자체에는 표기하지 않음), 인천지하철 1호선(별도모니터 시스템을 사용)이다.

그림 7.26 속도계

2) 주간제어기

주간제어기는 열차 운전에 가장 중요한 장비이다. 자동차로 치면 엑세레이터와 브레이크, 기어에 해당하는 장치들이다.

먼저 왼쪽에 있는 것은 자동운전이 가능한 차량들에 적용되고 있는 원핸드주간제어기(One hand Mascon(Master Controller))이다. 간략하게 설명하자면, 중간에 있으면 중립(차량에 따라서 차이는 있지만 예를 들자면) 밀면 차량이 정차하며, 당기면 차량이 가는 방식이다. 맨 끝까지 밀게 되면 EB, 즉 비상제동(Emergency Brake)이 작동하게 된다.

참고로 주간제어기 오른쪽에 있는 것은 역전간이다. 차량을 앞뒤 또는 중립으로 운전할 수 있게 하며 바로 밑에 보이는 초록색스위치는 열차 출발스위치이다.

오른쪽에 있는 사진은 양손운전이 가능한 차량의 주간제어기와 제동간이다. 원핸드주간제어기에서는 제동도 똑같은 장치에서 썼으나 양손운전장치의 경우 주간제어기에서는 가속만 담당하며, 제동간이 따로 있는 것이 특징이다. 참고로 주간제어기 뒤에 가려있는 것이 역전간이다.

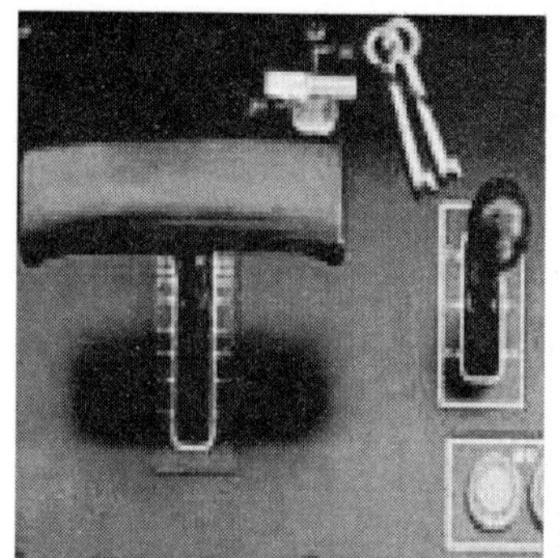

그림 7.27 주간제어기

3) ATC/ATS절환, 교/직류 절환장치

먼저 이번에 설명하는 기기는 지금까지 설명했던 다른기기와 달리 일부차량에만 장착되었다.

① ATC/ATS 절환장치

- 적용차량 : 서울메트로 소속 4호선 차량

한국철도공사 소속 과천 - 안산 - 4호선, 분당선 차량

- ATS신호를 사용하는 구간과 ATC신호를 사용하는 구간 모두 운행할 경우 필요한 장치이다.

② 교/직류 절환장치(ADS)

- 적용차량 : 서울메트로 소속 1호선, 4호선 차량
  (4호선 직류전용차량 제외)
  한국철도공사 소속 1호선 차량
  한국철도공사 소속 과천 - 안산 - 4호선, 분당선 차량
  (분당선 일부차량은 교류전용)
- 교류를 사용하는 구간과 직류를 사용하는 구간 모두 운행하는경우 전동차에서 받아들이는 전류를 다르게 해주기 위한 장치.

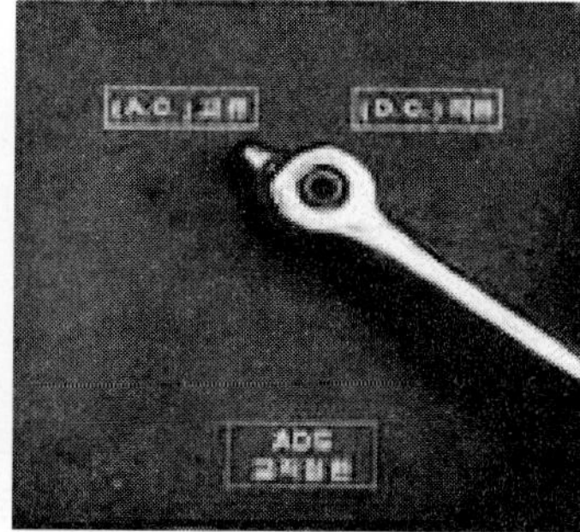

그림 7.28 ATC/ATS절환, 교/직류 절환장치

4) 모니터장치

사실 차량마다 모니터장치가 같을 수는 없다. 그렇지만 그 추세를 설명하고자한다. 먼저 왼쪽에 있는 것은 부산지하철 2호선의 것이며, 오른쪽은 한국철도 4호-과천-안산선, 분당선 차량의 것이다.

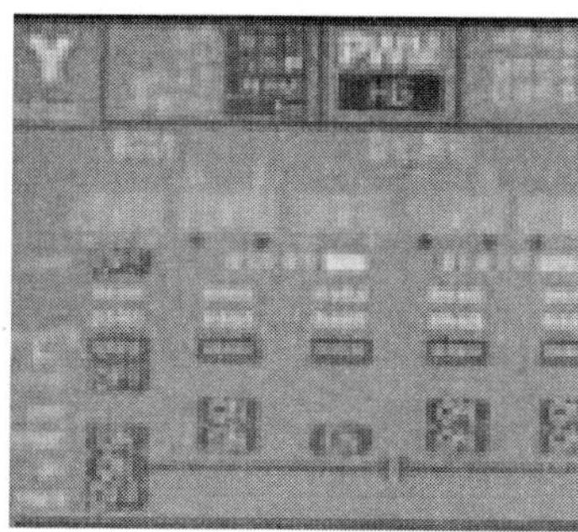

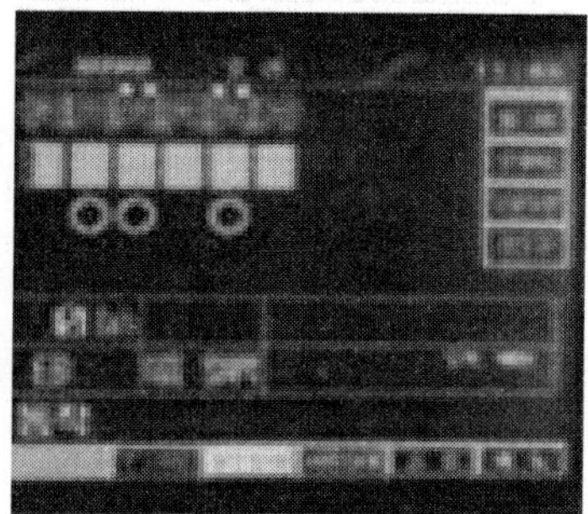

그림 7.29 모니터장치

사실 둘다 TIS(Train Information System)이다. 그렇지만 더 세분화하여서 부르자면 왼쪽의 것은 TCMS(열차종합정보장치)라고 부르며, 오른쪽은 TGIS(열차기본정보장치,Train Generation Information System)라고 부른다. 좀 풀어서 설명하자면 오른쪽의 것은 단순히 차량의 고장내역, 상태만 확인할 수 있지만 왼쪽것에서는 고장내역과 상황은 물론이며, 검수 관련된 사항까지 모두 기억, 활용할 수 있게 되어있다(참고로 컬러 화면과 흑백 화면으로 구분하지 말아주기 바란다. 한국철도공사 소속 1호선 VVVF의 TGIS와 서울도시철도공사 6, 7, 8호선 한진중공업제작차량, 부산지하철 2호선은 컬러화면이며, 서울도시철도공사 소속 5호선 현대정공차량, 7, 8호선 대우

중공업차량의 경우 흑백을 사용한다).

더 많은 것들이 있기는 하나 좀 더 시간을 두고 차근히 세분화하여서 설명하고자 하며, 대략적으로 일반적인 사항들만 정리하였다.

제5절 전동차 속도제어 방식의 발달

5.1 전동차의 구분

1) 저항제어차

- 주회로에 저항기를 설치하고 계자회로에 분로를 설치하여 공급전원을 단락하여 속도를 조절하는 방법이다.

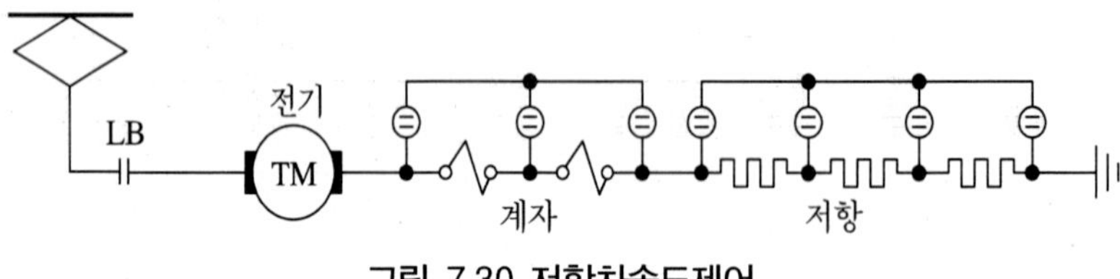

그림 7.30 저항차속도제어

2) Chopper제어차

- 반도체 소자인 Thyristor와 약계자를 제어하여 통류율을 조정하는 방법이다.

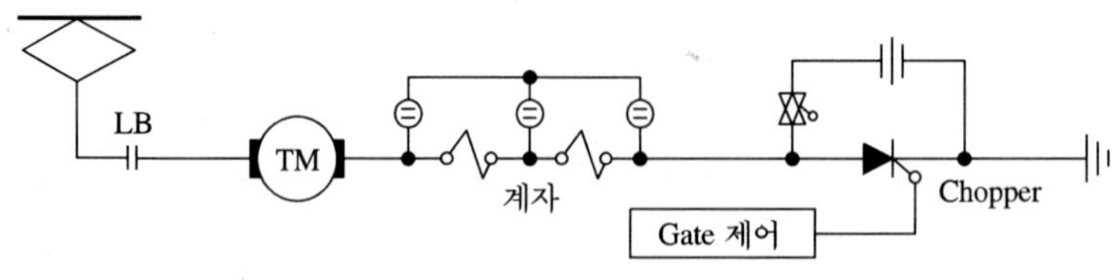

그림 7.31 초퍼차 속도제어

3) VVVF 제어차

- 반도체 소자인 GTO를 이용하여 전압과 주파수를 제어하여 통류율을 조정하는

방법이다.

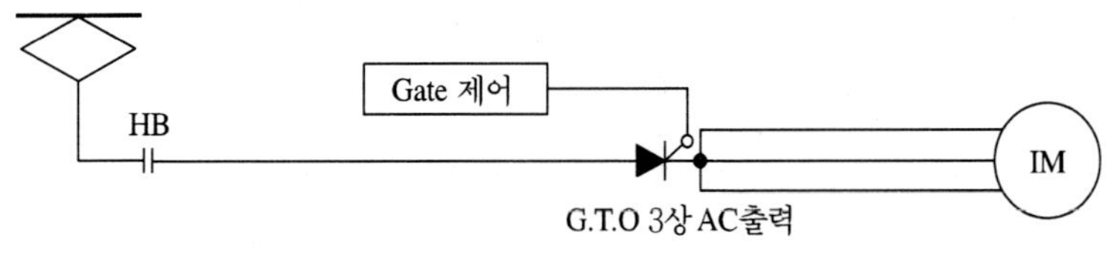

그림 7.32 VVVF차 속도제어

5.2 직류전기동차(2호선) 차종 개요

(1) 차종의 분류

① MC차(제어 전동차) : 운전실 설치
- TM, MG, CM, Bat

② M1, M2차(중간 전동차)
- TM, 주제어장치, Pan, ACM

③ M3차(중간전동차 : MC차 기기설치)
- TM, MG, CM, Bat

④ T1, T2차(여객전용차) : 객실전용

(2) 직류전동차의 편성(10량 편성)

1) 대우저항차

- 8M2T 구성 출력 150Kw × 4 × 8 = 4800kw 6400HP
- Pan 8개

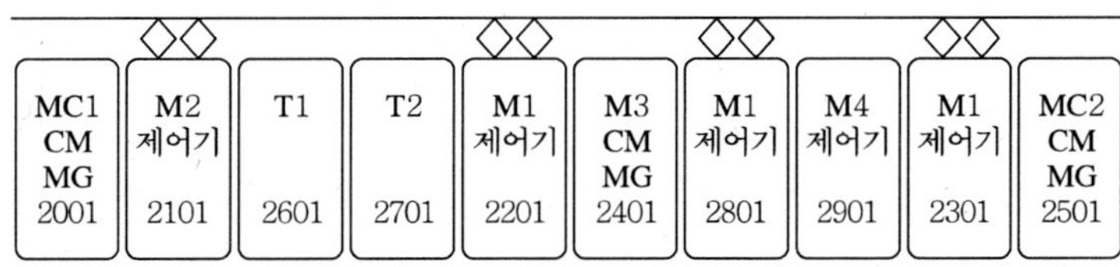

그림 7.33 대우저항차 편성(8M2T)

2) 현대 CHOPPER차

- 6M4T 구성 출력 150Kw × 4 × 6 = 3600kw 4800HP

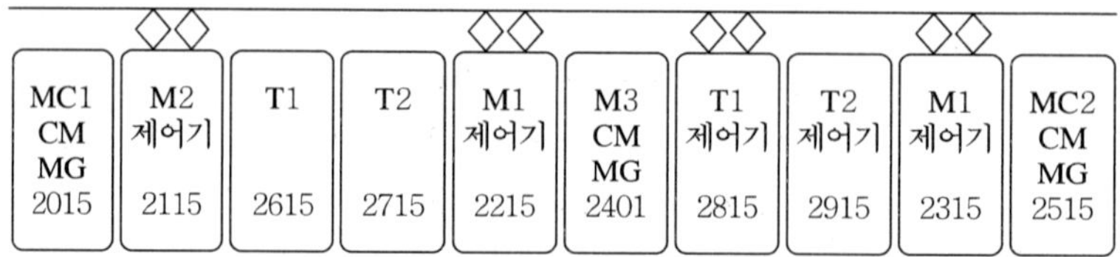

그림 7.34 현대 초퍼차 편성(6M4T)

① 직류전동차의 특징(서울지하철 1호선 AD전동차 비교)

- 직류구간만 운행하므로 특고압 장치가 없다(DC 1500V 구간)
- Pan 2개 설치(집전용량 증가, 이선시 Arc 방지)
- 제동장치의 간편화(MR관 1개, 전기지령 제동방식)
- 가속도 : 3.0km/h/S
- 감속도 : 3.5(비상시 : 4.5)km/h/S
- 최고속도 : 100km/h

3) 운전준비 및 출입문 장치

- 제동핸들 투입에 의한 103선 가압
- ACM기동하여 Pan 상승
- RESET 취급에 의한 HSCB투입(대우저항, 현대Chopper)
  - 현대저항 HB는 NOTCH 투입시 동작되고 OFF시 차단되는 LB작용

5.3 전동차 결선도 보는 법

1) 전동차 전기회로 기본이 되는 설명은 초퍼(Chopper) 전동차로 현재 3호선에서 운행하는 직류전용 초퍼 전동차를 말하며 영국 GEC의 모델로 일부 전동차는 서울지하철 2호선에서도 운행을 하고 있다. 단 2호선에서 운행하는 전동차의 시스템은 3호선에서 운행하는 전동차와 동일하나 차체의 모양과 색상은 상이하다. 또한 3호선 구간의 전동차 보안장치시스템은 ATC를 사용하나 2호선에서는 ATS를 사

용한다. 3000계열 초퍼(대우) 전동차는 기존의 전동차와 기기명칭, 선 번호 등이 크게 다르며 특히 회로 판독시 접점의 구성이 수직으로 구성된 접점에 한해서는 기존의 전동차 방식과 동일하나 수평적 접점은 A 접점과 B 접점을 반대로 해석해야 한다.

2) 일반사양

① 속도 제어방식 : 일정 약계자 회생 제동부 싸이리스타 초퍼제어

② 주요성능

가속도(10량 편성) : 3.0㎞/H/S

상용 감속도 : 3.5㎞/H/S, 비상 감속도 : 4.5㎞/H/S

최고속도 : 100㎞/H, 표정속도 : 35㎞/H

③ 전동차 편성단위

최소편성 4량 : TC, M1, M2, TC(영업운전 하지 않음)

6량 : TC, M1, M2, M1, M2, TC

8량 : TC, M1, M2, M1, M2, M1, M2, TC(영업운전 하지 않음)

10량 : TC, M1, M2, M1, M2, T, T, M1, M2, T

3) 결선도 보는법

① 결선도는 전원이 가압되지 않은 상태를 표시한다.

② 결선도는 선의 굵기가 전압의 고저를 표시한다.

굵은선 : 주회로

중간선 : 고압 보조회로

가는선 : 저압회로

③ 계전기 연동에 표시된 화살표(→)는 계전기 접점의 작용방향을 표시하며 시한작용을 갖는 기기에 사용된다.

④ 계전기의 접점수는 계전기 부호 밑에 횡선을 긋고 그 밑에 아라비아 숫자로 표시한다

예) $\frac{MCR}{5}$

⑤ 각 접점옆에 $\frac{MCR}{5}$ 표시는 MCR 접점이며 5번 접점임을 표시한다.

⑥ 전기적 계전기 연동

- ON 연동 : 기기에 전원이 공급 되었을 때 회로를 구성하는 연동으로 표시는 다음과 같다.

- OFF 연동 : 기기에 전원이 차단 되었을 때 회로를 구성하는 연동으로 다음과 같이 표시한다.

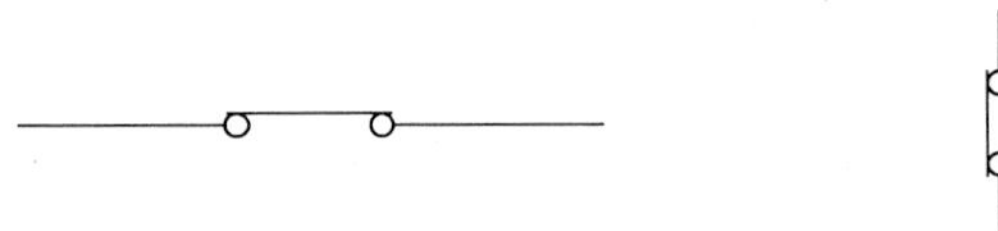

⑦ 량간의 JUMPER선 표시는 다음과 같이 표시하여 량과 량간을 구별한다.

⑧ 선번호 및 구별은 다음에 의한다.

- 직류 100V 회로의 인통선 번호는 1~99번을 사용하며, 각 선에서 분기되는 선에는 모선 번호 다음에 01부터 시작하여 이하 순차적으로 번호를 붙인다.

  예) 19 → 1901, 1952　　55 → 5501, 5502

- 해당 유니트에 단독으로만 사용되는 선에는 선번호 앞에 D를 붙인다.
- 교류 삼상 AC 200V 전원은 선 번호 앞에 A를 붙인다.

  예) A1, A2, A3, B1, B2, B3

- AC 200V 유니트 관통선에서 각 회로에 분기된 선은 A 또는 B, C 다음에 500을 붙인다.

  예) A500, B500, C500

- AC 100V 전원 선에는 선 번호 앞에는 AC를 붙인다.
  예) AC01, AC40
- 주회로 기기의 전원선에는 선 번호 앞에 M을 붙인다.
  예) M1, M2, M40
- MA 및 CM 회로의 선 번호 앞에는 H를 붙인다.
  예) H1, H2, H3
- 고압회로의 —선에는 G를 붙인다.
  예) G1

(1) 주회로 운전 준비회로

운전준비 상태란 제동 7STEP, 역전기는 F(전진), N(NORMAL), R(후진) 등에 위치한 상태를 의미하며 운전준비회로의 구성으로 비상제동이 완해되고 LB1 — LB4 까지는 투입이 가능하다. 그러나 LK와 IK의 투입은 안되었으므로 주전동기에 전압은 인가되지 않는다.

또한 초퍼 전동차의 회로구성 특징은 M1, M2 전동차의 회로구성이 독립적으로 구성된다.

M2 전동차에 설치된 팬터그래프에서 부터 LF까지는 M1, M2 공통으로 사용되나 후단의 회로구성은 M1, M2의 전동차가 독립적으로 동작된다.

또한 M1, M2 전동차의 회로구성이 별개이므로 유니트 내의 어떤 전동기 측에서 고장 시 해당 량만 개방할 수 있는 시스템으로 되어 있어 전동차의 출력을 효율적으로 사용할 수 있으며, 역전기 위치 중 NORMAL이라는 위치가 있어 운전준비 및 검수 시 사용된다.

1) MAIS 및 IS

팬터그래프로 부터의 가선전압은 M1선을 통하여 피뢰기 측과 ROOF FUSE에 도달한다. 피뢰기는 유니트에 고전압의 써지가 흡수되면 방전 할 수 있게 되어 있으며 ROOF FUSE를 통하여 공급된 가선전압은 MAIS측과 IS측으로 분기된다.

이때 MAIS측은 공기압축기 및 전동발전기, SIV측으로 연결되어 고압보조회로 측에 전원을 공급하고 IS측은 주전동기 회로측에 전원을 공급한다.

MAIS 및 IS의 취급은 팬터그래프로 부터의 가선전압을 차단하는 역할을 하며 M1 및 M3선이 고압회로 접지선인 G1선에 접속하게 하여 주회로 계통 점검시 작업자를 고압으로부터 안전하게 한다.

MAIS 및 IS의 취급은 팬터그래프가 하강된 것을 확인하고 취급 하여야 하며 만일 부하가 공급되고 있는 상태에서 취급시 취급자가 상해를 입을 수 있으며 가선단전 현상 등이 발생되므로 주의를 요한다.

2) LB 투입 및 CF 충전

IS → OLR → LB1 → LB2 → LB3 → CCZ → LF ┌ M1 → CF
└ M2 → CF

IS측을 통하여 공급된 가선전압은 과부하 계전기인 OLR을 통하여 M4선에 공급된다. OLR계전기는 M1, M2량의 전류가 1650A 이상 시 동작되는 사고전류 검지 계전기이다. 만일 주회로에 1650A 이상의 전류가 흐르면 제어회로에 삽입된 접점에 의해 LB3, LK 등을 차단하여 주회로 기기를 보호하며 계전기 작용코일은 M3선과 M4선 사이에 설치되어 있다.

주회로 배선 M4를 지나 접촉기 LB1, LB2, LB3이 직렬로 접속되었고 이것은 LINE BRAKER로 주회로 전류를 차단하는 장치이다.

LINE BRAKER의 투입은 제어회로에 의해 운전 준비상태가 갖추어지면 LB3이 최초 폐로되고 다음에 LB2와 LB1이 폐로되며 개로시는 LB3가 첫 번째로 개로되며 LB3에 병렬로 설치된 Z1저항에 의해 감류차단 한다. 또한 LB3에는 덤프 밸브라는 전자변이 추가로 설치되어 사고 조건시 신속하게 LB3를 차단하게 하여 준다.

LB3가 차단되면 LB3의 보조접점은 LB2와 LB1의 전자변도 소자 시켜 LB2, LB1의 LINE BRAKER의 접촉점을 개로하여 확실한 주회로 차단을 실행한다. LB1, LB2, LB3의 투입으로 가선전압은 M7선에 이르게 된다. 이때 LB4의 투입은 M1, M2전동차의 주 콘덴서가 1000V 이상의 전압으로 충전 되어야만 투입이 가능하다.

최초 주 콘덴서 CF의 충전은 아직 LB4가 투입 안되었으므로 LB4에 병렬로 설치된 CCZ저항을 통하여 LF를 경유 M11선에 가선전압을 공급하여 M1, M2전동차의 주 콘덴서 CF를 충전한다. 최초 CF의 충전을 CCZ 저항을 통해 충전하는 이유는 써지전압이 콘덴서에 유입되는 것을 제한하여 갑작스런 전류의 흐름을 방지하기 위함이다.

CF와 병렬로 설치된 Z31, Z32, Z33의 저항은 팬터그래프 하강시 CF에 충전된 것을 방전하며 VMDF는 VMD판넬을 보호하기 위해 설치한 FUSE이다. VMDZ1, VMDZ2 저항은 VMD의 동작을 위한 가선전압을 VMD판넬의 전원으로 사용하기위해 높은 저항을 가지며 회로중에 흐르는 전류의 양에 따라 가선 전압을 환산하는 방식으로 되어있다.

가선전압이 1000V 이상이 되어 LB4가 투입되면 M11선에 인가되는 전압은 CCZ을 통하지 않고 LB4를 경유하게 된다.

LB4와 M11선 사이에 설치되어 있는 LF는 CF와 조화를 이루어 쵸핑시 가선에 발생되는 전류 변동을 평활한다.

LB와 병렬로 설치되어 있는 MR은 비직선저항 소자로써 평상시에는 높은 저항을 유지하여 회로적으로 동작되지 않으나 LF에 과전압이 인가되면 저항치가 적어져 MR을 통하여 전류를 흘리므로 이상 전압으로부터 LF를 보호하기 위해 설치되어 있다.

3) CROWBAR 회로

M11선과 G1선 사이에 CROWBAR 장치가 설치되어 있으며 이 장치는 싸이리스타 T61, T62와 과부하계전기 CZOLR, CZ저항으로 구성되어 있다.

이 회로는 역행시 주회로에 과전압, 과전류 등이 인가될 때 전자장치의 명령에 의해 T61, T62를 ON하여 주회로측 사고전류를 CZ저항에서 소모하여 주회로측에 인가되는 사고전류 등을 최소화하기 위해 사용된다.

싸이리스타 T61, T62와 CZ저항사이에 설치되어 있는 CZOLR은 위에서 설명한 OLR과 구조가 같으며 동작전류치는 1000A이다.

(2) 역행회로

1) 역전기 선택 및 노치 투입

운전 준비회로 구성이후 역행을 하기 위해 역전기를 F 또는 R에 위치시키고 제동제어기를 완해 위치에 선택하여 노치를 투입하면 RV가 선택한 방향으로 절환되며 MBS는 M측으로 선택된다.

MBS의 기능은 AD CAM전동차의 PB전환기와 동일하며 구조와 동작방식은 다르다.

이후 LK와 IK가 투입 된다. 역전기 N 위치에서는 운전준비 회로는 구성되지만 노치 투입이 강제적으로 금지되게 기계적으로 되어있고 회로적으로도 LK와 IK가 투입 금지되게 되어있다.

주회로는 역전기 선택, 제동완해, 노치투입으로 완벽하게 구성되며 전자장치 카드에서는 주회로가 완전히 구성된 것을 확인한 후 T2군 싸이리스타 GATE에 ON신호를 전달하여 전류용 콘덴서 C1을 충전하며 경로는 다음과 같다.

M12 → MBS/M → MOLR → CMDF → A3 → A4 → A1 → A2 → ML → LK → CMDA → MOLR → M29 → MBS/M → M28 → RV/F → M36 → F2 → F1 → F4 → F3 → M35 → RV/F → M23 → L2 → L3 → T21 → T22 → T23 → C1

M11선과 M12선 사이에 있는 IK(ISOLATING CONTACTOR)의 투입으로 가선전압은 M12선에 전달된다.

M12선에 전달된 가선전압은 MBS/M측을 경유하여 M27선에 도달되며 MOLR을 경유한다.

MOLR은 주전동기측의 과전류를 검지하기 위한 과부하계전기로써 구조와 동작 원리는 OLR과 동일하며 동작 설정치는 900A이다.

MOLR을 경유하여 M30선에 도달된 전원은 CMDF를 경유하여 M31선에 도달한다. CMDF는 전동기의 계자측의 전류를 검지하는 장치로써 100 : 1의 비율로 검지하여 계자측에 흐르는 전류의 양을 전자장치에 전달하며 회로에 100A의 전류가 흐르면 1V를 출력한다.

OLR, MOLR, CZOLR 등이 일정의 동작설정치 이상에서만 동작하는 것과 달리 CMDF는 항시 주회로의 전류의 양을 검지 카드회로에 전달하여 쵸핑을 제어하기 위한 피드백 신호로 사용되며 회로내 정해진 설정치 이상의 전류가 흐르면 주회로를 차단하는 작용을 돕는다.

M31선을 경유한 전원은 주전동기 전기자 모터 3-4-1-2를 지나 ML을 통과하게 된다.

ML은 주 전동기측의 전류를 평활하는 역할을 하며, M45선에 도달된 전원은 LK를 경유하여 CMDA-MOLR을 경유하게 된다.

CMDA는 전기자전류 검출장치로 기능과 동작원리가 CMDF와 동일하며 검지 비율도 같다.

CMDA 후단에 설치되어 있는 MOLR은 또 하나의 MOLR이 설치되어 있는 것이 아니고 하나의 MOLR에 작용코일이 2회 통과한 것을 의미한다.

M29선에 도달한 가선 전압은 MBS/M측을 경유하여

M28 → RV → M36 → RV/F → 2번계자 → 1번계자 → 4번계자 → 3번계자 → M35 → RV/F → M23 → L2 → L3 → M18 → 싸이리스타 T21, T22, T23을 통하여 C1을 충전하는 회로를 구성한다.

L2 및 L3는 전류의 상승비율을 제한하여 급격한 전류가 싸이리스타에 인가되는 것을 방지한다. C1의 충전후 초퍼의 ON방법은 기동시 초퍼 방식인 주회로전류 75A까지 실행하는 T1 초퍼방식 → T2, T3 ON 방식 → T1, T2, T3 ON 방식으로 써보 레벨에 따라 실행되어 주회로에 흐르는 전류의 양을 증가시켜나간다. 이후 4노치이고 써보 레벨이 최대이며 통류율도 최대이면 약계자 제어를 실행하게 된다.

2) 약계자 접촉기 투입 및 차단

역행 4노치시 전동차의 속도가 증가되면 전동기의 역기전력에 의해 주회로에 흐르는 전류는 감소하기 시작하며 주회로에 흐르는 전류의 양이 전자장치 카드 내에 설정된 한계치 이하로 하강하면 전자장치에서 이것을 검지하여 약계자 접촉기 WFK1을 투입 시킨다.

WFK1의 투입으로 계자의 자속은 약화되나 역기전력은 감소되어 주회로에 흐르는 전류의 양은 증가되며 전류의 증가는 전동차의 속도를 증가시킨다.

이후 WFK1이 동작하는 원리에 의해 WFK2를 투입하여 주회로에 흐르는 전류를 더욱 증가시키며 WFK2 투입후의 운전은 약계자 특성에 의해 제어되며 차단은 투입의 역순서이다.

3) 노치 OFF

노치를 OFF하면 전자장치는 이것을 검지하여 통류율을 최소로 하강시키며 통류률이 충분히 작아지는 시간을 확보한 후 주회로의 LK와 IK를 차단하여 주회로 전류를 감류 차단하며 이후 주 전동기는 타력에 의해 회전하게 된다.

(3) 회생제동

회생제동은 견인 전동기를 발전기로 사용하며 타력에 의해 회전하는 전동기의 계자에 초기자속을 주고 계자의 자속을 싸이리스타 ON시간으로 조절하여 발전전류를 생성 전차선에 공급하며 구간내의 다른 전동차에서 에너지를 소비하는 방식으로 제동력을 얻는다.

전기자 코일에서 발생한 전류가 계자코일에 흐르면 계자철심에서 발생한 자력선에 의해 전동기의 회전력 발생과 동일한 프레밍의 우수법칙에 의해 전자력이 발생되어 타행에 의해 회전하는 회전방향과 반대인 역회전력의 발생으로 제동력을 얻는다.

또한 초퍼 전동차에서는 잔류자기에 의한 자기유도전압으로 계자를 여자하는 방법으로는 회로 내의 ML, LF, L2, L3등의 INDUCTANCE가 있어 제동전류의 상승이 늦어지므로 최초 계자에 자속을 주기위한 초기여자 방식이 사용된다.

1) 회생제동 회로구성

운전자가 노치를 OFF하고 타행중인 상태에서 제동핸들을 제동 1-7STEP에 위치하면 MBS는 B측으로 전환되고 LK, IK가 투입되며 제동시의 회로구성은 다음과 같다.

A3 → M31 → CMDF → M30 → MOLR → M27 → MBS/B → M3 → WFZ → M28 → RV/F → M36 → F2 → F1 → F4 → F3 → M35 → RV/F → M23 → 싸이리스타군 → G1 → MBS/B → M29 → MOLR → M40 → CMDA → M46 → LK → ML → A2 → A1 → A4

제6절 운전준비

6.1 103선 가압

- 운전실에서 배터리 투입으로 이루어짐
- 직류모선(103선) 가압회로

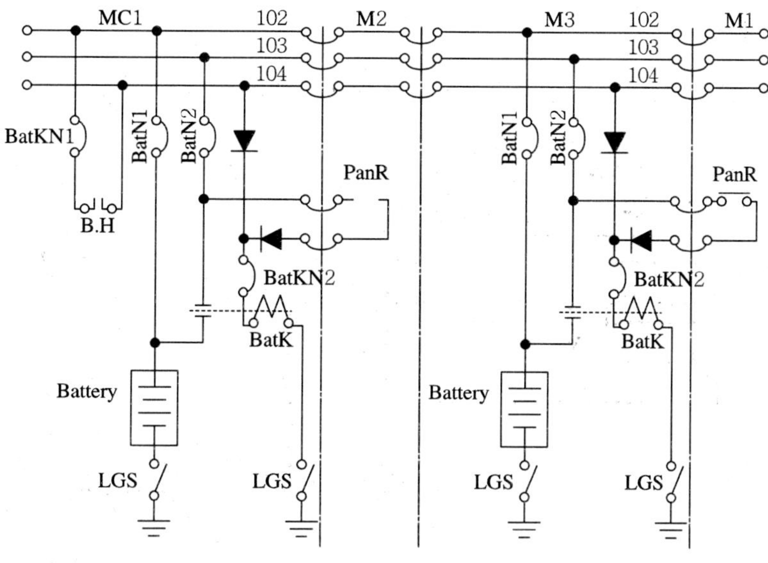

그림 7.35 직류모선 가압회로

6.2 운전실 선택

1) HCR(전부차 제어계전기)

- 운전실 분전함에 4개 설치됨
- 제동핸들 취급한 쪽에서 기기취급 조건

2) TCR(후부차 제어계전기)

- 전부운전실에서 HCR이 여자되면 후부차에는 TCR이 여자함
- 운전실 분전함에 4개 설치됨
- 기기 취급에 있어 전, 후부를 구분한다.

6.3 ACM(보조공기 압축기)

- 최초 기동시 Pan 상승하기 위한 압력공기 필요
- Bat 전원으로 구동
- MOTOR 정격 10분이며 3개 Unit중 어느 곳에서도 기동가능

1) 공기배관도

- PanPS 압력 첵크하여 CM구동 및 역행회로, MG구동회로 구성

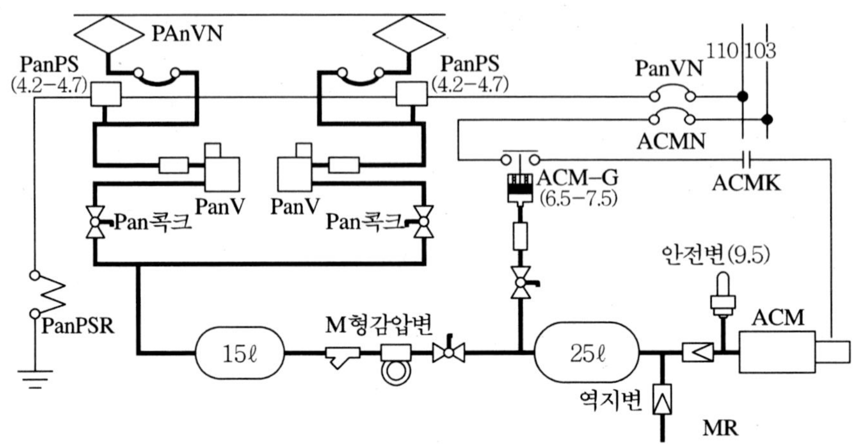

그림 7.36 ACM 공기배관도

2) ACM 구동회로

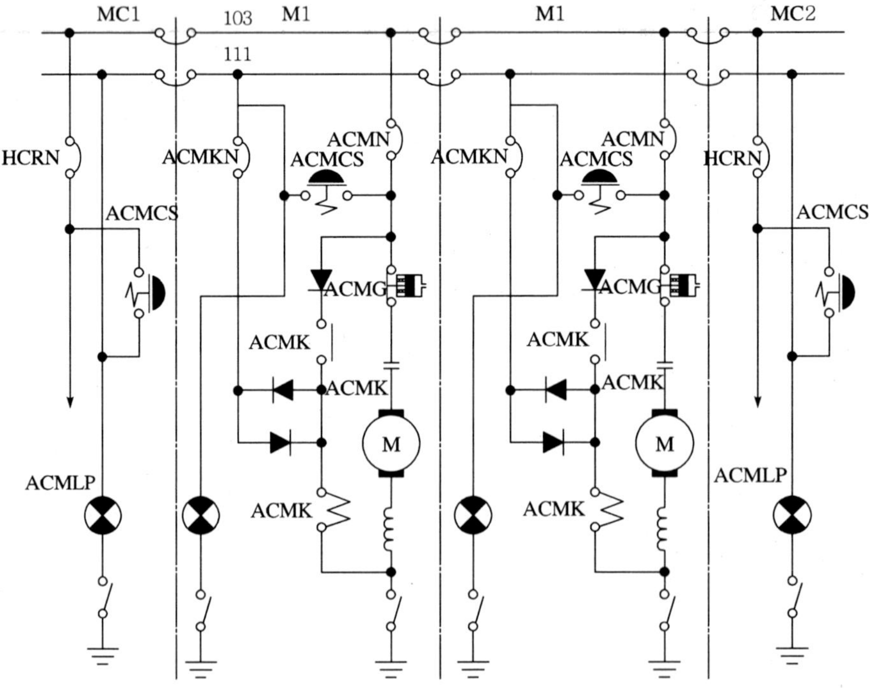

그림 7.37 ACM 구동회로

6.4 Pan 상승 및 하강제어

- ACM기동하여 소정의 공기압력 확보 또는 MR공기 5Kg/cm^2 이상시
- Pan상승하면 CM이 구동하고 MG가 구동한다.

1) Pan 상승제어

- 운전실에서(BV 투입쪽) PanUS를 취급한다.
- 관계차단기(MCN, HCRN) ON 및 Epan취급하지 않은 상태
- 압력공기 확보(ACM 확보)

2) Pan 하강제어

- 운전실(전, 후부)에서 PanDS, EPanDS를 취급한다.
- PanDS 전원 : 102선
- EPanDS 전원 : 103선
  - PanR은 Keep Relay로 상승코일과 하강코일이 있으며 한번 동작시 전원을 차단하여도 동작 상태를 유지한다.

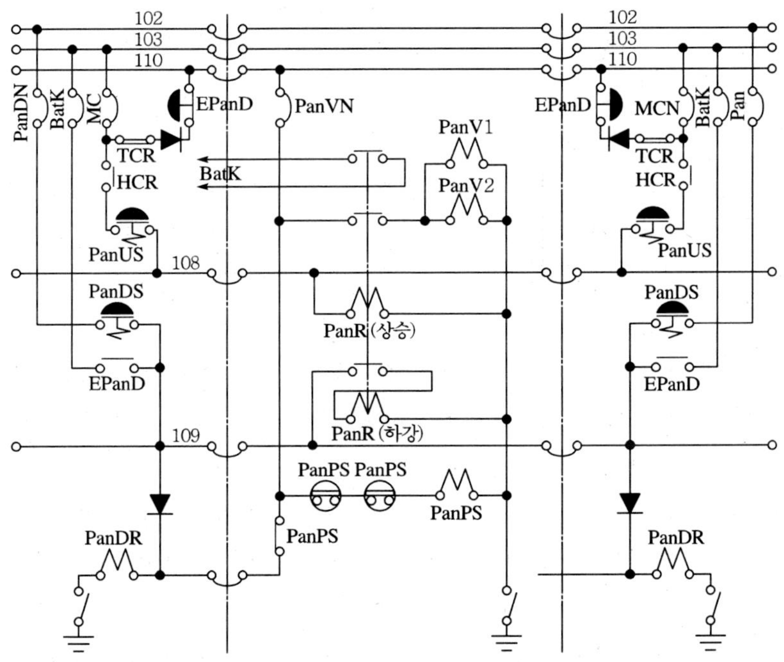

그림 7.38 Pan 상승 및 하강제어 회로

제7절 출입문 장치

- 출입문 장치는 승객을 승·하차 시키는 직접적인 형태로 승객서비스와 관련이 깊다
- 동작의 빈번화로 인하여 고장발생률이 높고 응급조치 및 규정에 따른 조치가 필요한 경우가 많이 있다.
- 기계장치 : 출입문 장치 실린더에 압력공기 공급에 따라 개, 폐를 담당
- 공기계통 : 출입문 전자변(DMV)의 ON, OFF에 따라 5Kg/cm^2 압력공기
- 전기계통 : 출입문을 전기적으로 제어하는 회로

7.1 기계장치

1) 출입문 개폐스위치(CrS)

- 운전실 좌, 우측에 각각 1개씩 설치한다.
- 출입문 열쇠취급과 열차 정지조건이 필요하다.

2) 출입문 연동스위치(DS)

- DS 접점은 DILP(출입문 연동), DLP(차측등), DRO(재개폐)로 3개의 전기적인 접점을 가지고 있다.

① DILP(발차지시등(DOOR 등) 스위치) DS.
- 전차량의 출입문 폐문상태를 운전실에서 확인하는 접점
- 출입문 간격이 7.5mm 이하시 폐로되어 운전실의 DILP등을 점등시킴
- 연동운전 이라고 함(출입문 폐문조건에 따라 역행조건을 형성 : DIR1)

② DLP(차측등 점등스위치) DS.
- 출입문 접점이 12.5mm이상 개방시 접촉되어 차측등이 점등됨
- 차량한쪽 4개의 출입문중 1개만 열려도 차측등에 점등되어 판별가능

③ DRO(출입문 재개폐 스위치) DS.
- 출입문에 사람 및 물건이 끼일때 해당 출입문만 개방 할 수 있는 접점
- 12.5mm이상 개방시 접촉되어 DROS 취급시 해당 DMV여자로 재개방 할 수 있는 조건 형성
  - 출입문 반감 취급(DHS)시 전체출입문을 폐문하고 DHS를 취급하여야 함

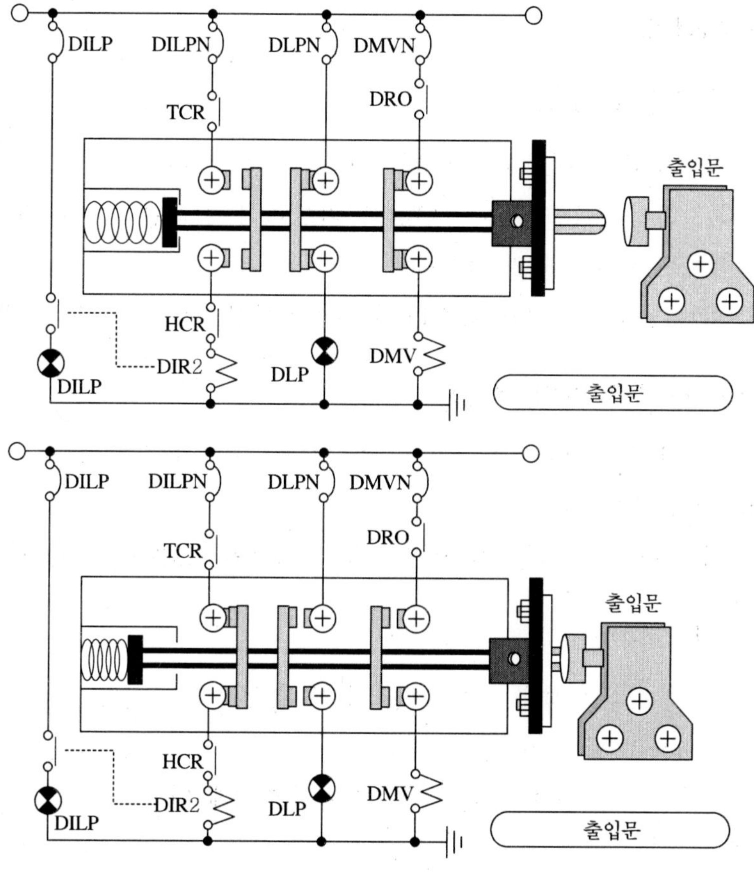

그림 7.39 출입문 접점(DS) 스위치 구성

7.2 출입문 공기공급장치

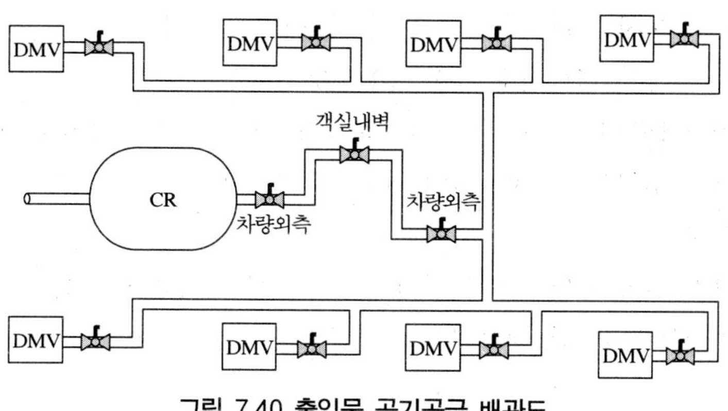

그림 7.40 출입문 공기공급 배관도

7.3 출입문 제어회로

1) 출입문 개 · 폐회로(DrR회로)

- 열차 정차시 LSR이 여자하고 백색등이 점등된다.
- CrS를 취급하면 141선 또는 143선이 가압되어 전차량이 인통되고 각 차량의 DrR을 여자하여 출입문을 개방한다.
- 각 차량의 출입문 전자변(ON, OFF전자변 동시여자)이 동작되어 개방된다.

2) 출입문 재개방 회로(DrOS 취급)

- 승객 및 물건 등에 의하여 해당차 출입문이 완전폐문 되지 않을 때(출입문이 12.5mm 이상 개문시)
- DrOS를 취급하면 DrO DS접점에 의하여 해당차 DMV를 여자한다.

3) 출입문 반감회로(DHS)

- 동절기 및 하절기 객실내 보온, 보냉 위한 출입문 반감작용
- 중앙 좌우 4개의 출입문을 폐문한다.
- 객실 내, 외에 반감등(DHLP)을 점등시켜 승객에게 알림
- 출입문이 닫힌 상태에서만 취급가능
  (개문시 DRO접점으로 DMV여자상태 계속 유지됨)

4) 출입문 점등회로

① DILP 점등회로(연동회로)

- 전출입문 폐문시(7.5mm이하) 운전실 발차지시등 점등
- 전출입문 폐문시 역행회로 구성 및 계기등 점등
- 후부 103선 DILPN → 전차량 출입문 DILP DS → 전부 DIR1.2여자
- 전부 103선 DILPN → DILP등 ILP(계기등)등 점등

② DLP 점등회로

- 출입문 1개 이상 개방시 승무원이 인지하도록 차량측면에 설치
- 4개의 출입문중 1개만 개방되어도 점등된다.

제8절 교직류 전동차 특고압 기기 구성 및 기능

(1) 팬터그래프(Pan)

전차선의 전원을 전기동차로 수전하는 집전장치(集電裝置)이다.

(2) 주차단기(MCB)

교직류 전동차에서 제일 중요한 기기이며 교류구간 운전중에 MT(주변압기) 1, 2차측 이후의 회로에 고장발생시 과전류를 신속하고 그리고 안전하게 확실히 차단할 목적으로 설치된 기기로서 교류구간에서는 차단기와 개폐기를 겸하고 직류구간에서는 개폐기역할만 하는 기기이다.

(3) 교직절환기(ADCg)

전차선 전원에 따라 전동차의 회로를 교류 또는 직류회로로 절환하는 기기이다.

(4) 주퓨즈(MFS)

주변압기(MT)를 보호할 목적으로 설치한 기기로 주변압기 1차측 회로에 이상전류가 들어올 경우 용손되어 주변압기를 보호한다.

(5) 비상접지스위치(EGS)

비상의 경우에 팬터그래프 회로를 직접 접지시켜 전차선을 단락하고 전원측(변전소)의 차단기를 개로 시킨다.

(6) 계기용 변압기(PT)

교류구간에서 교류 25KV를 AC100V로 강압하여 이를 정류하여 AC24V 로교류전압계전기(ACVR)를 동작시킨다.

(7) 교류피뢰기(ACArr)

교륙구간 운전중 낙뢰 또는 써지 전압이 흘러들어 왔을 경우 전차선 전원을 개로한다.

(8) 인버터(INVERTER)

컨버터 또는 가선으로부터 DC 1,500V를 공급받아 유도전동기를 구동하기에 알맞은 가변주파수, 가변전압을 갖는 교류 3상 전류를 출력한다.

(9) 교류과전류계전기(ACOCR)

주변압기 1차측에 과전류 발생시 주차단기를 차단하여 주변압기를 보호한다.

(10) 주변압기(MT)

교류구간에서 전차선에 공급된 AC25KV를 2 × 840V로 조정하여 주변환기 컨버터에 공급한다.

(11) 접지브러쉬(GB)

접지브러시는 귀환전류의 통로로서 베어링의 전기적 부식을 방지하기 위하여 설치한다.

(12) 보조 제어함(AC Box)

특고압 관련 계전기 기타 기기 장착

(13) 필터 리액터(FL)

주회로의 고조파분을 흡수하고 전차선의 이상 충격 전압 등을 흡수하여 주변환기의 링크부에 이상전압이 인가되는 것을 방지한다.

(14) 변류기(Current Transformer)

과전류보호용변류기(CT1)은 주변압기 1차측에 과전류 발생시 과전류계전기(ACOCR)를 동작시켜 주차단기(MCB)를 개방하고, 모진보호용변류기(CT2) 직류구간 운행중 전차선에 교류 25KV가 혼촉되거나 교류모진 시 동작하여 피뢰기 과전류계전기(Arr OCR)를 동작시킨다.

(15) 주변환기(C/I)

컨버터와 인버터를 합친 것으로 교류구간에서는 컨버터와 인버터 모두 구동되고 직류구간에서는 교직절환기(ADCg)에 의해 인버터만 동작된다. 이 기기는 M, M'차에 설치되며 각각 4대의 견인전동기를 병렬제어 한다.

(16) VVVF 대차 제원

① 개요

- 대차 타입 : 볼스터레스(Bolsterless) 구조 용접형 대차
- 대차 종류 : 구동 대차와 부수 대차
- 대차의 1차 현수 장치 : 고무 스프링
- 대차의 2차 현수 장치 : 볼스터레스 공기 스프링 채택

② 대차의 주요 제원

제원	대 차 형 식	
	구 동 차	부 수 차
고 정 축 거(mm)	2,100	
차 륜 직 경(mm)	862	
대차 최대 길이(mm)	2,990	3,394(배장기 부착) 2,990(배장기 무)
대차 최대 폭(mm)	2,680	
공기스프링 취부면높이	987mm	
공기스프링 좌우 간격	2,250mm	
공기스프링 유효 직경	560mm	
기초 제동 장치	- 답면 편압식 - 블록 브레이크 유니트 - 합성 제륜자	- 차축 디스크 - UIC 브레이크 라이닝 - 브레이크 실린더
제동 배율	4.47	3.2
대차 1Set당 중량	7,400kg	5,200kg

(17) 밀착연결기(Tight-Lock Coupler)

차량을 연결하는 장치로 전기동차는 밀착 연결기를 사용하고 있다. 또한 동력부가 분산되어 있고 정차횟수가 많기 때문에 자동연결기와 같이 연결면에 간격이 생기면 전후 동에 따라 충격이 클 뿐 아니라 차량의 분리 및 연결시는 연결기 이외에도 전기회로, 공기호스 등을 끊고 붙이는 불편을 덜기 위해서 연결기에 공기관을 설치하고 동시에 연결 및 분리되도록 하였으며 연결 면에 간격이 없도록 만든 것이 밀착연결이다.

제9절 직류 전동차 기기 구성 및 기능

9.1 주회로 구성 및 기능

가선으로부터의 전원을 수용하여 퓨즈와 차단기를 통하여 견인제어장치에 입력된 후 견인제어 장치에 의한 가변전압 가변주파수 제어에 따라 견인전동기에 3상 교류전력을 공급하여 열차를 구동한다.

① Pantograph : 가선 집전 장치 1500V 수전용 장치
② Line Fuse : 고전압 시스템의 과전류 차단용
③ DC Arrester : 가선에서 발생되는 돌발전압이 고전압 시스템으로 유입 방지용
④ Earth Switch : 점검 및 보수시 주회로 차단용
⑤ 충전접촉기 : 고전압 유입시 충전 저항기를 연결하는 접촉기
⑥ 충전저항기 : FC에 충전시 돌입전류를 소모시키기 위한 전류제한회로
⑦ 주회로차단기 : 가선으로부터 시스템에 전류를 공급 및 차단
⑧ 필터리엑터 : 사고잔류의 억제, 고조파전류 억제
⑨ 접지장치 : 귀환전류 접지, 차체접지
⑩ 전류측정유닛 : 가선 전류를 측정
⑪ 과전압저항기 : 발전제동용 저항 및 FC방전용
⑫ VVVF인버터 : 모터의 회전력과 속도를 제어하는 장치
⑬ IGBT : Switching 소자
⑭ OVT : 발전 제동용 저항기
⑮ 접지브러쉬 : 귀환전류 통로

9.2 SIV 장치 (보조전원장치)

DC1500V를 2분압하여 각각의 인버터에 의해 교류로 변환후 트랜스에서 합성하여 3상 380V 60Hz 전원을 만들어 보조계통에 공급한다.

1) SIV 주요 장치

① 주회로 개폐용 전자접촉기 : 주회로 연결 및 개방
② CHS유니트 : 인버터에 직류전원을 공급하고 사고시 과전류 차단
③ IGBT유니트 : 직류전원을 스위칭하여 펄스전류를 출력하는 장치
④ 제어유니트 : 기동 및 정지 고장표시
⑤ 트랜스 : 정격 출력전압을 출력

9.3 CM(전동공기 압축기)

전동차에는 제동장치, 출입문장치, 판터그라프 상승, 제어장치, 기적 등에 압력공기가 필요하므로 이를 확보하기 위하여 대용량의 전동공기 압축기를 설치하였다.

1) CM 장치 주요기기

① 전동기 : DC1500V의 전원을 받아 회전하는 직류직권전동기를 설치하여 30분 정격으로 되어 있는 차종과 AC380V의 전원을 받는 3상 농형 유도 전동기가 설치된 차종이 있다.
② 압축기 : 전동기의 회전력을 직접 치차를 거쳐 크랑크축을 회전하여 저압 실인더 및 고압 실인더에 의해 공기를 2단 압축하는 방식과 압축시 소음을 줄이기 위해 오일과 공기를 혼합하여 압축하는 헤리칼 기아를 이용한 차종으로 구별된다.
③ 동기구동 : 여러 개의 CM을 동시에 압축을 시작하고 멈춤도 동시에 하도록 하여 부하 편중을 방지 한다
④ 공기 건조기 : 마이크로 오일 훨타로 되어 있으며 이곳을 통과하면 오일과 수분이 제거된다.
⑤ 안전변 : CM-G 또는 제어회로의 이상으로 압축공기가 셋트치 이상되면 토출하여 기기를 보호하는 장치이다.

9.4 TCMS 장치

TCMS(Train Control and Monitoring System)은 반도체 기술, 소프트웨어기술과 데이터 커뮤니케이션 기술을 이요한 중앙집중식 차내정보 제어를 N행 하는 마이크로 컴퓨터 시스템이다.

차량에 설치된 직렬전송선을 이용하여 터미널과 연결시켜 차내 장비를 제어하고 모니터하며, 전체시스템 관리 감시와 장치간의 정보를 전송시키는 것으로 전원이 투입되면 자동기동되어 운전관련 제어기능과 운전지원 및 차량검사 지원을 하는 차량 관리 시스템이다.

각 차량에 설치된 장치에서 전차내 TCMS 주요기기의 제어지령과 동작데이터를 수집하여 운전실에 설치된 모니터 화면을 통하여 전차의 운행정보 및 주요 기기의 동작상태를 승무원이 감시할 수 있도록 하는 기능을 수행한다.

TCMS는 차상의 각 부속시스템들이 정확한 기능 수행여부를 연속적으로 감시하며 이상 발생시 고장기록 데이터 및 고장추적 데이터를 수집, 기록한다.

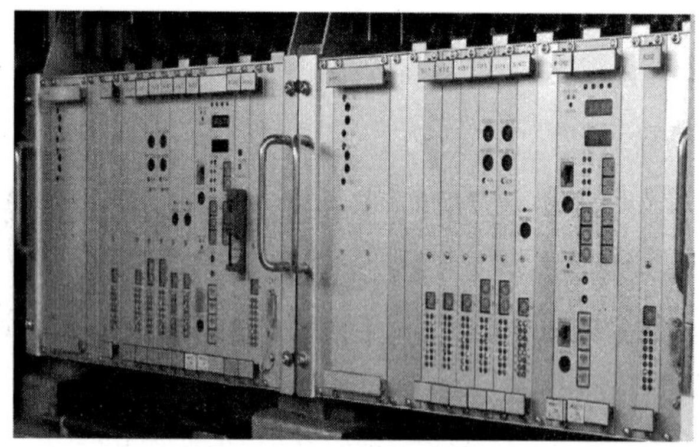

그림 7.41 TCMS

1) 주요 제어 및 감시를 수행하는 장치

① 운전실 데스크
② 고압장치
③ 추진장치
④ 제동장치 및 공기압력
⑤ 보조전원 장치
⑥ 차량전기 장치
⑦ 신호장치

등의 시스템을 제어하고 감시하며 운전자에 대한 지원, 차량 장착장비 점검, 열차 작동 정보 등의 기록을 전송하고 모니터링을 위한 정보 전송 등을 수행한다.

2) 자기진단 기능

① 기기 간 전송 진단, 간선전송진단

② LCD진단, ROM. RAM 진단

③ 터치 판넬진단, AI진단, DI진단

3) 내부감시 및 처리 기능

① 데드맨 감시

운전모드가 수동, 기지, 비상인 경우 운전자가 M/C 손잡이를 놓으면 손잡이 접점 신호가 TCMS로 입력되어 안전 운행을 위한 경고 시스템을 수행한다. 데드맨 검지 3초후 부저를 울리고 역행을 차단하고 7초 후 상용제동(FSB)을 체결한다.

② 접지스위치 감시

판터그라프 상승명령이 있거나 LB가 투입중 접지스위치의 서비스 위치 입력이 차단되면 60ms 내에 LB차단시키고 고장메시지를 현시한다.

접지위치와 서비스 위치 중 어떠한 신호도 입력이 되지 않은 상태가 8초 이상 지속시 고장을 현시하고 LB개방과 판터그리프 하강명령을 출력한다.

③ 응하중 연산기능

제동제어유니트(BCU)에 있는 압력스위치에서 0 ~ 10kg/cm^{2}의 압력을 0 ~ 10V의 전기적 신호로 변환하여 CC에 전송하며 전 출입문 닫힘이 입력되면 검지된 값으로 응하중 연산을 CC에서 처리한다.

④ 제동력 부족감시 기능

상용전제동시 BCPS의 설정압력 이상의 기준신호가 지령되었을 때 제동통 압력이 BCPS의 설정값 이하로 2.5초이상 지속시 TCMS에서 제동부족을 검지하여 타차량의 제동력을 상승하여 제어하는 차종과 제동력 부족을 검지하면 비상제동이 체결되는 차종이 있다.

⑤ 제동 불완해 감시기능

어떠한 제동명령이 없는데도 제동통의 압력이 BCPS의 설정값(0.5kg/cm^2 또는 1.0kg/cm^2)이상의 상태가 5초 이상 지속 시 제동 불완해를 검출 후 역행을 차단한다.

9.5 ATC/ATO 장치

1) ATC의 주요기능

① 속도지령 수신하여 해독, 속도 결정 : 타코메터 1, 2

② 방향결정, 과속보호, 출입문감시

③ 자동고장절체, 전두제어, 출발 전 시험

④ 모드확인, 캐리어 교정

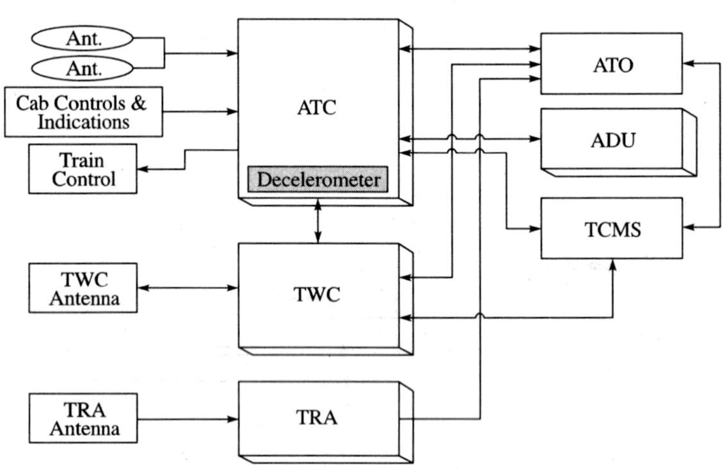

그림 7.42 ATC/ATO장치 블록도

2) ATO의 주요기능

① ATO 활성화, 역 출발, 가속제어

② 속도조절, 정밀정차, 전차정지

③ 회차, 출발 전 시험, 자기진단, 트랙데이터베이스, 정차제동

3) 성능요건

① 정밀속도 조절 : ±3km/h이내

② 역에서 정밀정차 : ±30 cm

③ ATC간섭에 의한 정밀정차 : ±1m

④ 정밀정지 위치검지기준치 : ±1/2 DLS(±1m이내)

⑤ 회차구간에서 정밀정지 : ±2.5m이내

⑥ 최대 저크율 : 0.8m/S^3

⑦ ATO 시스템은 Fail Safe 조건이 아님

4) TWC의 주요기능

① 데이터 버퍼링 : 메시지 해독

② 통신 : ATC, ATO, TCMS, 모뎀

③ 역확인 : AT Station을 결정

그림 7.43 ATC/ATO/TWC

9.6 제동의 정의

운행중인 차량의 속도를 줄이거나 정지시키기 위한 목적으로 다양한 제동장치를 구비하고 있다. 과거의 제동장치는 일반적으로 운동에너지를 마찰열로 변환하는 마찰제동 방식을 널리 사용하고 있었으나 열차의 고속화에 따라 마찰부분을 최소화하고, 안전한 제동을 위해 전기제동방식과 겸용하는 것이 세계적인 추세이다.

(1) 제동장치의 구비조건

① 신뢰성

전동차에는 많은 승객을 수송하고 있으므로 어떠한 경우에도 제동작용이 확실히 이루어져야 하며, 일부 고장의 경우에도 다른 제동이 가능하도록 2중, 3중의 안전대책이 요구된다.

② 신속성

열차는 고속으로 주행하므로 제동속도가 느릴 경우 제동작용 후 상당거리를 그대로 주행하게 되므로 가장 신속한 제동작용이 되도록 해야 한다.

③ 안전성

고속 주행중 급정차를 할 경우 바퀴의 스키드 현상방지와 승객의 안전성을 고려한 적절한 제동력을 확보해야 한다.

④ 제어성

제동작용은 운전자 또는 ATS/ATC의 지령에 따라 전 차량에 제동제어가 가능하여야 한다.

⑤ 고흡수 에너지 용량

마찰제동의 경우 장시간 제동작용을 하게 될 경우는 제륜자의 마찰열이 매우 크게 되므로 내열성이 큰 재료의 작용이 필요하며 마찰열이 발생되었을 때 열 발산 능력도 커야 한다.

(2) 제동장치의 분류

전동차의 제동장치는 여러 가지 관점에서 분류하여 볼 수 있으나 최근 사용되고 있는 전동차의 제동장치를 중심으로 분류한다면 제동력의 근원에 따른 분류방법과 제동목적에 따른 분류방법으로 구분할 수 있다.

1) 동력원에 의한 구분

가. 공기제동

공기압력만으로 제동지령을 열차의 각 차량에 전달하여 제동력을 제어하는 것으로 구조가 간단하면서도 응답성이 좋으므로, 각국의 철도에서 가장 많이 사용하는 제동방식이라 할 수 있으며, 선두차에서 전 차량에 걸쳐 공기관을 연결시켜 각 차량의 보조 기기들에 공기를 공급한다. 제동제어는 선두차에서 제동변을 조작하면 제동통에 공급되는 공기압력이 조절되면서 제동작용이 이루어진다. 공기제동장치에는 직통공기제동, 전자직통공기제동, 자동공기제동, 전자자동공기제동 장치 등이 있다.

① 직통공기제동

직통공기제동을 구성하는 기본적인 장치에는 제동변, 주 공기통, 직통관 및 제동통 등이 있다. 직통제동은 제동변을 조작하면 주공기압력이 직통관을 경유하여 제동통에 공급되어 제동작용이 이루어진다. 이 제동장치는 장치가 간단하고 다양한 단계의 제어가 이루어질 수 있는 장점이 있다. 그러나 직통관이 절손되거나 누기되면 제동이 체결되지 못하며 열차편성이 장대할 경우에는 제동력을 전달하는 시간이 많이 소요되는 결점이 있다.

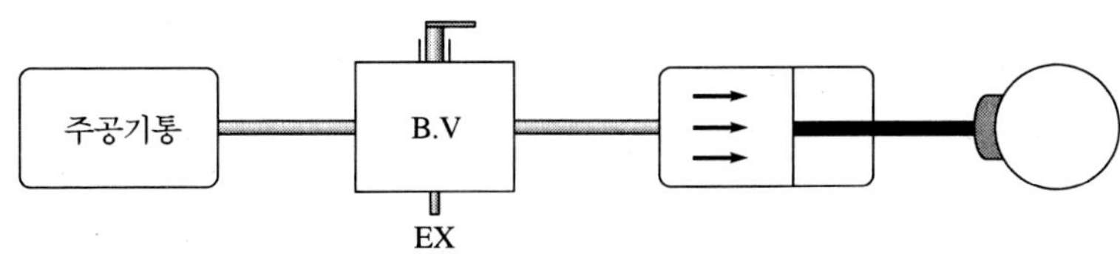

그림 7.44 직통공기제동의 원리

② 전자직통공기제동

장대한 편성에서 직통공기제동은 차량마다 시간적 차이가 발생될 수 있다. 따라서 이와 같은 제어상의 단점을 보완하기 위하여 공기제어가 아닌 전기적인 제어를 수행하는 장치가 전자직통공기제동장치이다. 직통관의 급배기를 전기적으로 제어하면 각 차에 시간차가 발생하지 않기 때문에 다양한 제동제어가 신속, 정확하게 이루어질 수 있다. 최근에 전동차의 상용제동에서는 대부분의 차량에서 주로 전자직통 공기제동을 가장 많이 활용하고 있다.

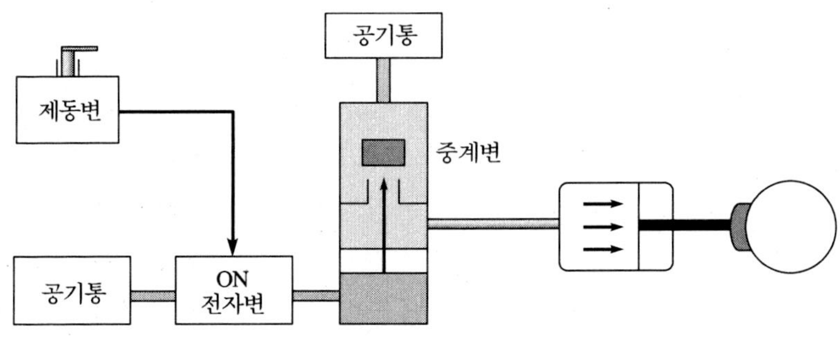

그림 7.45 전자직통공기제동의 원리

③ 자동공기제동

자동공기제동장치는 전 차량을 관통하는 배관을 설치하고 그 배관에 항시 일정한 압축공기를 공급하면서 제동을 제어한다. 만약 배관내부의 압축공기가 배출되거나 감소하면 차륜에는 자동적으로 제동이 체결된다. 이 장치는 직통공기 제동장치에서 직통관이 절손되어 제동이 체결되지 않는 단점을 보완할 수 있기 때문에 함께 활용되면 편리하다. 최근 전동차에서 자동공기 제동은 차량의 안전운행과 관련하여 비상시에 제동이 체결되도록 활용되고 있으나 점차 전자자동공기 제동방식으로 전환되어 가는 추세이다.

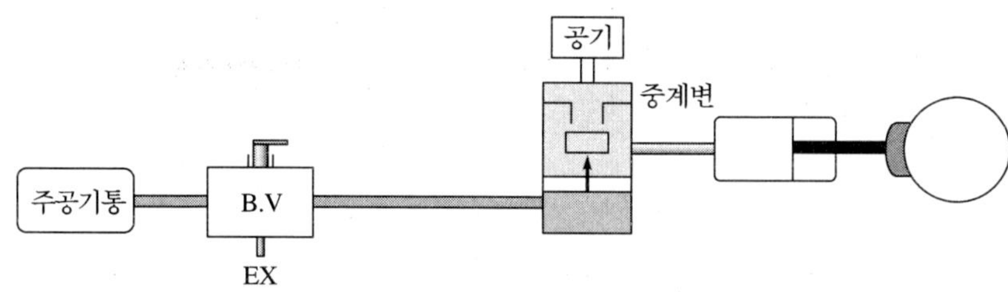

그림 7.46 자동공기제동의 완해작용

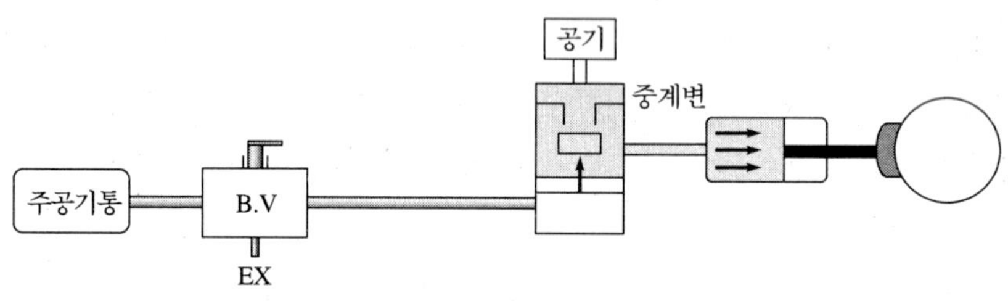

그림 7.47 자동공기제동의 제동작용

④ 전자자동공기제동

장대한 편성에서 자동공기제동은 차량마다 시간적 차이가 발생될 수 있다. 따라서 이와 같은 제어상의 단점을 보완하기 위하여 공기제어가 아닌 전기적인 제어를 수행하는 장치가 전자자동 공기제동장치이다. 전자자동공기 제동은 자동공기제동의 원리를 기본으로 활용하고 제어성능면에서 향상된 제동장치라 할 수 있다. 직통관의 급배기를 전기적으로 제어하면 각 차에 시간차가 발생하지 않기 때문에 다양한 제동제어가 신속하고 정확하게 이루어질 수 있다.

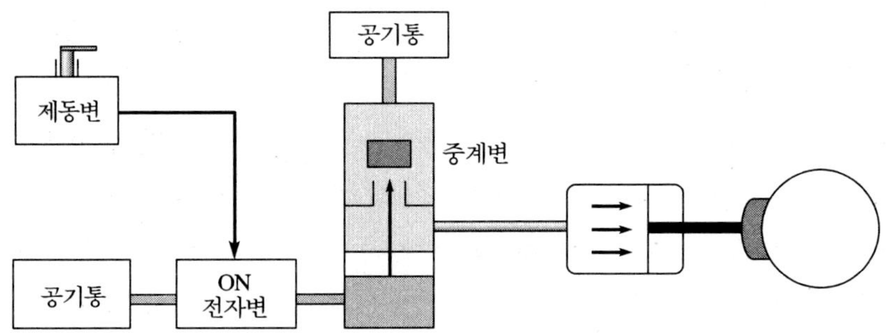

그림 7.48 전자자동공기제동의 원리

나. 전기제동

이것은 제동 시에 견인전동기를 발전기와 같은 역할을 하도록 하는 것으로 전기자의 역 회전력을 이용하여 제동력을 얻는 방식이다. 발전된 전기를 저항기의 열로 발산하는 저항제동방식과 가공 전차선을 통해 변전소 또는 다른 차량에 회귀시키는 회생제동방식 등이 있다.

① 발전제동(Dynamic Brake)

운행중에 제동변을 제동위치로 조작하면 주회로는 발전제동을 위한 회로로 전환되어 구성되며 주전동기에서 발전된 전류가 주회로 내부를 흐르게 된다. 그와 동시에 주회로의 전류는 전동기에 작용하여 역회전력을 발생시킨다.

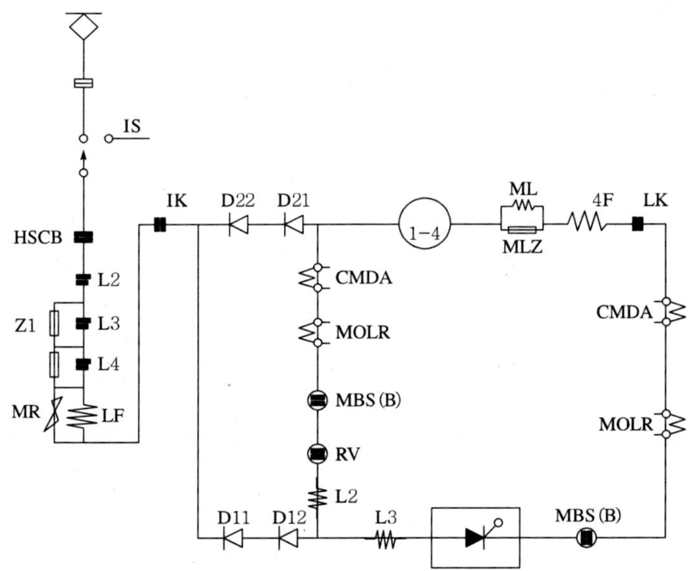

그림 7.49 회생제동 주회로의 예

이 역회전력이 차륜의 회전력에 대하여 제동력으로 작용된다. 발전제동시 주회로에는 부하로서 주저항기가 설치되어 있으므로 회로에 전류가 흐르면 역회전력이 제동작용을 하므로 전동차의 속도가 낮아진다. 전동차의 속도가 낮아지면 부하전류가 감소되나 한류치 제어장치의 제어에 의해 주저항기가 순차로 단락되면서 일정한 전류가 유지된다. 그러나 발전제동력은 고속시에는 과전압 현상을 초래할 수 있으며 저속시에는 효과적인 제동력이 발생되지 않는 결점이 있다.

② 전력회생제동

이 장치는 단순히 회생제동이라고도 칭하며 주전동기에서 발생하는 전력을 전차선을 통하여 발전소 및 타 전동차에 보내는 방식을 활용하고 있다. 회생제동 장치에서 주회로를 순환하는 전류를 생산하는 원리는 발전제동의 원리와 동일하지만 주 저항기 대신에 초퍼장치를 설치하여 전류를 제어한다. 회생제동장치는 전력소비의 절감, 설비용량 감소 등의 이점이 있기 때문에 저항제어차량을 제외한 초퍼제어 차량이나 VVVF 제어차량에서는 널리 실용화되고 있다. 그러나 전력회생시에 가선전압을 상승시키는 요인이 발생하고 제어장치가 다소 복잡하게 되는 등의 문제가 있다.

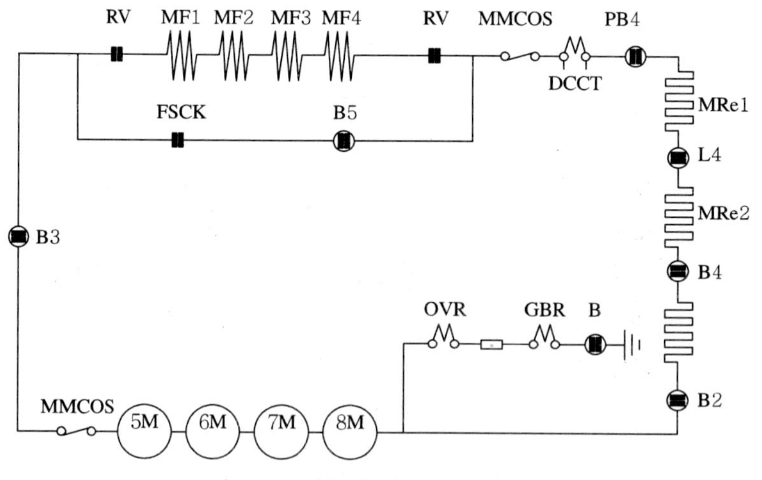

그림 7.50 전동차 발전제동회로의 예

다. 수용제동

운전자가 손으로 제동을 직접 제어하며 힘을 작용시키는 과정에는 치차, 스크류, 유압, 체인, 지렛대 등 이용하여 정지되어 있는 차량이 전동되는 것을 방지하거나 저속으로 주행하는 차량을 정지시킬 목적으로 사용한다. 이 제동장치는 주로 저항 제어차량과 초퍼 제어차량에 설치되어 있다.

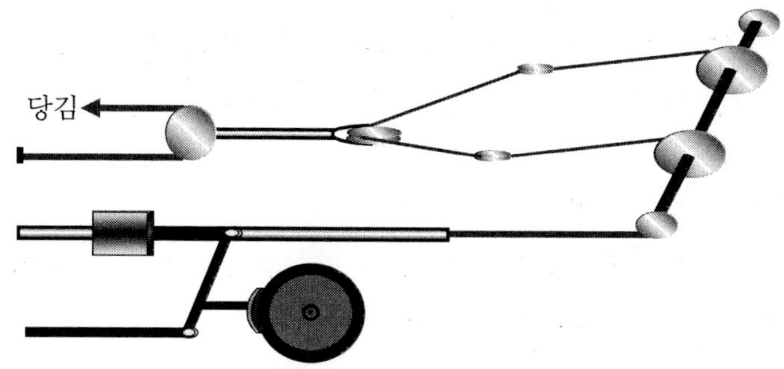

그림 7.51 수용제동의 원리

라. 스프링제동

오랜 기간동안 차량을 운행하지 않을 경우에 제동통 내의 압축공기가 배출되었거나 더 이상 공기공급을 필요로 하지 않고 제동을 체결할 수 있는 장치로서 제동통 내에 스프링을 설치하여 제동력을 발생시킨다.

이 제동장치는 최근에 제작된 직교류 전동차(VVVF 전동차)에 설치되어 있다.

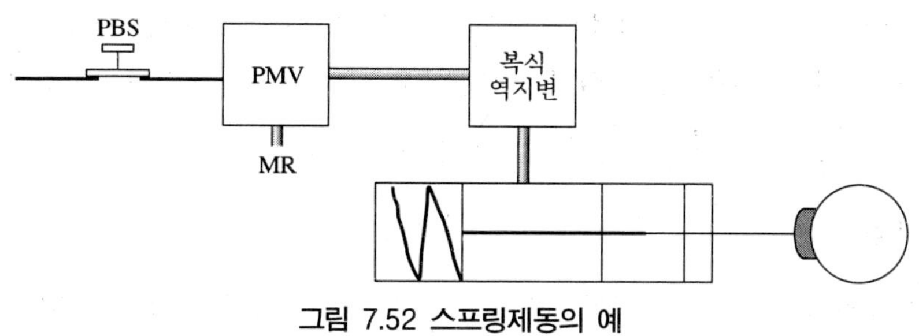

그림 7.52 스프링제동의 예

9.7 제동장치

제동장치는 ATC/ATO 운전에 적합한 고응답, 고성능을 갖으며 최대 점착 한계내에서 유효 회생제동을 최대한 이용하며 전력 소모의 극소화, 제동 슈 마모의 최소화를 기함으로서 경제적 운용이 되도록 시스템을 구성하였다.

(1) 제동장치 종류 및 작용

1) 상용제동(Service Brake)

Mascon 및 ATO 제동 지령 출력 및 ATC에서 FSB지령 출력에 의하여 수행되는 제동으로 전공연산(M+T차 교차제어)을 수행하여 제동 체결 한다.

2) 비상제동(Emergency Brake)

비상제동장치는 각 제동작용장치에 있는 비상전자변을 소자시킴으로서 차량을 정지시키는 안전한 방법을 제공하기 위한 것이다.

차종별로 차이는 있으나 다음과 같은 경우 체결된다.

① ATC의 비상제동지령
② 주간제어기를 비상제동위치에 둘 경우
③ 운전실의 비상제동 스위치 작동
④ MR관 압력이 낮을 경우
⑤ 열차분리 시

3) 보안제동(Preventive Brake)

상용과 비상제동 고장시 사용하며 전, 후부 운전실 어디서도 취급이 가능하며 보안제동을 취급시 양쪽 운전실에 보안제동 등을 점등시킨다. 보안제동 입력이 TCMS에 입력되면 TCMS는 역행을 차단한다.

4) 주차제동

차내에 압력공기가 없을 때에 필요한 제동이므로 공기완해 스프링 체결 방식이다. 주차제동 체결 상태에서 열차가 운행하는 사고를 방지하기 위하여 역행회로와 연동이 되어있다. 운전실내의 주차제동스위치(PBS ON, PBS OFF)를 동작시켜 주차제동을 체결 및 완해를 하기 위한 것으로 전부 TC차의 지령을 후부 TC차의 주차제동 전자밸브와 인통되어 체결된다.

5) 정차제동(Stop Brake)

열차속도가 정지상태(V = 0Km/h) 및 MASCON위치(N)를 이용하여 각 차량의 정차제동을 체결한다. 차량의 안전운행 및 정차시 승차감 향상을 위하여 열차가 역에 진입하여 정차하면 자동으로 제동이 체결되어 차량의 미끄러짐 현상을 방지하고 역행회로와 인터록 되어 있고 자동으로 완해된다. 자동운전인 경우 ATO에서 속도검지를 통하여 정차제동 출력을 TCMS에 전송하여 체결하며, 수동운전인 경우 TCMS가 검지한 열차 정지 속도와 마스콘의 위치가 타행 또는 제동위치 여부에 따라서 제동 장치에 정차제동 출력을 지시한다.

6) 회생제동(Regenerative Brake)

발전제동에 의해 발생된 전력을 주저항기로에서 열로서 발산시키지 않고 전차선 전압보다 전압을 더 높이 상승시켜 판터그라프를 통하여 전차선을 거쳐 변전소 및 역행 운행 중인 다른 전동차에 보내주는 방식으로 전력소비량이 절약된다.

7) 전자직통제동(Electromagnetic Straight Brake)

직통관의 급배기를 전기적으로 동시에 제어함으로서 직통제동의 단점인 제동력 발생의 시간적 차이가 없고 장대한 편성이라도 동시에 제동력이 작용함으로 제동력의 불균형이 발생치 않으며 다양한 제동제어가 가능하다.

8) 수용제동

사람의 힘으로 레버를 이용하여 제동력을 얻는 제동장치로서 제동력이 약하여 전동방지용이나 저속시 보조적인 제동장치로 사용된다.

(2) 제동별 주요제어방식

① 회생제동병용 공기제동방식, 응하중제어 공기방식 : 상용제동, 비상제동
② 지령선 소자에 의한 순수공기제동 : 비상제동
③ 지령선 여자에 의한 순수공기제동 : 보안제동
④ 지령선 여자 및 MR압력 배기에 의한 스프링작용식 제동 : 주차제동
⑤ 속도검지에 의한 자동제동 : 정차제동

(3) 제동시스템 기능

① 제동전자제어유니트(ECU) 구동차, 부수차
② 주간제어기에의한 역행 및 제동제어(원 핸들)
③ 회생제동 병용, 져크제한기능
④ ATC/ATO장치 및 TCMS와 협조제어
⑤ 응하중제어(상용 및 비상, 정차제동)
⑥ 활주방지기능(상용 및 비상, 정차제동)
⑦ 열차구원운전
⑧ 제동력감시기능 및 원격제어기능
⑨ TCMS와 정보전송기능

(4) 안전루프회로

선두 TC에서 비상제어 계통이 후부 TC를 돌아 선두 TC에 복귀되는 일련의 회로중 어느 부분이든 차단되면 차량에 비상제동이 걸리고 견인조작이 불가능하도록 하는 안전회로이다. 각각의 감시하는 기기는 배터리 전압, 주간제어기, 전두선택여부, ATC 고장여부, 열차정지여부, 비상제동 스위치취급여부, 주공기 압력 스위치 등을 감시한다.

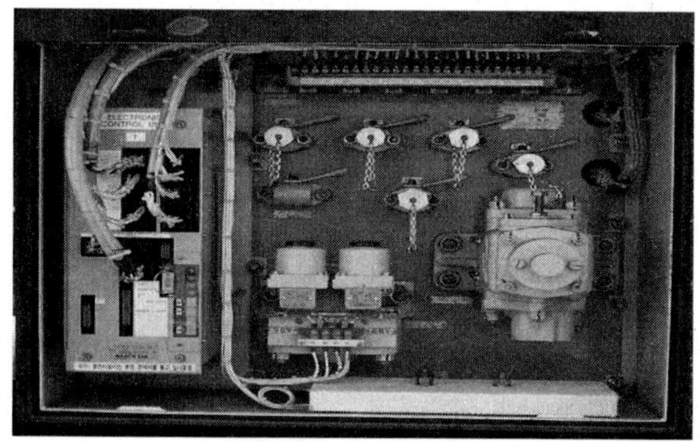

그림 7.53 BOU 장치

(5) 공기관 컷아웃 코크의 도색

도색	명칭
백색	주공기통관 컷아웃 코크
	공급공기통관 컷아웃 코크
	보안공기통관 컷아웃 코크
	조압기용 컷아웃 코크
	팬터그래프 회로용 컷아웃 코크
	기적 스위치용 컷아웃 코크
	기압스위치용 컷아웃 코크
	와이퍼용 컷아웃 코크
황색	구원 제동용 컷아웃 코크
적색	제동통 회로용 컷아웃 코크
	출입문 제어용 컷아웃 코크
	제어공기관 컷아웃 코크
흑색	구원제어용 컷아웃 코크

(6) 철도차량 제동이론

1) 제동의 조건

열차의 제동력은 제동통압력의 대소, 제동통의 직경, 제동배율, 마찰계수 등 여러가지 원인에 의하여 증가 또는 감소된다. 제동력은 차륜과 제륜자간 또는 디스크에 의한 마찰력(점착력)을 이용한 것으로서 점착력 보다 제동력이 크면 차륜은 활주하므로 제동력의 한도는 점착력과 크기가 같거나 다소 작아야 한다.

2) 자동공기제동장치의 구비조건

- 각 차량 및 각 차륜에 균등하고 확실하며 동기적인 제동력이 작용할 것
- 보통때는 제동력을 원할하게 증가시킬 수 있고 비상시에는 신속히 제동력을 증가시킬 수 있을 것
- 장시간 제동을 체결하여도 온도상승은 일정한 한도를 넘지 않을 것
- 제동력은 축중에 대하여 어느 한도를 넘지 않을 것(제륜자 1개 당 압력은 3.6ton을

초과하지 않을 것)
- 반복사용에 내구성이 있을 것
- 제동을 사용하지 않을 때 제동력은 0일 것
- 열차가 분리되었을 때는 자동적으로 제동작용이 이루어 질 것

3) 공기압력변화에 따른 기초이론

공기는 일정한 용적과 압력이 있는데 공기를 압축하여 용적을 축소시키면 압력과 온도가 상승하고 반대로 제동을 작용(팽창)시키면 압력과 온도가 낮아진다. 이와 같이 공기를 압축 또는 팽창시킬 때 압력과 온도가 변하는 것을 단열압축 또는 단열팽창이라 한다. 그리고 공기를 압축 또는 팽창시킬 때 온도가 일정한 상태로 압력이 변하는 것을 등온압축 또는 등온팽창이라고 한다.

공기제동을 체결하면 보조공기통공기가 제동통을 향하여 팽창하므로 보조공기통내 압력과 온도가 떨어지기 때문에 단열팽창으로 취급하여야 하나 등온변화로 취급하여도 실용상 별 문제점이 없다. 즉 공기제동시에는 공기의 압력이 변화할 때 마다 온도변화도 따르나 일시적인 온도변화가 있을뿐 곧 대기온도와 같게 되므로 등온변화로 간주하고 취급한다.

4) 제동력과 감속력 및 점착력

제동력이란 차륜의 회전을 저지하는 힘을 말한다. 차륜의 회전을 저지시키려면 차륜의 회전과 반대방향으로 힘이 작용하여야 제동이 체결되는 것으로서 제륜자압력은 차륜의 답면을 누를뿐이며 제륜자와 차륜간에 마찰이 있어야 제동력으로 작용하는 것이다.

• 일반적으로 제동력을 좌우하는 요인은 다음과 같다.
- 제동통압력의 고저
- 제동통피스톤 직경의 대소
- 제동관감압량의 대소
- 제동통피스톤행정의 대소
- 제동배율
- 제동효율
- 마찰계수

제륜자가 차륜답면을 누르는 압력(제륜자압력)을 P(Kg), 차륜과 제륜자간 마찰계수를 f, 제동력을 B(Kg)라고 하면

제동력 B = P × f(Kg)
= 제륜자압력 × 마찰계수(Kg)

5) 감속력

열차진행을 저지시키는 것은 제동력뿐만 아니라 열차저항(주행저항, 구배저항 등)도 열차속도를 감소시킨다. 이와 같이 열차속도를 감소시키는 힘을 감속력이라고 한다.

제동력을 B(Kg), 제륜자압력을 P(Kg), 어느 속도일 때 마찰계수를 f, 어느 속도일 때 감속력을 Fd(Kg), 주행저항을 R(Kg), 구배저항을 Rg(Kg),

곡선저항을 Rc(Kg)라고 하면

감속력 Fd = B + (R ± Rg + Rc) (Kg)
= 제동력 + (주행저항 ± 구배저항 + 곡선저항) (Kg)
= P·f + (R ± Rg + Rc) (Kg)

또 제동개시 때부터 정차할 때까지 평균제동력을 Bm(Kg), 제륜자압력을 P(Kg), 제동개시 때부터 정차할 때까지 평균마찰계수를 fm, 제동개시 때부터 정차할 때까지 평균감속력을 Fdm(Kg), 평균주행저항을 Rm(Kg), 구배저항을 Rg(Kg), 곡선저항을 Rc(Kg)라고 하면

평균감속력 Fdm = Bm + (Rm ± Rg + Rc) (Kg)
= 평균제동력+(평균주행저항±구배저항+곡선저항) (Kg)
= P·fm + (Rm ± Rg + Rc) (Kg)

• 하구배구간 등속운전조건

열차가 하구배구간을 운전할 때 주행저항, 곡선저항 및 제동력은 열차속도를 감속시키지만 구배저항은 열차속도를 증가시킨다. 그러므로 하구배구간에서 속도상승력과 속도감속력이 같게되면 열차는 등속운전을 한다.

주행저항을 R(Kg), 구배저항을 Rg(Kg), 곡선저항을 Rc(Kg), 제동력을 B(Kg)라고 하

면 하구배에서 제동을 체결하였을 때 등속도운전을 한다면 다음식이 성립한다.

구배저항 Rg = B + R + Rc (Kg)

∴ 제동력 B = Rg − R − Rc (Kg)

= Rg −(R + Rc) (Kg)

= 구배저항−(주행저항 + 곡선저항) (Kg)

6) 점착력

동륜이 레일을 누르는 힘을 점착중량이라고 한다. 그리고 동륜답면과 레일간 마찰계수와 점착중량의 상승적을 점착력(점착견인력)이라고 한다.

동륜상 중량(점착중량)을 W(ton), 차륜과 레일간 마찰계수(점착계수)를 μ, 점착력을 γ(ton)이라고 하면

$$\gamma = \mu \times W \text{ (ton)}$$

또는 $\gamma = 1000 \times \mu \times W$ (Kg)

제동취급시 차륜이 활주하지 않기 위해서는 제동력이 점착력 보다 작아야 한다.

즉 $B \leqq \gamma$

$P \times f \leqq \mu \times W$

$P \cdot f \leqq \mu \cdot W$의 관계가 성립되어야 한다.

또 견인운전을 할 때 차륜이 공전하지 않기 위해서는 동륜주견인력이 점착력 보다 작아야 한다.

동륜상 중량(점착중량)을 W(Kg), 차륜과 레일간 마찰계수(점착계수)를 μ, 점착력(점착견인력)을 γ(Kg), 동륜주견인력을 Td(Kg)이라고 하면

$Td \leqq \gamma$

$Td \leqq \mu \cdot W$의 관계가 성립되어야 공전을 하지 않는다.

7) 최대제동력

제동력이 점착력을 초과하는 경우에는 차륜이 활주하기 때문에 점착계수 μ 의 값이 감소하고 차륜답면이 레일과의 마찰에 의하여 손상을 입는다. 그래서 차륜답면의 일부가 평면으로 되어 차륜이 회전할 때 마다 충격이 발생한다. 이 평면으로 된 부분을 찰

상이라고 한다.

차륜이 찰상 되면 승차감을 나쁘게 하고 충격이 발생하므로 차축에 악영향을 미친다. 차륜찰상이 생기기 직전의 제동력 즉 점착력과 동일한 제동력을 최대제동력이라고 한다.

8) 점착계수의 변화

차륜과 레일간 점착계수는 접촉하는 레일면의 상태에 따라서 변한다. 즉 레일면에 습기, 서리 또는 눈이 있을 때 점착계수 값은 작아진다. 특히 레일면에 기름이 있을 때의 점착계수 값은 극히 작다. 또 운전속도에 의해서도 점착계수의 값은 변한다.

- 점착계수 산출식

운전속도를 V(k/h), 차륜과 레일간 마찰계수(점착계수)를 μ 라고 할 때 운전계획상 점착계수 산출식은 다음과 같다.

-. 디젤기관차 및 디젤동차 $\mu = 0.265 \times \frac{1+0.114V}{1+0.150V}$

- 전기기관차(교류) $\mu = 0.326 \times \frac{1+0.279V}{1+0.367V}$

- 전 동 차 $\mu = 0.245 \times \frac{1+0.050V}{1+0.100V}$

- 제동시 점착계수 $\mu = \frac{0.2}{1+0.0059V}$

표 7.2 점착계수 값(10km/h일 때)

레일면 상태	보통의 경우	살사한 경우
건조하고 맑은 날	0.25 ~ 0.30	0.35 ~ 0.40
습한 날	0.18 ~ 0.20	0.22 ~ 0.25
서리가 내렸을 때	0.15 ~ 0.18	0.20 ~ 0.22
눈이 내렸을 때	0.15	0.20
기름끼가 있을 때	0.10	0.15
낙엽이 있을 때	0.08	

9) 축중이동

최대제동력은 마찰계수와 축당중량의 영향을 받는다. 차량이 정차한 상태에 있으면 4축 차량의 경우 1개의 축에는 차량중량의 1/4씩 중량을 부담하고 있지만 가속 또는 감속운전 중에는 차량중량의 이동현상이 일어난다.

발차할 때는 차량의 뒤쪽 축에, 제동을 체결할 때는 앞쪽축에 중량이 가해지게 된다. 그러므로 견인력을 정할 때는 축중이동현상 때문에 점착력이 최소로 되는 차륜(견인 시는 맨앞 축, 제동 시는 맨뒤 축)의 점착력을 기준할 필요가 있다. 그리고 축중이동은 대략 15%정도이므로 최대견인력과 최대제동력을 산정할 때는 전체중량의 85% 정도를 점착중량으로 계산한다.

- 차량중량의 크기관계는 다음과 같다.
- 운전중의 점착중량 <정지상태의 1축중량
- 점착중량 <차량전체의 중량(차량중량)

10) 차륜답면과 제륜자간 마찰계수

마찰계수란 두 물체가 서로 접촉하였을 경우 두 물체의 성질 및 접촉면의 상태에 따라서 변화되는 상수를 말하는 것으로서 접촉면에 가하는 압력과 그 접촉면에 나타나는 저항력의 비다.

11) 차륜답면과 제륜자간 마찰계수를 좌우하는 인자

차륜답면과 제륜자간 접촉면을 현미경으로 보면 미세한 요철부분으로 되어있고 이 부분이 마찰되어 제동력이 발생한다. 운전속도가 낮을 때는 차륜답면과 제륜자간 미세한 요철부분의 치합이 비교적 완전하므로 마찰계수가 크다. 반대로 운전속도가 높으면 치합이 불완전하므로 마찰계수는 작아진다.

열차운전중 제동을 체결하면 운전속도가 높을 때는 제동기능이 나쁘다가 속도가 감소됨에 따라서 제동효과가 좋아지는 이유는 제륜자압력은 동일하나 운전속도가 낮아짐에 따라서 마찰이 증가되기 때문이다. 여객열차를 정차시킬때 계단완해를 하는 이유는 저속으로 됨에 따라서 제동력이 증가되므로 정차충격을 방지하기 위해서다.

12) 제륜자와 차륜의 재질 및 강도

차륜과 제륜자의 재질을 모두 주철로 하게 되면 마찰계수가 커서 제동효과는 양호하나 주철제 차륜은 마모가 심하고 강도가 약하므로 실용상 부적당하다. 또 차륜과 제륜자의 재질을 모두 강철로 하면 차륜의 마모가 심하므로 철도차량에 적합하지 않다. 그러므로 차륜은 강철제로, 제륜자는 주철제로 하여 차륜 보다 제륜자의 마모를 많게 함으로서 차륜의 수명을 길게 하고 있으나 마찰계수는 적다.

13) 제륜자의 온도 및 제동시간

제동시 제륜자가 차륜답면을 누르면 제륜자와 차륜답면간 마찰로 인하여 열이 발생하므로 온도가 높아진다. 따라서 장대한 하구배에서 장시간 제동을 체결하면 차륜과 제륜자간 온도상승으로 인하여 마찰계수가 감소되므로 제동효과가 감소된다. 또 차륜과 제륜자간 온도상승은 외륜이완의 원인이 된다.

14) 제륜자의 크기 및 형상

제륜자가 크면 단위면적당 제륜자압력이 작아지며 열용량이 커져 차륜과 제륜자간 온도상승이 지연된다. 또 방열면적이 넓어지며 온도상승이 지연되므로 마찰계수는 비교적 크다. 그리고 열을 방산하도록 제륜자를 제작하면 온도상승이 작아지므로 마찰계수 감소를 방지할 수 있다.

15) 마찰면의 상태

제륜자가 차륜답면에 직접 접촉하여 열을 받으므로 제륜자는 큰 것이 좋다. 제륜자의 마찰면 전체가 차륜에 압착하는 상태로 되면 마찰계수는 비교적 커지나 제륜자의 마찰면이 돌출면 상태이면 마찰계수는 작아진다. 마찰면이 돌출 상태인 제륜자가 차륜을 압착하는 경우에는 돌출부에 큰 힘이 작용되고 국부적으로 고열상태가 되므로 마찰계수가 작아진다. 신품 제륜자의 제동효과가 불량한 것은 위와 같은 이유에서다.

또 마찰면에 기름이 있을 때는 차륜답면과 제륜자간 유막이 생기기 때문에 마찰계수는 감소되고 모래성분이 있을 때는 마찰계수는 증가한다.

16) 제륜자압력의 대소

제륜자압력이 크게 되면 온도상승이 빨라지므로 마찰계수가 작아진다. 그리고 제륜자 수를 많게하면 제륜자 1개당 압력이 작아지므로 마찰계수가 커진다. 따라서 복식제륜자가 단식제륜자 보다 마찰계수가 크다. 제륜자가 차륜답면을 누르는 압력(제륜자압

력)을 P(Kg), 차륜과 제륜자간 마찰계수를 f, 제동력을 B(Kg)라고 하면,

제동력 B = P·f (Kg)

$$\therefore \text{ 마찰계수 } f = \frac{B}{P}$$

그러므로 제륜자압력 P가 크면 마찰계수값은 작아지는 것을 위 식에서 알 수 있다.

17) 일정속도의 경우 마찰계수

운전속도를 V(Km/h), 천후(기후)에 따른 상수를 C, 차륜과 제륜자간 마찰계수를 f라고 하면 일정속도로 운전할 때 속도에 의한 마찰계수 실험식은 다음과 같다.

$$f = C \times \frac{1+0.01V}{1+0.05V} \tag{6.1}$$

위 식 (6.1)중 C의 값은, 보통 0.32를 사용하며, 맑은 날일 때는 0.42를, 비가 올때는 0.30을 사용한다.

18) 평균마찰계수

제동취급 시 제동거리나 제동시간을 구할 때는 속도가 변할 때 마다 마찰계수를 구할 수 없으므로 제동개시 부터 정차 시까지 마찰계수의 평균을 구하여 그 값을 평균마찰계수로 사용하고 있다.

19) 레진제륜자의 마찰계수

레진제륜자는 합성 특수제륜자다. 성분은 비철금속과 흑연을 건성유(乾性油)와 고무로 교체한 후 분쇄(粉碎)한 것을 15 ~ 20%, 주철분말 50 ~ 60%, 석면 10 ~ 15%, 건성유 10 ~ 15%, 레진 또는 고무 5 ~ 10%로 되었다.

- 레진제륜자의 장점(주철제륜자와 비교할때)
- 주철제륜자 보다 고속에서 마찰계수가 크다.
- 제동중 속도변화에 따라서 마찰계수의 변화가 적으므로 제동력변화도 적고 정차전 충동이 없다.
- 내마모성이 크다.
- 수명이 길다(주철제의 9배).

- 중량이 가볍다(주철제의 1/3)
- 마모분말의 비산이 적다.
- 정차시 소음이 거의 없다.

• 레진제륜자의 단점(주철제륜자와 비교할 때)
- 제동시 발생하는 열 방산이 어려워 차륜으로 축적되기 때문에 외륜이 이완될 우려가 크다.
- 제동력을 너무 크게 하면 활주우려가 있다.

20) 제동거리 및 제동시간

열차가 가지고 있는 운동에너지를 제륜자와 차륜답면 간 마찰력에 의하여 열에너지로 전환하는 것을 제동이라고 한다. 제동개시 때부터 정차할 때까지 열차의 제동력이 동일하다고 하면 열차가 가지고 있는 운동에너지가 클수록 열에너지로 전환하는데 많은 시간이 소요되므로 제동정지거리는 연장된다. 운동에너지를 열에너지로 변환하여 정차할 때까지 주행한 거리를 제동거리라고 하고 소요된 시간을 제동시간이라고 한다. 제동정지거리는 공주거리와 실제동거리의 합으로 이루어진다. 실제동거리는 제동이 유효하게 작용하여 정차할 때 까지의 주행거리를 말한다. 일반적으로 제동거리는 열차속도 제곱에 비례하고 열차중량에 비례한다.

21) 공주거리 및 공주시간

제동변을 제동위치로 하면 압력공기가 유동되는 시간과 기초제동장치의 유간 및 마찰저항, 제동통완해스프링의 저항력 때문에 즉시 100%의 제동효과가 나타나지 않고 어느 정도의 시간이 지난 후 제동이 작용된다. 제동변을 제동위치로 옮겼을 때 부터 제동이 유효하게 작용되기까지 주행한 거리 즉 제동통압력이 감압량에 대한 소정압력의 60 ~70%에 도달할 때 까지 주행한 거리를 공주거리, 소요된 시간을 공주시간이라고 한다.

공주시간은 제동장치 종류, 제동방법(상용제동과 비상제동), 열차종류, 편성차수, 제동통피스톤행정의 장단, 등에 따라서 다르다. 그리고 공주거리를 계산할 때는 제동초속도만으로 계산하기 때문에 급하구배의 경우에는 속도변화를 고려하여야 한다.

기관차를 제외한 차량의 제동통피스톤행정이 길면 기초제동장치의 제동체결이 늦어지므로 공주시간이 길어지고, 행정이 짧으면 제동체결이 빠르므로 공주시간이 짧다. 제동방법에 따라서 제동관 감압속도가 공주시간에 영향을 미치는 이유는 감압이 느리면 최고 제륜자압력에 도달하기 까지 시간이 필요하기 때문이다.

일반적으로 편성량수에 관계없이 공기제동 시 공주시간은 다음 표 7.3과 같다.

표 7.3 공기제동시 공주시간

구분	비상제동시	상용제동시
여객열차	3 ~ 4초(보통 3초)	5 ~ 9초(보통 6초)
화물열차	3 ~ 9초(보통 7초)	5 ~ 13초(보통 13초)
전동열차	1.5초	2.5 ~ 3초

22) 발전제동의 유효범위

발전제동력은 견인전동기의 과전압, 과전류, 과고속, 과저속의 제한을 받는다. 이러한 제한범위 내에서는 공기제동과 병용취급을 해야 한다. 디젤전기기관차의 발전제동 효율은 32~37Km/h일 때 가장 좋다.

23) 브레이크슈(제륜자)를 이용한 제동장치

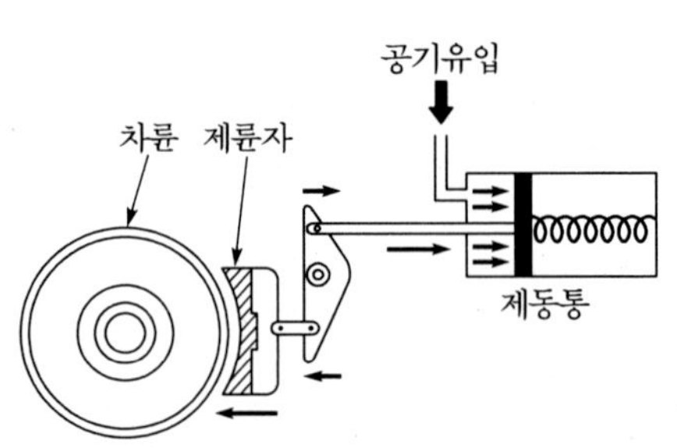

그림 7.54 브레이크슈(제륜자)제동장치

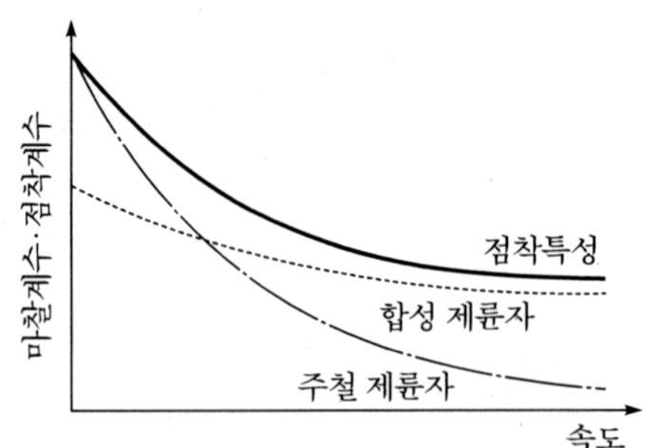

그림 7.55 속도에 따른 제륜자의 마찰계수변화

그림 7.54는 철도차량에서 가장 광범위하게 사용하고 있는 제동장치로 차륜답면과 주철제 브레이크슈 사이의 마찰력을 이용하여 제동하는 값이 싼 제동방식이다. 차륜답면을 늘 깨끗하게 청소하여 답면상의 이물질과 답면의 미소한 흠을 없애주며 뛰어난 열방산 효과 등의 이점으로 인해 많이 사용되고 있으나, 마찰계수가 속도에 따라 크게

변하고 제륜자의 마모가 심한 것 등의 문제점도 있어 아스베스트, 카본 및 수지 등을 주성분으로 하는 합성제 륜자도 개발하여 속도 증가에 따른 마찰계수의 저하가 작은 제륜자를 사용하는 경우도 있다.

24) 디스크제동장치

차축에 붙어있는 브레이크디스크와 약 5~8kgf/cm^2 정도의 브레이크 실린더 공기압에 의해 레버로 작동되는 브레이크 패드 사이의 마찰력으로 제동을 잡아주는 구조로 차륜답면의 형상과 관계없이 완전독립하여 설치되어 있으므로 마찰면을 넓게 할 수 있어 열방산, 열응력 등에 양호한 효력을 가지고 있기 때문에 제동부하가 큰 철도차량은 이 디스크제동장치를 많이 사용하고 있다(그림 7.56).

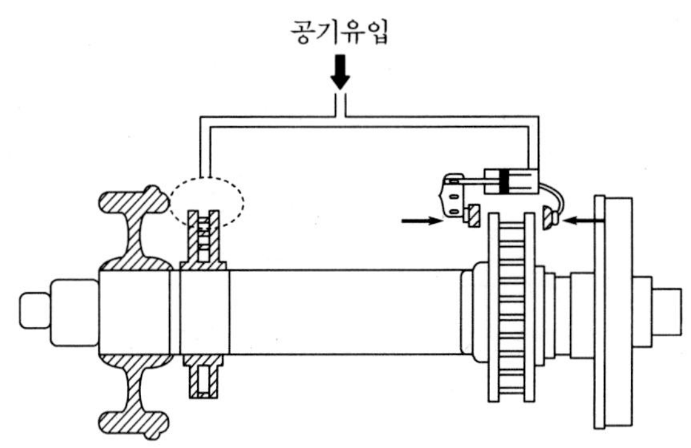

그림 7.56 디스크제동장치

25) 전기제동장치

전기차량의 차륜을 회전시키는 주전동기는 회로변경에 의해 쉽게 발전기로 변하기 때문에 이 원리를 이용하면 기계적 마찰제동의 최대문제점인 부품의 마모, 열부하 등의 문제점이 적은 전기제동이 가능하여 대부분의 전기차에서 채택하고 있다.

제동시 발전한 전력을 차량 내부에 장착된 저항기로 보내 열로 방출해 버리는 발전제동과 전력을 전차선을 통해 지상측 변전소나 혹은 다른 차량에 보내주는 회생제동으로 나눌 수 있다.

회생제동은 제동시 생산된 전력을 소모하지 않고 사용하기 때문에 에너지절약 측면에서 우수하지만 제동시의 발전전압을 전차선의 전압과 거의 같게 제어하기 위해 기구가 복잡하여지고 교류구간에서는 발생된 전력을 지상측 주파수와 동기(同期)시켜야 하는 등 어려운 문제가 있으나 최근 사이리스터 등의 반도체를 사용하여 이러한 복잡한 제어를 비교적 쉽게 할 수 있다.

26) 와전류(Eddy current)제동

와전류제동이란 전자석과 궤도의 상대 운동에 의해 궤도면에 유기되는 와전류에 의해 발생되는 제동력을 이용한 것이다. 전자석과 궤도 사이는 자력만으로 결합되어서 마찰이 없고 제동력은 차체측 전자석의 여자전류를 변화시킴에 따라 연속적으로 조절할 수 있어 특히 고속차량 및 자기부상식 철도차량에 가장 적합한 제동 방식이다.

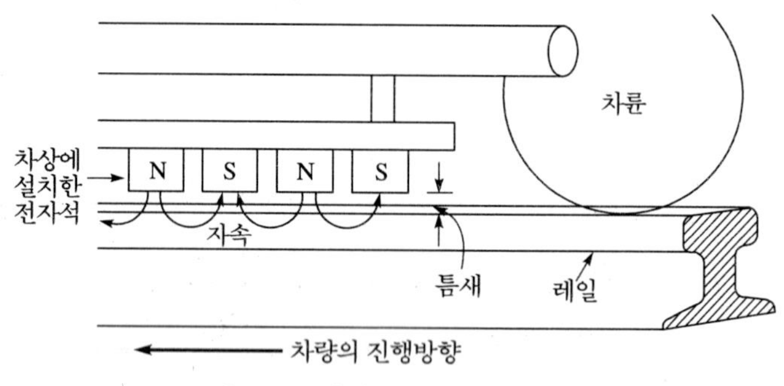

그림 7.57 와전류 제동장치의 구조

그림 7.57처럼 차체에 궤도의 길이 방향으로 전자석의 자극을 N,S,N,S·····로 배치하고 이들이 이동하게 되면 궤도에는 자속이 차례로 변화하기 때문에 그 변화를 줄이려는 방향으로 기전력이 발생하게 되고 와전류가 흘러 제동력이 생기게 되어 있다.

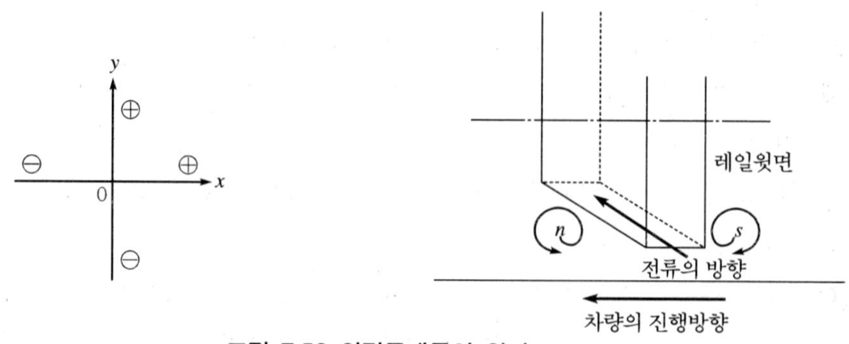

그림 7.58 와전류제동의 원리

그러나 와전류식 레일제동만으로는 제동력을 얻기가 곤란하므로 발전제동과 겸하여 사용하는 것이 훨씬 좋다. 와전류식 제동은 레일과의 틈새(Gap)에 따라 제동력이 크게 변화되기 때문에 틈새(Gap)가 일정하게 확보되도록 해야 한다.

이 때문에 대차의 스프링 하부에 취부하지 않으면 안되나 이 경우 스프링 하중량(Unsprung mass)이 무겁게 되고 고속대차에서는 주행 안정성 면에서 문제가 있다. 따라서 주행중에는 스프링 위로 얹어 놓고 제동시에만 스프링 밑으로 취부되게 하는 방법이 고안되고 있다. 와전류 레일제동과 동일한 원리를 레일대신 차축의 디스크에 적용하는 방식을 와전류 디스크제동이라 하는데 기계적 마찰 디스크제동 방식과 달리 마찰부분이 없기 때문에 항상 안정된 제동력을 얻을 수 있다.

9.8 방송장치

방송장치는 승객의 안전한 승하차와 공지사항을 전달하는 기능과 객실내 비상사태 발생시 열차 무선장치를 경유 승객과 승무원 사령과 승객과의 통화 기능을 갖는다.

(1) 방송장치의 우선순위

① 1순위 : 사령의 대 승객 방송
② 2순위 : 승객의 비상통화
③ 3순위 : 승무원의 차내 방송
④ 4순위 : 승무원의 운전실간 통화
⑤ 5순위 : 자동 방송장치의 자동안내 방송

(2) 장치의 구성

① 중앙제어기 : 객실방송, 좌, 우 차외방송, 운전실 비상인터폰과의 통화, 사령에서의 대승객방송, 승무원과의 비상인터폰통화
② 측면제어기 : 객실방송, 차외방송, 수동안내방송, 운전실 인터폰통화
③ 자동안내방송장치 : 정차역 안내 및 홍보방송을 자동, 수동 실행, 장치의 이상 유무점검, TCMS와 통신
④ 비상인터폰 : 객실과 통화, 사령과 통화
⑤ 모니터 스피커 : 운전실에 설치된 스피커

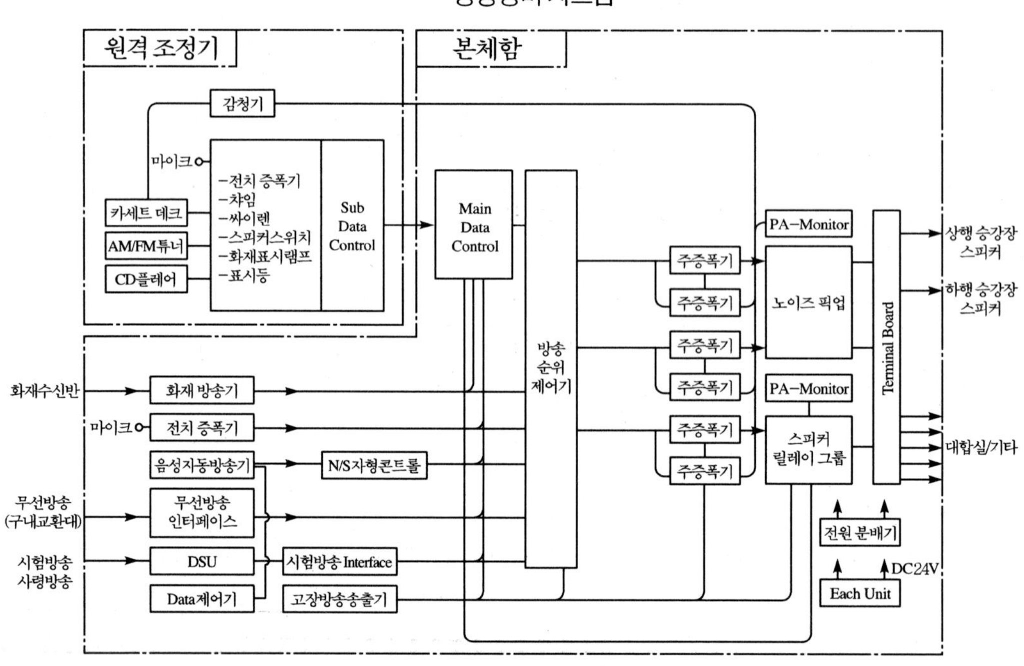

그림 7.59 방송장치 블럭도

⑥ 출력 증폭기 : 음성 신호를 증폭

⑦ 차량 스피커 : 객실, 차외측에 설치

9.9 승객 안내장치

승객 서비스향상을 위하여 전차의 행선지, 정착역, 다음 정착역, 정착역의 출입문방향 및 공지사항을 방송장치와 연계하여 표시한다.

(1) 장치의 구성

LCD 안내게시기 구성도

- 상/하선 승강장, 대합실, 통로 표시반

① 설정기 : TCMS와 통신하며 각 정보를 표시기에 전달하고 고장 검지, 데이터 전송, 자동 및 수동 설정 등이 가능하다.

② 열번표시기 : 열차번호를 표시

③ 행선표시기 : 종착역을 표시

④ 객실안내 표시기 : 객실 내에 정보를 표시

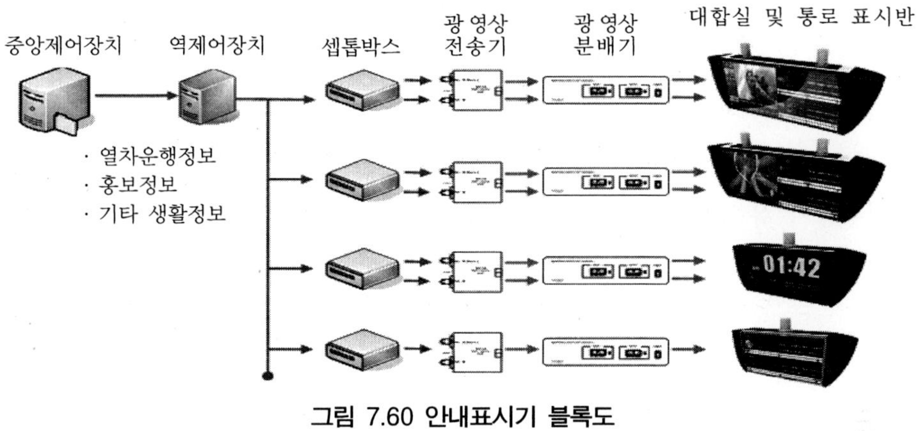

그림 7.60 안내표시기 블록도

9.10 전동차 냉난방

(1) 객실 환기 상태(설계상 기준)

구분	장치 가동시 현상	결 과
냉방기 가동시	외부공기 내부로 유입 1,920m^3/h	내부공기압 상승 출입문 개방 시 공기유출
환풍기 가동시	내부공기 외부로 유출 1,980m^3/h	내부공기압 하강 출입문 개방시 공기유입
출입문 개방시(자연환기)	대류에 의한 내,외부 공기환기 1,915m^3/h	환풍기 미가동시 외부로 소량 유출
송풍기 가동시	내부 공기 순환 공기 출입 없음	좌동

(2) 객실 환기장치 가동시 공기흐름 개요도

① 냉방기 선택시 설정온도 이상 : 압축기 가동(실질적 냉방)

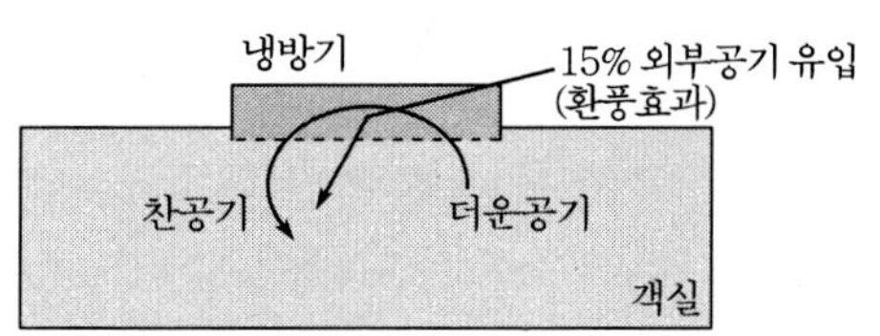

② 냉방 선택시 설정온도 이하 : 냉방기용 환풍기만 가동

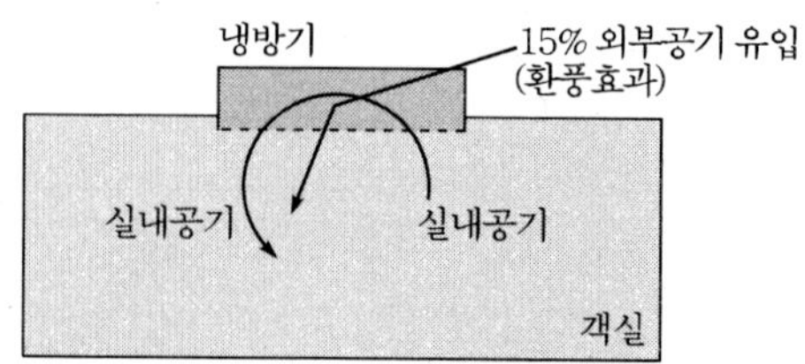

③ 객실 송풍기(Linedeliar) 가동시 공기흐름

▷ 내부공기 유속변화로 체감온도 변화

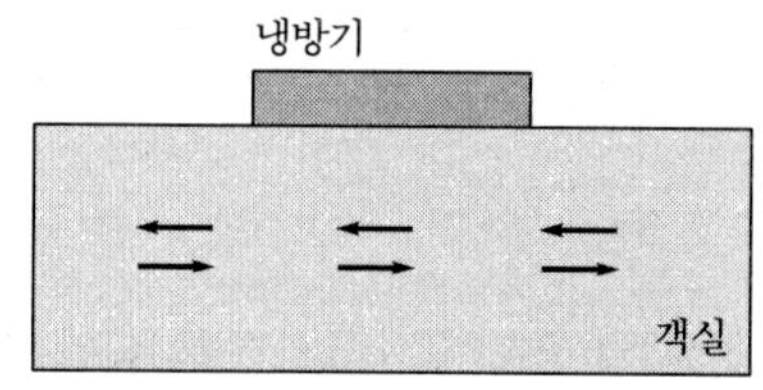

④ 객실 환풍기 가동시 : 내부공기 외부로 유출(차종에 따라)

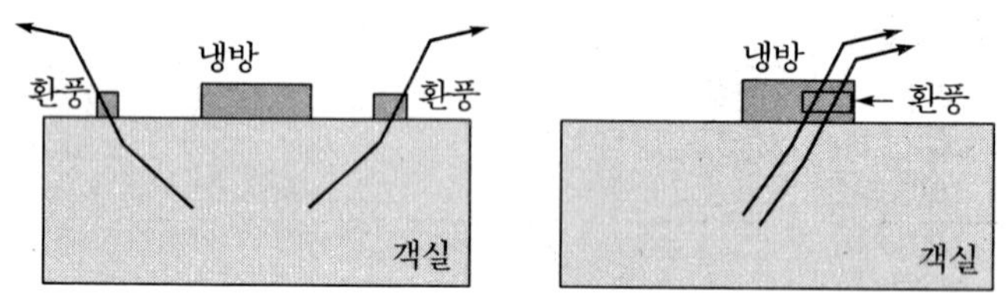

9.11 조명장치(LIGHT CIRCUIT DIAGRAM)

(1) CAB LAMP(Cab 1,2)

① CABL 1 : 운전실 우측등, AC 220V 전원 - CABLN1 ON / OFF 취급으로 점, 소등

② CABL 2 : 운전실 좌측등, DC 100V 전원 - CABLN2 ON / OFF 취급으로 점, 소등

(2) HEAD LAMP(HL 1,2) 및 TAIL LAMP(TL 1,2)

① 운전실에서 HTN ON / OFF 취급으로 점, 소등.

② 전원 : DC 100V

③ 용량 : HL 1,2 ⇒ 165 / 55 W TL 1,2 ⇒ 40W

④ HEAD LAMP(HL 1,2) : 전부 TC 차만 점등

⑤ TAIL LAMP(TL 1,2) : 후부 TC 차만 점등
- 조등은 HCR ON측 운전실에서 제어
- 비상전조등은 운전실 선택과 관계없이 제어
- 후부등은 TCR ON측 운전실에서 제어

(3) ADL 1 ~ (Air Defence Lamp)

① DC 100V 전원 사용(운전실 1, 각 차량당 4)
② 전, 후 운전실에서 취급 가능 100V 전원 - ACDN ON / OFF 취급으로 점, 소등
③ 용량 : 30W
④ LKN ON 상태에서
- TC차의 ADCN ON /OFF 취급으로 점, 소등

(4) TTL(Time Table LAMP)

① TTL ON 상태에서 TLS ON/OFF 취급으로 점,소등.
② 용량 : DC 30W

(5) ROOM LAMP (RDL 1~4 / RAL 1~20)

① 각 차량마다 DC등 (RDL) : 4개 장착
AC등 (RAL) : TC차 - 18개기타 - 20개 장착
② 운전실 설치 LCS1의 ON취급시
③ 전, 후운전실 취급 가능
④ 연장급전시 각 차량 LRR1 여자로 LCS1 ON 상태에서도 각 차량 LK2 소자(TC 차 10개 기타 12개 소등)
객실 교류 형광등은 객실등 접촉기 1,2의 2개 그룹으로 제어되며 부하 반감시에는 1개 그룹이 소등된다.
⑤ 용량 : 40W

9.12 각종 계기류 및 표시등

(1) 계기류

① 공기압력계 : 해당 Tc차의 주공기 압력 및 제동통 압력 현시

② 전차선 전압계 : 주회로에 입력되는 가선전압 현시
M차 4개의 VVVF 인버터 중에서 최고값 현시

③ 전차선 전류계 : 주회로에 공급되는 전류
M차 4개의 VVVF 인버터와 두 개의 SIV 총 전류 값 현시

④ 축전지 전압계 : 양쪽 Tc차 축전지 전압 중 높은 값 현시

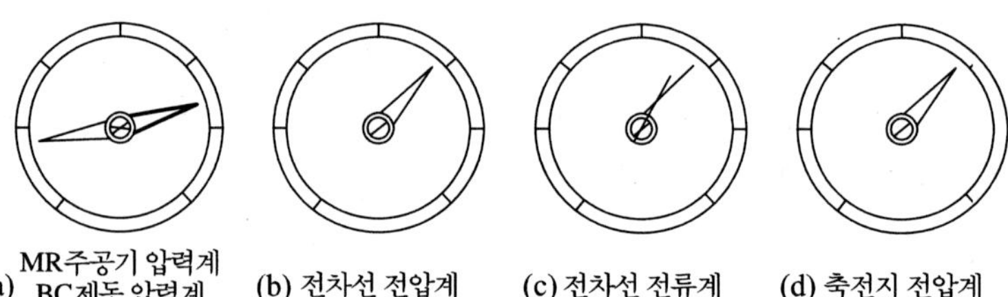

(a) MR주공기 압력계 BC제동 압력계 (b) 전차선 전압계 (c) 전차선 전류계 (d) 축전지 전압계

그림 7.61 각종계기류

9.13 열차 운행시 공기압축기(CM) 가동 효율 산정 계산 방법

계산식 방법 예시 :

범례-역수 : 41개역

연장거리 : 45.546km

표정속도 : 30km/h 일 경우에

- 주행시간

$$\frac{45.546}{30} \times 60 = 91.13\text{min}$$

- 정지횟수

$$\frac{30}{45.546} \times 41 - 1 = 26.3\text{회}/\text{시간} = 26\text{회}/\text{시간} = 0.43\text{회}/\text{min}$$

- 공기기기 동작 사이클

$$\frac{45.546}{40} / \frac{30}{60} = 2.28\text{min} \fallingdotseq 2.3\text{min}$$

제10절 전력공급시스템 개요

10.1 전력공급방식

- 한전 - 변전소(S/S) - 전차선(VL) - 전동차(RS)시스템
  수전 - 변전 - 배전 - 전차선 - 전동차
- 세계 도시철도 대부분 직류방식
- 주요전철화 방식

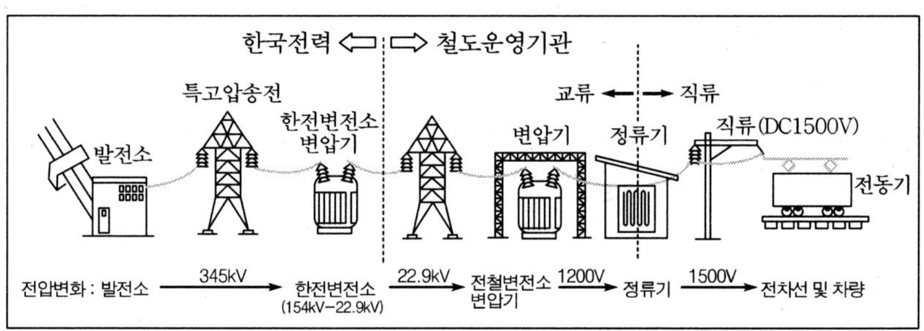

그림 7.62 직류방식의 송전계통

- 직류 1500V 미만 : 일본, 영국 : 스위스, 미국
  1500 ~ 3000V 미만 : 한국, 일본, 프랑스, 네덜란드, 오스트리아
  3000V 이상 : 러시아, 폴란드, 이탈리아
- 교류 20KV : 일본, 미국, 영국, 브라질
  25KV : 한국, 일본, 러시아, 인도, 프랑스, 중국, 영국
  50KV : 남아프리카공화국, 미국, 캐나다

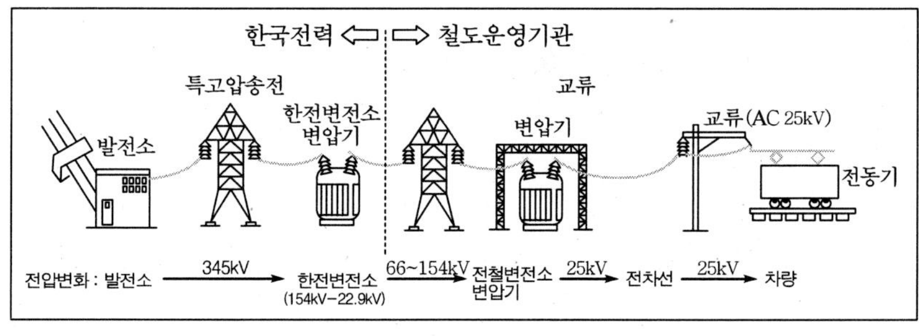

그림 7.63 교류방식의 송전계통

- 직 교류방식 : 1, 4호선
- 차량급전방식
  - 가공선 방식 : 도시철도[지하 - 강체선(직류 - T-Bar, 교류 - R-bar), 지상 - 카테너리]
  - 제3제조 방식 : 경량전철시스템

1) 직류방식

- 변전소 - 초고압전력 - 변압기. 정류기 - 직류 - RS
- 정류, 절연구조에 높은 전압 3KV 한계전압으로 1500V사용
- 수송인원 많고, 고밀도 주행시 전류가 커짐
- 전압강하로 전력손실 증가
- 전압 낮아 사고점에서 작은 저항으로 사고 전류 제한
- 사고시 선택차단이 어려운점 많음

2) 단상교류방식

- 한전 - 송전선 - 전차선 - 변압기 - RS
- 변전설비 간다, 급전전압 높아 변전소 간격 길다
- 고속운전최적(전압높고, 전류작다)
- 차량탑재(변압기, 정류기)
- 전차선 절연 이격이 커지는 단점
- 교류방식 AT, BT로 구별
- AT 방식 : 변전소 AC50KV 본선공급 - 구분소 AC50KV용 개폐기, 단전 변압기, AC25KV 차단기 - 공급

3) 직류방식

- 장점
  - 동력차의 차량비용 적고
  - 절연이격거리 작아 터널 굴착에 유리
  - 충전부로부터의 접근한계가 낮아짐
- 단점
  - 지상설비 변전소 설비비가 많다

- 전차선로의 소요량이 증가
- 운전전류도 커 사고 전류 선택차단 어려움
- 복잡한 보호설비가 필요
- 귀환 선로의 누설전류로 지중관로와 선로에 전식

4) 교류방식

- 장점
  - 높은 전압으로 변전소 간격 길게 설비비 싼편
  - 전압강하 직렬 콘덴서로 간단히 보상
  - 보호설비 간편으로 광역철도와 연계 쉬움
- 단점
  - 변압기, 부속설비의 차량 설비비가 가중
  - 유도장애로 통신, 신호선로에 장애
  - 절연이격거리 길게 유지

제11절 신호통신시스템 개요

11.1 철도신호시스템(Railway Signal System) 기능

- 신호보안장치 - 지상설비측면에서 말하는 것
- 열차제어시스템(신호시스템) - 지상, 차상통합시스템측면에서 말하는 것
- 지상과 차상 신호장치 인터페이스로 열차 감시제어 수행
- 운전자에게 감속, 정지, 진행 정보 알려주는 시스템

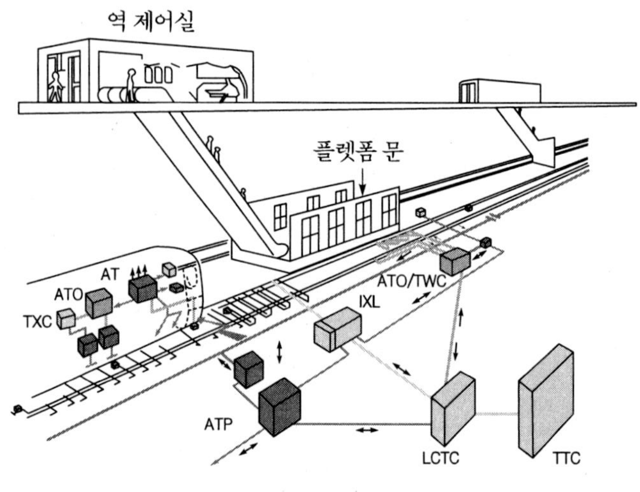

그림 7.64 철도신호시스템

11.2 철도신호시스템 발전

- 초기에 열차간격 유지원리로 시간을 기초로
- 시간 간격별(폐색구간)
- 수신호 깃발 - 완목 - 빨강, 노랑, 초록색등형
- 폐색구간 점유, 해제 사람이 직접 파악, 전신으로 전송
- 19C후반, 폐색구간선로에 저전압 전류 흐르는 궤도회로 개발
- 진행(green) 정지(red)현시
- 신호기 두 폐색사이 경계점 분기부에 위치
- 무선통신을 기반으로 유럽형 열차제어시스템(ETCS)
  도시형 교통관리시스템(UGTMS)
  - ATS/ATC/ATO
  - 차상거리연산제어방식(Distance to go) : 고밀도 운전과 운전시격단축, 경제성고려

11.3 신호방식

- 지상신호 - 전방신호 현시에 따라 운행
- 차상신호 - 차상에서 정보전송 받아 운행

11.4 CBTC 시스템(Communication-Based Train Control System)

- 통신을 이용 열차의 안전운행을 제어기술
- 통신은 주로 유도식루프(inductive loop)나 무선주파수(radio frequency) 사용
- CBTC 시스템은 간선철도부터 도시철도까지 광범위하게 적용이 가능하며, 열차의 운행에 대한 정보를 처리하고 열차의 안전속도를 연속으로 결정함으로써 컴퓨터를 사용하여 안전운행에 대한 조치를 취한다.

제 8 장

제8장 자동운전기술

제8장 자동운전기술

제1절 자동 및 무인제어의 개요

1.1 자동 및 무인운전 모드

운전 및 운영 시스템 측면에서 서울메트로(1 ~ 4호선) 수동운전에 비하여 2기 지하철(5 ~ 8호선)자동운전시스템은 안전도 향상, 운영비 감축, 승객서비스 향상, 운영 편리성 향상, 정시성 확보 등을 목표로 채택되었으며, 이를 위해 정밀 감시, 정밀통제 등의 시스템 제어성능 향상으로 2기 지하철의 자동운전시스템은 기존의 지하철에서 수행하는 열차의 운행 감시 및 제어기능을 향상 시켜 기존전차에서 사령실 취

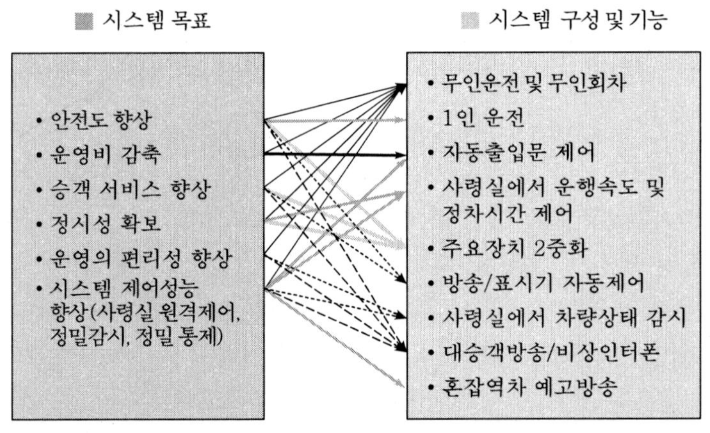

그림 8.1 서울시 2기 지하철 자동운전 시스템 개요

급자 및 전차의 기관사와 차장이 수행하던 기능을 시스템이 담당하도록 하였다. 반면, 자동운전시스템은 신호 또는 차량의 어느 한 분야로 취급할 수 없으며, 사령신

호설비, 본선신호설비, 차량이 연계되어 하나의 시스템 단위로 동작하는 시스템 분야로 여러 장치의 하드 및 소프트웨어가 밀접하게 융합되어 있다.

1.2 전문용어 설명

1) TTC(**열차운행 종합제어 설비**, Total Traffic Control) : 열차운행자동제어와 열차운행상황을 감시하는 기능을 수행하는 사령실 신호설비
2) ATC(**자동열차 제어장치**, Automatic Train Control) : 열차의 탈선 및 추돌을 방지하는 장치로 차량 및 지상 ATC장치로 구성되어 있다.
3) TWC(**전차-지상장치 통신장치**, Train to Wayside Communication) : 전차와 지상설비장치간의 양방향 정보전송을 위한 무선 변복조기(MODEM)로 동작하는 장치로 차량 및 지상 TWC장치로 구성되어 있다.
4) TCMS(**전차 종합제어 관리장치**, Train Control and Monitoring System) : 열차에 탑재된 모든 장치를 제어, 감시하는 장치로 2개의 Train Com-puter와 8개의 Car Computer로 구성되어 있다.
5) Track Circuit(**궤도회로**) : 레일을 회로와 같이 사용하여, 열차검지 및 차량 ATC 안테나로 속도명령을 전송한다.
6) PSM(**정밀표시기**, ATO마크, **정위치정차용 마크**, Precision Stop Maker) : ATO 자동운전시 거리 계산 보정용으로 사용되며 본선 선로 궤도 중심 위치에 설치된다.
7) TRA(ATO**마크 안테나**, Trigger Recever Assy) : PSM을 검지, 확인하는 데 사용하는 차상장치
8) Local Equipment(**지상신호장치**) : 연동장치, 지상ATC/ATO장치로 구성된 신호기계실 설비(LCTC)와 궤도에 설치된 신호설비로 구성 되었으며, TTC의 명령에 따라 또는 직접 열차의 운행을 제어한다.
9) ATO(**자동열차 운행장치**, Automatic Train Operation) : 전차의 무인 및 자동운전을 제어하고 감시하는 차상장치
10) ADU(**상태표시장치**, Aspect Display Unit) : ATC장치의 운전대 표시장치로 실제 열차속도, 제한속도, 과속 여부 등을 운전사에게 현시해 주는 장치
11) **운전모드 스위치**(ATC/ATO **모드 스위치**) : 4개의 고정식과 1개의 복귀식으로 된 회전식 스위치로, 기지, 수동, 자동, 무인 및 비상 모드를 선택하기 위해 사용된다.

12) **출입문모드 스위치** : 자동개 / 폐, 자동개 / 수동폐, 수동개 / 폐로 구분되며 출입문 제어모드를 선택하는 회전식 스위치.
13) **주간 제어기**(MC, Master Controller) : 전차의 역행/제동을 몇 개의 단계로 제어하는 레버로 전방 끝단은 완전 역행을, 후방 끝단은 완전(Full)상용 제동을 제공하며, 중간 위치는 타행을 후방의 최종 끝단은 비상제동 명령을 생성한다.
14) **운전모드 지시등** : 무인, 자동, 수동, 기지 및 비상모드를 지시하는 다섯 개의 지시등으로 구성되어 있으며, 운전모드의 설정 및 해제를 운전사에게 현시하여 준다.
15) **출발 허가 지시등** : 자동모드 상태에서 출발 조건이 만족되면 점등되고, 운전사가 출발 버튼을 눌렀을 때 소등되는 지시등으로 출발버튼에 내장되어 있다.
16) EB(**비상제동**, Emergency Brake) : 상용제동장치가 고장시 ATC장치가 자동으로 체결하는 BACK-UP용 제동장치로 감속도는 4.5Km/h/s이다
17) FSB(**전상용제동**, Full Service Brake) : 과속시(실제열차속도> 제한속도)ATC가 자동으로 체결하는 제동으로 감속도는 3.5Km/h/s이다
18) FWD(**전진**, ForWorD) : 전차의 운행방향을 선택하는 역전기의 전진 위치로 열차가 앞으로 운행하도록 명령한다.
19) OS(**과속**, Over Speed) : 실제열차속도가 제한속도를 초과된 상황 ATC Code : 해당 폐색에서 열차가 탈선 및 추돌을 발생하지 않고 운행할 수 있는 최고의 운행속도를 의미하며, 제한속도, 속도명령, 속도코드로도 불린다.
20) PDT(**출발전시험**, Pre Depature Test) : 전차가 본선 영업운전에 투입되기 전에 전차의 주요 기능을 확인하는 시험으로 TCMS의 주관하에 자동으로 시행된다.
21) REV(**후진**, REVerse) : 전차의 운행방향을 선택하는 역전기의 후진 위치로 열차는 선택된 운전대의 반대 방향으로 운행된다.
22) **출발 버튼** : 자동모드운행 시 전차가 출발하도록 하기 위한 일시적인 입력을 제공하는 버튼
23) Keyed on : 역전기 또는 지상 Key up 명령에 의해 선택되어지는 HCR(Head Control Relay)의 여자(H) 상태를 말하며, 선택된 운전실이 제어상태에 있음을 의미한다.
24) **타코메타** : 전차속도에 비례하는 펄스를 발생하는 열차속도 검지 센서 전/후 위치변경 절차 : 무인 운전모드에서 열차를 제어하는 운전실을 자동으로 변경하는

절차로 회차지점에서 이루어진다.

25) **ODL(출입문 루프, Open Door Loop)** : 각 역의 정지점에 설치되며 차상으로 출입문 열림명령을 송신하는데 사용되는 루프

26) **역 코드** : 각 역 또는 회차 및 운행선 입구에 부여된 고유 식별 코드

27) **목표속도** : 자동 또는 무인 모드로 운행시, ATO가 요구속도로 유지하기 위한 속도로 ATC 속도명령, 고정속도, 열차의 위치 등에 따라 달라진다.

28) **회차 위치** : 열차의 진행방향을 바꾸는 지점으로 종착역과 중간회차역에 있다

29) **Speed Profile** : 열차속도(Y축)대 거리(X축)의 그래프로 ATO가 정위치 정지제어시 목표속도로 사용하며, 5호선은 감속율이 다른 2개의 Speed Pro-file이 사용된다.

제2절 자동운전시스템의 구성

자동운전시스템은 차량장치, 종합사령실 설비, 본선신호설비로 구성되어 있으며, 지상 폐색설계 인자 및 차량 ATO장치의 연산 데이터 사용되는 궤도 데이터, 건축설비들과도 직, 간접으로 인터페이스한다.

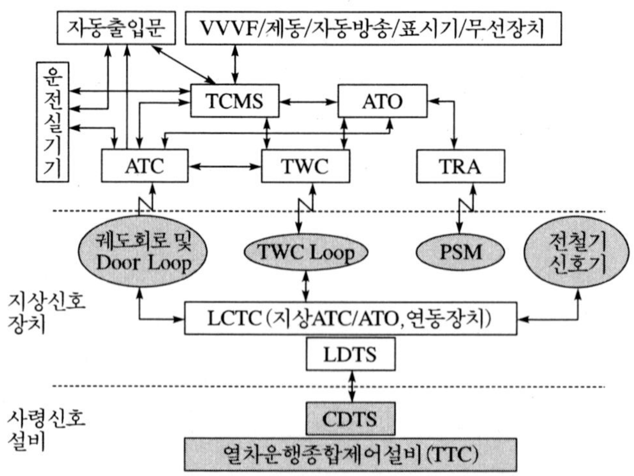

그림 8.2 서울시 2기 지하철 자동운전시스템 구성도

2.1 열차운행종합제어설비(TTC, Total Traffic Control)

열차의 운행상황을 감시하고 제어하는 사령실 설비로 열차운행자동제어장치(TCC, Traffic Control Computer), 운영관리장치(MSC, Mangement Support Computer), Center CTC (Centralized Traffic Control), 열차운행 상황 표시장치 등으로 구성되어 있다.

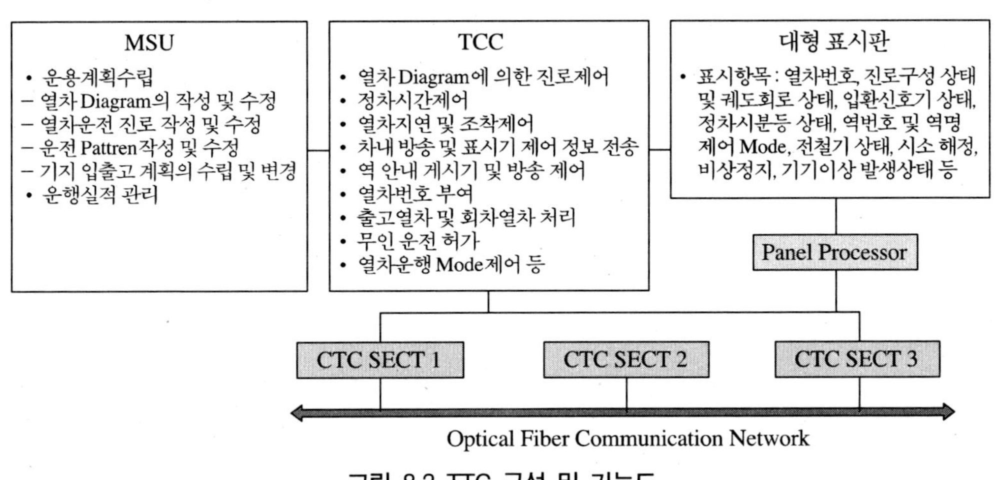

그림 8.3 TTC 구성 및 기능도

2.2 정보전송장치(DTS, Data Transmission System)

본선 신호기계실 설비(LCTC)와 사령실 신호설비간의 정보를 송, 수신하는 장치로 사령실의 CDTS와 신호기계실의 LDTS로 구분한다.

2.3 본선신호설비

(1) 신호기계실설비(LCTC)

주 컴퓨터, 궤도회로장치에 의해 발생된 열차점유 정보를 기초로 신호기 및 전철기를 제어하는 전자연동장치, 선행열차의 위치와 선로조건에 따라 후속열차에게 제한속도를 차량으로 전송하는 ATC장치 및 차량과 정보를 송신하는 TWC장치 등으로 구성되어 있다.

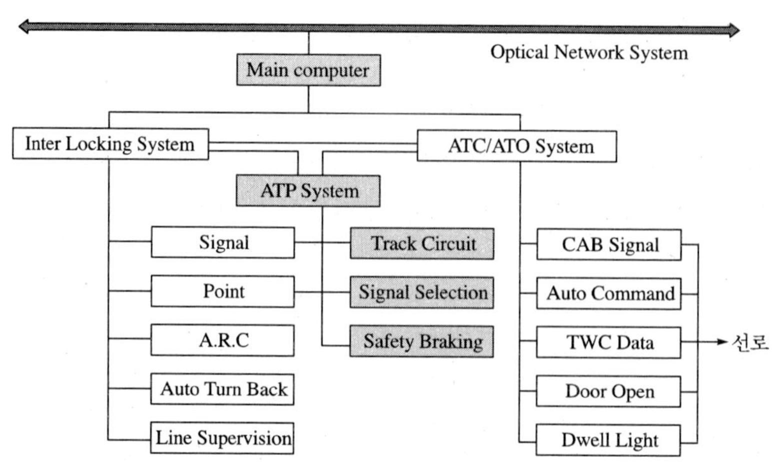

그림 8.4 신호기계실설비

(2) 궤도에 설치되는 신호설비

궤도회로를 구분하는 미니본드, PSM, ODL, TWC LOOP, 신호기, 전철기 등으로 구성된다.

2.4 차량장치

차량에 탑재된 40대의 컴퓨터가 연계되어 동작하며, 주요한 장치는 다음과 같다.

① ATC장치 : 열차속도가 지상 ATC장치로 부터 수신된 제한속도를 넘지 않토록 제어하여 열차의 탈선 및 추돌을 방지하는 장치로 열차 및 승객의 안전을 담당한다.

② ATO장치 : 열차를 자동운전하는 장치로 제어 및 통신을 담당하는 ATO장치와 지점정보를 검지하는 TRA장치로 구성되어 있다.

③ TWC장치 : 차량의 각장치에서 필요로하는 지상정보를 수신하고 사령 및 지상 신호설비가 필요로하는 차량정보를 지상으로 송신하는 기능을 담당한다.

④ TCMS장치 : 역행 및 제동장치, 보조전원장치, 표시기장치, 방송장치등 열차에 탑재된 모든 장치를 제어, 감시할 뿐 아니라 운전사에게 열차의 감시 및 운행에 필요한 정보를 제공한다.

⑤ 자동방송장치 :승객에게 도착할 역명, 출입문방향, 환승안내, 곡선역 안내 등을 자동으로 방송하는 장치이다.

⑥ 표시기제어장치 : 열차에 탑승하려는 승객에게 열차의 행선지를 열차내 승객에게는 도착되는 역명 및 출입문 방향, 환승안내 등를 표시하여 주는 장치이다.

⑦ 무선장치 : 사령실과 운전사간 통신을 제공할 뿐 아니라, 차량의 방송장치와 연계하여 사령실 대 승객방송, 비상인터폰 기능을 수행한다.

제3절 열차운전의 종류

서울시 2기 지하철에 운행되는 전차는 5개의 운전모드로 운행이 가능하며, 기존 지하철과 수동, 기지, 비상모드는 같다.

① 무인운전모드 : 운전사의 어떠한 조작도 없이 전차는 System에 의하여 완전 자동으로 운전되어 진다.

② 자동운전모드 : 역간 운행은 ATO에 의해 자동적으로 수행되며, 운전사는 각 역에서 출발 버튼만을 조작한다.

③ 수동운전모드 : 자동운전 관련 장치에 고장이 발생되었을 때 사용하는 운전모드로 전차는지상 신호장치로 부터 수신된 속도제한에 따라 운전사에 의해 수동으로 운전된다.

④ 기지운전모드 : 지상 신호장치가 없는 지역에서 사용되며 전차의 운행은 운전사가 수행한다.

⑤ 비상운전모드 : 선택된 운전실의 두 ATC가 고장 났을 때 사용하는 예비 운전모드로 열차의 추돌 및 탈선 방지와 열차운행은 운전사의 책임하에 수행되어 진다.

3.1 무인운전

무인운전은 다음의 절차에 따라 수행되어진다.

① 운전사는 다음과 같이 조작하여 전차를 key - off 시킨다.

운전모드 스위치 : 무인운전모드 위치

주간제어기 : 타행 위치

역전기 : 중립

② ATC는 다음을 전송한다.

TWC를 통하여 지상신호장치로 : '무인운전모드, 전차정차, 전두차제어 아님

TCMS로 : ATC/ATO 모드 = 무인운전모드, ATC/ATO 모드는 유효하지 않음

③ 지상신호장치는 해당열차의 열차번호, TWC 번호와 함께 무인운전 허가 요청신호(DLR)를 TTC로 전송한다.

④ TTC는 무인운전 허가지역이면 무인운전 허가신호(DLA)를 지상신호장치로 전송한다.

⑤ 지상신호장치는 차량으로 key up 명령을 전송 한다.

⑥ ATC는 TCMS로 key up 명령을 전송한다.

⑦ TCMS는 HCR을 여자시킨다.

⑧ ATC는 keyed on을 확인하고 다음을 전송한다.

TWC를 통하여 지상장치로 : 무인운전모드, 전차정차, 전두차제어

TCMS로 : ATC/ATO 모드=무인운전모드, ATC/ATO 모드 유효

⑨ 지상신호장치는 ATC로 속도코드를 전송한다.

⑩ ATC는 모든 출입문 닫힘 등 출발조건이 만족되면, ATO로 속도명령을 전송한다.

⑪ ATO장치는 가속제어을 시작하여 열차를 출발시킨다.

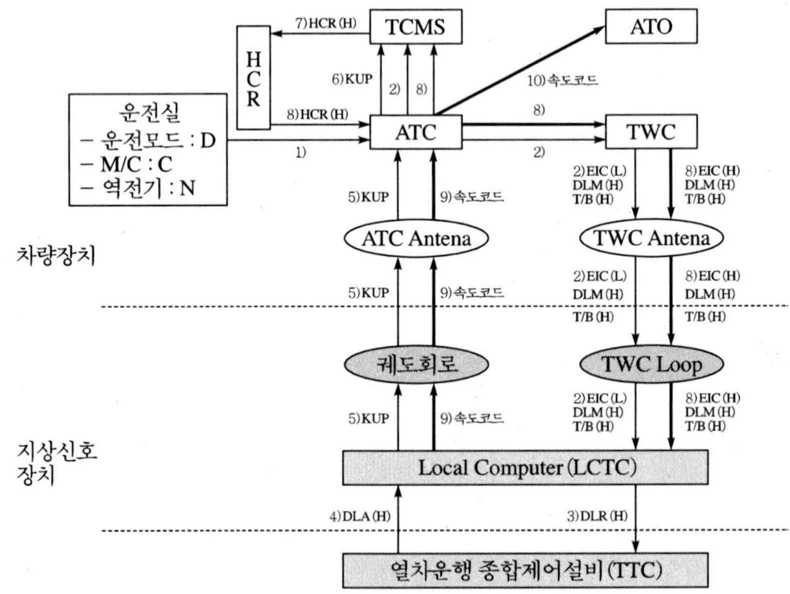

그림 8.5 무인운전 승인절차

⑫ ATO는 다음의 신호를 사용하여, 가속제어, 정속도제어, 감속제어, 정밀 정위치 정지제어를 수행하며, 다음역의 정지점으로 열차를 운행 시킨다.
ATC로부터 : 속도코드, FSB 체결 여부, 실제 ATC속도 TCMS로 부터 : 체결되는 제동/역행율, TCMS 열차속도, 이용 가능한 역행/제동률 TRA장치로 부터 : PSM 1~6 검지 신호 ATO장치 내부의 TRACK DATA 처리기로 부터 : 역간거리, 구배, ATC CODE, PSM 위치 등

⑬ ATO는 도착역 정지위치에 열차가 정지하면 열차가 움직이지 않토록 정차제동을 출력한다.

3.2. 무인회차

무인회차는 전차가 ATC 감시와 ATO 제어하에서 회차트랙으로 진입하여 회차 정지점에 정지한 후 운전실을 자동으로 교환하여 반대 승강장으로 운행, 정지점에 정차하는 과정으로 회차설비가 설치된 중간 역과 종착에서 수행된다.

① 무인운전 모드 이외의 운전모드로 회차역에 도착한 열차는 3.1 ①~⑩과정을 수행하여야 하며, TTC장치는 운전 다이아에 따라 회차 Bit를 지상신호 장치로 전송하여야 한다.

② 3.1 ⑪ ~ ⑬과 동일한 절차에 따라 ATO는 회차 정지점에 열차를 정차시킨다.

③ ATO는 ATC로전차 정차를 전송한다.

④ ATC(A, 전두차)는 TWC를 통하여 지상으로 '전차 정차, 전두차제어, 무인운전' 전송한다.

⑤ 지상 신호장치는 차량 ATC로 key down을 전송한다.

⑥ ATC(A)는 TCMS로 key down을 전송한다.

⑦ TCMS는 전차를 key off 시키기 위하여 HCR을 소자시킨다.

⑧ ATC는 keyed off됨을 확인한다.

⑨ ATC(A)는 TWC를 통하여 지상신호장치로 '전두차 제어아님, 무인운전, 전차정차'를 전송하고 TCMS는 HCR를 소자시킨 시점부터 5초 후에 TWC 통신을 금지 시킨다.

⑩ TCMS(A)는 TCMS(B, 후부차 또는 새로운 전두차)로 마스터제어를 인계한다.

⑪ TCMS(B)는 ATC(B)를 power on 시킨다.

⑫ 지상신호장치는 ATC(B)로 key up 명령을 전송한다.

⑬ ATC(B)는 TCMS(B)로 key up을 전송한다.

⑭ TCMS(B)는 HCR을 여자시킨다.

⑮ ATC(B)는 Keyed On을 확인하고, TWC를 통하여 지상장치로 '전두차 제어, 무인운전, 전차정차'를 전송한다.

⑯ TCMS(A)는 ATC(A)를 power off 한다.

⑰ 지상신호장치는 전차를 운행시키기 위하여 속도Code을 차량으로 전송한다.

⑱ ATC는 ATO로 속도Code를 전송한다.

⑲ ATO는 3.1 ⑪~⑬과 같이 열차를 출발시켜 다른쪽 승강장 정지점에 열차를 정지시킨다.

⑳ TCMS는 운전사 없이 열차가 출발하는 것을 방지하기 위하여 출발 허가 지시등을 점등시키며, 운전사가 출발버튼을 눌러야만 무인운전을 계속할 수 있다. 이러한 절차는 무인 회차한 최초의 승강장에서만 요구되며 일반역에서는 운전사의 조작 없이 완전자동으로 운행된다.

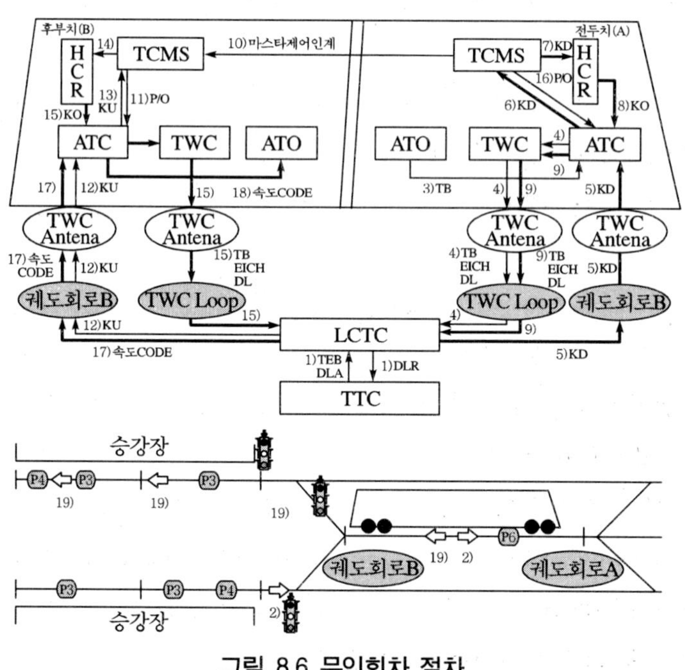

그림 8.6 무인회차 절차

3.3 무인운전 모드 취소

무인 운전모드는 운전자가 '모드스위치 : 무인운전모드, 주간제어기 : 타행, 역전기 : 중립' 위치에서 다른위치로 변경시키면 취소된다.

운전모드의 변경은 열차가 정지하였을 때 변경하여야 하며, 운행중에 변경시키면 열차 및 승객의 안전을 확보하기 위하여 ATC는 FSB를 인가하여 열차를 정지시킨다.

또한 지상으로 부터 수신된 DATA가 틀리거나, 수신되지 않는 경우에도 무인운전모드는 해제된다.

3.4 자동운전

자동운전은 다음의 절차에 따라 수행되어진다.

① 운전사는 모드스위치를 자동운전모드로, 주간제어기를 타행위치로 설정한다.

② ATO는 지상으로 부터 다음을 수신한다.
TWC를 통하여 지상신호장치로 부터 : 다음역 및 TWC CODE, 현재 역 및 TWC CODE, 운행제어, 고정속도, TWC반송자 검지

③ ATO는 역간 운행제어 준비가 되었음을 TCMS에 송신한다.

④ ATC는 속도코드 수신, 모든 출입문 닫힘 등 출발조건이 만족되면
TCMS로 'ATC/ATO 운전모드 : 자동, ATC/ATO모드 : 유효, 출발허용 : 참'을 전송한다.

⑤ TCMS는 출발허가 지시등을 점등시킨다.

⑥ 운전자는 출발버튼을 누른다.

⑦ ATC는 출발버튼이 참으로 설정되면 다음을 전송한다.
ATO로 : ATC 속도코드 전송
ADU로 : ATC 속도코드 전송

⑧ ATO는 3.1 ⑪ ~ ⑬의 절차와 동일하게 열차를 다음역의 정지점에 정지 시키고 정차제동을 체결한다.

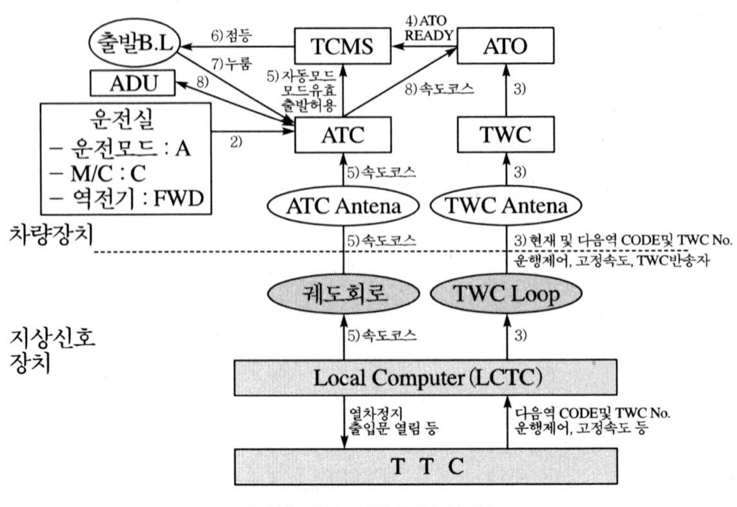

그림 8.7 자동운전 절차

3.5. 자동운전모드 취소

운전사는 '역전기 : 전진, 모드스위치 : 자동, 주간 제어기 : 타행' 위치를 다른위치로 변경하면 자동운전모드는 취소된다.

운전모드는 전차가 정지하였을 때만 변경하여야 하며, 전차가 움직이는 동안 변경되면, ATC는 FSB를 인가한다.

또한 무인운전모드와 같이 지상으로 부터 수신된 데이타가 틀리거나 수신되지 않는 경우에도 자동운전모드는 해제된다.

3.6. ATO의 역간 자동운전 제어

3.6.1 목표속도 제어

(1) ATO 목표속도

ATO의 속도조절은 ATO 목표속도를 요구속도로 하여 Positive 또는 Negative 방식으로 역행/제동력을 제어하는 방식으로 이루어진다.

ATO는 평상/회복운행의 두 가지 운행 Pattern을 가지고 있으며 TTC에 의하여 제어되며 각 운행제어 모드별 ATO 목표속도는 다음과 같다.

표 8.1 ATO 목표속도

ATC 속도명령 [Km/h]	90	80	75	70	65	60	55	45	35	25	0
평상 모드 [Km/h]	85	75	70	65	60	55	50	42	32	22	0
회복 모드 [Km/h]	87	77	72	67	62	57	52	42	32	22	0

운행제어를 위한 다른 방법은 TTC에 의해 제어되는 고정속도(Fixed Speed)를 사용하는 것이다. 이는 고정속도를 변경하면 ATO 목표속도가 변경되므로 역간 운행시간을 제어할 수 있음을 의미한다.

회복모드에서 고정속도는 무시되며, 평상모드에서는 속도명령에 의한 목표속도와 고정속도 값 중 낮은 속도가 ATO목표속도가 된다.

(2) 가속제어

가속제어는 출발에서 목표속도에 도달할 때까지의 제어로 ATO는 Jerk Rate를 제어하여 충격없이 열차를 출발시킨 후 역행력이 최대(3.0km/h/s)가 되도록 역행명령을 제어한다. 그런 다음 열차속도가 ATO 목표속도에 가깝게 접근하면, 역행력은 Jerk를 방지하기 위하여 점차 감소시킨다. 선로에서 속도명령이 낮은속도에서 높은속도로 바뀌었을 때의 가속제어도 같은 방식으로 수행한다.

(3) 정속도제어

열차의 속도를 목표속도에 일치하게 유지하는 제어로 +/- 경사에서도 일정 속도를 유지시킨다. VVVF 인버터의 채용과 아나로그 제동제어 성능의 향상으로, 제어 정밀도의 목표는 당초 ±3km/h이었으나, 영업운행 중인 5~8호선은 ±1km/h 이내로 유지되고 있다.

(4) 감속제어

ATC 속도명령이 낮은 속도로 영구히 변하는 위치에서 승객에게 불쾌감을 주지 않기위해 사전에 열차속도를 감속시키는 제어로 이러한 위치에 대한 정보는 트랙 데이터 베이스에 기록된 데이터를 사용한다.

열차가 감속되어 새로운 목표속도에 도달했을 때는, Jerk를 방지하기 위해 제동력을 단계적으로 해제시켜 승차감을 향상 시킨다.

3.6.2 정밀 정위치 정차제어

열차를 도착역의 정위치 정지점에 정지시키는 제어로 2개의 Speed Pro-file이 사용되며 다음의 데이터를 사용하여 수행한다.

1) TWC를 통하여 지상신호장치로 부터 수신된 현재역 코드, 다음역 코드 및 운행제어 모드

2) 트랙데이터 베이스에 기록된 다음역 까지의 거리 및 경사

3) 정지역 앞에 설치된 여러개의 PSM

(1) 승강장 정위치 정지점 및 PSM 설치위치

일반역의 정위치 정지점은 차량 안테나, 지상신호설비(ODL, TWC, PSM), 건축의 승하차 위치 화살표, 홈감시용 모니타(ITV) 설치위치와 밀접한 관계를 가지고 있다.

차량이 정위치 정지에 정지되었을 때 각각의 설비는 다음과 같은 위치에 설치되어야 한다.

- 차량의 ATC 안테나 중앙은 정지점과 일치한다.
- ODL 중앙은 정지점과 일치한다.
- 차량의 TRA안테나 전단에서 6.5m 앞이 정지점과 일치한다.
- PSM4 중앙에서 10m 앞이 정지점에 일치한다.
- PSM4 중앙에서 차량의 TRA 안테나 전단까지의 길이는 3.5m이다
- 운전사가 의자에 앉아 ITV를 보았을 때 화면을 가리는 것이 없어야 하며, 화면 인식에 적당한거리에 ITV는 설치 되어야 한다.
- 정지점과 건축의 정위치 정지점 표지와 일치되어야 한다.
- 열차가 정지점에 정지되었을 때 차량의 각 출입문 중앙과 건축의 각 승하차위치 화살표 중앙은 일치 되어야 한다.

일반 역에서 정밀정지를 수행할 때는 정지점에 도착하기 전에 4개의 PSM이 사용된다. 각 PSM은 고유 ID를 갖고 있으며, PSM의 설치 위치는 열차가 정위치 정지점에

정지하였을 때 차량의 TRA전단에서 부터 아래의 거리에 설치되어야 하며, 요구 정확도는 다음과 같다.

P S M	거 리	정확도
P S M 1	546.0 m	± 1.50 m
P S M 2	108.5 m	± 0.30 m
P S M 3	21.0 m	± 0.06 m
P S M 4	3.5 m	± 0.01 m

전차가 회차 위치에 정지할 때는 PSM6 하나만이 사용된다. 이것은 회차 위치에 정지하는 것은 정밀 정지가 요구되지 않고 TWC 루프안에만 정지하면 성능 및 기능상 문제가 없기 때문이며, 정지 정밀도는 +2.5m이며 설치위치는 다음과 같다.

P S M	거 리	정확도
P S M 6	21.0 m	± 0.30 m

양방향 트랙을 운행할 때는 한방향의 PSM을 무시(Inhibit)하기 위하여 PSM5가 사용된다. 무시 PSM을 수신한 후 ATO는 3.5m안에 수신되는 PSM은 무시한다.

기지에서 본선으로 진입할 때, 첫번째 TWC 루프 바로 다음에 PSM5가 설치된다. 이 PSM은 정지 목적으로 사용되지 않으며, 거리 계산의 동기 및 본선에 진입하기 전에 TRA의 동작을 검사하기 위해 사용한다.

P S M	TWC 루프 끝단에서의 최대 거리	정확도
P S M 5	0.5 m	± 0.50 m

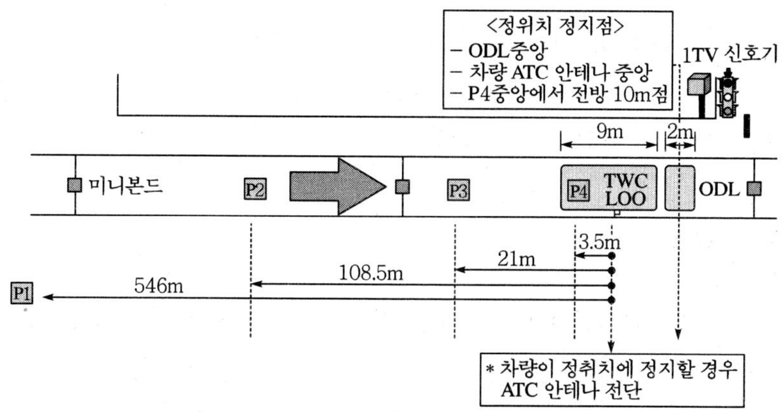

그림 8.8 승강장 정위치 정지점 및 PSM 설치위치

(2) 이전 역에서 PSM1까지 운행

열차가 역을 떠날 때, ATO는 다음역 코드를 수신 받으며, 다음역 코드는 트랙 데이터 베이스로부터 필요한 모든 데이터를 추출하기 위해 현재의 역 코드와 함께 사용된다.

ATO는 트랙의 규정된 장소에 PSM1의 검지를 예상하며,. 이 표시기는 정지점까지의 정확한 거리를 얻는 첫번째 동기점으로 사용된다.

(3) PSM1에서 정지점까지 운행

열차가 PSM1를 통과한 후 부터는 ATC 제한속도, 고정속도, Speed Profile에 의한 속도를 연속적으로 비교하여 그중 가장 낮은 속도를 ATO 목표속도로 한다. 일반적으로 도착역 승강장 진입 직전부터 Speed Profile에 의한 속도가 ATO 목표속도가 된다.

Speed Profile은 다른제동률을 가지는 2개가 사용되며 1의 감속도는 0.97m/s/s, 2의 감속도는 0.5m/s/s가 사용된다.

ATO는 목표속도인 Speed Profile 형태를 따라가기 위해 일반적으로 제동 명령의 크기만를 변경하여 열차를 정지점에 정지하도록 제어한다.

전차가 정지점에 도달되면, ATO는 Jerk를 방지하기 위해 제동명령을 서서히 제거하며, 전차가 정지했을 때 움직임을 방지하도록 정차제동을 명령한다.

(4) 정지점 전/후 이탈

만약, 어떤 이유로 인해 전차가 역의 정지점 이전에 정지했다면, ATO는 속도 명령이 0이 아닌한 전차의 위치를 정지점으로 조정하나, 정지점을 초과한 경우에는 ATO가 양방향으로 운행할 수 없기 때문에 전차의 위치를 조정할 수 없다.

이러한 경우 ATO가 더 이상 자동으로 전차를 운전할 수 없다는 정보를 TCMS로 전송하며, 전차는 수동으로 운전해야 한다.

3.6.3 트랙 데이터 베이스

트랙 데이터 베이스는 ATO가 운행될 선로 프로파일에 관한 다음의 고정된 정보를 저장하고 있다.

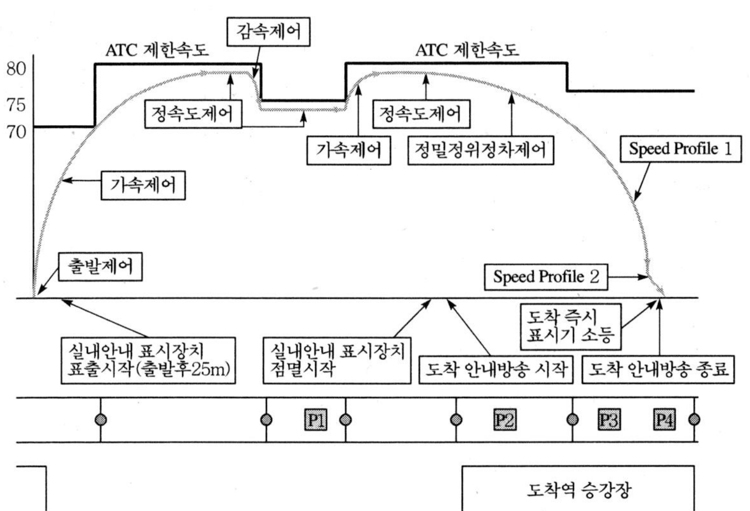

그림 8.9 ATO 역간 자동운전 PATTERN

- 역간, 역과 회차위치간, 역과 본선 진입구간의 거리
- 영구적인 속도 제한의 위치및 제한속도
- 트랙 경사의 크기 및 위치
- PSM의 위치

이 데이터는 데이터 베이스 처리기에 의해 색인에서 찾게 되는데 두 개의 역 코드(현재역 및 다음역)가 사용될 수 있는 구조로 되어 있다.

트랙 데이터 베이스 처리기에 기록되는 데이터는 정확하여야 하며 실제 건설된 것과 상이할 경우에는 승차감 및 정위치 정지 정밀도는 낮아진다.

제4절 자동출입문 제어

4.1 출입문 모드

출입문 제어는 다음과 같은 3가지의 모드로 제어가 가능하다.

① 자동개, 자동폐 모드 : 비혼잡시간에 사용하는 모드로 출입문의 개, 폐가 모두 지상의 신호에 의하여 자동으로 이루어지며, 무인, 자동, 수동, 기지운전모드에서 가능하다.

② 자동개, 수동폐 모드 : 출입문의 개방은 지상신호에 의해 제어되나, 닫힘은 운전자의 버튼조작에 의해 이루어진다. 정차시간 종료전에 열차를 출발시켜야 할 필요성이 많은 혼잡시간대에 사용되며, 자동, 수동, 기지운전모드에서 가능하다.

③ 수동 개, 폐 모드 : 자동출입문 개, 폐 계통의 장치가 고장이 난 경우에 사용하는 모드로 출입문 개, 폐가 운전자의 버튼조작에 의하여 수행된다.

4.2 안전설계

출입문은 승객의 안전과 직접관련이 있는 장치로 다음과 같은 안전개념으로 설계되었다.

(1) 출입문 개, 폐 장소 적정성 확인

- 차량은 자동모드시 정지점 1m전(ODL전단)에서 지상장치로 출입문 개방명령을 요구(TB)한다.
- 정지점 ±1m내에 열차가 정지하여야만 출입문 개방신호를 차량이 수신할 수 있도록 ODL의 송신 LEVEL를 설정하였다.

(2) 안전속도 확인

- 차량은 열차속도가 1.8 ~ 4.68km/h이내(수동, 기지운전모드시는 5km/h이하)에 도달한 경우에만 지상신호장치로 출입문 개방신호를 요구(TB)한다
- 차량의 TCMS는 열차속도가 0.5km/h이하가 되지 않으면 출입문 개방을 수행하지 않는다.

(3) 전차 출발 및 진동 방지

- 출입문이 개방된 상태에서 역행명령이 TCMS에 수신되는 경우에는 무시된다.
- 열차가 정지점에 정차하면 ATO는 자동으로 정차제동을 체결하여 출입문이 열린상태에서는 열차가 움직이지 않토록 한다.

(4) 운행 중 출입문 열림 방지

- ATC는 열차속도가 5Km/h이상 시에는 ATC DOOR RELAY를 소자 시켜 출입문이 개방되지 않도록 한다.

- TCMS는 열차속도가 0.5km/h이상 이면 출입문 개방신호가 수신되어도 명령을 수행하지 않는다.

4.3 자동출입문 개, 폐 절차

1) **ATO장치는 열차속도가 1.8 ~ 4.68km/h이내로 되고, 정지점 1m(PSM4를 수신하고 2.5m진행 후) 전에 도달하면 ATC로 열차정지 신호를 전송한다.**
2) **ATC는 안전속도(5km/h이하)를 재 확인한 후 TWC를 통하여 지상신호장치로 열차정지 신호를 전송한다.**
3) **ATO는 정지점에 도달하면 열차가 움직이지 않토록 정차제동을 체결 한다.**
4) **지상신호장치는 속도코드를 소거하고 Door Loop를 통하여 출입문 열림신호를 차량으로 전송하며 Dwell Light를 점등 시킨다.**
5) **차량ATC는 다음과 같이 동작한다.**

   TCMS장치로 : 수신된 출입문 열림신호 및 ATC Door Relay'H"를 전송 ATC R/L

   Door Relay : 해당 Relay를 여자시켜 출입문 회로를 구성 시킨다.

   ATO로 : 속도코드를 0 코드로 전환하여 열차의 움직임을 방지한다.
6) **TCMS는 열차속도가 0.5Km/h이하임을 확인하고 출입문을 개방시킨다.**
7) **지상신호장치는 정차시간 종료 10초전에 Dwell Light를 점멸시키고 차량 TWC로 출입문 닫힘경보(DCW) 신호를 전송한다.**
   - DCW는 TWC, TCMS를 경유하여 자동방송장치로 전송된다.
   - 자동방송장치는 '곧 출입문이 닫히고 열차가 출발합니다' 의 안내 방송를 시행한다.
8) **정차시간이 종료되면 지상신호장치는 Dwell Light를 소등시키고, 출입문 열림신호를 속도CODE로 전환한다.**
9) **차량 ATC장치는 TCMS로 출입문을 닫도록 명령한다.**
10) **TCMS는 출입문을 닫는다.**
    - TCMS는 승객의 낌 등에 의하여 일부 출입문이 닫히지 않으면 해당 출입문만을 자동으로 재 개, 폐를 시행한다.
11) **모든 출입문이 닫히면 ATC는 다음과 같이 동작한다.**
    - 자동모드인 경우 TCMS 통하여 출발 허가 지시등을 점등시키며, 운전사가 출발

버튼을 누르면 ATO로 속도코드를 전송하여 열차가 자동출발 시킨다.

- 무인모드인 경우 ATO로 속도코드를 전송하며, ATO는 정차제동을 완해하고 열차를 출발 시킨다.
- 열차가 출발하면 자동방송장치는 경고음을 자동 발생한다

12) **열차속도가 5Km/h이상에 도달하면 ATC는 R/L Door Relay를 소자시켜 출입문 개방을 금지시킨다.**

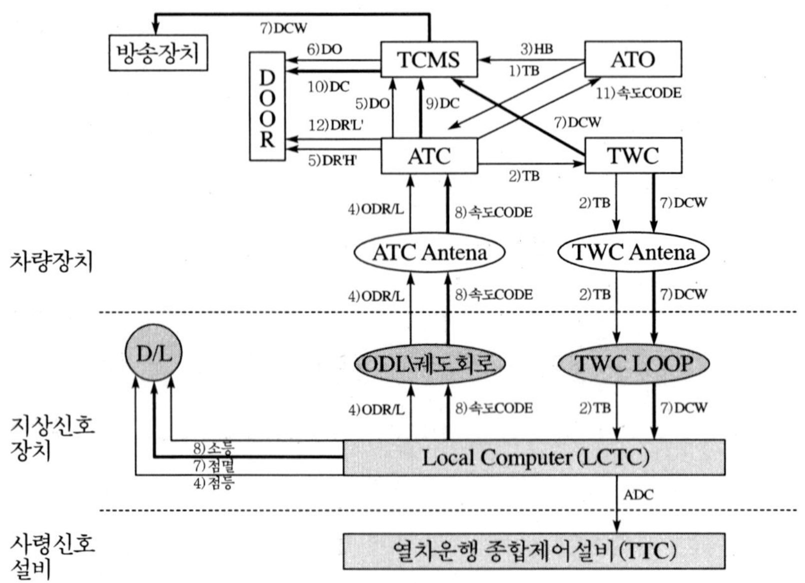

그림 8.10 자동출입문 개폐절차

4.4 자동개, 수동폐 동작절차

1) ~ 6) 4.3과 동일하게 동작
7) 운전사는 안내방송 버튼을 눌러 '곧 출입문이 닫히고 열차가 출발합니다.' 라는 안내방송을 시행한다.
8) 운전자는 출입문 닫힘 버튼을 누른다.
9) TCMS는 출입문을 닫는다.
10) 모든출입문이 닫히면 TCMS는 TWC를 통하여 지상신호장치로 모든출입문 닫힘 신호(ADC)를 전송한다.

11) 지상신호장치는 정차시간 카운트를 중지하고 다음과 같이 동작한다.

- DWELL LIGHT를 소등시킨다.
- 출입문 열림신호를 속도신호로 전환한다.

12) ATC는 5.3의 11)과 동일하게 동작한다.

제5절 열차의 탈선 및 추돌방지

5.1 ATC Code

ATC Code는 폐색단위로 전송되며, 해당폐색에서 열차가 탈선 및 추돌을 하지 않고 운행할 수 있는 최고의 운행속도를 의미하므로 표정속도와 직접 관련되며, 제한속도, 속도 Code, 속도명령으로도 불리어 진다. ATC Code는 신호기계실의 ATC장치에 의해 결정되며, 다음의 탈선방지 속도와 추돌 방지속도 중 낮은 값을 선정하여 궤도회로를 통하여 차량으로 전송된다. 서울시 2기 지하철의 ATC Code는 다음과 같다.

표 8.2 서울시 2기 지하철 ATC Code

반 송 자 (Hz)	코드 (Hz)	속도명령
4550	2.0	Key Down
4550	3.0*1	STOP (01)
4550	4.5	25 KPH
4550	6.83	35 KPH
4550	10.1	45 KPH
4550	15.3	55 KPH
4550	21.5	60 KPH
4550	27.5	Door Open Left
5525	2.0	Key Up
5525	3.0+2	Yard (25 KPH)
5525	4.5	65 KPH
5525	6.83	70 KPH
5525	10.1	75 KPH
5525	15.3	80 KPH
5525	21.5	90 KPH
5525	27.5	Door Open Right

1) 탈선방지 속도 : 선행열차의 위치와 관계 없이 열차속도를 제한하므로 영구제한 속도로도 불리며, 선로조건에 따라 아래의 제한 속도중 가장 낮은 값이 해당 폐색의 탈선방지 속도가 된다.

표 8.3 구배에 따른 제한속도

구배(‰)	5이하	10이하	15이하	20이하	25이하	30이하	35이하
제한속도 (km/h)	80	80	80	80	75	70	65

표 8.4 곡선에 따른 제한속도

곡 선 반 경 (m)	140 ~ 149	150 ~ 189	190 ~ 239	240 ~ 269	270 ~ 299	300 ~ 339	340 ~ 389	390 ~ 439	400 ~ 이상
제 한 속 도 (km/h)	35	40	50	55	60	65	70	75	80

표 8.5 분기기에 따른 제한속도

분기기 번호	8#	10#	12#
편개시 제한속도(km/h)	25	35	45
양개시 제한속도(km/h)	40	50	60

• 캔트에 의한 제한속도(ν)

ν^2= R(C+40)/11.8(R : 곡선, C : Cant)

2) 추돌방지 속도

• 신호기계실의 ATC장치는 궤도회로장치의 열차점유 정보에 의해 선행, 후행 열차간의 거리를 알 수 있으며, 이거리에 따라 후속열차의 속도를 제한한다.

• 후속열차가 선행열차를 추돌하지 않을 속도는 다음에 따라 결정된다(평탄, 직선선로 기준이며, 해당선로의 구배 및 곡선등 선로 조건을 보상하여 설계한다.)

$S = (\nu^2 / 7.2\beta) + (\nu/3.6 * t) + 20$ [m]

S : 선행 및 후행열차간의 거리

ν : 후행열차의 운행가능 최고 속도

t : 공주시간 : 6.8초 (지상장치 응답시간 : 0.25초, Carrier Bridging Time : 2.1초, 차량ATC장치논리처리시간 : 0.25초,

제동검증 : 3초, 비상제동 응답시간 : 1.2초)

β : 3.8km/h/s

20[m] : 여유거리로 폐색분할상 불가피할 경우 10[m]를 적용한다.

- 실질적으로는 선행 열차와 후속열차간에는 몇 개의 폐색이 존재 하므로 80 → 65 → 45 → 0 CODE와 같이 단계적으로 제한속도가 결정된다.

5.2 차량의 탈선 및 추돌방지

차량 ATC장치는 지상 ATC장치로 부터 송신된 제한속도와 열차속도를 연속적으로 비교하며, 운전자의 오조작 등 어떠한 불안전 요소에 의하여 열차속도가 제한속도를 초과(과속)하는 경우에는 자동으로 FSB 체결하여 열차의 탈선 및 추돌을 방지한다.

1) 속도명령 수신 및 해독

차량 ATC장치는 안테나를 통하여 지상의 ATC CODE를 수신하고 해독 하며, 만약에 동시에 두개의 코드를 수신하였을 경우에는 하위 속도코드가 우선된다.

해독된 코드는 ADU에 송신되어 운전사에게 현시되며 ATC 자체내의 과속방지 기능에 사용된다. 또한 ATO로 전송되어 자동 및 무인운전모드에서 목표속도의 기준으로도 사용된다.

2) 열차속도 검지

차량 ATC는 타코메타로부터 실제 전차 속도를 검지하며, ATC 타코메타 (주)의 정상동작을 검증하기 위하여 보조 타코메타를 사용한다.

ATC는 주, 보조 타코메타로부터 수신된 속도를 비교하여 5%이상 속도차 가 발생하면 타코메타 고장으로 간주하여 FSB를 체결한다.

3) 과속보호

ATC는 지상으로 부터 수신된 제한속도와 열차속도를 연속적으로 비교하여, 열차속도가 제한속도를 2Km/h이상 초과할 경우에는 과속으로 결정하고 다음과 같이 동작한다.

• **무인/자동 운전모드**

① TCMS에 완전(full)) 상용 제동 체결 요구
② 제동 검증 수행
③ 제동검증이 불 만족스러운 경우에는 EB를 체결하며, 이러한 경우에는 무인/자동 운전모드는 해제되어 전차가 정지하였을 때 수동운전모드로만 운행이 가능하다.

• **수동/기지 운전모드**

① TCMS에 완전(full) 상용제동 요구전송
② 열차속도가 제한속도 이내로 감속될 때까지 제한속도 지시등 점멸
③ 열차속도가 제한속도 이내로 감속될 때까지 경보장치 작동
④ 제동 검증 수행
⑤ 제동검증이 불 만족스러운 경우, EBR를 소자시켜 비상제동 체결
⑥ 운전사가 주간제어기를 완전(full) 상용제동위치로 이동시켜 과속 조건을 인식하고, 열차속도가 제한속도 이내에 도달되면, ATC는 FSB를 해제하나, 운전사가 과속을 인식하지 않으면, FSB는 해제 되지 않는다.
⑦ 전차가 정지하였을때, ATC는 FSB를 완해한다.

4) 제동검증

제동검증은 과속보호의 한 부분으로 완전(full) 상용제동에 대한 ATC 요구가 만족되는지를 검증하는 기능으로 상용제동장치의 고장으로 인한 열차의 추돌 및 탈선을 방지한다. 제동검증에는 수은감속계가 사용되며 2.8±0.2 km/h/s로 Setting 되어 있다. ATC는 FSB를 출력후 3초 이내에 수은감속계가 동작(H) 되지 않으면 상용제동 계통을 고장으로 판단하여 EBR를 소자시켜 비상제동을 자동으로 체결한다.

제6절 조착 및 지연열차 제어

기존 지하철의 경우 표정속도와 조착 및 지연 제어는 기관사에 의존되어 왔으나, 5호선은 장기적으로 승객의 수요변화에 적응할 수 있고, 열차의 지연 및 조착을 제어하기 위하여 다음과 같은 제어기능을 채택하였다.

6.1 역간운행 속도 제어

- ATO 운행모드는 평상 및 회복의 복수모드를 채택하여, 열차가 기준시간보다 지연된 경우에는 회복모드로 운행하도록 TTC가 제어된다.
- ATO 목표속도로 사용되는 고정속도를 사령실에서 변경하여 열차의 역간 운행시간을 제어할 수 있도록 하였다.

6.2 정차시간제어

- 정차시간 제어는 각역 단위로 제어가 가능하며, 승객의 많고 적음에 따라 정차시간을 제어하여 표정속도를 제어할 수 있도록 하였다.

제7절 자동방송 및 표시기 장치

7.1 자동방송장치

1) 방송내용은 다음과 같이 분류되며, 자동방송장치 내부 반도체 기억 소자 ROM에 저장된다.

- 출발역에서 행선지 안내방송
- 환승역에서 환승 안내방송
- 모든역에서 도착역명 및 하차할 출입문 방향을 안내하는 도착역 안내방송

- 곡선역 안내 방송
- 열차 승강장내 승객에게 열차의 출발을 알리는 경고음 방송
- 종착지 도착 방송
- 공지방송 등

2) Interface

① 자동방송장치는 다음의 절차에 따라 지상으로 부터 자동방송에 필요한 정보를 각역에서 수신한다.

- TTC는 열차 다이아에 따라 해당열차가 점유된 신호기계실 장치로 '행선지 번호, 다음역 번호, 다음역 출입문 방향' 데이터를 전송한다.
- 신호 기계실 장치는 지상 TWC장치를 통하여 '다음역 코드, 행선지코드, 다음역 출입문 방향' 데이터를 차량으로 전송한다.
- 차량 TWC장치는 수신된 데이터를 TCMS로 전송한다.
- TCMS는 수신된 데이터를 자동방송장치로 전송한다.

② 열차가 출발 되면 TCMS는 거리(25m 마다, 500ms Pulse)정보를 자동방송장치로 연속적으로 전송한다.

3) **방송시점 : 각역의 특성에 따라 방송내용의 길이가 틀리므로 방송시점은 일치하지 않으나, 일반적으로 다음역 정거장 진입시점에 자동방송은 시작되며 열차가 정지점에 도착할때 종료되도록 설계되었다.**

7.2 표시기장치

1) 표시장치의 구성

- 열차번호 표시기 : 전차의 전두부 상단에 1개씩 총 2개가 설치되며 4자리 숫자로 표출한다.
- 행선 표시기 : 전차의 전두부 상단에 1개, 각 차량의 좌우측에 1개씩 18개가 설치되어 있다.
- 실내 안내 표시기 : 실내 출입문 상단에 량당 4개씩 총 32개가 설치되어 있다.
- 설정기 : 각 표시기를 제어하는 장치로 각 운전실에 1개씩 설치되어 있다.

2) Interface

① 설정기는 다음절차에 따라 지상신호를 수신한다.

- TTC는 열차 다이아에 따라 해당 신호기계실장치로 ‘ 열차번호, 행선지 번호, 다음역 번호, 다음역 출입문방향’ 데이터를 전송한다.
- 신호 기계실 장치는 지상 TWC장치를 통하여 ‘ 열차번호, 다음역 코드, 행선지 코드, 다음역 출입문 방향 ’ 데이터를 차량으로 전송한다.
- 차량 TWC장치는 수신된 데이터를 TCMS로 전송한다.
- TCMS는 수신된 데이터를 설정기로 전송한다.

② 설정기는 TCMS로 부터 거리데이터와 출입문 닫힘 데이터를 수신한다.

3) 설정기는 수신된 데이터에 따라 열차번호 및 행선지코드를 각 표시장치로 전송하여 해당번호 및 행선지를 표출토록 한다.

4) 실내안내 표시장치는 수신된 데이터에 따라 다음과 같이 표출한다.

① 이번역, 하차할 출입문 방향 표출

- 출발 후 25m 지점부터 한글 3~4초, 영어 2초 간격으로 번갈아 표출한다.
- 도착전 200m지점 부터 표출내용을 점멸시킨다.
- 출입문이 개방 되면 표출내용을 소멸시킨다.

② 공지사항 및 기타 내용 : 출발 후 150m 지점부터 표출

제8절 기타 자동운전시스템 기능

8.1 사령실에서 전차 상태 감시 기능

5호선의 무인운전시스템은 열차의 다양한 정보가 사령실로 전송되도록 구성하여 열차의 통제 및 감시기능을 강화 시켰다.

1) 차량에서 사령으로 전송되는 정보

- 일반 표시정보 : 편성번호, 열차번호, 열차장, 열차정지 여부, 출입문 개, 폐 상태, 운전모드
- 열차상태 정보

Bit 0 : 1개 이상 VVVF 고장

Bit 1 : SIV 고장

Bit 2 : 혼잡열차(1량 평균 23t 이상 승객 탑승)

Bit 3 : 출발 지연(정차역에서 1분 이상 정차)

Bit 4 : 후진운전

Bit 5 : 무전기고장

Bit 6 : 제동장치고장 또는 공기제동 배관 Cut - Out

Bit 7 : ATC 또는 ATO고장

2) 전송 계통 : TCMS → **차량** TWC → **지상** TWC → LCTC → LDTS → CDTS → TTC

8.2 사령실에서 대 승객방송 및 비상인터폰 기능

1) 사령실에서 대 승객방송

사령실 근무자가 본선에서 운행 중인 열차에 탑승한 승객에게 직접 방송하는 기능으로 차내의 어느 방송보다도 우선 방송토록 되어 있다. 열차의 운행사고, 지연, 운전자의 사고시 등 비상시에 사용하는 이 기능은 열차 무선장치와 방송장치가 연계하여 수행된다.

운행되는 모든 열차를 한 번에 또는 일부열차를 선택하여 방송하는 것이 가능하다.

2) 비상인터폰

열차 내부에 위급한 상황이 발생시 승객이 운전사 또는 사령실 근무자와 직접 통화할 수 있는 장치로, TCMS, 방송장치, 무선장치와 연계하여 동작한다.

8.3 혼잡열차 예고방송

일반적으로 혼잡한 열차는 지연을 증폭시켜 열차의 흐름을 차단하는 경향이 있다.

열차의 계속적인 지연을 막기 위하여 승객에게 협조를 구하는 기능으로 다음과 같은 절차에 따라 수행된다.

1) **승객하중에 비례하는 공기스프링(Air Spring) 압력은 TCMS로 전송된다.**
2) **TCMS는 승객하중이 량당 평균 23t 이상인 경우에는 열차상태 정보중 '혼잡열차(Bit2)' 신호를 참으로 설정하여 TWC를 경유하여 지상신호장치로 전송한다.**
3) **지상신호장치(LCTC)는 TTC로 전송한다.**
4) **TTC는 안내게시기 중앙제어장치로 전송한다.**
5) **안내게시기 중앙제어장치는 다음역 구내 방송설비로 전송하여 혼잡 예고 방송을 실시한다.**

제9장

제9장 철도차량 제동장치 기술

제9장 철도차량 제동장치 기술

제1절 전기기관차 제동장치

8000호대 전기기관차의 제동장치는 PBL-2형으로 기계실 제 2분전함 뒷면 제2정류기함과 2번 견인전동기 송풍전동기 사이에 설치되어 있으며 기관사의 제동기기 취급에 따라 5개의 전자변(과충기전자변, 랩전자변, 계단완해전자변, 계단제동전자변, 전완해전자변)이 여자 또는 무여자되어 공기를 공급, 차단 또는 배출함으로서 제동 및 완해작용이 이루어지며 진다.

제동체결과정을 요약하면 다음과 같다.

자동제동변(MPFPB)을 제동위치로 했을 때 5개의 전자변이 무여자되어 균형공기가 감압되면, 주제어변의 작용에 의하여 제동관 공기가 대기로 배출되어 열차에 연결된 각 차량에 제동이 체결되는 한편, 기관차는 C-3-A제어변의 작용으로 보조공기가 제1중계변 작용관을 통해 제1중계변의 막판을 밀어 올리면, 제1중계변 상부에 대기 중인 주공기가 제2중계변 작용관을 통하여 제2중계변 막판을 밀어 올리므로 제 2중계변에 대기 중인 주공기가 제동통으로 공급되어 제동작용이 이루어진다.

또한, 자동제동변의 고장등으로 인하여 자동제동변으로 전 열차의 제동취급을 할 수 없는 경우에는 사방콕크를 관통위치로 전환하면 직통제동변으로 전 열차의 제동취급을 할 수 있다.

8100호대 전기기관차에는 위치의존형 제동핸들과 마이크로프로세서 제어, 메모리 프로그램형 크노르형식 제동제어장치(HSM-MEP)를 갖추고 있으며, EP제동을 사용할 수 있다.

시스템은 이중 안전구조이며, 2개의 컴퓨터로 구성되어 있다.

운전실의 모든 입력신호는 점유 운전실의 신호만 사용되며 비점유 운전실의 신호는 무시된다(단, 비상제동은 어느 운전실에서나 사용 가능하다).

제동 체결시 제동밸브(FS42L)의 위치에 따른 제동지령은 이중 안전구조의 ESRA-BUS를 통하여 제동제어장치(HSM-MEP)로 전송되며, MVB를 경유하여 중앙제어장치(CCU) 및 견인제어장치(TCU)로도 전송된다.

요구된 제동력은 계기표시기(MFA)에 현시되고, 기관차는 전기(회생)제동이 우선적으로 체결되며 객·화차는 관련모듈의 작용에 의해 공기제동이 체결된다.

모든 공기공급장치, 제어장치, 제어공기통 및 전자 제어장치는 공기제어장치 패널 “PSG (Pneumatic Control Unit)”에 모듈로 설치되어 있다

(1) 시스템 제어

8100호대의 경우 공전현상(차량의 바퀴가 헛도는 현상)의 발생이 비교적 잦아 이것을 개량한 것이 현재의 8200호대이다.

1) 제동관계 주요기기

① 제동밸브 “FS42-L”

• 제동밸브(60)에 연결된 공기배관

- 제동관 “BP”(HL)

- 배기관 "O"

제동밸브는 자동공기제동을 제어하는 핸들과 전기제동을 제어하는 핸들, 2개 핸들로 구성되어 있으며 서로 기계적으로 연동되어 일체로 작동되나, 전기제동의 핸들을 축에 대하여 직각방향으로 누르면 기계적 잠금장치가 풀려 서로 독립적으로 제어할 수 있다. 두 핸들이 같은 각도의 평행위치로 돌아올 때 자동적으로 본래의 잠금 위치로 복귀된다.

제동핸들의 위치에 따라 내부의 전위차계는 제동의 요구값을 ESRA버스를 경유하여 디지털 신호로 제동제어장치에 전송되는 한편, MVB를 경유하여 중앙제어장치(CCU)로 전송된다. 또한 요구된 제동력은 계기표시기(MFA)에 현시되고, 전기제동을 위한 주변환장치의 제어를 위해 견인제어장치(TCU)로도 전송된다. 전기제동력은 열차의 운동에너지가 견인전동기에서 전기에너지로 주변환기에서 변환되고 조절되어 가선으로 회생된다.

조합 제동 즉 전기제동핸들과 공기제동핸들을 동시에 취급하는 경우 공기제동보다 전기제동이 우선 적용된다.

각 대차에 전기제동이 작용하고 있으면, 과제동을 피하기 위해 견인제어장치(TCU)가 전자변[138/1, 2.4]을 여자시켜 공기제동을 차단하며, 만약 한 개의 대차가 고장난 경우 고장난 대차에는 공기제동이, 정상적인 대차에는 전기제동이 체결되며, 나머지 대차마저 고장난 경우에는 양 대차에 공기제동이 체결된다.

제동밸브의 비상제동위치에서 제동관(BP)공기의 배기는 전자제어장치와 독립적으로 내장된 배기밸브에 의해 제동작용이 이루어진다.

각 운전실에는 순수 기계식 비상제동핸들(NB3)(69)이 설치되어 있고 취급시 제동관을 배기시켜 제동작용이 이루어진다.

• 상용제동의 종류
- 전기제동(Electro-dynamic Brake)
- 자동 공기제동(Indirecting acting, automatic air brake)
- 전기식 자동공기제동 : EP 제동

② 전자식 제동제어장치

제동제어장치는 전자제어장치의 핵심요소이며, 제동제어장치의 소프트웨어는 관련된 모든 기능들이 기록되어 있고 이에 의해 최적의 유연성이 얻어진다.

제동제어장치와 관련된 전기지령 공기장치 사이의 상호작용에 있어서, 기관차 주제어 시스템은 몇 개의 2진 신호와 아날로그 입·출력 신호가 사용된다.

대부분의 신호는 기관차 MVB(Multifunction Vehicie Bus)를 경유하여 제동제어장치로 전송된다.

제동제어의 주기능인 제동관 압력제어에 의한 자동공기제동과 기관차 단독제동(직통공기제동 : Direct Air Brake)은 MVB로 데이터 전송없이 작용되며, MVB를 경유하는 신호 없이도 작동할 수 있다. 운전 중 MVB에 이상이 발생되어 견인 제어를 할 수 없게 되면 기관차는 더 이상 운행할 수 없게 된다.

제동제어장치가 완전 고장일 경우에도 기계식 비상제동 체결은 가능하다.

• 제동제어장치 전원공급

공급전압 : 110V - 축전지 전원

보호 차단기 : IBP 1 : 제동장치 1 차단기 BN1

IBP 2 : 제동장치 2 차단기 BN2

제어용, 기타(전자변) : 주차제동차단기 PBN

• 제동제어장치 입력신호 및 처리

운전실에서 제동제어장치로 제어되는 모든 신호는 이중구조로 되어 있으며, 제동핸들의 제동명령 뿐만 아니라 다음과 같은 명령을 처리한다.

- 공기 압축기 스위치 CMOS1, 2
- 과충기 BPAS1, 2
- 제동모드 스위치 BMS
- EP제동 모드 스위치 EPS1, 2
- ATS 확인 스위치 ATSAS1, 2
- 살사 스위치 SaNS1, 2
- 제동완해 스위치 BRS1, 2
- 단독제동완해 스위치 DBRS1, 2
- ATS 복귀 스위치 ATSR1, 2
- 제동핸들 개방스위치 BVCS1, 2

마이크로프로세서로 제어되는 제동제어장치([145] HSM-MEP)는 다양한 자체 시험과 진단기능을 갖추고 있다.

운행중 발생하는 고장사항은 모두 기록되고 기억되며, 4자릿수의 고장코드를 통하여 제동제어장치(HSM)에서 진단된다.

또한 진단 결과는 MVB를 통하여 중앙제어장치(CCU)로 전송된다.

제어장치는 요구되는 파이롯드 공기압력(ER)을 발생시키기 위한 전자적인 파이롯드 회로와 제동관 압력을 제어하기 위한 증폭부로 구성된다.

③ 전공 변환기

전공변환기(AW4.1A)는 제동압력제어모듈[136]에 설치되어 있으며, 제동제어장치에서 설정된 값의 전기신호를 받아 공기압력으로 변환시키는 기기이다.

이 변환기에서 생성된 공기가 초기제어압력(A-압력)이다.

전자제어장치는 지령한 기준값과 감지된 실제압력 Cv 사이에 편차가 감지되면 관련된 전자변을 작동시켜 필요한 값으로 Cv 압력을 재조정한다. Cv 압력이 지령한 기준값과 일치하게 되면 전자변은 다시 무여자 된다. 이 경우 파이롯트 라인은 충기도 배기도 되지 않는다. 이 조건은 기준값과 실제값이 일치되는 한 유지된다.

④ 중계변 RH2

RH2 중계변은 제동압력제어모듈[136]에 설치되어 있고, 전공변환기의 초기제어압력을 공급받아 제동관 압력을 제어하며, 각변의 작용은 다음과 같다.

• Relay Valve(a)

다이어프레임 피스톤은 흡기, 배기 밸브시트를 통하여 충기 또는 배기작용을 한다.

• HP Bypass Valve(b)

급속충기(Pressure Surge)시 피스톤 밸브는 제동관의 빠른 충기를 위하여 큰 개구면적을 열고, 급속충기가 없는 제동완해시 제동관의 충기는 제한된 통로를 통하여 이루어진다.

• HL Check Valve(c)

제동작동시 스프링 작용식 밸브디스크는 제동관의 배기를 위해 통로를 연다.

• HL Cut-Off Valve(d)

정상 운전시 피스톤밸브는 제동관은 릴레이밸브와 연결되고 비상제동시에는 차단된다. 제동작용은 운전자 경계장치 또는 열차자동정지장치에 의하여 체결되고 차단된다.

• A Cut-Off Valve(e)

정상운전시 제어압력은 피스톤 밸브를 통하여 릴레이 밸브의 Control Chamber와 연결된다.

Relay Valve RH2

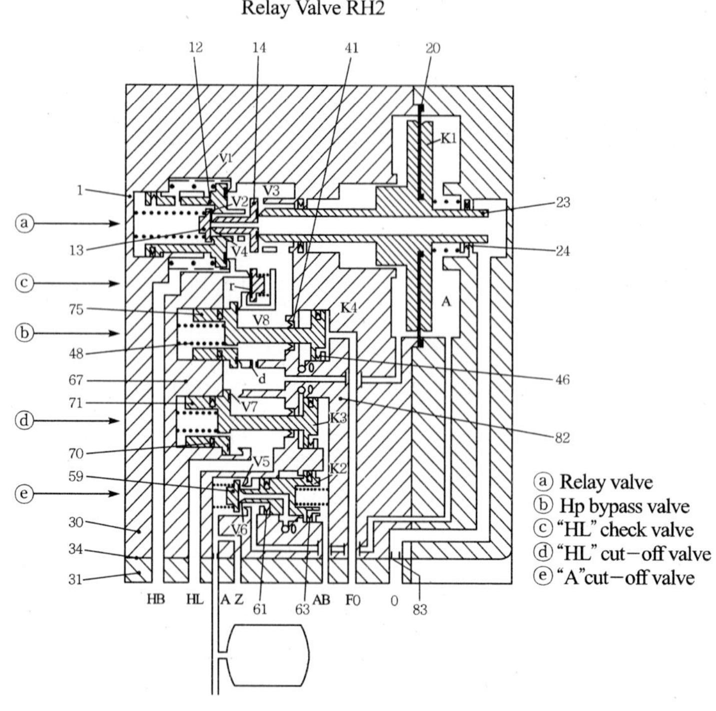

그림 9.1 중계변 RH2

⑤ 분배변 KE

• 개요

KE 분배변은 공기제동시스템용으로 다양한 공기제동시스템에 적용될 수 있다. G/P 선택제동, 2단제동 또는 연속제동, 자동 응하중 제어제동, 제동 속도제어 또는 이러한 다양한 시스템들의 조합으로 사용될 수 있다.

• 특성

- 제동체결과 완해시간이 제동통의 크기와는 무관하게 독립적으로 이루어진다.
- 제동관 압력이 6초에 0.5bar의 감압에 대하여 1.0sec 이내에 제동이 체결된다.
- 제동관 감압이 0.5bar / 50sec까지는 반응을 하지 않는다.
- KE 분배변은 제동완해에 따르는 짧은 과충기에 의해서는 작동되지 않는다.
- 최대압력 제한기는 제동력이 과잉 발생되어 차륜에 찰상현상이 일어나는 것을 방지한다.
- 보조공기통(R), 충기변 또는 R cover는 차단변(Cut-off)을 갖고 있다. 핸들 또는

링크에 의해 이 밸브를 작동시켜 분배변과 제동관 사이의 연결을 차단시키고 동시에 제동통과 분배변 내부의 모든 압력실을 배기시킨다.

- 전기지령 제어장치는 모든 열차에서 동시에 제동을 얻기 위해 각각의 KE 분배변에 취부될 수 있다.

• KE 분배변의 구성과 작용

- 삼압변(Triple-Pressure Valve)

삼압변 G는 제동관 압력변화의 속도와 양에 따라 제동통을 충·배기시킨다. 또한 제동가속기의 역할과 과충기방지 제어를 한다.

- 가속기

가속기는 K실을 갖는 제어변 U, 제어 슬리브 그리고 Choke 스위치 H로 구성되며, 제동시 제동관의 공기가 제어변 U로 공급된다. 이 작용은 초기의 압력감압을 빠르게 발생시켜 제동신호를 전차량에 전달한다.

- 제어공기통(A) 제어변(Control Reservoir(A) Control Valve)

제동관 압력 L로부터 균형공기통(A) 제어변 D를 경유하여 생성된 제어압력 A는 파이롯드 압력 Cv에 의하여 모니터 된다. Choke 스위치 H는 가속기와 연결되고 균형공기 A의 배기에 대해서도 보호된다.

- 최소압력 제한

제동 작용시 최소압력제한기 F는 제동통 압력을 규정된 압력값 수준(최대 제동력의 10%)으로 빠르게 충기한다.

- 최대압력 제한

제동통 압력은 최대압력제한기 E에 의하여 보조공기통의 크기 및 압력 그리고 제동통 용적에 무관하게 가장 높은 수준으로 설정된다. 그러므로 최대압력제한기는 제동력이 과잉 발생되는 것을 막고 차륜에 찰상현상이 일어나는 것을 방지한다.

- G/P 선택기

G/P(Goods/Passenger) 선택기 V는 하나의 부품에서 제동의 체결 및 완해 시간을 전환할 수 있다.

제동의 체결과 완해시간에 대한 전환이 필요 없으면 전환레버 대신에 Locking 판으로 고정한다.

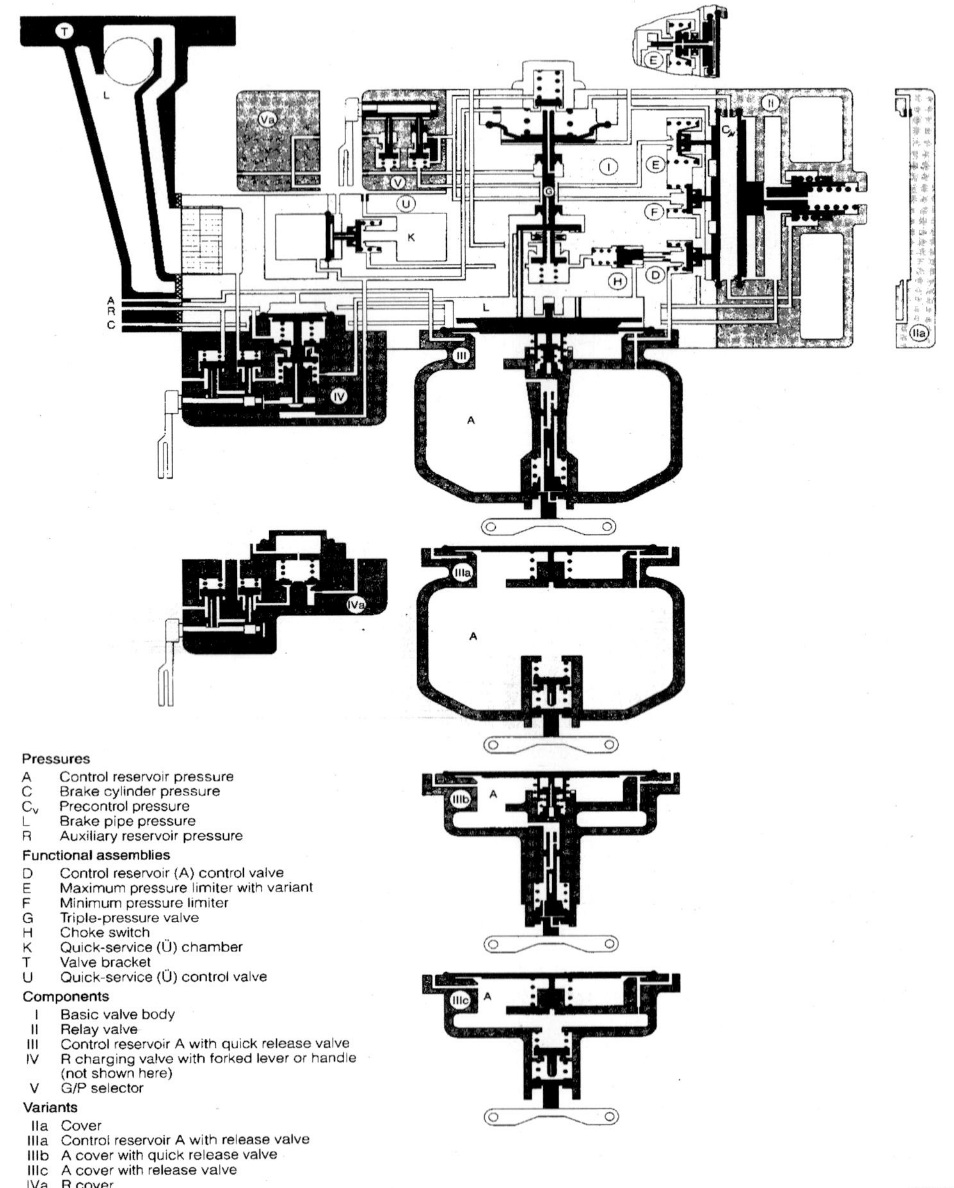
Pressures
A Control reservoir pressure
C Brake cylinder pressure
C_v Precontrol pressure
L Brake pipe pressure
R Auxiliary reservoir pressure
Functional assemblies
D Control reservoir (A) control valve
E Maximum pressure limiter with variant
F Minimum pressure limiter
G Triple-pressure valve
H Choke switch
K Quick-service (Ü) chamber
T Valve bracket
U Quick-service (Ü) control valve
Components
I Basic valve body
II Relay valve
III Control reservoir A with quick release valve
IV R charging valve with forked lever or handle (not shown here)
V G/P selector
Variants
IIa Cover
IIIa Control reservoir A with release valve
IIIb A cover with quick release valve
IIIc A cover with release valve
IVa R cover
Va Choke cover
C 9491/1

그림 9.2 분배변 KE

- R 충기변

KE 분배변은 R 충기변 IV 또는 차단변을 가진 R 커버 IVa를 갖추고 있다. 전기지령식 분배변이 사용된다면 R커버 IVa가 R 충기변에 취부된다.

제동이 완해될 때 보조공기통은 제동관 L로 부터 R 충기변을 경유하여 공기가 채워진다. 보조공기통이 충기됨과 동시에 제동통 압력은 감소하며 이는 공기통의 크기와는 무관하게 이루어진다(일반적인 충기작용은 R충기변에서 삼압변에 의하여 이루어짐). 보조공기통은 R충기변에서 제동관(L)으로부터 역지변을 경유하여 분리할 수 있다.

충기작용이 필요없으면 R충기변 대신에 역지변이 내장된 R커버로 연결할 수 있다.

- 릴레이 밸브

KE1 분배변에서 전달비율 1:1의 1단 릴레이 밸브가 C커버 대신에 사용된다. 1단, 2단, 가변 그리고 점진적으로 작동하는 릴레이 밸브는 하중제어 목적에 대하여 KE2 분배변에 적용할 수 있다.

KE 분배변은 일반적인 작동의 릴레이 밸브를 갖추고 있다. 즉 제동작동과 완해시간은 제동통의 체적과는 무관하다. 이는 분배변의 특별한 변경없이 제동통의 크기에 상관없이 사용될 수 있다는 것을 의미한다.

- 급속완해변

급속완해변을 당김에 의해 보조공기통의 압력감소 없이 완해변을 통하여 제동이 완해된다.

급속완해변은 제어공기통 A 또는 A Cover에 부착된다. 만약 단순한 완해변이 취부되면 제동이 완전히 완해될 때까지 당겨야 한다.

- 차단변

차단변은 R 충기변 IV 또는 R Cover의 구성요소이고 분배변 또는 차량 측면으로부터 링크를 통하여 작동된다.

차단변은 차량 on-off 제동스위치 역할을 하고 off 되었을 때 모든 압력실과 제동통을 배기한다.

⑥ 중계변 KR5

중계변 KR5는 단순한 형식으로 파이롯드 압력 Cv를 1:1 비율로 대량의 공기로 증폭하여 제동통 C에 공급한다.

KR5를 사용하는 공기제동시스템에서 제동통의 충기와 완해시간은 제동통의 크기에 상관없이 표준화되어 일정하다.

• 운전위치

공급 공기통 R의 압력은 흡기밸브시트 V_1에 작용하며, 압축스프링(1.6)은 흡기밸브를 닫고, 배기밸브시트 V_2는 배기위치를 취한다. 즉 포트 C는 대기와 연결되고 파이롯드 압력 Cv는 작동하지 않는다.

• 제동위치

다이어프레임(1.9)의 Cv실은 파이롯트 압력 Cv에 의하여 충기되고, 배기밸브 시트 V_2는 닫히고, 흡기밸브시트 V_1은 열리게 된다. 흡기밸브시트에 작용된 압력은 제동통으로 흐르게 되고 동시에 다이어프레임 피스톤면에 작용하게 된다. 결과적인 C 압력과 압축스프링(1.6)에 작용하는 힘은 피스톤을 중립위치로 되돌아오게 된다. 따라서 흡기밸브시트 V_1은 닫히고 배기밸브시트 V_2는 닫힌 상태로 머무르게 된다. 따라서 압력 C와 Cv는 동일하게 된다.

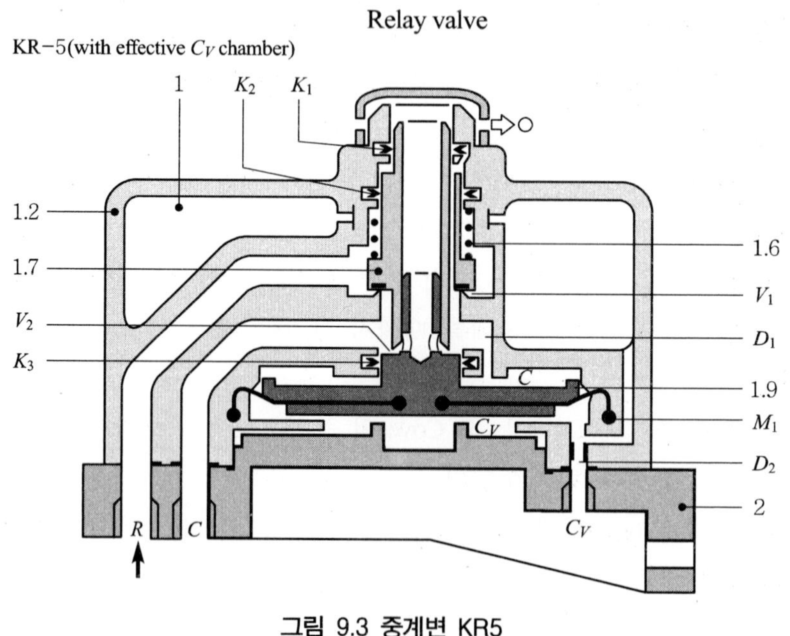

그림 9.3 중계변 KR5

⑦ 활주 방지장치

• 개요

차륜 활주 방지와 제동거리 증가를 제한하기 위해 전자제어식 활주 방지장치가 설치되었으며 활주 방지장치는 구성요소는 다음과 같다.

- 속도발전기(KMG-2H)
- 활주방지 변(Ati-skid Valve)
- 활주방지제어 장치(K-Micro)

활주방지 기능은 공기제동시 중앙제어장치(CCU)에 의해서 제어된다.

• 속도발전기

각 차륜에는 KMG-2H형 비접촉식 속도발전기가 설치되었으며, 폴 휠(Pole Wheel)은 차축에 취부되고, 지정된 시간에 속도감지기를 통과하는 잇수에 의하여 회전속도를 표시한다.

• 활주방지변

- 개요

Anti-skid Valve는 철도차량의 미끄럼방지 시스템에 사용되는 구성품으로 미끄럼방지 회로에서 작동부 역할을 한다.

활주현상은 GV12-1B형 활주방지변(77)에 의하여 제동통 압력을 조절하여 제어된다. 작동시간을 줄이기 위하여 활주방지변의 설치 위치는 제동통에서 가능한 한 가까운 차체 하부에 설치한다.

각 축의 속도신호는 전자제어함 내 활주방지 제어장치(K-Micro)에 의하여 활주방지변을 제어, 제동통 압력(C)을 단계적으로 감소시키거나 분배변의 압력수준(D) 까지 증가시키는 작용을 한다.

- 구조

전자제어장치와의 결선은 3개의 심선으로 이루어진다.

Anti-skid Valve에서 결선은 3Pin Plug로 되었다. 2개의 선 II와 III는 배기와 충기를 위한 전자석을 제어하기 위해서이며, I은 접지선이다.

Anti-skid Valve는 필수적으로 2개의 스위칭 다이어프레임을 갖는 밸브하우징, 2개의 전자석, 하우징과 밸브 전자석의 연결을 위한 2개의 측면판, 그리고 밸브 브라켓으로 구성된다.

하우징은 2개의 밸브시트 V_D와 V_C를 갖는다. 어느 밸브시트도 어느 한 다이어프레임에 의해서 열리거나 닫힐 수 있다.

D다이어프레임은 D실(from Distributor Valve)로부터 C(to Brake Cylinder)실로의 연결을 열거나 차단한다. C다이어프레임은 C실과 O(대기)의 연결을 또는 차단하는 역할을 한다.

밸브전자석은 하나의 플라스틱 하우징 안에 2개의 코일이 내장된 2/3-way 솔레노이드 밸브(VM1과 VM2)로 구성되며, 전기연결을 위한 핀은 하우징 내부에 캐스팅 되었다.

무여자 조건시 전기자 스프링의 힘은 2개의 전기자를 Outer 밸브시트는 닫고 Inlet 밸브시트는 열린 위치로 한다.

- 작용

Anti-skid Valve 기능이 없는 제동 체결과 완해(VM1과 VM2소자)

‣ 제동완해

밸브 내부에는 압력이 감소된다. 코일스프링이 D 다이어프레임을 밸브시트 V_D에서 닫힌 상태로 고정한다.

‣ 제동체결

D압력이 D다이어프레임에 작동한다. 이 다이어프레임은 제어실 압력 S_D가 감압되는 상태에 따라 스프링의 작용력에 대하여 오른쪽으로 작동된다. 밸브시트 V_D는 열린다.

한편 제어실 S_C가 전자석VM1의 열린 Inlet Valve Seat를 통하여 D압력까지 증가한다.

밸브시트 V_C는 닫히고 D에서 C로의 통로는 열린다. 이 조건에서 차량에 제동이 잡히는 것이 억제되지 않는다.

‣ 제동완해

D와 C사이의 통로는 연결된다. D다이어프레임은 D압력이 코일스프링에 작동하자마자 낮은 D압력에서도 닫힌다. 계속된 D압력의 감소는 C압력이 밸브시트 V_C를 통하여 완전히 완해된다.

◦ Anti-Skid 기능에 의한 제동완해

2개의 전자석이 여자된다. 제어실 SD의 압력은 전자석 VM2를 통하여 D압력까지 증가한다. D다이어프레임에서 압력은 균형을 이루고 스프링은 밸브시트 V_D에 대하여 밀고 D압력은 차단된다.

제어실압력 S_C는 배기되고 C압력은 다이어프레임을 왼쪽으로 민다.

밸브시트 V_C는 열리고 V_C를 통하여 O로 배기된다.

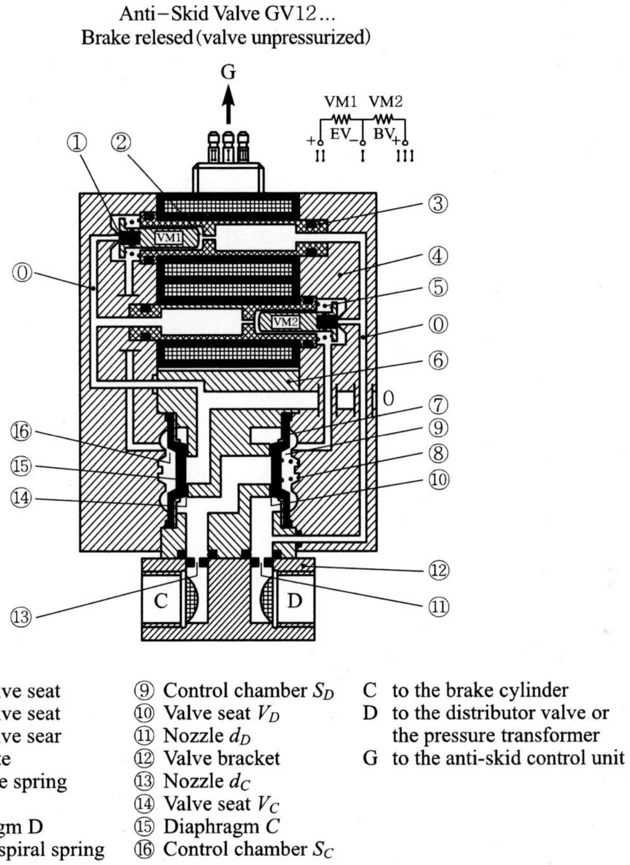
Anti-Skid Valve GV12...
Brake relesed (valve unpressurized)
G
VM1 VM2
EV
BV
II
I
III
VM1
VM2
①
②
③
④
⑤
⓪
⓪
⑥
0
⑦
⑨
⑧
⑩
⑯
⑮
⑭
⑫
⑬
⑪
C
D
① outer valve seat
② inner valve seat
③ Twin valve sear
④ Side plate
⑤ Armature spring
⑥ Housing
⑦ Diaphragm D
⑧ Conical spiral spring
⑨ Control chamber S_D
⑩ Valve seat V_D
⑪ Nozzle d_D
⑫ Valve bracket
⑬ Nozzle d_C
⑭ Valve seat V_C
⑮ Diaphragm C
⑯ Control chamber S_C
C to the brake cylinder
D to the distributor valve or the pressure transformer
G to the anti-skid control unit

그림 9.4 활주 방지장치

◦ Anti-Skid 기능에 의한 제동체결

2개의 전자석이 소자된다. 제어실압력 S_D는 배기되고 S_C는 충기된다.

◦ Anti-Skid 기능에 의한 압력유지

전자석 VM1은 무여자되고 VM2는 여자된다.

양제어실압력 S_D, S_C는 D압력까지 증가한다. 다이어프레임은 밸브시트 V_D와

V_C를 닫고 C압력은 D와 O에 상대적으로 차단된다.

전자석의 적당한 제어로 충기와 배기동안 계단형의 일정한 압력을 생성 및 유지하는 것이 가능하다. 따라서 Anti-Skid 제어논리의 요구에 따른 압력의 증가와 감소 제어의 기능을 얻을 수 있다.

충기 및 배기에 대한 압력의 구배는 노즐 d_D와 d_C에 의해 결정된다. 노즐의 치수는 제어될 C실에 의존한다.

비상제동시의 제동력이 상용제동시의 최대 제동력보다 작은 이유는 철도운행의 안전성의 개념에 기초를 두고 있다. 비상제동시 기관차는 어떠한 레일상태의 점착한계에서도 최소제동거리를 유지할 수 있게 설계되었기 때문이다.

제동형식은 운전실1의 배전반에 위치한 제동모드 선택스위치(22S1,BMS)에 의해 설정된다.

전기 제동시 회생전류의 최대값은 견인제어장치(TCU)에 의하여 중앙제어장치(CCU)로 연속적으로 전송된다. 제동력에 대한 지령값은 중앙제어장치(CCU)에 의해 제어대의 MFA 표시 장치에 나타난다.

비상제동시 전기제동의 최대 제동력 및 전기제동력의 체결 및 완해시간은 열차의 제동모드에 따른다.

기관차의 최대 전기제동력은 160KN이고 117km/h 속도범위까지 적용되며, 117 km/h 이상의 속도에서의 전기 제동력은 기관차 출력의 특성곡선과 같아지며, 5 km/h 이하에서는 0kN으로 감소한다.

공기제동과 전기제동이 동시에 작동할 경우 견인제어장치(TCU)는 주전동기에서 전기제동력을 충분히 확보할 수 있는 한 제동제어장치(HSM-MEP)에 의하여 공기제동을 차단시킨다. 따라서 전기제동과 공기제동이 동시에 체결되는 과제동을 피할 수 있다.

전기제동 중에 생성된 회생전력은 가선으로 재공급된다. 그러나 가선 전압이 30kV 이상인 경우 가선은 더 이상 제동 전력을 공급받지 않게 되며, 이 경우 최대 전기제동 능력은 29.5kV부터 일률적으로 통제된다.

제2절 전동차 SELD형 제동장치

SELD(Straight Electronics Load Dynimics)형 제동장치는 전자직통제동에 직류직권 견인전동기가 발전기로 동작하는 발전제동과 공기제동을 주체의 제동으로 사용하고, 제동관 감압에 의해 작용되는 자동공기제동은 디젤기관차 합병 운전시, 열차분리시, 차장변 사용시, ATS비상제동 지령에 의한 비상제동체결 등 부수적인 제동기능을 수행하도록 하는 시스템으로 구성되어 있다.

또한, 전자직통제동장치에 고장이 발생하여 사용할 수 없을 때 응급 운전용으로 사용하도록 순직통제동장치도 설치되어 있다.

(1) SELD형 제동장치의 특징

1) 한 개의 제동변핸들로서 전자직통제동, 발전제동, 자동비상제동 및 순직통제동 취급을 모두 할 수 있도록 하였으므로 운전자의 제동취급이 매우 간편하다.
2) 전차량에 제동 전용의 공기통(SR)을 구비하고 직통제동을 사용하므로 충기시간에 구애받지 않고 자유로이 추가제동 및 반복제동을 체결 할 수 있다.
3) 제동지령이 전기신호로서 전차량에 전달되므로 영차 길이의 길고, 짧음에 상관없이 모든 차량의 제동 및 완해작용이 동시에 이루어진다. 따라서 공주시간이 매우 짧으며 편성이 늘어나도 제동력의 변화는 없다.
4) 제동변은 셀프랩식을 채택하여 구조가 간단하고, 동작이 정확하며, 고장이 적고, 보수가 용이하다.
5) MM'차의 발전제동력이 유효한 제동력으로 증가하면 공기제동은 자동으로 억제되고, 발전제동력이 소멸되면 신속하게 공기제동으로 전환된다.
6) 발전제동 작용중 제동통공기를 완전히 배기하지 않고 0.4kg/cm^2 정도를 잔류시켜서 발전제동력이 소멸되어 공기제동으로 전환될 때 충격 없이 신속하게 전환되도록 한다.
7) 제동변핸들로서 비상제동을 체결했을 때와 ATS비상제동 지령에 의하여 비상제동이 체결될 때는 발전제동이 체결되어 제동효과를 높여 준다.
8) 전자직통 제동과 자동공기제동이 동시에 작용된 경우에는 제동력이 크게

작용하는 쪽으로 작용하여 안전성을 높이 고려하였다.

9) 응하중장치를 설치하여 승객이 폭주하더라도 제동력을 보상하여서 제동 거리는 연장되지 않게 하였다.

10) 전자직통제동의 단점인 열차분리시 열차정지 기능의 상실을 보완하기 위하여 제동관과 자동제동부(M-60제어변)를 설치하였으며, 제동관 공기가 일정 압력 이하로 되면 역행을 차단하도록 되어있다.

11) 전자직통제동 고장시에는 운전실제어대 밑에 있는 순직통콕크(상, 하, 중 콕크)를 간단한 조작으로 순직통 제동으로 전환시켜서 응급운전을 할 수 가 있다.

(2) 제동장치의 주요기기

1) 전자직통 및 자동제동 공용기기

제동변, 조압기, M형압력조정변, 복식역지변, U-5-A응하중변, 제동다이아프렘, 기초제동장치, 기압스위치, 공기압축기 등이 있다.

2) 전자직통 전용의 기기

CN-1전자직통제어기, 제동전자변, 완해전자변, 체절전자변, 발전제동, 기압저항기, 응하중 가변저항기 등이 있다.

3) 자동공기제동 전용의 기기

차장변, M60제어변, L형 압력조정변, E전자급배변, 비상토출변 등이 있다.

제3절 인버터제어 공기제동 장치

VVVF 전기동차의 제동방식은 고응답, 고성능의 디지털 전기지령식 제동장치인 HRDA(High Response Analog System) 형식으로, 인통선의 지령선의 ON/OFF에 의해 제동의 체결 및 완해가 이루어진다.

(1) 제동장치의 종류

1) 상용제동시스템(회생제동의 일괄교차제어식-Cross Blending)

통상적인 상용제동은 정상운행 중 사용되며, 회생제동과 공기제동이 병용되는 일괄교차식 전자공기 방식이 사용되며, 전기제동지령은 세 개의 인통지령선의 on/off에 의하여 마이크로프로세서로 제어되는 제동제어 유니트(Microprossor Controlled Electronic Operating Device, EOD)에 보내진다. 제동제어 유니트는 구동차와 부수차가 1개의 조합으로 작용하도록 제동력을 제어하므로 회생제동과 공기제동의 조화를 원활히 하여 승차감 향상에 지장이 없도록 제동력의 변화율(Jerk Control)도 더불어 제어한다.

또한, 제동제어유니트(BOD)는 제동전용의 인버터를 사용하고 있기 때문에, 차량의 다른 전원과는 완전히 절연되어 있어, 다른 선과의 혼잡에 의한 오동작을 방지함과 동시에, 가선의 전원이 차단된다 하더라도 제동시스템을 제어할 수 있게 되어 있다.

특히, 전기지령에 의한 소요제동력과 승객의 하중을 고려한 응하중을 연산하여 견인전동기가 장착된 구동차에 회생제동 지령을 보내고, 작용된 회생제동력을 Feed-Back하여 부족분을 공기제동력으로 보충하는데, 제동력의 발휘우선순위는 구동차의 회생제동력, 부수차의 공기제동력, 구동차의 공기제동력의 순서로 작용되도록 제어한다.

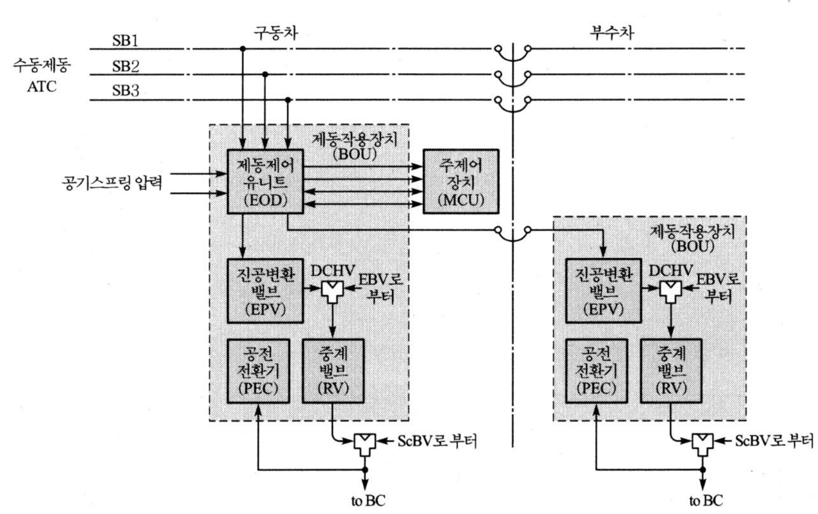

그림 9.5 상용제동시스템의 블록다이어그램

따라서 구동차의 점착한계 내에서 회생제동으로 차량의 운동에너지를 최대한 감소시켜 제동패드의 마모를 줄여주고, 공기제동력의 경우 먼저 부수차에 작용토록 하여 전편성으로 볼 때 차륜의 점착효율을 최대한 높일 수 있어 제동거리를 단축하는 효과를 가져 온다.

2) 비상제동시스템(공기제동)

비상제동은 안전의 견지에서 제동작용시에 인통지령선(EB선)을 무가압으로 하는 상시여자 방식을 채용하고, 고장안전시스템(Fail-safe System)을 취하고 있다.

즉, 비상제동은 인통 전기회로에 의한 비상전자변의 상시 여자방식(비상 Loop회로)을 취하는데 이 비상루프회로가 단선되면, 비상전자변의 소자에 의해서 전차량에 자동적으로 비상제동이 체결된다.

비상제동은 운전자의 제동제어기에 의한 비상제동(수동지령) 뿐만 아니라 ATC/ATS 비상지령, 열차분리, 주공기 압력부족(MRPS동작), 비상제동스위치(EBS1, 2), 운전자 운전경계장치, 구원조작스위치(RSOS)의 오동작 취급으로도 체결된다.

비상제동 인통 지령선은 왕복선(EB1, EB2)을 채용하고 있다.

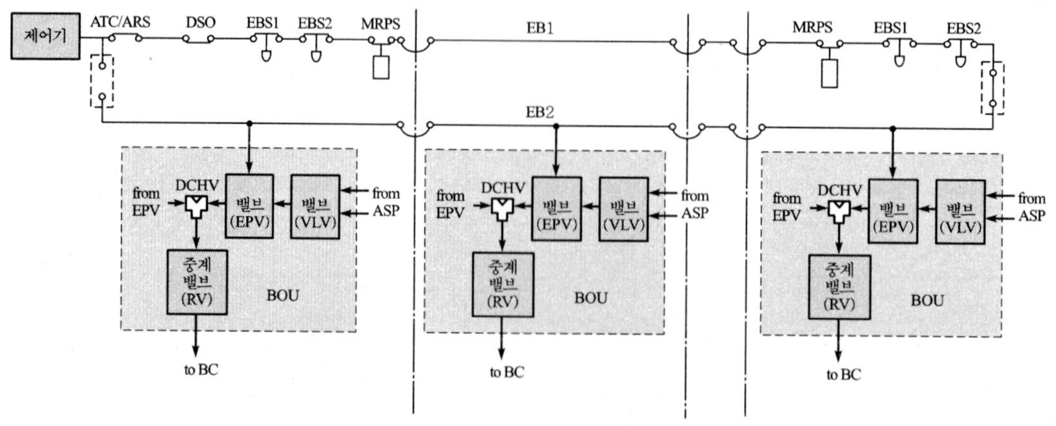

그림 9.6 비상제동시스템의 블록다이어그램

3) 보안제동시스템(공기제동)

보안제동은 인통지령선, 제동작용장치(BOU), 압력공기원을 상용제동시스템, 비상제동시스템과 전혀 다른 제동체계를 구축하여 상기 시스템의 제동작용이 사용 불가능 하고 고장시 사용하는 제동시스템이다.

보안제동 작용시 인통지령선을 보안제동스위치(ScBS)에 의하여 가압한다.

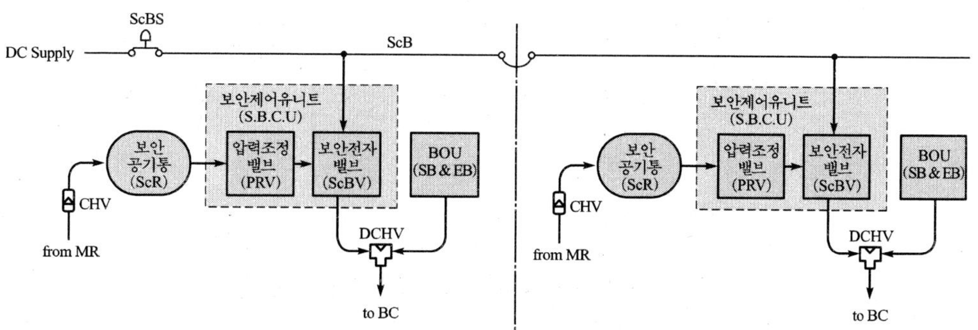

그림 9.7 보안제동시스템의 블록다이어그램

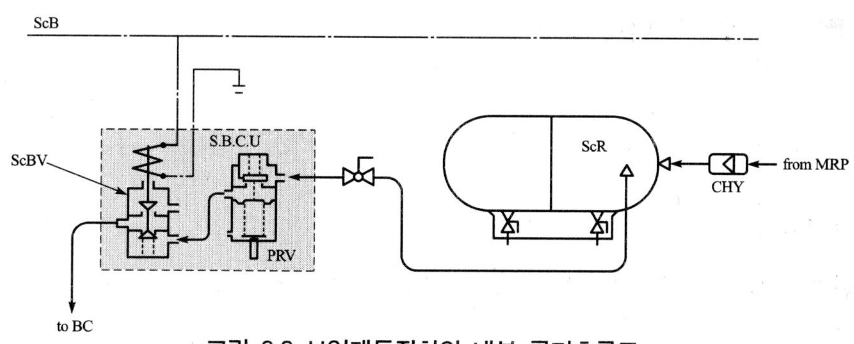

그림 9.8 보안제동장치의 내부 공기흐름도

4) 주차제동시스템(스프링 작용식)

주차제동은 운전실이 있는 제어차(T_C) 전부 대차의 각축에 하나씩 설치되어 있다. 운전실에 있는 주차제동스위치를 취급하면, 주차제동통안의 주공기통 압력을 배기시킴으로써 주차제동이 체결되며, 또는 주공기 압력이 소정치 이하로 떨어지면 스프링 압력에 의한 기계적 제동이 자동적으로 체결된다.

주차제동의 완해는 주공기통 압력을 주차제동통으로 유입시킴으로써 완해된다. 이 공기배관에는 모니터 제어장치에 신호를 보내고, 주차제동 불완해시 전기동차가 출발할 수 없도록 속도제어시스템 제어를 차단하기 위한 압력스위치(PPS)가 설치되어 있다.

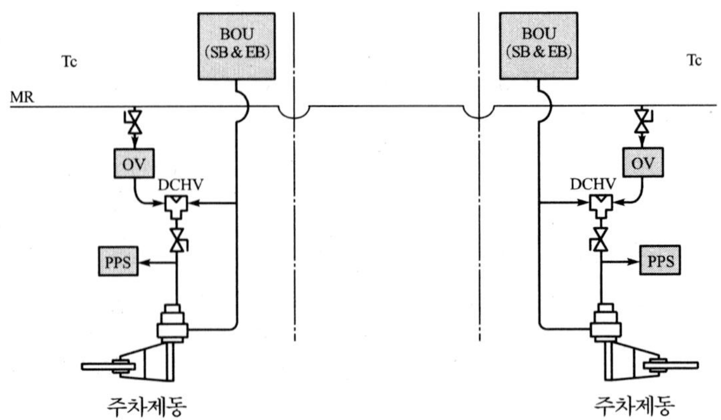

그림 9.9 주차제동시스템의 블록다이어그램

제4절 직류 VVVF 제동장치

4.1 공기제동장치 시스템

(1) 차량편성

10량 편성 : Tc1, M, M, T1, M, T2, T1, M, M, Tc2.

(2) 운행조건

1) 선로조건

- 최급구배 : 본선 - 35‰, 측선 - 45‰
- 최소곡선 반경 : 본선 - 140M, 측선 - 76M

2) 하중조건

- 최대승객 하중 : 20Ton/량
- 관성질량보상계수 : 구동차(M) - 1.14 , 부수차(T) - 1.06

(3) 제동성능

1) 열차 최고속도 : 110Km/h

2) 감속도 : 상용제동 – 3.5Km/h/s

비상제동 – 4.5Km/h/s

※ 보안제동 : 응하중제어 안됨.

(4) 제동방식

1) 회생제동(DC) 병용 디지털 전기지령, 전기연산식, 응하중제어 공기제동.

2) SMSC 3호선, KNR 저항차, 및 디젤기관차와 구원운전 가능.

(5) 제동제어

1) 상용제동 제어 우선순위

- 구동차와 부수차의 공기제동(제동초기)
- 구동차의 회생제동과 부족분을 부수차의 공기제동 부담
- 구동차의 회생제동력 및 부수차의 공기제동력 부족시 구동차의 공기제동
- 회생제동 실효시 구동차와 부수차 모두 공기제동

(6) 제동시스템

1) 제동제어장치 및 제동작용장치 사용

2) 회생제동병용, 저크제한기능, ATC 협조제어

3) 응하중제어(상용 및 비상제동)

4) 주간제어기와 제동변은 분리됨(TWO HANDLE 방식)

5) 보안제동 및 활주방지 기능

6) 열차 구원 운전

7) 정차제동 및 주차제동

8) 제동력 감시기능 및 원격제어 기능

9) 열차 종합제어 장치와 정보 전송기능

(7) 제동종류

1) 상용 및 비상제동

① 일괄 교차 제어방식(Cross Blending)에 의한 혼합제동

M, T차 2량 1unit 제어의 VVVF 구동차량은 회생제동시 차륜과 레일간의 점착

계수를 최대로 이용하여 회생제동력이 발생되므로 M차의 회생제동력이 M차의 요구제동력보다 클 경우 이 잉여제동력으로 T차의 공기제동력을 보충하여 주다가 M차의 회생제동력이 M차의 요구제동력보다 작아지게 되면 T차는 순수 공기제동으로만 작용하고, M차는 회생제동력과 이 부족분을 보충해 줄 공기제동력이 같이 작용하면서 일괄 교차제어가 이루어진다. 일괄교차제어가 가장 기본적인 연산지령값은 응하중신호, 상용제동신호 및 회생제동 등가신호이다. 상용제동지령신호(SB1, SB2, SB3)가 각 차량의 제동제어장치와 M차의 VVVF제어장치에 전달되면 T차의 응하중 신호에 의해 T차의 제동제어장치에서 M, T차의 총 요구제동력을 계산한 후 M차로부터 회생제동 등가신호를 받아 T차의 공기제동력을 결정하면서 일괄교차제어가 이루어지다가 회생제동이 실효되면 M, T차의 응하중 고유값을 이용하여 순수 공기제동으로 전환된다.

2) 응하중제어

승차감 향상, 차륜마모방지, 회생제동 실효시에는 M, T차 고유의 응하중 신호를 이용하여 사용제동이 체결되므로 제어성능 향상 및 각 차량별 독자적인 기능 확보.

3) 저크 제한 기능

제동작용장치의 전공변환변에 선형적인 특성을 가진 전기지령 이 입력되면 일정시간이 지나서 최대값에 도달되므로 제동통압력도 이에 비례하게 되어 제동시 공기제동의 급격한 상승을 방지하고 승차감을 향상시킨다.

4) 비상제동 체결 조건

제동변의 비상위치, 비상스위치 작동, ATC비상제동 지령, 주공기관 압력부족, 열차분리, Dead-man 작동 및 비상제동 제어회로 이상시 공기제동으로 자동 체결되어 활주방지 기능이 이루어진다.

비상제동은 작동시 절대로 완해되지 않는다(단, 비상제동 스위치 작동, 주공기관 압력 부족으로 인한 비상제동은 비상제동 완해스위치에 의해 언제든지 강제완해 가능).

5) 정차제동

① 열차가 정차시(V = 0Km/h) 차량의 후진을 방지하기 위해 제동변에 의한 추가 감

압 없이 제동제어장치에서 상용제동의 70%(약 5 Step) 정도의 제동력을 자동으로 체결하여 주며 정차제동이 체결되면 제동변에 의한 1~7 Step은 작용하지 않지만 비상제동은 정차제동을 무효화 시키고 체결된다.

② 정차제동은 주간제어기의 역행위치에서만 완해가 되므로 차량이 정차하여 정차제동이 체결된 후 제동변을 완해위치에 놓으면 재 역행시 제동/역행의 모드 변경시간을 단축시킬 수 있어서 출발성능이 향상되었다.

③ 정차상태에서는 RMS 스위치를 "1번" 위치에 놓고 ES 스위치를 "KNR 저항차&디젤기관차"에 위치시키면 정차제동이 완해되므로 각 Step별로 제동통 압력을 측정 할 수 있으며 TGIS에도 현시되어 진다.

④ 또는 운전실의 "제로노치 스위치"를 누르고 주간제어기를 역행위치에 놓은 다음 제동변을 통해 각 스텝별 제동통 압력을 측정할 수 있다.

⑤ 제동제어 장치를 랩탑 컴퓨터와 접속하여 각 차량별로 정차제동을 완해할 수도 있다.

6) 제동력 부족, 불완해 감지 및 원격제어(신속완해)

① 제동력 부족 : 상용 7Step을 지령시 회생제동 등가신호가 실효(VVVF제어장치로부터 CDR 릴레이 OFF 신호) 되고 제동통 압력이 일정한 시간(2.5초) 이내에 설정압력(1.5Kg/cm^2) 이상 상승되지 않으면 제동력 부족으로 판단하고 제동제어장치에서 TGIS에 제동력부족(ISBR) 신호를 전송(디지털 on/off 신호)함과 동시에 전공변환변의 최대출력에 의한 비상제동을 지령하므로 편성열차 전체의 비상회로를 차단시키지 않고도 고장이 감지된 차량에는 즉시 비상제동이 자동적으로 체결된다.

② 제동 불완해 : 제동제어장치에 상용, 비상, 보안 및 정차제동의 완해가 지령되었을 때 제동통 압력이 일정한 시간(5초) 이내에 설정압력(1.0Kg/cm^2) 이하로 감압되지 않으면 제동 불완해로 판단하고 제동제어장치에서 TGIS에 제동불완해(NRBR) 신호를 전송(디지털 on/off 신호) 한다.

제동제어장치의 접점신호에 의해 릴레이를 여자시켜 이를 TGIS에 전송하고 역행회로의 차단에도 사용한다.

③ 원격제어 : 제동제어장치에 상용, 비상, 보안 및 정차제동의 완해가 지령되었을

때 제동불완해 (NRBR)가 감지되었을 경우 기관사가 차량에서 내려와 BC 코크를 개방하여 제동통압력을 배기시키고 피견인 되었던 기존 차량의 불편함을 개선하게 위해 운전실에서 원격제어를 목적으로 신속완해(EBRS)를 작동시키면 각 대차 단위로 활주방지변을 통해 신속완해가 이루어진다.

제동불완해가 검지되면 기관사는 상용제동을 체결하여 차량을 안전하게 정차시킨 상태에서 신속완해 스위치를 작동시켜야 하며 역행과 동시에 활주방지변이 여자되어 신속완해기능이 이루어지다가 신호계통(ATC) 또는 운전사령의 지시에 따라 상용, 보안 또는 비상제동이 지령되면 Flip-Flop 회로가 reset되므로 신속완해 기능은 즉시 중지되어 제동불완해 상태로 원위치 되고 차량은 안전히 정차하게 된다.

구원 운전시는 ES 스위치에 의해 정차제동이 무효화 되므로 신속완해 기능이 정차시에는 작동되지 않도록 하기 위해서는 제동변을 상용제동 위치에 놓아야만 한다.

7) 보안제동

① 일산선 전동차의 전공변환변 작용식 제동작용장치는 비상전자 변이 오동작(여자상태) 되어도 제동제어장치에서 전공변환변의 최대출력을 이용하여 응하중제어된 별도의 비상제동을 응답시간의 지연없이 즉시 체결되도록 지령하므로 최악의 상황에서도 Fail-Safe화 되어 활주방지기능에 의한 차륜의 마모방지, 승차감 향상 및 대형 추돌사고의 위험없이 열차 운전시격준수가 보장되어 있다.

② 즉 비상제동은 항시 비상전자변의 소자에 의한 것이 우선이지만 전공변환변의 최대출력에 의한 비상제동도 자동으로 생성되어 비상전자변에서 대기하도록 하였다.

③ 제동제어 장치에 내장한 응하중 제어된 별도의 비상제동 제어와는 별도로 운전실의 보안제동스위치 작동에 의해 각 차량의 보안전자변을 여자시켜 보안공기통 압력으로 응하중제어와 무관한 보안제동이 상용, 비상, 정차제동과는 복식역지변을 통해 동시에 체결되지 않도록 하였다.

④ 일산선 전동차에는 열차가 역에 진입하여 정차한 후 차량의 후진을 방지하기 위해 기존의 전동차와 같이 제동변 또는 보안제동 스위치 작동에 의한 제동을

체결할 필요없이 정차제동이 자동으로 체결되어지고 주차제동에 의해 차량이 장기주차가 가능하므로 보안제동은 가급적 취급하지 않는 것이 바람직하다.

8) 주차제동

① 스프링 작용식 공기완해 방식의 주차제동장치를 운전실측 대차에 축당 1개씩 설치.

② 전동방지 기능을 목적으로 하는 주차제동의 사양.

- 주차제동은 스프링 작용식, 공기완해방식으로 운전실에 설치되어 있는 주차전자변을 작동시키거나 MR 압력을 완전히 배기 시키면) 자동적으로 체결되어 주차전자변이 오동작을 고려하여 수동조작기구를 설치한다.
- 주차제동은 상용, 비상, 보안, 정차제동과 동시에 체결되지 않도록 하였고 역행회로와는 인토록 되도록 제동체결 유무가 열차종합 정보장치(TGIS)에 전송된다.
- 주차제동은 주 공기압력이 완전 배기되었거나 공급되지 아니 할 때에도 제동을 완해할 수 있도록 제동통에 수동완해장치를 설치, 작은 힘으로도 신속히 완해할 수 있다.

(8) 열차 구원운전

1) 일산선 및 지하철 3호선, KNR 저항차 상호간 상용 및 비상제동 가능
2) KNR 저항차가 일산선전동차를 견인시 SAP 및 BP 압력감지에 의해 비상제동 가능
3) 일산선 전동차가 KNR 저항차 견인시 CKIM(T) 내 M60 제어변의 비상부가 기능 작용을 못하여도 비상제동 가능
4) 디젤기관차에 피견인시 상용 및 비상제동 가능

(9) 활주방지(Anti-Skid) 장치

1) VVVF 제어장치의 Anti-Spin(역행시), Anti-Skid(회생제동시) 제어와 무관하므로 비상시(VVVF 제어장치 고장) 독립적 기능 확보 가능

2) 공기제동시 Anti - Skid 기능

① 제동통 압력 차단

② 서서히 또는 간헐적인 제동통 배기

③ 배기 : 제동통 압력의 배기에 의해 차량속도가 증가하면 다음과 같이 제어한다.
- 제동통 압력 차단
- 서서히 또는 간헐적인 제동통 압력 충기
- 충기

3) 감속도, 속도 및 Slip률의 MATRIX 선택 방식

4) 자기진단 기능 내장, 일정시간 초과시 BY - PASS 기능

(10) 제동력 감시 및 TGIS

1) 제동력 부족

2) 제동력 불완해

3) 원격제어(신속완해)

4) TGIS 전송

① 디지털 전송
- 각 차량 : 제동력 부족, 제동 부완해, 공기스프링 파손, 공기스프링 차단, 제동통 차단.
- Tc 차량 : 주공기 압력 부족, 주차제동 체결.

5) 전기장치와 인터페이스(INTERFASE)

① 응하중 신호 : 0~8Kg/cm^2 → 4~20mA(TGIS)
→ 2~10V(VVVF)

② 제동통 신호 : 0~8Kg/cm^2 → 4~20mA(TGIS)

③ 회생제동 등가신호 : 2~10V → 0~10톤(0~98.1KN) 임피던스 22KΩ

④ 회생제동 유효신호 : CDR On/Off(100A)

⑤ 구원운전 : SAP 압력신호 : 0~4.5Kg/cm^2 → 2~6.5 V
BP 압력신호 : 0~5Kg/cm^2 → 2~7 V
7Step 변환신호의 지령코드 : Step 1(SB1), Step 2(SB2), Step 4(SB3).

(11) 제동제어장치

1) 전공변환변 작용방식

운전실의 제동변으로부터 발생된 제동 지령을 제동제어장치(ECU)에서 전기신호로 바꾸어 전공변환변에서 이에 비례하는 제동압력을 생성하는 방식으로 PID 제어에 의해 Hysteresis 없이 완벽한 선형도를 유지하게 되었고 저크 제어가 가능하며 혼합제동(Blending)도 전기연산방식으로 이루어진 후 여기에서 출력된 전기적 신호에 비례하여 전공 변환변에서 제동압력이 생성되므로 정밀제어가 가능하다.

2) PID 제어

일반적으로 제어량(온도, 압력, 유량)과 조작량에 여러 가지로 변화할 수 있는 양을 Processor 변량이라고 하는데 제어량의 값은 제어용 기기의 검출단에 의해 검출되어 목표값과 비교한 후 제어편차에 적당한 제어동작이 가해져 조작량을 변화시키는 비례 미분적분 제어방식이다.

전공변환변의 작용방식은 주간제어기의 아날로그 제동지령에 의해 저크 한계 내에서 이에 비례하는 제동압력을 생성하며 1개의 인통선에 의해 제동지령이 이루어진다.

마이크로프로세서 제어에 의해 제동제어장치(ECU)에서도 비상루프 회로가 차단될 때 전공변환변에 비상제동력을 독립적으로 지령할 수 있다.

(12) 제동작용장치

1) 구성

전공변환변 / 응하중변 / 중계변 / 비상전자변 / 응하중 압력변환기 / 압력스위치 압력 측정부 등의 부품들을 한곳에 모아 설치한 모듈(Module) 구조이다.

2) 상용제동 : 전공변환변 출력.

3) 비상제동 : 비상전자변 소자시 응하중변 출력 및 전공변환변 출력.

4) 시험 및 점검

① 압력측정제어압력(Cv), 응하중압력(T), 제동통압력(C)을 측정함.

② 압력측정부를 통해 공차와 만차하중에 상당하는 압력공기를 공급하여 제동장치에서 응하중변을 탈거하지 않아도 응하중변의 설정치 조정이 가능하며 압력변환기를 통해 전기신호로 변환된 응하중값의 시험 및 측정이 가능하다.

제5절 26-L제동장치

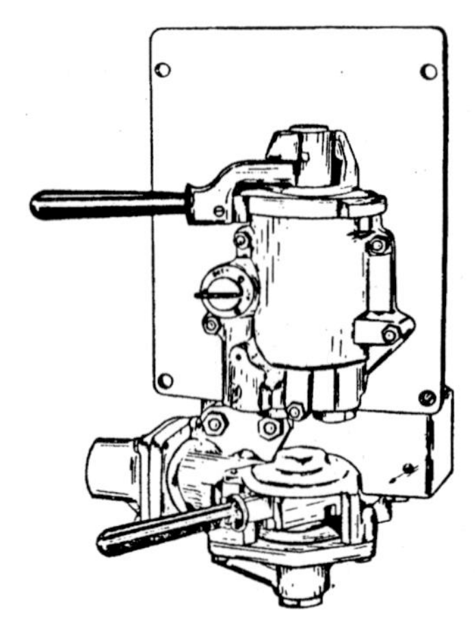

그림 9.10

공기압축기에서 생성된 140PSI의 주공기압력은 주공기통에 저장된 후 제습기 및 공기여과기에서 수분 및 유분이 제거된 후 운전실의 제어대에 설치된 제동장치로 공급된다.

제동장치에는 열차 전체의 제동을 체결하기 위한 자동제동변과 기관차 자체만의 제동을 체결하기 위한 단독제동변이 있으며 이들로부터 공기를 공급받거나 대기로 배출하는 부속장치가 운전실 전방 후드룸에 설치되어 있다.

자동제동변에 공급된 주공기는 자변체내에서 60~90PSI의 제동관 공기로 감압되어 후부열차에 공급되며 제동변 핸들의 위치에 따라 제동관 공기를 대기로 배출시켜 열차제동을 체결시킨다. 운행중 열차분리 등으로 제동관 호스가 파열되거나 ATS 등 보안장치가 동작하면 자동으로 비상제동이 체결될 수 있도록 되어 있다.

(1) 중계변

중계변에는 주공기, 제동관공기, 균형공기 등 세 가지의 공기류가 유입되는 변으로서 균형공기의 압력에 따라 동작되는 제동변이다.

중계변은 막판의 좌우에 동작하는 공기압력에 의하여 동작하며 막판의 좌측에 균형공기 압력이 유입되면 충기변이 개방되어 주공기압력이 제동관공기로 충기된다.

제동관 공기는 균형공기와 막판을 사이에 두고 동일한 압력으로 균형을 이뤄 랩위치를 취한다. 제동변 핸들이 제동위치로 이동하여 균형공기 압력이 감소하면 제동관공기 압력에 밀려 배기변이 개방되어 제동관 공기가 대기로 배출되고 제동이 체결된다. 제동핸들을 완해위치로 옮기면 균형공기가 공급되어 제동관공기가 충기되어 제동이 완해 된다.

(2) 균형공기조정변

균형공기 조정변은 제동변의 손잡이축에 의하여 동작되고 균형공기통 충기관에 공급되는 공기압력을 조정한다. 한편 제동변축에 붙은 캠의 이동에 따라 충기변 균형공기를 폐기, 제동작용의 주역할을 한다.

균형공기통 압력의 조절은 제동변을 운전위치에 놓고 균형공기조정변의 조정나사 손잡이 "A"를 틀어 돌림으로서 이루어진다. 조정변의 자기랩 현상은 균형공기의 충기와 폐기 혹은 누설량에 대한 균형 작용을 자동적으로 동작하여 조정된 균형공기를 유지하게 된다.

(3) 제동관 차단변

제동관 차단변은 삼방차단변을 차단위치에 놓았을 때 주공기가 공급되어 중계변 충기변에서 제동관으로 공급되는 제동관 공기의 유통을 차단시킨다. 또 제동변 핸들을 핸들 취거위치 또는 비상위치에 놓으면 공기가 감압되어 제동관 차단변내 복귀 스프링에 의하여 닫힌다. 또 A-1충기차단안내변이 설치된 기관차는 제동관호스 파열현상(제동관 급강하현상)에서도 주공기를 제동관차단변에 공급 제동관공기 차단작용을 하게 된다.

(4) 비상변

제동변 손잡이축에 있는 캠으로서 동작되는 비상변은 제동변 손잡이를 비상위치로 이동하였을 때만 작용하여 주공기압력을 PCS 및 DPC에 공급 PCR를 무여자시켜 기관회전을 유전으로 떨어뜨린다.

또한 균형공기압력을 직접 비상변에서 토출시켜 비상 효과를 더욱 신속하게 해준다.

복귀는 핸들취거 위치에만 이동해도 PCS에 공급된 공기는 바로 대기로 배출되어 복귀된다.

(5) 토출변

토출변은 제동관차단변 아래에 있으며 제동변 축 캠이 비상위치에 이동했을 때 변을 개변시켜 제동관 공기를 토출시킨다.

그러므로 차단변을 차단위치에 놓고도 비상제동이 가능하다.

(6) 억제변

억제변은 제동변축 캠에 의해 동작하며 차단변이 화물위치 때 제동변 손잡이가 운전위치에 있으면 균형공기통 차단변 아래에 주공기가 공급되어 개변되나 제동변 손잡이를 제동위치에 이동시키면 억제변에서 균형공기차단변 아래에 작용한 주공기를 대기로 배출시킨다. 또 제동변 손잡이를 억제, 핸들취거, 비상위치에 놓으면 주공기가 억제관으로 공급되어 P-2-A 제동변내 억제변을 작용시킨다. 이로써 P-2-A 제동변 작용을 억제시켜주며 한편 작용된 P-2-A 제동작용변을 복귀 시킬 때 록-오버관은 자변 억제위치에서 억제변이 막아주기 때문에 복귀된다.

제 10 장

제10장 신교통 경량전철 기술

제10장 신교통 경량전철 기술

도시교통수단으로는 중·대형 전동차 및 노면전차, 모노레일, AGT 일본에서는 일반적으로 「신교통시스템」이라고 하고, 미국의 경우는 IEEE(Institute of Electrical and Electronics Engineers)의 표준형식으로 APM(Automated People Mover)이라는 정의를 하고 있으나 이는 동일한 의미의 철도시스템이 있으며, 이외에 버스, 자가용, 자전거 등 여러 가지 종류가 있다. 제각각 특성에 맞게 활용되고 있다. 이들의 수송력 등에 관한 특성을 종합하면 다음과 같으며, 이를 개념적으로 나타낸 것이 그림 10.1이다.

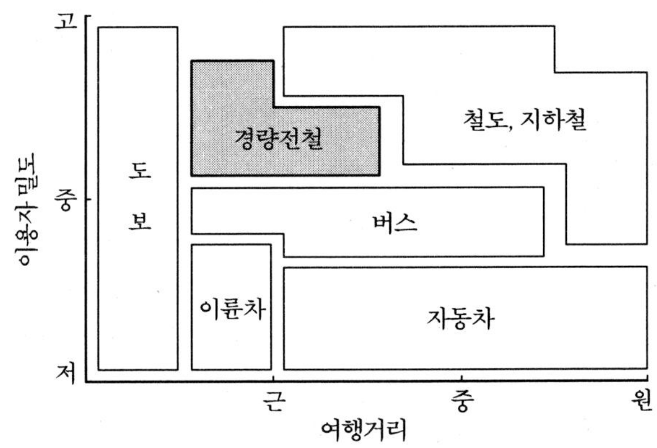

그림 10.1 도시교통의 교통수단 적용범위의 개념

기존 철도는 시간·방향당 수만 명의 수송수요에 대응할 수 있고, 아울러 표정속도가 30km/h 이상의 대량고속 수송수단이다.

자동차는 도어 투 도어(door to door)로 이동할 수 있는 접근성(接近性) 등에서 우수하고, 도로조건에 따라서는 시간당 이동거리도 길어지는 장점이 있다. 반면 공공교통수단에 비해 차량 1대당 정원 제한으로 인해 수송력은 낮으며, 시간당 수송력도 그다지 높지 않다.

자전거와 도보는 도로폭이 넓은 경우나 움직이는 보도와 같은 연속수송설비가 갖추어져 있는 경우에는 단위시간당 수만 명까지 수송이 가능하지만, 이동거리는 기껏해야 2km이내에 불과하다.

노면전차와 시내 노선버스 등은 1시간 당 수천 명의 수송수요에 대응가능하며, 10km 정도의 비교적 단거리 이동에 이용되는 교통수단이다. 이들은 지금까지는 대도시권에서는 대량·고속수송수단에 의한 공공교통망을 보완하는 역할을 담당하고, 지방의 중소도시에서는 도시 내 교통의 기본적인 교통수단이었다. 그러나 최근 자동차의 증가에 따른 도로혼잡으로 인해 표정속도가 저하하고 정시성(定時性)을 잃어, 공공교통수단으로서의 기능을 충분히 발휘할 수 없는 상황에 이르고 있다. 이러한 서비스 수준의 저하에 따라 이용자가 감소하여 노면전차와 버스는 채산성의 악화를 가져와, 어쩔 수 없이 노선폐지와 운행빈도 감소를 초래하는 상황에 도래했다. 이러한 자동차의 대폭적인 증가는, 도로혼잡, 대기오염 등 환경적인 측면이 도시의 심각한 문제로서 대두되고 있다.

이와 같은 도시교통의 상황과 더불어 현재 중·대형 철도 등의 공공교통시설의 건설비는 해마다 대폭적으로 오르고 있어, 수요와 채산성 측면에서 고려해 볼 때 보다 저렴한 교통시스템이 요구된다. 그래서 이용하기 쉬운 도시교통수단을 확보하여 이동성(移動性:mobility) 향상과 더불어 도시기능을 충실하게 하기 위해 각종 새로운 도시교통 시스템이 연구개발 되어 도입되고 있다.

이와 같은 상황을 배경으로 하여 경량전철은 중·대형 철도(지하철 포함)와 버스와의 중간적 수요에 대응할 수 있는 철도시스템(그림 8.1의 빗금친 부분)이다. 비교적 최근에 연구개발 되어 이미 도입되고 있는 예도 많은 노면전차, 모노레일, AGT시스템(고무AGT, 철제AGT, LIMAGT), 오랫동안 지속적으로 개발 중인 자기부상열차, 케이블차량, 또한 노면전차와는 다르지만, 버스를 발전시킨 형태인 가이드웨이 버스시스템 등이 있다.

이 장에서는 이들에 대해 개괄적으로 설명과 아울러 특성, 도입사례 등에 대한 상세한 설명을 각 절에서 기술하기로 한다.

제1절 미래형 공공교통

1.1 일반사항

- 자동차로 인한 혼잡과 환경문제 및 에너지절약 문제 등을 해결하기 위하여 미래형 대중교통 수단으로 단거리 구간에 운행할 수 있는 경전철 시스템 등이 등장하게 되었으며, 경전철 시스템은 전력공급 방법, 레일의 구조, 차량의 크기 및 형태 등에 따라 다양한 시스템이 세계 각국에서 운용
- 유럽이나 일본, 홍콩, 싱가포르 등지에서 볼 수 있었던 자동안내 주행차량, 노면전차, 모노레일, 간선급행버스 등이 새로운 교통수단이 대거 도입되고 있다.
- 이 같은 교통수단은 교통 사각지대에 사는 주민들의 불편을 해소하고, 지역 개발에도 긍정적인 영향을 미칠 것이다.
- 최근 국내에서 건설을 계획 중인 몇 가지 시스템에 대하여 소개하면 다음과 같다.

1.2 차세대 교통시설 종류 및 건설계획

1) 자동안내 주행차량(AGT : Automated Guideway Transit)

- AGT는 경전철의 일종으로서 고가선로 위를 달리는 전철로 궤도는 둘이며, 건설비가 지하철의 약 70%정도 수준이다. 2005년 11월에 착공된 용인 경전철은 18.1km구간이며, 2010년 준공되어 2011년 중으로 운행될 예정이다.
- 부산-김해 경전철 23.5km도 2011년 9월부터 운행될 예정이며, 의정부경전철, 광명경전철, 우이-신설경전철, 서울 면목동과 목동, 대전, 부산지하철 3호선 2단계 등에서도 AGT 도입 등이 건설 및 검토되고 있다.

2) 노면전차(Tram)

- 노면전차는 도로에 깔린 선로를 이용해 달리는 경전철이며, 전주시에서 시내 2개 노선 24.3km 구간에 설치중이다. 성남시에서도 2개 노선의 트램 도입을 검토하고 있다.

그림 10.2 노면전차

3) 단거리 순환 전철망(Monorail)

- 모노레일은 AGT처럼 고가선로를 달리지만 레일이 하나라는 점이 다르다. 서울 강남구, 영등포구, 관악구 등 3곳이 검토중이다.

4) 노웨이트 트랜짓(No Wait Transit)

- NWT는 지상 5m 높이에 설치된 투명재질의 튜브속으로 길이 6m, 폭 1.6m의 차량이 16m 간격으로 운행된다. 승객은 스키장의 리프트처럼 운행하는 객차를 기다리지 않고 바로 탑승할 수 있다. 경남 양산 물금지구에 설치 계획이 검토중이다.

5) 간선급행버스(Bus Rapid Transit)

- BRT는 지하철처럼 정류장과 정류장 사이를 멈추지 않고 달리는 신개념 버스다. 경기도 하남시에서 서울 지하철 5·7호선 환승역 군자역 구간과 인천 청라지구~서울 강서구 화곡동 구간 등에 검토 중이다.

6) 자기유도버스(GRT)

- GRT는 고무차륜형 버스차량에 자기장 유도장치를 부착해서 운행하는 차량이며, 서울시 난곡~신대방 3.1km 구간에 설치예정이다.

7) 기타

- 관련 전문가들은 신교통수단이 전용궤도를 타고 운행되므로 대도시권의 혼잡을 획기적으로 개선할 수 있을 것으로 전망하고 있다.

그림 10.3 서울메트로 신교통사업 진출

제2절 노면전차

노면전차(Tram)는 모터리제이션(motorization : 자가용사용)의 진행에 따른 노면교통의 정체와 더불어 그 대부분이 폐지되었지만, 개량형 노면전차는 폐지된 노면전차의 기능을 재평가, 최신 기술을 도입함으로써 노면전차를 새로운 시스템으로서 부활시킨 것이다. 이에 따라 정시성 확보와 고속주행을 가능하게 되었다. 노면전차는 기본적으로는 도로 위를 일반교통수단과 함께 운행된다. 노면전차는 도시의 대량수송 시스템(광역교통망, 서울지하철 1, 2호선 등)과 비교하면 수송력, 속도 등은 떨어지지만, 일반적인 도로를 이용하므로 역설비, 인프라(infrastructure), 신호시스템을 단순하게 할 수 있어 건설비가 대폭적으로 절감되는 큰 장점이 있다. 인구가 20 ~ 30만 정도의 수송수요가 그다지 많지 않은 중, 소도시에 교통효율을 위해 도입이 가능하다.

그림 10.4 샌프란시스코의 노면전차

제3절 모노레일

모노레일은 1개의 주행로(走行路:treacheries)위를 고무타이어 차량이 걸쳐서 달리는 방식(과좌식 모노레일)과 주행로를 달리는 대차에 차체가 매달려 달리는 방식(현수식 모노레일)이 있다.

일본에서는 오랫동안「유원지의 놀이기구」라는 이미지가 강했으나, 1964년 일본 최초의 본격적인 도시 모노레일로서 도쿄모노레일 하네다선(羽田線:과좌식)이 하네다공항과 도심을 연결하여 개통되었다. 모노레일은 기존 철도사업법(舊 지방철도법)에 의해 건설되었지만, 1972년 11월「도시모노레일 정비의 추진에 관한 법률」이 제정되어 최근에는 이 법률에 따라 모노레일 건설이 추진되고 있다.

그림 10.5 과좌식 도쿄 모노레일

3.1 과좌식 모노레일(Straddle Type Monorail)

1) 차량

도시교통용 모노레일은 일본의 도쿄 모노레일, 기타큐슈 모노레일, 오사카 및 다마 모노레일 등이 현재 운행되고 있다. 대차는 2축 보기식 대차이다. 주행륜은 질소를 넣은 모무타이어를 사용하며 한 축에 2개의 바퀴를 끼운 차축을 대차 프레임에 고정시킨다. 아울러 쉽게 타이어를 교환할 수 있는 구조로 되어 있다.

대차 프레임(bogie frame)측면에는 위쪽에 안내륜 2대, 아래쪽에 안전차륜 1대를 구비하고 있다. 주행륜과 마찬가지로 이들 차륜은 만일의 경우(펑크등)에 대비해 모두 보조차륜을 갖추고 있다. 또한, 주행차륜에는 펑크 감지장치를 구비하고 있다. 전기방식은 직류 750V 또는 1500V를 사용한다.

2) 궤도

① 궤도거더

궤도거더(track girder, track beam)는 PS콘크리트(prestressed concrete)제가 표준으로 되어 있다. 더욱이 긴 경간(span)을 필요로 하는 경우 등 특수한 입지 조건에서는 필요에 따라 강제 거더와 합성거더를 채용하고 있다.

② 지주

지주(standards, support, column)는 T형의 철근콘크리트제가 표준으로 되어있다.

한편, 지형과 용지 등의 제반 조건에 따라 강제로 된 T자형 또는 문자 모양의 지주를 채용하는 경우도 있다.

③ 분기기

과좌식 모노레일의 분기기(turnout)는 궤도거더 그 자체가 분기주행로 로서 그 일부분을 이동시키는 방식이다. 분기 거더는 이동용대차에 지지되어 전동기에 의해 움직인다. 분기기는 본선용의 관절가동식과 차고내등 본선 이외의 저속주행부에서 사용하는 간이형 관절식의 2종류가 있다. 본선용 분기기(crossover)는 양쪽 이동교차와 한쪽 이동선 조합방식 외에 교차 건넘이 가능한 분기기를 개발-채용하여 분기기를 통과하는 열차의 속도를 향상시키고 있다.

그림 10.6 과좌식 오사카모노레일과 현수식 쇼난모노레일

3.2 현수식 모노레일(Suspended Type Monorail)

1) 차량

도시교통용 모노레일은 쇼난 모노레일(Shonan monorail)과 지바시 모노레일(Chiba city monorail)이 운행되고 있다. 쇼난 모노레일은 3량, 지바시 모노레일은 2량(장래 4량편성 예정)으로 열차편성이 되어 있다. 대차는 고무타이어 공기스프링식 2축 보기방식(bogie type)으로 되어 있고, 각 대차에는 주행차륜 및 안내차륜일지라도 공기주입 고무타이어 4개로 구성되어 있으므로, 공기가 빠졌을 때의 안전을 위해 각각 보조차륜이 구비되어 있다. 현수장치는 대차와 차체를 열결하는 것으로 현수링크(stopper)로 구성되어 있다. 전기방식은 직류 1,500V이다. 주전동기는 직류전동기를 사용하며, 집전은 대차에 설치된 소형 팬터그래프가 궤도거더에 가설된 전차선과 습동(contact)함에 따라 이루어진다.

2) 궤도

① 궤도거더

모두 강제로 되어 있는 궤도거더의 안을 대차가 주행하며 현수장치를 통해 차량이 매달려 있기 때문에 아랫부분이 박스형으로 뚫린 단면으로 되어 있다. 표준거더는 3경간(span)연속거더(3×30 = 90m)이다. 궤도거더 내부는 주행거더, 안내거더, 전차선 및 신호보안계인 신호제반설비가 설치되어 있다.

② 지주

지주의 형식은 T자형이 기본으로 되어 있지만 , 그 밖에 문자 모양 및 라켓형(racquet type)이 있으며, 지형과 용지 등의 조건에 따라 다르다.

③ 분기기

분기기의 표준형은 2차 분기기이고, 그 구조는 주행 및 안내 레일이 부착된 순T자형 단면의 가동레일이 동작하도록 되어 있고, 주행레일면을 수정하는 보정레일이 구비되어 있다.

제4절 AGT(Automated Guideway Transit)

AGT란 일반적으로는「고가의 전용궤도에 소형경량의 고무타이어 부착 차량을 컴퓨터에 의해 운행관리하는 시스템」을 말하며, 최소 간격으로 운행하여 무인운전도 가능한 시스템이다. 일본에서는 일반적으로 이 시스템을「신교통시스템」이라고 부르고 있지만, 기존철도와 지하철과는 다른「경량전철」이라는 의미로 모노레일을 비롯해 노면전차, 리니어 지하철까지 포함하여, 혼란을 피하기 위해 좁은 의미의 AGT로 부르기도 한다.

그림 10.7 AGT의 히로시마(·島)고속교통 아스트램라인

4.1 고무차륜 AGT

AGT(Automated Guideway Transit)란 일반적으로는 [고가 등의 전용 궤도를 고무타이어 또는 철제차륜을 부착한 소형 경량 차량이 가이드웨이(guideway)를 따라 주행하는 경량전철시스템]을 일컬으며, 컴퓨터제어로 무인운전도 가능한 시스템이다. 따라서 경량전철 시스템 중에서 유.무인 운전에 의해 노면전차 등과 명확히 구분된다.

AGT 이외에도 모노레일, 노면전차, LIM과 같은 하드웨어면에서 신기술을 사용한 기존 교통수단의 운행상태를 소프트웨어면에서 개량한 교통수단 시스템을 경량전철이라고 한다.

일본에서는 [신교통시스템]이라고 정의하고, 이 중에서 무인으로 운전하는 시스템을 AGT(고무차륜, 철제차륜, LIM)라고 한다. 독자적인 궤도시스템을 가지고 운영되는 교통수단인 AGT는 다음과 같은 특성을 갖고 있어 오늘날 도시교통시스템으로서 호평을 받고 있다.

① 차량의 소형화를 통하여 터널 및 구조물 설치 등의 건설비용의 감소
② 새로운 운행기법의 도입으로 운영효율 향상
③ 새로운 통신 및 제어기술의 도입으로 탄력적 수송수요 대응
④ 운행자동화로 승무원 수 감소
⑤ 기존 도시철도보다 다양한 규모의 수송용량
⑥ 차량 등판능력 향상, 회전반경 감소로 산악지형이 많은 지역에도 적용가능
⑦ 전기동력의 사용으로 공해가 없음
⑧ 기존 궤도시스템에 비해 미려한 외형

그림 10.8 고무차륜 AGT

4.2 철제차륜 AGT

노면전차의 가장 발달한 시스템으로서 지하, 지상, 고가 노선이 혼재되어 있는 곳에 적합한 시스템으로 기존의 철도기술의 접목이 손쉽다는 점과 무인운전을 구현한다는 특징이 있다. 대표적인 노선은 영국 도크랜드(Docklands) 경량전철과 태국 방콕을 예로 들 수 있다.

도크랜드 경량전철 건설 배경에는 1970년대 중반 런던 중심부와 도크랜드 지역을 연결 하는 지하철을 건설하여 이 지역의 재건을 촉진하려는 시도가 있었으나 재원 조달 문제로 실패함에 따라 교통수단의 여러 대안을 검토한 결과 철제차륜 AGT가 타당하다는 결론에 도달하였다.

그림 10.9 런던 도크랜드 경량전철 (철제차륜 AGT)

제5절 LIM(Linear Induction Motor)

LIM(Linear Induction Motor : 리니어지하철, 小斷面지하철)은 리니어모터를 채용함에 따라 차량 단면을 줄여, 터널단면을 적게 함으로서 건설비의 절감을 도모할 수 있다.

리니어모터는 평판모양의 전동기이므로 차량하부를 낮출 수 있으므로 적은 터널 단면에서 일정한 차량공간을 확보할 수 있다. 대량의 수송수요가 필요하지 않은 경우에는 수송수요 적합한 차량단면을 소형화하여 보다 경제적인 지하철 건설을 도모할 수 있다.

그림 10.10 리니어 지하철의 도쿄도영 지하철 12호선

제6절 자기부상열차

자기부상열차는 상전도자기부상식과 초전도자기부상식으로 나눌 수 있다. 상전도자기부상식(常電導磁氣浮上式 : EMS :Electromagnetic suspension)은 자기의 흡인력(吸引力)으로 차량이 부상(浮上)하고, 선형전동기로 추진하는 시스템이다. 운행속도가 300km/h, 200km/h, 100km/h의 3가지 방식이 개발 중이며, 도시철도시스템으로서는 100km/h 방식이 적합한 것으로 판단된다. 그 대표적인 시스템이 일본의 HSST(High Speed Surface Transport)이다.

초전도자기부상식(超傳導磁氣浮上式)은 자기의 반발력(反撥力 : repulsion force)으

로 차량이 부상하고 리니어 모터로 추진하는 시스템이다. 대표적인 시스템은 일본의 야마나시(山梨試驗線, Yamanash : test track)로 운행속도가 400km/h 이상이다.

그림 10.11 자기부상 실험용 차량(한국기계연구원 UTM)

6.1 상전도 자기부상식 철도

상전도 자기부상식 철도란 통상의 전자석에 의해 부상(levitation) 지지되어 선형유도전동기로 추진 되는 시스템이다. 상전도는 초전도에 대응하는 표현으로서 사용되고 있다. 상전도 자기부상식 철도로는 현재 독일의 트랜스래피드와 일본의 HSST (High Speed Surface Transport)가 실용화를 위해 개발중이다. 트랜스래피드는 지상일차 리니어 동기전동기방식이며, HSST는 차상일차 리니어 유도전동기방식을 채용하고 있다. 부상식 철도의 큰 장점은 비접촉 지지방식으로 인해 저소음주행과 주행저항이 작아 고속주행이 가능한 것이다. 일본의 HSST 시스템도 처음에는 최고속도 200 ~ 300km/h 정도인 HSST - 200과 HSST - 300을 목표로 개발을 추진해 왔다. 최근에는 급경사 급곡선이 많은 도시 내 교통수단으로서 최고속도 100km/h 정도인 HSST - 100의 개발에 주력하여 실용화 단계에 거의 도달했다.

6.2 VVVF(가변전압 가변주파수)

VVVF(Variable Voltage Variable Frequency : 가변전압 가변주파수) 인버터제어는 최근에 들어와 철도차량에 많이 사용되고 있다. 이 제어 장치를 탑재한 차량에 승차하면 가속 시에 바닥에서 윙윙 하는 소리가 난다. 이것은 가선으로부터 받은 직류전원을 고속으로 on off 하여 유도전동기에 인가하는 전압과 주파수를 변화시키는 소리다.

전동기는 그 사용전원에 따라 직류전동기와 교류전동기로 분류된다.

직류전동기는 브러쉬(brush)와 정류자가 필요하여 구조나 보수면에서는 불리하지만 속도제어가 비교적 간단하다. 그에 비해 교류를 사용하는 유도전동기는 원리적으로 가변운전이 상당히 어려워, 가변운전을 하기 위해서는 관련장치가 커지게 됨으로, 오랜동안 차량의 주전동기는 직류전동기가 주류를 이루었다. 그러나 최근 전력 전자의 발달로 인해 VVVF 인버터(inverter)에 의한 주파수 가변제어가 가능하여 교류전동기가 널리 사용되고 있다. 인버터란 직류전력을 교류전력으로 변환하는 장치로 회생제동시에는 반대로 작동한다. 인버터에 사용되는 주회로 소자는 대용량 GTO(Gate Turn-off Thyristor) 이외에 기존선 전차에는 비용저감과 아울러 가속시의 소음을 줄이기 위해 산업용으로 사용되는 IGBT(Insulated Gate Bipolar Transistor)도 사용되기 시작했다. 유도전동기의 VVVF제어로 보수성 향상 외에 점착 성능의 향상, 주전동기의 소형화 고출력화, 신뢰성의 향상, 전력소비량의 절약 등이 가능하다. 가격면에서도 양산이나 저비용 소자의 도입 등에 의해 개선되고 있으며, 현재는 이 방식이 가장 적합한 시스템으로 되어 있다.

6.3 리니어 모터

리니어 모터(linear motor)라면 (재)철도종합기술연구소(RTRI)가 개발하고 있는 초고속자기부상식철도(MAGLEV, Magnetic Levitation System)가 유명하나 개발 실용화되고 있는 선형 전동기에는 여러 종류가 있어 간단히 설명해 둔다.

기존의 전동기는 원통형으로 그 중심에 있는 축이 회전하는 것(회전형전동기)이었으나, 이것을 잘라 직선상으로 전개한 것을 [선형전동기]라고 한다. [리니어(linear)란 영어로 [선상의] 또는 [직선의]라는 뜻이다.

기존의 회전형 전동기에는 교류인 유도전동기(induction motor)와 동기전동기(synchronous motor)가 있다. 이것들을 직선상으로 자른 전동기 중, 인덕션 모터는 1차측에 전류를 흐르게 하면 2차측에 유도전류가 흐르기 때문에 2차측에는 외부로

부터의 배산이 필요없으며 이 방식을 LIM(Linear Induction Motor)방식이라고 한다. 한편, 동기전동기는, 2차측을 직류로 여자(Excite)하든지 영구자석을 이용한 것으로 LSM(Linear Synchronous Motor)방식이라고 한다.

이 직선동력을 열차의 추진력으로 하여 열차는 진행한다. 차량의 지지에 기존과 같이 차륜과 레일을 이용하는 방식(예 : 리니어 지하철)과 차량을 자석으로 부상시켜 원칙적으로는 차륜이 필요 없는 방식(예:HSST)이 있다

제7절 기타 경전철

이상에서 언급한 시스템 외에 PRT, 가이드웨이 버스(guideway bus), 도시형 공중케이블 등이 있으며, 각 시스템의 대표적인 사례를 들어 설명한다.

7.1 PRT

PRT(Personal Rapid Transit)는 GRT(Group Rapid Transit)와 대별되는 개념으로서, 일반적으로 고가안내궤도(elevated guideway)에서 무인으로 운행하는 궤도승용차 시스템을 말한다.

PRT 시스템의 특징으로는

① 완전무인운전

② 정해진 안내궤도 위를 운행(과좌식 모노레일의 발전적 형태임)

③ 승차정원(1 ~ 6명)

④ 지상, 지하, 고가에 적용 가능한 경량구조

⑤ 모든 궤도구간과 역사를 연결하는 네트워크로 구성함

⑥ 목적지까지 환승, 정차 없이 논스톱(non-stop) 운행 등

1966년 미국의 주택·도시개발국인 HUD의 타당성 연구보고서에서 미래형 교통수단으로 제시된 이래, 1970년대 초반에 미국 로스엔젤레스시가 PRT 네트워크 구상계획을 세워, Monocab 개념을 포함시킨 현수식 PRT 개념이 TTI-Otis社에 의해 선형유도전동기 추진방식으로 구상한 바 있다. 이후 일본, 프랑스, 독일 등

지에서 타당성 검토가 이루어졌다. 독일의 경우 함부르크시에서 Cabin Taxi라는 이름으로 건설을 계획하였으나 예산문제로 무산되었다.

그림 10.12 Cabin Taxi 차량과 시험노선

1993년 미국의 Raytheon社가 Taxi2000이라는 시스템의 개념설계를 완료한 후, 1995년에 실물 크기의 시험차 계획을 추진하였으나 심층적인 연구의 자료 미공개로 개발이 지연되었다. 이후 이 시스템 개념설계를 발전시켜 PRT2000을 제작하여 시험운행하고 있다(그림 8.11).

그림 10.13 Raytheon社의 Taxi2000과 PRT2000

지난 20년 간 PRT의 개념이 소개되면서 여러 분야에서 이에 대한 연구와 검토가 있었다. 그 중 문제점으로 도출된 사례는 다음과 같다.

① 대용량 수송능력이 요구되는 노선이나 경제성이 있는 전자제어식 가이드웨이는 저밀도 요구수송능력의 소규모 차량에는 부적하다.

② 피크시간(peak time, 尖頭時)대 1초 이하의 배차시격은 차량제동거리 등의 기술

적인 문제로 어려우며, 이로 인해 요구수송수요를 만족시키지 못한다.

③ PRT 시스템은 안내궤도, 역사, 차량유치고 등에 너무 많은 공간을 필요로 하므로, 승용차용 시설확충이 더 효과적이다.

이상의 문제 등으로 인해 1970년 대 중반이후 컴퓨터 기술발달로 네트워크 설계용량, 선형유도전동기 기술의 발전에 따라 배차시격의 단축, 마이크로 프로세서의 보급화·상용화에 따른 차량성능향상, 안전성, 신뢰성, 그리고 역무자동화기술의 발달에 따른 인건비 절감 등이 PRT에 대한 보다 심층적인 연구 필요성을 유발시키고 있다.

7.2 가이드웨이 버스

가이드웨이 버스(guideway bus)는 전용궤도 주행과 일반 도로면 주행이 가능한 시스템의 큰 장점에서 착안한 것으로, 그 개념은「우선·전용레인(private lane), 기간버스(중앙전용레인 주행 시스템) 등의 노선버스가 거듭 발전한 모습」으로 형상화된 것이다.

일본에서 가이드웨이 버스는 1984년도부터 건설성 토목연구소, (社)일본교통계획협회 및 가이드웨이 버스 공동실험연구소(민간기업 7개社)가 관민 공동으로 연구하여 1985 ~ 1988년 사이에 토목연구소내의 실험선에서 시험차량 2량을 이용하여 주행시험이 이루어졌다. 실용화 운행으로는 1989년 3월부터 반년간에 걸쳐 개최된「아시아태평양박람회-후쿠오카 `89」에서 운행된 것이 최초이다. 이 운행은 한정된 기간이지만, 궤도법에 근거하여 운송시설로서 인허가를 받아 운행되었다. 일본 내에서는 아직 본격적인 영업운행에 도입된 예는 없지만 나고야시(Nagoya city)에서는 시다미선(志段味線)에 도입이 결정되어 1996년 1월에 공사시행인가를 취득했다. 이외에 호주의 아들레이드시(Adelaide city), 독일의 엣센시(Essen city)에서 영업운행이 시행되고 있다.

가이드웨이 버스는 기존의 노선버스에 간단한 기계식 안내장치를 부착하여 전용궤도(專用軌道) 위를 가이드 레일(guide rail)에 안내되어 주행하는 시스템으로, 궤도안내주행 중에는 가이드 레일이 있어 기관사는 핸들조작을 할 필요가 없으며 가속과 제동조작만 하면 된다. 가이드 레일에 의해 유도되므로 주행로의 폭은 아주 적어도 가능하며, 전용 주행로의 전체 폭은 복선 주행로인 경우 7.5m정도로 고가의 일반도로에 비해 폭이 대폭 절약된다. 가이드웨이 버스 신교통시스템과 마찬가지로 도로상공에 고가 형태로 도입되는 것이 일반적이다.

전동기를 탑재하여 전용 궤도상에서는 전기에 의해 주행하는 시스템도 연구되고 있지만, 현재로서는 가이드레일에 의한 궤도안내만을 채용한 시스템이 보다 경제적이며, 실용화가 용이한 시스템으로서 주목받고 있다. 여기에서는 간단한 시스템으로 된 후자의 가이드웨이 버스에 대해 취급한다.

시스템의 특징은 다음과 같다.

① 정시성의 확보

전용 주행로를 주행하므로 다른 도로교통 수단의 영향을 받지 않는다. 또한, 교통신호의 영향을 받지 않고 연속운행이 가능하므로, 공공교통으로서의 정시성의 확보, 표정속도의 향상을 꾀할 수 있다.

② 건설비의 저렴화

주행로 폭이 대폭적으로 감소되므로 고가의 일반도로에 비해 건설비가 싸고, 고무차륜 AGT 시스템과 비교해도 인프라 외부의 건설비가 낮으므로 일반 경량전철 시스템보다 적은 수요로 사업화가 가능하다.

③ 이원화 모드성

전용궤도 위와 일반도로면 위를 같은 차량으로 주행할 수 있으며, 환승없이 직통운전이 가능하다. 이것은 도로의 체증구간만 전용고가궤도를 건설하고, 기타 구간에서는 일반버스로 운행하게 하여 최소한의 투자로 큰 효과를 거둘 수 있다.

④ 단계적 정비에 대한 대응

전용궤도 구간은 평면도로의 교통량, 건설자금, 채산성 등을 고려하면서 차차로 연장할 수 있다. 또한, 전용궤도 구간의 구조를 미리 고무차륜 AGT 시스템의 경량전철에 대응가능토록 고려해두면, 수요가 증가하는 단계에서 수송력이 큰 경량전철로 전환이 가능하다.

⑤ 기존 버스사업자와의 적응성

지하철, 경량전철시스템 등의 도입 시에는 기존 버스사업자와의 경합지역에서 교통네트워크의 재조정이 필요하며, 아울러 이 조정에는 여러 가지 어려운 점이 많다. 가이드웨이 버스는 기존의 버스사업자를 설득해 정비할 수가 있으므로 교통네트워크의 재조정이 비교적 용이하다.

가이드웨이 버스시스템의 기본시방은 표 10.1과 같다.

표 10.1 가이드웨이 버스시스템의 기본시방

구 분	성능 및 내용
수 송 력	최대 9,600명/h 정도
운행간격	약 30초 정도
모 드	듀얼(전용궤도 주행과 일반노면 주행)
최고속도	60km/h 정도
표정속도	20~30km/h
차량 · 차체	일반노선버스에 안내바퀴를 부착한 개조차
정 원	80명 정도
지지방법	고무타이어(앞바퀴는 보조바퀴를 안에 설치)
조타방법	안내바퀴에 의한 기계적 스티어링(전용궤도 위), 핸드링(일반노면 위)
회전반경	전용궤도 위에서는 최소 약 16m
안내레일 간격	최소 2.5m

그림 10.14 독일 엣센(Essen)시의 O-Bahn

7.3 도시형 공중케이블

공중케이블(索道, cable car)이란 공중에 가설(架設)된 와이어로프(wire rope)에 운반기구를 매달아, 사람이나 물건을 운송하는 것으로서 통상 로프웨이(ropeway) 또는 리프트(lift)라고 하며, 옛날에는 주로 관광용으로 사용되었다.

도시형 공중케이블은 공중케이블이 가지는 다음의 특성을 살려, 저렴하고 채산성 있는 도시내 중량수송기관으로서의 도입을 시도한 것이다.

① 전용 궤도계의 교통기관으로 도로교통에 영향을 주지 않으며, 정시성이 확보된다.
② 도로상공을 이용하는 경우 용지가 필요한 곳은 지주부(支柱部) 뿐이므로 도입공간의 확보가 비교적 용이하다.
③ 지주사이의 버팀목 등의 구조가 필요 없어, 건설비가 낮아진다.
④ 지주간격은 다른 교통시스템에 비해 넓게 할 수 있다.
⑤ 급경사에 대한 대응이 가능하며, 종단선형 설정 자유도가 높다.

수송력은 최근 기술개발에 의해 편도 3,200 ~ 3,600명 / h 정도의 수송확보가 가능하므로, 앞으로 도시교통기관으로서의 개발이 발달되면 소량·중량 수송기관으로서 기대가 크다. 공중케이블은 일반적인 철도와 마찬가지로, 일본에서는 「철도사업법」에 따라 공중케이블사업을 경영을 위해서는 운수성장관의 허가가 필요하다. 「철도사업법 시행규칙」 에 따라 공중케이블의 종류가 정의·분류된다. 이에 따르면 공중케이블의 종류는 운반기기 형태에 따라 다음과 같이 분류된다.

표 10.2 공중케이블의 종류

		운반기 형태
공중 케이블	보통 공중케이블	문이 있는 폐쇄식 운반기 사용
	특수 공중케이블	외부로 개방된 의자식 운반기 사용

이 중에서 특수 공중케이블은 승객 수송기관에 적용하는 것이 곤란하므로 대상에서 제외한다.

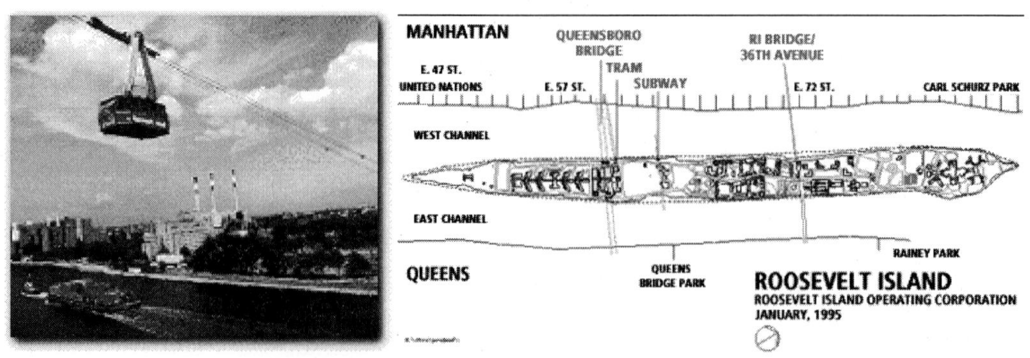

그림 10.15 루즈벨트섬의 공중케이블과 노선도

7.4 새로운 버스시스템

기존 노선버스의 수송력 개선을 위해 도입되는 새로운 수송시스템이다. 버스 우선차선과 교차점에서의 버스 우선 신호를 조합한 시스템과 대규모의 노면개량을 필요로 하는 기초 버스시스템 등 다양한 시스템이 이용자의 편리성 향상을 위해 일본 등 철도선진국에서 적용을 시도하고 있다. 또한, 버스의 전용궤도화의 시도로서 개발된 가이드웨이 버스도 실용화 단계에 있다. 가이드웨이 버스는 일반도로에서 운전사의 핸들조작에 의해 운전되고, 전용궤도상에서는 가이드웨이 시스템에 의해 자동 운전되는 시스템이다.

그림 10.16 가이드웨이 버스(일본 후쿠오카)

(1) 바이모달 트램(Bimodal Tram)

표 10.3 바이모달 트램의 주요 사양

사 양			제 원	비 고
승차 인원 (인)	좌석수		24	변경 가능
	정원		107	변경 가능
차량 구조	편성단위(량)		2	
	폭(mm)		2,500	
	높이(mm)		3,430	
	바닥높이(mm)		340	
	출입문 수		6	변경 가능
	출입구 높이(mm)	전용도로	320	
		닐링 적용시	250	
	길이(mm)		18,000	

사 양			제 원	비 고
	실내높이(mm)		2,200	
	축간 거리(mm)	1-2축	7,700	
		2-3축	7,570	
중량	공차 중량		17.6	출입문 및 좌석배치 등 편의사양에 따라 변경 가능
	만차 중량		25.6	
지상고 (mm)	전용도로 운행시		110	
	일반도로 운행시		180	
	최대 지상고		230	
	닐링 적용시		40	
구동 시스템	구동축수		2	
	타이어	1축	275/70 R 22.5	
		2/3축	385/65 R 22.5	
	총축수		3	
	조향 구조		전체차륜조향	
추진시스템	구조		CNG엔진+모터 (하이브리드)	
	CNG 모터		Cummins BGe4 230	
	엔진 성능 (kw/rpm)		172/2,800	
배터리	구조		Li-Polymer	
	용량(kW)		193	
연료 계통	CNG 탱크 용량 (liter)		920	
	주행거리(km)		400	
차량 최대 출력(kW)			273	
안내시스템			전자기 안내	
최소회전반경(mm)			1,200 이내	
차량선회폭[swept path(mm)]			4,000 이내	최소회전반경 기준
주행궤도			전용궤도/ 일반도로	
운전방식			자동운전	
최급구배(%)			9	만차 기준
최고속도(km/h)			80	
가속도(m/s2)			1.3	
감속도(m/s2)			1.3	
제동방식			회생제동/ 공기제동	

① 위 표 10.3에서와 같이 바이모달 트램의 크기, 중량, 그리고 주요 성능은 국내의 요구조건(간선급행버스체계(BRT) 설계지침, 2006, 건교부)에 부합하고 있다.
- 차량의 길이, 폭, 높이는 각각 18m, 2.5m, 3.43m임.

② 출입문은 좌 · 우측 모두에 설치가 가능하여 6개를 배치하였으나 3개로 줄일 수 있다. 출입문의 개폐는 슬라이딩 방식이며, 폭과 높이는 각각 1.2m, 1.96m 이다.

③ CNG - hybrid모델로 Li - Polymer 배터리를 사용하며 최대출력은 366hp(273kw)로 직선선로에서 최대승객이 탑승하고, 모든 부수장비의 작동 하에서 최대 80km/h로 주행할 수 있다.

④ 최대승객이 탑승하고, 모든 부수장비가 작동될 때를 기준으로 9%의 등판능력이 있다.

⑤ CNG - hybrid모델의 CNG탱크 용량은 100%충전시 9200리터로 1회 충전으로 400km 이상 주행할 수 있다.

⑥ 승차인원은 자동차안전기준의 승차정원 계산 방식에 의하여 구하면 107명이 탑승 가능하며 출입문 및 좌석배치에 따라서 변경이 가능하다.

⑦ 가·감속 성능은 1.3m/sec^{2}이며, 가속도 변화율, 즉 저크는 승차감을 고려하여 0.2g/sec를 넘지 않도록 설계되었다.

⑧ 차량은 전축조향(All - Wheel - Steering, AWS)방식으로 최소회전반경은 12m 이내, 차량선회폭(swept path)은 최소회전반경 기준으로 4m 이내로서 곡선 주행시 도로의 폭을 최소화하여 주행이 가능하다.

⑨ 차량하부의 Ground clearance는 주행조건에 따라서 110 ~ 230mm로 변경이 가능하며 정차시는 70mm의 닐링을 이용하여 clearance는 40mm이다. 참고로 닐링시 차체 바닥까지의 높이는 250mm이다.

⑩ 타이어 규격은 앞바퀴 275/70R225, 그 외는 385/65R 225이다.

⑪ 전방차축 - 중앙차축, 중앙차축-후방차축간의 휠베이스는 각각 7.7m, 7.57m이다.

(2) 주요 차량특성

1) 차량중량

① 바이모달 트램의 공차중량은 17.6ton이며, 만차시 즉 차량이 완벽히 적재되고(연

료, 기름, 냉각제 및 장비 등), 총 탑승인원(107명)을 포함한 중량은 25.6ton이다. 이중에서 전방차축에는 6.9ton, 중앙차축에는 9.3ton, 후방차축에는 9.4ton의 하중이 분담되어 축당 10.0ton이 넘지 않는다. 이는 「자동차 안전기준에 관한 규칙」 제6조를 만족시키는 수치이다.

2) 동력방식

① CNG - hybrid방식으로 엔진은 230hp/2,800rpm이며 배터리는 Li-Polymer를 사용하고 있으며 향후 수소연료전지 추진방식에의 활용을 고려하여 직렬 하이브리드 방식을 적용하고 있다.

3) 초저상 구조

① 노약자, 장애인 등 교통약자 뿐만 아니라, 일반인에게도 승하차시 편리함을 제공하기 위해서는 초저상 구조가 필수적이랄 수 있다.

② 바이모달 트램의 바닥높이는 340mm, 출입구 높이는 320mm이며, 바닥 전면적 초저상 구조로 되어있다. 또한 승하차시의 편리성을 증대시키기 위해서 70mm의 닐링을 제공한다.

4) 차체

① 바이모달 트램의 차체 프레임은 복합소재 차체 성형시 변형이 적은 일반강재로 제작되다.

② 알루미늄 하니콤 샌드위치 패널로 제작되는 복합소재 차체는 경량화와 고강도화가 가능하다.

③ 바닥은 바퀴 하우징을 제외한 전 길이가 평면을 이루고 있어 승하차시 매우 편리하고, 청소시에도 편리하다.

④ 출입문은 양쪽에 3개씩이며, 폭과 높이는 각각 1.2m, 1.96m이다. 또한 출입문은 왼쪽과 오른쪽에도 제작이 가능하도록 모듈 조립식으로 되어있다.

⑤ 트레일러는 견인차로부터 기계식 턴테이블 방식의 이음매로 연결되어 있으며, 최대 수평 회전각은 11°이다.

5) 전축 조향(All – Wheel – Steering, AWS)

① 바이모달 트램은 전축조향(All-Wheel-Steering, AWS)방식을 채택하고 있어 최소

회전반경은 12m, 선회폭은 4m이다. 이는 '간선급행버스체계(BRT) 설계지침, 건교부, 2006'에 있는 곡선 주행에 따른 확폭량과 비교할 때 여유가 많음을 의미한다.

② 이러한 특성으로 주행로의 곡선반경이나 정밀정차를 위한 정거장 리드길이 등을 줄일 수 있어 결국, 인프라 비용을 절감할 수 있는 장점이 있다.

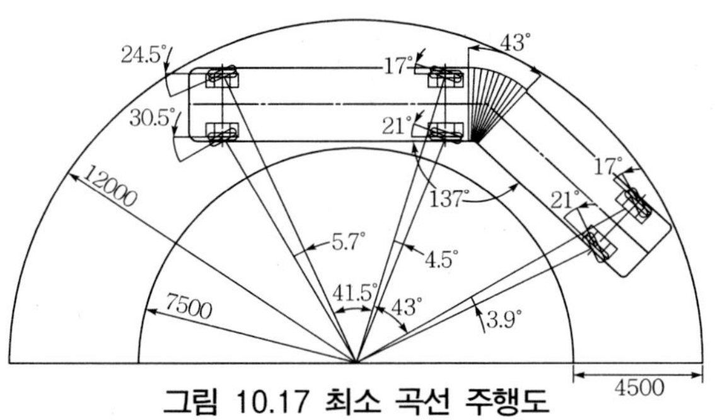

그림 10.17 최소 곡선 주행도

6) 전자기 유도방식의 자동운전

① GRT에는 자동운전 및 정밀정차가 가능하도록 운행보조시스템이 장착되는데 여기에는 전자기 유도방식, 광센서 방식, 기계식 방식 등이 있으며, 각기 장·단점을 가지고 있다.

② 바이모달 트램에는 전자기 유도방식을 채택하고 있으며, 차로 중앙에 매입·설치된 전자기 유도막대(magnetic marker)의 위치를 차량 내에 설치된 전자기센서로 탐지하여 자동 조향하는 방식이다.

③ 전자기 유도막대의 형상은 직경 15mm, 길이 30mm의 원통형이며, 3.5 ~ 5.5m 간격으로 차로중앙 포장면을 1cm 정도 천공 후 매입하여 설치한다.

④ 모든 역 사이의 노선에 있어 막대자석은 무작위로 설치된다. 역 진입로(초반은 높이 30cm의 가장자리)에 도착하기 110m 떨어진 곳에서 탐지 코드가 운행선 위에 장착 된다. 이 코드는 모든 단자 사이에 1m 간격으로 위치한 11개의 자기 단자로 구성된다. 모든 코드의 극성은 바코드와 비교할만한 유일 시스템에 따라 고안된다. 이 코드를 통해 차량은 정확한 위치와 운행 방향을 지속하거나 혹은 수정한다. 철근 콘크리트 사용은 권장되지 않는다.

⑤ 자기 검지 장치는 차량 밑(폭 1.65m, 앞축 뒤에서 ±1m에 위치)에 설치되어야 한다. 직선노선과 완만한 커브에서 막대자석은 직선 가장자리에서 최대165cm 떨어진 거리, 운행선 중앙의 ±10cm 옆에 위치해야 한다.

제8절 세계 경량전철의 시스템별 총괄표

표 10.4 세계 경량전철의 시스템별 총괄표

시스템 형식	국가	도시명	노선연장 (km)	정거장 수	개통년도	제작사
철제 차륜 AGT	태국	Bangkok	23.1	25	1999	Siemens
	영국	London	21.3	28	1987	Bombardier
고무 차륜 AGT	일본	Hiroshima	18.7	21	1988	Mitsubishi
		Kobe Portliner	6.4	9	1981	Kawasaki
		Kobe Rokkoliner	4.5	6	1990	Kawasaki
		Komaki	7.4	7	1991	Mitsubishi
		Tokyo	12.1	12	1995	Kawasaki
		Yokohama	10.6	14	1989	Mitsubishi
	프랑스	Lille	28.7	39	1983	MATRA
	싱가폴	Bukit Panjang	7.8	14	1998	Adtranz
		Changgi 공항	1.3	–	–	Adtranz
	독일	Frankfurt 공항	3.8	–	–	Adtranz
	영국	Gatwick 공항	0.15	–	1983	Adtranz
		Stansted 공항	1.4	–	1992	Adtranz
고무 차륜 AGT	미국	Atlanta 공항	–	–	1980	Adtranz
		Busch Gardens	1.07	–	–	Adtranz
		Denver 공항	4.9	–	1994	Adtranz
		Las Colinas Urban Center	4.4	–	1989	Adtranz
		McCarran 공항	2.96	–	1985	Adtranz
		Miami 공항	0.425	–	1980	Adtranz
		Miami People Mover	7.1	23	1986	Adtranz
		Newark 공항	3.6	–	1996	Adtranz
		Orando 공항	0.54	–	1981	Adtranz
		Pittsburgh 공항	0.7	–	1992	Adtranz

시스템 형식	국가	도시명	노선연장 (km)	정거장 수	개통년도	제작사
		Seattle 공항	2.6	–	–	Adtranz
		Tampa 공항	–	–	1971	Adtranz
MONO RAIL	일본	Chiba	15.5	19	1988	Mitsubishi
		Osaka	23.9	16	1990	Hitachi/ Kawasaki
		Shonan	6.6	8	1970	Mitsubishi
		Tokyo	16.9	9	1964	Hitachi
	호주	Sydney	3.6	7	1988	AEG
	독일	Dortmunt	2.4	4	1984	Siemens
		Wuppertal	13.3	18	1901	
	미국	Jacksonville	6.9	6	1997	Bombardier
		Seattle	1.9	2	1962	Alweg Rapid Transit Systems.
LIM	일본	Osaka	10.9	5	1990	Kawasaki
	말레이시아	Kuala Lumpur	29.2	24	1998	Bombardier
	캐나다	Vancouver	28.9	20	1986	Bombardier
TRAM	중국	HongKong	23.8	122	1904	
		Teunmun	31.8	57	1988	Kawasaki
	인도	Calcutta	67	447	–	
	일본	Hiroshima	18.8	61	–	
	북한	Pyongyang	50	–	1991	
	호주	Melbourne	240	–	–	Comeng
		Sydney	3.5	–	1997	Adtranz
	이집트	Alexandria	16	–	–	Kinki Sharyo
	오스트리아	Linz	15.3	39	–	Bombardier
	벨기에	Antwerp	101	–	–	BN PCC
		Brussels	133.6	17	–	Alsthom
		Charleroi	25	20	–	BC/ACEC
		Lobbes	–	–	–	
TRAM	독일	Bochum	87.8	–	–	Siemens
		Frankfrut	56.1	82	1968	Duewag
		Leipzig	154.6	269	–	Siemens
		Stuttgartt	108.5	176	–	Adtranz/ Siemens
	프랑스	Grenoble	18.7	38	1987	Alsthom
		Maeseille	–	–	1876	

시스템 형식	국가	도시명	노선연장 (km)	정거장 수	개통년도	제작사
		Rouen	15.1	31	1994	Alsthom
		St Etienne	9.3	26	–	Alsthom
		Strasbourg	12.6	23	1994	Adtranz
	이탈리아	Milan	208.8	655	1876	Marelli
	네덜란드	Amsterdam	138	762	–	BN
	노르웨이	Oslo	38.3	–	–	Duewag
	포르투갈	Lisbon	53	100	1873	Siemens
	스페인	Vallencia	–	–	1994	Siemens
	스위스	Geneva	10.8	59	–	Vevey/ Siemens
		Le Chablais	–	–	–	
	터키	Istanbul	1.6	–	1991	
		Konya	–	–	–	
TRAM	캐나다	Calgary	29.3	31	1981	Siemens
		Edmonton	13.7	10	1978	Siemens
		Toronto	79.6	–	–	UTDC
	미국	Baltimore	40.5	32	1992	Adtranz
		Boston	50	–	–	Kinki Sharyo
		Buffalo	10	14	–	
		Cleveland	21.5	33	1920	Breda
		Dallas	32	21	1996	Kinki Sharyo
		Denver	8.5	15	1994	Siemens
		Hudsonbergen	–	–	–	
		Los Angeles	66.2	38	1990	Siemens
		New Orleans	26	–	1835	Perley Thomas Car
		Piladelphia	61	–	–	Kawasaki
		Pittsburgh	17.2	–	–	Siemens
		Portland	52.6	50	1986	Siemens
		Saltlake	–	–	–	
		Sandiego	74.9	45	1981	Siemens
TRAM	미국	San Francisco	–	–	–	
		San Jose	–	–	–	
		Secramento	32.8	34	1987	Siemens
		Sheffield	29	47	1994	Siemens
		St Louis	29	19	1993	Siemens
MAGLEV	일본	HSST-100L	–	–	–	

시스템 형식	국가	도시명	노선연장 (km)	정거장 수	개통년도	제작사
		HSST-100S	–	–	–	
	한국	UTM	–	–	–	
	독일	M-Bahn	1.6	3	–	
			–	–	–	
	영국	Birmingham	–	–	1984	
PRT	덴마크	RUF SYSTEM	–	–	–	
	독일	Cabin Taxi	–	–	–	
		Cable Liner	–	–	–	Siemens
		Mini Metro	–	–	–	Leitner
	미국	Morgantown	–	–	1975	
		ROMAG	–	–	1971	Boeing
		TAXI 2000/ PRT2000	–	–	–	Raytheon

제 11 장

제11장 고속철도(KTX) 차량기술

제11장 고속철도(KTX) 차량기술

제1절 한국고속(KTX, Korea Train Express) 철도차량특성 일반

1.1 한국고속열차의 특징

1) 고속주행시 공기저항을 최소화하기 위한 유선형 설계
2) 바퀴수를 줄여 경량화 및 공기저항을 최소화
3) 한국인 체형에 맞도록 의자 및 객실 내부 설계
4) 한국 고유 색상인 고려청자색(비색)을 바탕색으로 설계
5) 컴퓨터시스템에 의한 제어
 - 추진(推進) 및 제동(制動), 고장감지(자기진단 : 自己診斷)장치
 - 출입문장치, 냉난방장치, 조명장치, 여행정보안내장치
6) 최대 안전성 보장
 - 자동열차제어장치에 의한 열차 운행
 - 열차운행고장에 대비한 이중 보완장치
 - 열차 충돌시 승객을 보호하기 위한 충격흡수장치
 - 관절방식의 차량연결과 진동감지장치

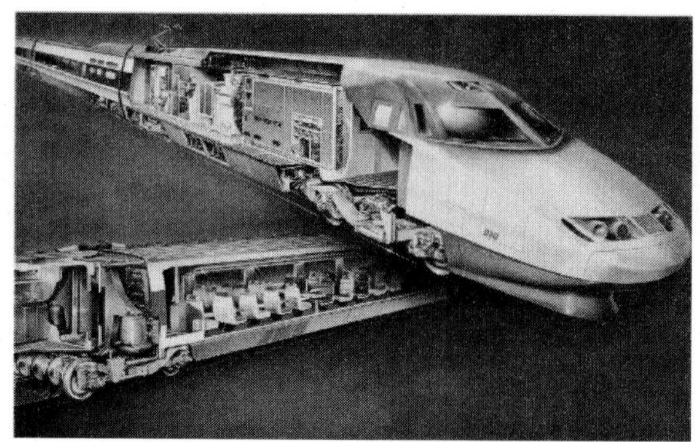

그림 11.1 고속열차 및 내부기기 배치도

1.2 열차편성

1) 편성 : 20량(기관차 + 동력객차 + 객차 16량 + 동력객차 + 기관차)
2) 열차 길이 : 약 400m
3) 최고운행속도 : 시속 300km
4) 열차간 운행간격 : 최소 3분
5) 공급전기 : 교류 25,000V
6) 열차 동력
- 추진력 : 18,000마력(중형자동차 180대의 힘)
- 제동시 총소비전력(15,300kwh)의 10%를 자체 발전하여 사용
- 출발에서 시속 300km 도달시 까지 거리 : 20km(소요시간 : 6분 5초)
- 시속 300km에서 정지시까지 거리 : 3.3km(소요시간 : 1분 14초)

1.3 여객편의설비

1) 비디오/오디오장치, 여행정보안내장치, 비상경보장치
2) 장애자 설비 : 장애인석, 화장실, 휠체어 보관소
3) 좌석수 : 935석(1등실 127석, 2등실 808석)
4) 통신설비 : 전화기 6대, 팩스 1대 설치
5) 음료수 및 과자류 자동판매기 : 13개소
6) 음식제공설비 : 2개소

제2절 동력차

2.1 팬터그래프

전차선에서 전기를 받아 차량으로 전기를 전달하며, 고속운행 중 전차선과의 원만한 접촉을 유지시켜, 열차운행 중에 이선현상 및 아크의 발생을 방지하고 차량에 전기가 연속적으로 공급되도록 한다. 공기저항과 소음을 줄이기 위해 크기를 최소화하였고 실제 운행 시 뒤쪽 팬터그래프 1개만 올려 급전하여 운행한다.

2.2 주변압기

전차선에서 공급받은 단상 25,000V60Hz 교류를 1,800V와 1,100V로 바꾸어 전동기 고정자측과 회전자측에 각각 보내준다. 무게는 약 10.6톤이고, 변압기 권선은 냉각을 위해 절연유에 담겨있고, 절연유는 펌프로 순환하면서 팬에 의해 강제 냉각하는 시스템으로 되어 있다.

2.3 모터블럭

주변압기에서 공급되는 단상교류 1,800V는 컨버터(교류를 직류로 바꾸는 장치)를 거치는 동안 직류 1,500V로 변환되고, 이 1,500V의 직류를 3상 교류(R,S,T로 표시)로 만드는 장치인 인버터로 1,350V짜리 3상 교류를 만들어 전동기고정자에 보내 회전자장을 만들어 주도록 되어 있다.

2.4 보조블럭

주변압기에서 1,100V로 전압이 낮추어진 교류전기는 혼합브리지와 평활리액터를 거쳐 직류 570V로 바뀌어 배터리, 충전기 등 차량의 각종 보조전원으로 사용되고, 전동기 회전자에 보내줄 전기는 다시 계자제어 쵸퍼에서 쵸핑되어 직류 500V의 전기가 된다.

이 500V의 직류전기가 전동기 회전자를 강력한 자석으로 만들어, 전동기 고정자가 만든 회전자장을 따라 돌며 힘을 내서 회전자와 연결된 바퀴를 회전시킨다.

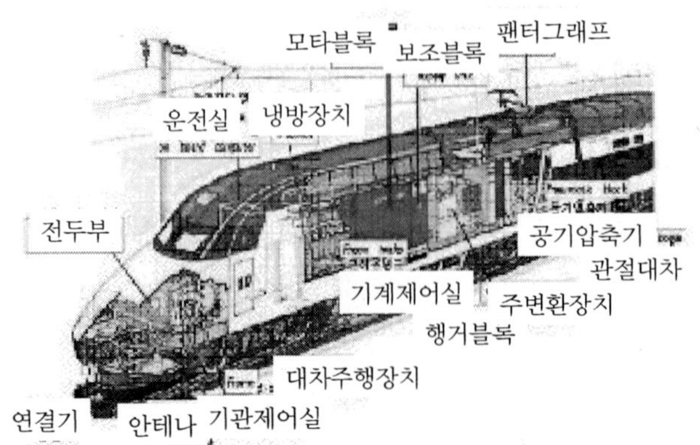

그림 11.2 동력차의 구조 및 조립도

제3절 동력대차

3.1 견인전동기

모터블록에서 제어되는 전류량과 주파수에 따라 견인전동기의 회전력 및 회전속도가 결정되며, 전동기의 출력은 1,130KW(최대회전속도 4,000rpm)이며 열차당 12대의 전동기가 설치되어 총 13,560KW(약 18,000HP)의 출력을 낼 수 있다.

3.2 감속기

감속기는 플렌지를 이용하여 견인전동기(Traction motor)와 결합되고, 전체 감속기 결합체는 차체의 하부에 취부된다. 감속기는 치차(gear)장치를 통해서 견인전동기에서 나오는 회전력을 트리포트를 거쳐 차축치차 감속장치(Axle gear reduction unit)로 전달한다.

3.3 트리포트

감속기와 차축기어 감속장치 사이에 위치하여, 차체와 대차사이의 상대운동(수직, 수평 및 회전운동)을 허용하면서 차체에 장착된 견인모터 - 감속기 조립체의 구동 토크를 차축치차 감속장치로 전달한다.

3.4 차축치차 감속장치

입력측 기어와 차축측 기어로 구성되며, 입력측 기어에는 트리포트가 취부되며 차축측 기어는 차축에 냉간압입되어 트리포트로부터 받은 동력을 차축으로 전달한다.

그림 11.3 동력대차 주요구성품 그림 및 사진

제4절 관절대차

4.1 대차의 기능 및 종류

대차는 차체의 하중을 지지함은 물론 견인력과 제동력을 전달함과 동시에 좋은 승차감 및 안정성 유지하고 곡선 통과를 원활히 할 수 있도록 하는 철도차량에서의 핵심적인 장치이다. 대표적인 대차의 구조로 볼스터대차와 볼스터리스대차가 있다. 한국고속열차는 볼스터리스대차로서 차량의 중량을 받치는 중간 장치인 볼스터를 사용하지 않아 중량을 줄여 경량화 되어 있다.

4.2 한국고속열차용 관절대차의 특징

일반적으로 1량의 차량에 2대의 대차를 사용하는 타 철도차량과 달리, TGV형 차량에서는 차량과 차량 사이를 1개의 대차로 지지, 연결하는 관절형 구조를 채택하고 있다.

관절대차를 사용함으로서 대차 및 차륜의 수량이 거의 반으로 줄어 차량의 중량을 대폭 줄일 수 있을 뿐만 아니라 구름저항이나 진동도 감소되는 등 주행성능이 향상된다.

또한 관절대차를 사용함에 따라 차량이 가벼워져 에너지소모가 최소로 되고 또 차량의 무게중심도 낮출 수 있어서 고속에서 더욱 안전하게 주행할 수 있을 뿐 아니라 승객들의 좌석이 진동이 큰 대차위에 설치될 필요가 없게 되어 승차감도 개선된다.

그림 11.4 관절형 대차 구조도 및 사진

4.3 한국고속열차

4.3.1 1호 열차

프랑스에서 제작되어 프랑스 현지에서 각종 시험을 마치고 '00.12월 국내 반입된 한국고속열차

그림 11.5 프랑스에서 시운전중인 한국고속열차

4.3.2 2호 열차

창원공장에서 1999.10.7 오송기지로 인도된 한국고속열차

그림 11.6 차량제작공장내의 고속열차

4.3.3 운전실 내부

각종 제어시스템이 갖추어져 1인 운전이 가능하도록 설계된 운전실 제어대로 기관사는 운전실 제어대에서 현시되는 열차신호에 따라 운행 한다.

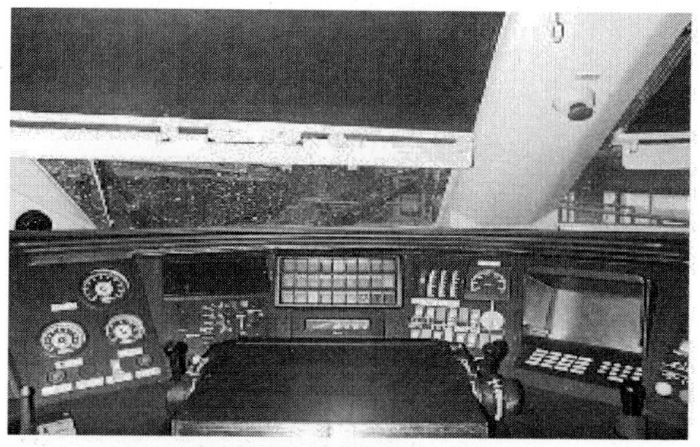

그림 11.7 고속열차 운전실내부

4.3.4 승객실 내부

(1) 1등실 내부

좌석 배열은 1+2 배열이며, 의자의 등받이는 38°까지 기울어지고 회전도 가능하다.

간접조명을 사용하여 분위기가 은은하며 바닥에 비색 카펫이 깔려있다. 비디오는 객차 1량당 3대가 설치된다.

그림 11.8 고속열차 승객실(1등실)

(2) 2등실 내부

좌석배열은 2+2이며, 의자의 등받이는 36°까지 기울어지나 좌석은 회전시키지 못하는 고정식이다. 바닥은 비색 고무판을 사용하였으며, 의자는 녹색 벨벳을 사용하였다.

그림 11.9 고속열차 승객실(2등실)

제5절 KTX 차량제원

5.1 일반제원

항목		내용
차량제작		20량 1편성으로 경부축 투입편성은 46편성 프랑스제작도입 : 12편성, 국내제작 : 34편성
외부형상		유선형 구조
설계특징		공기역학적설계, 관절방식객차연결
열차동력	사용전압	교류 25KV 단상, 60HzAC
	견인동력	13,560KW(1,130KW×12개)
	전기제동력	300KN
대차	궤간	1,435mm
	대차수/량	대차수 23(구동대차 6, 관절대차 17)/20량 1편성
	차륜직경 및 수	920mm/850mm(신품/마모한도), 차륜수 92개
열차성능	안전한도속도	330Km/h
	최대운용속도	300Km/h
	가속성능	0~300Km/h 도달시간 6분 5초
	여행시간	서울 ⇆ 부산 118분
제동방식	희생+발전+공기제동	
	공기제동형식	구동대차 : 단변제동, 관절대차 : 디스크제동
열차편성	동력차 2량 + 동력객차 2량 + 중간객차 16량	
	편성가능방식	동력차 단독, 객차 18량, 객차 16량, 객차 14량
	동력차	전부, 후부 각 1량씩 편성당 2량
	1등 객차	4량 / 20량 1편성당
	2등 객차	14량 / 20량 1편성당
열차 길이		388m
좌석수	935석 + 간이석 30석	
	1등실	127석(1+2, 전후 좌석간격 112cm)
	2등실	808석(2+2, 전후 좌석간격 93cm)

항목		내용
열차중량	공차중량	694.1톤
	운전정비중량	701.1톤
	열차중량	771.2톤
	만차중량	841.3톤
차량치수	동력차	22,517(길이)×2,814(폭)×4,100(높이)/단위(mm)
	동력객차	22,854(길이)×2,904(폭)×3,484(높이)/단위(mm)
	객차	18,700(길이)×2,904(폭)×3,484(높이)/단위(mm)

5.2 객차제원

항목		1등실	2등실
좌석	좌석배열	2+1	2+2
	좌석수	25, 32, 35석	56, 60석
편의설비	오디오	Earphone 청취	
	비디오모니터	4대/량	2대/량
	전화	2대	4대
	팩스	1대	—
	음식저장설비	—	2개소
	자판기(캔/스낵)	캔3 / 스낵 0	캔 7 / 스낵 3
장애자 설비		장애자 화장실, 휠체어 보관소	—
색상	천정	밝은 회색 펠트	밝은 회색 펠트
	바닥	비색 카펫트	비색 고무판
	의자	회녹색 벨벳	녹색 벨벳
	측벽	회색 펠트	회색 펠트

제 12 장

제12장 철도차량 유지관리

제12장 철도차량 유지관리

제1절 유지보수 일반

전동차를 사용에 지장이 없는 상태로 유지하기 위한 기능의 확인 및 수선을 말한다.

1.1 전동차 구조상특징

1) 기계적 마모부분이 적다.
2) 각 부분이 유니트화 되어있다.
3) 주요부품은 밀봉이 되어있다.
4) 제어 및 감시를 컴퓨터로 행한다.

1.2 전동차 고장의 특징

1) 마모고장에서 우발고장으로 변화되는 부분이 많다.
2) 고장원인이 복잡하고 원인 규명이 어렵다.
3) 고장의 재현성이 없는 경우가 많다.

1.3 전동차 검사흐름도

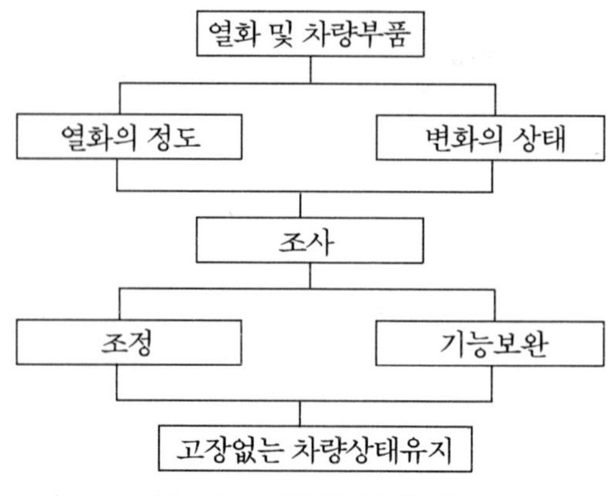

그림 12.1 전동차 검사흐름도

제2절 전동차 검사

2.1 전동차 검사방법

1) **예방검사방식(정기검사방식) : 고장이 나기 전에 일정한 시간 또는 주행 km를 기준으로 하여 검사하는 방식**

2) **사후검사방식(수시검사방식) : 기능이 정지되거나 불량하여 고장이 발생시 시행하는 검사**

2.2 전동차 검사의 분류

(1) Line 검사(경정비, 기지검사)

1) 차량의 종합적인 기능판단과 각 장치의 기능 상태 확인
2) 고장개소의 조기발견과 신속한 수리복구
3) 소모품등 수명이 짧은 부품의 교환 및 수리
4) 차량기능 유지를 위한 청소 정비

5) 차량조건의 파악과 취급 방식의 적정화 유도

(2) Shop검사(중정비, 공장검사)

1) 전동차의 각 기기에 대한 구조 기능을 설계시의 상태로 수리, 복구한다.
2) 부품수명에 대하여 장기계획으로 교체
3) 차량의 구조상 개조

2.3 검사주기의 적용

정기검사는 기간검사주기 또는 주행검사주기를 기준으로 당해주기에 먼저 도달한 전동차부터 순차적으로 검사를 시행함을 원칙으로 한다.

1) 경정비 검사주기적용 : 기간, 주기 중 먼저 도달한 주기를 적용한다.
2) 중정비 검사주기 적용 : 전회 시행된 6년 검사 출창일을 기준으로 하며 고장 및 중수선으로 인한 비 운행일은 제외한다.

2.4 하위검사시행

3월 검사 이상의 검사를 시행시는 하위검사는 시행한 것으로 간주한다.

2.5 검사의 종류

(1) 정기검사(Regular Inspection)

표 12.1 정기검사

종류	내용	시행소속
3일 검사 (3D)	검사주기(72시간)에 도달시 전동차의 주요부분에 대한 작용상태와 기능 확인을 시행하는 검사	경정비담당소속
3월 검사 (3M)	검사주기(3개월 또는 4만km주행)에 도달 시 각부의 작용상태 주요 단위기기의 상태점검 및 기능을 확인하는 검사	경정비담당소속
3년 검사 (3Y)	검사주기(3년 또는 40만km주행)에 도달시 주요부품의 분해검사 및 수선을 시행하는 검사	중정비담당소속
6년 검사 (6Y)	검사주기(6년 또는 80만km주행)에 도달시 영구결합 제외한 부품을 해체하여 분해 검사 수선	중정비담당소속

(2) 비정기 검사

표 12.2 비정기검사

종류	내용	시행소속
임시검사 (T)	이상상태 발생 또는 발생우려가 예상될 때 검사를 시행하거나 개조 등을 목적으로 일시적으로 행하는검사	경정비 또는 중정비담당소속
특별검사 (S)	전동차의 개조 또는 수선등을 목적으로 계획에 의해 시행하는 검사	〃
차륜교환 검사(NWC)	차륜의 마모 파손등을 교환하기 위하여시행하는 검사	중정비담당소속
인수검사 (A)	신규제작 또는 주요부위를 개조하여 도입된 전동차의 기능상태를 확인하는 검사	경정비담당소속

2.6 철도차량의 사용내구연한(제작완료일 기준)

정밀진단결과 당해 철도차량이 안전운행에 지장이 없는 것으로 판정된 때에는 5년의 범위 내에서 그 사용 내구연한의 연장기간을 지정할 수 있다.

표 12.3 철도차량의 사용내구연한

종 류 별	사용내구연한
1. 고속철도차량	30년
2. 일반철도차량	
가. 디젤기관차	25년
나. 전기기관차	30년
다. 디젤동차	20년
라. 전기동차	25년
마. 객 차	25년
바. 화 차	30년
사. 특수차	철도차량 제작당시 정한 기준

2.7 도시철도 차량 설계시 고려사항

- 경전철 건설시 도시철도법 등 관련법규 적용검토
- 지하철 건설시 개선 적용사례
- 경전철 설계 시 기타 고려사항
- 경전철 건설시 도시철도법 등 관련법규 적용검토

- 차량한계
- 축중
- 차체 외부 개방장치 설치
- 압축공기 공급장치
- 연장급전
- 신호보안장치 이중구조
- 철도안전법 적용 관련(국토해양부 질의·답변)
- 철도안전법에 의한 도시철도차량의 차량제작검사 시행
- 교통약자이동편의 증진법에 의한 수직손잡이 설치

(1) 차량한계(Rolling Stock Gauge)

① 정의(도시철도차량 안전기준에 관한 규칙 제5조, 별표 1)

직선궤도에서의 차량한계, 곡선궤도에서는 확폭 적용

② 차량한계(차종별 차량길이)

차종	길이(m)	
	규정(1량 기준)	적용사례(민자제안)
대형 전동차	19.5	19.5
중형 전동차	17.5	17.5
고무차륜 경전철	9.14	13.07(수입)
철제차륜 경전철	25.6(2량 기준)	27(국내)

③ 적용 및 문제점

전동차(대형, 중형)는 관련법규에 맞게 제작

초기 경전철사업(민자사업) 추진 과정에 다양한 해외제작 차량 도입

→ 국내 기준에 부적합한 차량도입

④ 경전철 설계시 고려사항

관련규정 개정 전까지 관련법규 준수

(2) 축중(Axle Weight)

① 규정(도시철도차량 안전기준에 관한 규칙 제8조)

정차중인 차량의 축하중[공차 + 승객(화물포함)]/축수

② 축중

차종	축중		비고
	규정	적용사례(민자제안)	
전동차	16톤 이하	16톤	
철차륜 경전철	10.8톤 이하	11.08톤(국내)	공차 : 46.5톤 만차 : 66.5톤
고무차륜 경전철	9.5톤 이하	11.37톤(수입)	공차 : 15.6톤 만차 : 22.75톤

③ 적용 및 문제점

전동차(대형, 중형) : 관련법규에 맞게 제작

경전철(민자사업) : 다양한 해외제작 차량 도입

→ 국내 기준에 부적합한 차량도입

철차륜 경전철 : 연접대차 적용(2량 차축 수 : 8축 → 6축)

④ 경전철 설계시 고려사항

관련규정 개정 전까지 관련법규 준수

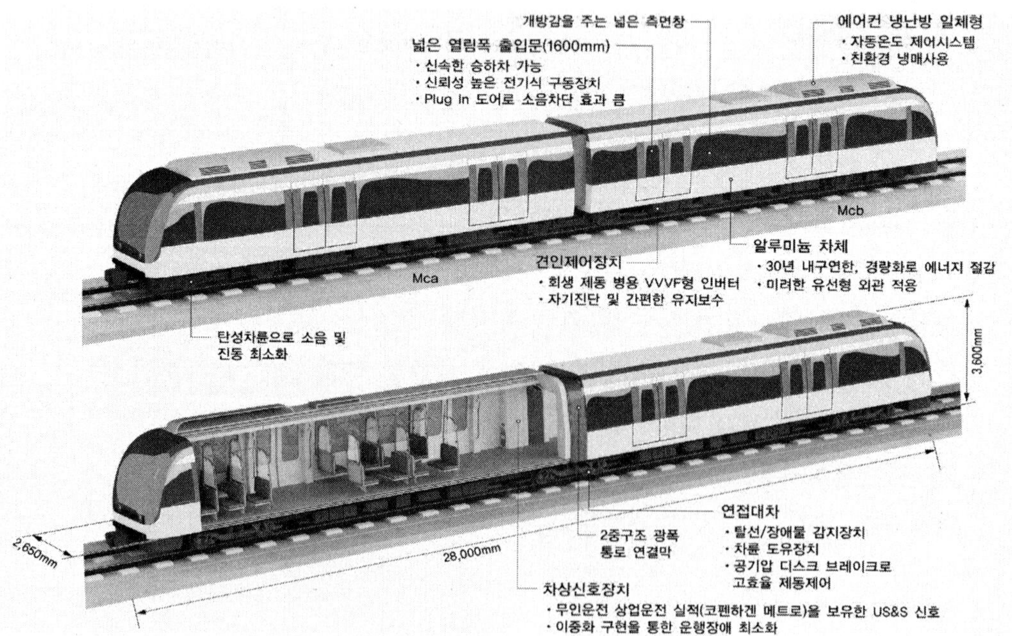

그림 12.2 경전철 차량 외형도

(3) 차체 외부 개방장치

① 규 정

도시철도차량 안전기준에 관한 규칙 제30조(승객용 출입문)

- 승객출입문 외부개방장치 설치
- 외방개방장치는 레일상면으로부터 1.26 ~ 1.5m에 설치

도시철도건설규칙 제30조의 2(승강장의 안전시설) : 스크린도어 설치

그림 12.3 차량 출입문 외부개방장치

그림 12.4 스크린도어

② 적용 및 문제점

대구지하철 화재사고 이전에는 출입문 외부개방장치 설치에 대한 관련 규정이 없었으나 사고이후 관련법에 반영

스크린도어를 설치하면서 차량 출입문 외부개방장치 취급 방안 미반영

③ 경전철 설계시 고려사항

스크린도어 설치시 외부개방장치 취급 대책 강구필요

무인운전, 무인역사로 운영하는 경전철의 경우 출입문 비상개방 등 비상메뉴얼 재정립 필요

(4) 압축공기 공급장치

① 규정(도시철도차량 안전기준에 관한 규칙 제56조)

주공기압축기는 1대가 고장난 경우에도 정상으로 작동하는 주공기압축기에 의하여 열차운행에 필요한 공기를 공급할 수 있도록 설계

② 적용 및 문제점

기존 전동차(대형, 중형)에는 편성당 2~3대의 주공기압축기 설치

소량 편성(1~2대)으로 운행하는 경전철 차량에 대하여 동일규정 적용→기기 배치에 어려움 및 과잉설계 논란

③ 경전철 설계시 고려사항

경전철 차량에 대한 대책 필요

(5) 연장급전

① 규 정(도시철도차량 안전기준에 관한 규칙 제64조)

보조전원장치에 고장이 발생한 경우 당해 보조전원장치는 전기적으로 분리되고 정상으로 작동하는 보조전원장치로부터 연장급전

② 적용 및 문제점

기존 전동차(대형, 중형)에는 편성당 2 ~ 3대의 보조전원장치 설치

소량 편성으로 운행하는 경전철 차량에 대하여 동일규정 적용

→ 기기 배치 어려움 및 과잉설계 논란

③ 경전철 설계시 고려사항

경전철 차량에 대한 대책 필요

(6) 신호보안장치 이중구조

① 규 정(도시철도차량 안전기준에 관한규칙 제69조)

자동열차제어장치는 이중구조로 구성하여야 한다.

② 적용 및 문제점

기존 전동차(대형, 중형)는 장대편성 열차로 운전실당 2중구조로 제작

소량 편성으로 제작되는 경전철 차량에 대하여 동일규정 적용 시

→ 기기 배치 어려움 및 과잉설계 논란

③ 입법 주관부서에 질의(국토해양부)

현재 우리나라에 기 제작 또는 계획 중에 있는 전동차 및 경전철의 자동열차제어장치 구성종류 3개안에 대하여 적합성 질의

④ 국토해양부 답변

구성 1 : 이중계로 구성되어 운전방향에 따라 각각의 장치가 이중계로 동작 ⇒ 도시철도 차량 안전기준에 관한 규칙에 만족

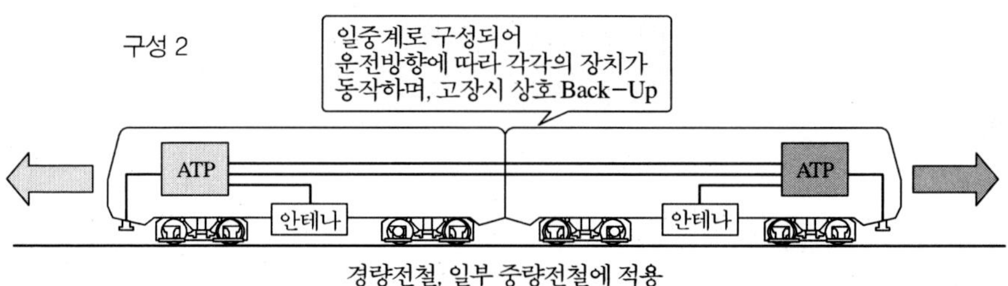

구성 2 : 일중계로 구성되어 운전방향에 따라 각각의 장치가 동작하며, 고장시 상호 Back up ⇒ 도시철도 차량 안전기준에 관한 규칙에 불만족

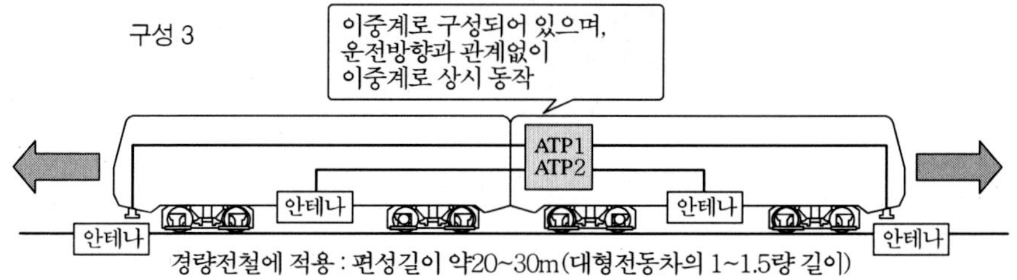

구성 3 : 이중계로 구성되어 있으며, 운전방향과 관계없이 이중계로 상시동작 ⇒ 아래 조건 충족시 도시철도 차량 안전기준에 관한 규칙에 만족

- 열차편성이 고정되고, 열차편성 길이가 짧은 구조
- 열차편성 구조를 가변하고자 하는 경우(2량 1편성 → 3량 1편성 등) 정상적인 운행을 위한 조치가 제시되어야 함.

⑤ 경전철 설계시 고려사항
국토해양부 답변내용 대로 차량제작

(7) 철도안전법 적용 관련(국토해양부 질의 · 답변)

① 철도안전법 제2조 제1호의 규정에서 "철도라 함은 철도산업발전기본법 제3조 제1호의 철도를 말 한다"라고 되어 있어 도시철도는 철도안전법을 적용받지 않는 것이 맞는지?

"철도"라 함은 여객 또는 화물을 운송하는 데 필요한 철도시설과 철도차량 및 이와 관련된 운영 · 지원체계가 유기적으로 구성된 운송체계를 말한다.

⇒ 철도안전법 제2조의 제1호의 규정에서 "철도"라는 용어를 정의하면서 철도산업발전기본법 제3조제 1호의 철도라는 용어만 인용했기 때문에 여객을 운송하는 도시철도도 철도안전법을 적용 받음

② 철도산업발전기본법 제2조의 규정에는 "제2장은 모든 철도에 적용한다."라고 되어 있는데 모든 철도의 범위에 도시철도도 포함되는지?

제2조 (적용범위) 이 법은 다음 각 호의 1에 해당하는 철도에 대하여 적용한다. 다만, 제2장의 규정은 모든 철도에 대하여 적용한다. 1. 국가 및 한국고속철도건설공단법에 의하여 설립된 한국고속철도건설공단(이하 "고속철도건설공단"이라 한다)이 소유 · 건설 · 운영 또는 관리하는 철도 2. 제20조제3항의 규정에 의하여 설립되는 한국철도시설공단 및 제21조제3항의 규정에 의하여 설립되는 한국철도공사가 소유 · 건설 · 운영 또는 관리하는 철도

⇒ 철도산업발전기본법 제2장의 모든 철도는 도시철도도 포함됨

③ "도시철도법 제23조의 규정에는 도시철도의 건설·운영에 관하여는 다른 법률의 규정에 불구하고 이 법에 의한다"라고 규정하고 있는데도 도시철도 건설 및 운영시 철도안전법의 기준을 따라야 하는지와 도시철도법에 의한 도시철도건설규칙과 철도안전법에 의한 철도시설안전기준에 관한 규칙의 내용이 상이할 경우 어느 기준을 적용하여야 하는지?

⇒ 철도안전법 제3조(다른 법률과의 관계)의 규정에서 철도안전에 관하여 다른 법률에 특별한 규정이 있는 경우를 제외하고 있기 때문에 도시철도의 경우 도시철도법을 우선 적용

(8) 철도안전법에 의한 도시철도차량의 차량제작검사 시행

① 규정

• 철도안전법 제36조(철도차량의 제작검사)('04년 제정)

차량제작자 등은 철도차량의 제작에 착수한 때부터 철도차량의 품질 및 안전성이 확보되고 있는지의 여부에 대하여 국토해양부장관이 실시하는 검사를 받아야 한다.

• 도시철도법 제22조의3(도시철도차량의 성능시험)('95년 신설)

차량제작자 등이 제작·조립 또는 수입한 도시철도차량을 판매하고자 할 때에는 도시철도차량의 구조와 장치의 형상 및 규격 등과 성능에 관하여 국토해양부장관이 지정하는 자가 실시하는 시험을 받아야 한다.

② 문제점

• "도시철도법 및 도시철도차량 안전기준에 관한 규칙"에 도시철도차량의 안전기준에 대하여 규정

• 도시철도법규에 성능시험에 대하여는 규정하고 있으나 차량제작검사에 대하여는 규정치 않음.

• 차량제작검사 내용과 성능시험내용이 중복되는 부분이 많음

③ 입법 주관부서에 질의(국토해양부)

• 도시철도차량도 철도안전법에 의거 제작검사를 시행하여야 하는지?

④ 국토해양부 답변

• 도시철도차량도 철도안전법 제36조를 적용하여 철도차량제작검사 시행

• 다만, 제작검사 항목중 성능시험 항목과 중복 되는 항목은 제외

(9) 교통약자이동편의 증진법에 의한 수직손잡이 설치

① 교통약자법 시행규칙 별표1 교통약자용 좌석 수량에 대하여

⇒ 교통약자용 좌석은 승강구 부근의 앉기 편리한 위치에 1개 차량당 12개 이상 설치하여야 하지만 운전석이 있는 차량에는 6개 이상 설치하고 휠체어 사용자의 전용공간이 있는 차량에는 그 공간만큼 좌석수가 설치된 것으로 봄

② 별표1 수직손잡이 설치수량

⇒ 수직손잡이는 좌석을 기준으로 2열 또는 4열마다 하나씩 설치하여야 함.

열의 의미는 철도차량에서 서로 마주보고 있는 좌석 끼리를 의미하며, 7인석이 나란히 있는 경우

- □ □ 손 □ □ □ 손 □ □
- □ □ □ □ 손 □ □ □ 또는 □ □ □ 손 □ □ □ □

그림 12.5 서울지하철 9호선 전동차

③ 별표1 수직손잡이 의미

⇒ 수직손잡이란 몸의 균형유지, 추락방지 등을 위해 수직으로 설치된 손잡이를 말함. 승강구 쪽의 좌석과 선반 사이에 연결된 수직봉은 전철 이용자들이 몸의 균형유지 등을 위해 손잡이로 사용이 가능하므로 "교통약자법" 별표1 교통수단 "도시철도차량 및 광역전철"에서의 수직손잡이로 간주함.

▶ 경량전철 차량에 대한 규정이 없으므로 설계시 검토필요

- 지하철 건설시 개선 적용사례 -

◇ 승강장 연단틈새 조정

◇ 승강장 연단높이 조정

◇ 출입문 유리창 고정방법 변경

◇ 전동차 차량간 연결장치 완충기 개선

(10) 승강장 연단 틈새조정

① 관련법규 : 도시철도건설규칙 제33조(승강장 연단과 차량한계와의 간격)

- 차량의 연단은 차량한계로부터 50mm의 간격을 띄어 설치

- 선로가 곡선으로 되어 있는 승강장은 확폭
  "교통약자 이동편의 증진법 시행규칙" 별표 1
- 차량과 승강장의 간격은 5cm 이내

② 현황(단위 : mm)

구분	철도공사 (지상 구간)	서울지하철			
		1기 지하철	2기 1단계	2기 2단계	9호선
건축한계	1700	1650	1650	차량외판(1560) +50	차량외판(1560) +50~70
차량한계	1600	1600	1600	차량외판 기준	차량외판 기준
차량폭	1560	1560	1560	1560	1560
승강장 틈새	140	90	90	50	50~70

주 : 1. 각종 수치는 궤도중심선 기준임.
2. 9호선은 완급행 운행관계로 급행통과 정거장 70mm, 일반정거장 50mm 적용

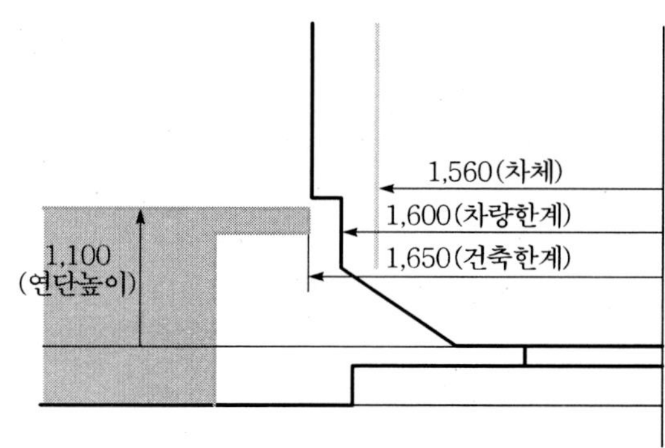

그림 12.6 정거장에서의 각종 한계

③ 조정배경

- 기존 지하철의 승강장과 차량 출입구 틈새가 직선정거장 기준 90 ~ 140mm로 휠체어 사용 장애인 및 노약자, 일반 승객의 승하차 불편 및 사고발생 우려
  ※ 곡선정거장의 경우 확폭(24000/R)량 만큼 틈새가 늘어남
- 신기술 적용(콘크리트 도상, 차량에 고무스프링)에 따른 차량 주행 변위 축소

④ 조정적용

- 6~8호선 승강장 연단을 차량 외판으로부터 50mm 이격하여 시공

- 3호선 연장노선 건설시 서울메트로와 협의하여 적용여부 판단
  ※ 검토내용 : 기존 차량 및 신조차량의 폭, 주행변위 등

그림 12.7 승강장 연단틈새 보정용 고무 설치

⑤ 경전철 설계시 고려사항

경전철 설계시 연단틈새 최소화 방안을 마련하여 적용

(11) 승강장 연단높이 조정

① 현황(단위 : mm)

구분	1기 지하철		2기 지하철	철도공사
	1호선(구형)	2～4호선	5호선	분당선
승강장 높이 (레일 상면 기준)	1200	1100	1100	1150
객실 상면 높이 (레일 상면 기준)	1200	1150	1150	1150
높이 차	0	50	50	0
차량 1차 지지장치	코일스프링	고무스프링	고무스프링	고무스프링

② 조정배경

- 기존 지하철의 승강장과 차량 출입구 높이 차가 50mm로 휠체어 사용 장애인 및 노약자, 일반 승객의 승하차 불편
- 신기술 적용(콘크리트 도상, 차량 2차 지지장치 에어스프링)에 따른 객실상면 높이 변위 축소

③ 조정적용

- 6～8호선 승강장 연단높이를 1135mm로 조정하여 시공

※ 승강장 연단 높이 산출근거

- [객실 상면높이 - (만차시 차량 처짐 + 레일마모)/2] =
  [1150 - (20 + 10)/2] = 1135
- 3호선 연장노선 건설시 서울메트로와 협의하여 적용여부 판단

④ 관련법규 개정(2004.12.4)

- 도시철도건설규칙 제32조(승강장 연단과 차량한계와의 간격)
  : 승강장의 연단은 레일의 윗면으로부터 1135mm 높이에 설치

⑤ 경전철 설계시 고려사항

경전철 설계시 승강장 연단과 차량 객실높이 차를 최소화 하여 적용

(12) 출입문 유리창 고정방법 변경

① 현황

- 출입문 유리창 고정용 고무를 실내측에 설치 : 유지관리 및 고무의 노화방지
  → 유리와 출입문 외판 사이에(고정용 고무부위) 턱 발생
- 지하철에 자동운전방식 적용(ATC/ATO)

② 추진내용

- 자동운행 중 일부 승객들이 출입문 유리창 턱 부분을 강제로 밀어 출입문 개방
  → 자동운행 중 비상정지
- 출입문 강제 개방을 막기 위하여 출입문 창문 고정 고무를 차외측으로 배치
- 개선 차량 운행중 출입문이 개방되기 전에 승객이 유리창에 손을 짚은 상태로 출입문이 개방되면서 손가락이 출입문 포켓프레임에 끼는 사고발생

그림 12.8 출입문 유리창

그림 12.9 사고방지 고무부착

③ 사고방지 보완내용

- 손가락 부상 방지용 고무를 출입문 포켓프레임에 설치

④ 교훈

- 차량은 다중이 이용하는 교통수단이므로 설계 개선시 좀더 면밀한 검토를 거친 후 적용 필요

13) 전동차 차량간 연결장치 완충기 개선 적용

① 현황

- 1974년 서울지하철 1호선 전동차 도입이후 서울지하철 2기 1단계(5호선) 개통까지 모든 전동차에 다판식 완충기 적용
- 2기 지하철 전동차에 자동운전방식 적용 및 제동시 M/T 차량간 cross blending을 채택 → 차량간 제동불균형 발생

② 문제점

- 서울지하철 5호선 전동차에 기존 다판식완충기 및 자동운전, cross blending을 적용 ⇒ 구형 완충기 적용으로 자동운전 중 정위치 정차 곤란
- 출발 및 정지시 연결장치에서 충격소음 발생

③ 개선적용

- 서울지하철 6호선 및 7, 8호선 2단계 차량 도입시 링형 고무완충기 도입
- 서울지하철 9호선 전동차에 관절형 완충기 적용

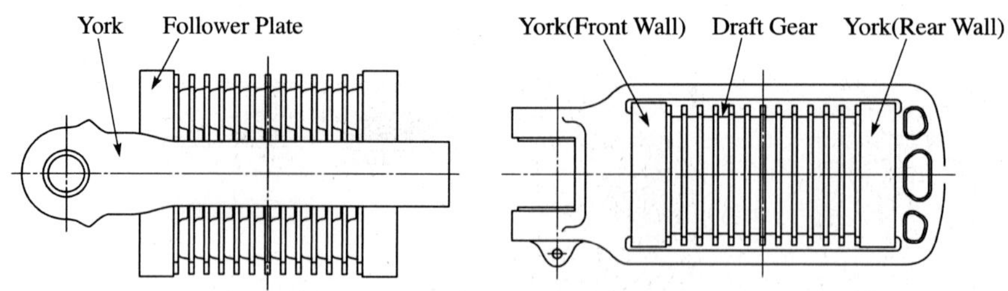

그림 12.10 기존의 다판식 완충기

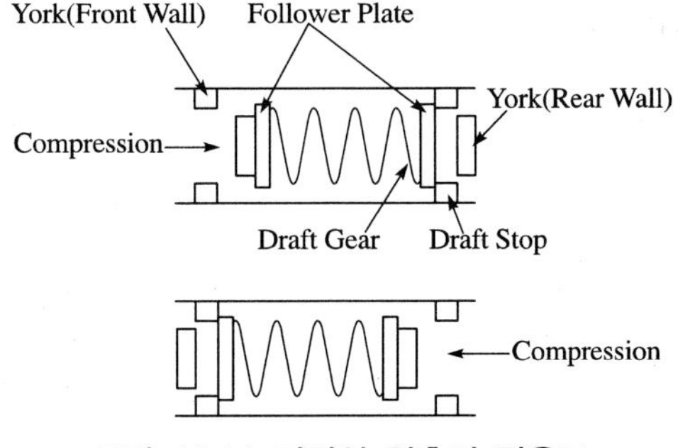

그림 12.11 다판식 완충기 작용도

그림 12.12 (a) 링형 고무완충기 고무

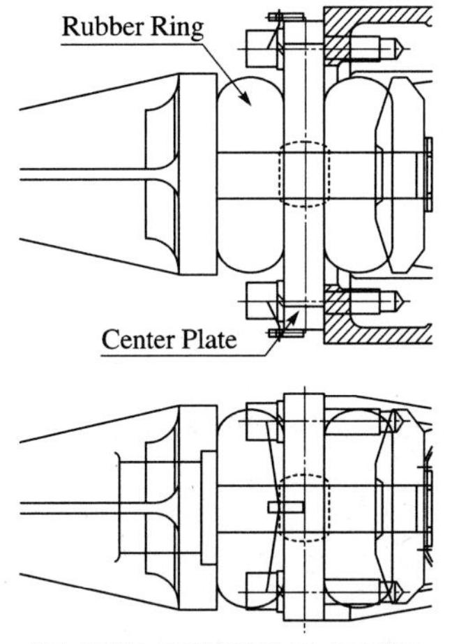

(b) 링형 고무완충기 조립도

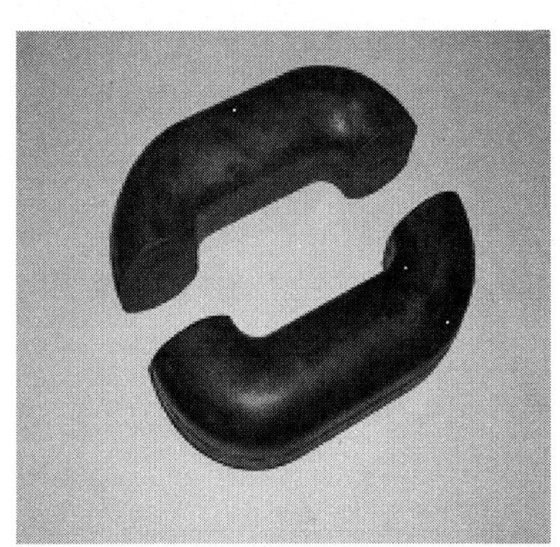

그림 12.13 (a) 관절형완충기 고무

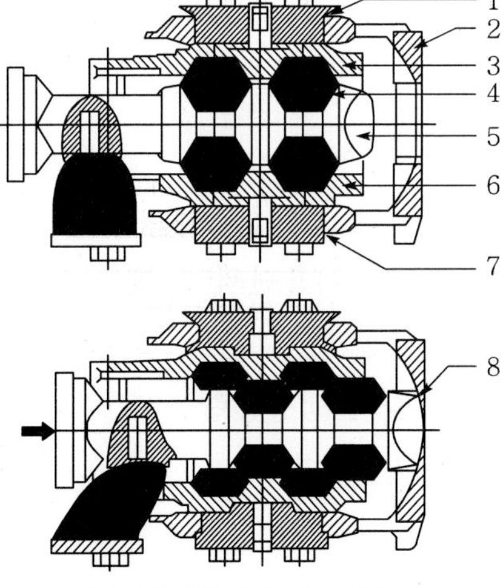

(b) 관절형 완충기 조립도

(14) 9호선 전동차 의자폭 확대적용

① 관련법규

- 도시철도차량 표준사양 별지 6[전동차 차체설계통칙]
  승객 1인당 의자 점유길이 : 435mm

② 현황

- 1974년 1호선 개통 이후 모든 전동차 의자폭 435mm/인 제작

③ 조정배경

- 국민 체위향상에 따른 의자폭 확대요구 민원
- 차량 소요수량 산정기준 변경 : 혼잡율 200% → 150%(1998년)

④ 조정적용

- 9호선 전동차 의자폭 확대 : 기존 435mm → 450mm

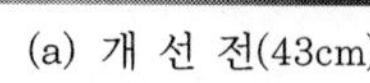

(a) 개 선 전(43cm)

(b) 개 선 후(45cm)

그림 12.14 전동차 객실내 의자폭 확대개선 사진

⑤ 기대효과

- 좌석 승객 이용편의 제공

- 경전철 설계 시 기타 고려사항 -

◇ 환기량과 냉방용량

◇ 철도차량 반입

(15) 환기량과 냉방용량

① 관련법규

- 도시철도차량표준사양 [전동차 차체설계통칙]
- 냉방용량산출 기초 조건
  - 차내 · 외 온도차로부터 전달되어 차내로 유입되는 열량
  - 태양의 방사열량
  - 승객 및 차내기기에 의한 발생열량
  - 환기로 인한 차내로 유입되는 열량
- 다중이용시설 등의 실내공기질 관리법 : 실내공기질 기준 강화 (이산화탄소 1000ppm이하)

② 필요 환기량 산출식

$$V_1 = \frac{a_1}{n-p} N$$

여기서, V_1 : 정원 승차시 필요 공기량(m^3/h), a_1 : 1인당 마다 토출하는 CO_2량 ($0.014256 m^3/h$), n : 표준청정도(0.0008), p : 외기 청정도(0.0004), N : 승객정원

※ 환기 : 실내에서 발생된 오염된 공기를 배출하고 외부의 청정한 공기를 실내로 공급하여 실내공기를 희석함으로써 오염농도를 제어하는 과정

③ 검토대상

- 시간대별로 탑승인원 변동이 많은 도시철도 차량의 냉방기 용량과 환기량 산출시 적용 인원을 얼마로 하여야 하는지?

※ 전동차 환기는 주로 냉방기 가동시 일정 양의 외기를 도입하여 환기

→ 환기량이 증가하면 냉방기 용량은 증가하나, 객실내 이산화탄소 농도는 낮아짐

→ 본선 내 이산화탄소 실측 농도가 설계통칙상 기준 400ppm 보다 상당히 초과 (약 600ppm)하므로 본선 환기량 증대방안 강구 필요

④ 경전철 설계시 고려사항

- 냉방효율을 높이면서 적정 이산화탄소 농도를 유지할 수 있는 공조·냉방시스템 개발 필요 : 철도차량 냉방기 수요가 적어 개발 어려움

(16) 철도차량 반입

① 철도차량 특징

- 레일위로 운행
- 편성으로 조성하여 운행
- 크기가 크고, 무겁다
- 전기철도의 경우 전기방식이 같아야 운행가능(AC/DC, 전압, 집전방식 등)

② 반입시 고려사항

- 가장 안전하게 반입
- 저렴한 비용으로 적기에 반입

③ 반입방법

- 기존 철로를 이용
- 신선 건설시 반입선로(중정비 연결선 등) 부설
- 도로상에 임시반입선로 부설 : 서울지하철 7호선, 8호선 반입시 적용
- 육로 또는 해상 운송

④ 서울지하철 9호선 전동차 운송계획

- 기본계획
  - 철도구간(기관차) : 창원공장 → 경부선 → 지하서울역
  - 지하철구간(자력) : 1호선 지하서울역 → 신설역 → 2호선 외선 → 신도림역 → 신정지선 → 까치산역 → 5호선 → 방화차량기지
  - 임시반입선 : 방화기지 → 행주대교 남단 임시반입선 → 김포기지
- 변경계획
  - 철도구간 : 창원공장 → 경부선 → 경의선 → KTX고양차량기지
  - 육로운송 : 고양기지 → 자유로 → 김포대교 → 개화로 → 김포기지

⑤ 운송경로 변경사유

- 지하철 구간 운행을 위한 유관기관 협조 어려움
  - 시간대 제한적인 운행시간
  - 자력운전 중 차량고장 등 장애발생시 책임한계 등
- 한국철도공사의 수익창출을 위한 적극적인 협조 및 지원

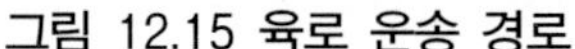
그림 12.15 육로 운송 경로

그림 12.16 차량 상차작업

⑥ 육로운송에 따른 검토내용

- 도로운송 관련 제한사항 : 관할 경찰서 도로통행 허가
  - 차량높이(허용높이 4.5m 이하)
  - 차량길이(허용길이 25m 이하)
  - 차량중량(허용중량 48톤 이하) → 차체와 대차 분리하여 운송
- 운송장비
  - 전동차를 탑재할 수 있는 저상형 장대 트레일러(가변차체 Low-bed trailer)
  - 축중 경감을 위한 다축 트레일러
  - 대용량 유압크레인(250톤), 차량 인양 지그(스프레다)
- 운송중 교통사고 방지대책
  - 교통량이 적은 심야시간에 이동
  - 운송 전문업체에 위탁

⑦ 경전철 사업에서의 대책

- 경전철은 고무차륜 등 차륜형식이 기존 철도차량과 상이하여 철도운송이 곤란할 것으로 예상됨
- 경전철은 도심 내에 건설되어 육교 등 지장물이 많아 반입에 어려움이 많을 것으로 예상되어 사업계획 단계에서부터 차량 반입계획을 검토하여야 함.

제3절 전동차유지보수정보화시스템(RIMS)

3.1 RIMS 이해

현재 우리나라는 서울을 포함하여 6개 광역시에서 서울메트로, 서울도시철도공사, 부산교통공사, 대구도시철도공사, 한국철도공사, 인천메트로, 광주도시철도공사, 대전도시철도공사 메트로9 등 9개 운영 주체별로 각각의 정보화시스템을 운영하고 있다. 그러나 대부분의 운영기관에서 전동차유지보수정보화체계 구축에 필수적인 부품 관리, 각종 정기검사, 신기술 교육은 물론 정비지침서에 따른 부품도면 관리가 아직 체계적으로 이루어지지 않고 있는 실정이다. 전동차 운행 중에 발생한 각종 운행자료 등 고장이력들을 포함한 정보들이 대부분 종이문서로 관리되는 수준이거나 전동차 자재의 부분 전산화로 종이문서를 전자 문서화 하는 정도이다.

이런 환경 하에서 전동차 운행의 신뢰성 및 안전성 확보, 업무효율 향상 및 비용절감과 서울메트로가 32년간 축적해온 도시철도 유지보수 경험 및 지식을 과학적으로 체계화하기 위하여 전동차유지보수정보화시스템(RIMS, Rolling Stock Information Maintenance System) 구축의 필요성이 증대하였다.

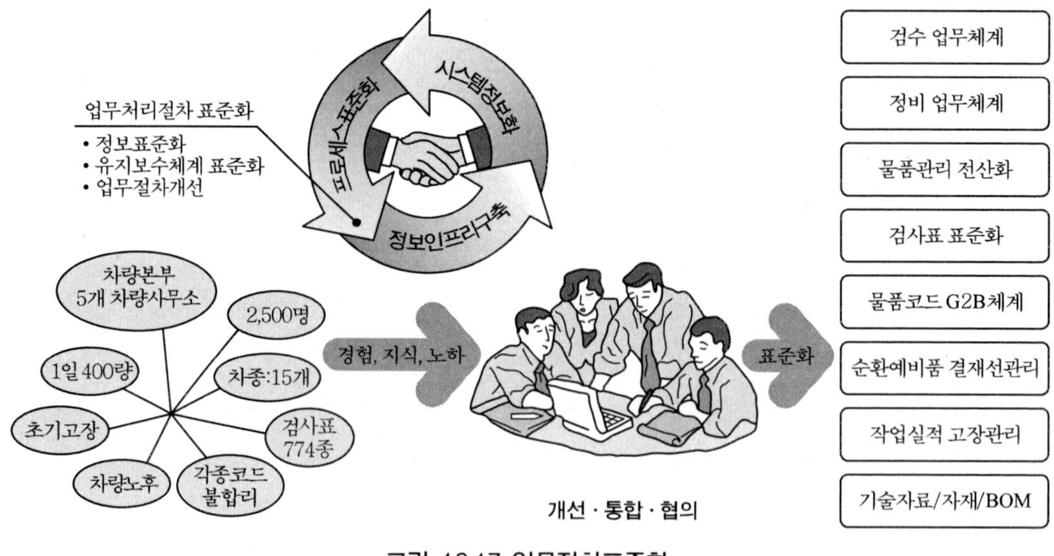

그림 12.17 업무절차표준화

RIMS는 전동차 유지보수와 관련된 신뢰성 있는 데이터베이스에 근거하여 전동차 고장원인 분석 등 이력관리를 통한 전동차 예방정비 체계를 확립함으로서 신뢰성 있는 종합경영시스템 구축에 초석이 되어 지하철 안전운행 확보 및 경영개선에 크게 기여하는 것을 목표로 한다.

RIMS 개발 및 구축사업은 2001년 3월 29일부터 시작하여 개발이후 2004년 10월 12일~2005년 3월 20일까지 경정비 부분의 시험운영을 성공적으로 완료하였다. 바로 이어서 2005년 3월 21일~2005년 9월 30일까지 창동 및 지축차량사무소에서 경정비와 중정비 부분을 포함한 종합시스템으로서 시범운영을 성공적으로 완료하였다. 2006년부터 확대적용을 추진하고 있으며 2007년 말까지 완료를 목표로 하고 있다. 총 사업비는 84억 원으로, 한국철도기술연구원이 44억 원으로 소프트웨어를 개발하였고 서울메트로는 20억 원을 하드웨어 구축에 2005년까지 투자하였다. 계속 확대적용 단계인 2006년에는 추가로 20억 원을 투자하였다.

RIMS 개발 이후 경정비 부분은 창동차량사무소에서 중정비 부분은 지축차량사무소를 상대로 시범운영하여 발생한 문제들의 수정과 보완작업을 거쳐 나가면서 RIMS의 완성도를 높여 나갔다. 이 과정에서 정보화에 따른 고용불안과 노동통제 등의 이유로 노동조합의 일부 부정적인 반응으로 인해 어려움을 겪기도 하였다.

현재 운용되고 있는 전동차 유지보수작업에 대한 기록이 수작업으로 이루어져 시간도 많이 소요되고, 기록 자료들을 누구나 공유하기가 쉽지 않아 활용도가 떨어지거나 사장되는 등 비효율적인 측면이 많았다.

이러한 환경 속에서 전동차 유지보수의 신뢰성 및 안전운행 확보, 업무효율 향상 및 비용절감과 서울메트로가 32년간 축적해온 도시철도 유지보수 경험과 지식을 과학적으로 체계화를 위하여 전동차유지보수정보화시스템(RIMS, Rolling Stock Information Maintenance System)의 구축의 필요성이 증대하였다.

따라서 본 RIMS는 RIMS구축시점부터 전동차 운용 및 유지보수의 효율적 예방정비 체계 확립과 전동차 안전운행에 기여할 수 있도록 전동차유지보수체계정보화 프로젝트를 경정비와 중정비부분에서 시범운영하는 과정에서 여러 가지 문제점들을 분석하여 RIMS를 차량분야 전체에 정착시키기 위한 성공적 요인을 RAMS가 베이직에 깔려 있다.

RIMS구축에 따라 전동차 유지보수와 관련된 신뢰성 있는 데이터베이스에 해당하는

RAMS를 근거하여 전동차 고장원인 분석 등 이력관리를 통한 전동차 예방정비 체계를 확립함으로서 신뢰성이 있는 종합경영시스템 구축의 초석이 되어 지하철 안전운행 확보 및 경영개선에 기여한다.

3.2 도시철도의 전동차 유지보수체계 현황

도시철도의 대표적인 서울메트로는 하루 450만 명 이상의 시민을 수송하는 기관으로서 영리성보다는 공공성에 초점을 맞추어 운영하고 있는 공공 교통기관으로서 전동차 유지보수체계도 영리성보다는 시민의 편의성과 안전성에 초점을 맞추어 운영하고 있다.

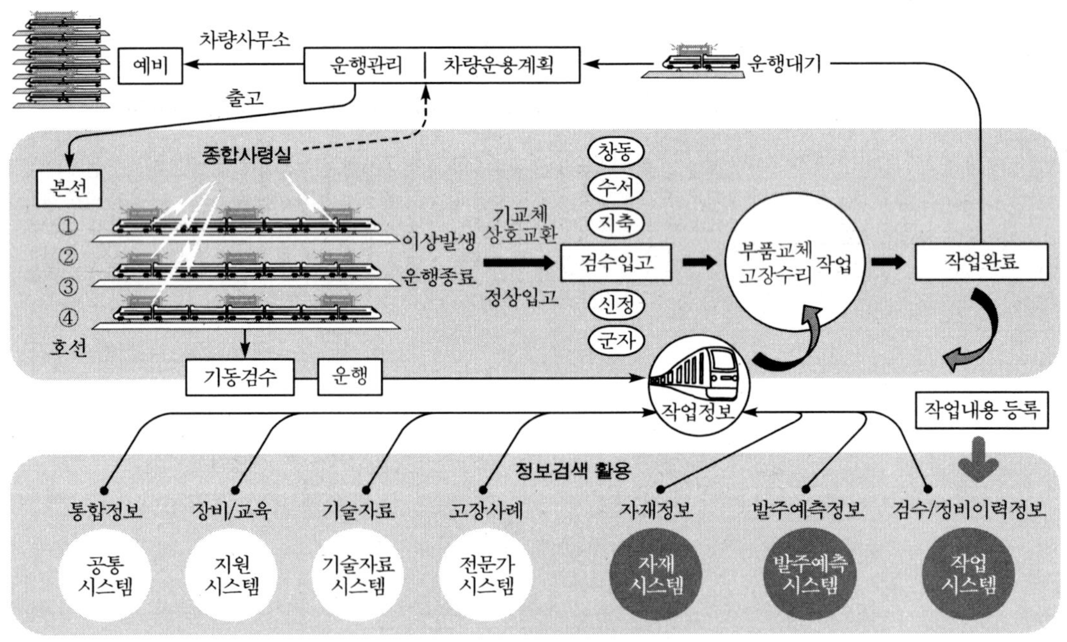

그림 12.18 RIMS운용체계

현재 서울메트로는 4개의 노선별로 분산되어 있는 5개 차량사무소인 군자, 신정, 지축, 수서, 창동차량사무소에서 직·간접으로 전동차 유지보수를 실시하고 있으며, 인적 구성은 중정비 담당 분야에 기술행정 및 자재수급을 담당하는 운영팀과 정비팀 그리고 기술팀, 경정비를 담당하는 운영팀과 검수팀으로 전동차 분야에 총 2,447명이 전동차 1,944량을 각종 정기검사와 임시검사, 특별검사 등을 시행하고 있다.

한편, 서울메트로의 차량분야 5개 차량사무소에서 관리하는 전동차 종류는 영국형제어차(GEC, General Electric Company), 현대교직VVVF제어차(ADV, Alternatic Direct Variable Voltage Variable Frequency), 현대직류VVVF제어차(DV, Direct Variable Voltage Variable Frequency), 대우교직VVVF제어차(ADV, ADV, Alternatic Direct Variable Voltage Variable Frequency), 대우직류VVVF제어차(DV, Direct Variable Voltage Variable Frequency)와 현대초퍼제어차(Chopper)인 6가지이며, 각 차종별에 따른 각종 정기검사 검사표는 전동차 도입순서에 따라 필요한 검사표를 만들어 사용함에 따라 서로 호환성 없이 편성별로 평균적으로 약 60여 종의 검사표가 전동차별/차량사무소별로 사용하고 있는 실정이다.

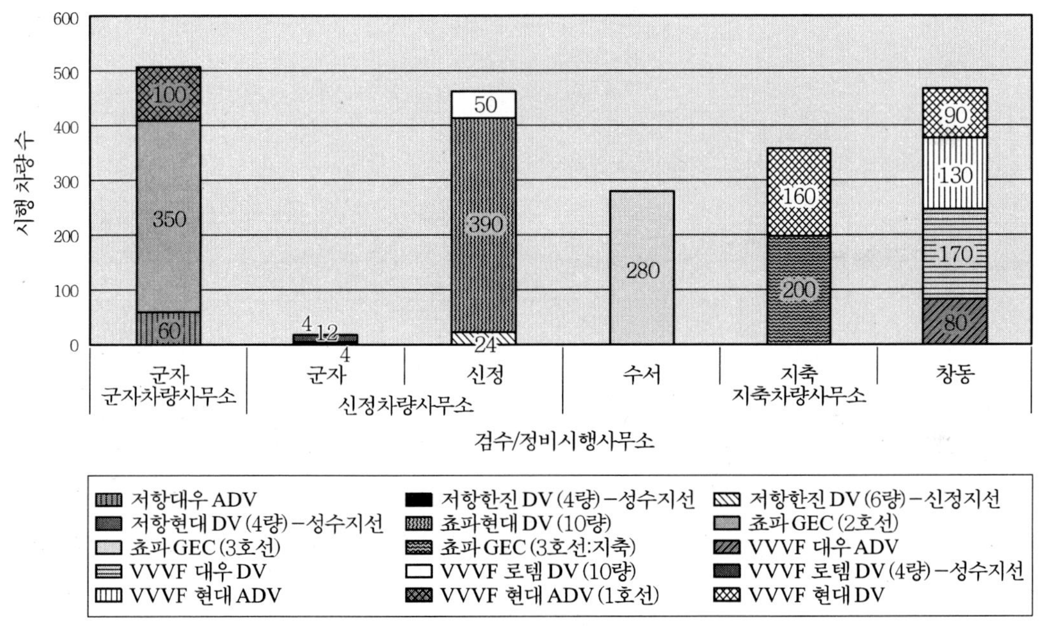

그림 12.19 전동차 보유현황

전동차 유지보수 업무는 경정비와 중정비로 나누어지고 경정비에는 출고점검, 도착점검, 일상검사, 월상검사가 있으며, 중정비로는 중간검사, 전반검사가 있고, 비정기 검사로서는 임시검사, 특별검사, 차륜교환검사, 인수검사 등이 있다.

정기검사는 운행기간(시간 단위, 월 단위, 년 단위로 구분) 내지는 주행 km 중 기간과 주행 km가 한 가지라도 해당되면 정기 검사주기에 해당되는 것으로 관리하고 있다.

표 12.4 전동차 검사주기

구분		검사주기	동서 6개축
경정비	출고점검	영업운행 출고 시	출발 전 시험 외 9개 항목
	도착점검	운행 후 입고 시	차량 각 부 외관 및 동작점검 주관제어기함, 제동변 기능상태 등 20개 항목
	일상검사	72시간 또는 3일 이내	주요 부품에 대한 작동상태와 기능 확인 주간제어기, 제동변함 외관 및 작동상태 등 87개 항목
	월상검사	2개월 주행거리 3만km	각 부의 작용상태, 주요단위 기기의 상태점검 및 기능 확인주간제어기배선, 단자, 나사류 조임상태 등 204개 항목
중정비	중간검사	2년 또는 주행거리 30만km	월 상 검사기준과 다음 사항을 추가하여 종합기능시험을 실시 절연저항시험, 절연 내 전압 시험, 최저전압작동시험, 최저공기압력작동시험, 공기누설시험 등
	전반검사	4년 또는 주행거리 60만km	중간검사기준과 다음 사항을 추가하여 전반적인 종합기능시험을 실시하고 시운전을 시행 교류 특고압회로, 교직류 고압회로, 저압회로, 제어회로 등
비정기검사	차륜교환 검사	차륜외경이 사용한도에 도달하거나 또는 차륜의 균열, 파손 등으로 차륜을 교환하기 위하여 시행하는 검사	
	임시검사	전동차의 이상상태 발생 시 또는 발생우려가 예상될 때 이상부위를 원상회복 시키기 위하여 시행하는 검사	
	특별검사	전동차 개조 또는 수선 등을 목적으로 특별히 계획에 의해 시행하는 검사	

(1) 국내외 도시철도 정보화 현황

본 RIMS의 구체적인 범위와 관련하여 영국의 런던지하철, 스페인의 바르셀로나 지하철, 독일의 뮌헨 지하철, 미국의 뉴욕지하철, 케나다의 몬트리올 지하철 등의 해외 도시철도의 정보화는 부분적으로 정보화를 운영하고는 있으나 논하고자 하는 RIMS처럼 종합시스템은 아니다.

그리고 현재 우리나라는 서울메트로, 서울도시철도공사, 한국철도공사, 인천지하철, 부산지하철, 대구지하철, 광주지하철, 대전지하철 등 8개 운영주체별로 각 각의 정보화 시스템을 운영하고 있으며, 서울메트로를 제외한 운영기관에서는 전동차 자재의 부분 전산화로 종이문서를 전자문서화 하는 정도이며, 도시철도 운영 주체별 독자적으로 정보화를 추진하여 국가적으로 본의 아니게 중복투자 되어 예산이 낭비되는 측면과 도시철도 운영기관별 사용하는 시스템이 달라 정보를 공유할 수 없는 서울메트로의 RIMS처럼 종합적인 정보화유지보수시스템은 국내 처음이다.

표 12.5 해외 도시철도 정보화 현황

국가별	정보화 구축 현황
런던 지하철(London Underground Ltd-LUL)	• 유지보수 관련 전산시스템 : 유지보수 업체 담당→통합적인 관리가 안 되고 있음.
바르셀로나 지하철 (Transports Metropolitans de Barcdlona-TMB)	• 전산시스템 : 스케줄관리, 작업결과관리, 작업지시 • 타시스템과의 연동불가 : 검수정비 이력관리 및 재고현황 파악을 위한 단순 프로그램 관리 • 관리자의 관리감독 편이성 위주의 시스템 관리
뮌헨 지하철 (S-bahn unchen)	• 전산시스템 : 스케줄관리, 결과등록, 조회서비스 • 모든 문서가 종이로 관리
뉴욕 지하철 (New York Metropolitan Transportation Authority)	• 전산시스템 : 차량 이력관리 시스템이 핵심으로 Spear 2000이라는 패키지를 적용한 시스템 관리 • Client/Server 아키텍처로 운영하고 있음. • SAP 또는 IFS 등과 같은 ERP 시스템의 유지보수 모듈과 기능이 유사함 • 기존 시스템(메인프레임, AS/400)과의 인터페이스 문제로 완전 통합 운영시스템은 아님
몬트리올 지하철 (Montreal Transit Corporation-STM)	• 각 단위 별로 시스템이 존재→인터페이스 및 그룹 공유에 문제가 있음. • STM은 SAP를 전체 적용하기 위해 조정 중→2004년부터 SAP 확산 적용계획 있음. • 차량운해에 대한 신뢰성 향상을 위한 노역은 차후 한국형 도시철도 유지보수시스템에 접목시킬 수 있는 좋은 사례임.

3.3 RIMS 프로젝트시스템의 개요 및 시범운영

RIMS 프로젝트 구성은 유지보수작업시스템을 중심으로 기술자료지원시스템, 유지보수지원시스템, 유지보수공통시스템, 전문가시스템, 차량운행정보자동수집시스템, 유지보수자재시스템 등으로 네트워크가 원활하게 링크 되도록 개발 구성되어 있다(그림 12.20 참고).

(1) 유지보수작업시스템

유지보수작업시스템은 현행 차량사무소의 경정비 담당 부서인 검수팀, 중정비 담당 부서인 정비팀의 업무를 기초로 하여 구축 되었으며 전동차의 일정관리로부터 시작되며, 검수작업결과를 입출력 장비(PC/ Web PAD)를 이용하여 바로 작업장에서 입력하면 점검내역이 전자결재로 연동되어 일일업무보고가 가능한 시스템이다(그림 12.21 참고).

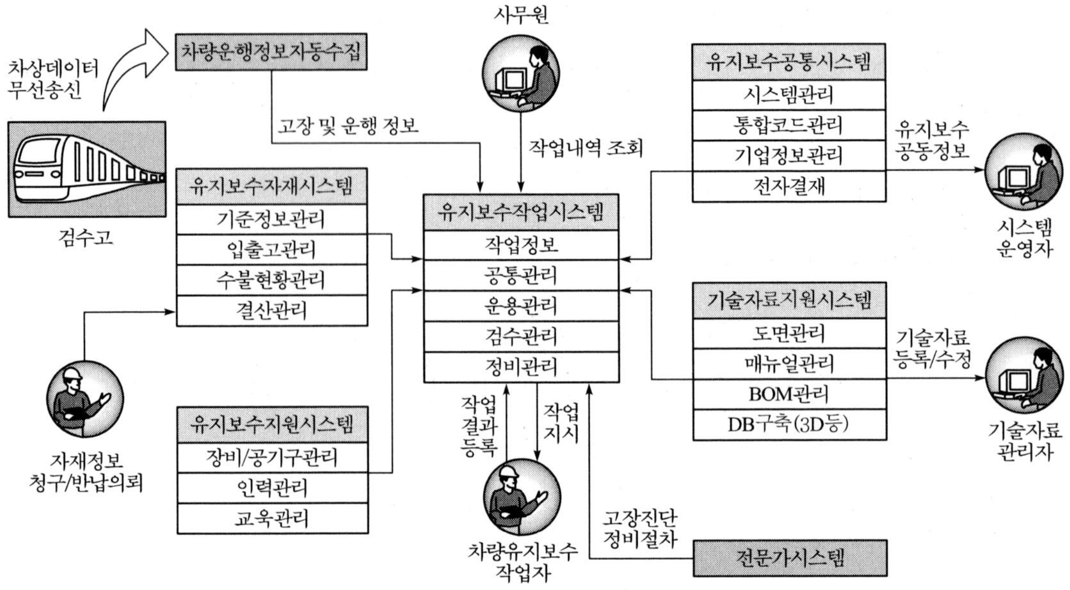

그림 12.20 RIMS 체계도

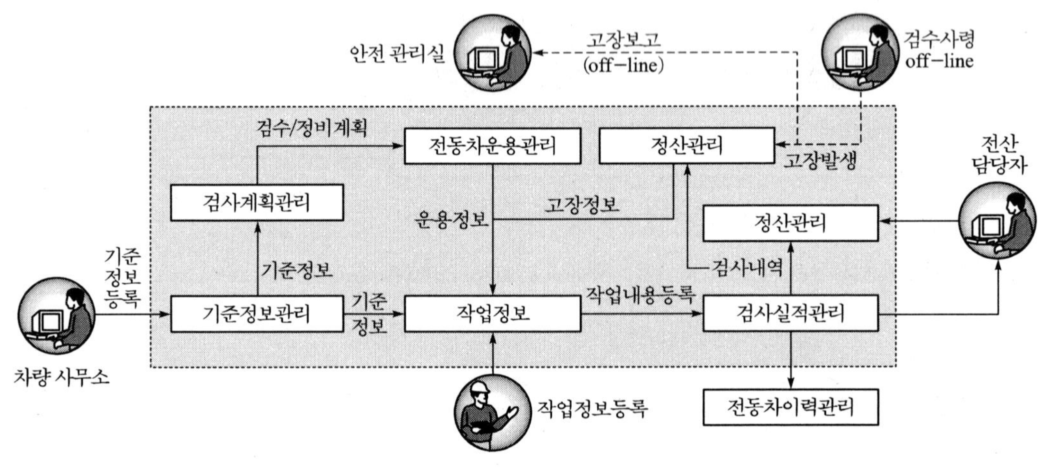

그림 12.21 유지보수작업시스템

(2) 유지보수작업시스템

기술자료지원시스템은 전동차 유지보수에 필요한 전반적인 기술자료 관리 및 통합 검색을 제공하는 체계를 갖추어 사용자, 운영자, 관리자가 적시적소에 활용, 유지보수 업무의 효율성을 증대하고 전동차 유지보수 활동을 극대화 및 표준화하기 위해 지원하며, 전동차의 부품목록·준공도·3D·정비지침서·표준규격서·자재코드 등을 부품구성표(BOM, Bill of Materials)와 연계시켜 전동차의 모든 정보를 다양한 경로를 통해 검색·조회·관리할 수 있는 시스템이다.

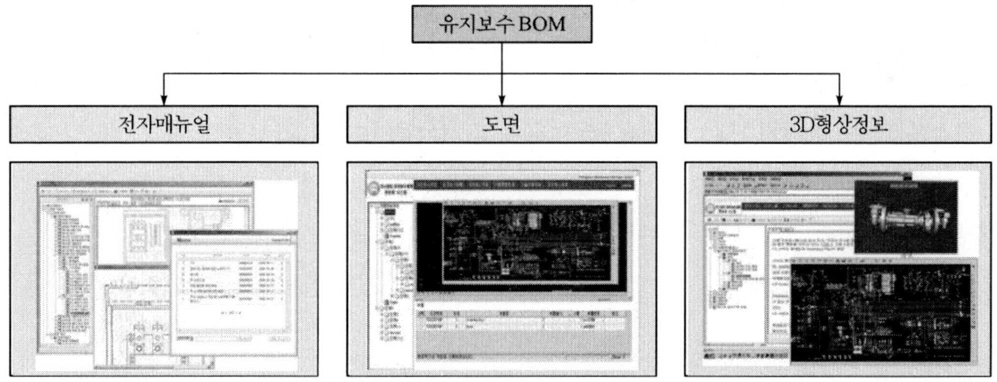

그림 12.22 유지보수작업시스템

(3) 유지보수지원시스템

유지보수지원시스템은 장비 및 공기구의 운용관리·검사관리, 인력관리, 외주수선관리 등의 모듈로 구성되어 있으며, 시범운영 적용은 기계장비 및 공기구 검사계획, 유지보수 실적 및 이력관리 전산화와 교육계획 수립 및 교육일지 전산화, 차량사무소별 작업반 및 작업조 편성 전산화이며, 적용효과는 기계장비 및 공기구 현황관리 및 유지보수 효율 향상과 기계장비 및 공기구의 각종 검사실적 및 이력관리 전산화로 업무능률을 제고하였고, 교육관련 전산화로 업무능률 향상과 각 업무별 인력관리가 가능한 시스템이다.

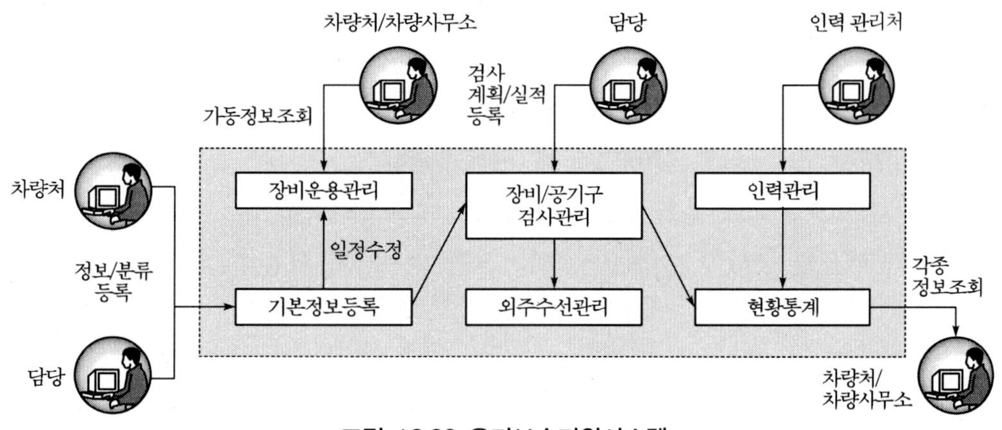

그림 12.23 유지보수지원시스템

(4) 유지보수공통시스템

유지보수공동시스템은 시스템관리, 통합코드관리, 기업정보관리, 전자결재 등으로 구성되어 사용자의 시스템 접근과 정비기술자의 사용부품에 대한 의견 등 기업평가와 시스템에서 발생되는 모든 문서를 전자결재를 시행하여 효율적인 업무처리를 할 수 있도록 구성하였고, 검사표 및 정산서 등 작업자별 메뉴를 통한 검색 및 시스템관리이며, 적용효과는 검사표 및 정산서 전자결재로 업무간소화, 검사표의 전산화로 자료 활용도 향상, 정산서의 전산화로 각 공장별 자료수합의 편의성 향상, 각종 통계자료 및 정보공유를 할 수 있는 시스템이다.

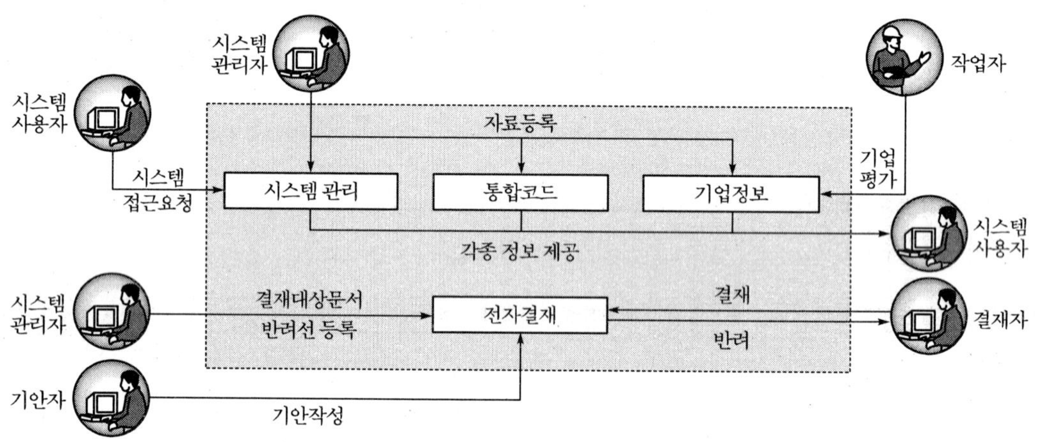

그림 12.24 유지보수공통시스템

(5) 전문가시스템

전문가시스템은 전동차 고장 및 응급조치요령을 사례기반데이터로 구축하여 고장처리 및 이상 징후 제거에 신속히 대처하는 효율성을 높이는 방법을 적용 하였으며, 전동차 장애발생 시 응급조치 및 고장사례 데이터베이스를 검색하여, 응급조치 및 고장처리에 활용함으로써 안전운행을 확보하고 원인을 분석하며 시스템 반영으로 업그레이드 시키고 학습을 통하여 검수 및 정비지식을 축적하고 활용하는 시스템이다.

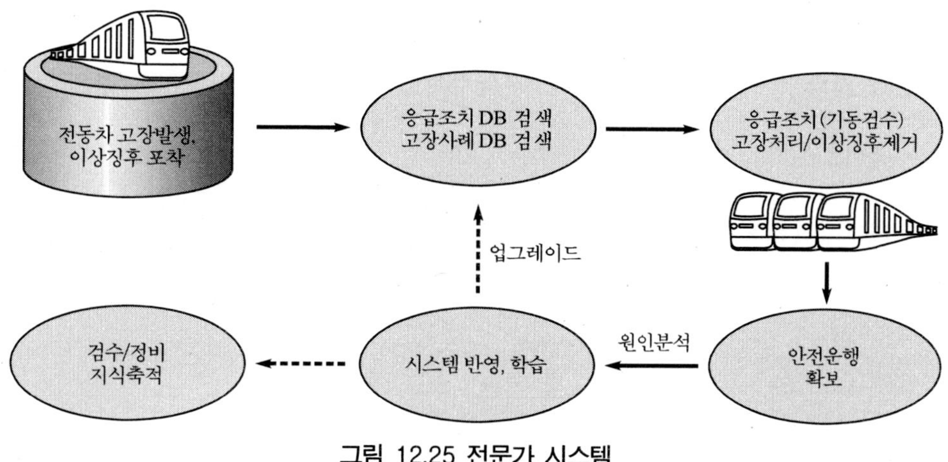

그림 12.25 전문가 시스템

(6) 유지보수자재시스템

유지보수자재시스템은 전동차의 유지보수 작업에 필요한 장치 및 부품을 효율적으로 관리하고 적절한 시기에 작업에 필요한 부품을 공급하는데 목표를 두고 있으며 기준재고 설정 및 재고 모니터링을 통한 적정한 전동차 부품 재고 확보와 필요 부품을 쉽게 검색 할 수 있는 시스템이다.

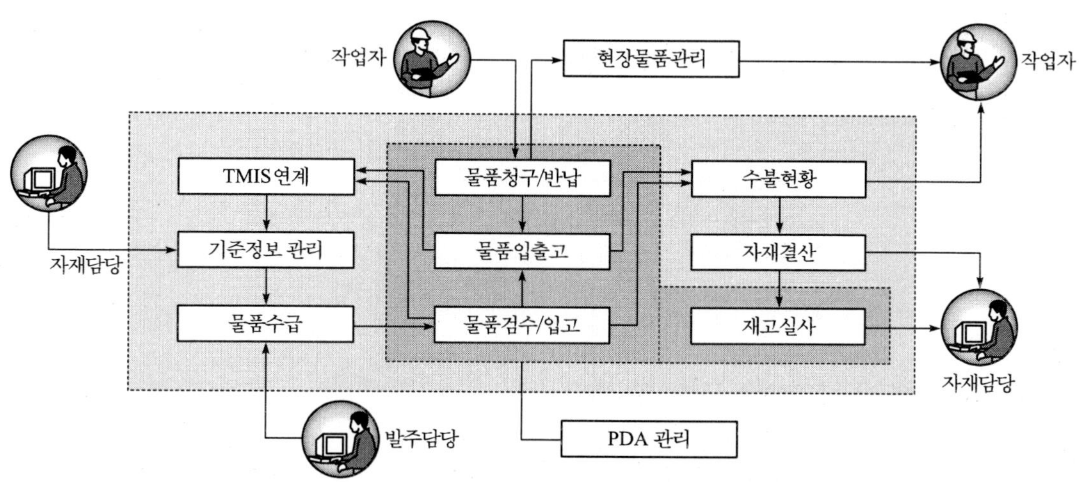

그림 12.26 유지보수자재시스템

(7) 차량운행정보자동수집시스템

전동차가 차량기지 입고 시, 차량의 운행정보를 차량정보 수집장치를 통해 사무실의 운영PC로 자동으로 전송 및 표출을 수행하는 시스템으로, 전동차의 고장상태를 차량기지 입고 즉시 판단할 수 있는 전동차 운용에 효율적인 시스템으로, 전동차의 운행상의 데이터를 운행하는 동안 수집하고 차량사무소 기지 입고 시 수집된 데이터를 무선장치를 통해 전송하여 별도의 작업자를 거치지 않고 사무실에서 전동차의 상태를 자동으로 확인할 수 있다(그림 12.27).

(8) RIMS 프로젝트 시범운영

시범운영은 창동차량사무소를 대상으로 시험운영을 하였으며, 시범운영을 차질없이 진행하기 위해서 정비계획일정에 맞추어 정비검사표 프로그램 개발과 동시에 실무에 적용하는 등 많은 어려움이 있었다. 창동(경수선 분야) 및 지축(중수선 분야) 차량사무소에서 시범운영 모든 차량사무소에 횡단전개 하였다.

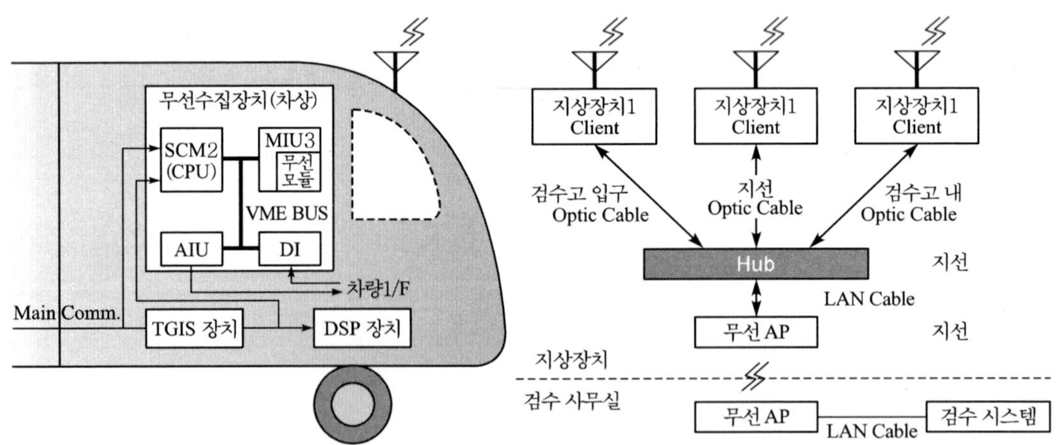

그림 12.27 차량운행정보자동수집시스템

3.4 RIMS를 위한 BOM 구축 및 활용

RIMS 구축에 있어 가장기본이 되는 것은 BOM 구축이다. BOM은 특정제품이 어떤 부품들로 구성되는가에 대한 계층 데이터로서 BOM의 가장 기본이 되는 정보는 제품의 구조정보이다.

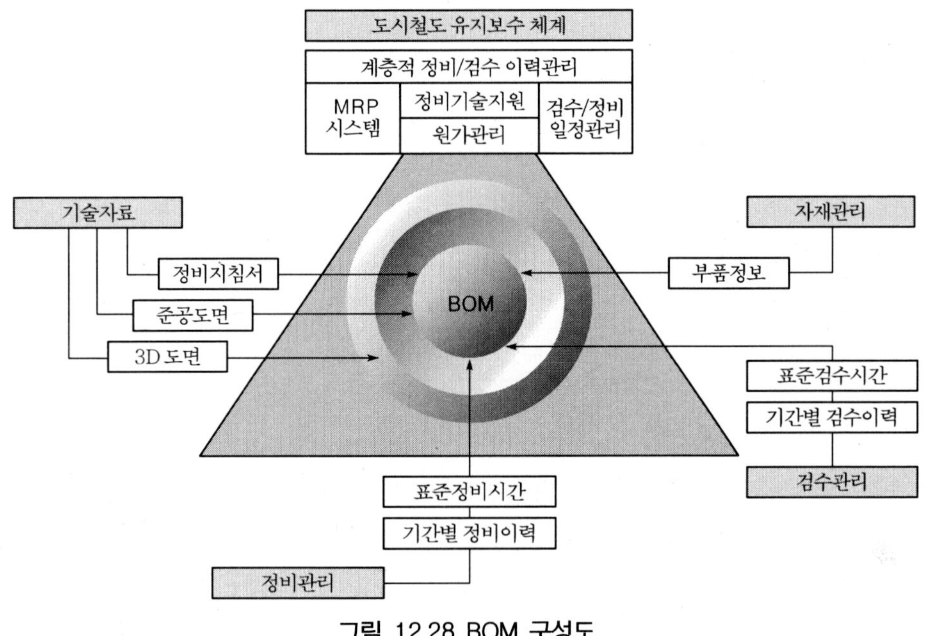

그림 12.28 BOM 구성도

부품 생산 기업에서의 BOM은 생산업체의 수주에서 납품에 이르기까지 모든 기업 활동을 정보화하여 일괄 관리하기 위한 필수요소로 활용 되어왔다. 도시철도차량의 유지보수 예방정비와 신뢰성 확보를 위해서는 BOM 시스템이 필수적으로 구성되어야 한다.

그러나 도시철도차량 특성상 주문자 생산방식과 유지보수 작업을 통한 잦은 설계변경과 구조변경이 이루어져 엄청난 양의 데이터와 이에 대한 변경 이력관리 등의 어려움으로 BOM 구축과 활용에 제한이 있었다.

서울메트로의 BOM 시스템은 이러한 어려움은 물론 현장에서 더해지는 차량의 조성, 편성변경 등의 난제를 모두 해결할 수 있도록 구축하였으며, 이에 더해 각종 기술자료와 자재정보, 응급조치 및 고장분석 등의 활용적인 측면까지 고려하였다.

따라서 향후 서울메트로 BOM 시스템은 차량의 기본적인 구성을 모두 포함하고 있는 Master BOM과 이를 기반으로 유지보수에 필요한 부분을 따로 구성하는 유지보수 BOM으로 구성된다.

Master BOM은 전동차의 장치별 분류에 따른 Location별 정보로 구성되어 있다. 일반적으로 Master BOM을 먼저 구축하였으며, 향후 유지보수 BOM을 구축 시 필요한 부분을 추가 혹은 삭제를 할 수 있다.

(1) 지능형 BOM의 정의 및 구성

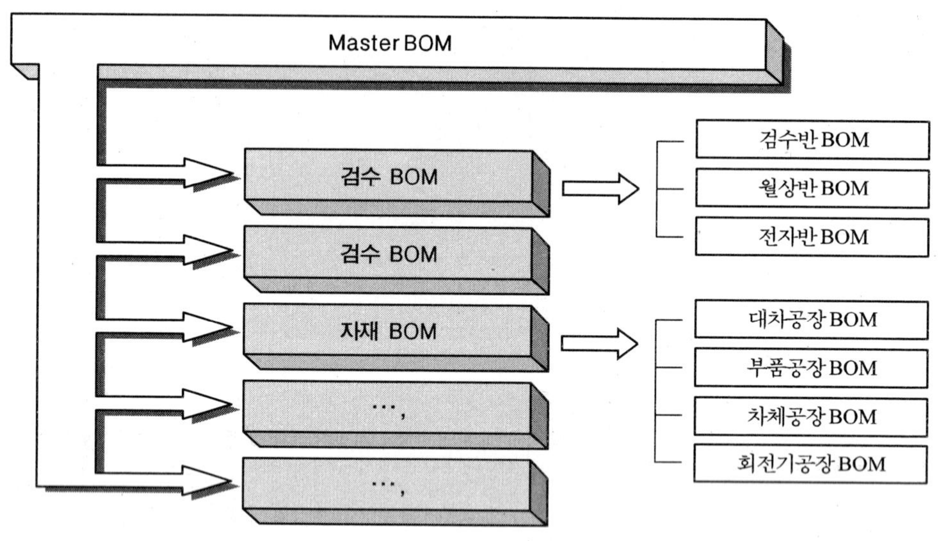

그림 12.29 BOM 구성내용

지능형 BOM이란 각 목적에 따라 Master BOM에 링크된 정보나 필드에 주어진 정보를 추출하여 구성된 이용 측면의 BOM이다. 기능별 BOM의 예로 자재 BOM, 검수 BOM, 정비 BOM, 더 나아가 부서별 BOM 구성된다. 지능형 BOM의 구성방법은 BOM 툴을 사용하여 기능별로 추출하여 구성하는 방법과 즐겨찾기 자기메뉴기능을 이용하여 지능형 BOM을 구성하는 방법이다. 실제 BOM은 차종별 Master BOM 단 하나만이 존재하며 이것을 이용이 큰 기능형 BOM은 BOM툴을 이용해 구성하고, 작은 지능형 BOM은 즐겨찾기 등을 이용하여 구성하는 것이 합리적이다.

(2) 지능형 BOM의 예

지능형 BOM의 예를 들어 부품공장의 특고압조의 BOM을 구성한다면 그림에서와 같이 Master BOM에서 특고압조에 필요한 팬터그래프의 구성단위를 추출해와 BOM을 구성한 상태에서 팬터그래프 정비 필요한 정보 및 얻고자하는 각종정보를 링크하여 완성한다.

각종 정보로는 정비지침서 및 각종 도면 등의 기술자료와 자재정보, 보조습판 및 주습판의 마모 등의 작업 정보가 될 것이다.

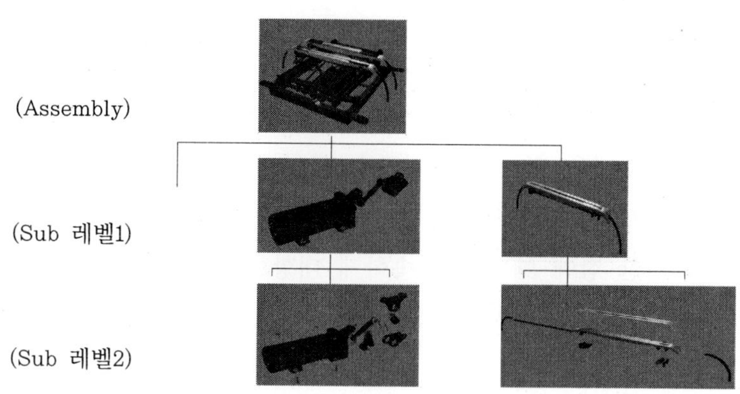

그림 12.30 BOM 지능형 레벨

이를 통해 우리는 부품을 추적·관리를 통해 치명도 및 사용수명과 교환주기 등을 파악하여 사전정비 및 품질관리가 가능은 물론 DB를 이용한 자재소요량 관리시스템 구축을 위한 기반을 확보할 수 있다. 또한 상하측 또는 동일 계층의 정비/검수 이력을 분석함으로써 정확하고 신속한 검수/정비 관리시스템을 구축하기 위한 기반을 확보함으로써 업무 차질의 예방으로 생산성을 향상할 수 있다.

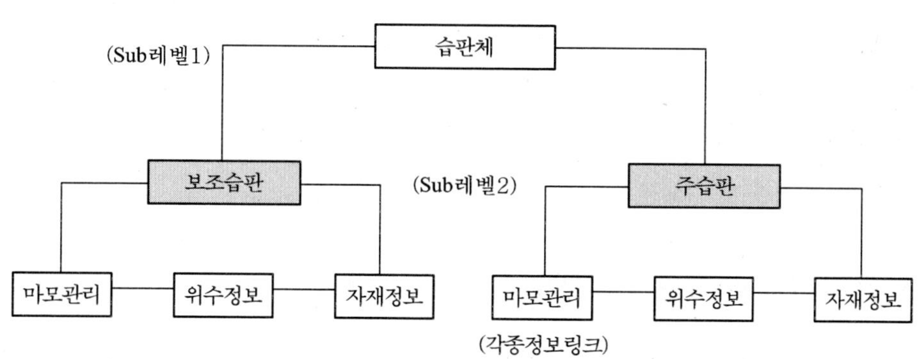

그림 12.31 팬터그래프 링크도

3.5 RIMS 프로젝트의 성공적 적용 결정요인

RIMS 프로젝트를 계속적으로 성공시키기 위해서는 보수적인 철도의 구조적인 현실에 선진의 종합경영 및 신뢰성관리시스템 도입과 적용을 위한 정보화 정책수립이 필요하며, 이를 위하여 우선 RIMS 프로젝트 실증적 적용의 문제점을 고찰하고 이 결과를 사용하여 실증적 성공요인을 추출하고, RIMS를 구성하는 시스템 분야별 극복한 방안이다.

① 유지보수작업시스템은 기존의 유지보수 작업비용산출과 정보기술 도입으로 효율성 향상비율 면에서 종이문서가 없어지면서 전산화에 의한 효율성과 부서간 데이터 공유로 인한 장애 예방에 신속하게 대항할 수 있게 하였다.

② 유지보수자재시스템은 1,944차량의 전동차의 유지보수에 필요한 42,000여 종의 각종 부품을 효율적으로 관리하고 재고 적정관리에 따른 결산을 쉽게 할 수 있게 하였다.

③ 유지보수지원시스템은 전동차 정비에 필요한 장비 등을 체계적으로 관리하여 가동률과 이력 관리에 따른 장비공구 현황을 파악관리 할 수 있도록 하였다.

④ 유지보수전문가시스템은 전동차고장에 대한 분석결과 및 응급조치 요령을 통합관리하여 예방정비에 도움이 되도록 하였다.

⑤ 기술자료지원시스템은 기술 자료의 체계화를 하고 전동차 부품과 회로 등과 연계하여 작업자들 간의 실시간 공유가 가능하여 업무의 효율성을 증대시킬 수 있게 하였다.

⑥ 차량운행정보자동수집시스템은 운행하고 있는 전동차내부의 정보를 현장작업자들에게 실시간으로 전달되어 고장처치 및 예방정비에 준비시간을 단축하게 하였다.

⑦ 유지보수공통시스템은 정보화시스템관리와 통합관리, 그리고 각종정비 및 검사표 등을 전자결제 할 수 있는 기능을 갖게 하였다.

3.6 RIMS 확대적용 완료시 기대효과

전동차 유지보수에 필요한 42,000여종의 물품에 대한 수급관리 및 효율적인 자재관리로 도시철도 공공성 및 안전성을 확보하면서 흑자 철도경영 개선에 이바지 할 것으로 기대하는 다음과 같은 효과가 있다.

첫째, 전동차 유지보수에 대한 각종 정보공유와 기술자료 검색 및 활용 등 전 직원이 업무에 활용함으로써 정보화마인드 생성·발전하는 계기가 될 것이며, 둘째, 전동차 검사 시 각종 자료 입력에 따른 데이터베이스 구축 및 실시간 조회 등으로 전동차 유지보수 관리체계 합리화를 구축 할 수 있다고 예상된다. 셋째, 전동차 부품의 사용주기 및 재고 관리 등이 정확하게 관리되어 예산집행의 효율성과 경제성이 제고되는 흑자경영 기틀을 마련할 수 있을 것이며 넷째, 전동차 유지보수업무 수행 시 전동차 이력 및 기술자료 등 각종 문서를 공유함으로써 관련정보를 종합하여 판단하고 효율적인 예방정비로 전동차 운행 안전성이 확보될 것이다. 다섯째로 각종 자료의 영구보존 및 공유로 직무교육 등의 활용 극대화를 통한 기술력 향상과 전동차 안전운행에 기여할 것 등이다.

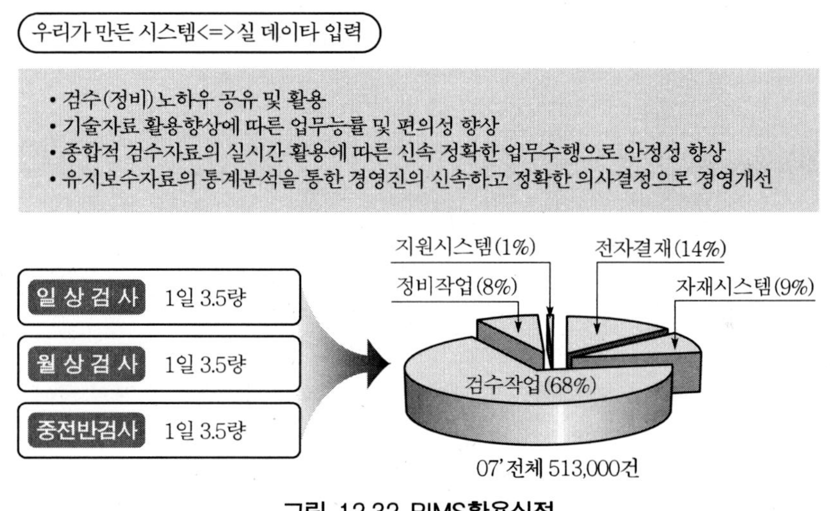

그림 12.32 RIMS활용실적

3.7 RIMS 관리시스템 실증적 운영 결과 분석

(1) 실증적 운영 추진배경

현재 우리나라는 서울을 포함하여 6개 광역시에서 서울메트로, 서울도시철도공사, 한국철도공사, 부산교통공단, 대구도시철도공사, 인천지하철, 광주지하철, 대전지하철 등 8개 운영 주체별로 각각의 정보화시스템을 운영하고 있다.

하지만 대부분의 운영기관에서 전동차유지보수정보화체계 구축에 필수적인 부품 관리, 각종 정기검사, 신기술 교육은 물론 정비지침서에 따른 부품도면 관리가 아직 체계적으로 이루어지지 않고 있는 실정이다.

전동차 운행 중에 발생한 각종 운행자료 등 고장이력들을 포함한 정보들이 대부분 종이 문서로 관리되는 수준이거나 전동차 자재의 부분 전산화로 종이문서를 전자 문서화 하는 정도이다.

이런 환경 하에서 전동차 운행의 신뢰성 및 안전성 확보, 업무효율 향상 및 비용절감과 서울메트로가 32년간 축적해온 도시철도 유지보수 경험 및 지식을 과학적으로 체계화하기 위하여 전동차유지보수정보화시스템(RIMS, Rolling Stock Information Maintenance System) 구축의 필요성이 증대하였다.

RIMS는 전동차 유지보수와 관련된 신뢰성 있는 데이터베이스에 근거하여 전동차 고장원인 분석 등 이력관리를 통한 전동차 예방정비 체계를 확립함으로서 신뢰성 있는 종합경영시스템 구축에 초석이 되어 지하철 안전운행 확보 및 경영개선에 크게 기여하는 것을 목표로 한다.

RIMS 개발 및 구축사업은 2001년 3월 29일부터 시작하여 개발 이후 2004년 10월 12일~2005년 3월 20일까지 경정비 부분의 시험운영을 성공적으로 완료하였다. 바로 이어서 2005년 3월 21일~2005년 9월 30일까지 창동 및 지축차량사무소에서 경정비와 중정비 부분을 포함한 종합시스템으로서 시범운영을 성공적으로 완료하였다.

2006년부터 확대적용을 추진하고 있으며 2007년 말까지 완료를 목표로 하고 있다. 총 사업비는 84억 원이며, 한국철도기술연구원이 44억 원으로 소프트웨어를 개발하였고 서울메트로는 20억 원을 하드웨어 구축에 2005년 까지 투자하였다. 계속 확대적용 단계인 2006년에는 추가로 20억 원을 투자 하였다.

RIMS 개발 이후 경정비 부분은 창동차량사무소에서 중정비 부분은 지축차량사무소를 상대로 시범운영하여 발생한 문제들의 수정과 보완작업을 거쳐 나가면서 RIMS의 완성도를 높여 나갔다. 이 과정에서 정보화에 따른 고용불안과 노동통제 등의 이유로 노동조합의 일부 부정적인 반응으로 인해 어려움을 겪기도 하였다.

본 RIMS의 실증적 운영결과 분석을 목표로 한다. 서론에 이어 시범운영과 실제운영 시 발생한 문제들과 이의 극복 방법을 다루었다. 여기서는 RIMS 운영에 장애가 되었던 환경적 측면과 실제운영 측면 그리고 시스템별 기능측면 세 가지로 나누어 살펴보았다. RIMS 운영결과 분석을 수행하였는데 경제적 측면, 관리적 측면, 안전성 및 신뢰성 측면 그리고 RIMS 사용자들의 평가 등 네 가지 관점에서 조사하였다. RIMS의 성공적 정착을 위한 필수 선행조건들과 보다 완전한 시스템 구축을 위한 추후 보완 분야를 다루었다.

(2) RIMS 운영 시 발생문제 및 극복방안

본 RIMS에서는 운영과정에서 발생한 여러 문제들을 어떻게 극복했는지 조사했다. 이를 위해 먼저 운영환경 측면에서 어려웠던 점과 이의 극복방안을 살펴보았고 실제 사용과정에서 나타난 문제들을 어떻게 해결 했는지를 조사하였다.

(3) 환경적 측면에서 어려움 및 극복방안

RIMS 개발 및 운영은 국내에서 처음 시도하는 정보화 사업으로 이 분야에 대한 지식이나 경험이 거의 전무한 상태로 사업을 추진하였기 때문에 여러 번의 시행착오를 거치는 등 많은 어려움이 있었다. 이를 보다 효율적으로 극복하기 위하여 개발 관련 기관(서울메트로, 한국철도기술연구원, 현대정보기술(주))들 사이에 유기적인 개발 업무협조를 하였고 문제발생 시에는 모두의 의견을 종합하여 해결방안을 모색하는 등의 노력을 하였다.

RIMS 운영에 가장 큰 불안을 감추지 못한 당사자는 노동조합이었다. 노동조합은 RIMS가 구조조정, 노동통제 수단, 개인정보 유출의 차원에서 악용할 소지가 있다고 보아 RIMS 사용에 부정적 입장을 표명 하였다. 이에 차량의 안전운행과 경영개선 차원에서 RIMS의 필요성을 충분히 설명하고 노동조합과 네 차례의 실무협상 끝에 대한민국 초유의 '노사동수 정보화 전담반'을 구성하여 업무를 시작할 수 있었다.

RIMS 운영에 또 다른 어려움은 정보화로 인해 전혀 새로운 업무가 늘어나게 되니 새로운 조직과 인원 충원에 대한 요구였다. 이 부분은 개발주관 부서(서울메트로 차량처)의 권한 밖의 문제였기 때문에 RIMS 시범운영의 성공 여부가 불투명한 상황에서 인원과 조직을 논하는 것은 시기상조이며 이 문제는 시범운영 효과 검토 후 전사적 차원에서 논의하는 것이 바람직하다고 설득하였다.

RIMS를 구축하고 전문가를 대상으로 시험운영하고, 현장에 직접 적용하는 시범운영하는 과정에서 전동차 운영 및 기술에 오랜 경험과 해박한 실무자인 현장기술자를 확보하는데 주력하는 과정에서 일부 여론은 전산정보화 하는데 인원을 줄여야 한다는 왜곡된 편견에 RIMS 구축에 필요한 최소 30여명의 전문가 그룹을 확보하는데 애로사항이 많았다.

전동차를 유지보수하는 현장기술자 그룹에서 사명감을 가진 기술자를 선발하여 TFT에 가담시키려면 현장기술자들의 인원 부족에 따른 반론에 감당하기 어려운 점이 많았던 현실 앞에 차량분야의 발전을 위해 각자의 부족함과 어려움을 일시적으로 RIMS의 완성을 위해 나누자고 설명을 했다.

(4) 실제적 운영에 따른 문제점 및 극복방안

RIMS의 실제 운영과정에서 발생한 여러 문제점들과 극복방안은 다음 표 12.6에 정리하였다.

표 12.6 실제적 운영에 따른 문제점 및 극복방안

구분	RIMS 실제 운영 시 발생문제	극복방안
물품 분류 체계화	• 정부물품 분류체계 11자리를 수용분류단계의 제약존재 • 분류체계의 구조적 문제	• 분류구조의 탄력성으로 추가 및 변경이 가능토록 구성하여 정부 및 국제기관 표준권고안과 호환성 증대 • 분류코드 8자리-식별코드 8자리 조합
전동차 유지보수 BOM 링크 실현	• 준공 도면의 단위부품 링크시 인식에 어려움 존재	• 전동차 상단은 위치별 분류체계, 하단은 장치별 분류체계를 구축하여 1개 BOM 완성 후 편성 차호별 부여 • 복사 기능 부여하여 전체 BOM완성
전동차 유지보수 계획 수립	• 전반적인 정비계획일정의 미반영	• 정비계획 수립 업무흐름도를 구축, 업무 처리 절차 표준화와 정비계획 표준화 방안 계획 반영
전동차 검수 및 정비검사표 관리	• 검사표 상이와 자료관리 일원화 및 공유체계의 미흡	• 검사표 양식의 표준화
물품구매 발주	• 요구분석의 미반영 • 전담팀의 물품구매의 인식 부족	• 원활한 물품수급체계를 구축하고 향후 통합시스템인 SMERP와 연계(Seoul Metro Enterprise Resource Planning)
순환 예비품 관리	• 검수/정비/자재부서별 이해관계 상충	• 계획수립 및 실적관리는 검수/정비 • 수합기능과 수불관계는 자재로 구분
시리얼 번호관리	• 오류 입력/실시간 입력의 부재로 전체 시스템 혼란 야기	• 시리얼번호 관리정책으로 스마트태그(RFID)의 구축

전동차 유지보수 인력관리	• 정비팀 공장의 조 단위 검사표 작성과 직제 상 결재에 문제 발생	• 각 공장의 조 단위까지 정식 직제화
차량사무소 현장창고 관리	• 자재청구와 사용실적의 RIMS 전환시재청구 및 반납에 문제점 발생	• 물품관리체계의 통일화
전동차 유지보수 원가집계 관리	• 편성별/호선별/차종별 원가산정에서 일산선 제외로 집계의 어려움	• 일산선 정산집계프로세스 개발

(5) 시스템별 기능적 어려움 및 극복방안

RIMS를 구성하고 있는 7개 시스템 분야별로 어려움과 극복방안을 다음과 같이 정리하였다.

① 유지보수작업시스템은 기존의 유지보수 작업비용산출과 정보기술도입으로 효율성향상비율면에서 전산화에 의한 불필요하게 된 종이문서 효율성과 부서간 데이터 공유로 인한 장애예방에 신속하게 대항할 수 있게 하였다.

② 유지보수자제시스템은 1944차량의 전동차의 유지보수에 필요한 42,000여 종의 각종 부품을 효율적으로 관리하고 재고 적정관리에 따른 결산을 쉽게 할 수 있게 하였다.

③ 유지보수지원시스템은 전동차 정비에 필요한 장비 등을 체계적으로 관리하여 가동률과 이력관리에 따른 장비공구 현황을 파악관리 할 수 있도록 하였다.

④ 유지보수전문가시스템은 전동차고장에 대한 분석결과 및 응급조치 요령을 통합관리하여 예방정비에 도움이 되도록 하였다.

⑤ 기술자료지원시스템은 기술자료의 체계화를 하고 전동차 부품과 회로 등과 연계하여 작업자들 간의 실시간 공유가 가능하여 업무의 효율성을 증대시킬 수 있게 하였다.

⑥ 차량운행정보자동수집시스템은 운행하고 있는 전동차내부의 정보를 현장작업자들에게 실시간으로 전달되어 고장처치 및 예방정비에 준비시간을 단출하게 하였다.

⑦ 유지보수공통시스템은 정보화시스템관리와 통합관리, 그리고 각종정비 및 검사표 등을 전자결제 할 수 있는 기능을 갖게 하였다.

(6) RIMS 운영결과 분석

본 RIMS 운영결과를 경제적, 관리적, 신뢰성 및 안전성 그리고 RIMS 사용자들의 설문조사, 모두 네 가지 측면에서 살펴보았다.

(7) 경제적 측면

RIMS 도입으로 인한 경제적 효과를 구체적인 금액으로 나타내는 것은 쉬운 일이 아니다. 따라서 본 연구에서는 구체적인 금액을 제시하기보다는 RIMS 도입으로 인해 경제적 이득이 기대되는 분야 RIMS 구성 주요 시스템 별로 조사하여 이를 표 12.7에 정리하였다.

표 12.7 RIMS로 인한 경제적 이득 분야

주요 시스템	경제적 이득 분야
유지보수작업시스템	• 정비검사 표 전산화로 작성시간 단축 • 정비검사 표 작성결과 주요부품 사용실적 정산 시간단축 • 고장내역 전산관리에 의한 고장차 이력관리 및 진단 시간단축
유지보수자재시스템	• 물품입출 수불카드 생성으로 자재관리 자동구현 • 물품검색 및 확인 세분화 자재관리 • 재고수준 적정관리로 물품 수급용이
유지보수지원시스템	• 장비 공기구의 검사 및 운영관리의 효율성 증가 • 계측기 검사 계획 및 일정 자동관리 • 교육관련 효율성 향상
유지보수전문가시스템	• 고장 응급처치 탐색용이 • 고장요인 사전예방업무 처리의 효율성 가미 • 예방 검수로 인한 전동차의 특별점검시간 추가 • 간접 교육효과 및 확인 시간단축
기술자료지원시스템	• 업무관련자료 검색용이 • 전동차 부품도면, 회로도, 정비지침서 연계 • BOM과 자재시스템 연계로 재고파악용이 • 서적 및 문서 자료의 보관용이
차량운행정보 자동수집 시스템	• 전동차 운행정보의 자동수집 및 전달(입출고 차량 대상) • 전동차 고장정보의 실시간 전달 • 전동차 고장원인분석 신속 대응
유지보수공통시스템	• 전자결재 기능 활용 • 검사표(정비, 검수) 연간 인쇄비 절감 • 검사표 자료 실시간 조회가능

(8) 관리적 측면

경제적 측면 못지않게 중요한 것이 관리적 측면인데 본 절에서는 RIMS 도입으로 인한 유지보수시스템의 관리 측면에서의 이점을 정리하였다.

① 작업일지와 일보를 따로 보관해야 하는 번거로움 해소, 고장 데이터 및 작업 현황 확인용이, 필요시 언제 어디서든 운행 및 작업내용 확인이 가능하여 본질적으로 효과적이고 효율적인 관리가 가능하다.

② 작업내용 및 편성별 고장조치 내역, 전동차 이력관리, 차륜 삭정 내역, 차륜 측정 내역, 차륜 삭정 업무지시 등이 신속하게 확인 및 처리가 가능하므로 실시간 관리가 가능하다.

③ 유지보수지원시스템을 통해 장비나 공기구 운영관리의 효율성이 증대하고 이를 통해 장비나 공기구의 활용도를 늘릴 수 있다.

④ 유지보수작업시스템을 통해 정비 업무관리나 고장차량의 이력관리 부하가 급격히 줄어든다.

⑤ 기술자료지원시스템을 통해 문서관리나 서적관리의 효율성이 증대한다.

⑥ 유지보수공통시스템을 통해 기업 정보관리의 효율성이 증대되고 이는 부품 업체 관리를 통한 자재의 질 향상으로 이어진다.

(9) 신뢰성 및 안정성 측면

도시철도교통은 통합적인 시스템으로 안전성과 신뢰성 확보에 최우선을 두고 있다. '98 ~ '01년 사이에 발생한 안전사고 157건 중 약 30%가 차량에 기인한 것으로 전동차들이 안전하게 운행되기 위해서는 핵심장치의 사전 예방정비 등 전동차의 유지 보수가 중요한 요소임을 보여주고 있다. RIMS 도입 이전에 운용되고 있는 전동차 유지보수 작업은 모든 기록이 수작업으로 이루어져 많은 시간이 소요되고, 기록 자료들을 누구나 공유하기가 쉽지 않아 활용도가 떨어지고, BOM의 효율적인 관리와 RIMS의 신뢰성이나 안전성 관리를 수행할 수 없었다.

RIMS 도입으로 인해 철도차량의 안전성 및 신뢰성이 얼마나 증가 했는지를 보기 위해서는 RIMS 도입 전과 후의 안전사고 수를 정량적으로 비교하는 것이다. 그런데 이제 RIMS 도입의 초기 단계로 RIMS가 차량분야 전체에 완전히 정착했다고 보기 어렵기 때문에 RIMS 도입 후의 안전사고 수에 의미를 부여 하기는 어렵다. 따라서 RIMS 도입이 차량의 안전성과 신뢰성에 미치는 영향을 정량적으로 평가하기 위해서는 RIMS가 차량 분야 전체에 완전히 정착한 몇 년 후나 가능할 것이다. 따라서 본 연구에서는 RIMS 도입으로 인한 신뢰성 및 안전성의 증대 요인을 정성적 측면에서 살펴보았다.

① 보다 투명한 자재관리시스템 구축이 가능하여 좋은 품질의 자재 및 부품의 납품을 유도하고 관리할 수 있어 궁극적으로 전동차 신뢰성 및 안전성 향상에 도움을 준다.

② 편성별, 차종별 고장유형 및 특성 관리로 검수와 정비의 문제점 및 개선사항을 도출하여 향후 사고방지를 위한 예방정비(preventive maintenance)가 가능하다.

③ 본선 운행 중 발생한 각종 이상 및 고장정보 등 모든 운행정보를 자동으로 정보화 시스템에 제공함으로서 신속하고 정확한 전동차 점검을 수행할 수 있다. 이는 결국 차량의 안전성 및 신뢰성 증대로 이어진다.

(10) RIMS 사용자들의 평가

본 절에서는 RIMS 사용자들의 평가를 설문조사를 통해 조사하였다. 본 설문조사는 전동차를 경수선하는 검수원, 중정비를 하는 정비원, 부품을 관리하는 자재관리 직원을 대상으로 2007년 4월 2일부터 4월 18일까지 실시하였다.

1) RIMS 도입의 필요성

먼저 RIMS 도입의 필요성에 대해 사용자들의 평가를 알기 위하여 다음 두 가지 질문을 하였다. 두 번째 질문은 RIMS에 대한 평가가 RIMS 자체에 대한 평가 이외의 것에 영향을 받을 수 있다는 생각에서 설문에 포함하였다.

- RIMS 도입이 검수, 정비업무에 도움이 된다고 생각 하십니까?
- RIMS 시스템을 사용하면서 가장 불안하다고 생각되는 것은 무엇이라고 생각하십니까?

두 질문에 대한 결과를 그림 12.33과 그림 12.34에 각각 정리하였다. 그림 12.33에서 볼 수 있듯이 응답자 중 79%가 RIMS 도입의 필요성에 긍정적 답변을 하였고 21%만이 부정적 입장을 나타냈다.

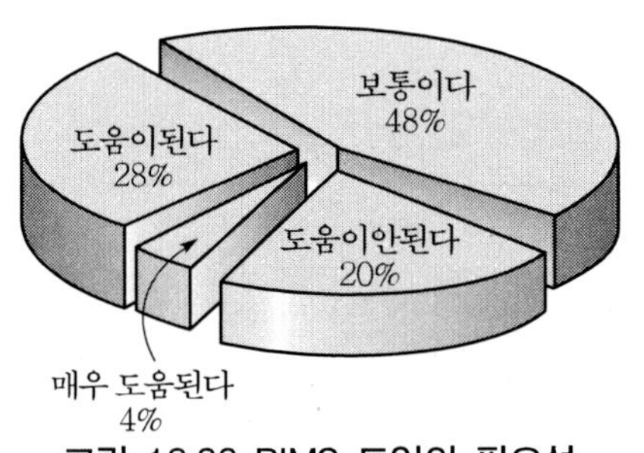

그림 12.33 RIMS 도입의 필요성

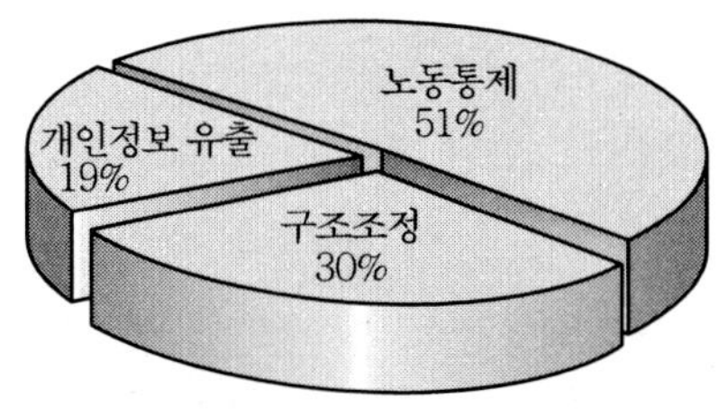

그림 12.34 RIMS 도입 시 불안요인

그런데 두 번째 설문결과를 보면 RIMS 도입으로 인해 노동통제나 구조조정 등의 불안을 느끼는 응답자가 81%에 달한다. 이와 같은 응답자들은 RIMS 도입의 필요성에 부정적 입장을 취한다고 보면 도입 필요성에 대한 79%의 긍정적 답변은 매우 높은 값이다.

2) RIMS 사용 평가

RIMS에 대한 보다 상세한 평가를 위해 다음 두 가지 설문을 수행하였다.

- RIMS를 사용하시면서 편리하다고 생각 하시는 문항을 모두 선택하십시오.
- RIMS를 사용하시면서 불편하다고 생각 하시는 문항을 모두 선택하십시오.

위 설문의 결과를 다음 표 12.8에 요약정리 하였다. 기술자료 검색, 일보등록 그리고 각종 조회 기능들은 비교적 편리한 분야로 나타난 반면 일지등록, 물품청구 반납 등은 불편한 분야로 나타났다.

표 12.8 RIMS 사용자들의 평가

편리한 분야		불편한 분야	
기술자료 검색	19%	일지등록	25%
일보등록	18%	물품청구 반납	19%
전자결재	14%	전자결재	12%
각종 조회기능	14%	일보등록	10%
전동차 이력 조회	12%	순환 예비품 관리	9%
일지등록	7%	유치선 확인	9%
유치선 확인	7%	기술자료 검색	8%
물품청구 반납	6%	각종 조회기능	6%
순환 예비품 관리	3%	전동차 이력조회	2%

3) RIMS 보완 분야

향후 RIMS의 보완 및 개선 분야를 도출하기 위하여 다음의 질문을 하였다.

- RIMS 기능을 강화 한다면 중점을 두어야 할 사항은 무엇입니까?

결과를 그림 12.35에 정리하였다. 개선 분야로는 전동차 고장관리, 기술자료 기능 강화, 검사 표 등록 편리성, 부품 수명 관리 그리고 부품 이력관리 순으로 나타났다.

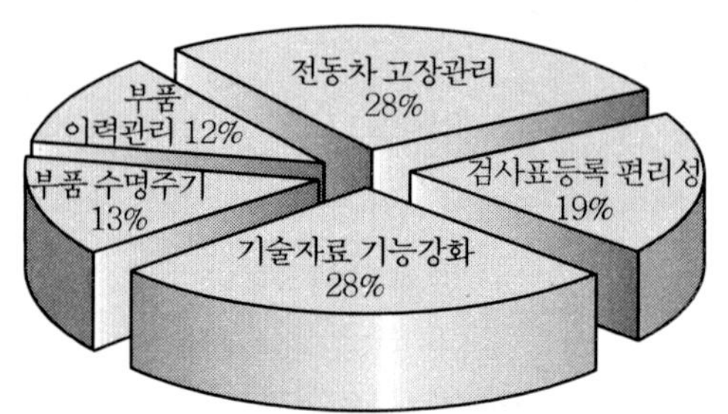

그림 12.35 RIMS 기능 강화 분야

4) RIMS의 성공적 정착 조건 및 추후 보완 분야

본 RIMS의 성공적 정착을 위한 조건을 사용결과를 토대로 살펴보고 추후 보완 분야를 조사하였다.

5) RIMS의 성공적 정착 조건

RIMS가 성공적으로 모든 차량 분야에 성공적으로 정착하기 위한 조건을 시범운영 및 실제 사용결과를 토대로 살펴보았다.

- 무엇보다도 전 직원의 지속적인 관심과 적극적인 동참이 필요하고 이와 아울러 RIMS에 대한 교육이 지속적으로 병행되어야 한다.
- 각 차량 사무소별 조직, 업무 프로세스, 운용차량 등의 상이로 인해 효율적인 RIMS 활용에 어려움이 있다. 따라서 이들에 대한 표준화 작업에 지속적인 노력이 필요하고 차량시스템 전체를 RIMS와 연계하여 관리할 전문요원 양성이 필요하다.
- RIMS 사용 중 에러 발생 시 신속한 조치, 업무정리 시 컴퓨터 부족으로 인한 사용자들의 불편 초래가 일어나지 않게 하고 정기적인 컴퓨터 유지보수 등 RIMS를 100% 활용할 수 있는 환경적 여건을 조성해야한다.

- RIMS 전담반을 상설 유지해야하며 표준화된 업무프로세스 및 검사표 양식을 적극 수용해야하며, 유지보수 및 확대적용 인력을 조기에 확보해야한다.

그리고 확대적용 대상 전동차 종류에 대한 기술자료를 구축하고 확대운영에 필요한 개발장비를 조기에 추가 도입해야 한다.

6) RIMS 향후 기대효과

RIMS 프로젝트 도입으로 전동차 유지보수분야에 미치는 영향은 각종 정비기록의 수작업에서 전산화 하고, 전동차 유지보수 개인 기술 노하우를 누구나 쉽게 공유할 수 있고, 실질적인 사전 예방정비 실현으로 2005년부터 실질적인 전동차 고장률 감소에 따른 전동차 안전운행이 확보되기 시작한 것처럼 실증적 결과가 나타났다.

RIMS의 7개 시스템별 네트워크로 유기적인 정보화 구축은 전문가 집단을 대상으로 시험을 한 후 시범운영을 위하여 창동차량사무소에서는 경정비를, 지축차량사무소에서는 중정비를 각각 시행하여 문제점들을 도출 분석 보완하여 5개 차량사무소에 확산 적용하여 전동차유지보수체계 정보화가 훌륭하게 성공할 수 있었다고 판단한다.

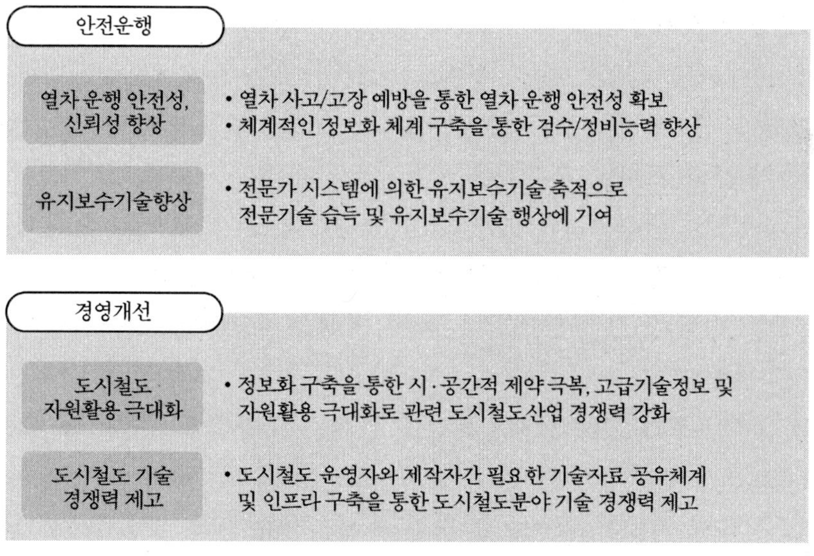

그림 12.36 RIMS효과

또한 RIMS에서 중요한 BOM 구축은 Maser BOM과 유지보수 BOM인데 일반적으로 사용하는 BOM 구축과는 달리 RS BOM과 유지보수 BOM에 있어서 지능형 BOM을 구축하여 본선 운행 중인 전동차의 고장상태를 현 시각으로 무선을 이용하여 입고 차량사무소 작업자 등 관련 직원에게 공유하여 신속 조치할 수 있도록 전동차 제작사별 종류로 15종에 해당하는 많은 분량의 BOM을 개발하였다.

RIMS 프로젝트는 정보화시스템 구축 시점부터 전동차 운용 및 유지보수의 효율적 예방정비체계 확립과 전동차 안전운행에 기여할 수 있도록 경정비와 중정비부분에 시범운영하며, 그 과정에서 예상치 못한 여러 가지 문제점들을 도출·개선하도록 하였다. 또한 RIMS의 운영결과를 경제적 측면, 관리적 측면, 신뢰성 및 안정성 측면에서 분석하였다.

그리고 RIMS 이용의 효율성을 파악하고자 사용자 평가를 실시하였다. 이는 실사용자를 대상으로 설문조사로 실시하였다.

설문조사는 1, 2차로 실시하였으며 RIMS 도입의 필요성, RIMS 도입 시 불안요인, RIMS 이용에 따른 편리한 분야와 불편한 분야를 중점 조사하였다. 이러한 일련의 조사 및 분석과정을 통해 RIMS의 개선사항을 제시하고 RIMS의 성공적 정착조건 및 추후 보완사항을 제시하였다.

본 연구자는 30년 동안 전동차유지보수 분야 현장에서 근무한 경험을 바탕으로 RIMS 정보화 추진 업무를 주관하는 차량처장의 업무를 하게 되어 본 연구의 마지막 기틀을 잡는데 주요 했다고 생각한다.

RIMS 프로젝트를 완성하는데 따른 현장 적용기술 및 각종 자료를 분석하고, 실제적으로 표준화하는 과정은 다양한 종류의 전동차 기술을 습득하고 축척된 기술자만이 가능한 것으로 전동차 전문가 집단과 함께 경험과 노하우를 상호 의논·협의·접근하는 방법으로 구축하였다.

본 RIMS 프로젝트의 실증적 성공요인을 분석하는 과정에서 정보화 시행 전에 비하여 전동차유지보수 관련 다양한 기준 정보자료를 표준화 하였으며, 전동차유지보수 업무 시 각종 자료의 제공과 활용으로 정비 소요시간을 단축 수송효율을 높일 수가 있게 하였다.

향후 계속 추진할 필요가 있는 것으로는 전동차 예방정비를 위한 수명주기 관리시스템을 개발하여야 하고, 수명주기 관리시스템과 연계하여 고장 개연성을 미리 차단할 수 있는 치명도 관리시스템을 개발할 필요가 있다고 본다. 그리고 전동차유지보수의 합리적인 부품 발주 소요량 산정을 위한 발주 준비시스템을 개발하여야 함은 물론 전동차 기술자료를 제공할 수 있는 도면관리시스템도 계속 개발해 나가는 것이 좀 더 완벽한 시스템이 될 것이라고 생각하며, 현재 그 계획을 추진하고 있다.

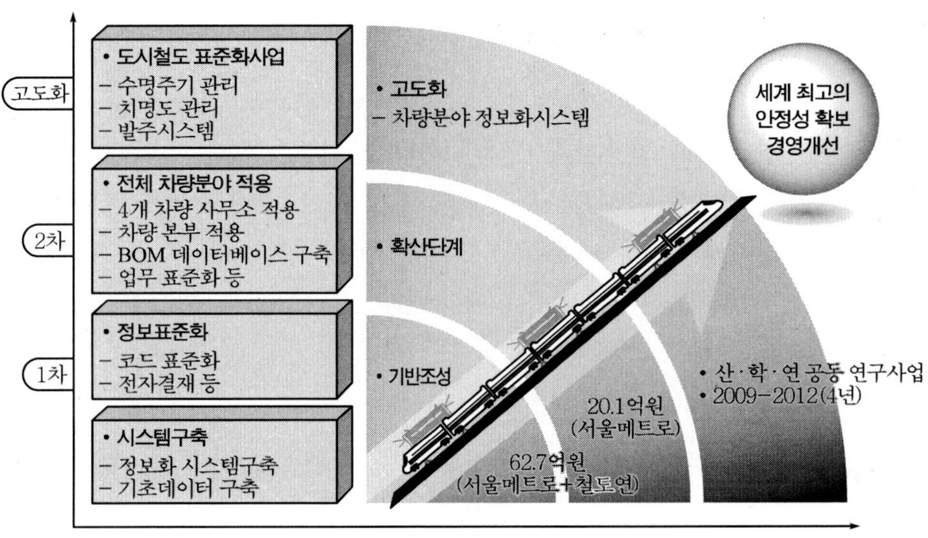

그림 12.37 향후 추진방안

본 RIMS가 도시철도차량 전체 분야에 성공적으로 정착하기 위한 조건을 시범운영 및 사용결과를 토대로 완벽한 시스템 구축으로 현재 도시철도현장 경영 합리화에 부응하고 있다.

(11) 전동차 O&M에서 SE 적용

도시철도가 우리나라에 처음도입 된 후 도시철도차량은 진화와 발전을 거듭해왔다. 전동차 제 1세대 저항제어차(1974년)를 시작으로, 2세대 초퍼제어차(1984년), 3세대 VVVF 인버터 제어차(2000년)에 이어 4세대 Full Auto Control 차량에 이르기까지, 현재 전국에 운행 중인 도시철도 차량의 종류만 하더라도 약 20여종에 이른다.

철도 현장은 분야별로 여러 가지 경험에서 체득한 실질적인 기술이기도 하지만 철도 기술은 수송분야에 있어 특수한 고급시스템 기술이 틀림없다. 항공기, 선박, 자동차 등 세계 인류사회가 운영 중인 교통수단은 하나같이 안전벨트가 주행속도에 상관없이다 장착되어 있지만 무려 시속 350km의 KTX-2에 안전벨트가 없을 뿐만 아니라 전세계 모든 철도차량에는 안전벨트가 없는 놀라운 사실도 중요하지만 최고의 이용 승객의 안전을 보장하고 있다.

이것은 철도차량의 동력학적 안전성도 있지만 분명히 철도 기술자를 시스템 기술로서 General Engineer라고 부르지 않고 Special Engineer라고 부르는 이유이며, 1차원 교통수단의 안전성 확보가 그만큼 중요하다는 의미로서 철도에는 절대적인 안전을 기반으로 시작하는 중요한 RAMS(Reliability, Availability, Maintainability, Safety) 즉 신뢰성과 가용성과 유지보수성을 철저하게 지켜야 하는 당위성이 있는 것이라 생각한다.

그러나 우리나라에는 확실한 RAMS가 확립되지 않은 상태로 철도 110년을 지나치고 있으며 아직은 기초수준에 머물러 있어, 현장에서 일어났던 각종 데이터베이스를 철저하게 운영 관리하여 우리나라 철도에 부합하는 RAMS를 만들어야 하는 현실에 직면해 있다. 그러한 현실 속에 학교와 연구원 그리고 철도 운영기관이 합심하여 계속 발전시켜 나가야 할 과제가 많이 남아있기도 하다.

20세기에 들어와서도 우리나라에는 철도는 물론 도시철도 대표주자인 서울메트로에도 내놓을 만한 관련 운영부서 직영연구소가 없었으며 당시 지하철 관련 특허는 물론이고 내놓을 만한 지적소유권 하나 없고, SE 및 RAMS체계 구축을 위한 핵심자료인 도시철도 개통 31년 역사의 건설부터 운영에 이르기까지 일목요연하게 정리된 데이터베이스가 변변하지 못하였다고 지적을 해도 현실적이었다.

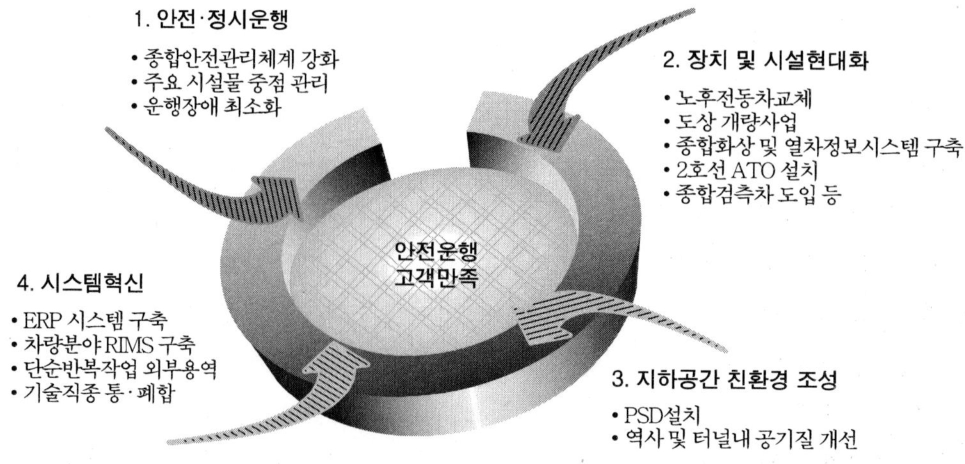

그림 12.38 안전운행시스템

그런 상황에서 서류창고에서 폐기 대기상태에 있던 건설지들을 재정리하고 전기, 신호, 통신, 전자, 토목, 건축, 궤도, 차량 등의 데이터베이스를 정리하고 다듬어서 미래에 다가올 신교통시스템 건설, 운영 컨설팅 및 SE 도전에 대한 준비를 미미 하지만 착실히 시행하였다.

도시철도 운영기관에서는 최초로 기술연구소를 설립한 서울메트로는 31년만에 처음으로 고안 발명한 ATS 모드에서의 열차 정위치 정차 및 연동시스템(출원번호 10-2004-0014353, 2004. 3. 3)의 특허취득을 시작으로 오늘에 이르러서는 지적 소유권 특허의 범위가 200여 가지에 다다르고 있으며, 우리나라에서 건설 중인 부산-김해 경전철 및 의정부 경전철 컨설팅을 수행하였고, 25년이 다된 중고 전동차 6량을 베트남에 수출하여 하노이-하롱베이간 운행하는 관광열차로 철도기술 수출까지 이루는 쾌거를 거두었다. 이러한 도시철도차량의 O&M(Operation & Maintenance)에서 SE(System Engineering)까지 정리하는 어려움 속에 처음으로 Set up하는 과정을 무리 없이 시작하는 방법에 관하여 논고한 것이 우리나라 도시철도 정보화의 결실이다.

1) 철도시스템 O&M 기술이전 시작

'84.3월부터 '06.7월까지 서울메트로 차량분야에서 도시철도의 전동차량유지보수 정보화시스템체계(RIMS, Rolling Stocks Maintenance System)를 구축하였다.

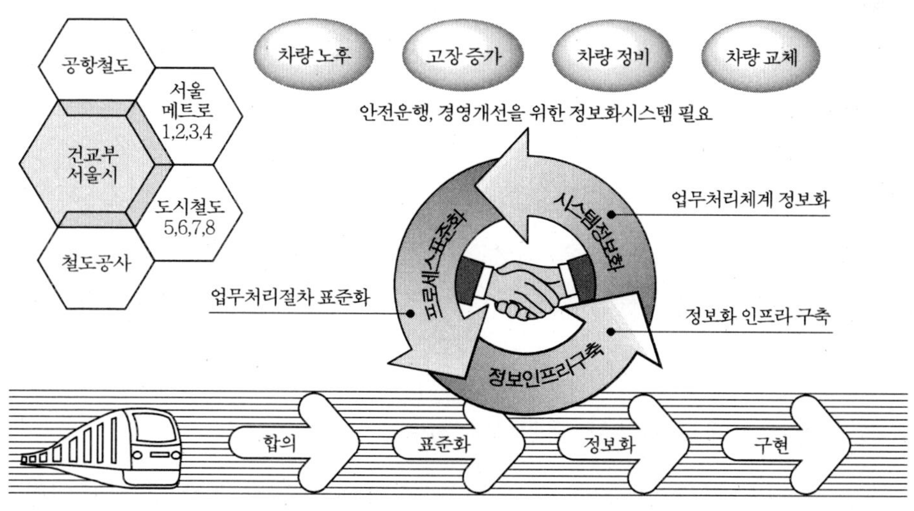

그림 12.39 전동차유지보수정보화체계(RIMS)

노후 전동차량 교체사업 등 주요업무를 차질 없이 추진하며 차량분야의 운영 및 유지관리(O&M, Operation & Maintenance)를 체계화 하였으며 신 성장 동력 마련, 신규수익원 발굴, 창의혁신 추진, 나눔경영 등 도시철도의 지속가능한 경영전략 수립을 우리나라에서는 처음으로 시작되었다.

2) 서울메트로의 신성장 동력 창출 토대 구축

서울메트로 (구)서울지하철 1~4호선 운영이라는 사업한계를 극복하고 새로운 성장동력 창출을 위해 기술본부 산하에 철도사업단, 신사업개발단, 기술연구소 조직을 신설하여 국내·외 경전철 등 신교통시스템 구축 및 운영사업 진출, 신규 부대사업 개발, 도시철도 기술 지적소유권 발굴 등 신 성장 동력의 토대를 구축하였다.

3) 신교통시스템 건설 및 국내외 산학 협동 네트워크 구축

미래 신성장 동력 조직 구축과 더불어 미래 녹색성장 시대의 주역이 될 철도기반의 신교통시스템에 대한 전문인력 필요성을 예견하고 경전철 전문가, 프로젝트관리(PM, Project Management), 시스템엔지니어링(SE, System Engineering) 분야의 전문 기술인력을 집중 육성·등용하였으며, 정보교류 및 기술협력을 국내외 유관기관 및 산학협력 네트워크 체계를 구축 운영하여 신 성장 동력의 시작은 이미 되었다.

4) 도시철도 사업다각화를 통한 수익창출 모델개발

서울메트로의 최대 장점인 30년 이상의 도시철도 운영경험과 기술력을 활용하여 도시철도 건설 진행 중 설계변경에 따른 비용절감 효과, 서울메트로의 새로운 수익창출을 통한 경영개선 효과의 Win-Win 마케팅 전략으로 국내외 도시철도 건설업체에 운영 및 유지보수 컨설팅 사업을 추진, 새로운 수익창출을 통한 경영개선에 기여하였다

또한 컨설팅 사업을 토대로 향후 해당 신교통시스템의 운영권수주 사업경쟁에서 타 경쟁업체에 차별적 우위를 선점하는 등 장기적인 관점에서 사업영역 확대의 기반을 마련 할 수 있었다.

5) 공격적 해외 마케팅을 통한 해외사업 진출

현장 경험에 비춰 계속 사용할 수 있다는 신념은 있었으나 국내 내구연한 규정에 의해 25년 후 폐차 처리하던 중고전동차의 재활용 아이디어를 통해 중고전동차의 베

트남 수출이란 쾌거를 이루어내었으며 이에 그치지 않고 공격적 마케팅을 통하여 현재 베트남에서 계획 중인 5호선(하노이-후아락 : 33.5km) 건설 참여와 그 이외도 남미 도미니카공화국 2호선 지하철 건설, 나이지리아 라고스 Red Line 사업, 아제르바이잔 경전철, 인도네시아 PC침목 수출 등 해외사업 수주를 위해 관련기관과 긴밀한 협의, 추진 중에 있다.

6) 과학적 유지보수 시스템(RIMS) 구축

오랜 차량분야 현장실무 경력과 유지보수 및 운영에 관한 자료 데이터베이스화를 통하여 전동차 유지보수 정보화시스템을 구축(RIMS)이 되면서 경전철 운영 및 유지보수 컨설팅의 근간을 이루는 기초 기술영역을 마련하기까지 수기작업에 익숙한 현장 기술자들의 인원을 감축할지도 모른다는 불안한 마음을 느낀 노조에서 부추긴 여론 설득과 여론조사를 시행하여 반대 여론을 잠재우는데 3년 동안 103번의 마라톤 회의를 감수한 결과 실질적 기술의 경영합리화에 부응하게 되었다.

7) RIMS로 인한 SE(System Engineering) 활동시작

① 'ATS 수동운전모드에서 정위치 정차' 관련기술 특허 및 자동운전구간(ATO) 구간에서만 가능한 PSD 즉 승강장스크린도어(PSD: Platform Screen Door)시스템을 수동운전구간인 서울메트로 1~4호선 전 구간 120개역에 세계 최초 실용화.

② 전동차 사용수명 25년 대폐차 차량 60량을 국내 고철 매각시 350만원/량 상당액을 1억5천만원/량에 베트남 수출계약 2008.7.20. 6량 1차분 선적을 시작으로 2009. 4.6. 하노이~하롱(163km) 운행 개시, 베트남에 철도기술 수출, 5호선 건설 제의 수주 MOU 체결.

③ 의정부경전철 O&M 준비컨설팅(책임단장) 계약 수주(2007.6.).

④ 부산김해경전철 O&M 준비컨설팅(책임단장) 계약 수주(2008.3.) 및 운영권 현재 입찰 수주 계약체결.

⑤ 삼척시 레일바이크 설치 컨설팅 계약 수주(2009.3.) 및 폐 레일과 침목을 활용 직접 건설 시공을 위한 업무 추진.

⑥ 서울 난곡 GRT 운영권 수주(2008.2.) 신대방역사 리모델링 및 환승 설비 시공 중.

⑦ 수도권 고속직행철도 민간투자사업 기술자문 용역 체결(2009.1).

그림 12.40 하노이-하롱베이 열차

⑧ 우이~신설 경전철 SE 컨설팅 사업 등을 추진키 위해 프랑스 시스트라, RATP-D, 베올리아, 홍콩 MTR사와 파트너 협약 체결 추진.

⑨ 나이지리아 라고스 Red Line 건설 및 운영(37km, 13억, 25년간)에 중고 전동차를 수출하고 E&M 및 O&M 분야에 참여 삼성물산(주)과 컨소시엄 입찰 선정되어 추진 경험.

⑩ 아르젠바이잔 바쿠~숨가이드 경전철 건설(23.7km) 참여 추진.

⑪ 1·4호선 공급전원 AC 및 DC 전차선 전원을 코레일과 직통운행 경제성을 감안 AC전원으로 통일하여 유지보수의 결점(10년간 3,000억 원 유지보수 비용절감)인 DC용 변전소 14개를 철거 향후 5년에 걸쳐 베트남에 수출된 전동차 운행 전철화 사업에 초기 투자비용 최소화로 서울메트로의 성장동력 발전 기술제안 추진.

⑫ 역무자동화(AFC)에 따른 9호선 개통시기에 맞추어 RF 시스템 도입에 즈음하여 기존의 MS 장비 철거에 대비 재활용 수출국으로 중국 등 세계 도시철도에 홍보 추진 중 사업화.

⑬ 스위스 융프라우 산악열차를 벤치마킹한 북한산 산악열차를 구체적 실행방안 마련을 위한 예비타당성 조사 완료.

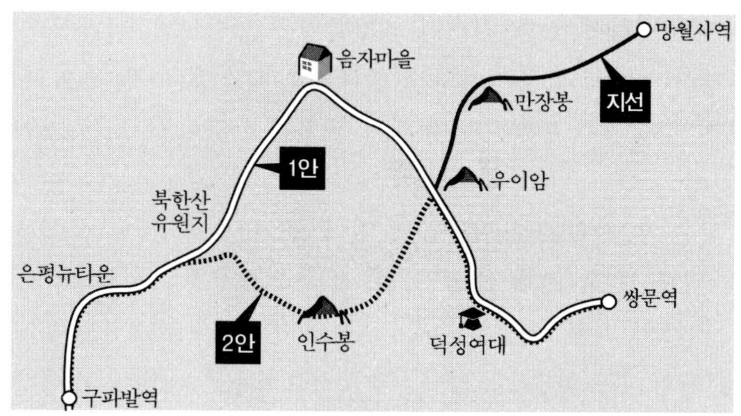

그림 12.41 북한산 산악열차 예상 노선도

8) 도시철도의 SE과제

철도운영기술 O&M은 무려 20여 종류의 전동차 유지보수 운영 경험에 비춰보았을 때 정말 중요하다는 것을 알게 되었고, 그것을 알기까지 철도현장에서 많은 시행착오와 회피성 징계와 불필요한 경제적 비용 손실이 많았다고 볼 수 있으며, 그에 따라 정확한 융합기술의 총아 SE에 대한 필요성을 많이 느끼고 있다.

오늘날 우리가 직면하고 있는 시스템 개발환경을 살펴보면, 일반적으로 시스템의 기능 및 성능에 대한 복잡도가 증가하면서 대부분의 시스템은 성능, 효과 및 총수명주기비용면에서 고객의 요구를 분명히 충족시키지 못하고 표에서 보는 것처럼 제고요인이 이제는 있다.

표 12.9 차종별 고장시 주행 거리

구분	편성당 MKBF (km)	편성당 MTBF (day)	편성당 MKBSF (km)	편성당 MTBSF (day)	량당 MKBF (km)
전체(평균)	22,832	63(2M)	605,732	1,668	228,320
현대 DV	51,872	152(5M)	1,867,415	5,486	518,720
현대 ADV	25,819	61(2M)	1,153,292	2,721	258,190
대우 DV	19,454	62(2M)	1,057,017	3,355	194,540
복합차 ADV	17,024	42(1.5M)	172,681	430	170,240
대우 ADV	12,831	36(1M)	196,748	430	128,310

오늘날 우리가 직면하고 있는 시스템 개발환경을 살펴보면, 일반적으로 시스템의 기능 및 성능에 대한 복잡도가 증가하면서 대부분의 시스템은 성능, 효과 및 총수명주기 비용면에서 고객의 요구를 분명히 충족시키지 못하고 표에서 보는 것처럼 제고요인이 이제는 있다.

철도건설과 건설 후 시설물 유지관리에 있어 SE가 가져다주는 효과를 그림에서처럼 경험에 비춰 분석해 보면, 관계 법령 등과 전문 기술사항, 고객들의 요구사항을 빠짐없이 도출하고 각각의 최적 대안을 선정, 설계에 반영함으로써 설계품질을 높일 수 있으며, 설계변경 또한 최소화할 수 있어 추가 소요비용을 대폭 감소시킬 수 있다는 것을 철도 110년에 걸친 경험으로 우리 모두가 조금은 알게 되었다.

아울러 시스템의 전체수명주기를 고려하여 설계하기 때문에 향후 시설물 유지관리에 소요되는 시간과 비용 등 자원투입이 최소화되어 효율적이고 경제적인 철도시설물 관리가 가능해질 것으로 예상된다.

언제 우리가 SE를 해 보았느냐는 반문 속에 시작하고 있는 것이다. 조금 안다는 기술 분야 종사자도 때로는 SE가 정확히 무엇인지를 모르는 경우가 아직도 많다는 것을 숨길 수 없다.

표 12.10 도시철도 노선별 운영현황(1) (2011년 3월 31일 기준)

구분	총 계	서울 합계	서울메트로				서울도시철도공사				서울시메트로 9호선(주)
			1호선	2호선	3호선	4호선	5호선	6호선	7호선	8호선	9호선
구간	18개 노선	9개 노선	서울역~ 청량리	성수~ 성수	지축~ 오금	당고개~ 남태령	방화~ 상일동 마천	응암~ 봉화산	장암~ 온수	모란~ 암사	개화~ 신논현
거리(km)	549.0	316.9	7.8	60.2	38.2	31.7	52.3	35.1	46.9	17.7	일:27.0 급:23.4
역수(개)	528	293	10	50	34	26	51	38	42	17	25
소요시간(분)	–	–	16	87	67.5	53	84~88	70	87	31.5	일: 52 급: 30
차량수(량)	5,321	3,611	160	834	490	470	608	328	499	126	96
열차편성수	704(4-10)	424(4-10)	16(10)	88(4-10)	49(10)	47(10)	76(8)	41(8)	62(8)	21(6)	24(4)
2010년 수송인원 (천명/일)	8,135	6,703	450	2,005	755	832	812	487	865	231	266
건설 기간	–	–	1971~ 1974	1978~ 1984	1980~ 1985	1980~ 1985	1990~ 1996	1994~ 2001	1990~ 2000	1990~ 1999	2001~ 2009
착공일	–	–	'71.4.12	'78.3.9	'80.2.29	'80.2.29	'90.6.27	'94.1. 8	'90.12.28	'90.12.29	'01.12.31.
최초개통일	–	–	'74. 8.15	'80.10.31 ('84.5)	'85.7.12	'85.4.20	'95.11.15	'00.8.7	'96.10.11	'96.11.23	'09.7.24

표 12.11 도시철도 노선별 운영현황(2) (2011년 3월 31일 기준)

구 분	부산교통공사					대구도시철도공사			인 천 메트로	광주도시 철도공사	대전도시 철도공사
	소계	1호선	2호선	3호선	4호선	소계	1호선	2호선			
구 간	4개 노선	신평 ~ 노포	장산 ~ 양산	수영 ~ 대저	안평 ~ 미남	2개 노선	대곡 ~ 안심	문양 ~ 사월	계양~ 국제업무지구	녹동 ~ 평동	판암 ~ 반석
거 리(km)	107.8	32.5	45.2	18.1	12.0	53.9	25.9	28.0	29.4	20.5	20.5
정거장(개)	108	34	43	17	14	56	30	26	29	20	22
소요시간(분)	-	62	84	34	25	-	50.5	49	54	38	40
차량수(량)	878	360	336	80	102	384	204	180	272	92	84
열차편성수	138 (4-8)	45 (8)	56 (6)	20 (4)	17 (6)	64 (6)	34 (6)	30 (6)	34 (8)	23 (4)	21 (4)
2010년 수송 인원(천명/일)	753	413	265	75	-	316	171	145	220	48	97
건설 기간	-	1981~ 1994	1991~ 2007	1996~ 2005	2003~ 2011	-	1991~ 2002	1996~ 2005	1993~ 1999	1996~ 2003	1996~ 2007
착공일	-	'81.6.23	'91.11.28	'97.11.25	'03.11.3	-	'91.12. 7	'96.12.19	'93.7.5	'96.8.28	'96.10.30
최초개통일	-	'85.7.19	'99.6.30	'05.11.28	'11.3.30	-	'97.11.26	'05.10.18	'99.10.6	'04.4.28	'06.3.16

9) SE의 필요성 대두

안전하고, 정확하며, 쾌적하여 국민에게 사랑받는 철도를 건설하기 위해서는 종합적이고 체계적인 SE를 구현하는 것이 첩경이라고 여겨지고, 이를 위해서는 이제부터 가치공학(Value Engineering), 설계검토, 인터페이스관리(Interface Management) 등 현재 시행중인 전문엔지니어링들을 보다 면밀하게 재검토, 정립하고, RAMS 등을 비롯한 고도의 특수엔지니어링들을 개발하여 전체수명주기 관점에서 총체적 설계가 이루어지도록 하여 설계품질의 획기적 향상을 꾀할 필요가 있다.

또한 SE의 가장 핵심이라고 할 수 있는 설계과업지시서 상의 요구사항 재정립에 있어서는 철도의 최대 고객이며 이해당사자인 승객과, 철도를 직접 운영하는 철도운영기관의 요구사항을 빠짐없이 수집하고 면밀히 분석하는 노력을 하여야 한다. 아울러 그 동안 관행적으로 사용되어 왔던 각종 기준 등에 대해서는 보다 명확하고 실현가능한 제대로 된 요구사항이 정립되도록 한다면 시공 중에 발생하는 40%정도 과도한 설계변경을 최대한 억제할 수 있을 것이라고 판단된다.

10) SE엔지니어 양성

산학협력으로 집중적으로 약 150여명의 SE전문가를 양성하는 과정에서 어려움도 있었지만 철도의 어두운 현실을 뒤로 접어놓고서라도 이제는 철도관련 학교에서도 학문간에 높은 장벽을 허물고 통합하는 동시에 시스템 엔지니어를 집중적으로 양성하여야 할 것이다.

철도건설 프로젝트 수행에 있어 요구사항을 분명히 정의하고, 필요한 파라미터 분석과 절충 분석을 수행하며, 인터페이스가 발생하는 시기를 사전에 인식하여 대안을 도출하는 등의 업무를 수행할 수 있는 시스템엔지니어는 쉽게 양성 되는 것이 결코 아니다. 지속적이고 집중적이며 체계적인 계획 하에 교육되어야만 가능한 일이다. 아울러, SE의 중요한 수행 주체인 철도건설관련 설계, 시공, 감리 등의 SE에 대한 깊은 이해와 노력이 우리 모두에게 한결 같이 요구되고 있다.

철도건설에 있어서 글로벌 경쟁력은 고객의 요구사항을 명확하고 올바르게 정립한 기반위에 사업수행 주체들인 철도운영 기관과 민간부분 협력업체들이 협업화되고 완성된 SE에 의해서 확보할 수 있다.

부산김해 경전철 O&M 준비 컨설팅 입찰 수주에서 외국사와의 경쟁에서 우리나라 도시철도가 당당히 수주 수행 했었던 것처럼, 최고의 기술 자부심을 가지고 O&M에서 SE로 가는 긴 여정에 한국시스템엔지니어링 협회의 정확한 방향성에 도시철도분야 SE 입문이 가능하게 되었다.

지금까지 전 세계에서 표준궤간(1,435mm)에 10량 편성 중(重)전철로 하루 450만명 수송하기로는 지하철 도시철도분야에서 세계 유일하게 서울메트로 밖에 없으며, 우리나라 도시철도의 기술은 세계에서도 인정받고 있다.

지난 과거 힘들고 어려운 일이 많은 가운데 좋은 경험과 도시철도 개통운영하는 앞으로 100년 200년동안 갈고 닦은 기술과 자료를 총동원하여 미래의 철도시작을 여는 꿈이 단순한 철도시스템공학을 주입식으로 주장하는 기술이 아니라 철도분야 실무를 겸비한 철도스토리텔링(Story Telling)을 완성하도록 미래의 꿈을 키우는 많은 철도 기술자들을 위해 철도 안전운행에 손색이 없는 SE 기반 구축에 혼신을 다하여 외국사에 의존하지 않고도 시행착오가 없는 발전된 미래철도가 우리 손으로 순수 설계 시공하는 단독 비행 그날이 RIMS와 함께 올 것으로 굳게 믿으며 긴긴 노력의 시작을 우리는 예감하고 있다.

제4절 지능형 BOM의 적용과 활용영역

4.1 BOM의 이해

본 절은 서울메트로의 33년간 도시철도차량을 운영하면서 축적된 지식과 경험들을 시스템화한 전문가시스템(RIMS)과 기능형 BOM을 연계시킨 시스템 즉 지능형 BOM을 구축·활용함으로써 현장의 모든 직원들이 전문가와 같은 수준으로 문제를 해결할 수 있도록 방안을 제시하는데 있다. 또한 축적된 지식을 계승하고, 고장발생시 전문가시스템과 연계된 BOM을 통해 규칙적이고 객관적인 판단으로 신속·정확한 정비를 수행할 수 있도록 지원함으로써 업무효율 향상 및 안전운행을 확보하는데 그 의의가 있다 하겠다.

기존의 BOM은 단위부품들의 유기적 관계 즉 전기흐름이나 공기의 흐름 즉, 제어회로의 기능적인 현상을 전혀 고려하지 않은 상태에서 부품명을 가지고 BOM을 구성했기 때문에 RAMS를 구현하는데 있어서 한계점을 보이고 있어 이를 보완하고자 BOM에 기능용어가 부여된 "지능형 BOM"을 구축하였다. 지능형 BOM과 부품의 고장진단 및 고장관리가 가능한 전문가시스템과 연계하면 각종 기기와 회로의 유기적 관계를 고려할 수 있게 되므로 보다 신뢰성이 높은 유지보수를 수행할 수 있을 것으로 기대된다.

4.2 기존 BOM의 한계점

전동차는 10만개 이상의 단위부품이 체계적으로 모여서 이루어진 제품이며, 이러한 전동차가 어떠한 단위 부품들로 구성되었는지에 대한 계층별로 구분되어진 구조정보를 BOM이라 한다. BOM의 가장 기본이 되는 정보는 제품의 구조정보이며 생산업체는 수주에서 납품에 이르기까지 모든 기업 활동을 정보화하여 일괄 관리하기 위한 필수요소로 사용하고 있다. 생산 측면의 BOM은 설계부문의 Engineering BOM과 생산부문의 Production BOM이 있으며, 제품의 기능중심으로 구성되어 설계와 자재소요량 산정을 위해 사용하고 있다. 이러한 생산자 BOM은 기획에서 판매까지는 유용하게 사용될 수 있으나 도시철도차량의 유지 보수에 사용하는 데에는 문제점이 있다. 즉 생산자 입장에서는 "A계전기(Relay)"를 단일 부품으로 생산하지만 "A계전기(Relay)"가 쓰이는 위치에 따라 다수의 기능이 있다. 따라서 전혀 다른 기능을 가진 부품으로 사용되고 있는 현실에서 장치별 부품단위의 부품명으로 구성된 물리적 BOM만으로는 유지보수 및 고장관리를 위한 전문가시스템에 적용하는 데에는 다음과 같은 문제가 있다. 단순한 부품명에 의한 물리적 BOM은 이름은 동일한데 수행하는 기능이 다른 "동명이기능(同名異機能)"의 부품에 관한 문제점을 해결할 수 없다.

기초단의 원인에 의한 어떤 고장을 단순히 말단의 고장으로 인식하기 쉬운 오류를 범하지 않기 위한 시스템 즉, 기능용어가 추가된 BOM과 전문가시스템과 연계되어 전기와 공기의 흐름이 반영된 살아 있는 "지능형 BOM"의 구축이 필요하게 되었다.

(1) 고장처치

보조공기압축기 기동정지 불능 시 다음의 절차에 의해 고장에 대한 처치가 이루어진다.

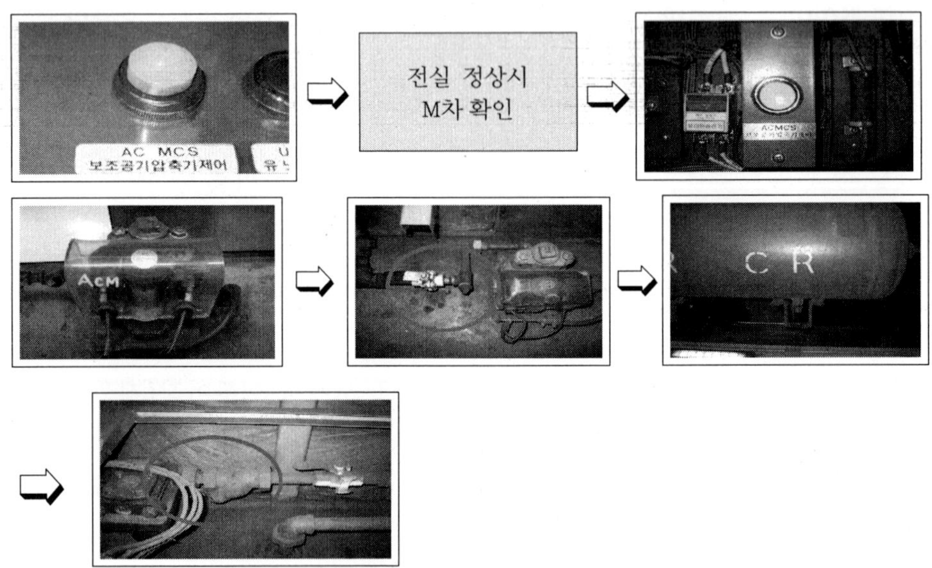

그림 12.42 ACM 연속운전(기동 정지불능)시 고장처치 절차

1) 운전실 확인

- ACMCS 작동상태 확인 ⇒ 운전실 정상시 M차 확인

2) 해당차량(M) 확인

- 해당차량 객실의자 밑의 ACMG 동작 확인
- 해당차량 ACMG 공기배관 Cock 차단여부 확인 ⇒ 원상복귀
- CR1,2 공기통 배수 Cock 상태 확인 ⇒ 원상복귀
- 역지변 누기여부 확인 ⇒ 누기 시 해당 Cock Cut

보조공기압축기의 기동이 정지되지 않는 고장이 발생할 경우 위와 같은 절차에 의해 고장처치를 하게 된다. 보조공기압축기는 공기압력에 따라 보조공기압축기 가바나(ACMG)의 동작에 의해 기동(ON → 6.5Kg/cm^2 이하) 또는 정지(OFF → 7.5Kg/cm^2 이상) 하도록 되어있다.

보조공기압축기가 기동이 정지되지 않고 계속 기동될 경우 과열되어 고장의 원인이 된다. 이러한 경우 단순 물리적BOM은 다수의 압축기 스위치, 다수의 역지변 등 부품의 중복문제 해결과 계통적 고장처치 절차를 표현할 방법이 없다. 또한 보조공기압축기가 기동정지 불량으로 고장이 발생했을 경우 원인을 찾으려면 전기 및 공기배관 등의 회로도를 통해 계통적으로 찾아가는데 이를 통합적으로 보지 못하고 하나하나의 부품검색 및 도면시스템에 들어가서 확인해야하는 불편함을 지닌다.

(2) 현장에서 고장원인을 찾는 방법

예를 들어 견인전동기가 고장이 발생했을 경우 주회로를 보고 주전동기부터 역으로 팬터그래프까지 거슬러 올라가면서 고장원인을 찾아가게 된다. 그러나 기존의 물리적 BOM의 하나인 장치별BOM의 경우 팬터그래프는 전원공급 장치이고, 견인전동기는 추진장치가 되어 서로를 연관시킬 방법이 존재하지 않는다. 즉 별개의 장치가 되어 BOM에서 따로 존재하게 되어 통합적으로 보지 못하고 하나하나의 부품검색 및 도면시스템에 들어가서 확인해야하는 불편함이 있다.

기존의 BOM은 각각 하나의 부품에 대한 고장에 대해서 원인을 파악하는 것은 가능하지만 다른 부품이 원인이 되어 일어난 고장에 대해서는 어려움이 있다. 또한 이로 인하여 기초단의 원인에 의한 어떤 고장을 단순히 말단의 고장으로 인식하기 쉬운 오류를 범하게 된다.

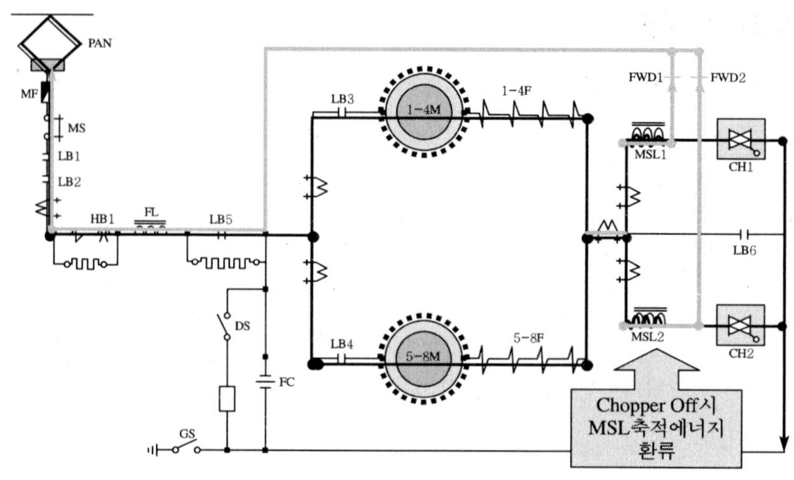

그림 12.43 주회로도

4.3 지능형 BOM

기존의 BOM시스템은 위치별 BOM 및 장치별 BOM으로 구성되어 이를 기반으로 유지보수시스템과 연계하여 관리하고 있다. 이러한 구조는 현장의 계통적 검수 및 정비절차로 분석하기에는 어려운 구조이다. 전문가시스템을 위한 새로운 “계통적 BOM 시스템 구조” 즉, “지능형 BOM”을 필요로 하게 되었다. 또한 이러한 소프트웨어를 실현하기 위한 하드웨어 즉, 유비쿼터스 기술을 적용한 “RFID 및 바코드시스템”에 의한 부품관리시스템 도입방안을 검토하였다. 이러한 신기술 적용으로 전동차 정비업무에 있어 보다 효율적인 예방정비와 신속하고 정확한 정비로 안전운행을 확보할 수 있을 것으로 기대한다.

(1) 지능형 BOM의 구축

기존의 BOM은 부품들의 유기적 관계 즉 전기흐름이나 공기의 흐름 즉, 제어회로의 기능적인 현상을 전혀 고려하지 않은 상태에서 부품명을 가지고 BOM을 구성했기 때문에 RAMS를 구현하는데 있어서 한계점을 보이고 있다. 이를 보완하고자 BOM이라는 물리적이고 형이하학적 시스템과, 전문가시스템이라는 추상적이고 형이상학적시스템을 연결하기 위하여 각 도면 및 부품에 부여된 기능용어를 매개체로 사용하여 이 둘을 통합관리 할 수 있는 신개념의 지능형 BOM을 구축하였다.

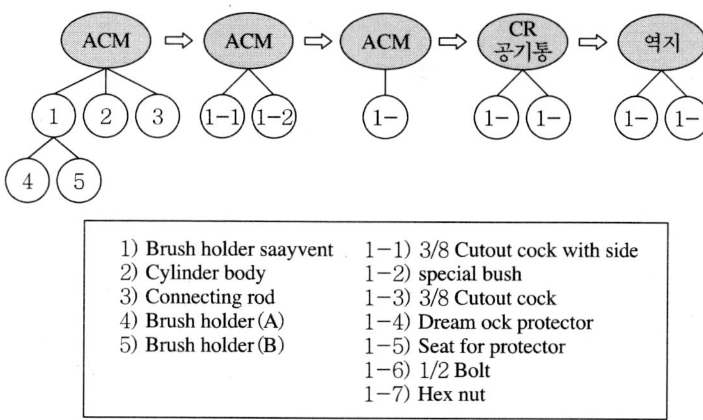

그림 12.44 지능형 BOM 개념도

지능형 BOM의 구축은 기능용어에 코드를 부여하여 이를 검수 및 정비 절차에 따라 구성하고, 각 정비절차 하부에 관련 부품 BOM을 구성함으로써 전문가 시스템에서 요구되는 계통적 고장분석이 가능하며, 이러한 계통적 BOM은 기존에 구축된 BOM시스템과 연계된다. 또한 차호별/장치별로 RFID 부품관리시스템과 연계되면 각각의 차량별·장치별 정보가 전문가시스템으로 연계되어 부품정비 고장진단에 대한 분석이 가능해진다.

(2) RFID를 적용한 부품관리시스템

RFID 부품관리시스템은 각 차호별 주요장치 외부에 RF-ID를 부착하고, 장치(Box) 내부 의 단위부품에 바코드를 부착한 후 라벨 인식기능이 추가된 산업용 PDA를 활용하여 단위 부품의 이력까지 확인이 가능하게 된다. 즉, 작업재 분류, 작업절차 간소화, 유지보수 이력분석, 검수정보, 검수시간, 검수인력, 필요부품에 대한 부품소요량을 계획하기 위한 전제조건으로 바코드 적용방식과 구축대상 및 범위를 확정하고, 자재창고 랙 단위까지 이력에 대한 바코드(위치)를 생성 부착하면 제어용 PC와 작업자의 PDA 간에 Microsoft ActiveSync 프로그램을 이용 데이터가 전송되어 작업계획 또는 자재관련 업무내역 등이 유지보수 BOM에서 PDA로 다운로드 되어 작업자가 이를 확인하여 작업을 수행하고, 작업완료 후 현장에서 자재관련 처리결과를 PDA 입력하면 데이터가 전송되어 제어 PC로 업로드가 이루어진다.

현재 10량 편성으로 이루어진 전동차 부품수리시 단위부품의 교환 및 수선이력까지 관리가 이루어지지 못하고 있으나 지능형 BOM 구축이 완료되면 전동차 편성별, 차호별 개별 단위부품까지 이력을 관리 할 수 있는 기술기반이 마련된다.

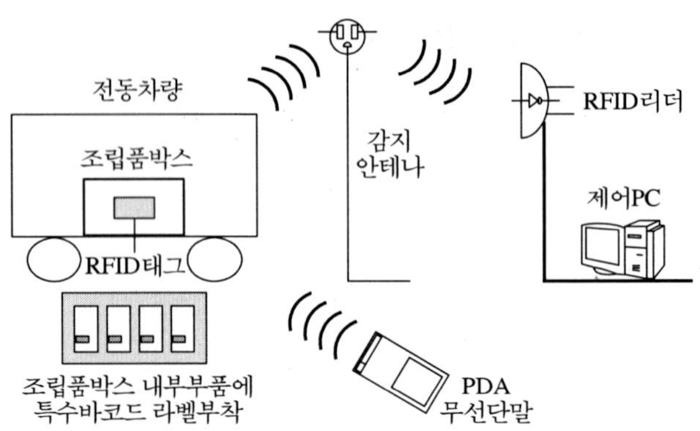

그림 12.45 RFID 부품관리시스템 개념도

유비쿼터스 기반의 RFID를 적용한 부품관리시스템을 도입하게 되면 복잡한 BOM 및 일반 Code 입력 작업에서 작업자를 해방시켜 추가적인 반복 작업 없이 개별 부품 Serial 관리가 가능하다. 주요 조립품박스에는 RFID를 부착하면 지하구간 운행 중 발생되는 먼지나 이물질이 부착되는데 이들의 제거작업 없이도 태그 인식이 가능하게 된다. 그러나 박스조립품 내부는 밀폐되어 협소하고 복잡하며, 전자기의 영향을 받지 않는 특수 바코드를 적용한다.

이러한 부품은 대부분 개별 탈착을 통하여 별도의 작업실 및 외부업체로 이동하여 수리가 되는바 개별부품 수리에 정확한 관리 지원, 외부수리 이력관리에 보다 효율적인 차량유지보수업무가 이뤄지게 된다. 또한 부품의 개별측정 데이터에 대한 정보도 검사자의 측정과 동시에 저장되며 이 데이터가 부품이 안정되게 사용할 수 있는 오차범위에 들어오는지, 또한 과거의 측정값을 함께 보여주어 그 값이 어떻게 변화해 가는지를 한눈에 보여주어 부품의 신뢰성 정비를 기대할 수 있다.

서울메트로 정보화팀에서는 RIMS 시스템의 BOM에 기능용어 코드를 부여하여 전문가시스템과 연계된 “지능형 BOM”을 구축과 활용에 관한 연구를 통하여 전기회로 및 공기계통에 나타난 부품의 인과관계가 고려된 검수·정비 절차에 따라 유지보수 업무를 수행할 수 있을 것으로 본다. 즉, 각 정비절차 하부에 관련장치의 BOM을 구성함으로써 전문가시스템에서 요구되는 계통적 고장분석을 수행할 수 있게 되었다.

"지능형 BOM"은 서로 다른 위치에서 동일한 목적을 위하여 사용되고 있는 부품들의 유기적 관계 즉, 전기와 공기의 흐름, 제어회로의 기능적인 현상을 나타낼 수 있게 되었다. 또한 차량 개별단위 RFID 부품관리시스템과 연계되면 개별차량정보가 전문가시스템으로 연계되어 부품정비 고장진단에 대한 분석은 물론 부품의 개별측정 데이터에 대한 정보와 각종 이력을 작업자에게 제공하여 보다 정확하고 신뢰성 있는 유지보수업무를 수행하여 전동차 안전운행에 기여할 수 있을 것으로 본다.

제5절 철도차량 유지보수 선진화 방안

5.1 유지보수 선진화 방안 개론

국내 도시철도는 지난 35년간 운영경험과 축적된 유지보수기술력을 기반으로 전수명주기내에서 한 단계 높은 선진화된 방식으로 철도시스템을 유지관리하도록 요구받고 있다. 이에 현재 도시철도 철도차량 유지보수 선진화를 적극적으로 모색하고 있는 서울메트로에서 구축한 전동차유지보수 정보화시스템(RIMS : Rolling-Stock Information Maintenance System) 추진 사례를 중심으로 선진화 방안을 제시하고자 한다. RIMS는 2001년 3월에 태동되어 수많은 우여곡절 끝에 2004년 10월 2일 마침내 서울지하철 4호선 창동차량사업소에 적용되어 시험운영이 시작된 이래 현재까지 계속 6년간 실제 유지보수 현장에서 실행됨으로 해서 실질적인 전동차유지보수 데이터가 축적이 되었다. 이제 RIMS는 신뢰도 중심 유지보수에 필요한 데이터를 추출할 수 있는 시스템으로 자리 매김 되었다.

이에 따라 처음 4호선에서 운용되는 차량의 주요장치에 대하여 RIMS에 축적된 데이터를 분석하여 각종 신뢰도 변수들인 운행고장간 평균주행거리(MKBSF, Mean Kilometer Between Service Failure) · 고장간 평균주행거리(MKBF, Mean Kilometer Between Failure) · 고장간 평균주행시간(MTBF, Mean Time Between Failure)을 구하여 신뢰도 중심 유지보수(RCM)의 기초 자료로 활용함으로써 유지보수주기의 적정성 검토, 장치별 수명주기 예측 등 RIMS 데이터를 기반으로하여 유지보수의 신뢰도를 확보하게 되었다.

5.2 도시철도시스템 유지보수 배경

철도시스템 중에서 E&M 분야는 통상 20년~30년을 주기로 하고, 차량의 경우 전통적으로 고장분석에 있어 시간보다는 주행거리에 따라 고장분석이 이루어져 왔다. 즉, 예전에는 100만km 당 고장발생건수로 신뢰도를 표시하였으나, 최근에는 MKBSF나 MKBF로 신뢰도수치를 표시하고 있다. 예로서 KTX의 신뢰도 사양은 MKBSF를 121,000km 이상으로 하고 있으며, 인도 델리전동차의 신뢰도 사양은 MKBF를 편성 당 40,000km 이상을 목표로 하였다.

서울메트로에서 운행중인 최신형 전동차는 구형 저항차 및 초퍼차량에 비해 사양의 고급화 및 경량화기술이 적용되어 제작되었다. 기계적 구성부품의 단순화 및 무접점화, 회전기류 기기축소 및 AC모터 채용 등으로 인하여 DC모터를 사용하는 구형차량에 비해 내구성 및 유지보수성이 향상된 차량이다. 특히, TGIS 및 TCMS장치가 채용되어 차량의 고장을 미리 감지할 수 있게 된 차량으로 교체되고 있다.

5.3 차종별 유지보수 및 고장분석

현재 서울지하철 4호선에 운행되고 있는 VVVF 인버터제어차량은 차종별로 1993~1995년 도입되었으며, 10량 1편성으로 총 47개 편성이 운행되고 있다. 4호선 운행차량을 제작사 및 전기형식으로 구분하면 총 5종의 차량이 운행되고 있다. 특히, 4호선 차량에 대한 고장분석시에 MKBSF는 본선에서 3분 이상 운행지연과 차량고장을 기준으로 하였으며, MKBF는 운행 중 차량교환이 이루어진 고장을 기준으로 하였다. 그 결과는 표 12.12와 같다.

표 12.12 차종별 MKBF, MKBSF

구분	편성당 MKBF (km)	편성당 MTBF (day)	편성당 MKBSF (km)	편성당 MTBSF (day)	량당 MKBF (km)
전체 (평균)	22,832	63	605,732	1,668	228,320
현대 DV	51,872	152	1,867,415	5,486	518,720
현대 ADV	25,819	61	1,153,292	2,721	258,190
대우 DV	19,454	62	1,057,017	3,355	194,540
복합차 ADV	17,024	42	172,681	430	170,240
대우 ADV	12,831	36	196,748	430	128,310

차량의 고장률 추세선을 살펴보면 초기시점에는 욕조곡선과 같은 특성을 나타내지만 결코 사용연령 즉, 노후화 의존의 열화영역을 갖지 않는 것을 알 수 있다. 다시 말하면 예방정비에 의한 정기오버홀 이후 초기고장 영역이 존재하다가 우발고장만이 발생함을 알 수 있다. 즉, 현 서울메트로의 2년검사(2Y), 4년검사(4Y) 시스템 보다 더 긴 정기검사주기가 되어야 하며, 생각지 못한 우발고장 대처에 유리한 예지정비(Predictive Maintenance)와 선행정비(Proactive Maintenance)가 병행되어야 함을 알 수 있다.

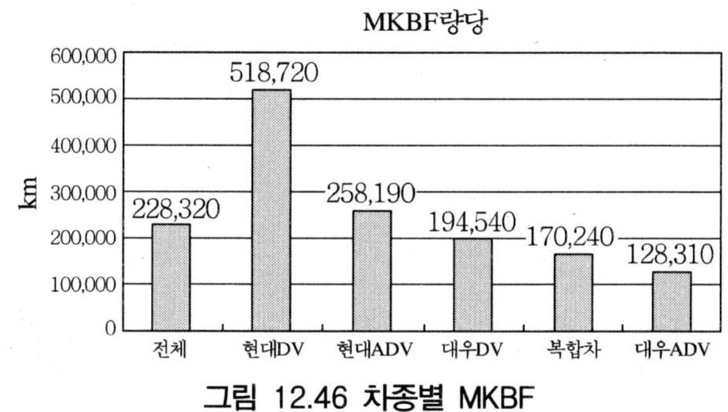

그림 12.46 차종별 MKBF

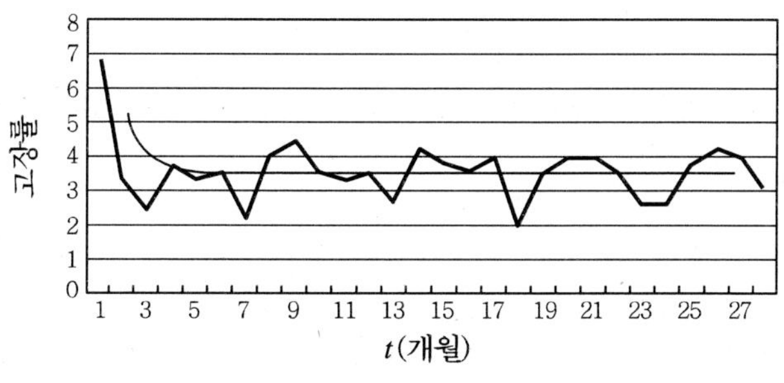

그림 12.47 차량의 고장률 추세

서울지하철 4호선 차량에 대한 고장분석 결과 미국의 각 도시철도 운영기관이 표준으로 사용하고 있는 차량당 MKBF 160,900km 보다 DV(직류전용), ADV(교직류) 차량은 매우 우수한 것으로 판명되었으며, DV 차량 및 복합차량은 미국운영기관 표준보다도 우수하게 나타났다. 그러나 ADV 차량의 경우 이에 미치지 못하는 결과가 도출되었는데 이는 ADV 차량이 DV 차량에 비해 긴 구간을 운행하며 DC(직류) 구간과 AC(교류)구간을 모두 운행함에 따라 고장발생이 많은 것으로 사료된다. 이에 따라 복합차량(TC car 현대, M car 대우) 및 ADV 차량은 주요 고장 발생 원인분석과 함께 이에 대한 대책 수립뿐 만 아니라 보다 철저한 정비가 이루어져야 함을 알 수 있다.

전체 차종에서 어떤 한 차종의 고장이 차지하는 비율을 살펴보면 DV 차량은 보유차량 대비 고장비율이 현저히 낮으며, ADV 차량은 보유차량 대비 고장비율이 높은 것을 알 수 있다. 특히, MKBSF 기준으로 보면 복합 ADV 차량의 고장률이 차량고장으로 인하여 본선 3분 이상 운행지연이 41%를 차지하여 보유편성 대비 지나치게 많은 고장이 발생하고 있음을 알 수 있다.

이는 서로 다른 시스템을 적용한 차량의 특성에 의해 한번 고장이 발생하면 본선개통에 지장을 주는 큰 고장으로 이어지고 있는 것을 알 수 있다.

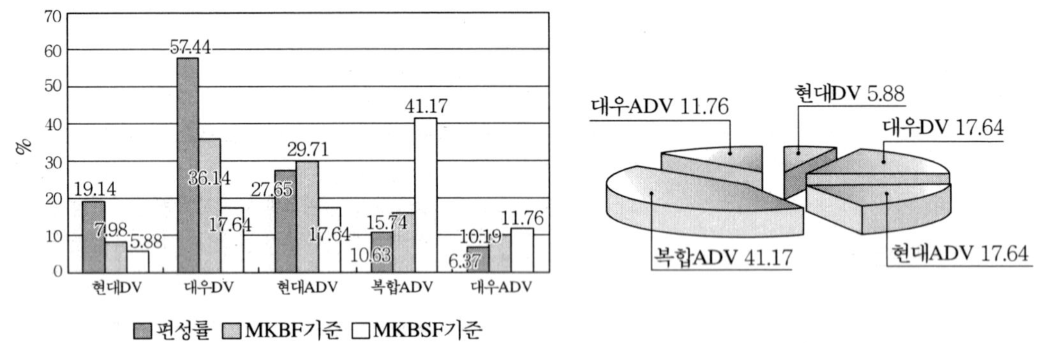

그림 12.48 차종별 고장률

그림 12.49 MKBSF기준 차종별 고장률

5.4 장치별 고장분석

운행 중 차량교환이 이루어진 고장을 기준으로 서울지하철 4호선 전차종의 장치별 고장률(MKBF기준)을 살펴보면, 제어장치 28%, 제동장치 18%, 주회로장치 16%, 출입문 10.4%, 보조회로장치 9.5%, 신호장치(ATC)순이며 제어·제동·주회로장치 고장률이 많은 것으로 보여 지지만 이중 TGIS 장치상의 고장표시등 점등에 따른 열차교환이 다수를 점하고 있어 실질적인 고장이라고 보기는 다소 무리가 있다.

하지만 도시철도 특성상 주요 고장표시등이 점등되면 사고예방차원에서 차량을 교환 회송을 하게 되므로 이를 고장으로 보고 데이터를 처리하였다. 또한 제동 및 출입문장치가 높은 고장률을 나타내므로 이에 대한 고장원인 분석 및 대책이 필요함을 알 수 있다.

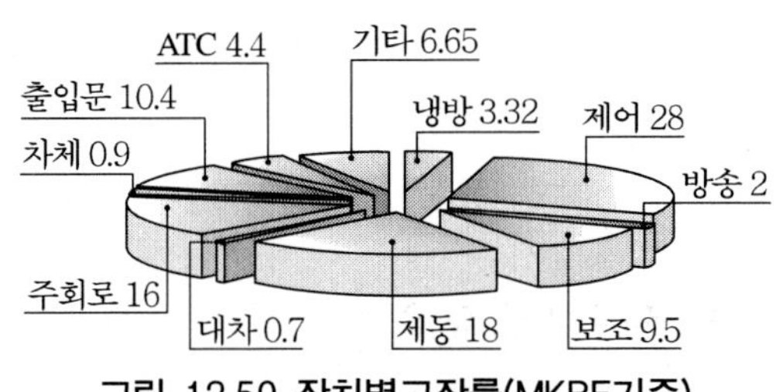

그림 12.50 장치별고장률(MKBF기준)

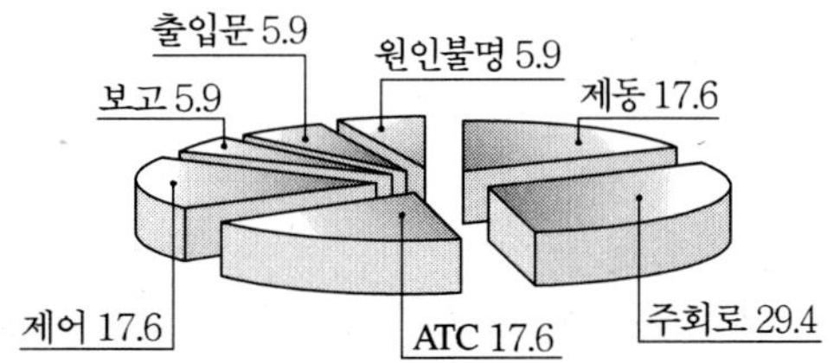

그림 12.51 장치별고장률(MKBSF기준)

표 12.13은 뉴욕전동차(NYCT), 미국 SEPTA 전동차, 워싱턴전동차(WMATA), 미국 PATH 전동차, 그리스 ATTIKO 전동차의 서브시스템의 신뢰도 목표 요구조건으로 장치별 100만km당 고장발생 목표치로, 우리나라 실정과 일치하지는 않지만 좋은 비교자료다.

표 12.13 장치별 100만km당 고장발생 목표치(1)

구분	추진장치	보조전원	HVAC	출입문	제동	대차	신호	기타
NYCT	28.6		14.3	22.2	16.8		13.3	8.3
SEPTA	16.6	10	20	25	16.6		10	
WMATA	30	2	13	6	18	3	4	
PATH	20	15	10	18	18		11	
ATTIKO	20		10	16.8	16.8		10	13.3
평균	27.04	9	13.46	13	17.24	3	9.66	10.8
DMRC실적	3.4		2.6	3.34	2.83	0.3		1.0

표 12.14 장치별 100만km당 고장발생 목표치(2)

장치	냉방	제어	방송	보조	제동
MKBF	686,496	81,725	1,144,160	239,475	127,128
장치	대차	주회로	차체	출입문	ATC
MKBF	3,432,480	145,034	10,297,440	219,094	514,872

비교 가능한 제동장치, 출입문장치, 신호장치, 대차장치 등을 국제기준평균치와 비교해보면 국제기준 목표치를 능가하는 것을 알 수 있다. 서울지하철 4호선에 운행되는 전동차는 12년 ~ 15년 운행된 차량으로 초기고장기간을 지나 안정되어 우발고장이 일어나는 시기가 되었기 때문이라 사료된다. 그 밖의 장치 등의 고장비교는 고장분류 등을 국제 기준에 맞추어야 가능할 것이다.

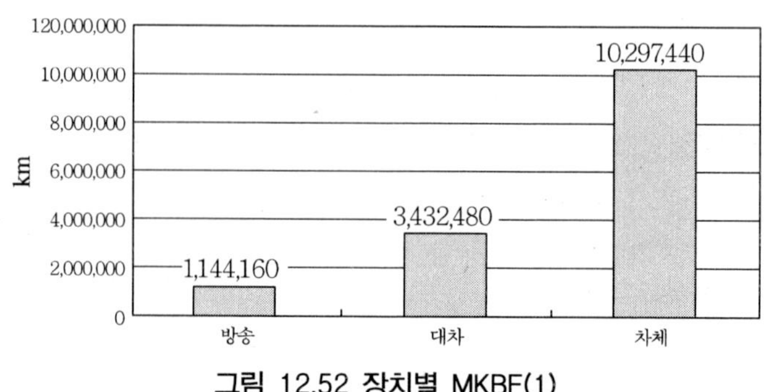

그림 12.52 장치별 MKBF(1)

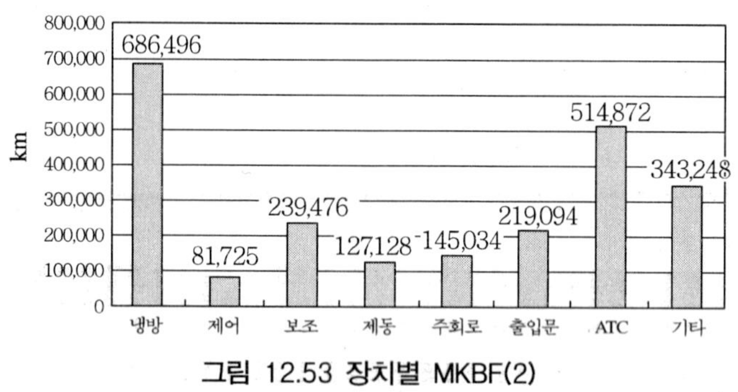

그림 12.53 장치별 MKBF(2)

장치별 고장률 추세선을 살펴보면 냉방장치, 보조회로장치(SIV), 제어장치 등은 초기 고장영역이 존재하지 않는 전 구간에 있어 일정한 고장률을 나타내는 우발고장 영역만이 존재한다. 이들 장치들은 예방정비의 한계를 극복하기 위하여 고장의 사전진단 기법을 활용한 예지정비와 고장의 근본원인을 제거하고자하는 예지정비가 이루어져야 한다. 출입문장치 및 ATC장치의 고장률 추세 선을 살펴보면 초기시점에는 욕조곡선과 같은 특성을 나타내지만 결코 연령의존의 열화영역을 갖지 않는 것을 알 수 있다. 따라서 2Y, 4Y, 3Y, 6Y 시스템 보다 더 긴 정기검사 주기로 조정이 검토되어야 하며, 우발고장에 유리한 예지정비와 선행정비가 병행 되어야 한다고 판단된다.

주회로 장치의 고장 추세 선을 살펴보면 예방정비에 의한 오버홀 후 시간에 따라 고장률이 서서히 증가하고 있음을 알 수 있다. 이는 주회로를 이루는 장치들이 기계적 접점으로 이루어져 있어 사용시간이 증가할수록 전기적, 기계적 마모가 이루어지기 때문이다. 주회로 장치는 예방정비에 의한 오버홀이 유익하다고 할 수 있다.

1) 도시철도시스템의 전반적인 유지보수는 건설초기에는 큰 문제가 없었으나 상업

운전을 하면서 제반여건이 최악의 조건들 속에서 상호작용하기 때문에, E&M 분야, 토목분야, 철도차량분야의 상호 인터페이스와 관련한 전수명주기(LCC)에 기반한 적정 유지보수란 용이하지 않다. 이에 따라 신뢰도는 데이터에 근거한 체계적인 접근을 하여야 한다.

2) 전동차의 고장률 추세를 살펴보면 초기시점에는 욕조곡선과 같은 특성을 나타내지만 결코 사용년수에 따른 열화영역을 갖지 않는 것을 알 수 있듯이 주행거리와 운행시간의 구분에 의한 유지보수를 장치별로 구분하여 실제적으로 적용하는 것을 검토하여야 한다.
3) 전동차 일부 장치에서는 현재의 2Y, 4Y이거나 3Y, 6Y의 획일적인 주기보다는 새로운 시간개념과 주행거리에 따른 차별화된 정기검사주기 검토가 필요하다는 것을 알 수 있으며, 예기치 못한 우발고장에 유연하게 대처할 수 있는 예방정비의 한계를 극복하기 위해서는 고장의 사전진단 기법을 활용한 안전운행을 위한 예지정비와 고장의 근본원인을 사전 제거할 수 있는 선행정비가 이루어져야 한다.
4) 차종별로는 DV 전용차량이 고장이 적고 안전운행에 기여하는 것을 알 수 있으며, 또한 복합차량이 보유편성 대비 고장이 많이 발생하고 있음으로, 이에 대한 고장의 원인분석 및 대책이 필요하다.
5) 장치별 MKBF를 살펴보면 제동장치, 출입문장치, 신호장치, 대차장치 등을 국제기준 평균치와 비교해보면 국제기준 평균치를 능가하는 것을 알 수 있으며, 주회로 장치를 제외한 나머지 장치들은 시간의존성 고장이 아니라 우발고장에 의한 고장이 발생됨을 알 수 있다.
6) 이에 실질적인 도시철도 유지보수 선진화 방안은 서울지하철 1호선이 1974년 8월15일 개통 이후 35년간 축적된 도시철도 운영경험과 전문 엔지니어링 기술을 접목시켜서 도시철도 건설 및 운영이 이르는 전 분야를 원천기술 수준으로 완성시키는 것이다. 이는 도시철도 경영개선은 물론 도시철도의 운영경쟁력을 세계적으로 높이는 계기가 되므로, 도시철도 운영기관의 중요한 과제이며 당연한 책무라고 생각한다.

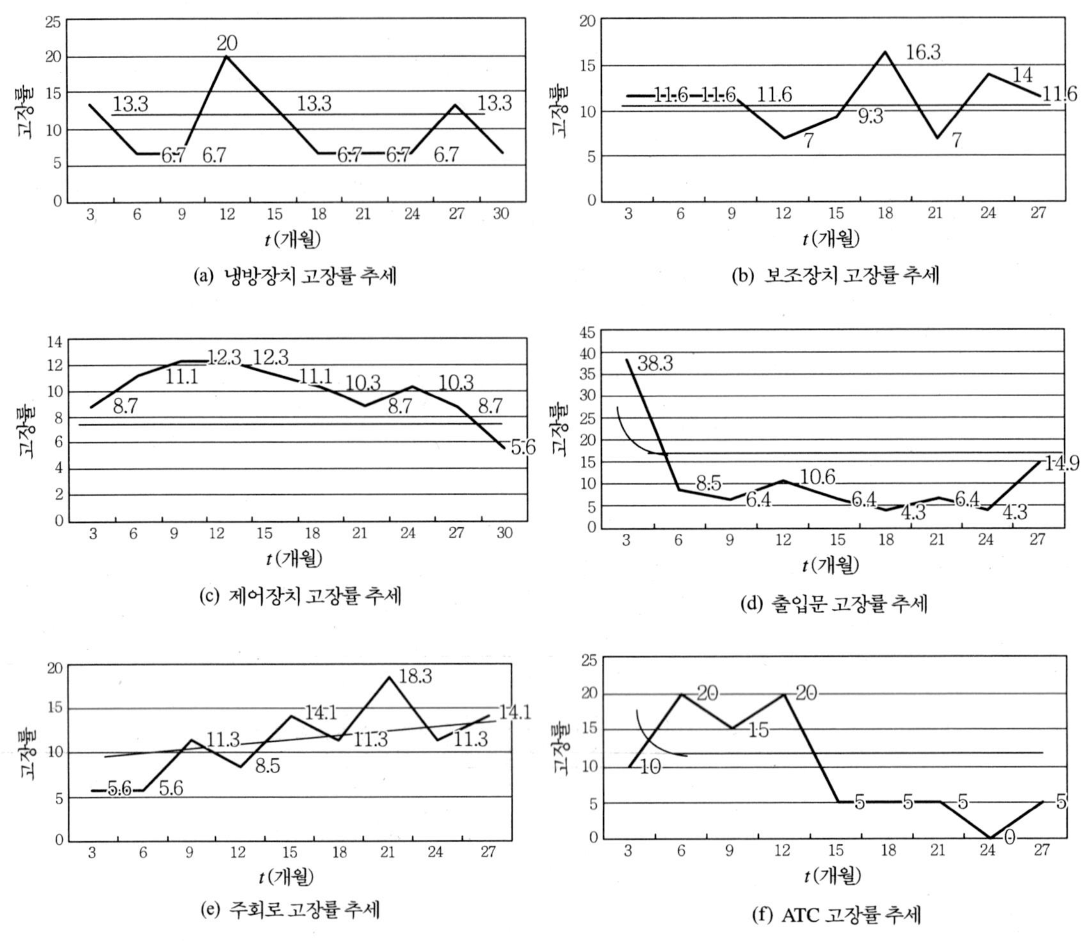

그림 12.54 장치별 고장률 추세

감소형 (DFR)	- 초기 운행시 고장나기 쉬운 결정을 갖고 고장을 일으키지만 시간과 더불어 감소(전자부품류) - 설계오류 등에 의해 발생 Aging에 의해 제거함	와이블 분포
일정형 (CFR)	- 초기고장의 원인 제거 후 우발고장이 발생하는 경우	지수분포
증가형 (IFR)	- 고장률이 시간에 따라 증가하는 형태. - 베어링 등의 기계적 고장과 인간의 노화곡선	와이블 분포

제 13 장

제13장 철도차량 용어해설

제1절 철도차량의 종류
제2절 차량의 치수, 중량, 용적, 기타
제3절 차량의 성능과 운전

제13장 철도차량 용어해설 (Glossary of Terms for Railway Rolling Stock)

철도차량 기술은 차량일반, 주행장치, 동력장치, 차체, 부속장치, 제어장치, 제동장치 등으로 구분하여 정의한다.

제1절 철도차량의 종류

1) 일반

- 차량(Rolling Stock, Vehicle, Car)
  레일 또는 이에 준하는 것(궤도빔)에 차륜 등을 사용하여 중량을 부담시켜서, 인력 또는 축력 이외의 동력을 사용하여 운행하는 것. 통상 "철도차량"이라고 한다.
- 현수식 모노레일 차량(Suspended Monorail Car, Suspended Type Monorail Car)
  레일 또는 이에 준하는 것(궤도빔)에 현수하여(달아 메어) 동력을 사용하여 운행하는 차량
- 걸쳐 타기식 모노레일 차량(Straddled Monorail Car, Straddled Type Monorail Car, 벌려 타기식 모노레일 차량)
  레일 또는 이에 준하는 것(궤도빔)에 걸쳐 타서, 동력을 사용하여 운행하는 차량
- 무궤도 전차(Trolley Bus, Trolley Coach)
  전동기 및 운전 장치를 가지며 차량 외부로부터 전력의 공급을 받아 자동차와 같이 고무 타이어 붙이 차륜으로 일반 도로 위를 운전하는 전차
- 노면 전차(Tramcar, Streetcar)

도로상에 부설한 레일 위를 운행하는 전차

- 와이어 로프식 차량(Funicular Railway Car)

  와이어 로프로 견인되어 레일 위를 주행하는 차량
- 삭도 운반기(Cable Suspension Transporter)

  케이블에 직접 또는 간접으로 부착되어서 사람 또는 물품을 수송하는 기구
- 동력차(Motive Power Unit, Motor Car, Power Car)

  원동기를 가지며 단독 또는 자기 이외의 차량과 연결하여 운행하는 차량으로 기관차, 전동차 및 내연동차의 총칭(제어차 및 부수차는 포함하지 않는다.)
- 제어차(Driving Trailer, Control Trailer)

  총괄 제어를 하는 차량으로 원동기를 가지지 않으나 운전실을 갖춘 전차 및 내연동차
- 부수차(Trailer)

  총괄제어를 하는 차량으로 원동기 및 운전실을 가지지 않은 전차 및 내연동차
- 객화차(Passenger and Freight Car)

  원동기 및 총괄 제어장치를 가지지 않은 차량으로 기관차에 견인되는 객차 및 화차의 총칭
- 내연차(Internal Combustion Rolling Stock)

  원동기로 내연기관을 사용하는 동력차(내연기관차, 내연동차 등) 및 이와 연결되어 운행되는 제어차와 부수차
- 디젤차(Diesel Rolling Stock, Diesel Car)

  원동기로 디젤 기관을 사용하는 동력차(디젤기관차, 디젤동차 등) 및 이와 연결하여 운전되는 제어차와 부수차
- 전기차(Electric Rolling Stock)

  원동기로 전동기를 사용하는 동력차(전기 기관차, 전동차 등) 및 이와 연결하여 운행되는 제어차와 부수차
- 기관차(Locomotive, Locomotive Engine)

  원동기 및 운전장치를 가지고 있지만, 수송설비를 갖추지 않고 객화차를 견인하여 운행하는 차량

- 여객차(Passenger Carring Car, Passenger Car, Coach)
  여객을 수송하기 위하여 사용되는 기관차 이외의 차량. 이것 이외의 목적의 것이라도 원칙적으로 여객 열차에 연결되어 사용되는 것은 일반적으로 이 가운데에 포함된다.
- 화물차(Freight-Train Car, Freight Car)
  화물을 수송하기 위해 사용되는 기관차 이외의 차량. 이것 이외의 목적의 것이라도 원칙적으로 화물 열차에 연결하여 사용되는 것은 일반적으로 이 가운데에 포함된다.
- 입환 기관차(Shunting Engine, Shunting Locomotive)
  주로 정차장, 조차장(Shunting Yard) 등의 입환 작업에 사용되는 기관차
- 강제차(Steel Car)
  측면 등의 외면이 강제인 차량. 일반적으로 기관차 이외의 것에 대하여 말한다.
- 전금속제차(All-Metal Car)
  차체의 골조, 내외면, 설비품 등이 원칙적으로 전부 금속제(보통강, 합금강, 경합금 등)인 차량. 일반적으로 기관차 이외의 차량에 대하여 말한다.
- 목제차(Wooden Car)
  언더프레임(Under Frame) 이외의 차체 구조부가 목제인 차량. 일반적으로 기관차 이외의 차량에 대하여 말한다.
- 2축차(Two-Axle Car, Four-Wheel Car)
  2쌍의 윤축(Wheelset)을 가진 차량. 일반적으로 기관차 이외의 차량에 대하여 말한다.
- 3축차(Three-Axle Car, Six-Wheel Car)
  3쌍의 윤축(Wheelset)을 가진 차량. 일반적으로 기관차 이외의 차량에 대하여 말한다.
- 보기차(Bogie Car)
  대차(Bogie, Truck)가 2개 이상으로서 대차와 차체의 사이에서 회전할 수 있도록 지지된 차량. 일반적으로 기관차 이외의 차량에 대하여 말한다.
- 2축 보기차(Two-Axle Bogie Car, Four-Wheel Bogie Car)
  2쌍의 윤축을 가진 대차 2개로 지지된 보기차. 일반적으로 기관차 이외의 차량에 대하여 말한다.

- 3축 보기차(Three-Axle Bogie Car, Six-Wheel Bogie Car)
  3쌍의 윤축을 가진 대차 2개로 지지된 보기차. 일반적으로 기관차 이외의 차량에 대하여 말한다.
- 복식 보기차(Multi-Axle Bogie Car, Car with Multiple Bogie Car)
  2쌍 이상의 윤축을 가진 대차를 조합하여 1단위(Unit)로 사용되는 복식의 보기차. 일반적으로 기관차 이외의 차량에 대하여 말한다.
- 연접차(Articulated Car)
  2개의 차체의 끝을 1개의 대차로 지지하여 연결되어 있는 차량. 일반적으로 기관차 이외의 것에 대하여 말하며 3개 이상의 차체를 연접하는 경우도 있다.
- 좌석차(Coach, Day Coach)
  여객을 위한 의자가 있는 여객차
- 침대차(Sleeping Car, Sleeper)
  여객을 위한 침대가 있는 여객차
- 식당차(Dining Car, Diner, Restaurant Car, Buffet Car)
  여객을 위한 음식물을 제공하는 설비를 갖춘 여객차
- 우편차(Postal Car, Mail Car, Post Office Car)
  우편물을 수송하며 또한 차량내에서 이것을 구분하는 설비가 있는 여객차
- 하물차(Baggage Car, Luggage Van)
  수하물 및 소하물을 수송하는 설비를 가진 여객차
- 합조차(Combination Car, Combined Car, Composite Car)
  좌석 및 식당 또는 좌석 및 화물실과 같이 2종 이상의 차내 설비를 1개 차량에 병설하고 있는 여객차
- 완급차(Car with Hand-Brake, Brake-Van, Caboose)
  운전 업무를 하는 차장실 또는 칸막이를 한 바닥면(Floor)이 있으며, 여기서 브레이크 조작을 하는 설비를 갖춘 객화차
- 업무차(Office Car, Railway Service Car)
  업무용 차량

2) 증기기관차

- 증기기관차(Steam Locomotive)
  원동기로 증기기관을 사용하는 기관차
- 포화증기기관차(Saturated Steam Locomotive)
  동력원으로 포화증기를 사용하는 증기기관차
- 과열증기기관차(Superheated Steam Locomotive)
  동력원으로 과열증기를 사용하는 증기기관차
- 탱크기관차(Tank Engine, Tank Locomotive)
  기관차 자체로서 물탱크 및 연료창고를 갖추고 있어 별도로 탄수차를 연결하지 않는 증기기관차
- 텐더기관차(Tender Engine, Tender Locomotive)
  탄수차로부터 연료 및 물의 보급을 받는 증기기관차. 일반적으로 탄수차를 포함하여 말한다.
- 탄수차(Tender)
  텐더기관차의 후부에 부속 연결되어 기관차에 보급하기 위해 연료 및 물을 적재하고 있는 차량

3) 전기기관차

- 전기기관차(Electric Locomotive)
  원동기로 전동기를 사용하는 기관차.
- 직류전기기관차(DC Elcetric Locomotive)
  차량 외부로부터 직류 전력을 공급 받아 운행하는 전기기관차
- 교류전기기관차(AC Electric Locomotive)
  차량 외부로부터 교류 전력을 공급 받아 운행하는 전기기관차
- 교직류전기기관차(AC-DC Dual Current Electric Locomotive)
  교류 급전구간 및 직류 급전구간을 각각에 걸쳐 직통 운전할 수 있는 전기기관차
- 축전지기관차(Storage Battery Locomotive)
  차체에 적재한 축전지로부터 전력을 공급 받아 운행하는 전기기관차

4) 내연기관차

- 내연기관차(Internal Combustion Locomotive)
  원동기로 내연기관을 사용하는 기관차
- 디젤기관차(Diesel Locomotive)
  원동기로 디젤기관을 사용하는 내연기관차
- 전기식디젤기관차(Diesel Electric Locomotive)
  전동장치로 발전기 및 전동기를 사용하는 디젤기관차
- 액체식디젤기관차(Diesel Hydraulic Locomotive)
  전동장치로 유체변속기를 사용하는 디젤기관차
- 기계식디젤기관차(Diesel Mechanical Locomotive)
  전동장치로 기어 변속기를 사용하는 디젤기관차

5) 전기차

- 전차(Electric Railcar)
  전동차와 이에 연결하는 제어차 및 부수차의 총칭. 일반적으로 여객차만을 말한다.
- 직류전차(DC Electric Railcar)
  차량 외부로부터 직류전력을 공급 받아 운행하는 전차
- 교류전차(AC Electric Railcar)
  차량 외부로부터 교류전력을 공급 받아 운행하는 전차
- 교직류전차(AC-DC Dual Current Electric Railcar)
  교류 급전구간 및 직류 급전구간을 각각에 걸쳐 직통 운전할 수 있는 전차
- 전동차(Electric Motor Car, Electric Motor Coach)
  원동기로 전동기를 사용하는 전차
- 전동화차(Electric Motored Freight Car)
  원동기로 전동기를 사용하는 화물차

6) 내연동차

- 내연동차(Internal Combustion Railcar)
  원동기로 내연기관으로 사용하는 기관차 이외의 동력차와 이에 연결하는 제어차

및 부수차의 총칭. 일반적으로 여객차만을 말한다. 또한, 제어차 및 부수차를 제외한 협의의 의미에도 사용된다.

- 디젤동차(Diesel Railcar, Diesel Motor Car)
  원동기로 디젤기관을 사용하는 내연동차
- 전기식 디젤동차(Diesel Electric Railcar)
  전동장치에 발전기 및 전동기를 사용하는 디젤동차
- 액체식 디젤동차(Diesel Hydraulic Railcar)
  전동장치로 유체 변속기를 사용하는 디젤동차
- 기계식 디젤동차(Diesel Mechanical Car)
  전동장치로 기어 변속기를 사용하는 디젤동차. 치차식 디젤동차라고도 한다.
- 내연화차(Internal Combustion Freight Car)
  원동기로 내연기관을 사용하는 화물차

7) 객차

- 객차(Passenger Car, Coach)
  원동기 및 총괄 제어장치를 가지고 있지 않고 기관차에 견인되는 여객차

8) 화차

- 화차(Wagon, Freight Car)
  원동기 및 총괄 제어장치를 가지고 있지 않고 기관차에 견인되는 화물차
- 유개화차(Roofed Freight Car)
  지붕이 있는 화차의 총칭
- 무개화차(Uncovered Freight Car, Open-Top Car)
  지붕이 없는 화차의 총칭
- 유개차(Box-Car, Covered Wagon)
  각종의 화물 수송에 널리 사용되고 있는 유개화차
- 냉장차(Refrigerator Car)
  부패하기 쉬운 화물(주로 생선, 식료품류)을 냉장하면서 수송하는 유개화차
- 통풍차(Ventilated Car)
  과일 및 야채를 수송하기 위하여 적당한 통풍이 되게 만든 구조의 유개화차

- 가축차(Stock Car, Cattle Van)
  가축을 수송하기 위하여 적당한 통풍이 되게 만든 유개화차
- 돼지 적재차(Double Deck Stock Car)
  돼지를 수송하기 위하여 선반, 급수장치 및 부속실을 설치한 유개화차
- 활어차(Live-Fish Car)
  수온조정 및 수중의 산소 보급을 할 수 있는 물탱크를 가지며 어류를 산 채로 수송하는 유개화차
- 도기차(Porcelain Car)
  착탈을 자유로이 할 수 있는 선반을 가지며 도자기를 개별 적재하여 수송하는 유개화차
- 무개차(Gondola Car, Open Wagon)
  각종 화물수송에 널리 사용되는 무개화차
- 장물차(Platform Truck, Flat Car)
  목재, 레일, 강재 등의 길이가 긴 화물을 수송하기 위하여 앞뒤와 측구조가 없고, 착탈 및 전도가 쉬운 울타리 기둥을 갖추고 있는 무개화차
- 대물차(Depressed Centre Car, High-Capacity Wagon, Well Car)
  중량 및 부피가 현저하게 큰 것을 수송하는 무개화차. 중앙부를 낮은 바닥으로 한 것, 중앙부를 수송하는 화물자체로 연결하여 언더프레임의 강도를 보강한 구조로 된 것 등이 있다.
- 차 운반차(Car Carrier)
  자동차를 수송하기 위한 특수한 구조를 가진 화차
- 컨테이너차(Container Car)
  컨테이너 수송을 하기 위해 컨테이너 고정장치를 갖춘 무개화차
- 탱크차(Tank Car)
  액체, 분체 등을 수송하기 위한 탱크를 가진 화차
- 호퍼차(Hopper Car)
  분체 및 입체를 비포장 적재 수송하기 위하여, 밑바닥이 열리거나 또는 옆 아래 부분이 열리는 구조의 호퍼를 가진 화차

- 석탄차(Coal Car)
  석탄을 수송하기 위하여 밑바닥이 열리거나 또는 옆, 아래 부분이 열리는 구조의 호퍼를 가진 무개화차
- 토양 운반차(Ballast Car)
  토양, 자갈 및 모래를 수송하는 무개화차
- 물 운반차(Water Tank Car)
  증기 기관차의 보일러 용수, 음료수 등을 수송하는 탱크를 가진 화차
- 차장차(Caboose, Brake-van)
  차장이 업무를 수행하고 또 브레이크 조작을 하는 설비를 가진 유개화차. 일반적으로 화물을 적재하지 않는 것을 말한다.

9) 기타

- 가선시험차(Catenary Testing Car)
  가선 및 집전장치의 상태를 주행 중에 측정하는 장치를 가진 차량
- 전기시험차(Electric Testing Car)
  가선, 변전, 신호 및 통신 관계 제설비의 상태를 주행 중에 측정하는 장치를 가진 차량
- 차량성능시험차(Dynamometer Car)
  차량 성능을 주행 중에 측정하는 장치를 가진 차량
- 궤도시험차(Track Testing Car, Track-Recording Coach)
  궤도의 부설상태 및 그 관련 사항을 주행 중에 측정하는 장치를 가진 차량
- 한계측정차(Clearance Car)
  구조물이 건축한계내에 들어가 있는가의 여부를 측정하는 장치를 가진 차량
- 레일탐상차(Rail-Defect Detector)
  부설한 레일의 내부 및 외부 흠을 발견하기 위한 기기를 가진 차량
- 난방차(Heating Boiler Car, Steam Generating Car)
  객차의 난방용 증기를 발생하는 설비를 가진 차량
- 검중차(Scale Test Car, Weight Bridge)
  차량의 중량 측정기의 검정에 사용하기 위하여 분동 및 그 조작 기구 등을 가진

차량

- 공작차(Tool Car)

  공사용의 기계 등을 적재, 현지공사를 할 수 있는 설비를 가진 차량
- 조중차(Crane Car, Wrecking Crane)

  중량품을 달아 올리거나 또는 교량의 빔 가설용의 크레인을 설비한 차량. 일반적으로 달아 올리거나 또는 자체 주행을 하기 위한 동력을 가진다.
- 이동변전차(Movable Power Plant Car)

  전화구간에서 시기적으로 다른 지구에 수송 증가를 하지 않으면 안 될 경우, 또는 변전소 사고 등의 경우에 이동하여 사용하는 변전설비를 가진 차량
- 제설차(Snow-Plough Car)

  선로 상에 쌓인 눈을 제거하여 열차의 운행에 지장이 없도록 하는 차량. 일반적으로 기관차에 의하여 추진된다.
- 러셀제설차(Wedge Type Snow-Plough)

  머리부가 쐐기형으로 되어 있고, 쌓인 눈을 양쪽 또는 한쪽으로 튕겨 날리게 한 구조의 제설차
- 회전제설차(Rotary Snow-Plough)

  머리부에 동력으로 회전하는 임펠러 날개(Impeller)를 가지며, 적설을 원심력으로 멀리 옆방향으로 날리는 구조의 제설차.
- 광폭제설차(Snow Spreader)

  팔자형의 긴 날개를 가지고, 구내 또는 제방 위의 적설을 넓게 밀어내는 구조의 제설차
- 긁어모으기 제설차(Collecting Snow-Plough)

  뒷부분에 역팔자형의 긴 날개를 가지며, 선로 양측의 적설을 선로 상에 긁어모으는 구조의 제설차. 단 그렇게 한 후 회전제설차를 운행하여 멀리 눈을 던져버린다.
- 보조차(Auxiliary Service Car)

  주로 구내, 차량 운반선의 이동 가능한 교량 등에서 기관차가 직접 들어갈 수 없는 경우 등에서 연결하는 차량

제2절 차량의 치수, 중량, 용적, 기타

1) 차량의 치수

- 차량 한계(Rolling Stock Gauge, Vehicle Gauge, Car Gauge)
  차량이 직접 레일 위 바른 위치에 있을 경우 적차, 공차. 기타 어떠한 조건에 있어도 차량 각 부분이 돌출해서는 안 되는 좌우 상하의 한계
- 연결기 중심 높이(Height of Coupler Center above Rail Level)
  레일 윗면으로부터 연결기 중심까지의 수직거리
- 최대 길이(Maximum Length over Couplers, Length between Couplings, Total Length over Coupling Faces)
  앞뒤 양쪽 연결기의 연결면 간의 수평거리(인장장치가 자유로울 때의 것)
- 최대 높이(Maximum Height above Rail Level)
  레일 윗면으로부터 차체 최고부(부속부품을 포함하며 집전장치는 접은 상태에서 측정한다)까지의 수직거리
- 최대 폭(Maximum Width)
  차량의 측면에 있어서 최대 돌출부와 차체 중심선과의 거리의 2배
- 차체 외부의 길이(Outside Length of Car Body)
  차체 양앞 끝단 외면 사이의 수평거리. 다만, 앞 뒷판이 없는 것에서는 양끝 돌출부의 외면 사이, 탱크차에서는 언더프레임 또는 탱크의 양끝 최돌출점 사이의 수평거리
- 차체 외부의 폭(Outside Width of Car Body)
  차체 양쪽의 측면판 외면간의 수평거리. 측면판이 없는 것에서는 울타리 기둥의 외면 사이, 사이드실(Side Sill)의 외면 사이 또는 동판의 외부 사이의 수평거리 중에서 최대인 것
- 중심판 사이거리(Distance between Centre Plates)
  보기차에 있어서의 전후 대차의 회전 중심사이의 수평거리
- 축간 거리(Wheel Base)
  차축 상호의 중심 사이의 수평거리

• 고정축간 거리(Rigid Wheel Base)
1개의 굽혀지지 않는 언더프레임 또는 대차의 프레임에 있어서 특히 옆 흔들림 여유를 주지 않은 윤축(Wheelset), 가장 앞 위치에 있는 것과 가장 뒤 위치에 있는 것과의 차축 중심 사이의 수평거리

• 전체 축간 거리(Total Wheel Base)
1량의 차량의 전후 양끝에 있는 차축의 수평 중심거리

• 화물적재높이(Loading Height of Freight above Floor Level)
무개차, 토양운반차(차체가 전도하는 것은 제외한다), 장물차 및 컨테이너 차에 적재할 수 있는 화물의 상면으로부터의 제한 높이

• 차축 배치(Axle Arrangement)
차량 또는 그 대차의 앞 위치로부터 뒤 위치에 걸쳐서의 윤축의 배치 방법

2) 차량의 중량

• 차륜 하중(Wheel Load)
차륜의 중량에 의해 각 차륜마다 레일에 미치는 중량

• 축중(Axle Load)
1축에 있어서의 좌우 윤중의 합

• 자중(Tare Weight)
공차시의 중량

• 운전정비중량(Weight in Working Order)
승무원이 승차하고 연료, 물, 모래, 공구류 등 운전상 필요한 기구, 물자를 적재하여 운전가능하게 정비된 차량의 중량을 말하며, 주로 기관차에 사용한다.

• 적차중량(Weight of Loaded Car)
공차에 정원 승객 및 승무원이 승차하고 연료, 물, 모래 등 운전 정비에 필요한 물자를 적재하고 또는 표기하중에 상당하는 물자를 적재한 경우의 차량의 중량. 주로 여객차 및 화물차에 사용한다.

• 하중(Loading Capacity)
여객차, 화물차 등에 표기되어 사용되는 경우 적재할 수 있는 수송화물, 우편물 등의 제한중량.

- 석탄 하중(Loading Capacity for Coal)
  무개차에 적재할 수 있는 석탄의 제한 중량
- 환산량수(Number of Cars in Terms of 10ton Weight)
  차량의 중량 10톤을 1량으로 환산하여 표시한 수.
- 점착 중량(Adhesive Weight, Adhesion Weight)
  동력차의 중량 가운데 동륜이부담하는 부분의 중량.
- 스프링 상 중량(Suspended Weight, Sprung Weight)
  차량의 중량 가운데 스프링에 의하여 지지되는 부분의 중량
- 스프링 하 중량(Non-Suspended Weight, Unsprung Weight, Unsprung Mass)
  차량의 중량 가운데 스프링에 의하여 지지되고 있지 않은 부분의 중량

3) 차량의 용적, 기타

- 바닥 면적(Floor Area)
  차실 내부의 길이와 폭의 곱으로 산출한 면적
- 용적(Volumetric Capacity)
  하물차 및 우편차의 경우, 하물실 또는 우편실의 바닥 면적과 차실내부의 측면부의 높이와의 곱으로 산출한 용적. 탱크차, 호퍼차 및 대물차를 제외한 화물차의 경우 상면적과 차실 내부의 측면높이 또는 화물적재 높이와의 곱으로 산출한 용적.
- 실용적(Effective Volumetric Capacity, Effective Cubic Capacity)
  탱크차의 경우 탱크 본체의 용적으로부터 돔 격판, 가열관 및 기타의 장치가 차지하는 용적을 뺀 남은 용적
- 공차(Empty Car)
  승객, 승무원 및 하물을 적재하지 않고 물, 연료, 모래, 공구류 등을 포함하지 않은 상태의 차량.
- 정원(Nominal Riding Capacity, Seating Capacity)
  여객을 위한 좌석 또는 침대의 수. 다만, 통근차 등에서는 좌석수와 입석 설비에 맞추어 정한 수의 합.

제3절 차량의 성능과 운전

1) 차량의 성능

- 인장특성(Tractive Characteristics)
  동력차의 속도와 인장력과의 관계를 표시하는 특성
- 견인정수(Hauling Capacity)
  동력차가 어떤 구간에 있어서, 속도종별에 맞추어 견인할 수 있는 능력을 환산 차량수로 표시한 것
- 점착계수(Adhesive Coefficient, Adhesion Coefficient)
  레일 및 차륜 답면(Wheel Tread) 사이의 마찰 계수
- 동륜주 인장력(Tractive Force at Wheel Rim)
  동력차가 실제로 동륜주에서 내는 인장력
- 인장봉 인장력(Draw-Bar Pull)
  동력차의 연결기 부분에서 내는 인장력. 즉 동력주 인장력에서 동력차 자체가 움직이는데 필요한 인장력을 뺀 힘
- 실린더 인장력(Cylinder Tractive Force)
  증기 기관차에서 실린더의 크기 및 증기 압력으로부터 정해지는 인장력
- 점착 인장력(Adhesive Tractive Force)
  동력차에서 점착계수 및 점착중량으로부터 정해지는 인장력
- 보일러 인장력(Boiler Tractive Force)
  증기 기관차에서 보일러의 최대 증발량에 의해 정해지는 인장력

2) 차량의 운전

- 열차저항(Train Resistance)
  열차를 운행하는 경우, 그 진행에 대하여 발생하는 저항으로서 주행저항, 구배저항, 곡선저항, 가속저항, 출발저항, 터널저항 등이 포함된 저항
- 주행저항(Running Resistance)
  차량이 평탄한 직선 선로를 무풍 상태에서 등속도로 주행하는 경우의 저항

- 구배저항(Grade Resistance)
  차량이 선로의 구배방향에 따라 중력의 분력에 의하여 받는 저항
- 곡선저항(curve Resistance)
  차량이 평탄한 곡선 선로에 의하여 받는 저항
- 가속저항(Acceleration Resistance)
  차량이 가속하는 경우 관성에 의한 저항
- 출발저항(Starting Resistance)
  열차가 출발하는 경우의 저항. 기동저항이라고도 함.
- 터널저항(Tunnel Resistance)
  차량이 터널을 주행할 경우 받는 저항

제 14 장

제14장 철도차량관련 문제 및 해설

제14장 철도차량관련 문제 및 해설

제1절 철도차량 심화 기술편

1. 철도차량 설계시 진동 관점에서 반드시 제한 고려할 사항

해설 1. 고유 진동수가 많은 경우 하한치를 설정하고 고유 진동수들이 주어진 범위 내에 있도록 한다.
2. 진동 전달 경로상에서 비슷한 고유 진동수가 발생하지 않도록 한다.
3. Subsystem 별로 서로 다른 고유 진동수를 가지도록 차체와 대차의 고유 진동수가 분리 되도록 한다.
4. 동역학적으로 간단한 시스템이 되도록 한다.
5. 진동에 의한 응력이 문제가 될 경우에는 진동의 영향을 등가 정하중으로 환산하여 처리하기도 한다.

2. 철도차량 동역학의 ① 종류 3가지와 ② 동적거동 5가지

해설 ① 종류 - 1. 직선궤도 주행시의 수직진동, 2. 직선궤도 주행시의 횡방향 진동 및 주행 안정성
3. 커브 주행시의 거동
② 동적거동 - 1. 궤도의 형태 및 탄성, 2. 차륜과 레일의 접촉력, 3. 차륜과 레일의 접촉 기하학
4. 현가장치 및 철도차량 각 연결부의 특성, 5. 철도차량 각 부의 질량 및 유연성

3. 차륜이 주행하는 궤도의 불규칙성 ① 5가지와 ② 악영향을 언급하고 차륜과 사이에 상호작용 하는 ③ 힘 3가지

해설 ① 불규칙성-1. 정렬(alignment), 2. 궤간(gage), 3. 교차수평(cross level), 4. 수직형상(vertical profile)
5. 곡률(curvature)
② 악영향-철도차량의 진동과 차륜과 궤도에 작용하는 동하중을 발생 시킨다.
③ 작용하는 힘-1. 정적인 힘-철도차량의 자중을 지지하는 접촉면에서의 수직력을 의미하며 커브 주행시에는 원심력 일부까지 포함한다.
2. 동적인 힘-1차 현가장치가 작용하는 힘을 제한 것이 궤도가 차축에 작용하는 힘을 말하며 이의 반작용은 궤도에 작용한다.
3. 크리프 힘-차륜과 레일 접촉면에서 작용하는 힘 중 접촉면 내의 성분을 말하며 정적인 힘과 동적인 힘 둘 다 있으며 강철차륜이 강철레일 위에서 주행하는 철도차량에서만 나타나는 고유 현상이다.

4. 차륜에서 일어나는 ① 크리프(Creep)현상, ② 크리프 속도(Creep velocity), ③ 크리퍼지(Creepage), ④ 크리프 힘(Creep force)의 계산

해설 ① 레일과 차륜이 탄성체라면 아주 작기는 하지만 접촉면이 형성되고 이접촉면에서 수직응력과 전단응력 및 전단 변형률이 발생된다. 차륜이 수직하중과 횡하중을 받으면서 굴러 가고 점착력이 클 경우 Rolling velocity가 발생되고 점착력이 상대적으로 적을 경우 레일과 차륜의 접촉면에서 건마찰이 순간순간 반복적으로 일어나는 것을 Creep현상이라 하고,

② 또 굴름이 진행됨에 따라 차륜과 레일의 한 접촉의 응력은 접촉 이전에는 '영'이였다가 접촉이 시작되면서 증가된다. 접촉이 끝나면 다시 '영'이 된다. 접촉판에서의 차륜과 레일의 변형율의 시간에 대한 변화율 차이에 의해서 차륜 횡방향 속도가 발생되며 이것을 크리프 속도(Creep velocity)라 한다.

③ 크리프 속도를 차륜 주행속도로 나누어 준 것을 크리퍼지(Creepage)라 한다.

④ 크리프 속도가 주어진 값과 같아지도록 조정 했을 때의 전단응력을 적분한 값이 차륜과 레일 접촉면에서 크리프를 발생시키는 크리프 힘(Creep force)이라 한다.

5. 철도차량의 횡방향 운동 중 헌팅(Hunting) 현상이란

해설 헌팅 현상이란 특정한 주행속도 범위에서 철차의 횡진동이 심하게 나타나는 현상을 의미하며 이는 오래전부터 관측 되었다. 비교적 낮은 속도에서 차체가 심하게 흔들리는 1차 헌팅인 차체 헌팅이 발생하다가 속도가 증가하면 이 헌팅은 없어진다. 이후 속도가 더 증가하면 대차가 심하게 진동하는 2차 헌팅인 대차헌팅이 발생되며 이는 속도가 더욱 증가하더라도 없어지지 않는다.

1차 및 2차 헌팅의 구분은 엄격한 것이 아니고 다분히 관례적인 것이어서 실제로는 이러한 구분이 애매하거나 또는 여러 개의 비슷한 주파수의 헌팅 모드가 연성되어 나타나기도 한다. 1차 헌팅 주파수는 대체적으로 1~2Hz 정도이고 자중이 큰 화차에서 많이 발생하고 객차에서는 발생되지 않는 경우도 많다.

6. 임계속도(Critical speed)를 증가 시키는 방법 5가지

해설 1. Effective conicity를 줄인다.
2. 대차의 yaw 관성 모멘트와 횡운동 질량을 감소시킨다.
3. 1차 및 2차 현가장치의 yaw 탄성과 횡방향 탄성을 증가시킨다.
4. 고정축거(Wheel base)를 증가시킨다.
5. 대차 yaw 및 횡운동의 감쇠를 증가시킨다.

7. 철도차량의 수직 진동에 관계되는 문제점 2가지

해설 철도차량의 수직 진동에는 크리프 힘(Creep force)이 거의 개입 되지 않는다. 따라서 이는 보통의 질량, 스프링, 댐퍼의 진동 문제의 범주에 속한다. 수직진동의 주가진원은 차륜과 레일의 불규칙성이며 이들은 다음 두 가지 점에서 주로 문제가 된다.

① 차축의 진동이 차체까지 전달되는 것을 억제하는 진동 절연 문제와

② 차축의 진동에 의해 궤도와 차륜에 작용하는 동하중이 문제가 된다. 이중 두 번째는 첫 번째에 비해 상대적으로 고주파이다. 객차의 경우 고유진동수는 차체굽힘 고유진동수가 9~10Hz이고 차체 수직 진동수는 1Hz 내외이며 대차 수직 진동수는 5~7Hz이다.

8. 철도차량의 커브 주행시 고려해야할 ① 특성 2가지와 고속철도의 속도 향상을 위한 기계공학적인 ② 기본사항 6가지

해설 ① 커브주행특성-1. 좌우측 차륜의 주행거리 차이가 흡수되도록 차륜의 단면 경사도가 커야 한다.
2. 차륜이 레일에 잘 적응할 수 있도록 1차 현가장치의 yaw탄성이 작아야 한다.
② 기본사항-1. 열차저항을 줄이고 주행거리를 짧게 하기위하여 레일 및 궤도를 직선화해야 한다.
2. 열차에 발생되는 각종 진동을 줄이기 위해 가능한 yawing damper 수를 늘려야 한다.
3. 단위 윤축당 주행거리에 따른 회전수를 줄여 차축 베어링 온도 상승을 낮추기 위해 Wheel diameter(차륜경)를 크게 한다.
4. 전차선 이선을 줄이기 위해 Caterary 장력을 크게 한다.
5. 점착력 범위 내에서 견인전동기 용량을 크게 한다.
6. 공기의 흐름에 저항받지 않게 전두부를 유선형으로 한다.

9. 철도차량의 점착력을 향상시키는 대책에 관하여 9가지를 서술 하시오.

해설 1. 마찰계수를 향상시킨다.
2. 동축중을 증가시킨다.
3. 축중이동을 방지한다.
4. 축중이동량을 기계적 또는 전기적으로 보상한다.
5. 동축의 연결이 되도록 한다.
6. Knotch 동작을 적게 한다.
7. 재점착 특성의 향상을 기한다.
8. 공전 검출장치를 부착한다.
9. 제동력을 제어해서 활주를 방지한다.

10. 철도차량 제동장치에 기본적으로 필요한 특성 5가지를 들어 각각 설명 하시오.

해설 1. 신뢰성확보-열차는 여하한 경우에도 제동이 확실하게 작동해야 하는 fail-safe시스템을 갖추도록 신뢰성이 확보되어야 한다.
2. 흡수에너지 용량 크게-열차를 높은 속도에서 단시간에 정차시켜야 하고 긴 하구배 운전을 할 때에는 큰 운동에너지를 충분히 흡수할 수 있도록 점착력 범위에서 제동 용량을 크게 하여야 한다.
3. 제동성능의 규제-철도신호등과 관련하여 열차의 안전확보를 위하여 열차의 제동거리는 필요한 최소의 값이 되어야 한고 제동성능의 확보에 주력하여야 한다.
4. 점착계수-철도차량의 점착계수는 속도 영역에 따라 크게 변화할 뿐만 아니라 레일 상태에 따라 많은 변화를 가져오므로 활주하지 않는 제동시스템을 구성하여야 한다. 때에 정차 위치를 맞추기 위하여도 정당한 점착력을 유효하게 이용하여 차륜활주를 일으키지 않고 제동을 작동하려면 제어성이 우수해야 한다.

11. 기초 제동장치의 ① 제동배율과 ② 제동률

해설 ① 제동배율-제동통 피스톤에 발생한 힘과 브레이크슈에 작용하는 전압력과의 비를 말하며 기초제동장치 자체의 마찰손실, 완해스프링 및 리터언 스프링 등의 반발력 등을 무시한 값이다. 따라서 제동배율은 제동통의 피스톤 행정과 차륜과 브레이크 슈 간의 간격의 비라 할 수 있으며 일반적으로 제동

배율은 기관차에서 5~7, 객화차에서 5~9, 전동차에서 8~12이다.

② 제동률 - 제동률은 브레이크 슈의 전압력 P와 차량의 중량 W와의 비를 말하며 P/W=k로 표시한다. 제동의 작용정도를 표시하는 방법이며 브레이크 슈 압력과 축중이 상황에 따라 변하게 되므로 브레이크 슈의 압력은 제동시 활주하지 않는 제동통의 최대 압력으로 정하고 축중은 기관차에 있어 정비중량, 객화차에 있어서는 공차 때를 기준하여 국유철도 건설 규칙에 그 하한 값을 규정하고 있다.

12. 공기 제동에서 ① 공주시간 발생 요소들과 ② 공주거리

해설 ① 공기 제동에서 공주시간이 발생 하는 요소들은 다음과 같다.

- 제동변 핸들을 제동 위치에 놓고부터 제어변이 제동위치를 취할 때까지의 시간
- 제어변이 제동위치를 취한 때부터 브레이크 슈가 차륜에 밀착할 때까지의 시간
- 브레이크 슈가 차륜에 밀착한 때부터 제동통의 공기압력 상승하는 시간
- 또한 공주시간에 영향을 주는 요소들로서는 일반적으로 제동장치의 종류, 제동방법, 열차의 편성, 연결량 수 등에도 관계가 있다.

② 이러한 공주 시간동안 주행한 거리를 공주거리라 한다.

13. VVVF형 전동차의 HRDA형 공기제동 장치 및 작용

해설 ATC 운전에 적합한 고응답, 고성능의 디지털 전기 지령식 제동장치로 안전성에 대해서도 충분이 고려하여 설계제작 되었으며 최대 점착한계 내에서 유효 회생제동을 최대한 이용하기 위해 구동차 내의 전공 블렌딩 뿐만 아니라, 구동차의 회생제동과 부수차 공기제동 사이의 클로스 블렌딩이 적용되며 전력소모의 극소화, 제동시 마모의 최소화를 기함으로써 경제적 운용이 되도록 시스템을 구성하였다.

제동 제어기에 의한 제동 지령에 대한 공기 연산 방식대신 마이크로 프로세서 연산 방식을 적용하여 공주시간을 단축하였고 제동체결 순간의 승차감을 개선하기 위해 저크제어 기능이 부가되었다. 상용제동시는 회생제동의 일괄교차 제어식으로, 비상제동과 보안제동시는 공기제동으로, 주차 제동은 스프링 힘으로 체결하였다가 공기로 완해 시키고 있는 시스템으로 구성되어 있다.

또한 금속 습합 부위를 전혀 갖지 않은 제동밸브들로 구성되어 있으며, 안티 스키드제어시스템이 채택되어 차륜 수명을 길게 하는데 좋은 장치이다.

14. 철도차량의 견인제어 특성중 유도 전동기의 견인 제어 하는 방법

해설 제어된 전압에서 뿐만 아니라 열차 속도에 관련된 주파수의 3상 전원을 필요로 한다.

GTO싸이리스터 소자의 고내압, 대전류하, 펄스폭 변조기술의 진보등에 의하여 인버터 제어에 의한 유도 전동기의 구동방식이 가능하게 되었다. 전압, 주파수를 자유로이 변화시켜 유도 전동기의 회전수를 폭넓게 제어할 수 있는 VVVF(Variable Voltage Variable Frequency)제어방식이 이용된다. 축단에 회전수를 감지하는 센서를 붙여 맞는 전압과 주파수로 변화시켜서 역행제어와 회생브레이크 제어하는 방법을 말한다. 또한 종래 DC전동기는 브러시를 사용하였지만 유도전동기에는 브러시가 없어 유지 보수하는데 큰 장점도 있다.

15. 디젤 전기차량 견인의 특성에 관하여 설명 하시오.

해설 디젤 전기차량 한 대의 발전기가 여러 대의 모터를 구동할 때에 디젤엔진과 결합된 발전기가 작동되는 회전 속도는 여러 가지 부하와 토크 속도 곡선들의 교차점으로 주어진다. 발전기의 부하가 과도하면 이

속도는 조속기(Governor)가 허용하는 속도이하로 떨어지게 되고, 만일 속도가 너무 낮다면 토크도 낮아지게 된다. 이 값들을 출력-속도 관례로 옮기게 되면 최대 출력이 발휘되는 임계발전기 부하가 존재하며, 이 부하를 넘거나 이 부하보다 작으면 얻을 수 있는 출력은 크게 감소된다. 만일 발전기의 Input를 엔진의 최대 Output와 맞게 하기 위해서는 발전기의 최대 특성은 발전기와 모터 등급에 상응하는 전압과 전류의 한계를 갖는 Rectangul과 Hyper bola형태에 근사한 것이어야 한다. 디젤 전기차량의 총합 효율은 약 22~23% 정도가 된다.

16. 철도차량의 Kinematic Frequency 현상

해설 오래전에는 일종의 공진 현상으로 파악하였으며 차축은 Kinematic frequency로 진동하고 주행속도에 비례한다. 저속에서는 Kinematic frequency가 차체 고유진동수와 일치하면 대차진동은 심하진 않으나 차체가 많이 진동하는 1차 헌팅이 발생한다.

1차 헌팅에서는 심하게 진동하는 차체와 가진력이 발생되는 차축은 동역학적으로 직접 연결되어 있지 않으니 이 현상은 실질적으로 공진에 해당한다. 따라서 차체 횡방향 운동을 적절히 감쇠 시켜주면 이는 발생되지 않는다.

17. 철도차량 경량화 이유와 반드시 검토해야 할 사항에 관하여 서술 하시오.

해설 철도차량의 속도를 향상시키기 위해서는 필수적으로 차량의 경량화가 반드시 이루어져야 하고, 궤도를 변경하지 않고 속도를 향상시키기 위해서는 궤도유지, 보수비용 최소화 및 가감속 성능을 향상시켜야 한다. 철도차량의 속도를 10% 증가시키기 위해서는 그 이상 차량경량화가 이루어져야 한다. 철도차량에 사용하는 재질을 변경 하지 않는 상태에서 설계 최적화를 통한 부재 두께의 감소 방안이나 전장품 등 주요부품의 소형화, 고성능화는 차량을 경량화 시키는데 한계가 있다.

따라서 차량의 경량화 및 내식성 향상 방법으로 가장 먼저 제안된 것은 소재 교체로서 일부 강재 구조물을 알루미늄 합금으로 교체하는 방법이 검토 되었는데 철도차량은 일반적으로 자동차 등 타 육상 교통수단보다 수명이 길뿐만 아니라 사고 발생 시 많은 손실을 야기하기 때문에 구체에 적용되는 재질은 기계적 성질이나 내식성, 용접성, 압축성 등이 우수 하여야 한다.

우리나라는 현재까지 주로 철강재를 구체재질로 이용하여 왔고 최근 들어 차량의 경량화를 위해 일부 차종에 고강도 스테인레스강을 사용하고는 있으나 알루미늄 합금과 같은 경량재질을 적용한 구체를 실제 운용하는 차량에 적용시킨 경험은 전무 하지만 앞으로는 기술 및 시설 투자를 하여 대형 소재 가공은 물론 우수한 소재를 개발하여 합리적인 한계 설계로 동일한 강성을 지닌 동종의 강재 차량에 비해 구체중량을 경감시키면 곡선부 주행시 차량 중량에 비례하는 원심력에 의한 횡압이 궤도에 가해질 때 차체 경량화된 장점으로 원심력 저감 및 저중심화를 통하여 궤도 손상과 탈선 가능성을 최소화 할 수 있다.

그리고 점착력이 확보되는 설계 범위 내에서 제한적인 경량화를 신중히 검토해야 한다. 그러므로 무조건 무한대의 경량화를 할 수 있는 것이 아니다.

18. 철도차량에 사용하는 냉방 장치의 구조와 작용에 대하여 서술 하시오.

해설 소형, 경량, 가격, 동력 효율 등의 이유로 냉매는 프레온가스를 사용한 기계 압축식이 대부분 보급되고 있다. 냉방 유닛은 냉방사이클을 구성하는 각 기기 및 응축기, 압축기, 증발기, 감압밸브, 송풍기 등을 일체형으로 하여 만든 것이다. 냉방 사이클은 프레온가스가 압축기와 응축기에서 압축액화 되어 배관을 경유하여 증발기인 열교환기에서 증발 팽창되어 증발잠열을 냉방으로 이용하는 것으로서 구조는 가

정용 냉동실과 같다.
압축기의 구동은 전동기 또는 디젤기관으로 하고 팬 구동은 소형 전동기로 하고 있다. 냉방장치에는 압축기, 응축기, 증발기를 모두 일체로 한 유닛식과 압축기, 응축기, 증발기를 두 개의 유닛으로 분리한 분리식이 있지만 차량용으로 많이 쓰이는 것은 유닛식이며, 분리식은 디젤기관 구동 신형동차 등에 사용하고 있다. 아주 쾌적한 공조 시스템에서는 온도 외에 습도 조정도 이행하지만, 습도 조정을 요하는 경우가 적으므로 차량 냉방의 경우는 온도만 조정하고 있음.

19. 철도차량의 차륜에 요구되는 조건 5가지

해설 조건- 1. 답면 강도가 충분할 것, 2. 내열 균열성이 충분할 것, 3. 내마모성이 높을 것, 4. 수직하중 및 수평하중의 반복에도 충분히 견딜 것, 5. 프렌지, 보스, 림 등 충분한 강도를 가질 것.

20. 기초 제동장치에서 말하는 전달효율

해설 기초 제동 장치를 통하여 힘을 전달하는 경우, 기구 각부의 마찰, 제동통 피스톤 완해 스프링, 대차에 붙여진 리터언 스프링 등의 저항력 때문에 제동통에서 발생된 힘의 일부가 감쇠 된다. 그리고 브레이크 슈가 차륜의 중심 고를 벗어나서 붙여진 경우에는 법선 이외의 분력이 생겨 브레이크 슈를 누르는 힘이 감소된다. 따라서 제동 통의 피스톤 압력과 실제로 브레이크 슈가 차륜을 누르는 힘과의 비를 기초제동장치의 전달 효율이라 한다. 이 전달 효율은 제동 통의 압력, 제동시의 차량속도 등에 따라 변화하며 일반적으로 90%로 간주하고 있다.

21. 철도차량의 소음 발생 원인과 대책

해설 철도의 주요소음 발생원은 전동소음, 차체 공력소음, 집전계 소음, 구조물 전달소음, 지반전달소음 등으로 말하며 측정위치에 따라 차외소음과 차내소음으로 분류 된다. 그러나 철도 소음은 차량에서부터 발생 하여 차량의 실내와 실외로 전파되기 때문에 소음의 발생 장소는 대체적으로 동일하다고 보고 있다.
열차의 속도가 2배로 증가될 경우에 소음은 약 9dB 증가하는 것으로 알려져 있다. 또한 디젤 기관차는 객차보다 약 7dB높은 소음을 방출하고, 레일면 및 차륜의 0.15mm요철에 의해 5~7dB, 레일 연결부위에서는 약 5dB의 소음 증가를 야기하는 것으로 보고되고 있다. 신설 철도의 경우는 곡선구간을 완화하여 레일과 차륜 사이의 마찰음을 완화하고, 소음 민감 지역을 피하여 노선을 선정하는 것이 중요하다.
기존 및 신설 철도를 불문하고 레일과 차륜의 평활유지 하여 전동음을 줄이고, 레일의 중량화 및 장대화를 통해 충격 소음 발생을 억제 시켜야 하고, 레일과 침목사이 등에 방진 매트를 깔아 슬래브 노반의 진동에 의한 고체음 방사 및 공해 진동을 줄여야 하며, 전파 경로 상에는 방음벽, 방음둑 등을 시설하여 차음 시켜야 한다. 특히 철교 등에서는 높은 소음이 발생되므로 콘크리트 구조로 하여 소음 발생을 억제시킬 필요가 있다. 고속전철 소음은 차륜과 레일의 마찰음과 기류음이 주종을 이루고 있다.
마찰음은 차속의 3승에 비례하고 기류음은 차속의 6승에 비례 하여 증가 되는데 차속이 250km/h를 초과하면 기류음의 영향이 커지는 것으로 보고되고 차속이 150km/h를 초과하면 진동에 의한 전력선으로 부터 팬터그래프 이선에 따른 스파크음이 주요 소음원으로 등장하게 되므로 이에 대한 대책도 고려되어야 한다.

22. 디젤동차의 TC2형 액체 변속기의 동력 전달장치의 구조와 작용

해설 변속기 펌프베인(pump vane)은 1단 만으로 되어 있지만 터빈베인(turbine vane)은 3단, 안내베인은 2

단으로 되어있다. 클러치(clutch)는 마찰 식으로 직결, 변속 외에 중립위치도 설치되어 있다. 변속부안에 기름을 충분히 넣지 않으면 충분한 전달 효율을 얻을 수 없지만 직결축, 펌프축, 터빈축의 극감으로부터 약간 새어 나가는 것을 면할 수 없고 작동 중에는 기름이 유동 마찰에 의해 온도가 상승하여 가스를 발생시킨다.

따라서 기름의 보급, 냉각 가스의 베제를 이행하는 것이 필요하기 때문에 방열기, 보조유 탱크를 구비하여 작동유압에 의해 항상 보급 순환되고 있다. 직결 운전의 경우는 그대로 직결축을 개입하여 동력전달이 되지만 변속운전의 경우는 직결축을 통하지 않으므로 중공 펌프축에 의해 변속기 펌프베인을 회전시키고 액체에 작용하여 터빈베인의 토크를 증강시켜 회전하여 플라이휠(fly wheel)을 개입하여 전달된다. 플라이휠은 롤링작용에 의해 터빈 축에서 직결축으로는 전달되지만 역으로는 전달되지 않는 기구로 되어 있다.

23. 열차 운전에 필요한 운전 보안장치의 설치목적과 개발된 장치 7가지

해설 열차를 안전하고 신속하게 운행하고 수송능력을 향상 시키고 합리적 운영을 하기 위하여 운전 보안장치를 설치하였다. 열차 운전은 제동거리가 길기 때문에 전방의 열차를 인지하여 제동을 걸어도 적당 한 거리가 확보되지 않을 경우가 있다.

그러므로 선로의 일정구간에 의해 열차운전의 보안을 확보하고 있다. 따라서 열차의 안전운전 은 동력차 승무원이 신호기 현시를 정확하게 시인하여 엄정하게 지키는 것을 전제로 하고 있다. 그러나 열차의 고속화, 조밀화, 신호기의 증설 등에 의해 승무원의 주의력에만 의존하여 안전을 확보하는 것은 어렵다. 이런 이유로 인해 개발된 것이 'CTC(Central Lized Traffic Control)', 'DTS(Data Transmission SysteM)', 'TTC(Total Traffic Control)', '차내경보장치', '자동열차정지장치(ATS)', '자동열차제어장치(ATC)', '자동열차운전장치(ATO)'이다.

이러한 것은 선로 사이의 지상 등에 신호기의 현시와 연동되는 장치를 놓고 차량 측에 이것과 반응되는 장치를 설치함으로써 신호를 오인하여 진행하는 전방 열차에 추돌할 우려가 있는 위험 구간에 근접한 경우에는 승무원에게 경고를 주어 자동적으로 제동이 걸리게 하여 감속 또는 정지 시키는데 목적이 있다.

24. 철도차량 제동 방법중 동력원에 의한 5가지

해설 ① 수용제동–사람의 힘에 의한 제동방식으로 유치차량의 전동방지 및 저속차량의 정지시 취급

② 공기제동–공기 압력만으로 제동지령을 각 차량에 전달하여 제동력을 제어하는 구조로 구조가 간단하고 응답성이 좋고 선두 차에서 제동 변을 조작하여 공기압력을 감압하여 취급하는 제동 작용.

③ 전기제동–제동시 견인 전동기를 발전기와 같은 역할을 하도록 하통하여 열로 발산하는 발전제동과 발전된 전기를 전 차선을 통하여 변전소 및 다른 차량에 회귀 시키는 회생제동이 있다.

④ 전공제동–공기제동은 열차길이가 길게 되면 제동완해의 작용이 완만하고 완해 직후에 반복하여 제동 작용을 하면 제동력이 현저하게 저하되는 등의 단점을 보안하기 위하여 전기적으로 각 차량의 전자 변을 작동시켜 제동관의 압력을 급배기함으로서 제동과 완해를 신속히 동기적으로 작동시키는 제동.

⑤ 와전류제동–여자된 전자석을 레일에 근접시켜 레일과의 상대 운동으로 유기되는 와전류에 의해 발생되는 전자력을 이용 레일과 비접촉 되므로 제동시 소음이 없고 350km/h 이상의 주행시 안전한 제동력 확보가 가능한 제동.

25. 틸팅(Tilting) 철도차량의 특징

해설 틸팅 철도차량은 기존 차량보다 전반적인 주행 성능이 우수하고 궁극적으로 차량의 곡선 통과속도를

향상시키는데 특징이 있으며 다음 2가지 방식을 채택 하고 있다. 한 가지는 자연 경사방식으로 차체에 롤러 장치를 설치하여 선로를 주행할 때 발생하는 원심력에 의해 차체가 자연적으로 선로의 곡선 안쪽으로 기울게 하여 속도 향상과 승차감을 향상시키는 것이 있고, 또 다른 한 가지는 강제차체 경사 방식으로는 선로 곡선부 통과시 초과 원심 가속도와 레일의 안쪽과 바깥쪽의 높낮이를 감지하여 유압 실린더 등이 작동되어 강제적으로 선로 곡선부 안쪽으로 차체를 기울게 하여 속도 향상과 승차감을 향상시키는 방법이 있다.

통상차량의 곡선 통과속도는 주행안전성 및 승객이 느끼는 횡방향 가속도에 의해 제한되는 것으로서 선로의 곡선 지점에서는 가속도에 의해 제한되는 것으로서 선로의 곡선 지점에서는 차량이 곡선 통과시의 원심가속도를 적게 하기 위해 안쪽 레일보다 바깥쪽 레일을 높게 설치하고 있으나 너무 높게 하면 곡선부에서 차량이 정지할 때 전도 될 위험이 있어 바깥쪽 레일의 높이에는 한계가 있다.

그러므로 틸팅 차량의 제작은 자연 경사 방식이나, 강제차체 경사 방식으로 사양에 따라 설계제작하고 곡선의 반경 800m 미만은 직선화 개량 및 전철화 해야 하지만 기존 선로 일부만의 직선화 개량과 기존 차량보다 속도를 향상시킬 수 있는 것으로 투자면의 경제적 가치가 크기 때문에 선진국들이 앞다투어 틸팅 철도차량 실용화에 나서고 있다. 궤도 위를 달리는 철도차량의 제한적 인 기술 극복 차원에서 이론적인 원리로는 가장 이상적 이고 효과적인 특징이 있다.

26. 총 중량이 40(ton)인 전동차가 50km/h의 속도로 주행 중 공전을 일으키지 않고 정차했을 경우(단, $\mu = 0.3$ $\mu f = 0.3$으로 함) ① 제동거리(L)는 얼마인가?(m), ② 제동슈 압력(P)은 얼마인가? (kg)

해설 위에서 주어진 조건은 : 총 중량 W=40ton
속도 V=50km/h
점착계수 $\mu = 0.3$
마찰계수 $\mu f = 0.3$이므로

점착력 $F_b = \mu \times W = 0.3 \times 40,000 = 12,000\text{kg}$

제동거리 $L = 4.3 \times \dfrac{W \times V^2}{Fb} = 4.3 \times \dfrac{40 \times 50^2}{12000} = 35.8\text{m}$

제동슈의 압력 $P = \dfrac{Fb}{\mu f} = \dfrac{12000}{0.3} = 40,000\text{kg}$

정답 : ① L = 35.8m, ② P = 40,000kg

27. 전기철도의 전철화에 따른 ① 장점과 ② 단점

해설 ① 장점 – 에너지를 유효하게 이용할 수 있다. 증기기관 총효율은 6%정도인데 비하여 전동기(교류)의 경우는 27%이고 디젤기관차는 20%이다.
– 전기기관차는 증기기관차보다 대 출력의 것을 만들 수 있기 때문에 속도가 향상되고 수용력을 증대 할 수 있다.
– 견인력이 크다.
– 매연 등이 없고 쾌적한 여행이 가능하다.
– 운전이 간단하며 출발이나 정지가 간편 신속하다(가감속이 쉽다).

② 단점 – 건설에 다액의 설비투자를 요한다.
– 통신유도 장애방지 시실을 해야 한다.
– 전식 등을 방지하기 위한 투자나 보수비용이 크다.

28. 철도차량용 연결기의 연결완충기의 충분조건 6가지

해설 1. 완충용량이 크고 흡수할 수 있는 에너지가 커야 한다.
2. 초압력이 작아야 한다.
3. 상용충격에서 하중경감 성능이 우수해야 한다.
4. 소산성능 효율이 좋아야 한다.
5. 흡수된 충격에너지는 가능한 소산하여 흔들려 되돌아오는 것이 적어야 한다.
6. 구조가 간단하고 보수가 용이하여 가격이 높지 않아야 한다.

29. 철도차량의 사용 용도폐지 중 진부적 내용 명수

해설 진부적 연명수는 경과 연수에 따라 시대에 뒤떨어져서 신형차로 교환하는 방법이 경영적으로 유리하다는 연수이다. 우선적으로 아직 사용할 수 있는 증기기관차를 근대화 차량으로 교체한 예는 이 연수로 증기기관차의 경제적 수명보다 짧은 경과 연수에도 근대화 차량의 사용효과가 큰 경우는 빨리 교체하는 쪽이 좋은 정책이라고 하는 구 국철의 경영 판단이었다.

전기와 디젤 차량으로 교체한 증기기관차의 경우 진부적 내용연수는 약 15년이었지만 실제는 설비 자금의 부족으로 이 연수를 넘게 사용한 증기기관차가 많았다. 근대화 또는 성능개선에 의한 효과를 동력비, 보수비 등의 경비 비교로 수량적으로 산정할 수 있는 경우는 교체 가부가 판정하기 쉽지만 여객차량과 같이 접객 서비스의 저하라고 하는 수량적으로 산정 비교할 수 없는 경우는 판정이 어렵다. 진부적 내용연수는 기술의 진보와 시대의 변혁이 급속하면 어느 정도 짧게 되는 경향이 있으며 일률적으로 몇 년으로 정하여 나누는 것은 바람직하지 못하다.

30. 경부고속철도차량의 제동장치의 특징 5가지

해설 1. 고속철도차량용 제동장치는 전기 및 공기계통으로 구성되어 있으며 전기제동이 우선 작용하는 혼합(blending)제동방식이다.
2. 제동시스템은 6개의 동력대차 블록(motor block)에서 독립적으로 작용하는 전기적 제동 장치와 객차의 각 대차에서 개별적으로 동작하는 공기제동 시스템을 갖추고 있다.
3. 열차가 정차중일 때 기관사의 취급 없이도 자동적으로 체결 되는 주차제동 시스템을 구비하고 있어 정차 중 움직임을 방지하도록 하였다.
4. 운전 취급을 용이하게 하고 검수의 원활과 자동화를 위하여 컴퓨터가 사용되며 차륜활주 방지 시스템과 정지차축을 감지하는 장치가 설치되어 있다.
5. 열차가 긴 내리막선로를 규정속도 내에서 운행하고자 할 때 주간 제어기에 위해 제어 되는 전기 제동으로 억속제동을 사용하도록 되어 있다.

31. AQ(Anti-skidan Release) 제동장치

해설 AQ 제동장치는 고속용 객차에 접합하도록 개발한 장치이다. 객차의 경우 화차와 달리 하중의 변동이 그리 심하지 않기 때문에 화차나 소화물차 같은 응하중변은 설치하지 않고 제동통 역시 복식이 아닌 단식 제동통을 사용하였다.

활주 억제장치를 설치하여 고속에서 점착력 부족으로 활주하는 현상을 억제토록 하였고, 신속 완해변이 있어서 비상제동이나 상용 만제동 후 제동관 압력이 낮은 상태에서 제동을 완해할 경우 보다 신속하게 제동이 완해 되도록 하였다.

이 장치의 주요 구성 기기는 중계변, 제어변, 신속완해변, 비상변, 공기정화기, 단식제동통 및 활주억제 장치가 있고 공기통으로는 공급공기통, 급동공기통, 작용공기통 및 제어 공기통으로 되어있다. 각 기기의 주요기능은 고속용 화차 제동장치에 설비된 기기의 기능과 동일하며, 활주 억제장치는 소화물용 제동장치와 같도록 설계하여 열차 조성망의 조화를 꾀하도록 하였다. 주요작용으로는 완해작용, 상용제동작용, 비상제동작용, 신속완해작용을 한다.

32. 경량전철

해설 경량전철은 차량규모나 소송용량이 기존 지하철보다 작고 버스보다 큰 수송시스템으로 지하철과 버스의 중간규모의 수용을 가진 지역에 투입 도시 교통문제를 해결할 수 있는 교통제계이다. 지하철에 비해 저렴해 초기투자비 부담이 적고 차량회전반경, 등판능력, 가감속 등 차량성능이 뛰어나 노선 계획을 세우는데 유연한 것이 큰 특징이다.

공사비와 운영비가 저렴한 장점 외에도 경량전철은 운행간격을 기존의 전철이나 지하철 보다 두 배 이상 단축할 수 있고 무인자동화 운행도 가능하기 때문에 수송효율이 매우 높은 시스템으로 평가되고 있다. 이들 경량전철은 지역 교통 여건에 따라 시스템이 다양하게 적용되고 있는데 설치현황을 지역 형태별로 살펴보면 공항터미널 순환용과 공항 등 주요 교통 유발지역으로의 접근 교통수단 위락시설 내부의 순환수송이나 놀이시설용으로 사용되고 있다.

또 도시지역에서는 기존 도시 철도망과 대규모 개발지역 연결수단, 중소도시의 출퇴근용 대중교통수단으로 활용되고 있다. 경량전철의 운행방식은 우선 지지방식으로 하부지지방식, 상부지지방식, 모노레일방식이 운행되고 있거나 시험 중에 있고, 동력방식은 원형모터방식, 선형모터방식, 케이블견인방식, 압축공기방식 등이 있다. 또 궤도는 철제바퀴를 그대로 사용하거나, 고무바퀴, 자기부상 등을 이용하고 있다.

33. 초퍼(Chopper) 전동차제어

해설 초퍼가 off시 견인전동기에 들어가는 전류가 끊어짐을 막기 위하여 평활리엑터(MSL)와 정류기(DF)의 회로를 접속한다. 초퍼가 on되면 전차선의 전류는 견인전동기에 유입되고 주평활리엑터(MSL)에서는 에너지를 축적한다. 다음으로 초퍼가 off로 되면 전차선에서 유입되는 전류는 '0'이 되므로 이때에는 MSL에 축적된 에너지가 정류기 DF회로를 통하여 견인전동기에 유입되므로 견인전동기 단자에는 항상 초기화된 전력이 공급되어 이상 전압이 발생하지 않도록 조절된다.

이와 같이 초퍼의 on, off 동작의 반복제어로 견인전동기 전류의 평균차는 일정한 값으로 유지되고 초퍼의 스위칭으로서 전기동차의 속도를 제어할 수 있게 된다.

34. 철도차륜 형상(profile)의 영향에 관하여 ① 단점과 ② 보완점

해설 ① 단점 – 곡률이 불연속적으로 변하는 점이 발생한다. 이 불연속점에서 차륜과 레일 사이에 높은 접촉 응력을 방생시킨다.

– 윤축의 스핀 변위에 따라 이점 접촉을 피하기 어렵다. 이점 접촉은 플렌지 부위의 급격한 마모를 가져오고 스퀼 소음을 증가시킨다.

② 보완점 – 차륜 답면의 경우는 윤축의 횡변위에 따라 접촉 응력이 균일하게 되는 현상이 좋다. 접촉 압력이 작고 균일하게 분포할 때 마모도 작기 때문이다.

– 차륜 플렌지 현상과 이에 상응하는 레일의 현상은 차륜의 스핀 변위에 따라 이점 접촉을 피할 수 있는 현상이 좋다. 이때 플렌지 부위의 마모를 줄일 수 있고 스퀼 소음도 줄이고 급곡선부에서 구름반경의 부족도 줄여주어 원활한 주행을 가능하게 할 수 있다.

35. 철도차량 제동거리를 계산하는 방법에 관하여 고려할 사항

해설 제동거리 계산에는 어려움이 많은데 그 이유로는 결정적 영향 값들이 제동장치와 차량의 종류에 따라서만 결정되는 것이 아니다. 그 외에도 다소간에 속도, 시간, 거리, 온도, 재료 등에 의존하기 때문이다. 이는 구조적 물리적 값을 계산할 때에 즉 우선 마찰력과 마찰계수로 부터 출발할 때에 특별히 그 효력을 지닌다. 운행상의 지식값들인 제동중량과 제동배율을 근간에 놓으면 산술은 간단해진다.

이러한 국제적으로 통일된 근간에 따라 조사되거나 계산된 값들은 제동장치의 특징을 위한 분명한 척도이며 이 위에 제동거리 공식을 세울 수 있는 것이다. 이전에 알려진 공식들은 특정 종류의 제동장치와 속도 영역에 제한을 받게 된다.

그래서 존재하는 실험자료들로부터 일반적으로 효력을 지니는 제시된 수치값을 통하여 모든 종류의 제동장치에 적합한 그리고 실제 나타나는 속도와 제동배율의 틀 안에서 최선의 정확도를 가져오는 간단한 공식이 개발되었다.

36. 철도차량의 제동거리의 기초가 되는 감속률에 영향을 주는 물리한계

해설 차륜과 레일사이의 점착력은 제동비율의 한계를 지배하는 요인이다. 또한 제동에너지는 열이나 전환이 가능한 에너지로 반드시 전환되며 고속도와 높은 제동률에서 그렇게 바뀐 에너지는 제동을 수행할 수 있는 높은 힘을 발생시킨다.

대부분의 마찰시 제동에서 정지시의 대다수의 에너지는 정지될 때쯤 차륜이나 디스크에 남아있고, 정지와 정지사이에 소모되어 버린다. 매우 자주 정지하는 열차는 점진적으로 상승하는 온도를 방지할 수 있는 더 큰 열용량이 요구된다. 제동마찰재의 마모율은 보통 온도의 증가와 함께 증가하며 낮은 유지비를 가지는 전기제동은 유효하게 위험 없이 낮은 마찰력으로 에너지를 흡수하여 열용량을 효과적으로 처리한다.

그리고 열차에서 승객의 환경은 주로 앉거나 서는 것에 대한 것이 높은 감속률이나 감속률이 특별히 빠르게 변화하는 것은 승객에게 불편함을 주며 때에 따라서는 물리적 한계를 넘어 상해를 줄 수 있다. 제동의 전체 과정은 예측할 수 없고 제동성능을 감소시킬 수 있는 많은 요소들에 의해 영향을 받는다. 그래서 제동 시스템 설계는 위험을 인지해야 하고 적절한 여유를 지녀야 한다. 대다수의 열차가 open loop 원칙에 의해 운영되는 제동시스템을 가지고 있다는 것을 주시해야 한다.

37. 열차가 속도 90km/h 시 열차저항 1.5kN 및 열차관성 중량 70ton을 이용하여 평탄선로에서 가속도 3.5m/s^{2}을 얻기 위한 견인력은 얼마인가?

해설 공식 : 견인력(kN) = 가속도(m/s^2) × 관성중량 + 열차저항

풀이 : 견인력 = 3.5 × 70 + 1.5 = 246.5kN

정답 : 246.5kN

38. 총 중량 100(톤), 점착중량 60(톤)인 전기기관차가 20(톤)의 화차 25량을 견인해서 모래를 뿌리면서 올라갈 수 있는 최대 구배를 구하여라. 단, 주행저항은 10kg/t, 점착계수는 0.2이다.

해설 공식 : $F_m = 1000\mu$, $W_o = (Rr + q\max) \times (Wt + mW_c)$

풀이 : $\mu = 0.2$, $W_o = 60$, $Rr = 10$, $Wt = 100$, $m = 25$, $Wc = 20$

$1000 \times 0.2 \times 60 = (10 + q\ \max) \times (100 + 20 \times 25)$

윗식을 풀면 최대구배 q max = 10‰이다.

정답 : 최대구배는 10‰

39. 차상설비의 기능중 자동열차 운전장치(ATO)가 무인 운전조건

해설 ① 정위치 정차기능, ② 역간 자동 주행기능, ③ 출입문 개폐 및 역 출발기능, ④ 자동 안내 방송 기능 ⑤ 기기의 고장기록 기능, ⑥ 운행 pattern 전송기능, ⑦ ATO 및 TWC 정보 전송기능, ⑧ 승강장 스크린 도어와의 인터페이스 기능

40. 사행동(蛇行動.Hunting.Snak motion) 및 저감방법을 설명하시오.

해설 차륜에는 답면(Wheel tread)에 테이퍼(Taper)형상을 가지게 된다. 윤축은 항상 선로의 중앙으로 향하는 힘이 작용하게 되고 차량은 안정되게 주행 한다. 즉 곡선통과시 외측 차륜은 내측 차륜보다 긴 거리를 주행하게 되지만 테이퍼에 의해 무리 없이 진행할 수 있고, 한쪽으로 쏠린 윤축은 앞에서 설명한 것처럼 복원되어 평형을 유지하면서 주행하고 있으나 문제점은 윤축이 한쪽으로 쏠렸다가 반대쪽으로 쏠리는 현상의 반복으로 인해 열차가 뱀처럼 꾸불꾸불 전진하는 소위 사행동이 일어나기 쉽다는 점이다. 이 때문에 차체도 횡방향으로 흔들려 Yawing, Rolling현상이 나타나게 되고 차륜의 플랜지와 레일이 서로 충돌하게 되어 마모, 파손 심지어는 탈선하는 경우도 있다.

이러한 사행동은 어떤 속도에 이르면 갑자기 좌우 방향으로 자려 진동을 일으킨다. 그래서 사행동이 일어나지 않게 하기 위하여 주행장치의 제원 중 저널 박스지지 강성, 대차회전저항, 답면 형상을 적정하게 설정해야 한다. 사행동이 일어나지 않게 하더라도 고속이 되면 궤도 틀림과의 상호 작용에 의해 차륜과 레일에 주어지는 힘(윤중. 횡압)이 변동하여 현저하게 "윤중. 횡압"이 크게 되든지 "윤중"이 현저하게 작게 되는 "윤중 빠짐 현상"이 발생하여 궤도 파괴의 원인이 될 뿐 아니라 탈선(derailment)의 위험도 생기는 경우가 있다.

이 횡압(lateral force), 윤중(axle load)은 차륜과 레일의 상호작용에 의해 생기는 것이므로 부정(irregularity)이 적은 궤도 구조로 하는 방안과 동시에 급곡선(steep curve)에서 대차의 회전저항을 적게 하는 등 궤도의 부담력을 경감 시키도록 하는 차량구조로 하는 방법을 병행하는 것이 속도 향상에 도움이 된다.

곡선 통과시에는 원심력(centrifugal force)의 영향을 받기 때문에 곡선 통과속도는 곡선반경에 의해 제한을 받지만 캔트부족량(deficiency of cant), 완화곡선 길이와의 관계를 적절히 결정하여 안전성과 승차감을 악화시키지 않으면서 곡선 통과 속도를 향상 시킬 필요가 있다.

한편 사행동은 차량제원(facts specification)과 스프링계 제원의 설정에 따라 사행동의 한계속도를 높이는 것이 가능하다.

사행동을 일으키지 않는 방향은 주행 안정성에 영향을 주는 차량의 제원과 안정화 하는데 특히 고속 주행시 고려할 사항들이 있다.

다음과 같은 사항을 고려하는 것이 좋다.

- 보기축거 : 길게
- 고정축거 : 길게
- 윤중 : 줄인다
- 스프링하질량 : 줄인다
- 스프링간질량 : 줄인다
- 차륜경 : 크게 한다
- 차륜답면구배 : 작게 한다
- 차체관성반경 : 작게
- 대차회전저항 : 크게
- 대차관성반경 : 작게
- 저널박스의 전후 지지강성 : 크게

$$S = 2\pi\sqrt{\frac{b.r}{\gamma}}$$

S : 사행동주기
b : 차륜내면거리의1/2
r : 차륜반지름
γ : 차륜답면 구배

위에서 고정축거를 길게, 대차의 회전저항을 크게, 저널박스의 전후 지지강성을 크게 할 경우 곡선 통과 성능을 악화하는 방향으로도 작용할 수가 있다. 그래서 사행동의 한계속도를 실용속도의 범위에서는 문제가 일어나지 않는 영역에서 가능한 낮게 하고 곡선 통과 성능을 좋게 고려할 필요가 있다. 최근 시뮬레이션(simulation)방법으로 신간선 제원으로 계산하면 사행동의 한계속도는 640km/h 정도로 볼 수 있다. 사행동 방지를 위해 크로스 앵커(cross anchor)를 이용하지 않으면 안되는 만큼 답면구배를 크게 하기도 하고, 저널박스 지지강성을 작게 하지 않아도 상용속도로 사행동을 발생하지 않는 범위 내에서 앞뒤의 저널박스 지지강성을 적절한 값으로 하여 곡선 통과시의 횡압을 줄이는 것이 가능하다.

41. 차륜의 중간판을 곡선으로 한 이유를 설명하시오.

해설 - 차륜의 기하적 변형이 적게
- 차축압입에 의한 응력과 제동 때 쓸림에 의한 열응력을 잘 완화해주기 위해

42. 탄성차륜의 특징에 대하여 서술하시오.

해설 - 휠과 레일 사이의 충격과 소음을 작게
- 차체에 미치는 고주파 진동을 완화
- 객차의 승차감을 좋게
- 휠의 마모를 적게
- 허용축중을 크게 할 수 없어 질량이 커지는 결함이 있다

43. 차륜내면거리는 남한/북한은

해설 북한(1,359mm ~ 1,350mm) / 남한(1,356mm ~ 1,354mm)

44. 점착성능을 개선하여 가감속 성능을 향상 하는 방법을 열거하시오.

해설 - 제동성능과 운전보안 시스템의 개선
- 주행안전 및 안전성의 향상
- 곡선 및 분기기 통과속도의 향상
- 동력방식의 개선과 집전성능의 향상
- 가격증가의 억제 및 환경보전

45. 점착현상에 관하여 설명하시오.

해설 - wheel이 rail위에 올라 안내되어 회전하면서 주행
- 가속시 : 차륜을 회전 시키는 힘을 레일에 전달(공전시 slip)
  제동시 : 차륜을 정지 시키는 힘을 레일에 전달(미끄럼 slide)
- 차륜과 레일 사이에 마찰(friction)이 있어 "가속", "감속"을 할 수 있다.

46. 차륜과 레일과의 상관관계를 설명하시오.

해설 탄성변형 하여 직경 10mm정도 타원 접촉면(contact surface)이 생긴다. 그때 압축(compression)과 인장(tension)에 의하여 탄성 변형이 생겨 "차륜과 레일" 사이에 미끄럼(creep)을 수반하여 차륜이 레일 위를 구른다.

47. 점착현상 = 회전구름+미끄럼

48. 점착력(F)

해설 점착력(μW)=미소한 미끄럼(creep)+접선력으로 미끄러지는 힘(creepage force)

49. 점착계수(μ)

해설 최대점착력 ÷ 윤중 = μW ÷ W = μ =점착계수 = 미끄럼마찰계수(양호 0.3, 젖은 상태 0.1)

50. 자동차 점착계수(μ)

해설 자동차 타이어는 콘크리트에서 0.8, 젖은 상태 0.5, 눈어름 0.1이다.

51. 점착계수를 크게 하는 법을 설명하시오.

해설
- 표면관리로 차륜답면의 청정화(청소자 및 연마자)
- 점착력제어
- 동력축수 증가, 차량조건, 운전조건 개선

52. 전기제동이 기계제동보다 클 때 현상을 설명하시오.

해설
- 활주검지가 쉬워진다.
- 재점착제어가 용이하다.
- 점착성능이 유리하다.
- 활주시 전기제동은 제동력이 감소된다.
- 활주시 기계제동은 고착되기 쉽다.

53. 큰점착력이 얻어지면 얻어지는 것을 설명하시오.

해설
- 제동성능을 향상시킬 수 있다
- 제동력학 : 힘 = 질량×가속도
- 최대제동력 = 차량중량(W) × 점착계수(μ) = (차량중량 W/중력가속도 g) X 감속도 a
- 공식: μW = (W/g)×a 소거 하면 μ = a/g = 0.2778 X rb/g = 0.0283 X rb

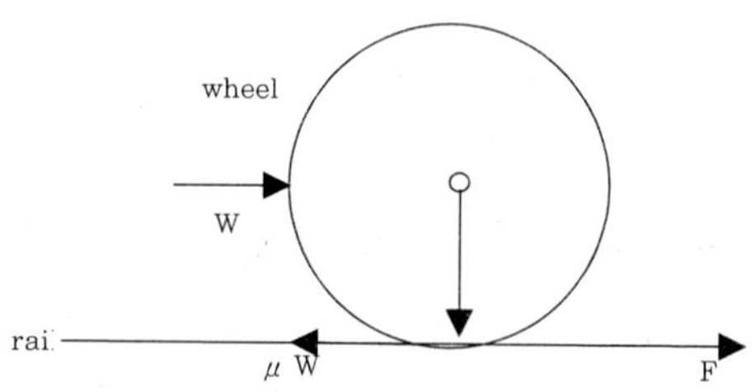

54. 제동성능의 결정요소는?

해설 감속도이다

55. 감속도의 결정요소는?

해설 점착계수에 의해 결정된다.

56. 제동거리 산출은?

해설 공식 : S = V / 7.2 X rb + V X t / 3.6
s : 제동거리 m
v : 제동초속도 km/h
t : 공주시분 sec
rb : 감속도 km/h/s

57. 와전류 레일제동(EDDY CURRENT BRAKING)

해설 - 레일 온도상승 4.5 ~ 6.0도(섭씨)(주행속도 140km/h)
- 레일과 코일과의 간극 10 -15mm 정도임

※ 자동/무인운전기술 사항 문제

58. ATC/ATO/TWC 시스템의 열차운전 구현 필요성 및 각각의 기능은 무엇인가?

해설 - 철도차량의 자동화, 대량수송화에 따른 차량 신호보안 장치의 안전성, 신뢰성 확보의 중요성 증가
- 지상중심의 고정폐색방식에서 차상중심인 이동폐색방식으로 변하고 있다.
- 기능은 ATC(Automatic Train Control)는 자동열차제어로 결함을 검출하는 보호기능이 있으며,
- ATO(Automatic Train Operation)는 자동열차운행기능으로 자동운전을 하게 하고,
- TWC(Train to Wayside Communication)는 차상과 지상간의 즉 열차와 지상간 통신기능을 가지고 있다.

59. 자동/무인운전에 따른 차량상태 및 제어 정보의 인터페이스 기능을 말하시오.

해설 - 차량상태 정보 인터페이스 기능(주행속도 검출, 정지상태 검출, 전동 검출, 차량감속률 검출)
- 차량제어 정보 인터페이스 기능(vital input 인터페이스, vital output 인터페이스, 통신정보 인터페이스)

60. 자동/무인운전에 따른 열차보호 및 자동운전의 차상신호장치 고유기능을 각각 설명하시오.

해설 - 열차보호기능(과속검지 및 보호, 출입문제어, 이중계구성, 이상상태 출력금지)
- 자동운전기능(자동운전 상태결정, 추종 Target모델결정, 자동속도제어)

61. 자동운전에 따른 신호시스템의 안전성 확보에 관하여 설명하시오.

해설 - 예상이 가능한 장애의 모델을 기본으로 하여 입력 및 출력시 1, 2차 회로의 분리, 항상 일정수준 이상의 시스템 레벨출력을 내도록 검증.
- 시스템 디바이스들이 가장 안전 하고, 효율적인 동작을 구현할 수 있도록 한다.
- 시스템의 안전성을 향상시키기 위해, 매 시스템 주기마다 실제 입출력 연산과 점검 연산이 항상 실현되게 한다.
- ATO장치는 TCMS/INverter/Brake Controller 장치들의 제어 형태나 양상들을 반드시 고려하여 목표속도와 가속도 설정, 추종속도와 가속도 선정에 반영하여야 한다.

62. 전동차 종합제어 및 감시장치(TCMS–Train Control & Monitoring System) 기능 및 호선별 특성을 구분 설명하시오.

해설 – 1980년대 초부터 컴퓨터 도입

– 차상정보장치(TIS–Train Information System)는 추진제어장치, 제동장치, 보조전원장치의 고장 및 동작상태 등 열차 상태 감시기능과 중고장시 상태기록과 경보를 발생시키는 기능 외 운행상태, 고장상태, 승무원 조치내용 기록, IC카드를 지상 컴퓨터로 출력할 수 있는 기능.

– TCMS가 감시기능, 추진제어장치, 제동장치, 보조전원장치, 고전압 장치, 승객서비스장치의 제어, ATC, ATO와의 인터페이스를 통해 승무원을 대신하여 역행, 제동력을 지시하여 역간 정속주행 및 역에서의 정밀 정지제어 기능을 수행 할 수 있게 됨으로써 열차의 자동, 무인운전이 가능하게 되었다.

– 5, 7, 8호선에 장착

– 일산선 시스템(ATC, 수동) – 열차운행지원, 차량검사지원, 승무원지원기능, 자체검사기능, 기록 외부 출력/소거 기능

– 과천선 시스템(ATC,수동)

63. 종합제어관리장치(TCMS)의 인터페이스에 관하여 설명하시오.

해설 TCMS는 전동차 한 편성당 양 운전실에 설치되어 있으며, 열차보안장치(ATC/ATO/TWC), 승객 서비스장치, 견인 및 제동의 명령전송 등 전동차의 모든 장치를 제어, 감시한다.

– TCMS 장치 구성도

① 통신전송방식

- 비동기식 직렬전송 : 20mA Current Loop, RS–232C, RS–422/485
- 동기식 직렬전송 : SDLC, HDLC, FSK.

② 데이터 전송방식

- 열차데이터 링크(Train Bus) : 전체편성 열차를 직렬 통신선으로 연결하며, Ring Network 기술을 이용한 것으로 전송데이터가 하나의 노드에서 다음번 노드까지 연결되는 방식
- 로컬 데이터 링크(Vehicle Bus) : 해당차량의 각 장치간을 직렬통신선으로 연결시키는 통신방식

64. TCMS의 제어에 관한 주요기능을 설명하시오.

해설 1) 자동운전을 위한 제어기능

① 속도제어 : 가속도 제어, 정 속도제어, 감속제어

② 정밀 역 정지제어

③ 제어방식 : PID Control(비례제어, 적분제어, 미분제어), Fuzzy Control

2) 공기압축기 제어 모듈

① 전동차(6.8량/편성)의 공기압축기 장치는 주공기압축기와 보조공기압축기가 각 2대씩 차량에 장착

② 주공기압축기 : 전동차의 공기제동장치와 공기스프링, 출입문 개·폐, 공기기적 및 운전실 창닦이 장치 등에 필요한 공기를 공급해 주는 장치

③ 보조공기압축기 : 팬터그래프의 상승, 하강을 위한 장치

3) 제동장치 기능

① 상용제동 : ATO 또는 주간제어기로부터 받은 제동명령을 제동장치로 전달하여 전동차를 정차시키기 위하여 사용

② 정차제동 : 전동차가 정차시 움직이는 것을 방지하기 위하여 ATO 또는 주간제어기로부터 받은 제동명령 없이 일정수준의 제동을 적용하여 전동차의 구름을 방지

③ 강제완해 : 제동제어장치가 제동불완해를 감지하면 덤프밸브를 통하여 공기제동을 완해시키는 기능
④ 비상제동 : 비상조건 발생시 제동제어장치내 전자변을 소자시켜 안전하게 전자변을 소자시키는 기능
⑤ 보안제동 : 상용 및 비상제동 고장시 전동차 제동을 체결시키는 장치
⑥ 주차제동 : 전동차가 운행하지 않을 때 전동차의 움직임을 방지하기 위하여 취하는 제동방식

4) 운전모드
① 자동운전모드 : ATO에 의하여 출발, 정차 등 각종 기능을 완전자동으로 기능수행.
② 무인운전모드 : ATO에 의하여 출발, 정차 등 각종 기능을 완전자동으로 기능수행, 기관사 필요 없음.
③ 수동운전모드 : 기관사가 수동으로 운전. ATS로 제어.
④ 비상운전모드 : 기관사가 ATS의 과속방지 기능 없이 전동차를 운전하게 하는 기능
⑤ 기지운전모드 : 기지에서 25km/h로 운행, 제한속도 이상시 자동으로 견인력을 차단하는 기능

5) 출입문 모드제어 기능
① A-A Mode : ATC에서의 지시에 의한 출입문 개·폐의 양방향을 실현하는 Mode
② A-M Mode : 출입문 Open은 ATC로부터의 지시로 실시, 출입문 Close는 기관사의 수동에 의한 실시
③ M-M Mode : 출입문의 개·폐 모두 기관사에 의해서 실시.

6) 정의(Definitions)
① ATS(Automatic Train Stop)
② ATC(Automatic Train Control)
③ ATP(Automatic Train Protection)
④ ATO(Automatic Train Operation)
⑤ ALS (Automatic Line Supervision)
⑥ TWC(Train Wayside Communications)
⑦ TRA(Trigger Receiver Assembly) / PSM(Precision Stop Marker)

- 자동열차 제어시스템(ATC) : 자동열차제어 시스템은 장비의 결함 또는 기관사가 지상폐색 설계에 따른 제한속도 한계를 준수하지 못했을 경우 등 불안전한 상태에서 열차를 보호하는 기능을 수행한다.
- 자동열차 운행시스템(ATO)
  자동열차 운행시스템은 기관사의 운행을 대신하여 기능 등을 수행하는 시스템이다.
- 차상·지상간 통신시스템(TWC) : 열차와 지상간의 양방향 통신 링크로서 자동열차 주행진로 확인, 정차시분 제어, 차량속도조절 및 차량상태 등의 정보를 송/수신하는데 사용된다.

※ 철도의 속도향상

65. 경쟁력 속도를 비교 설명하시오.

해설 승용차에 대하여는 100km/h이상 이어야 하고 항공기에 대하여는 250km/h이상 이어야 한다.

66. 거리에 따른 표정속도에 관하여 서술하시오.

해설 – 100km의 거리는 표정속도가 약 80km/h
– 300km 약 160km/h
– 500km 약 250km/h
– 1000km 약 400km/h

67. 여행시간의 한계설에 관하여 설명하시오.

해설 실험 결과 약 3시간 정도

68. 속도향상과 시간단축 효과를 설명하시오.

해설 - 평균속도를 향상시켜 여행시간이 단축되지만 속도가 높아지면 시간단축효과가 작아진다.
- 동일한 속도 향상량에 대한 단축시분은 속도의 제곱에 비례한다.
$T = S/V \quad \Delta T/\Delta V = S/V^2$
(T : 여행시간, S : 여행거리, V : 평균속도)
예 : 100km/h를 10km/h 향상하는 것과 200km/h를 10km/h 향상하는 것과는 후자의 단축시간은 전자의 1/4로 된다.

69. 실용적인 유럽철도의 표준최고속도를 설명하시오.

해설 고속신선 : 250~300km/h, 개량 기존선 : 200km/h

70. 속달성에 기여하는 속도 향상에 관하여 설명하시오.

해설 - 표정속도 = 출발부터 도착까지의 거리/도달시간
- 평균속도 = 역사이의 거리/운전시간
- 속달성은 표정속도로 표시하는 것이 가능하고, 표정속도를 높이는 것은 최고속도 뿐만 아니라 곡선, 분기기 통과속도의 향상, 정차 횟수를 줄여 정차 시간의 단축과 더불어 가속, 감속도를 향상시키는 것이다

71. 점착계수와 속도의 관계를 설명하시오.

해설 속도가 높아지면 저하되고, 주행저항이 크게 된다(공기저항 = 속도의 제곱에 비례하여 크게 됨).

72. 제동성능의 필요성과 향상의 키포인트를 설명하시오.

해설 - 속도는 우선 안전하게 정지할 수 있는 것이 전제조건이다.
- 점착성능을 얼마나 높게 할 수가 있는가가 제동성능 향상의 키포인트이다.

73. 속도향상을 저지하는 요인과 해결 방법을 설명하시오.

해설 점착성능의 개선, 제동성능과 운전보안시스템의 개선, 주행안전 및 안전성의 향상, 곡선 및 분기기 통과속도의 향상, 동력방식의 개선과 집전성능의 향상, 가격증가의 억제 및 환경보전

74. TWC는 차상에 이용하는 방식을 설명하시오.

해설 20mA 전류루프방식으로 RS-232, RS-485, HDLC, FSK 등의 직렬통신 방식이 주로 사용

75. 차상 화면표시 방식을 설명하시오.

해설 LCD와 EL형식의 Touch Screen 방식을 적용, 칼라모드를 사용, ATC/ATO장치의 인터페이스를 통한 자동/무인 운전 형태로

76. 견인전동기(Traction Motor) 종류에 관하여 나열하시오.

해설 ① 직류직권전동기(DC Series Motor)
극수 - 4극, 6극(보극설치 → 정류개선책으로)
냉각방식 - 소용량(자연통풍식), 대용량(강제통풍식)
※ 교류전기차, 교직류전기차 = 직류직권전동기는 맥류전동기를 사용함.
※ Thyaistor 사용 - 장거리 대형 구배(Grade) 교류회생제어.
직류초퍼제어(Chopper)에도 DC Motor사용
② 직류복권동기(DC Compound Motor)
장거리 대형 구배 직류 회생제어.
※발전제동 전환에 따라 DC Compound Motor 사용 안함.
③ 단상직권정류자전동기(Single-phase Series Commutator Motor) 정류기 없는 직접형 단상 교류차에 사용.
25Hz, $16\frac{2}{3}$ Hz.에 사용되나 정류상 난점으로 실용화에는 이르지 못함.
④ 유도전동기(Induction Motor)
교직류 전기차에 단상, 3상교류 사용. VVVF Inverter에 사용.

77. 주전동기의 전기적 및 기계적 조건(Condition)에 관하여 설명하시오.

해설 기동, 정지가 빈번, 단시간에 부하가 인가, 진동, 충격, 좁은 하부에 부착한다.
① 전기적 특성(Electrical Characteristic)
- 기동시 상향구배 → 큰 Torque발생, 속도상승과 동시 → Torque감소
- 속도제어가 용이, 광범위한 속도 범위에서 고효율로 사용가능, 전력 소비량이 적어야 함.
- 과부하 내량이 크고, 전원전압 급변화에 견뎌야 함
- 병렬운전시 부하의 불평형이 작아야 함.
② 기계적 특성(Mechanical Characteristic)
크기가 작고, 경량, 진동·충격에 견고해야 함. 먼지, 우수 침입방지 구조. 점검, 수리 편리구조

78. 직류직권전동기 특성을 설명하시오.

해설 ① 기동시와 전속시에 큰 토크를 발생하고 속도상승과 동시에 토크는 감소한다.
② 기동 후에는 속도상승과 동시에 역기전력이 증가하고 전류는 감소하므로 운전시간의 대부분을 고속으로 운전하는 전기차는 전력 소비량이 적게 되어 경제적이다.
③ 토크가 큰 경우는 회전수가 적게 되므로 토크 변화에 대해서 전력의 변화가 작고 변전소에 대한 과부하도 적게 된다.
④ 다른 전동기에 비해서 저항제어나 직병렬 제어 등의 방법에 의해서 광범위한 속도제어가 용이하다.
⑤ 주전동기의 병렬 운전시에 부하 평형이 유지된다.
∴ 전기차용 주전동기로 매우 적합한 것을 알 수 있다.

제2절 철도차량 내연기관차편

문제 1. 다음 중에서 내연기관의 설명으로 바르지 못한 것은?

① 연소과정이 기관 내부에서 이루어지는 열기관이다.
② 외연기관에 비하여 열효율이 높다.
③ 외연기관에 비하여 시동, 정지가 쉽다.
④ 자력시동이 가능하다.

해설 내연기관은 연소과정이 기관내부에서 이루어지며 장·단점은 다음과 같다.
장점 : ㉮ 열효율이 상대적으로 높다.
㉯ 출력에 비하여 소형, 경량으로 제작할 수 있다.
㉰ 운전취급 및 시동정지가 쉽다.
㉱ 부하변동에 민감하게 순응할 수 있다.
㉲ 연료소비율이 낮으므로 운전비가 저렴하고 경제적이다.
단점 : ㉮ 대출력화 시키기가 어렵다.
㉯ 진동, 소음을 제거할 수 없다.
㉰ 제작상 높은 정밀도를 필요로 한다(고가제작).
㉱ 자력시동이 불가능하고 시동장치가 필요하다.

문제 2. 다음 중 무기분사식 디젤기관에서 채택하고 있는 사이클(Cycle)로 알맞은 것은?

① 정적(定績)사이클 ② 정압(定壓)사이클
③ 복합(複合)사이클 ④ 디젤사이클

해설 내연기관은 연소과정의 성격에 의하여 다음과 같이 분류 한다.
㉮ 정적사이클(otto cycle) : 폭발사이클이라고도 하며 오토사이클을 기본으로 하여 동작되는 기관(가솔린, 등유기관)이며 폭발과정이 정적(定績)이며 연소가 순간적으로 행하여진다.
㉯ 정압사이클(diesel cycle) : 디젤사이클을 기본으로 하여 작동되는 기관이며 디젤기관 역사의 초기에 사용되던 공기분사식 디젤기관이다.
㉰ 복합(sabathe cycle) : 급열과정이 정적, 정압 두 과정에 걸쳐 복합된 기관으로 일명 합성 사이클이라고도 하며 무기분사식 디젤기관이 여기에 속한다.

문제 3. 다음 중 연료 분사 요건과 가장 관련이 적은 것은?

① 무화(Atomization) ② 관통력(Penetration) ③ 분포(Distribution) ④ 세탄가

해설 ㉮ 무화 : 연료입자가 안개처럼 미세하게 퍼지는 것을 말하며 분사연료의 입도가 미세할수록 연소 소요시간이 단축된다.
㉯ 관통력 : 연료의 입자는 연소가 완료될 때까지 공기 중으로 날아 갈 수 있는 충분한 운동량을 가져야 한다. 관통력은 무화조건과 상반되는 것이기 때문에 대형기관에서는 대책이 필요하다.
㉰ 분포 : 분사 노즐에서 분사되는 연료 입자들이 연소실 공간에 균일하게 확산되어야 불완전 연소를 방지 할 수 있다.
※ 세탄가는 디젤연료의 항노크성 표준 척도를 말하는 것으로 연료 분사요건과는 관련이 적다.

문제 4. 다음 중 디젤 노킹의 방지법에 대한 설명중 바르지 못한 것은?

① 착화지연 기간의 분사율을 높게 한다.
② 분사직전에 실린더 내의 압력과 온도를 충분히 상승 시킨다.
③ 분사연료의 입도를 적당히 한다.
④ 연소실 벽의 온도를 높인다.

해설 디젤노킹은 연소과정에서 급격연소기간(제2기간)의 압력상승률, 즉 크랭크 회전각에 대한 압력증가율이 큰데서 기인한다. 노킹 방지법은 다음과 같다.
㉮ 분사직전 실린더내의 압력과 온도를 충분히 상승 시킨다.
㉯ 연소실 벽의 온도를 높인다.
㉰ 제1기간(착화지연기간)의 분사율을 낮게 한다.
㉱ 분사연료의 입도를 적당히 한다.
㉲ 착화성이 좋은 연료를 사용한다.
디젤기관의 연소과정 : 제1기간(착화지연기간) → 제2기간(급격연소기간) → 제3기간(제어연소기간) → 제4기간(후연소기간)

문제 5. 다음 중 디젤전기기관차의 기본원리와 작용에 대한 설명중 바르지 못한 것은?

① 디젤기관은 연료유가 가진 에너지를 기계적인 에너지로 변환시킨다.
② 주발전기는 기계적인 에너지를 전기적인 에너지로 변환시킨다.
③ MG와 TM은 전기적인 트랜스미숀 작용을 한다.
④ 디젤기관의 출력은 가감간의 위치에 따라 보조발전기에 의해 제어된다.

해설 디젤전기기관차의 기본 흐름도 : 연료유(열에너지) → 디젤기관(기계적에너지) → 주발전기(전기적에너지) → 견인전동기(기계적에너지) → 피니언기어 → 동륜
디젤기관의 출력은 가감간의 위치에 따라 기관조속기와 부하조정기에 의해 제어된다.

문제 6. 다음 중 디젤전기기관차의 견인력을 지배하는 요소와 가장 관련이 적은 것은?

① 공기압축기 성능 ② 주발전기 성능 ③ 견인전동기성능 ④ 치차비

해설 디젤전기기관차의 견인력을 지배하는 요소는 다음과 같다.
㉮ 디젤기관의 마력 ㉯ 주발전기성능 ㉰ 견인전동기 성능
㉱ 치차비 ㉲ 동륜상 중량 ㉳ 레일면의 상태

문제 7. 다음 중 645계열 디젤전기기관차의 일반개요 중 바르지 못한 것은?

① V형 무기분사식 채택
② 싸바데 사이클, 2사이클 채택
③ 마력당 중량이 가볍고 실린더 번호는 조속기를 전단으로 좌측이 1번이다.
④ 압축비가 높다.

해설 567 및 645계열 디젤기관의 특징은 다음과 같다.
㉮ V형 2Cycle 기관으로서 마력당 중량이 가볍다.
㉯ 단류소기 방식을 채택하여 소기작용이 완전하다(소기효율, 냉각효율이 좋다).

㉰ 유니트 인젝터에 의한 무기분사방식을 채택하였다.
㉱ 압축비가 높다.
실린더 번호는 조속기를 전단으로 우측이 1번이다.

문제 8. 디젤전기기관차 기관 전단부에 설치된 장치가 아닌 것은?

① 기관조속기, 냉각수펌프 ② 윤활유펌프, 유분리기
③ 청정유펌프, 과속방지장치 ④ 부축수동간, 2요소여과기

해설 유분리기는 기관후단부 보조발전기 구동실 위(E3형은 터보차아저 하우징위)에 장착되어 배기연돌로 나가는 기름과 공기를 분리하여 유분은 기관유조로 공기는 공기실(E3형은 배기연돌로) 보내는 역할을 한다.

문제 9. 디젤기관이 가장 원활하게 폭발이 일어나도록 사이클 위상각을 정할 때 고려사항이 아닌 것은?

① 이웃하는 실린더에 연속적인 폭발이 일어나지 않도록 한다.
② 크랭크축의 비틀림이나 진동이 최대한 방지되도록 한다.
③ 흡배기가 서로 간섭하여 기관운전에 장애가 발생 되지 않도록 한다.
④ 2사이클 폭발 간격을 정할 때 720°에서 실린더 수로 나누어 정한다.

해설 다(多)실린더 기관에서 균일한 회전력을 얻기 위해서는 각 실린더의 폭발간격을 일정하게 해주어야 한다. 따라서 4사이클 기관에서는 크랭크 회전각 720°(크랭크축 2바퀴)를 실린더 수로 나눈 값, 2사이클 기관은 360°(크랭크축 1바퀴)를 실린더 수로 나눈 값이 그 기관의 이상적인 폭발 간격이 된다.

문제 10. 다음 중 크랭크케이스의 주요 구성부가 아닌 것은?

① 톱덱크 ② A프레임 ③ 공기함 ④ 유조

해설 크랭크케이스는 동력장치 전반을 장착하는 곳으로서 톱덱크, A프레임, 실린더뱅크, 공기함, 공기함핸드홀, 각 다기관 등으로 구성되어 있으며 크랭크케이스를 받쳐주며 기관의 기초부를 이루고 있는 유조와는 구별된다.

문제 11. 다음 중 메인베어링 캡을 이용하여 크랭크축을 지지 시키는 역할을 하는 장치는?

① 톱덱크 ② A프레임 ③ 공기함 ④ 실린더뱅크

해설 A프레임은 실린더뱅크 응력판과 베이스 레일에 용접되어 있는 A자 모양의 프레임이며, 상하 메인베어링을 장착하여 크랭축을 지지하는 역할을 한다.

문제 12. 다음 중 부속장치 구동 치차열에 의하여 직접 구동되는 것은?

① 청정유 펌프 ② 조속기부스터 펌프 ③ 냉각수 펌프 ④ 조속기 구동치차

해설 부속장치 구동기어는 청정유 펌프와 주윤활유 및 피스톤냉각유 펌프를 직접 구동시키며, 냉각수 펌프와 조속기를 간접적으로 구동시킨다.

문제 13. 다음 중 공기함 핸드홀을 통하여 검사할 수 있는 것은?

① 메인베어링, 롯드베어링 ② 피스톤핀, 피스톤케리어
③ 피스톤압축링, 피스톤 상태 ④ 실린더 하위부

해설 공기함핸드홀을 통하여 검사할 수 있는 항목은 다음과 같다.
㉮ 기관송풍기의 회전자와 오일씰 ㉯ 실린더내의 일반적인 상태 ㉰ 피스톤링의 상태
㉱ 피스톤의 상태 ㉲ 분사변의 기능 상태 ㉳ 공기함의 상태

문제 14. 다음 중 공기함 배수콕크에 대한 설명으로 알맞은 것은?

① 공기함 좌우측에 1개씩 설치되어 있다.
② 유조의 좌우측에 1개씩 설치되어 있다.
③ 유조내에서 생긴 물, 기름을 받아 드린다.
④ 유조의 중앙부에 밖으로 설치되어 있다.

해설 공기함 배수콕크는 유조의 좌·우측에 1개씩 설치되어 있으며, 공기함에서 유조와 크랭크케이스 접합부를 거쳐 연결된 배수관을 통해 공기함에서 생긴 물, 가름 등을 받아들이고 기관차 형별로 수동배수변, 자동배수변 등으로 배수 한다.

문제 15. 다음 중 유조핸드홀을 통하여 검사할 수 있는 것은?

① 기관송풍기 씰상태 ② 피스톤핀, 피스톤케리어
③ 피스톤 압축링 상태 ④ 분사변의 기능 상태

해설 유조핸드홀을 통하여 검사가 가능한 분분은 다음과 같다.
메인베어링, 롯드베어링, 실린더하위부, P파이프, 피스톤핀, 피스톤케리어, 유조내부의 전반적인 상태, 베어링캡, 베어링바스케트 상태

문제 16. 다음 중 록커암에 대한 설명으로 바르지 못한 것은?

① 1개의 실린더헤드에 3개의 록커암이 있다.
② 측면의 1개는 분사변을 동작시킨다.
③ 록커암과 캠이 접촉되는 곳에는 종동롤러가 있다.
④ 배기변은 록커암에 의하여 동작된다,

해설 1개의 실린더에는 3개의 록커암이 있으며 중앙 1개의 록커암은 분사변을, 측면 2개의 록커암은 각각 2개씩의 배기변(합계 4개)을 동작시키고 캠에 접촉되는 부분에는 종동롤러가 있으며 반대쪽에는 캠 조정나사가 있다.

문제 17. 다음 중 실린더 내에서 비정상적인 음향이 나는 경우가 아닌 것은?

① 분사변과 록커암 접촉불량 ② 배기변 불량으로 누설시
③ 분사변에 결함이 있을 때 ④ 분사변에 공기 유입시

해설 분사변과 록커암은 실린더 외부에서 접촉되고 있으므로 실린더 내에서의 비정상적인 음향과는 관련이 없다.

문제 18. 다음 중 디젤기관의 압축비를 높이는 이유로 가장 알맞은 것은?

① 폭발력의 효율을 좋게 하기 위하여
② 연료의 관통력을 크게 하기위하여
③ 공기 압축열로 착화시키기 위하여
④ 연료의 무화를 좋게 하기 위하여

문제 19. 다음 중 액압충격 조절기에 대하여 가장 바르게 설명한 것은?

① 록커암과 배기변의 다리 역할을 한다.
② 변봉과 변교간의 간격을 항상 적당히 유지 시켜 준다.
③ 록커암에서 받는 충격적인 힘을 조절하여 배기변의 동작을 원활히 한다.
④ 한 개의 록커암으로 한 개의 배기변을 동작 시킨다.

해설 액압충격조절기는 변교의 양단에 장착되어 있으며 변교와 변봉간의 간격을 항상 "0" 상태를 유지 시키면서 록커암에서 받는 충격적인 힘을 조절하여 배기변의 동작을 원활하게 하는 역할을 한다.

문제 20. 피스톤 캐리어의 역할 중 바르지 못한 것은?

① 피스톤상부 일부의 열을 냉각한다.
② 크랭크축에서 콘넥팅로드에 전달되는 충격을 원활히 한다.
③ 피스톤핀 부싱간에 윤활작용을 한다.
④ 피스톤의 파손방지와 하중 분포를 균등히 한다,

해설 피스톤캐리어의 역할은 다음과 같다.
㉮ 피스톤크라운 부분(피스톤 상부) 열 냉각
㉯ 피스톤과 부싱간의 윤활작용
㉰ 피스톤의 하중분포를 균등히 하여 피스톤의 파손 방지
㉱ 콘넥팅로드에서 크랭축에 전달되는 충격을 흡수한다.

문제 21. 다음 중 설명 중 가장 바르지 못한 것은?

① 기관의 프라이휠작용은 주발전기 발전자가 한다.
② 프라이휠 : 축심불균형으로 인한 편심운동의 일부를 흡수하여 균일한 회전력을 발휘하도록 한다.
③ 가요접수 : 두 회전축간의 허용범위 안에서 유순한 회전을 하도록 한다.
④ 스라스트칼라 : 크랭크축이 축방향으로 이동되는 것을 방지하며 추력을 흡수한다.

해설 가요접수(Flexible Coupling)는 구동부의 회전운동을 융통성 있게 회전하도록 고안된 접수로서 "두 회전축간의 축심 허용 범위 불일치에 대하여 유순한 회전"을 하도록 하는 역할을 한다,

문제 22. 공기여과기의 기능상 구비조건 중 가장 거리가 먼 것은?

① 경제적일 것
② 청정효율이 높을 것
③ 잘 폐색되지 않을 것
④ 여과저항이 적을 것

해설 공기여과기의 기능상 구비조건은 다음과 같다.
㉮ 청정효율이 높을 것, ㉯ 잘 폐색되지 않을 것, ㉰ 여과저항이 적을 것. 경재성도 고려되어야 하나 본 문항의 성격으로 볼 때 기능상 구비조건과는 관련이 적은 것으로 볼 수 있다.

문제 23. E – 16 배기터빈 과급기 특징이 아닌 것은?

① 배기가스의 열에너지를 이용한다.
② 열효율을 증대시킨다.
③ 무과급기관에 비하여 연료절약 효과가 있다.
④ 기관의 마력을 증대시킨다.

해설 E-16 배기터빈 과급기의 특징은 다음과 같다.
㉮ 기계효율이 향상된다.
㉯ 송풍량이 기관연소 요구에 항상 적당히 공급된다.
㉰ 구조가 간단하고 신뢰성이 높다.
㉱ 배기소음을 줄일 수 있다.
㉲ 배기가스의 열에너지를 이용한다.
열효율면에서 살펴보면 과급기에서 흡입압력을 높일수록 사이클 최고 압력이 높아지기 때문에 그만큼 열효율은 감소한다.

문제 24. 기관을 정지시켰을 때 쇽백오일 펌프가 작동하지 않을 경우 올바른 취급은?

① 기관이 정지된 상태로 대기한다.
② 즉시 재기동하여 무하 운전한다.
③ 기관을 5분후에 재기동한다.
④ 즉시 재기동하여 15분 동안 무부하 유전상태를 유지한다.

해설 기관을 정지시켰을 경우 쇽백오일 펌프가 작동하지 않을 경우에는 터보차아저의 손상을 방지하기 위하여 기관을 즉시 재기동하여 15분 동안 무부하 유전속도를 유지시킨다.

문제 25. 쇽–백오일 계통의 개요 중 바르지 못한 것은?

① 기관을 구동하기 전 터보차아저 베어링의 윤활을 담당한다.
② 기관을 정지한 후 터보차아저에 잔류하는 열을 제거한다.
③ 기관기동 및 정지시 수동으로 제어된다.
④ 압력 완해변과 바이패스 밸브를 구비하고 있다.

해설 쇽–백오일 계통은 기관기동 및 정지시 자동적으로 제어되며 55PSI압력 완해변과 7PSI 바이패스 밸브를 구비하고 있다.

문제 26. 다음 중 유조핸드홀 커버 탈출의 가장 주된 원인은?

① 연료펌프 고장 ② 청정유펌프 고장 ③ 메인베어링 발열 ④ 유연불출

해설 유조 핸드홀 커버 탈출의 가장 주된 원인은 메인베어링 발열의 경우이다. 따라서 유조 핸드홀 커버 탈출 우려가 있을 경우 고유조압 탐지장치가 동작하여 기관을 정지시켜 보호하여야 하나 부득이 유조 핸드홀 커버가 탈출하는 경우에는 즉시 관계처에 구원기를 요구하여 조치를 받아야 한다.

문제 27. 다음 중 기관냉각수의 구비조건과 가장 거리가 먼 것은?

① 금속, 고무 등 부식성이 없어야 한다.
② 부동액이어야 한다.
③ 스케일이 발생치 않아야 한다.
④ 침전물이 발생치 않아야 한다.

해설 디젤기관냉각수는 일반적으로 부동액을 사용하고 있으나 냉각수의 일반적인 구비조건과는 거리가 있으며 반드시 부동액만을 냉각수로 사용하는 것만은 아니다.

문제 28. 다음 중 낮은 온도에서 부하운전을 할 경우 미치는 영향이 아닌 것은?

① 동력장치의 온도 불균형을 초래한다.
② 불완전 연소한다.
③ 각 마찰부의 마찰이 증대된다.
④ 부하조정기 고장을 초래한다.

해설 부하조정기는 기관 온도의 높고 낮음에 관계없이 기관의 부하관계에 따라 주발전기의 계자 전류를 조절하여 열차운전을 원활하게 한다.

문제 29. 기관조속기 저유압 기관정지장치가 동작하는 경우가 아닌 것은?

① 윤활유 및 피스톤냉각유의 방출 압력이 높을 때
② 시간지연 바이패스가 불량할 때
③ 기관냉각수가 부족할 때
④ 기관유조 압력이 높을 때

해설 윤활유 및 피스톤 냉각유 펌프의 흡입압력이 높을 경우 기관 저유압정지장치가 동작하는 경우가 있다.

문제 30. 공기압력센서에서 비워진 밸로우즈의 상태를 바르게 설명한 것은?

① 진공 상태이다.
② 대기압 상태이다
③ 공기함 압력 상태이다.
④ 유조함 압력 상태이다

해설 공기 압력센서부의 밸로우즈는 상부에 대기압이 가두어진 상태로 있어, 하부에 공기함압력이 가감간 위치에 따라 상승 또는 하강함에 따라 작용한다.

문제 31. 다음 중 다른 종류의 부하조정기를 사용하는 디젤전기기관차 형은?

① 4100호대형 ② 7000호대형 ③ 7200호대형 ④ 7300호대형

해설 디젤전기기관차의 부하조정기 형식은 다음과 같다.
정류자형 : 2000, 3000, 4100호대형
접시형(판형) : 2100, 4200, 7000호대 이상 특대형,

문제 32. 부하조정기에서 "0"전자변이 여자되는 시기와 관계 없는 것은?

① GR동작시
② WS동작시
③ LRP동작코일단자가 1→3방향으로 흐를 때
④ TH유전위치

해설 ORS여자되는 시기는 다음과 같다.
TH유전위치, 전이진행 중 발전중지할 때, OLS동작시, WS동작시,
발전제동체결시(LRP동작균일 단자가 3→1방향으로 흐름)

문제 33. 다음 중 열차 출발시 부하조정기 위치가 다른 종류의 기관차 형태는?

① 7100호대형 ② 7300호대형 ③ 4200호대형 ④ 7400호대형

해설 열차 출발시 부하조정기는 최소계 자위치에서 발전하도록 하여 열차의 충격을 줄여 출발을 원활하게 하는 작용을 한다. 다만, 7000호대형 이상의 특대형 기관차는 최대계자 위치에서 출발한다(AR10 교류발전기사용으로 발전량이 커서 견인력이 충분하므로 충격을 줄일 수 있음).

문제 34. 디젤전기기관차 운전 중 회귀투시유리에 기포 발생원인은?

① 분사변불량 ② 연료여과기 폐색

③ 협로라인 공기 유입 ④ 연료펌프흡입측 불량

해설 회귀투시 유리에 유입된 연료는 분사변에서 분사되고 남은 연료가 회귀되어 나타나는 것으로서 회귀투시 유리에 이상 현상이 있는 경우는 분사변(인젝터)에 문제가 발생 되었을 경우이다.

문제 35. 디젤전기기관차 회귀투시유리에 나타난 연료는 어디로부터 유입된 연료인가?

① 수직여과기 ② 연료펌프 ③ 인젝터 ④ 협로투시 유리

해설 디젤전기기관차(GT26CW형 기준) 연료 계통 흐름도는 다음과 같다.
연료탱크 → 연료펌프 → 1차연료여과기(수직여과기) → 2차연료여과기(2요소여과기) → 분사변 → 회기투시유리(분사 후 남은 연료) → 연료탱크

문제 36. 디젤전기기관차 기관윤활유 3대 계통이 아닌 것은?

① 기관냉각유 계통 ② 주윤활유 계통 ③ 피스톤냉각유 계통 ④ 청정유 계통

문제 37. 디젤전기기관차 센트럴카보디시스템으로 유입된 공기중 연소용 공기는 전체 유입공기의 얼마인가?

① 3/3 ② 2/3 ③ 1/3 ④ 연소용공기는 없음

해설 집중식 공기여과기인 센트럴카보디시스템에 유입된 전공기중 2/3는 TM 등의 냉각용 공기로, 1/3은 연소를 위한 소기용 공기로 사용된다.

문제 38. 디젤전기기관차 차체를 통해 여과된 청정공기의 사용처가 아닌 것은?

① 발전기 냉각용 ② 기관 연소용 ③ 견인전동기 냉각용 ④ 공기압축기 냉각용

해설 공기압축기는 냉각은 수냉식이며 흡입공기의 사용처와는 관련이 없다.

문제 39. 디젤전기기관차 인젝터(분사변)를 직접 동작시키는 것은?

① 록커암 ② 배기밸브 ③ 배기변 ④ 변교

해설 인젝터(분사변)를 직접 동작시키는 것은 실린더당 3개의 록커암 중 중앙 1개의 록커암과 분사변 플런저의 하행정중 회전운동을 시켜서 연료를 조절케 하는 레크이다.

문제 40. 메인베어링에 대한 설명이다. 맞지 않는 것은?

① 16실린더에는 10개가 설치되어 있다.
② 하위베어링이 수명이 짧다.
③ 상·하 베어링은 서로 교환하여 사용할 수 있다.
④ 재질은 청동제이다.

해설 상위 메인베어링에는 tang이라 불리는 설상부가 1개 있어 A프레임 보어의 우측 홈에 맞고, 하위 메인베어링은 운전 중 이탈방지를 위하여 설상부가 2개가 있어 베어링 캡에 맞도록 되어 있으므로 상·하 서로 교환하여 사용할 수 없다(하중을 받는 하위 베어링이 상위 베어링보다 수명이 2배 짧다).

문제 41. 조화균형추에 대한 설명이다. 맞지 않는 것은?

① 크랭크축 후단부에 설치되어 있다.
② 크랭크축의 비틀림을 감쇄시키는 작용을 한다.
③ 일부기관에는 비스코스댐퍼를 사용하여 비틀림 진동을 흡수시킨다.
④ 크랭크축 전단부에 설치되어 있다.

해설 조화균형추는 크랭크축 전단에 장착되어 크랭크축의 비틀림을 감쇄시키는 작용을 하며 후단부에는 주발전기전기자가 설치되어 있어 같은 작용을 한다.

문제 42. 645E3 기관의 과속방지 장치가 동작되는 기관회전수로 알맞은 것은?

① 900-915rpm ② 1110-1150rpm ③ 990-1005rpm ④ 900rpm

해설 기관가속방지장치 동작회전수는 다음과 같다.
㉮ 567C계 기관 : 900-915RPM, ㉯ 3100호대 : 1110-1150RPM, ㉰ 645E 및 645E3 기관 : 990-1005RPM

문제 43. 기관송풍기가 고장일 경우 현상으로 가장 알맞은 것은?

① 기관과속방지 동작간 동작 ② 고유조압현상 발생
③ 공기함 핸드를 탈출 ④ 접지현상 발생

해설 기관송풍기는 여과기를 거쳐 깨끗한 공기를 흡입하는 동시에 크랭크케이스 내에 유연을 유분리기를 거쳐 흡입하기 때문에 송풍기 고장의 경우 크랭크케이스 내의 배기작용이 원활치 못하여 고유조압 현상이 발생할 수 있다.

문제 44. E-16 터보차아저의 3대 구조가 아닌 것은?

① 압축기부 ② 터빈부 ③ 치차구동부 ④ 썬치차부

문제 45. E-16 터보차아저에서 기관 여과기실로 유입된 공기를 압축하여 공기함으로 이송하는 장치는?

① 터빈부 ② 압축기부 ③ 치차구동부 ④ 케리어축

문제 46. E-16 터보차아저 치차구동부를 구성하는 치차가 아닌 것은?

① 구동치차 ② 유성치차 ③ 썬치차 ④ 중간치차

문제 47. E-16 터보차아저 유성치차의 수는?

① 1개 ② 2개 ③ 3개 ④ 4개

문제 48. 터보차아저에서 배기가스가 기관의 도움없이 터보를 구동하기에 충분한 온도는?

① 1000°F ② 700°F ③ 800°F ④ 1200°F

해설 터보차아저는 기동시 연접치차열에 의하여 기관의 도움을 받다가 배기가스의 온도가 1000°F, 14PSI에 이르면 기관의 도움없이 순수한 배기가스의 힘으로 터빈을 구동할 수 있다(정격부하의 75%).

문제 49. P-Pipe가 장착된 윤활유 계통은?

① 주윤활유계통 ② 청정유계통 ③ 피스톤냉각유계통 ④ 배유계통

해설 피스톤냉각유 계통에는 P-pipe가 각 실린더마다 1개씩 장착되어 기관 운전 중 항시 윤활유를 분출하여 피스톤이 하사점에 이르렀을 때에 피스톤케리어에 뚫은 피스톤냉각유 공과 일치되어 기름이 이 구멍을 통하여 피스톤 천장을 냉각하고 흘러내리는 기름은 피스톤베어링 기름 홈에 들어가 피스톤을 윤활시킨다.

문제 50. 기관윤활유 압력에 대한 설명이다. 바르지 못한 것은?

① 윤활유 압력은 수시로 조절할 수 있다.
② 645기관 유전시 최저유압은 8-12PSI이다.
③ 645기관 최고회전시 최저유압은 25-20PSI이다.
④ 645기관 최고회전시 정상유압은 125PSI이다.

해설 윤활유 압력은 수시로 조절할 수 없으며 운전조건(가감간 위치, 선로구배, 윤활유 상태 등)에 따라 차이가 있을 수 있다.

문제 51. 기관냉각수온도의 운전가능한 적정 범위는?

① 160° - 180°F ② 140° - 160°F ③ 180° - 200°F ④ 200°F 이상

문제 52. 다음 중 기관냉각수의 역할과 관계가 없는 것은?

① 윤활유 냉각 ② 공기압축기 냉각 ③ 견인전동기 냉각 ④ 열효율 예열

해설 견인전동기는 공냉식 냉각 장치이다.

문제 53. 기관의 운전가능한 치저수온 가능 온도는?

① 100°F ② 110°F ③ 120°F ④ 130°F

문제 54. 기관과열 경보가 시작되는 기관냉각수 온도는?

① 200°F ② 208°F ③ 205°F ④ 200°F

문제 55. 기관과열 경보시 운전취급으로 알맞지 않는 것은?

① 기관과열 경보즉시 부하를 제거한다. ② 주발전기 발전을 중지시킨다.
③ 부하제거 후 가감간을 올려서 기관을 식힌다. ④ 기관과열 경보 후 기관을 정지시킨다.

해설 기관 과열 경보 즉시 부하를 제거하고 가감간을 올려서 기관냉각 선풍기가 작동 상태를 유지하도록 하여 기관을 냉각시킨다. 기관을 정지시켜서는 안된다.

문제 56. 다음 중 증속기치차 냉각방식이 아닌 것은?

① G8형 ② GT26CW형
③ G26CW형 ④ G22형

해설 GT26CW형 기관차는 교류모터를 사용하여 냉각시킨다.

문제 57. 기관이 과열되는 원인이 아닌 것은?

① 냉각수의 질이 부적합 할 때 ② 냉각수가 부동액이 아닐 때
③ 샷더의 작동이 불량할 때 ④ 냉각수 펌프의 기능이 불량할 때

문제 58. 다음 중 연료분사의 3대요건과 관계가 없는 것은?

① 무화 ② 관통력 ③ 분포 ④ 착화

해설 ㉮ 무화 : 연료입자가 안개처럼 미세하게 퍼지는 것을 말하며 분사연료의 입도가 미세할수록 연소 소요시간이 단축된다.
㉯ 관통력 : 연료의 입자는 연소가 완료될 때까지 공기 중으로 날아 갈 수 있는 충분한 운동량을 가져야 한다. 관통력은 무화조건과 상반되는 것이기 때문에 대형기관에서는 대책이 필요하다.
㉰ 분포 : 분사노즐에서 분사되는 연료 입자들이 연소실 공간에 균일하게 확산되어야 불완전 연소를 방지할 수 있다.

문제 59. 기관 저수위 시험 콕크에 대한 설명으로 틀리는 것은?

① 수직위치가 정상 위치이다.
② 수평위치가 정상위치이다.
③ 시험위치로 하면 냉각수가 약간 방출된다.
④ 시험위치로 하면 기관회전수가 줄면서 즉시로 저유압 버튼이 튀어나온다.

해설 저수위 시험 콕크는 냉각수 탱크 아래 부분에 위치하고 있으며 수직위치가 정상 위치이다. 기관차 출고 점검시 유의하여 확인점검이 필요하다.

문제 60. 디젤전기기관차 만부하 운전시 분사변 프런자가 고착되면 기관부하 감소시 기관이 정지되는데 그 원인은?

① 저수위동작 ② 저유압동작 ③ 과속동작간 동작 ④ O 전자변동작

문제 61. 디젤전기기관차 유전운전시 기관작동음이 단기통 발동기 소리와 같은 소음이 일어나는 원인이 아닌 것은?

① 저유압장치동작 ② 분사변 레크핀 탈출
③ 연료유공급 부족 ④ 과속방지장치 불완전 동작

해설 저유압장치 동작시는 기관이 정지된다.

문제 62. 기관은 회전하나 기동불능시 원인이 아닌 것은?

① 저유압보턴 탈출 ② 과속방지장치 동작 ③ 협로투시유리 파손 ④ 연료펌프 불량

해설 협로 투시유리는 연료 2요소여과기 오손 및 불량시 확인을 위한 투시 유리로서 2요소여과기가 정상일 때는 기관기동에서는 영향을 주지 않는다.

문제 63. 가감간 2단 이상에서 저유압시 기관이 즉시(2초 내에) 정지되는 원인은?

① 기관속도조정 불량 ② 조속기유 부족
③ 시간지연 협로변 폐색 ④ 시간지연 협로변 개방

해설 기관기동시 윤활유 압력이 없어도 한정된 시간 동안 연료를 공급하여 기동이 이루어지도록 하기 위하여 유전속도 이하에서는 조속기 압력유를 단속적으로 저유압장치 차단 피스톤에 공급하여 저유압 기관 정지 작용을 40-60초 지연시킨다(시간지연 바이패스 패쇄위치).
그러나 기관운전 중에는 기관안전을 위하여 가감간 2단 이상시 2초 이내에 저유압 장치가 동작하도록 시간 지연 바이패스가 개방되어 신속하게 동작하도록 작용한다.

문제 64. 기관과속방지장치 동작 원인이 아닌 것은?

① 과속방지장치 스프링 장력 과대 조정시 ② 분사변 잭크 고착시
③ 조속기 속도조정 완만시 ④ 기관속도 최고회전 과대시

해설 기관과속 방지장치의 스프링 장력이 과대 조정되면 기관과속 방지장치의 동작을 못하게 하므로 기관에 치명상을 입힐 수 있고, 스프링장력이 과소 조정되면 과속방지 장치가 너무 쉽게 동작되어 운행이 곤란하다.

문제 65. 기관 조속기유 만유시 현상으로 알맞은 것은?

① 가감간 상승시 기관회전수가 빨리 상승한다.
② 가감간 하강시 기관회전수가 늦게 떨어진다.
③ 가감간 위치별 기관회전수가 상승하지 않는다.
④ 기관이 정지한다.

해설 조속기유 만유시에는 가감간 상승시 기관회전수가 늦게 상승되고 가감간 하강시 기관회전수가 늦게 떨어져 열차운전이 원활치 못하며, 결유시에는 가감간 회전수가 상승하지 않고 출력이 떨어진다. 그러므로 적정량의 기관 조속기유를 유지시키고 조속기유가 없을시는 연료유를 보충하여 임시로 사용할 수도 있다.

문제 66. 디젤전기기관차 기관조속기에 설치된 전자변은 몇 개인가?

① 3개 ② 4개 ③ 5개 ④ 6개

해설 조속기에는 A. B. C. D. "0"전자변이 있어 5개이며, A. B. C. D는 속도전자변 "0"전자변은 부하조정 전자변이다.

문제 67. 기관냉각수 감소시 확인사항이 아닌 것은?

① 공기실 배수변 누설여부 ② 배기연돌 유분분출 여부
③ 냉각수 탱크 ④ 기관윤활유

해설 기관냉각수 감소시 유조의 윤활유가 증가되어 점도가 낮아지는 현상이 있으며 배기 연돌의 수분 분출 여부도 확인하여야 한다.

문제 68. 터보차아저 보조펌프 등이 점등 되었을 시 알맞은 조치는?

① 기관을 즉시 정지시킨다. ② 부하를 제거하고 운전한다.
③ 구원을 요구하고 대기한다. ④ 조치할 필요가 없다.

해설 기관기동 혹은 정지 후 최소 27분 동안 점등되는 것이 정상 상태이므로 다른 조치를 할 필요가 없다.

문제 69. 열차운전 중 기관 조속기유가 부족하거나 보충용 조속기유가 없을 경우 조치사항으로 가장 알맞은 것은?

① 냉각수를 보충한다. ② 윤활유를 보충한다.
③ 연료유를 보충한다. ④ 휘발유를 보충한다.

해설 조속기유가 부족하여 운전이 곤란할 경우에는 기관 연료유(경유)를 보충하여 임시로 운전을 할 수 있다.

문제 70. 기관 조속기에서 공기와 연료의 비를 정확하게 조절해 주는 기기로 알맞은 것은?

① 밴모터 ② 센소장치 ③ 부하조정기 ④ 엠프리파이어

해설 기관조속기 센소장치는 공기공급에 비례한 연료의 비를 조절하여 기관부하를 유지 하도록 하는 장치이며, 이들의 제어는 기관의 공기압력과 대기압(상위 벨로우즈에 있는 대기압)에 의하여 이루어진다.

문제 71. 디젤전기기관차 기관저유압장치의 저유압 막판 양쪽의 압력으로 알맞은 것은?

① 스프링압력 : 속도세팅 피스톤위 유압
② 스프링압력 + 기관윤활유압력 : 속도세팅 피스톤위 유압
③ 기관윤활유압력 : 속도세팅 피스톤위 유압
④ 조속기유압 : 기관윤활유 유압

해설 기관조속기 저유압막판 한쪽에는 스프링과 기관윤활유 압력이 작용하고 그 반대쪽에는 속도세팅피스톤위에 유압이 작용하여 정상시에는 균형을 이루고 있다.

문제 72. 디젤전기기관차 기관조속기 센소장치 블리드밸브의 역할로 알맞은 것은?

① 센소피스톤 위에서 섬프에 통하는 유량을 공기압력에 따라 조절한다.
② 센소피스톤 위에서 섬프에 통하는 공기를 윤활유압력에 따라 조절한다.
③ 센소피스톤 밑에서 섬프에 통하는 공기를 윤활유압력에 따라 조절한다.
④ 센소피스톤 밑에서 섬프에 통하는 유량을 공기압력에 따라 조절한다.

해설 기관조속기 센소장치는 센소피스톤 밑에서 섬프에 통하는 유량을 공기압력에 따라 조절한다.

문제 73. 디젤전기기관차 기관조속기에서 기관공기함의 압력과 기압의 변화에 따른 절대공기압력에 의해 부하조정 안내밸브의 위치를 변화시켜 부하를 조절하는 기기는?

① 리바란싱 장치 ② 안내밸브 플런저 ③ 브러쉬암 ④ 밴모터

문제 74. 디젤전기기관차 기관조속기에서 가감간의 위치에 따라 기관의 회전수를 조정하는 주동적 역할을 담당하는 장치는?

① 속도세팅 기구 ② 연료조정 기구 ③ 보정 기구 ④ 속도조정 기구

문제 75. 디젤전기기관차 기관조속기 속도조정 기구와 관련이 없는 기기는?

① 회전부싱 ② 삼각판 ③ A전자변 ④ O전자변

해설 O전자변은 부하조정기구의 전자변이다.

문제 76. 645E3 디젤전기기관차 기관조속기에서 D전자변이 여자되지 않는 가감간 위치는?

① 5단 ② 6단 ③ Low-idle ④ Stop, 1단

해설 645E3 기관에서 D전자변이 여자되는 가감간 위치는 다음과 같다.
STOP, LOW-IDLE, 5단, 6단. D전자변은 약 160rpm의 기관회전수를 감소시킨다.

문제 77. 디젤전기기관차 기관조속기에서 기관의 변동에 관계없이 항상 가감간 위치에 알맞은 기관 회전수를 유지시키는 작용을 하는 장치는?

① 속도세팅 기구 ② 속도조정 기구 ③ 보정 기구 ④ 연료조정 기구

문제 78. 디젤전기기관차 기관조속기 속도세팅 기구와 관련이 없는 기기는?

① 동력피스톤안내밸브 ② 플라이웨이트 ③ 속도세팅피스톤 ④ 동력피스톤

해설 동력피스톤은 연료조정 기구에 속한다.

문제 79. 디젤전기기관차 기관조속기에서 기관의 인젝터 레크를 조절하여 실린더 내에 분사하는 연료유의 량을 조절하는 역할을 하는 장치는?

① 속도세팅 기구 ② 속도조정 기구 ③ 보정 기구 ④ 연료조정 기구

문제 80. 디젤전기기관차 기관조속기에서 부하변동에 따라 움직이는 동력 피스톤의 동작이 지나치게 예민하여 민감하게 움직이지 않고 원활하고 완만하게 움직여 안정되도록 하는 역할을 하는 장치는?

① 속도세팅 기구　② 속도조정 기구　③ 보정 기구　④ 연료조정 기구

문제 81. 디젤전기기관차 기관조속기에서 기관기동시 축유기의 유압 형성을 도와 주는 역할을 하는 장치는?

① 오일섬프　② 부스터펌프　③ 기어펌프　④ 연료조정 기구

문제 82. 디젤전기기관차 인젝터(분사변) 내부 작동부의 냉각작용은?

① 윤활유　② 냉각수　③ 연료유　④ 에프터쿨러

해설 인젝터 내부 작동부의 냉각은 인젝터를 통하는 연료유에 의하여 냉각된다.

문제 83. 디젤전기기관차 침변형 인젝터(분사변)에서 체크밸브(역지변)의 역할로 알맞은 것은?

① 압축가스 누설방지　② 연료유 누설방지　③ 냉각수 누설방지　④ 공기함 압력유지

해설 인젝터 체크밸브는 실린더 상부의 연소실 압축가스의 누설을 방지하는 역할을 한다.

문제 84. 디젤전기기관차 침변형 인젝터(분사변)에서 니들밸브(침변)의 역할로 알맞은 것은?

① 압축가스 누설방지　② 연료유 누설방지　③ 냉각수 누설방지　④ 공기함 압력유지

해설 인젝터의 니들밸브는 분사변 연료유 누설을 방지하는 역할을 한다.

문제 85. 디젤전기기관차 인젝터(분사변)의 분사 시기 조정은?

① 조속기 O 전자변을 조정한다.
② 액압충격 조절기 끝에 있는 조절나사로 조정한다.
③ 변교 끝에 있는 조절나사로 조정한다.
④ 록커암 끝에 있는 조절나사로 조정한다.

해설 인젝터의 분사시기 조정은 록커암 끝에 있는 조절나사로 조정한다.

문제 86. 디젤전기기관차 냉각수 펌프에 대한 설명 중 바르지 못한 것은?

① 스스로 급수하고 스스로 배수 하도록 되어 있는 원심펌프이다.
② 크랭크축과 같은 방향으로 회전한다.
③ 8실린더 기관은 우측에 1개가 있다.
④ 16실린더 기관에는 좌우측에 각각 1개씩 2개가 있다.

해설 디젤전기기관차 냉각수 펌프는 기관 크랭크축의 회전방향과 반대로 회전한다.

문제 87. 디젤전기기관차 실린더라이너에서 냉각수가 들어가는 입구에 수압이 라이너 벽에 직접 부딪치는 것을 방지하기 위하여 설치한 장치는?

① 워터자켓 ② 안내스타트 ③ 유입튜브 ④ 전향장치

문제 88. 디젤전기기관차 실린더 검사변에 대한 설명으로 가장 올바른 것은?

① 기관작동 중 개방이 가능하다.
② 검사변 몸체는 크랭크케이스 측판에서 실린더 헤드 내에 이른다.
③ 실린더 내 압축력을 높이는데 사용된다.
④ 몸체와 너트만으로 구성되어 있다.

해설 실린더 검사변은 몸체, 침변, 팻킹, 너트로 구성되어 있으며 몸체는 크랭크케이스 측판에서 실린더 헤드 리테이너를 지나 실린더 헤드 내에 이른다.
검사변은 압축압력의 경감, 연소기능 확인, 8시간이상 기관정지나 단시간 정지시 폭우로 인하여 연소실내의 액체 퇴적물을 제거시키기 위하여 개방하나 기관작동 중 개방하여서는 절대 안된다.

문제 89. 디젤전기기관차 기관조속기에 대한 설명으로 가장 알맞은 것은?

① 기관냉각 선풍기의 회전속도를 조정한다.
② 견인전동기의 트랜스미션 작용을 담당한다.
③ 기관의 부하를 제어한다.
④ 기관보호와는 관련이 없다.

해설 기관조속기의 역할은 다음과 같다.
㉮ 가감간 위치에 알맞은 기관회전수를 제어한다.
㉯ 기관의 부하를 조정한다.
㉰ 기관보호장치를 제어하여 차량고장을 예방한다.
㉱ 공기공급에 비례한 연료공급을 담당한다(센소장치 설치시).

문제 90. 디젤전기기관차 부속장치 구동치차열과 관련이 없는 것은?

① 조속기 구동기어 ② 청정유 펌프
③ 윤활유 펌프 ④ 송풍기 구동기어

해설 부속장치 구동치차는 크랭크축 전단의 조화균형추 앞에 붙어 있으며, 치차는 기관 앞쪽에 있는 윤활유펌프, 기관조속기, 청정유펌프, 냉각수 펌프 구동기어에 동력을 크랭크축으로부터 전달하는 역할을 한다.

문제 91. GT26CW형 디젤전기기관차에서 기관정지 후 터보과급기 윤활유를 공급하는 계통으로 알맞은 것은?

① 청정유 계통 ② 피스톤냉각유 계통
③ 주윤활 계통 ④ 쇽백-오일 계통

해설 쇽백-오일 계통은 터보과급기 잔류열 제거를 위하여 기관정지 전후 35±6분간 동작한다.

문제 92. 디젤전기기관차 냉각수 온도가 높을 때 원인이 아닌 것은?

① 냉각선풍기 기능 불량 ② 냉각수 부족
③ 장시간 부하운전 ④ 연료공급 불량

문제 93. 디젤전기기관차 냉각수 다기관의 물을 배출시킬 때 흡수관 역할을 하는 장치는?

① 냉각수 방출 엘보 ② 싸이폰 튜브
③ 방열기 ④ 유냉각기

철도차량 내연기관차편 정답

1. ④	2. ③	3. ④	4. ①	5. ④
6. ①	7. ③	8. ②	9. ④	10. ④
11. ②	12. ①	13. ③	14. ②	15. ②
16. ②	17. ①	18. ③	19. ③	20. ②
21. ③	22. ①	23. ②	24. ④	25. ③
26. ③	27. ②	28. ④	29. ①	30. ②
31. ③	32. ③	33. ①	34. ①	35. ③
36. ①	37. ③	38. ④	39. ①	40. ③
41. ①	42. ③	43. ②	44. ④	45. ②
46. ①	47. ③	48. ①	49. ③	50. ①
51. ①	52. ③	53. ③	54. ②	55. ④
56. ②	57. ②	58. ④	59. ②	60. ③
61. ①	62. ③	63. ④	64. ①	65. ②
66. ③	67. ②	68. ④	69. ③	70. ②
71. ②	72. ④	73. ①	74. ④	75. ④
76. ④	77. ①	78. ④	79. ④	80. ③
81. ②	82. ③	83. ①	84. ②	85. ②
86. ②	87. ④	88. ②	89. ③	90. ④
91. ④	92. ④	93. ②		

제3절 전기동력차량 기술편

문제 1. 교류전화 방식의 이점이 아닌 것은?

① 많은량의 전류송전이 가능하다. ② 지상설비가 절감된다.
③ 변전소 설비가 간단하다. ④ 보안도가 높다.

해설 많은량의 전류송전이 가능한 방식은 직류전화 방식임, 변전소 간격 : 교류-30~50Km, 직류-5~20K

문제 2. 지상구간 가선방식은?

① 철체 가선방식 ② 강체가선방식
③ 심플 카테나리 가선방식 ④ 더블 트러리선방식

해설 심플 카테나리 가선방식은 110Km/h 정도의 중속도용으로서 우리나라의 지상전철구간방식임

문제 3. 열차로서 기능을 갖는 최소 필요량수는?

① 1량 ② 2량 ③ 3량 ④ 4량

해설 TC+M+M'+TC편성으로 전후운전실 및 동력장치를 구비한 M, M'차량

문제 4. 저항제어차의 M'차 옥상에 설치된 기기가 아닌 것은?

① ADCg ② ADCm ③ AcArr ④ DcArr

해설 ADcm(교직전환기)는 M'차 상하의 교류제어기 상자 내에 설치

문제 5. 인버터제어차의 TC차에 설치된 기기가 아닌 것은?

① 보조전원장치 ② 주저항기 ③ 축전지 ④ 공기압축기

해설 주저항기는 저항제어차에 설치된 기기임

문제 6. 동력장치와 집전장치를 구비한 차량은?

① TC ② M ③ M' ④ T

해설 TC : 동력장치는 없고 운전실을 구비하여 전동차를 제어하는 차량, M : 동력장치를 가진 차량, T : 부수차량, T1 : 부수차량이나 보조전원장치와 CM을 구비한 차량

문제 7. 다음 중 저항제어차의 M차에 설치된 기기가 아닌 것은?

① 주정류기 ② 주저항기 ③ 축전지 ④ 공기압축기

해설 주정류기는 M'차에 설치된 기기임

문제 8. 속도 제어방식이 아닌 것은?

① 계자제어 ② 저항제어 ③ 싸이리스타제어 ④ 직병렬제어

문제 9. 저항제어차의 제동종류로서 맞지 않는 것은?

① 발전제동 ② 회생제동 ③ 전자직통제동 ④ 자동제동

해설 회생제동은 인버터 제어차의 제동방식임

문제 10. 다음 중 인버터 제어차와 거리가 먼 것은?

① 모니터 설치 ② 직류전동기
③ ATC장치 ④ 유도전동기

해설 인버터제어차에 사용하는 견인전동기는 삼상농형교류유도전동기임.
저항제어차에 사용하는 견인전동기는 직류직권전동기임.

문제 11. 팬터그래프의 구비조건이 아닌 것은?

① 기계적으로 견고할 것 ② 집전용량이 클 것
③ 추종성이 좋을 것 ④ 접촉압력은 낮아도 좋다.

해설 압상력 : 저항차-지상 6Kgf, 지하 7.5Kgf, 인버터차 - 지상, 지하 6Kgf

문제 12. 팬터그래프의 상승동작 시간은?

① 5±1 ② 7±1 ③ 12±2 ④ 15±2

해설 하강동작 : 5±1초임

문제 13. 저항제어차 MT의 역할은?

① 교류 25KV를 직류 1850V로 ② 교류 25KV를 교류 1500V로
③ 교류 25KV를 교류 1850V로 ④ 교류 25KV를 직류 1500V로

해설 주변압기에서 AC25KV를 AC1850V로 다운시킴

문제 14. MSL의 역할은?

① 교류를 직류로 변환 ② 직류를 교류로 변환
③ 교류의 파상을 원활히 ④ 맥류의 파상을 원활히

문제 15. 고주파를 흡수하여 통신장애를 방지하는 기기는?

① AC Fil ② CT ③ DCArr ④ ACArr

문제 16. 특고압기기 회로에 속하지 않는 것은?

① MFS ② AML ③ MCB ④ ACOCR

문제 17. 주퓨즈의 설치 목적은?

① 모진시 주변압기를 보호하기 위함이다.
② 모진시 주정류기를 보호하기 위함이다.
③ 모진시 견인전동기를 보호하기 위함이다.
④ 모진시 주회로 차단기를 보호하기 위함이다.

해설 주퓨즈는 모진시(직류모진) 주변압기를 보호하기 위한 2차 보호 기기임

문제 18. 저항제어차의 제동변핸들을 삽입하여 알 수 있는 것은?

① A.T.S의 정상적인 동작상태
② 축전지 전원의 직류모선 가압여부
③ 충전기의 정상적인 동작여부
④ 운전실 선택의 정상적인 선택여부

해설 충전상태는 MCB가 투입되고 SIV기동에 의해 이루어짐

문제 19. 제동변을 삽입해도 103선 가압불능시 확인개소가 아닌 것은?

① M차 BatN1.2 확인 ② TC차 Bat KN
③ M차 Bat KN ④ TC차 MCN

문제 20. 다음 중 운전실 선택계전기가 아닌 것은?

① HCR ② TCR ③ BCR ④ ICR

해설 운전실 선택계전기는 3개가 있다. 인버터제어차에는 ICR계전기는 없음

문제 21. 보조공기 압축기의 제어공기 공급개소가 아닌 것은?

① 주회로차단기 ② 비상접지 스위치 ③ 접지계전기 ④ 팬터그래프

해설 접지계전기는 교류구간에서 주변압기 2차측 이후에 접지현상이 발생시 동작됨

문제 22. 저항제어차 주회로 투입후 보조공기압축기 구동을 막는 계전기는?

① MCB-C ② MCBRR ③ MCBOR ④ MCBR1

해설 주회로차단기 보조계전기(MCBRR)는 MCB가 투입되면 여자되는 계전기로 ACM회로에 b접점으로 들어가 있음

문제 23. PAN을 상승할 수 있는 조건이 아닌 것은?

① 제어전원 103선이 가압되어 있을 것
② 전부운전실이 선택되고 MCN이 투입되어 있을 것
③ MCB가 투입되어 있을 것
④ ACM공기가 확보되어 있을 것

해설 MCB가 차단된 조건하에서만 Pan이 상승될 수 있도록 되어 있음

문제 24. 전편성차 MCB 투입불능시 확인개소가 아닌 것은?

① ADS ② ACMN ③ AC, DC 등 ④ HCRN

문제 25. MCB투입회로 중 MCB-G 가버너의 소정압력으로 맞는 것은?

① 4.2-4.7키로 ② 5키로 ③ 4.9키로 ④ 6키로

해설 공기압력이 미약할 경우에는 이 기기(MCB-G)의 접점이 붙지 않아 주차단기 투입제어회로를 구성하지 않도록 함

문제 26. 판상승순간 단전현상이 발생했을시 확인개소로 맞는 것은?

① ADCG ② EGS ③ MCB ④ ACArr

해설 단전현상이 발생되는 경우는 EGS동작 또는 ACArr, DCArr 동작이 있음.
EGS가 동작하였을 때는 팬터그래프 상승순간에 전차선 단전 현상 발생됨.

문제 27. 전동차의 MCB 투입과 차단은 어떻게 이루어지는가?

문제 28. 저항제어차 MCB사고 차단과 관계없는 계전기는?

① ArrOCR ② ACGR ③ SIVOCR ④ MRFOCR

해설 사고차단 계전기는 ArrOCR, ACOCR, MRFOCR, ACGR 계전기가 있음

문제 29. 저항제어차 MCB사고 차단이 안될 때 2차적 보호기기가 아닌 것은?

① ACGR ② MFS ③ DCArr ④ ArrOCR

해설 2차적 보호계전기는 기계적 고착이나 다른 원인으로 MCB가 차단 안될 때 동작되는 기기임

문제 30. 팬터그래프가 상승된 후에 제동변을 취거해도 103선을 가압하는 기기는?

① MCBR1 ② PANR ③ ACVR ④ DCVR

해설 PanR계전기는 Pan상승 보조계전기로서 제동핸들을 취거해도 계속해서 103(직류모선)을 가압하고 있음.

문제 31. 전부위치 선택계전기(HCR)를 직렬로 사용하는 이유는?

① 계전기의 사용전압을 낮추기 위해
② 계전기의 코일권수가 적기 때문에
③ 고장시 발견을 용이하게 하기 위하여
④ 각 회로와 연동관계를 갖기 위해

해설 전부운전실 선택계전기는 4개로서 모두 직렬로 설치해 고장시 발견이 용이하게 함.

문제 32. TCR계전기의 동작전원은 어디서 받나요?

① 후부 TC차
② 전부 TC차
③ 전부 M차
④ 후부 M차

해설 후부운전실 선택계전기는 2개로서 제어전원은 전부 TC차로부터 받는다.

문제 33. 주차단기 투입순간 전차선 단전현상이 발생할 경우 확인개소는?

① ACArr
② ACGRr
③ EGS
④ ArrOCR

해설 문제 27참조

문제 34. 저항제어차 AC구간의 전기 흐름 순서로 맞는 것은?

① PAN-ADCM-ADCg-HSCB-견인전동기
② PAN-ADCM-ADCg-MFS-견인전동기
③ PAN-ADCg-MT-MRf-견인전동기
④ PAN-ADCg-ADCM-MRf-견인전동기

해설 교류구간 : PAN → MCB → ADCG → MFS → MT → MRf → MSL → ADCm → 견인전동기순

문제 35. 저항제어차 주정류기 설명 중 틀린 것은?

① 결선은 단상 브릿지이다.
② 소자구성은 4S×1P×4A이다.
③ 대전류 평형소자를 사용한다.
④ M차 상하에 있다.

해설 주정류기(MRf)는 M'차에 설치되어 있다

문제 36. 교류구간에서 PAN이 상승할 수 있는 경우는?

① EGS가 동작된 경우
② MCB가 투입된 경우
③ EPAN DS동작된 경우
④ ACArr 동작된 경우

해설 ACArr가 동작된 경우 팬터그래프 상승은 가능하나 MCB투입은 되지 않음

문제 37. 저항제어차 주변압기 3차측 전원의 공급개소가 아닌 것은?

① MTBM
② MTOM
③ MRfBM
④ ACOCR

문제 38. 전편성차 PAN이 상승불능시 확인개소가 아닌 것은?

① HCRN
② MCN
③ EPANDS
④ ADS

문제 39. 축전지 방전방지 회로차단기의 설명 중 틀린 것은?

① TRIP시 전·후 운전실에서 동작가능 ② BC핸들 취거 후 TRIP시 3분 후 동작
③ BC취거 후 트립시 3분 후 출입문 개방된다. ④ BC취거 후 트립시 3분 후 PAN이 하강된다.

문제 40. 완전부동 취급해야 할 경우가 아닌 것은?

① 주퓨즈가 용손되었을 때 ② 부동취급한 유니트에서 재차고장발생시
③ 팬터그래프 파손시 ④ 공기압축기 고장발생시

해설 공기압축기 고장시는 부동취급을 하여야 한다.

문제 41. ADS 절환시 MCB차단 안될 때 현상 및 조치법 중 틀린 것은?

① 즉시 EPANDS 취급한다.
② EPANDS 취급 후 AC등이 소등되지 않으면 복귀 후 재취급
③ DC구간으로 진입시 40K/H이하의 속도로 진입한다.
④ ADS절환해도 MCB OFF등이 점등되지 않는다.

문제 42. 주퓨즈 용손시 현상 및 조치법이 아닌 것은?

① AC구간에서 MCB OFF등이 점등된다.
② DC구간 운행시 정상출력 발생된다.
③ 용손된 퓨즈 작용봉이 약 30mm 돌출된다.
④ AC구간에서 POWER등 점등불능 된다.

해설 AC구간에서는 주퓨즈 용손시 출력발생이 되지 않으므로 완전부동취급

문제 43. 저항제어 전동차의 병렬전이시 Line Breaker의 접촉순서 중 맞는 것은?

① L4 분리 후 K1, K2접촉기가 접촉된다. ② K1, K2 접촉 후 L4 분리된다.
③ L4 접촉 후 K1, K2 분리된다. ④ K1, K2 분리 후 L4 접촉된다.

문제 44. 저항제어 전동차의 발전제동시 견인전동기의 결선과 관련이 없는 사항은?

① 각 견인전동기는 자여자 방식에 의하여 발전제동회로를 구성한다.
② M차의 계자에는 M'차의 회전자에서 발전된 전원이 공급된다.
③ M차의 회전자에서 발전된 전원은 M'차의 계자에 공급된다.
④ M, M'차에서 발전된 발전전류는 주저항기에서 열로 방출된다.

문제 45. 저항제어 전동차의 발전제동시 동작되는 접촉기로만 구성된 항은?

① L1,2. L2 ② L4, L5 ③ L4, K1, K2 ④ L1,2. L3. L4. L5

문제 46. 저항제어 전동차의 HSCB 설명 중 틀린 것은?

① 주회로에 과전류가 흐를 때 회로를 차단한다.
② 감류 차단기이다.
③ 직렬 운전중 MMOCR2 동작시 주회로를 차단한다.
④ 트립시 주회로를 차단하고 HSCB 등을 점등시킨다.

문제 47. 저항제어 전동차의 HSCB 트립과 관련이 없는 사항은?

① 주회로의 과전류 ② MMOCR 동작
③ HSCBN 트립 ④ OVR 여자

문제 48. 저항제어 전동차의 견인전동기 형식은?

① 직류직권 전동기 ② 직류복권 전동기
③ 삼상유도 전동기 ④ 단상교류 전동기

해설 인버터제어차는 삼상교류유동전동기임

문제 49. 저항제어 전동차 속도제어 방법이 아닌 항목은?

① 기동시는 M차와 M'차 견인전동기가 8직렬로 구성된다.
② 속도상승에 따라 견인전동기와 직렬 연결된 주저항을 순차로 단락시킨다.
③ 8직렬 운전시 주저항이 모두 단락된 후 견인전동기는 2직4병으로 전이된다.
④ 전이후 주저항이 모두 단락된 후에는 계자의 자속을 약화시켜 속도상승

해설 2직4병이 아닌 4직2병렬로 전이됨

문제 50. 저항제어 전동차의 속도제어 방법으로 맞는 것은?

① 전압과 주파수를 변화시켜 견인전동기의 힘과 회전수를 제어한다.
② 회전수 상승시키기 위하여 전기자의 전류를 상승시킨다.
③ 회전력을 상승시키기 위하여 단자전압을 상승시킨다.
④ 회전수 상승을 위하여 계자의 전류를 분로시켜 속도상승 시킨다.

해설 ①항은 인버터제어차의 속도제어방식임

문제 51. 저항제어 전동차의 약계자제어의 설명 중 맞는 사항은?

① 주저항의 단락으로 견인전동기 계자의 전류를 약화하여 견인력의 강화
② 견인전동기 결선의 변경으로 계자에 흐르는 전류를 약화시킨다.
③ 저항제어자는 후방전이가 없으므로 계자전류 약화시켜 속도를 저하시킨다.
④ 직병렬제어에 의한 주저항을 전부 단락하고 더욱더 속도상승 필요시 제어법

문제 52. 저항제어 전동차 견인전동기 결선의 전이시 회로 전환법은?

① 개로법　② 연로법　③ 단락법　④ 교락법

해설 개로법 : 견인전동기 회로를 개방한 후에 병렬로 접석하는 방법
단락법 : 견인전동기수의 절반을 저항으로 단락시킨 후 이것을 개방시켜 병렬로 접속하는 방법
교락법 : 견인전동기 회로를 개방하지 않고 "휘이스턴 브릿지" 회로를 이용하는 방법

문제 53. 저항제어 전동차의 HSCB 동작(차단)시키는 주회로의 전류치는?

① 250A　② 400A　③ 1000A　④ 1750A

문제 54. 저항제어전동차의 견인전동기 주회로 차단기와 관련이 없는 사항은?

① L1 - L5까지 5개가 있다.
② L3는 감류차단기다.
③ L1, L2는 주회로 전류가 감류된 상태에서 차단된다.
④ L4, L5는 병렬로 전이시 차단된다.

해설 L4차단기는 주회로의 직병렬접속의 절환용임

문제 55. 저항제어 전동차의 견인전동기 주회로 차단기(Line Braker)동작 설명 중 맞는 것은?

① 투입은 제어공기압력, 차단은 피스톤 스프링힘에 의하여 차단된다.
② 투입은 스프링힘, 차단은 제어공기 압력에 의하여 차단된다.
③ 투입, 차단 모두 제어공기 압력에 의하여 동작된다.
④ 투입, 차단 모두 스프링힘에 의하여 동작된다.

해설 차단기투입은 압력공기에 의하여 행하여지고 차단은 스프링 힘에 의한 차단방식을 택함

문제 56. 저항제어 전동차의 주저항기 제어를 위하여 주회로에 흐르는 전류를 측정하는 기기는?

① DCCT　② HSCB　③ CLMgAmp　④ BUD

해설 DCCT : 직류변류기(주회로에 삽입된 주저항기를 순차적으로 단락하기 위하여 주회로에 흐르는 전류를 측정하는 기기임)

문제 57. 저항제어 전동차 주저항기의 설명 중 틀린 것은?

① 진동·충격에 대한 기계적 강도가 커야 한다.
② 과전류시 용손되어 견인전동기를 보호할 수 있어야 한다.
③ 냉각은 자연통풍에 의하여 이루어진다.
④ 온도에 의한 저항치의 변화가 적어야 한다.

해설 이외에 경량, 소형이고 보수가 용이할 것 등이 있다

문제 58. 다음 중 감류차단기로만 구성된 항은?

① L1, L2　② L4, HSCB　③ L4, L5　④ K1, K2

문제 59. 저항제어 전동차의 역행시 속도제어는 직렬(　　)단, 병렬(　　)단, 약계자(　　)단으로 제어된다.

문제 60. 저항제어 전동차의 주간제어기를 구성하는 기기가 아닌 것은?

① 주제어핸들　② 역전기　③ RESET핸들　④ UCOS

해설 주핸들 : 차단위치, 1단9기동단), 2단(직렬단), 3단(병렬단), 4단(약계자단)의 5위치
역전기 핸들 : 전진, 후진, 중립위치의 3위치. 주전동기의 회전방향을 결정
리셋트 핸들 : 103선의 전원을 6선에 접촉 또는 차단 역할

문제 61. 저항제어 전동차의 견인전동기가 8직렬로 접속되어 있고 단진단이 이루어지지 않는 위치는?

① 주핸들 Off위치　② 주핸들 1단위치　③ 주핸들 2단위치　④ 제동위치

해설 주핸들 1단위치에서는 전·후진 및 PB(역행,발전제동 전환기)가 절환되어 주회로의 역행회로가 형성이 됨

문제 62. 저항제어 전동차의 주간제어기 전기접촉부 설명중 틀린 것은?

① 리셋제어용 전원선 6선이 설치되어 있다.
② 역전제어용 2, 4, 5선이 설치되어 있다.
③ 속도제어용 11, 12, 13, 14선이 설치되어 있다.
④ 발전제동 제어용 150선이 설치되어 있다.

문제 63. 저항제어 전동차 TM의 주회로를 견인용과 발전제동 회로로 절환하여 주는 기기는?

① ADCG　② ADCM　③ PB절환기　④ FSCK

해설 전동차의 견인운전과 발전제동의 제어는 한 개의 캠축으로 제어됨
P.B접촉기 : PB1~PB4(4개) · P접촉기 : P1,P2(2개) · B접촉기 : B1~B5(5개)
보조접촉기 : 7개(보조접촉기 캠에 의해 역행 및 발전제동 위치에 맞도록 촙점이 구성)

문제 64. 저항제어 전동차에서 견인전동기에 과전류가 흐를 경우 고속도 차단기를 차단시키는 기기는?

① OVR　② MMOCR　③ BGR　④ SIR

해설 MMOCR은 900A 이상 시 동작됨

문제 65. 저항제어차에서 HSCB가 설치된 차량은?

① TC차 ② I차 ③ M차 ④ M'차

해설 HSCB는 역행시만 사고차단이 되고 발전제동과는 무관. 설치 M' HSCBN은 M차에 설치됨

문제 66. 저항제어 전동차 BGR동작시 설명 중 틀린 것은?

① BGR은 제동 사용 중 정지시 동작된다.
② BGR동작시 M차의 등황색 차측등이 점등된다.
③ MCB차단은 이루어지지 않는다.
④ 제어대 GR등이 점등된다.

해설 BGR동작시 M차의 등황색 차측등 점등이 아니고 백색차측등이 점등됨.
발전제동중 주전동기 플래시오버 또는 발전제동회로에 접지현상이 있을 때 동작.

문제 67. 저항제어 전동차의 L1, L2의 여자와 관련이 없는 사항은?

① 제동관 압력의 충기 ② 주변압기 과열
③ HSCB투입 ④ SAP압력의 유무

문제 68. 저항제어 전동차의 주변압기 과열로 지하구간 진입 후 출력의 발생은?

① 주변압기 온도와 관계없이 즉시 출력발생
② 운행 중 온도가 80℃이하로 낮아지면 출력이 발생된다.
③ RESET하면 출력이 발생된다.
④ 계속적으로 출력발생 정지되어 완전부동 취급하여야 한다.

해설 지하구간은 주변압기 과열과는 상관없이 출력 발생 됨

문제 69. 저항제어 전동차의 견인전동기 주회로 차단기 차단순서 중 맞는 것은?

① L1, 2 → L3 → L4 → L5 ② L3 → L4 → L1, 2 → L5
③ L3 → L1, 2 → L4 → L5 ④ L3 → L1, 2 → L5 → L4

해설 투입은 L3 → L4 → L1, 2 → L5 순으로 투입된다.

문제 70. 저항제어 전동차운행 중 공전현상 발생시 나타나는 현상이 아닌 것은?

① SIR여자 된다.
② L3가 소자되어 주회로를 차단한다.
③ 공전현상 소멸시 다시 주회로 구성되어 출력이 발생된다.
④ 공전발생시 전유니트 출력 발생이 정지된다.

해설 공전발생시는 해당 유니트 출력만 정지된다.

문제 71. 저항제어 전동차 역행운전 중 주회로가 차단되는 경우가 아닌 것은?

① 공전시 ② 주회로 전압이 900V 이하 시
③ SIV정지시 ④ MR압력이 5k/cm^{2}일 때

문제 72. 저항제어 전동차에서 BP압력을 체크하여 견인전동기 주회로를 구성 또는 차단하여 주는 기기는?

① HSCB ② $MCBR_1$ ③ APR ④ LVR

해설 APR(주회로 기압스위치)
㉮ 제동관압력을 체크하는 기기
㉯ 제동관 3.5Kg/cm^2 이상이 안될 경우 L1, L2의 투입이 되지 않도록 함
㉰ 역행 중 차장변, ATS가 동작시도 작용

문제 73. 저항제어 전동차 APR이 동작되는 공기압력은?

① 2.5 ± 0.2kg/cm^2 ② 3.5 ± 0.2kg/cm^2
③ 5.0 ± 0.2kg/cm^2 ④ 8.0 ± 0.2kg/cm^2

문제 74. 저항제어 전동차의 제동변 제동위치에서 급전되는 발전제동제어용 전원선은?

① 6선 ② 11선 ③ 34선 ④ 153선

해설 제동변내의 34, 35선이 가압 됨

문제 75. 저항제어 전동차의 발전제동시 동작되는 주회로 차단기는?

① L1, 2 ② L3, 4 ③ L4, 5 ④ K1, 2

문제 76. 저항제어 전동차의 발전 중 과전압 발전시 보호동작과 무관한 것은?

① OVR 동작된다.
② 과전압 발전시 MCB가 차단된다.
③ 과전압은 약 1,000V에서 동작된다.
④ 재차 과전압 발생으로 UCOS취급시 CN3회로 차단기가 차단된다.

해설 발전단자전압이 1000V이상 되었을 때 동작되어 FSCK소자시켜 발전제동을 중지시킴.

문제 77. 저항제어 전동차의 발전제동중 견인전동기 주회로 보호장치와 관련이 없는 기기는?

① MMOCR1 ② MMOCR2 ③ BGR ④ OVR

해설 발전제동시 접지에 대한 보호 : BGR, 과전압 보호 : OVR, 과전류 보호 : MMOCR1

문제 78. 캠전동기 복귀회로 설명 중 가장 관련이 적은 사항은?

① 역행운전중 단 OFF시 캠축을 S1단으로 복귀시킨다.
② 전동차 운행 중 제동 후 완해시 캠축을 S1단으로 복귀시킨다.
③ 운행 중 속도저하로 후방전이시 동작된다.
④ L1, L4, L5가 전기, 기계적으로 완전히 차단시 동작된다.

해설 전동차에는 후방전이가 없음

문제 79. 캠전동기 출력권선과 전류흐름의 방향이 동일한 Bias는?

① 정 Bias ② 응하중 Bias ③ 와동인상 Bias ④ 전압보상 Bias

해설 정 Bias
㉮ 소정의 한류치를 얻기 위해 설치
㉯ 출력권선과 전류의 흐르는 방향이 동일
㉰ CLMgAmP의 출력을 On시키는 쪽으로 작용

문제 80. 저항제어 전동차 HACS 설명 중 틀린 것은?

① ADS직류측에서 주핸들 2단 이상에서 취급한다.
② HACS를 누르면 460선이 가압하여 전류가 80A가량 상승한다.
③ 전류치가 증가한다.
④ HACS를 취급하면 SIV 정지시에도 출력이 발생된다.

해설 HACS(High Acceleration Swich) : 고가속 스위치

문제 81. 캠전동기의 형식 중 맞는 것은?

① 직류분권 타여자 전동기 ② 직류직권 타여자 전동기
③ 직류분권 자여자 전동기 ④ 단상교류 전동기

문제 82. 저항제어 전동차 단 투입하여 전유니트 출력은 발생되나 Power등 점등불능시 기관사가 확인하여야 할 회로차단기는?

① 후부운전실 PLPN트립 ② 전부운전실 MCN트립
③ 전부운전실 DILPN트립 ④ 전부운전실 PLPN트립

문제 83. VVVF전동차 converter에서 출력되는 전원은?

① AC840V ② DC1800V
③ AC440V ④ 삼상1100V

문제 84. 삼상유도 전동기의 회전수제어와 관련이 먼 사항은?

① 전압을 높임으로서 회전수가 상승한다.
② 견인전동기와 극수에 반비례 한다.
③ 주파수를 높여줌으로서 회전수가 상승한다.
④ 견인전동기의 회전수는 회전계자 회전수에 슬립등을 곱한 값이다.

해설 N = $\frac{120 finV}{P}$ N = 회전수(동기속도 : RPM), P = 극수, finV = 전원주파수(HZ)

문제 85. 인버터 제어시 펌스의 폭을 좁게 하였을 때 결과는?

① 주파수가 상승한다.
② 평균 전압이 상승한다.
③ 주파수가 낮아진다.
④ 평균 전압이 낮아진다.

해설 펄스의 폭을 좁게 하였을 경우 평균전압이 낮아지고, 펄스의 폭을 넓게 하였을 경우 평균전압이 높아짐

문제 86. VVVF 인버터의 출력주파수를 상승시키는 방법 중 맞는 것은?

① GTO스위칭 주파수 증가
② 펄스모드의 상승
③ 펄스폭의 확대
④ 입력전압의 상승

문제 87. VVVF전동차의 OVCRf설명 중 틀린 것은?

① 과전압 방전 싸이리스터이다.
② 회생제동시 가선전압의 급변, 전차선 이선시 주회로 보호를 위하여 설치
③ C1, SIV 보호기기이다.
④ 견인전동기를 과전압으로부터 보호하는 기기이다.

해설 이외에도 다른 열차나 전철설비의 보호를 행함

문제 88. VVVF전동차 정차후 발차시 주핸들 투입 후 역행조건 중 가장 거리가 먼 것은?

① 비상제동이 체결되지 않았을 것.
② 주공기 압력이 7.7kg/cm^2 이상 일 것
③ 출입문이 모두 닫혀 있을 것
④ 제동핸들이 완해위치에 있을 것

문제 89. VVVF전동차 제동취급시 회생제동이 체결되는 조건이 아닌 것은?

① 열차속도가 5km/h이상 일 것
② 사구간 검지장치(DSSR)가 동작되지 않을 것
③ 주차제동이 완해위치에 있을 것
④ ELBCOS가 정상위치에 있을 것

해설 주차제동은 전부운전실에 체결되어 있을 경우 역행회로 구성이 안됨.

문제 90. 우리나라 전기동차 속도제어 방식과 무관한 것은?

① 저항제어 ② 초퍼제어 ③ VVVF제어 ④ 전, 후방 제어

해설 1호선 : 항제어 방식 · 2호선 : 초퍼제어방식(지하철공사) · 안산, 과천 : 인버터제어방식

문제 91. 전기동차 속도 진단이 시작되는 주간제어기의 단은?

① 1단위치 ② 2단위치 ③ 3단위치 ④ 4단위치

해설 1단투입시 4선내지 5선이 가압됨(전·후진의 역전기 위치)

문제 92. 열차속도가 상승하면 견인전동기회로의 전류가 감소되는 이유는?

① 주저항기의 저항증가
② 주저항기의 저항 감소
③ 역기전력의 증가
④ 계자전류의 증가

해설 역기전력 : 회전수가 클수록 커지지만 전동기의 공급전압 V보다 커지는 일은 없음

문제 93. 저항제어방식 전기동차의 전이방법은?

① 개로법 ② 단락법 ③ 교락법 ④ 폐로법

문제 94. 저항제어차 전이시 직렬회로와 병렬회로를 동시에 구성하는 시기는?

① 직렬 마지막 단에서
② 병렬단 시작에서
③ 직렬단과 병렬단 사이
④ 약계자단에서

문제 95. 다음 중 저항제어차 고압보조회로의 주요 기기에 해당되는 것은?

① 보조전동공기압축기
② 객실난방기
③ 객실 냉방기
④ 전동공기압축기

해설 고압보조회로의 주요기기 : 정지현인버터, 전동공기압축기, 전차선전압계

문제 96. 운전대의 전차선 전압계가 지시하는 전압은?

① 전차선 전압
② 주회로 전압
③ 고압보조회로 전압
④ 인버터 출력전압

해설 전차선전압계(HV)는 고압보조회로의 주요기기임

문제 97. 다음 중 저항제어차 고압보조회로와 무관한 것은?

① 정지형 인버터
② 전차선 전압계
③ 객실 선풍기
④ 전동공기압축기

문제 98. 전동공기압축기를 2단 기동이 되게 한 이유와 무관한 것은?

① 돌입전류에 대비 ② 차량의 진동에 대비
③ 기계적 진동에 대비 ④ 원활한 압축 작용

문제 99. 정지형인버터의 승압장치 설치 목적은?

① 교직절연구간 통과시 인버터 정지 방지
② 교교절연구간 통과시 인버터 정지 방지
③ 교류를 직류로 변환
④ 직류를 교류로 변환

문제 100. 저항제어차 AC440V를 AC100V로 변환시키는 기기는?

① GTO싸이리스터 ② GTO초퍼 ③ 승압변압기 ④ 트랜지스터 인버터

문제 101. 저항제어차 전차선 전압의 변동에 관계없이 인버터에 안정된 전원을 공급해주는 기기는?

① GTO싸이리스터 ② GTO초퍼 ③ 승압변압기 ④ 트랜지스터 인버터

문제 102. 저항제어차 인버터 출력 전압이 직접 공급되는 곳이 아닌 곳은?

① 객실 난방기 ② 객실 선풍기 ③ 운전실 난방기 ④ 객실 냉방기

해설 AC100V구동 : 등회로(객실등, 행선표시기, 전조등) 및 선풍기 회로 기타 제어회로에 사용

문제 103. 1량의 출입문 8개를 모두 수동으로 취급할 수 있도록 하는 출입문 공기관 콕크는 전동차 1량당 몇 개씩 있나?

① 1개 ② 2개 ③ 3개 ④ 8개

해설 출입문 전차량 안 열릴시 3개 콕크 차단(차외측 콕크 2개, 차안 차단 콕크)

문제 104. 출입문이 열린 상태에서도 역행이 가능토록 설치한 스위치는?

① DROS ② DIRS ③ CRS ④ DHS

해설 DIRS(출입문비연동스위치) : 출입문 개폐와 상관없이 견인운전이 가능함

문제 105. 출입문 폐문 후 완전히 닫히지 않은 출입문만 재차 열 때 사용하는 스위치는?

① DROS ② DIRS ③ CRS ④ LSRS

문제 106. 저항제어차 출입문 보안장치의 설치 목적은?

① 출입문에 손님이 다치지 않게 하기 위하여
② 출입문이 완전히 닫힌 상태에서 역행이 가능토록 하려고
③ 운전중 출입문 개문이 안되게 하려고
④ 출입문 표시등 소등시 역행이 가능토록 하려고

해설 LSRS(저속도 계전기스위치) : 운행 중 오취급으로 인한 출입문 개문 취급시 출입문이 안열리도록 해주는 보안장치

문제 107. 혹한기 및 혹서기 실내 보온유지를 위해 설치한 스위치는?

① DROS ② DIRS ③ CRS ④ DHS

해설 DHS(출입문 반감스위치) : DHR(출입문 반감계전기) 동작에 의해 중앙측 2개의 출입문전자변 회로를 차단

문제 108. 통신식 사용할 때 ATS를 바르게 차단시킨 것은?(구형 ATS)

① ATS N1 차단 ② ATS N2 차단 ③ ATS N3 차단 ④ ATS N1, 2, 3 차단

문제 109. ATS특수운전스위치를 취급하는 경우가 아닌 것은?

① 구내 자동폐색신호기 정지구간을 진입시
② 반자동 폐색신호기 정지구간을 진입시
③ 최초의 자동폐색신호기 정지구간을 진입시
④ 장내신호기 정지구간을 진입시

해설 최초의 자동폐색신호기 정지구간을 운전시는 15Km/h 스위치 취급

문제 110. 제동변 핸들 삽입시 ATS알람벨이 울렸다. 이것으로 판단이 가능한 것이 아닌 것은?

① MCN ON위치 ② HCRN ON위치 ③ 운전실 교환완료 ④ 운전실 선택완료

해설 제동핸들 삽입시 이루어지는 사항
㉮ ATS의 정상적인 작동상태, ㉯ 축전지 전원이 직류모선(103선)이 가압, ㉰ 운전실 선택

문제 111. 저항제어차 제동통 공기가 배출되는 곳은?

① 완해 전자변 ② U-5-A 응하중변 ③ 제동변 ④ M-60 제어변

해설 U-5-A응하중변 : ㉮ 직통, 자동제동 및 응하중변에 의해 작용
㉯ CKIT, CKIM제동제어반에 취부
제동변완해위치에서 작용공기실 공기 :
㉮ 직통제동 : 완해전자변 또는 CN-1 중계변으로 배출
㉯ 자동제동 : M60제어변 배기변 통해 배출

문제 112. 다음 중 역행은 가능하나 발전제동은 불능으로 되는 것은?(해당 유니트)

① ACGR동작 ② BGR동작 ③ MMOCR1동작 ④ MMOCR2동작

문제 113. 인버터제어차 MCBN2가 트립되었을 때의 현상이 아닌 것은?

① DC구간에서 MCB 차단 불능 ② DC구간에서 PAN하강
③ DC구간에서 MCB 투입 불능 ④ DC구간에서 PAN 하강 불능

해설 MCBN2가 OFF시 DC구간에서 Pan 하강됨

문제 114. CM조압기가 누설되어 차단하고 CMGN을 내리지 않았을 때의 현상은?

① 전편성 CM계속 구동 ② MR압력이 8키로 이하로 하강
③ CM 정상 동작 ④ 전편성의 CM 정지

해설 동기구동회로에 의해 공기압축기 계속 구동됨

문제 115. ATS N3가 차단되었을 때의 현상과 무관한 것은?

① ATS Off등 점등. ② ATS속도표시등이 소등된다.
③ ATS 알람벨이 울리지 못한다. ④ ATS 비상제동 체결 불능.

문제 116. 저항제어차 직통관 공기가 배기되는 곳은?

① 제동변 ② U-5-A응하중변 ③ 완해전자변 ④ M-60제어변

해설 완해전자변과 제동전자변은 각 차량의 CKIT, CKIM 제동제어반에 설치

문제 117. 비상부저를 취급했을 경우의 현상이 아닌 것은?

① 운전실에 비상부저가 울린다. ② 백색차측등이 켜진다.
③ 차장과 부자 전호 불능. ④ 취급한 객실에도 부자가 울림.

해설 비상부저(EBZ) 동작시는 등황색 차측등이 점등됨

문제 118. 다음 중 발전제동이 가능한 경우는?

① ACGR 동작으로 부동취급시 ② OVR 동작으로 부동취급시
③ 주퓨즈 용손으로 완전부동취급 후 연장급전시 ④ MMOCR 동작으로 부동취급시

문제 119. 지하구간 운전중 PAN 1개가 자동 하강되었을 때의 확인 개소는?

① 해당 M'차 ADAN ② 해당 M'차 ADDN
③ 해당 M'차 MCB N1 ④ 해당 M'차 MCB N2

문제 120. 저항제어차 CMK1 용착시의 올바른 조치는?

① CMKN 차단 ② CMCN 차단 ③ CMGN 차단 ④ 완전부동취급

해설 CMK1여자에 의해 703선의 DC1500V 전압이 공급됨

문제 121. SELD형 제동장치의 특징이 아닌 것은?

① 승객의 다소에 관계없이 일정한 제동거리를 확보할 수 있다.
② 추가제동 및 반복제동을 자유로이 사용할 수 있다.
③ 공기제동과 발전제동이 동시에 작용함으로서 제동력이 확실하다.
④ 전자직통제동 고장시 자동비상제동이 가능하다.

해설 응하중 장치에 의한 일정한 제동력 유지, 발전제동 작용 중에는 전자직통제동은 억제됨, 열차분리시는 자동적으로 자동비상제동이 체결됨

문제 122. 저항제어전기동차 제동관의 압력공기를 신속히 배출시키는 것은?

① 신속완해변 ② L형 감압변 ③ 제동관 차단변 ④ 비상토출변

해설 차장변은 토출변부와 전기접촉부로 구성

문제 123. ME36AK 제동변 캠중 전기회로가 아닌 것은?

① 속도기록계 회로 ② ATS 확인회로
③ 충전회로 ④ CN-1전자직통제어회로

해설 캠1 : 속도기록계회로, 캠2 : 발전제동, 비상전자변, 보조제어회로, 캠3 : 선두차 계전기회로, ATS확인회로, 캠4 : ATS복귀회로, CN-1전자직통회로

문제 124. 전자직통 제동완해시 직통관(SAP) 공기가 배출되는 곳은? (SELD)

① C-1 중계변 ② 완해전자변 ③ 억압변 ④ M60제어변

문제 125. 직통관 압력공기가 처음 만들어지는 곳은? (전자직통제동시)

① CN-1 전자직통제어기 ② U-5-A 응하중변
③ 제동전자변 ④ 제동변

해설 제동전자변은 CN-1전자직통제어기의 전기접점 개폐에 따라 여자 또는 무여자 됨으로서 직통관의 압력공기를 배기 또는 충기함

문제 126. ME36AK제동변 ATS복귀회로가 구성되는 핸들 각도는?

① 67° ② 135° ③ 80° ④ 160°

해설 완해위치(0°) 셀프랩위치(15°-80°) 비상제동위치(135°) 핸들취거위치(160°)

문제 127. VVVF제어차 상용 및 비상제동 불능시 취급하는 제동은?

① 주차제동　② 보안제동　③ 순직통제동　④ 회생제동

해설 인버터제어차 보안제동은 상용 또는 비상제동과는 별개로 설치되어 있다

문제 128. VVVF제어차 비상제동 완해불능시 확인사항이 아닌 것은?

① MR7Kg/cm^2이상　② BVN1, 2 트립여부

③ 전후 운전실 EBS 동작확인　④ ATSCOS 위치 확인

해설 ATSCOS는 ATS계통에 이상이 있을 경우 취급, 비상제동 완해불능과는 별개임

문제 129. VVVF제어차 송풍기 고장시 현상이 아닌 것은?

① 모니터에 "송풍기고장" 표시됨.　② C/I 정지

③ M차 고장시는 MCB차단　④ Fault(사고대표등)등 점등

해설 송풍기 고장시 : 현상 = 송풍기 정지 → 20초 후 C/I정지 → 10초 후 SIV정지 → 60초 후 MCB차단(AC구간 M')

문제 130. VVVF제어차 DC구간에서 L1 차단시 점등되는 등은?

① HSCB　② CRLP　③ VCO　④ SIV

해설 HSCB(High Speed Circuit Break) : 고속차단기 고장표시등

문제 131. 전편성 MCB가 투입불능시 확인 사항이 아닌 것은?

① ADS 정위치　② HCRN　③ MCBHR 동작상태　④ UCOS

해설 전편성 MCB 투입불능시 조치사항 : 팬터그래프 상승여부(정전여부), EPanDS 취급여부, 공기압력-전후운전실 test 스위치 확인 등

문제 132. VVVF제어차 DC구간에서 역행운전시 M차 동작기기 중 맞는 것은?

① L2 ,L3, K투입, CON/INV동작　② K투입, CON/INV동작

③ L1,L2,L3투입, INV동작　④ L1투입, INV동작

해설 교류구간 : M'차(L3, L2, L1 투입 AK, K동작 C/I동작)
M차(AK, K 투입 C/I동작)

문제 133. ADS(교직절환스위치) 절환취급시 작용 중 틀린 것은?

① 7, 8선 무가압　② $MCBR_1$ 소자

③ $MCBR_2$ 소자　④ MCBHR 소자

문제 134. VVVF제어차 구원 운전제어 스위치는?

① UCOS ② EBCOS ③ CRLp ④ RSOS

문제 135. 반복역에서 운전실 교환시 기기 취급순서 중 맞는 것은?

① BV삽입 – 역전기 "전" 또는 "후" – MCBCS취급
② 역전기 "전" 또는 "후" – BV삽입 – MCBCS취급
③ BV삽입 – MCBCS취급 – 역전기 "전" 또는 "후"
④ MCBCS취급 – BV삽입 – 역전기 "전" 또는 "후"

해설 운전실교환시 MCB-CS와 역전기 취급 순서가 바뀔 경우 불필요한 MCB차단이 이루어짐

문제 136. 저항제어차 신호현시속도를 초과시 ATS확인 취급 최소 BV핸들각도는?

① 30° ② 67° ③ 80° ④ 비상제동

해설 ATS에 의한 속도초과시 확인제동 : 저항제어차 – 제동핸들 67° 이상
인버터차 – 제동 4스탭 이상

문제 137. VVVF제어차 운행중 SIV 정지시에 나타나는 현상이 아닌 것은?

① 모니터에 송풍기고장 현시 ② SIV정지 20초 후 C/I 정지된다.
③ SIV정지 60초 후 MCB 차단된다. ④ M차 C/I 정지로 SIV 정지된다.

해설 DC구간에서는 SIV정지시 MCB차단은 이루어지지 않음 – APR소자에 의해 T.C.U에 B.M.F 신호 입력되며 송풍기 정지 현시됨

문제 138. VVVF제어차의 SIV에 대해 잘못 설명된 것은?

① 입력전원은 DC1500V이다.
② T, T1차에 장착되어 있다.
③ 용량은 190KVA이다.
④ IVHB는 제어공기가 필요없는 전자접촉기이다.

해설 SIV는 TC, T1차에 장착 됨

문제 139. SIV 고장시 연장급전을 하였다. 공급되는 전원은?

① DC 1500V ② AC 440V ③ DC 100V ④ AC 100V

해설 SIV출력측 전원은 AC 440V 임

문제 140. 다음 중 SIV 출력전원의 사용기기가 아닌 것은? (VVVF제어차)

① CM ② MTBM ③ FLBM ④ ACM

해설 ACM은 최초 기동시 구동되는 기기로 축전지 전원으로 구동됨

문제 141. VVVF제어 전동차의 공기압축기에 관한 설명으로 틀린 것은?

① 공급전원은 DC1500V ② 압축방식은 스크류기어식
③ 설치차량은 TC차 ④ 고장시 자동 바이패스되어 계속구동

해설 VVVF제어차 공기압축기 구동전원은 SIV출력측 전원임(AC440V)

문제 142. VVVF제어차의 SIV 자체고장시 사고감지 내용이 아닌 것은?

① ESAR 여자 ② SIVFR 여자 ③ SIVLVD 무여자 ④ SIVK 무여자

해설 SIVLVD(정지형인버터 저전압 검출기)

문제 143. 객실등 점등회로와 무관한 것은?

① 전후 운전실 LPCS취급으로 구성된다.
② LPCS 투입시 후부표지등도 점등된다.
③ 직류 및 교류등을 동시에 제어한다.
④ LDHR 여자시(연장급전시) 직류, 교류등을 반감시킨다.

해설 LRR (부하반감계전기) 동작에 의해 객실등회로 및 냉난방 회로를 반감시킴

문제 144. VVVF전기동차에서 MCB사고 차단의 경우가 아닌 것은?

① ArrOCR 동작 ② ACOCR 동작 ③ ACGR 동작 ④ MCBOR 동작

해설 ACGR은 저항제어전기동차의 교류접지계전기임

문제 145. 삼상유도전동기 제어요소가 아닌 것은?

① 전원전압 ② 전원전류 ③ 슬립주파수 ④ 전원주파수

해설 N = $\frac{120 fin V}{P}$

문제 146. VVVF전기동차 SIV에 대해 잘못 설명된 것은?

① 입력전원은 DC15000V, 또는 DC1800V이다.
② T, T1 차에 장착되어 있다.
③ 용량은 190KVA이다.
④ IVHB는 제어공기가 필요없는 전자접촉기이다.

해설 인버터전기동차 SIV 설치 차량은 TC, T1차에 장착

문제 147. VVVF전기동차의 비상제동을 차단하는 스위치는?

① ELBCOS ② EBCOS ③ RSOS ④ RMS

해설 ELBCOS(회생제동차단수위치) RSOS(구원운전스위치) RMS(지하철차량구원운전스위치)

문제 148. BC핸들삽입후 운전실계기등은 점등되나 축전지전압이 "0" V현시시 확인하는 회로차단기는?

① BatN1 ② BatN2 ③BatNK ④ VN

해설 VN (NFB for Voltmeter) : 전압계 회로차단기

문제 149. 전기동차(구형)의 주차단기(MCB)에 대한 설명으로 틀린 것은?

① 진공밸브의 성능 판단은 겟더막으로 한다.
② 차단시간은 5 사이클이다.
③ 교류구간 운전 중은 개폐기 및 차단기 역할을 한다.
④ 직류구간 운전시는 차단기 역할을 한다.

해설 직류구간에서의 MCB는 개폐기 역할만 함.

문제 150. VVVF 제어차에 관한 설명으로 틀린 것은?

① HRDA형 제동방식으로 회생제동 가능
② 농형교류유도전동기 사용
③ 가·감속력을 향상하여 구동차량 구성비율을 감소
④ 공기스프링, 볼스타 설치 대차로 차량충격 감소

해설 공기스프링, 볼스터레스(Bolsterless) 대차방식

문제 151. VVVF제어차 주변압기 과열현상과 거리가 먼 것은?

① 역행 및 회생제동 차단된다.
② 주변압기유 온도 100℃ 이상에서 동작
③ MCB가 차단된다.
④ MTBM 흡입 여과망 오손시 나타날 수도 있다.

문제 152. VVVF전기동차의 전체판상승 불능시 확인개소가 아닌 것은?

① 축전지 전압 ② 전·후 운전실 EPanDS 동작시
③ 앞 운전실 TEST스위치 Off시 ④ MCN, HCRN Off시

해설 전·후 운전실의 TEST스위치 확인은 MCB전체 투입불능시 확인

문제 153. VVVF전기동차 TC전면 공기관 2지변 이후 공기 누설시 조치 중 부당한 것은?

① TC차와 차위간 주공기 차단콕크 차단
② CM의 기능을 정지시키기 위하여 CMGN, CMCN 차단
③ 주차제동의 수동완해
④ 그대로 기교체역까지 운전

해설 후위운전실 EBCOS취급, ATCCOS 및 ATSCOS 취급 후 추진운전
해당TC차 : 공기제동 불능, 출입문 제어불능, 차장변동작 불능

문제 154. ACM 공기 공급개소가 아닌 것은?

① 출입문 제어 ② L1 ③ MCB ④ PAN

문제 155. VVVF 제어차에 관한 설명으로 틀린 것은?

① 농형 교류유도전동기 사용
② 공기스프링, 볼스타 설치 대차로 차량충격 감소
③ HRDA형 제동방식으로 회생제동 가능
④ 가감속력을 향상하여 구동차량 구성비율을 감소

해설 공기스프링, 볼스터레스 방식임

문제 156. VVVF 제어차 주차제동에 대한 설명 중 틀린 것은?

① 스프링작용 공기완해 방식이다.
② 전동방지를 목적으로 사용한다.
③ 전후부의 주차제동 결선이 연결되어 있다.
④ 주차제동통은 TC차 전대차의 각축마다 설치되어 있다.

문제 157. VVVF 제어차의 주차제동 설명 중 틀리는 것은?

① 스프링 작용식, 공기완해방식
② PBS제동 취급 또는 MR압력 완전배기 시키면 자동으로 체결됨
③ PBPS 조정치는 6.7-7.7kg/cm^2
④ 역행회로와는 무관하며 제동체결 유무가 TIGS상에 전송된다.

해설 주차제동이 운전실에서 체결시는 역행회로 구성이 안됨.
후부는 역행회로와는 상관없음

문제 158. VVVF 제어차의 제동작용에 대한 설명 중 틀린 것은?

① 상용제동 - 회생제동, 일괄교차제어 ② 비상제동 - 공기제동
③ 보안제동 - 발전제동 ④ 주차제동 - 스프링 작용

해설 주차제동 : 제동 - 스프링 작용, 완해 - 공기압력
보안제동 : 순수한 공기제동

문제 159. 주변환장치(C/I)에 관한 설명으로 맞지 않는 것은?

① 전류형 PWM, VVVF제어방식
② 콘버터의 출력 DC 1800V
③ 인버터는 GTO의 On, Off시기를 제어하여 직류전원을 교류로 변환
④ 회전력의 가감은 전압을, 회전수의 가감은 주파수를 제어한다.

문제 160. VVVF 제어차 견인전동기의 사양 중 틀린 것은?

① 3상 농형 유도전동기 ② 연속정격은 200KW이다
③ 치차비는 99 : 14 ④ 전압은 3상 1500V이다

해설 1시간 정격 : 230KW, 전압은 1500V가 아니고 1100V이다.

문제 161. 다음 중 보안제동장치의 설명으로 틀린 것은?

① 상용 및 비상제동 불능시 자동으로 보안제동이 적용된다.
② 보안제동 압력은 승객의 다소에 관계없이 일정하다.
③ 보안제동 전자변은 각 차량마다 1개씩 설치.
④ 보안제동 동작압력은 4.0kg/cm^2

해설 보안제동은 자동으로 동작되는 것이 아니고 수동 동작임

문제 162. VVVF 제어차의 대차 및 구동장치 중 잘못 연결된 것은?

① 대차형식 - 공기스프링식 볼스터레스 대차
② 차륜경 - 860mm
③ 기초제동장치 - 구동차 : 답면제동, 부수차 : 디스크제동
④ 지지장치 - 1차 : 공기스프링, 2차 : 고무스프링

문제 163. VVVF 제어차 전동공기압축기의 설명으로 틀린 것은?

① TC, T1차에 설치
② 정격시간 제한이 없다
③ 고장시 바이패스되어 SIV전원으로 계속 운전
④ 연장급전시 전차량 동시구동하여 신속한 주공기압력 확보

문제 164. VVVF 제어차 SIV에 관한 설명으로 틀린 것은?

① GTO 초퍼제어 ② PTr 6펄스 전압형 ③ 자연냉각방식 ④ 정격출력 190KVA

해설 12펄스 전압원형 인버터형

문제 165. VVVF 제어차 AC(교류)구간에서 차단기의 투입순서는?

① L2 – L3 – AK – K　　② L2 – K – AK – L3
③ L3 – L2 – K – AK　　④ L3 – L2 – AK – K

해설 교류모진시 ArrOcr 동작에 의한 MCB 차단, 직류모진시 MFS 용손

문제 166. 교류모진시 동작하여 MCB를 차단하는 계전기는?

① CT1　　② ACOCR　　③ DCArr　　④ ArrOCR

문제 167. 교직사구간 통과시 ADS 절환취급방식은?

① 자동절환, 일체타행, 순차역행　　② 자동절환, 순차타행, 일체역행
③ 수동절환, 일체타행, 순차역행　　④ 수동절환, 순차타행, 일체역행

해설 현 한국철도의 전기동차 절연구간 취급방법은 수동절환에 의한 일체차단, 순차투입방식임.

문제 168. 저항제어차의 교직사구간 진입전 ADS 취급하니 MCB Off등 점등되고 잠시 후 OC(AC), Fault등이 점등 되었다. 다음 설명 중 틀린 것은?

① MCB진공파괴시 나타나는 현상이다.
② 즉시 EPanDS 취급 후 해당 유니트 완전부동취급 후 운행하여야 한다.
③ 직류구간 진입하여 계속적으로 단전현상 발생된다.
④ 주 퓨즈가 용손된다.

해설 주 퓨즈 용손은 직류모진시 현상임.

문제 169. 비상시 실내조명 및 차내방송을 위해 투입하는 스위치는?

① EBCOS　　② ESN
③ EOCN　　④ EODN

문제 170. 장시간 정전으로 축전지 방전방지를 위하여 취급하는 기기 및 현상이 아닌 것은?

① BC핸들의 취거　　② EOCS 취급
③ PAN 하강　　④ 무전기, 방공등, 실내방송은 가능

문제 171. VVVF제어차의 SIV전원에 의하여 구동되지 않는 기기는?

① MRfBM　　② CM
③ MTBM　　④ CIBM

해설 MRfBM은 저항제어 전동차에 해당

문제 172. VVVF제어차의 보조기기 중 DC1500V의 전원으로 구동되는 기기는?

① SIV ② CM
③ CIBM ④ FLBM

해설 CM, CIBM, FLBM은 SIV 출력단(즉,AC440V)에 의해 구동

문제 173. 인버터제어차 1개 유니트 전체판 상승불능시 확인사항이 아닌 것은?

① PanVN Off 확인 ② 직류구간에서 MCBN2 트립시
③ MCB 차단여부 확인 ④ 교류구간에서 MCBN1 트립시

해설 MCBN1 Off시는 1개 유니트 1개 판상승 불능시 조치

문제 174. ADS전환순간 단전현상이 발생시 설명 중 틀리는 것은?

① MCB 진공파괴시 나타나는 현상이다.
② AC구간 운행 중에 주퓨즈 용손
③ DC구간 운행 중에 주퓨즈 용손
④ 즉시 EPanDS취급 후 다음역 정차 완전부동취급 후 운행

문제 175. SIV고장으로 MCB차단시 MCB OS RS MCB CS 취급으로 복귀되는 것이 아닌 사항은?

① 송풍기 정지 ② 주변압기 냉각기 정지
③ MCBR2 계전기 ④ ACOCR 리셋 계전기

문제 176. 인버터제어차 DC구간 운행중 SIV정지시 나타나는 현상중 맞는 것은?

① MCB 차단된다. ② MCB차단 안된다.
③ 60초후 MTAR여자 ④ 모니터에 주변압기 정지현시

해설 DC구간 운행 중 SIV정지시는 MCB차단은 되지 않으며 SIV정지로 APR소자에 의해 T.C.U에 B.M.F신호 입력되며 “송풍기 정지” 현시됨

전기동력차량 기술편 정답

1. ①	2. ③	3. ④	4. ②	5. ②
6. ③	7. ①	8. ③	9. ②	10. ②
11. ④	12. ③	13. ③	14. ④	15. ①
16. ③	17. ①	18. ③	19. ④	20. ③
21. ③	22. ②	23. ③	24. ②	25. ①
26. ②	27. 일체차단, 순차투입	28. ③	29. ①	30. ②
31. ③	32. ②	33. ①	34. ③	35. ④
36. ④	37. ④	38. ④	39. ③	40. ④
41. ②	42. ①	43. ②	44. ①	45. ②
46. ③	47. ④	48. ①	49. ③	50. ④
51. ④	52. ④	53. ④	54. ④	55. ①
56. ①	57. ②	58. ②	59. 12, 13, 4	60. ④
61. ②	62. ④	63. ③	64. ②	65. ④
66. ②	67. ④	68. ①	69. ④	70. ④
71. ④	72. ③	73. ③	74. ③	75. ③
76. ②	77. ②	78. ③	79. ①	80. ④
81. ①	82. ①	83. ②	84. ①	85. ④
86. ①	87. ④	88. ④	89. ③	90. ④
91. ②	92. ③	93. ③	94. ③	95. ④
96. ③	97. ③	98. ④	99. ②	100. ③
101. ②	102. ②	103. ③	104. ②	105. ①
106. ③	107. ④	108. ③	109. ③	110. ③
111. ②	112. ④	113. ④	114. ①	115. ②
116. ③	117. ②	118. ③	119. ④	120. ④
121. ③	122. ①	123. ③	124. ④	125. ②
126. ②	127. ②	128. ④	129. ③	130. ①
131. ④	132. ③	133. ④	134. ④	135. ③
136. ②	137. ④	138. ②	139. ②	140. ④
141. ①	142. ①	143. ④	144. ③	145. ②
146. ②	147. ②	148. ④	149. ④	150. ④
151. ③	152. ③	153. ④	154. ①	155. ②
156. ③	157. ④	158. ③	159. ④	160. ④
161. ①	162. ④	163. ④	164. ②	165. ④
166. ④	167. ③	168. ④	169. ③	170. ②
171. ①	172. ①	173. ④	174. ③	175. ④
176. ②				

제4절 철도차량 운전이론편

문제 1. 다음 중 직류직권전동기의 특성으로 보기 힘든 것은?

① 회전수의 변화 폭이 크다. ② 저속에서 전기자 전류가 낮다.
③ 고속에서 역기전력이 크다. ④ 고속에서 회전력이 낮다.

해설 직류직권전동기는 다음과 같은 특성을 가지므로 중저속용 철도동력차의 주전동기에 직류직권전동기를 많이 사용한다.
① 시동 또는 저속에서 전류 인가량을 증대할 수 있어 큰 견인력을 발휘할 수 있다.
② 속도 상승시 전류가 역기전력에 의해 감소되므로 회전력은 약하게 된다.
③ 속도의 변화 폭이 넓다. 즉, 전압에 따른 속도변화를 광범위하게 조절할 수 있다.

문제 2. 1분 동안 속도가 50km/h에서 80km/h로 바뀐 열차의 가속도는?

① 3.6km/h/sec ② 3.6m/sec/sec ③ 0.5km/h/sec ④ 0.5m/sec^2

해설 $\alpha = \frac{v_2 - v_1}{t} = \frac{80-50}{60} = 0.5\text{km/h/s}$

문제 3. 열차 출발 후 0.5km/h/sec의 가속도로 3분 운전시의 속도는?

① 80km/h ② 90km/h ③ 100km/h ④ 110km/h

해설 $v_2 = v_1 + \alpha t = 0.5 \times 180 = 90\text{km/h}$

문제 4. 열차가 공전하지 않고 가속전진하기 위한 조건은? (단, F : 마찰력, Td : 동륜주 견인력, R : 열차저항)

① F = Td = R ② F > Td > R
③ F < Td < R ④ F > Td < R

해설 F < Td : 동륜 공전현상발생, Td < R : 열차진행불능

문제 5. 동력차의 견인력 중 각종 기계손실을 뺀 견인력은?

① 지시견인력 ② 동륜주견인력
③ 유효견인력 ④ 인장봉견인력

해설 지시견인력 > 동륜주견인력 > 인장봉견인력

문제 6. 동력차의 견인력 중 각종 기계손실과 열차저항을 감한 견인력을 무엇이라 하는가?

① 지시견인력 ② 동륜주견인력
③ 점착견인력 ④ 인장봉견인력

문제 7. 점착견인력의 크기를 좌우하는 가장 큰 요소로 볼 수 있는 것은?

① 레일상태　② 답면의 크기　③ 동륜상중량　④ 객화차중량

해설 점착견인력 Ta = μWd

문제 8. 다음 중 열차가 등속운전을 하는 경우는? (단, Td : 동륜주견인력, R : 열차저항)

① Td > R　② Td < R　③ Td = 일정　④ Td = R

해설 열차를 진행시키고자 하는 힘과 진행을 방해하는 힘이 동일한 경우 열차는 등속운전, 또는 정지상태를 유지한다.

문제 9. 열차가 고속운전시 영향을 주는 견인력으로 보기 힘든 것은?

① 점착견인력　② 특성견인력　③ 유효견인력　④ 인장봉견인력

해설 ① 점착견인력 : 차륜과 레일상의 점착력에 의해 제한되는 견인력
② 특성견인력 : 동력차의 기관, 전동기, 변속기시스템 등의 특성에 의해 제한되는 견인력
③ 유효견인력 : 열차운전에 유효하게 작용되는 견인력의 크기를 말한다. 저속에서는 점착견인력, 고속에서는 동력차의 특성견인력에 의하여 더 많은 제한을 받게 된다.

문제 10. 기관차의 속도는? (시문경기)

① 전동기의 회전수와 치차비의 상승적에 비례하고 동륜직경에 반비례한다.
② 전동기의 회전수와 동륜직경의 상승적에 비례하고 치차비에 반비례한다.
③ 동륜직경과 치차비의 상승적에 비례하고 전동기 회전수에 반비례한다.
④ 동륜직경과 전동기의 회전수와 치차비의 상승적에 비례

해설 치차비 $Gr = \frac{대치차}{소치차}$, D : 동륜직경, N : 전동기회전수 일 때, 동력차의 속도 $V = 0.1885 \times \frac{D \cdot N}{Gr}$ (km/h)

문제 11. 운전곡선 계산에 사용되는 실효중량이란?

① 실중량 - 부가관성중량　② 실중량 + 부가관성중량
③ 실중량 × 부가관성중량　④ 실중량 ÷ 부가관성중량

해설 부가관성중량이란 운동체내에서의 회전, 직선운동에 의한 관성력으로 인하여 운동체의 가속 또는 감속시 추가로 소요되는 힘을 중량으로 환산한 값을 말하며, 열차계획에 의한 가감속력의 산정에는 부가관성중량을 필히 감안하여야 한다.

문제 12. 견인전동기의 특성에 해당하지 않는 것은?

① 공급전류에 비해 기동회전력이 크다.　② 고속에서 회전수가 빠르다.
③ 저속에서 전압이 많이 필요하다.　④ 광범위하게 속도조절이 된다.

해설 직류직권전동기의 견인력 $T = K\phi I$에서 ϕ값은 저속(계자 미포화시)에서 I값에 비례하며, 고속(계자 포화시)에서 일정한 값을 갖는다. 즉, 저속의 경우 : $T = K \cdot I^2$, 고속의 경우 : $T = K \cdot I$의 특성을 갖는다.

문제 13. 직류직권전동기 속도제어방법으로 보기 힘든 것은?

① 전압제어 ② 계자제어 ③ 와류제어 ④ 저항제어

해설 견인전동기회전수(N) = $\frac{Et-Ir}{K\phi}$ 에서,

① 전압제어 : 직류직권전동기의 제어폭을 광범위하게 하며, 제어시 운전충격을 수반할 수 있다.

② 계자제어 : 전류제어(계자전류제어, 자속제어) 등으로도 표시되며, 상구배운전 등의 경우 일정속도를 유지할 수 있는 견인력을 확보하기 위한 제어방법이다. 차종에 따라 충분한 견인력을 발휘할 수 있는 경우는 적용하지 않는다.

③ 저항제어 : 전압제어에 의한 운전충격을 감쇠하여 원활한 운전취급을 도모하는 방법이다.

문제 14. 직류직권전동기의 전압제어 및 저항제어방법을 병용하는 가장 큰 이유로 볼 수 있는 것은?

① 회전력 증가 ② 속도변화 폭의 증가 ③ 충격완화 ④ 발열억제

문제 15. 직류직권전동기 회전시 역기전력 발생에 대한 적용법칙으로 가장 맞는 것은?

① 플레밍의 우수법칙 ② 플레밍의 좌수법칙

③ 오옴의 법칙 ④ 키르히호프법칙

해설 전동기의 원리 : 플레밍의 좌수법칙, 발전기의 원리 : 플레밍의 우수법칙

※ 역기전력 : 전동기가 플레밍의 좌수법칙에 의하여 공급받은 전류에 의한 회전(전기적에너지 → 기계적에너지)을 할 때, 플레밍의 우수법칙을 적용 받아 자동적으로 유기되는 유기기전력(기계적에너지→전기적에너지)을 말한다.

문제 16. 직류직권전동기 결선이 4직렬에서 2직2병렬로 변했을 때 TM의 전류값은? (단, 4직렬시 전류값 200A)

① 50A ② 100A ③ 150A ④ 200A

해설 전압, 전류, 저항의 연결방법에 따른 값의 변화를 유도하는 방법이다.

내 용	직 렬 연 결 시	병 렬 연 결 시
전압 : V + V + V	3V	V
전류 : I + I + I	I	3I
저항 : R + R + R	3R	R/3

문제 17. 다음 중 치차비의 설명으로 맞지 않는 것은?

① 소치차에 대한 대치차의 비율이다. ② 속도는 치차비에 반비례한다.

③ 견인력은 치차비에 비례한다. ④ 치차비는 속도에 따라 변한다.

해설 치차비 Gr ∝ 견인력, Gr ∝ $\frac{1}{속도}$

문제 18. 다음 중 직류직권전동기의 회전력과 무관한 것은?

① 단자전압에 비례 ② 역기전력에 비례 ③ 전류값에 비례 ④ 회전수에 비례

해설 회전력(Torque) = $0.975 \times \frac{Et \cdot I \cdot \eta}{N}$ (kW)

문제 19. 다음 중 동륜주견인력과 무관한 것은?

① 전동기회전력에 비례 ② 치차비에 반비례
③ 동륜직경에 반비례 ④ 전동기수에 비례

해설 동륜주견인력 (Td) = $\frac{2t \cdot Gr \cdot m \cdot \eta}{D}$ (kg)

문제 20. 철도동력차의 축중이동량 산정 %수는?

① 10 ② 15 ③ 90 ④ 85

해설 축중이동량이란 Newton의 제1법칙에 의하여 운동체가 갖는 관성량을 말한다. 차량이 V의 속도로 움직이고 있는 경우 갑자기 제동취급을 한다면 차량중심으로부터 뒤쪽에 있던 중량의 일부가 관성에 의하여 전부쪽으로 이동하게 되며, 이때 전부차축으로 이동하는 중량을 축중이동량이라 한다. 부가관성중량과 마찬가지로 차량설계 등에서 고려되어야 할 사항이다.

문제 21. 열차속도가 상승하는 경우 동력차의 특성견인력을 제한하는 요소로 가장 맞는 것은?

① 단자전압 ② 저항 ③ 전류 ④ 역기전력

해설 본 문제는 직류직권전동기의 회전특성에 관하여 묻는 문제이다. 직류직권전동기는 고속회전시 역기전력 발생으로 인한 견인력발휘에 제한을 받게 된다. 따라서 고속운전시 특성견인력은 역기전력의 크기에 제한을 받는다.

문제 22. 다음 중 총 중량 452ton인 열차의 실효중량은?

① 452ton ② 466ton ③ 479ton ④ 512ton

해설 실효중량 = 실중량 + 부가관성중량

문제 23. 회전부분을 포함한 물체의 가속이 더 힘든 이유는 무엇이 작용하기 때문인가?

① 부가관성중량 ② 타력 ③ 마찰력 ④ 점착력

문제 24. 다음 중 동력차의 점착견인력과 동륜주견인력의 조건이 맞는 것은?

① 점착견인력 $\propto$ 동륜주견인력 ② 점착견인력 $\leq$ 동륜주견인력

③ 점착견인력 $\propto \frac{1}{\text{동륜주견인력}}$ ④ 점착견인력 $\geq$ 동륜주견인력

문제 25. 철도차량용 직류직권전동기의 특성으로 보기 힘든 것은?

① 회전력은 전류에 비례
② 회전력은 자속에 비례
③ 회전수는 자속에 반비례
④ 회전수는 단자전압에 비례

문제 26. 직류직권전동기의 회전수제어방법 중 회전속도의 큰 변화를 유도할 수 있는 방법은?

① 전압제어 ② 전류제어 ③ 저항제어 ④ 와류제어

문제 27. 다음 중 동력차의 치차비 선정 제한요인으로 보기 힘든 것은?

① 운전속도 ② 견인력 ③ 차량설계 ④ 설비한계

문제 28. 전동기의 유기기전력에 대한 설명으로 보기 힘든 것은?

① 프레밍의 우수법칙적용
② 회전수에 비례
③ 자속에 반비례
④ 단자전압과 반대방향으로 유기

문제 29. 다음 중 동륜주견인력에 대하여 맞는 것은?

① 전동기회전력에 반비례
② 치차비에 반비례
③ 전동기수에 반비례
④ 동륜직경에 반비례

문제 30. 열차의 점착력 향상방안으로 보기 힘든 것은?

① 점착계수의 향상
② 동축중의 일시적 변화유도
③ 노취취급의 적정
④ 출력의 향상

문제 31. 동력차의 견인력이론 중 타당치 않은 것은?

① 기관에서 발생되는 지시견인력이다.
② 점착인장력과 동륜주 인장력은 무관하다.
③ 각부분 손실량을 공제하고 동륜주에 나타나는 인장력이다.
④ 연결기에 나타나는 인장봉인장력이다.

문제 32. 동력차의 견인력 구성요건 중 타당치 않은 것은?(단, F : 점착력, Ti : 지시견인력, Td : 동륜주견인력 Te : 인장봉견인력, R : 열차주행 저항)

① $F > Td > R$
② $F - R < Td < Ti$
③ $Ti > Td > F$
④ $Te = Td - R$

문제 33. 총중량 150ton의 동차열차가 평탄선로를 64km/h의 속도로 운전할 경우 주행저항이 4.5kg/ton이라 하면 이 동차의 출력은 몇 HP인가? (단, 1HP = 75kg-m/sec)

① 130　　② 140　　③ 150　　④ 160

문제 34. 용량이 100KW인 전동기는 몇 HP의 출력에 해당하는가?

① 130　　② 140　　③ 150　　④ 160

문제 35. 다음 중 견인력이 작용하는 장소에 의한 분류로서 볼 수 없는 것은?

① 지시견인력　　② 동륜주견인력　　③ 점착견인력　　④ 인장봉견인력

문제 36. 견인력에 관계되는 이론 중 타당치 않은 것은?

① 운전속도가 높아짐에 따라 점착견인력은 감소한다.
② 디젤전기기관차의 기관출력은 운전속도에 반비례한다.
③ 견인전동기의 출력은 운전속도에 반비례한다.
④ 견인력을 제한하는 인자 중 최소의 것이 최대유효견인력이 된다.

문제 37. 다음 중 견인력과 마력, 운전속도의 관계 중 타당치 않은 것은?

① 동륜주의 시간당 일량은 1000Ti · V(kg-m)
② 동륜주 마력은 HP = $\frac{Td \cdot V}{270}$
③ 동력차견인력은 균형속도까지는 속도에 비례하나 그 이상은 반비례한다.
④ HP는 일정속도까지는 속도에 비례하나 그 이상은 반비례한다.

문제 38. 주전동기의 특성중 타당치 않은 것은?

① 전류치는 회전수에 반비례한다.
② 회전력은 전류치에 비례한다.
③ 회전수와 회전력은 비례한다.
④ 효율은 한시간정격부근의 회전수에서 가장 좋다.

문제 39. 직류직권전동기를 사용하는 전기기관차의 특성중 맞지 않는 것은?

① 전기기관차의 특성은 주전동기 특성과 동일하다.
② 기관차 출력은 저속도에서 크게 유지된다.
③ 상구배선에서 균형속도를 높게 가질 수 있다.
④ 전동기 회전력은 속도에 비례하므로 고속운전에 유리하다.

문제 40. 과대전압으로 인한 전동기 훼손방지책 중 맞지 않는 것은?

① 기동시는 전동기를 직렬로 연결하고 기동저항을 삽입한다.
② 속도향상에 따라 직병렬로 연결하고 다시 저항이 삽입된다.
③ 주전동기에 무리가 가지 않도록 기관사가 노취조절을 잘 해야 한다.
④ 최종단계에서 병열로 연결되고 저항도 삽입되지만 최종 노취에서 저항은 0으로 되고 규정전압이 삽입된다.

문제 41. 전기기관차의 견인력을 제한하는 인자에 의한 분류에 해당하지 않는 것은?

① 기동견인력
② 점착견인력
③ 특성견인력
④ 동륜주견인력

문제 42. 견인력에 대항하는 저항에 해당하지 않는 것은?

① 차륜과 궤조간의 마찰저항
② 전동기와 차축의 치차간 마찰저항
③ 저어널과 축수간의 마찰저항
④ 구배저항 및 곡선저항

문제 43. 견인정수법 중 한국철도에서 사용하고 있는 방법은?

① 실제량수법
② 환산량수법
③ 실제톤수법
④ 수정톤수법

문제 44. 견인정수를 제한하는 인자에 해당하지 않는 것은?

① 사정구배
② 운전속도
③ 가상구배
④ 인장봉견인력

문제 45. 견인정수사정상 고려하여야 할 사항에 해당치 않는 것은?

① 열차의 사명
② 선로의 상태
③ 유효장 및 승강장의 길이
④ 운행구간의 장단

문제 46. 운전속도와 견인력의 관계 중 타당치 않은 것은?

① 점착견인력은 운전속도에 반비례한다.
② 점착견인력은 속도에 관계없이 항상 최대의 유효견인력이 된다.
③ 디젤전기기관차의 기관출력은 속도에 관계없이 일정하다.
④ 속도가 저하하면 견인력이 크게 되는 것은 동력차의 유용한 성질이다.

문제 47. 사정구배상의 규정속도를 정하는 의의 중 타당치 않은 것은?

① 견인정수를 사정하는 기준이 된다.
② 동일속도의 열차는 어떠한 선구에서나 동일 최저속도를 유지하게 된다.
③ 열차사명에 따라 견인정수를 적당히 사정함으로서 경제적인 열차운전을 할 수 있다.
④ 전동기 회전력은 속도에 비례하므로 고속운전에 유리하다.

문제 48. 경제성을 고려한 견인정수 사정이론으로서 타당치 않은 것은?

① 여객열차는 중간역 해결은 고려치 않는다.
② 도중구배 있는 경우는 여타구간의 사정구배의 정수를 적용할 수 있도록 조치한다.
③ 화물열차는 균형속도를 낮추고 견인력을 크게 한다.
④ 견인정수를 적게하고 균형속도를 높여서 장비의 회전을 신속히 한다.

문제 49. 차량중량만으로 견인정수를 결정하는 현행 견인정수법의 불합리한 점으로서 맞지 않는 것은?

① 공차가 많으면 저항이 크다.
② 무화기관차가 연결되면 저항이 크다.
③ 중량화물 적재화차로 조성된 열차는 저항이 적다.
④ 객차의 경우 승차효율에 관계없이 환산량수를 동일하게 취급한다.

문제 50. 운전계획상으로 견인정수의 여유라고 할 수 있는 것에 해당치 않는 것은?

① 점착견인력은 95%까지 활용한다.
② 가선전압은 소정전압의 −10%로 한다.
③ 병렬전계자로 계획한다.
④ 연속정격만의 견인정수를 적용한다.

문제 51. 점착력을 증대시키는 방법으로 타당치 않은 것은?

① 살사를 시행한다.
② 가감간으로 견인력을 조정한다.
③ 기관차의 보수를 철저히 한다.
④ 선로의 보수를 철저히 한다.

문제 52. 기관차의 견인력이론 중 타당치 않은 것은?

① 인장봉견인력은 동륜주견인력과 같거나 크다.
② 점착견인력은 축중에 비례한다.
③ 디젤전기기관차의 동륜주견인력은 기관 견인력의 약 85%이다.
④ 공기저항은 인장봉견인력에 영향을 준다.

문제 53. 기관차 견인정수이론으로서 타당치 않은 것은?

① 마력에 비례한다.
② 속도에 반비례한다.
③ 곡선반경은 견인정수에 영향을 준다.
④ 기관차의 견인력은 속도와는 별 관계없이 일정하게 작용한다.

문제 54. 직류직권전동기의 특성으로 맞지 않는 것은?

① 회전수와 전류치는 반비례한다.
② 회전력은 전류에 비례한다.
③ 회전수와 회전력은 반비례한다.
④ 효율은 전류의 공급량에 따라 다르다.

문제 55. 경제적 운전을 저해하는 요인에 해당하지 않는 것은?

① 서행으로 인한 감가속에 소요되는 연료의 손실
② 임시정차로 인한 감가속에 소요되는 연료의 손실
③ 지연회복을 위한 연료의 손실
④ 고가속을 위하여 소요되는 연료의 손실

문제 56. 동력차의 점착력을 증대시키는 방법으로 타당치 않은 것은?

① 가감간을 조절하여 동륜주견인력을 조절한다.
② 살사를 시행한다.
③ 기관차의 보수를 철저히 한다.
④ 선로의 보수를 철저히 한다.

문제 57. 동력차가 공전을 야기하는 요인에 해당하지 않는 것은?

① 동력차의 보수불량으로 동요가 심할 때
② 신설선 등에서 선로의 고저가 불균일할 때
③ 기관사가 살사를 하지 않았을 때
④ 운전속도에 급격한 변화를 가져왔을 때

문제 58. 차량의 스프링상부중량에 대한 상대운동에 해당치 않는 것은?

① 상하동요 ② 피칭동요 ③ 경사동요 ④ 전후동요

문제 59. 차량의 스프링하부중량에 대한 상대운동에 해당치 않는 것은?

① 좌우동요 ② 상하동요 ③ 전후동요 ④ 사행동요

문제 60. 동력차의 견인력 종류이다. 부당하게 표시된 것은? (시문경기)

① 도시견인력 = 지시견인력
② 지시견인력 < 동륜주견인력
③ 동륜주견인력 > 유효견인력
④ 지시견인력 > 유효견인력

문제 61. 주발전기의 구동마력과 전압·전류·효율 등과의 관계사항으로 맞는 것은? (시문경기)

① 주발전기 발전전압에 비례한다.
② 주발전기 발전전류에 비례한다.
③ 주발전기 효율에 반비례한다.
④ 주발전기 효율에 비례하고 전압에 비례한다.

문제 62. 전기기관차의 견인전동기에 대한 설명이다. 틀린 것은?

① 속도가 낮을수록 전류치는 크고 속도상승에 따라 전류치는 감소한다.
② 전류가 많을 때는 회전력은 크고 전류의 감소에 따라 회전력도 감소된다.
③ 인장력은 전압에 의하여 결정되고 전압이 높을수록 인장력도 커진다.
④ 회전수가 낮을 때는 전류치가 크고 회전수가 높으면 전류치는 작다.

문제 63. 주전동기의 특성에 관한 사항 중 타당치 않은 것은?

① 회전수가 적을 때는 전류치가 크고 회전수의 증가에 따라 전류는 감소한다.
② 전류가 많을 때는 회전력이 크고 전류의 감소에 따라 회전력도 감소한다.
③ 회전수가 적을 때 회전력이 적고 회전수의 증가에 따라 회전력도 감소한다.
④ 효율은 전류에 따라 큰 차이는 없으나 한 시간 정격부근 전류 때가 가장 좋다.

문제 64. 다음 중 동력차의 견인력과 관계가 없는 것은? (시문경기)

① 견인력은 전동기 회전력에 비례한다.
② 견인력은 치차비에 반비례한다.
③ 견인력은 동륜직경에 반비례한다.
④ 견인력은 전동기수에 비례한다.

문제 65. 다음 중 주전동기의 속도제어법의 종류에 해당되지 않는 것은?

① 저항제어법
② 계자제어법
③ 전류제어법
④ 직병렬제어법

해설 본 문제는 계자제어방법을 전류제어방법과 다르게 생각한 문제이다. 그러나 계자제어란 전동기의 회전자에 공급되는 전류치는 일정하나, 계자에 공급되어지는 전류의 값을 조절함으로서 제어하는 방법으로 근본적으로는 구분할 필요가 없다.

문제 66. 다음 각종 견인력 중 가장 값이 적은 것은? (시문경기)

① 점착견인력
② 동륜주견인력
③ 지시견인력
④ 유효견인력

문제 67. 7500호대 디젤전기기관차의 TM회전수가 1800RPM일 때 열차속도는 얼마인가? (단, 치차비 2.90, 동륜직경 1016mm)

① 119km/h ② 124km/h ③ 126km/h ④ 134km/h

해설 $V = 0.1885\frac{D \cdot N}{Gr} = 0.1885 \times \frac{1.016 \times 1800}{2.90} = 118.9$ km/h

문제 68. 치차비 3.5, 동륜직경 820mm의 디젤전기기관차로서 전동기의 회전수가 1860RPM이라면 이때의 속도는?

① 78km/h ② 82km/h ③ 86km/h ④ 88km/h

해설 $V = 0.1885\frac{D \cdot N}{Gr}$

문제 69. 7300호대 디젤전기기관차가 90km/h 속도일 때 동형의 주전동기로서 동일 전류를 사용할 때 7500호대 디젤전기기관차의 속도는?

① 57km/h ② 55km/h ③ 58km/h ④ 62km/h

해설 치차비(Gr) $\propto \frac{1}{속도(V)}$이므로, $V_2 = V_1 \times \frac{Gr_1}{Gr_2} = 90 \times \frac{2.85}{4.13} = 62.1$km/h

문제 70. 중량 500ton인 열차의 견인력이 8000kg이라면 이 열차의 가속도는? (단, 주행저항 10kg/ton, 관성중량 8.8%)

① 0.12 km/h/sec ② 0.14 km/h/sec ③ 0.17 km/h/sec ④ 0.19 km/h/sec

해설 총저항 $W \times R = 500 \times 10 = 5000$kg

가속을 위해 소요가능 견인력의 크기 = 8000 − 5000 = 3000kg

$\therefore \frac{9.8 \times 3.6 \times 3000}{500,000 \times 1.088} = 0.19$km/h/sec

문제 71. 총중량 350ton인 기관차가 2000kg의 견인력을 발휘하고 있을 때 가속도 값은 얼마인가? (단, 평균주행저항 4kg/ton, 관성계수 0.088)

① 0.120km/h/sec ② 0.094km/h/sec ③ 0.055km/h/sec ④ 0.039km/h/sec

해설 가속력 A = 2000 ÷ 350 = 5.7kg/ton이므로, 따라서 주행저항을 감한 여분의 가속력은 5.7 − 4 = 1.7kg/ton

$\therefore A = \frac{1.7}{30.9} = 0.055$ km/h/sec

문제 72. 450ton의 열차가 견인력 5850kg으로 운행할 때 가속력은 얼마인가? (단, 주행저항은 10kg/ton)

① 3kg/ton ② 4kg/ton ③ 5kg/ton ④ 6kg/ton

해설 가속력 $F = \frac{T-(RL+Rc)}{WL+Wc}$ 이므로, T = 동력차견인력, RL : 동력차저항, Rc : 객화차저항, WL : 동력차중량, Wc : 객화차중량

$F = \frac{T-R}{W} = \frac{5850-4500}{450} = 3\text{kg/ton}$

문제 73. 총중량 260ton인 동차열차가 발차 후 30sec만에 60km/h의 속도가 되었다. 이때 견인력의 크기는? (단, 열차저항은 4kg/ton, 관성계수 0.88)

① 16800kg ② 16342kg ③ 15709kg ④ 15028 kg

해설 $A = \frac{V}{t} = \frac{60}{30} = 2\text{km/h/sec}$

① ton당 가속력 30.9 × 2 = 61.8kg/ton
② 총가속력 = 61.8 × 260 = 16068kg
③ 총열차저항 = 4 × 260 = 1040kg ∴ 16068 − 1040 = 15028kg

문제 74. 총중량 370ton인 전동차를 1.6km/h/sec의 가속도를 갖게 하기 위한 견인력은 얼마인가? (단, 주행저항은 3kg/ton, 관성계수 0.88)

① 17183kg ② 19320kg ③ 20005kg ④ 21342 kg

해설 ① F = 30.9A = 30.9 × 1.6 = 49.44 kg/ton
② 총 견인력 = 49.44 × 370 = 18292.8 kg
총 주행저항 = 3 × 370 = 1110 kg
∴ 가속을 위한 견인력 = 18292.8 − 1110 = 17182.8 kg

문제 75. 궤도위에 기름기가 있어 자중 46ton, 하중 10ton, 견인력 500kg의 열차가 발차시 공전했다면 점착계수는 얼마인가?

① 0.077 ② 0.082 ③ 0.089 ④ 0.098

해설 F = μWd에서, $\mu = \frac{F}{Wd} = \frac{5000}{56000} = 0.089$

문제 76. 견인력 5000kg, 중량 42.7ton의 전동열차가 공전한다면 점착계수는?

① 0.117 ② 0.082 ③ 0.189 ④ 0.098

해설 F = μWd

문제 77. 기관 크랭크축이 800RPM 일 때 1700HP를 발휘한다. 이때의 회전력은?

① 1423kg−m ② 1445kg−m ③ 1488kg−m ④ 1522kg−m

해설 $H = \frac{2\pi tN}{75\times60}$ 에서 회전력 $t = 716.2\ \frac{HP}{N}$

문제 78. 10‰ 상구배선을 60km/h의 균형속도로 주행하고 있는 전동열차의 견인력은? (단, 주행저항은 4kg/ton, 열차총중량 250ton)

① 3300kg ② 3500kg ③ 3900kg ④ 4100kg

해설 균형속도는 열차저항과 견인력이 동일한 경우이므로, 열차저항 R = 250×(10+4)=3500kg

문제 79. 직류직권전동기의 회전력크기 설명으로 맞는 것은?

① 계자전류크기에 반비례한다. ② 자속의 값에 비례한다.
③ 자극수에 비례한다. ④ 전기자전도체수에 비례한다.

해설 전동기회전력은 $T = K\phi I$에서, ϕ : 자속수, I : 전기자전류, $K = 1.625 \times \frac{P}{a} \cdot Z \times 10-10$: 상수
a : 전기자권선회로수, P : 자극수, Z : 전기자전도체수

문제 80. 철도차량용 직류직권전동기의 구비조건으로서 틀리는 것은?

① 기동회전력이 커야 한다. ② 속도변화폭이 커야 한다.
③ 회전속도가 클 때 전류값이 커야 한다. ④ 병렬운전시 부하불균형이 적어야 한다.

해설 회전속도가 클 때는 큰 회전력을 필요로 하지 않으므로 전류값을 적게하여 경제적운전을 하여야 한다.

문제 81. 직류직권전동기의 역기전력에 대한 설명으로 맞지 않는 것은?

① 자속에 비례한다.
② 회전수에 비례한다.
③ 역기전력은 회전력을 감소시키는 작용을 한다.
④ 전동기의 단자전압과 동일방향으로 작용한다.

해설 플레밍의 우수법칙 : 발전기의 원리플레밍의 좌수법칙 : 전동기의 원리

문제 82. 다음 중 전동기회전력(T)에 대하여 바르게 설명한 것은?

① 전동기출력에 비례하고 회전수(N)에 반비례한다.
② 전동기출력에 반비례하고 회전수에 반비례한다.
③ 전동기출력에 반비례하고 회전수에 비례한다.
④ 전동기출력에 비례하고 회전수에 비례한다.

해설 $T = 0.975 \frac{Et \cdot I}{N} \cdot \eta(\mathrm{Kw})$

$Et \cdot I \cdot \eta$는 전동기 출력이며, $Et \cdot I$는 입력의 크기이다. 따라서 전동기의 회전력은 출력 또는 입력의 크기에 비례하고 전동기의 회전수에 반비례한다.

문제 83. 기관차의 동륜주견인력(Td)에 대한 설명으로 맞지 않는 것은?

① 전동기 회전력에 비례한다. ② 동륜직경과 전동기효율에 비례한다.
③ 치차비에 비례한다. ④ 전동기수에 비례한다.

해설 동륜주견인력 $Td = \frac{2t \cdot Gr \cdot m \cdot \eta}{D}$

문제 84. 동력차의 견인력이 4032kg, TM 4대, 치차비 2.52, 동륜직경 900mm이고, 전동효율이 90%일 때 전동기의 회전력은 얼마인가?

① 200kg−m ② 250kg−m ③ 300kg−m ④ 350kg−m

해설 동륜주견인력 $Td = \frac{2t \cdot Gr \cdot m \cdot \eta}{D}$이므로, $t = \frac{900 \times 4032}{2000 \times 2.52 \times 4 \times 0.9} = 200$kg−m

문제 85. 동륜주견인력이 3500kg인 동력차의 치차비를 2.25에서 3.1로 바꾸는 경우 견인력의 크기로 맞는 것은?

① 3500kg ② 4000kg ③ 4320kg ④ 4820kg.

해설 동륜주견인력 $Td = Td' \times \frac{Gr'}{Gr} = 3500 \times \frac{3.1}{2.25} = 4820$kg

문제 86. 전후대차에 각각 2대씩의 전동기를 장착한 동력차의 견인력을 Td라 할 때 고장으로 인하여 1대차를 차단한 경우의 견인력 크기로 맞는 것은? (단, 전달효율은 같다.)

① Td ② $\frac{Td}{2}$ ③ $\frac{Td}{3}$ ④ $\frac{Td}{4}$

해설 각각의 대차에 2대씩의 전동기가 장착되어 있으므로 1대차를 차단한 경우 2대의 전동기가 차단된다.
그러므로, $Td' = Td \times \frac{m'}{m} = Td \times \frac{2}{4} = \frac{Td}{2}$

문제 87. 전기차의 주전동기 치차전달효율식으로 맞는 것은?

① $\frac{\text{치차및차축수손실}}{\text{주전동기출력}}$ ② $\frac{\text{주전동기출력}}{\text{치차및차축수손실}}$

③ $\frac{\text{주전동기출력} - \text{치차및차축수손실}}{\text{주전동기출력}}$ ④ $\frac{\text{주전동기출력}}{\text{주전동기출력} - \text{치차및차축수손실}}$.

문제 88. 기관차의 정격전류부근에서의 치차전달효율(동력전달효율)로 가장 맞는 것은?

① 100% ② 97% ③ 94% ④ 92%.

문제 89. 기관차의 속도에 대하여 바르게 설명한 것은?

① 주전동기 회전수에 반비례한다. ② 동륜직경에 반비례한다.

③ 치차비에 반비례한다. ④ 동륜회전수에 반비례한다.

해설 $V = 0.1885\frac{N \cdot D}{Gr}$(km/h)이므로, 기관차속도는 주전동기회전수(N), 동륜직경(D)에 비례하고 치차비(Gr)에 반비례하는 값을 갖는다.

문제 90. 차륜직경이 870mm일 때 80km/h의 속도로 주행하는 동력차의 차륜직경을 910mm로 하였을 때 동일한 견인조건하에서의 속도는 얼마인가?

① 77km/h
② 80km/h
③ 84km/h
④ 88km/h

해설 $V = \frac{V_1 \cdot D}{D_1}$

문제 91. 공급전압이 1350V일 때 전동차의 속도가 60km/h인 경우 동일조건에서 공급전압이 1450V로 승압된 경우 전동차의 속도는?

① 64km/h
② 68km/h
③ 72km/h
④ 76km/h

해설 $V = \frac{V_1 \cdot E}{E_1}$

문제 92. 다음 중 전류가 흐르면서 $Q = I^2 RT$ 식에 의한 전동기손실로서 작용하는 것으로 맞는 것은?

① 동손(저항손)
② 기계손
③ 철손
④ 표류부하손

해설 동손은 전기자코일, 계자코일, 보극코일 및 정류자 등의 전동기부품중 동(銅)부분에 전류가 흐르며 열로 소모되는 열손실로서 공급된 전류의 제곱과 운전된 시간에 비례하여 증가한다.

문제 93. 전동기의 히스테리시스 손실에 대한 설명으로 맞는 것은?

① 기계적 마찰에 의한 손실이다.
② 맴돌이전류 손실로서 자속변화에 기인한다.
③ 철심자화에 기인한 손실이다.
④ 전기자반작용에 의한 자속의 편이로 발생하는 손실이다.

해설 전동기손실은 크게 다음과 같다.

㉮ 동손 : 문제 92. 참조

㉯ 기계손(마찰손 : 전동기회전시 기계적 마찰에 의한 손실로 주로 전기자 축수나 브러쉬 마찰 부분에 발생한다. 풍손 : 전동기 회전부분이 마찰하면서 발생되는 손실로서 전동기 회전수에 비례한다. 대개 전동기전류 정격용량의 0.5~3.0% 범위이다.)

㉰ 철손(와류손 : 전기자 철심이 자속중을 회전하며 철심내에 와류가 발생할 때 주울열이 발생하여 철의 온도를 상승시킴으로서 발생하는 열손실을 말한다. 히스테리시스손 : 계자의 자속밀도 및 자기장의 세기가 변화될 때 잔류자기의 영향에 의하여 발생되는 손실로 철심자화의 관성에 기인하여 발생한다.

㉱ 표류부하손 : 전기자권선내 와류에 의한 열손실, 전기자반작용에 의한 자속의 편의로 인하여 발생하는 손실 등을 말한다.

문제 94. 열차의 축 중 이동현상에 대한 설명 중 맞지 않는 것은?

① 열차의 가속 또는 감속시 전후대차간 부담중량의 변화를 말한다.
② 열차의 가속 또는 감속시 차량의 무게중심이 점착력 발휘지점과 수평하므로 발생한다.
③ 가속시에는 차량의 후부로 이동한다.
④ 차륜의 공전 또는 활주를 유발할 수 있다.

해설 축중이동현상은 차량의 무게중심이 점착력발휘지점보다 상부에 있음으로서 발생하는 현상으로 동력차의 경우 최대 가감속시 약 15%의 중량이 이동하는 것으로 적용한다.

문제 95. 어느 구배의 직선구간을 운전하는 경우에 각 균형속도별로 견인할 수 있는 중량을 표시한 것은?

① 견인정수 ② 가속력곡선 ③ 유효견인력 ④ 하중곡선

문제 96. 열차의 점착력에 관한 설명으로 맞지 않는 것은?

① 동륜상의 중량에 비례한다.
② 레일의 습윤, 요철, 재질 등의 영향을 받는다.
③ 재점착은 점착력의 크기에는 무관하나 견인력을 제한한다.
④ 미소공전이 대공전(大空轉)으로 발전하지 않을 수 있는 점착력이 확보되어야 한다.

해설 기관차의 동륜은 점착, 미소공전, 재점착을 반복하며 운전하는 경우가 많으며, 미소공전이 대공전으로 발전하지 않는 한 실제 운전에는 큰 지장이 없다. 따라서 재점착성능은 점착력의 크기를 좌우하는 주요변수로서 견인특성을 제한하는 요인이 된다.

문제 97. 다음 중 일반적으로 레일면의 점착계수가 가장 낮은 경우는?

① 레일면의 낙엽이 있는 경우 ② 레일면의 기름성분이 있는 경우
③ 레일면에 서리가 내려 있는 경우 ④ 안개가 끼어 있는 경우

해설 점착계수의 값은 조건에 따라 큰 차이를 갖으며, 점착력의 크기를 제한하는 중요한 변수이다.

궤 조 상 태	일반적인 경우	모래를 뿌린 경우
건조하고 맑은 경우	0.25 ~ 0.30	0.35 ~ 0.40
습한 경우	0.18 ~ 0.20	0.22 ~ 0.25
서리가 내린 경우	0.15 ~ 0.18	0.20 ~ 0.22
기름성분이 있는 경우	0.10	0.15
낙엽이 있는 경우	0.08	

문제 98. 다음 중 사정구배에 대한 설명으로 맞지 않는 것은?

① 열차 운전취급 중 최대의 견인력을 필요로 하는 저항이 가장 많은 구배를 말한다.
② 각 동력차의 견인정수를 사정하기 위한 구배이다.
③ 사정구배(Ruling Grade)와 지배구배는 같다고 볼 수 있다.
④ 열차장을 고려하여 계산된 최대구배를 말한다.

해설 운전기술상 구배관계의 술어는 다음과 같다.

㉮ 표준구배 : 인접정거장, 신호소간에서 1km 떨어진 2지점간의 구배 중 최급구배를 말하며, 구배종류가 2이상일 때는 $\frac{i_1 l_1 + i_2 l_2 + \cdots}{1000}$ = 표준구배로 계산되어진다.

㉯ 사정구배 : 각 동력차의 견인정수를 사정하기 위한 구배를 말한다.

㉰ 환산구배 : 열차가 곡선의 선로를 통과할 때 차륜과 레일간의 마찰이 생겨서 곡선 저항이 발생한다. 이때 발생하는 곡선저항을 구배저항으로 환산하여 취급한 구배를 환산구배라 한다. 상당구배라고도 한다.

㉱ 가상구배 : 열차가 가속도를 갖기 위하여 필요한 견인력을 구배가 존재함으로서 발생하는 저항력과 동일하게 생각하여 구배로서 적용하였을 때의 구배를 말한다.

㉲ 구배 : 열차의 타행력으로 진행할 수 있는 크기의 구배를 말한다.

㉳ 반향구배 : 선로의 구배가 좌우 또는 상하로 중첩되어 존재하는 구배이다.

㉴ 지배구배 : 제한구배라고도 하며, 어느 구간에서 열차운전에 대하여 최대의 견인력을 요하는 저항이 가장 많은 구배를 말한다. 이것은 곡선저항도 포함한다.

㉵ 평균구배 : 구배저항과 그 구간의 길이를 상승적한 총합계를 그 구간의 길이로 나누어 계산한 구배를 말한다. 즉, 평균구배 = $\frac{i_1 l_1 + i_2 l_2 + \cdots}{l_1 + l_2 + \cdots}$

㉶ 등가구배 : 견인정수 사정을 위한 구배와 열차장을 고려하여 계산된 최대구배를 말한다.

문제 99. 다음 중 환산구배에 대한 설명으로 맞는 것은?

① 구간내의 최급구배를 말한다.
② 곡선저항을 구배저항으로 환산하여 취급한 구배를 말한다.
③ 열차의 가속도에 기인한 저항을 계산한 구배이다.
④ 반향구배와 같은 의미로 적용된다.

문제 100. 다음 중 윤축에 대한 설명으로 맞는 것은?

① 차륜축, 액슬박스, 대차프레임, 스프링장치, 기초제동장치, 기타로 구성되어 주행에 직접관련 되는 것으로, 주로 차체에 대하여 회전할 수 있도록 되어 있는 것을 말한다.
② 동력차에 사용하는 대차 가운데 전동장치에 결합되어 원동기로부터 동력을 전달하는 장치를 말한다.
③ 차륜과 차축을 조립한 것을 말한다.
④ 차륜의 중량을 받으면서 차축을 중심으로 레일 위를 구르는 것을 말한다.

해설 ① 대차(truck, bogie), ② 동력대차(driving truck), ③ 윤축(wheel set, wheel and axle), ④ 차륜(wheel)

문제 101. 철도차량 대차부의 볼스타(bolster)란?

① 대차를 형성하는 주요 구성틀, 대차프레임을 말한다.
② 차체중량을 주로 받는 가로빔을 말한다.
③ 상하의 센터플레이트를 관통하여 연결되는 부품이다.
④ 대차와 차체와의 결합부로서 대차의 회전중심이 되며, 수직하중 및 수평력 또는 수평력만을 전달하는 장치를 말한다.

해설 ① 대차틀(truck frame, bogie frame), ③ 센터핀(center pin), ④ 센터플레이트(center plate)

문제 102. 다음 중 전기차의 동력제어 방법중 전압제어방식으로 보기 어려운 것은?

① 저항제어 ② 초퍼제어 ③ 탭절환제어 ④ 약계자제어
⑤ 위상제어

해설 동력차의 회전수 N = $\frac{Et - Ir}{K\Phi}$ 이므로,

㉮ 저항제어 : 주저항기 R의 크기를 제어함으로서 전압의 크기를 제어하는 방식이다.
㉯ 초퍼제어 : 제어회로내의 스위치를 대용량 사이리스터(thyristor)를 이용하여 무접점으로 구성하여 생(省)에너지효과와 보수의 생력화(省力化)를 목적으로 한 사이리스터 초퍼제어방식의 활용이 활성화 되고 있다.
㉰ 탭절환제어 : 교류전차의 경우 전압제어는 변압기(transformer)를 사용함으로서 아주 간단히 이행하는 것이 가능하다. 즉, 변압기의 1차측 또는 2차측에 많은 탭을 나오게 하고 그 탭을 절환함으로서 전압을 제어하는 방식을 말한다.
㉱ 약계자제어 : 일반적으로 전압제어가 끝난 뒤 더욱더 속도를 상승시키기 위한 방법으로 사용된다. 전동기의 계자내에 공급되는 전류의 세기를 조절하는 방식을 말한다.
㉲ 위상제어 : 사이리스터를 사용하여 위상을 제어함으로서 전압을 연속적으로 제어하는 방식을 말한다. 이 방식은 탭절환기 등이 완전히 무접점으로 구성된다는 장점이 있으며, 전력회생제동취급도 가능하므로 활용이 증가되고 있다.

문제 103. 다음 중 차축의 공전을 검지(檢知)하는 원리로서 부적당한 방법은?

① 차축단에 속도발전기를 설치하여 각 축의 회전수를 비교한다.
② 주전동기의 단자전압을 비교한다.
③ 주전동기의 전류량을 비교한다.
④ 주발전기의 발생전압을 비교한다.

문제 104. 다음 중 열차 동륜의 재점착 수단으로 부적당한 방법은?

① 레일에 모래를 뿌린다. ② 공기제동과 전기제동을 병행한다.
③ 견인력의 크기를 조절한다. ④ 부하변동폭을 크게 한다.

문제 105. 직류직권전동기와 직류분권전동기의 특성 중 가장 큰 차이로 볼 수 있는 것은?

① 전류값의 변화 ② 전류에 대한 회전력의 변화
③ 전류에 대한 회전수의 변화 ④ 전압에 대한 회전수의 변화

해설 직권전동기는 전류의 변화에 대하여 반비례하는 특성을 갖으나 직류분권전동기는 일정속도를 얻을 수 있는 장점을 가지고 있으며, 일정속도의 회전수를 필요로 하는 기계류에 적용되고 있다.

문제 106. 다음 중 동력차의 동륜주견인력(Td)이 점착력(Adhesion)보다 큰 경우 발생할 수 있는 현상으로 맞는 것은?

① 차륜활주(滑走) ② 가속전진 ③ 차륜찰상(擦傷) ④ 공전(空轉)

철도차량 운전이론편 정답

1.	②	2.	③	3.	②	4.	②	5.	②
6.	④	7.	③	8.	④	9.	①	10.	②
11.	②	12.	③	13.	③	14.	③	15.	①
16.	②	17.	④	18.	②	19.	②	20.	②
21.	④	22.	③	23.	①	24.	④	25.	②
26.	①	27.	④	28.	③	29.	④	30.	④
31.	②	32.	③	33.	④	34.	③	35.	③
36.	②	37.	③	38.	③	39.	④	40.	③
41.	④	42.	②	43.	②	44.	③	45.	④
46.	②	47.	④	48.	④	49.	④	50.	①
51.	②	52.	①	53.	④	54.	④	55.	④
56.	①	57.	③	58.	④	59.	②	60.	②
61.	③	62.	③	63.	③	64.	②	65.	③
66.	③	67.	①	68.	②	69.	④	70.	④
71.	③	72.	①	73.	③	74.	①	75.	③
76.	①	77.	④	78.	②	79.	②	80.	③
81.	④	82.	①	83.	②	84.	①	85.	④
86.	②	87.	③	88.	②	89.	③	90.	③
91.	①	92.	①	93.	③	94.	②	95.	④
96.	③	97.	①	98.	④	99.	②	100.	③
101.	②	102.	④	103.	④	104.	④	105.	③
106.	②								

제5절 철도차량 구동제어 기술편

문제 1. 다음 중 열차저항의 최소치로 볼 수 있는 속도는?

① 출발직전 ② 2~4km/h ③ 12km/h ④ 27km/h

해설 열차저항은 열차 출발 후 출발저항으로 작용하기 시작하여 2~4km/h 속도 이후 주행저항으로 전환되는 것으로 본다. 주행저항은 인자에 따라 속도에 비례 또는 속도의 제곱에 비례하므로 속도가 증가할수록 커지며, 열차저항 값으로서 가장 작은 값을 갖는 속도는 출발저항이 주행저항으로 전환되는 속도로 볼 수 있다.

문제 2. 다음 중 출발저항의 제한 요인으로 보기 힘든 것은?

① 레일면 상태 ② 축수구조 ③ 정차시간 ④ 축부담중량

해설 ① 레일면의 상태는 차륜과의 마찰계수에 관여되는 인자로서 열차저항보다는 견인력(점착력) 산정에 중요한 제한인자이다.

문제 3. 주행저항의 요인 중 가장 큰 값을 갖는 인자는?

① 차축과 축수간의 마찰저항 ② 공기저항
③ 차륜답면과 레일간 마찰저항 ④ 차량동요저항

해설 공기에 의한 마찰저항은 속도의 제곱에 비례한다.

문제 4. 총중량 400ton인 열차의 20‰ 상구배 저항은?

① 8000kg ② 8000kg/ton ③ 20kg ④ 400kg

해설 구배저항 Rg = i(kg/ton) = Wi(kg)

문제 5. 다음 중 열차의 곡선저항 크기를 좌우하는 인자로 보기 힘든 것은?

① 곡선반경 ② 캔트량
③ 고정축거 ④ 차량 전면형상

해설 차량전면형상은 주행저항의 공기에 의한 저항요인이다.

문제 6. 속도정수 사정기준규정에 의거한 중저속용 열차의 저항산정 터널 길이로서 맞는 것은?

① 400m 이상 ② 500m 이상
③ 600m 이상 ④ 700m 이상

해설 속도정수사정기준규정에 의거한 중저속 열차란 150km/h 이하로 운용되는 열차를 말하며, 500m 이하의 경우는 산정하지 않는다.
복선구간 : 1kg/ton, 단선구간 : 2kg/ton

문제 7. 단행기관차 평축의 출발저항(통상발차시)으로 가장 맞는 것은?

① 8kg ② 8ton ③ 8kg/ton ④ 8ton/kg

해설 본 문제는 열차저항 단위의 특성에 관하여 묻고 있다. 열차저항 값을 ton당 kg의 크기로 또는 총중량에 대한 kg의 크기로 나타내는 방법에 관한 문제인 것이다. 즉, 열차저항은 가(감)속력 산정시 단위에 특히 주의하여야 한다.

문제 8. 다음 중 열차저항의 종별 발생원인 중 가장 다른 것은?

① 전동마찰 ② 사행동
③ 플랜지와 레일마찰 ④ 내외레일 길이차

문제 9. 30‰구배 200m, 20‰구배 300m 구간의 열차장 500m인 열차의 구배저항은 얼마인가?

① 20kg/ton ② 22kg ③ 24kg/ton ④ 26kg

해설 평균구배저항(Rg) = $\frac{30 \times 200 + 20 \times 300}{500}$ = 24kg/ton

문제 10. 열차 곡선저항의 발생요인으로 보기 힘든 것은?

① 원심력 ② 캔트부족
③ 내외레일 길이차 ④ 스랙

해설 ①, ③은 기본적으로 곡선저항 발생의 원인이다. ②, ④의 캔트, 스랙량은 곡선저항의 크기를 감쇄시키기 위한 것으로서 열차의 속도, 고정축거, 곡선반경 등에 따라 적당한 량을 확보하여야 한다.

문제 11. 열차차축과 축수간 마찰계수가 가장 적은 값을 갖는 경우는?

① 발차시 ② 속도 2~4km/h시
③ 속도 8km/h시 ④ 속도와는 무관하다.

해설 차축과 축수간의 마찰저항은 유막파괴에 의하여 출발저항을 갖게 하며, 2~4km/h 이상의 속도에서 속도에 비례하는 크기의 주행저항으로 작용한다. 따라서 출발저항값이 가장 작을 때 차축과 축수간의 마찰력이 최소이고 또한 열차저항도 가장 작은 값을 갖는다.
속도정수사정기준규정에서는 3km/h 이후에서 주행저항으로 이전되는 것으로 되어 있으나 4km/h 이후에서 주행저항으로 이전된다는 주장도 있다(※ 또는 8km/h속도 이후에서 주행저항으로 이전된다는 이론도 있으나 소수이론이다).

문제 12. 하구배저항 Rg, 주행저항 Rr, 곡선저항 Rc일 때 열차가 하구배로 등속운동하려면 제동력 B는? (시문경기)

① B = Rr − (Rg + Rc) ② B = Rg − (Rr − Rc)
③ B = Rr − (Rg − Rc) ④ B = Rg − (Rr + Rc)

해설 하구배저항력은 가속력으로 환산할 수 있다.

문제 13. 열차 출발저항의 크기에 영향을 주는 요소로 보기 힘든 것은?

① 축수구조 ② 축부담중량 ③ 정차시간 ④ 공기저항

문제 14. 다음 중 출발저항의 최소값을 갖는 속도(km/h)는?

① 1~2 ② 2~4 ③ 4~6 ④ 6~8

문제 15. 다음 중 차량동요의 원인으로 보기 힘든 것은?

① 곡선부의 원심력 ② 풍압 ③ 차륜답면테이퍼 ④ 캔트

해설 열차의 동요는 전후, 좌우, 상하, rolling, pitching, yawing 등으로 구분하나 강체의 진동을 정확하게 구분하여 그 크기를 나타내기가 매우 어렵다. 또 동요의 발생원인도 복합적으로 작용하게 된다.
동요의 원인을 크게 보면, ① 열차의 주행과 관련한 차체의 운동에너지(직선, 회전, 단진동)에 의한 경우 ② 열차저항에 의한 경우로 나눌 수 있다. 본문에서의 캔트량은 차량동요를 억제하는 기능을 갖는다.

문제 16. 9.8‰ 상구배를 운전하는 열차의 구배저항은?

① 1kg/ton ② 4.9kg/ton ③ 9.8kg/ton ④ 19.6kg/ton

문제 17. 열차의 주행저항 발생원인으로 보기 힘든 것은?

① 차축과 축수간 유막파괴 ② 차륜답면과 레일간 마찰저항
③ 차량동요저항 ④ 공기저항

문제 18. 곡선저항의 크기를 좌우하는 인자로 보기 힘든 것은?

① 캔트량 ② 스랙량 ③ 운전속도 ④ 풍압

문제 19. 속도정수사정기준규정에 의거한 곡선저항 산정식은?

① $\frac{600}{R}$ ② $\frac{700}{R}$ ③ $\frac{R}{700}$ ④ $\frac{R}{600}$

해설 곡선저항은 모리슨氏 실험식에 의하여 산정하며 궤간, 축거, 마찰계수값 등의 적용에 따라 다르게 적용한다.
모리슨氏 실험식은,

$$Rc = \frac{1000\mu(G+L)}{2R} \text{(kg/ton)}$$
(μ : 차륜과 궤조면간 마찰계수, G : 궤간, L : 고정축거)

$$Rc = \frac{1000\mu(G+L)}{2R} = \frac{1000 \times 0.225(1.435+4.75)}{2R} = \frac{695.8}{R}$$

문제 20. 운전계획상 터널저항의 산정길이 한계는?

① 300m ② 400m ③ 500m ④ 600m

문제 21. 단선터널에서 중저속열차의 터널저항 환산값은?

① 1kg/ton ② 2kg/ton
③ 3kg/ton ④ 4kg/ton

문제 22. 열차저항에 대한 설명이다. 틀린 것은? (시문경기)

① 총열차저항의 단위는 ton 또는 kg이다.
② 롤러베어링과 평베어링의 마찰저항은 주행시 별 차이가 없다.
③ kg/ton으로 계산하면 객차저항이 화차저항보다 적다.
④ 계산을 편리하게 하기 위하여 kg/ton단위를 사용한다.

문제 23. 다음 중 순손실로 작용하지 않는 저항은?

① 출발저항 ② 주행저항
③ 구배저항 ④ 곡선저항

문제 24. 구배저항 이론으로서 타당치 않은 것은?

① 구배저항은 속도에 반비례한다.
② 톤당 구배저항은 열차총중량에 상관없이 일정하다.
③ 구배저항은 기울기에 비례한다.
④ 하구배구간에서는 가속력이 된다.

문제 25. 500톤의 열차가 5‰ 상구배선에서 견출하려면 몇 kg이상의 견인력을 필요로 하는가? (단 출발저항은 8kg/ton)

① 6000kg ② 6500kg
③ 5500kg ④ 5000kg

문제 26. 300톤의 열차가 10‰ 상구배, R300인 곡선구간을 45km/h의 속도로 운전할 경우의 구배저항은?

① 1200kg ② 2500kg
③ 3000kg ④ 3500kg

문제 27. 다음 중 저어널과 축수간의 마찰저항이론에 해당하지 않는 것은?

① 동륜직경에 반비례한다. ② 저어널직경에 비례한다.
③ 부담중량에 비례한다. ④ 기관차견인력에 반비례한다.

문제 28. 주행저항 $a+bV+cV^2$의 설명 중 틀린 것은?

① a, b, c는 상수라고 한다.
② c는 주로 공기저항 인자를 말한다.
③ b는 동요에 의한 차량의 저항에서 나온 수치이다.
④ a는 차축과 저어널의 마찰저항에서 나온 수치이다.

문제 29. 다음 중 곡선저항 이론에 해당하는 것은?

① 속도에 비례한다.
② 곡선반경에 반비례한다.
③ 속도제곱에 비례한다.
④ 열차중량에 비례한다.

해설 $Rc = \frac{700}{R}$

문제 30. 화차 환산 1량의 중량은?

① 50ton ② 43.5ton ③ 45.5ton ④ 40.5ton

문제 31. 다음 중 객차열차 주행저항에 해당하는 산식은?

① $R = 1.3 + 1.4\left(\frac{V}{100}\right) + 3.5\left(\frac{V}{100}\right)^2$

② $R = 3.61 + 0.0165V + \frac{0.0445}{W}V^2$

③ $R = 2.4 + 1.4\left(\frac{V}{100}\right) + 3.5\left(\frac{V}{100}\right)^2$

④ $R = (1 \times 72 + 0.0084V) + 0.0445V^2$

해설 ① 화차평축 ③ 객차평축

문제 32. 열차계획상 최저속도는 다음 중 어느 것인가?

① 13km/h ② 15km/h ③ 18km/h ④ 20km/h

문제 33. 다음 중 순손실 저항으로 볼 수 없는 저항은?

① 구배저항
② 주행저항
③ 출발저항
④ 곡선저항

문제 34. 다음 중 출발저항에 영향을 주는 것에 해당치 않는 것은?

① 기온 및 정차시간
② 연결기의 유간
③ 축수의 종류
④ 동력차 견인력의 대소

문제 35. 운전계획상 채택하는 출발저항의 표준치 중 맞지 않는 것은?

① 기관차 10kg/ton
② 전기차 8kg/ton
③ 동차 3kg/ton
④ 객화차 6kg/ton

문제 36. 60톤의 객차를 견인한 기관차는 80‰상구배, R300m인 곡선에서 견출하려면 얼마 이상의 견인력을 필요로 하는가? (단, 출발저항은 8kg/ton)

① 8.5ton
② 9.5ton
③ 10.8ton
④ 11.2ton

문제 37. 다음 주행저항 요소 중 열차중량에 비례하지 않는 것은?

① 저어널과 축수간의 마찰에 의한 저항
② 차륜다이아와 궤조간의 마찰에 의한 저항
③ 공기에 의한 저항
④ 차량동요에 의한 저항

문제 38. 열차주행저항 중 속도에 비례하는 저항은? (시문경기)

① 열차전면의 공기저항
② 열차주위의 공기저항
③ 각 차량간의 와류에 의한 저항
④ 차량동요

문제 39. 열차저항 발생원인이 아닌 것은? (시문경기)

① 차축과 축수금간 마찰저항
② 다이야플랜지와 축수간의 마찰저항
③ 차륜답면과 레일간의 마찰저항
④ 기계부분 마찰저항

문제 40. 주행저항 중 대개 속도에 비례하는 저항은? (시문경기)

① 차량동요에 의한 저항
② 차륜과 궤조간의 마찰저항
③ 각 차량간 공기와류에 의한 저항
④ 열차전면의 공기저항

문제 41. 구배저항의 표시 중 잘못된 것은? (시문경기)

① 선로구배표시인 천분율의 분자수
② 열차중량×구배높이 = 위치에너지 = 구배저항의 관계가 성립한다.
③ 구배경사각 $\tan\theta\sin\theta$로 하고 구배저항 산출
④ $\frac{700}{R}$으로 표시하고 반경이 적으면 저항은 큰 값을 갖는다.

문제 42. 철도차량에 진동발생의 주요 원인이다. 맞지 않는 것은?

① 궤도이음의 상하·좌우방향 불일치 ② 곡선부분의 원심력 작용
③ 풍압 및 풍속 ④ 차륜답면의 평면

문제 43. 열차 주행저항 중 대개 속도에 비례하는 저항은?

① 차륜답면과 궤조면과의 마찰저항 ② 차량의 동요에 의한 저항
③ 열차전면에 가해지는 공기저항 ④ 각 차량간의 공기와류에 의한 저항

문제 44. 터널저항에 대한 설명이다. 타당하지 않은 것은?

① 터널단면의 형상 및 크기
② 터널의 길이 및 열차속도에 따라 변동
③ 실제 기준치는 터널길이 500m이상의 단선터널의 저항은 2kg/ton이다.
④ 열차 견인중량 산출에 고려된다.

문제 45. 열차저항에 대한 설명 중 틀린 것은? (시문경기)

① 차량동요에 의한 저항은 속도자승에 비례하나 극히 적다.
② 공기저항은 열차중량 및 전면형상의 단면적에 따라 영향을 받는다.
③ 구배저항은 지구중력에 의해 생기며 중량에 정비례한다.
④ 곡선저항은 외측차륜의 횡압에 의해서 발생한다.

문제 46. 다음 중 공기에 의한 열차저항 중 속도의 자승에 비례하지 않는 것은?

① 열차전면에 가해지는 저항 ② 열차후부저항
③ 차량간 저항 ④ 측면저항

문제 47. 다음 중 열차의 주행저항과 관계되는 인자에 해당하지 않는 것은 어느 것인가?

① 궤조의 크기 및 도상의 두께 ② 기온에 의한 윤활유의 점도
③ 기관차의 출력 ④ 구배상태의 완급

문제 48. 10km/h의 속도로 타행중이던 전동열차가 차츰 속도를 줄여 100m 주행한 후 정지하였다. 이때 평균주행저항은? (단, 전동열차 총중량 160ton, 관성중량계수 0.088)

① 340kg ② 360kg ③ 390kg ④ 430kg

해설 열차의 감속도 $A = \frac{V^2}{7.2S} = \frac{10^2}{7.2 \times 160} = 0.087$(km/h/sec)

열차저항 = 감속력이므로 $F = 30.9 \times 160 \times 0.087 = 430.13$kg

문제 49. 60km/h의 속도로 타행 중이던 열차는 정차하기 전까지 몇 m나 주행할 수 있겠는가? (단, 주행저항 4kg/ton, 관성중량계수 0.088)

① 3870m ② 3060m
③ 2390m ④ 1430m

해설 열차의 감속도 = 열차저항(주행저항)이므로 제동거리산식에서,

$$W = FS = \frac{mv^2}{2}$$

철도상용식으로 환산 및 부가관성중량을 계산한 산식은,

$$S = \frac{3.937\,WV^2}{Fdm} = \frac{3.937 \times 60^2 (1 + 0.088)}{4} = 3870\text{m}$$

문제 50. 평탄 직선선로에 있어서 25km/h 속도로 운전 중 100m 진행한 후 속도가 15km/h로 저하되었을 때 이 열차의 ton당 주행저항값으로 맞는 것은? (단, 관성계수 0.06)

① 38.09kg/ton ② 30.66kg/ton
③ 23.90kg/ton ④ 16.68kg

해설 $S = \dfrac{3.937\,WV^2}{Fdm}$ 에서

$$Fdm = \frac{3.937\,W(V_2^2 - V_1^2)}{S} = \frac{4.172 \times (25^2 - 15^2)}{100} = 16.68\text{kg/ton}$$

문제 51. 디젤전기기관차 견인열차가 발차후 30km/h의 속도로 되기까지 1분이 소요되었다. 이때 열차의 총중량이 400ton이라면 가속도는 얼마인가?

① 0.3km/h/sec ② 0.4km/h/sec
③ 0.5km/h/sec ④ 0.6km/h/sec

문제 52. 문제 51번에서 가속도저항은 얼마인가?

① 30kg/ton ② 23kg/ton ③ 15kg/ton ④ 13kg/ton

해설 가속력이란 열차를 가속시키기 위해 필요한 힘을 말하며, 이 힘을 열차를 가속하는데 따른 저항으로 고려하여 가속도저항이라 할 수 있다. 열차전체의 가속력은 kg, ton당 가속력은 kg/ton의 단위를 사용한다. 실용상의 가속력은 운동의 제2법칙에 의하여 계산할 수 있다.

가속력 F는 $F = ma = \dfrac{1000 \times W \times A}{9.8 \times 3.6} = 28.35AW$에서 일반열차의 경우 관성중량 6%를 W값에 적용하여야 하므로, $F = ma = 28.35AW(1+0.06) = 30AW(\text{kg}) = 30A\ (\text{kg/ton}) = 30 \times 0.5 = 15\text{kg/ton} = 6000\text{kg}$

문제 53. 문제 51번에서 소요거리는?

① 248m ② 250m ③ 258m ④ 265m

해설 $S = \dfrac{4.17(V_2^2 - V_1^2)}{A} = \dfrac{4.17 \times 30^2}{15} = 249.8\text{m}$

문제 54. 열차의 총중량 320ton, 견인력 24000kg, 평균 열차저항이 4.5kg/ton일 때의 DL의 가속도는 얼마인가?

① 3.05km/h/sec ② 2.53km/h/sec ③ 2.26km/h/sec ④ 1.39km/h/sec

해설 ① 전 열차에 대한 ton당 가속력 = 24000 ÷ 320 = 75kg/ton
② 가속력 = 75 − 4.5 = 70.5kg/ton
③ DL, EL의 가속력 = 31.179A이므로 31.179A = 70.5에서 $A = \frac{70.5}{31.179} = 2.261$km/h/sec

문제 55. 발차 후 속도가 63km/h가 되는데 1분이 소요되는 총중량이 350ton의 전동열차 가속도 저항은?

① 11333kg ② 12354kg ③ 215kg ④ 1354kg

문제 56. 7500호대 기관차가 객차 10량을 견인하고 10‰ 상구배를 견인운전 할 때 총 구배저항은?

① 3330kg ② 5320kg ③ 1500kg ④ 3413kg

해설 ① 객차 10량의 구배저항 = 40ton × 10량 × 10‰ = 4000kg
② 기관차의 구배저항 = 132ton × 10‰ = 1320kg
∴ 열차의 총구배저항 Rg = 4000 + 1320 = 5320kg

문제 57. 다음 중 출발저항의 최소치로 볼 수 있는 속도는?

① 출발직전 ② 2~4km/h ③ 12km/h ④ 27km/h

문제 58. 열차의 공기주행저항 중 전면부에 가해지는 크기를 10이라 할 때 최후부에 가해지는 저항의 크기의 비는?

① 8.5 ② 5.5 ③ 4.0 ④ 2.5

해설 공기저항은 중간차의 저항을 1이라 할 때 기관차전부저항 10, 기관차의 차위차량은 0.8, 최후부저항은 2.5의 비율로 적용된다.

문제 59. 열차의 공기저항을 감소시키기 위한 대책으로서 맞지 않는 것은?

① 선두부 형상을 유선형으로 설계한다.
② 차체사이의 간격을 최대한 이격한다.
③ 차체의 단면적을 작게 한다.
④ 차체간의 상대운동을 감소시킨다.

해설 ㉮ 선두부형상을 유선형으로 한다.
㉯ 열차외부의 돌출부를 최대한 줄이고 차체사이의 연결부도 같은 평면으로 제작한다.
㉰ 팬터그래프의 공력설계와 팬터그래프의 수를 줄인다.
㉱ 차체의 단면적을 작게 한다.
㉲ 차체간의 간격을 최대한 축소시키고 상대운동을 작게 한다.

문제 60. 곡선부통과시 열차의 원심력과 중력과의 합력선이 궤간의 중앙부에 작용하도록 하는 것을 무엇이라고 하는가?

① 안전율 ② 캔트량 ③ 스랙량 ④ 관성력

해설 캔트(Cant, Superelevation) : 열차가 곡선부 통과시 원심력에 의하여 전복되거나 궤도파손 및 승차감 저하 등의 악영향을 초래하게 된다. 이와 같은 악영향을 방지하기 위하여 원심력과 열차중력의 합력선이 궤간 중앙부에 작용하도록 내측레일을 기준으로 외측레일을 높이는 주게 된다. 이때 내외레일의 고저차를 캔트라 한다. 캔트량은 열차의 무게중심점, 운전속도에 따라 내측 또는 외측으로 전도 및 전복되지 않을 한계값으로 설정되어야 한다.

문제 61. 다음 중 한국철도의 캔트량 계산식으로 맞는 것은?

① $C = 11.3\dfrac{V^2}{R}$ ② $C = 8\dfrac{(V+5)^2}{R}$

③ $C = 11.8\dfrac{V^2}{R} - C'$ ④ $C = 8\dfrac{V^2}{R}$

해설 ① : 미국, ② : 스위스, ④ : 일본

문제 62. 다음 중 한국철도 선로부설 최대 설정가능 캔트량으로서 맞는 것은?

① 100mm ② 150mm

③ 160mm ④ 180mm

문제 63. 한국철도의 최대 캔트부족량으로서 맞는 것은?

① 100mm ② 150mm

③ 160mm ④ 180mm

문제 64. 다음 중 철도차량 탈선에 관한 설명으로 맞지 않는 것은?

① 차량이나 궤도 등 탈선원인의 복합적 상호작용에 의하여 탈선되는 것을 경합탈선(競合脫線)이라 한다.

② 경합탈선은 크게 차륜이 레일을 타고 오르거나 미끄러져 오르는 탈선, 차륜이 레일 상을 튀어 오르는 탈선 등으로 분류할 수 있다.

③ 레일을 타고 오르는 탈선의 경우는 주로 곡선선로구간에서 발생한다.

④ 튀어 오르는 탈선은 주로 열차속도가 낮은 상태에서 발생한다.

해설 튀어 오르는 탈선은 차륜플랜지가 레일에 충돌하고, 그 힘으로 차륜이 튀어 올라 탈선하는 것으로 열차의 고속운전 중에 주로 발생한다.

문제 65. 열차의 차량동요 중 운동상태의 분류로서 가장 틀리다고 볼 수 있는 것은?

① rolling ② pitching ③ yawing ④ 병진운동

해설 차량의 진동은 열차의 운전상태에 따라 변화하며, 차체는 하나의 강성체로서 대단히 복잡한 형태로서 작용하게 되므로 그 크기를 계산하기는 매우 어렵다. 차량의 진동은 다음과 같이 나타낼 수 있다.

① 병진운동 – X : 전후진동, Y : 좌우진동, Z : 상하진동

② 회전운동 – Φ : rolling, θ : pitching, ψ : yawing

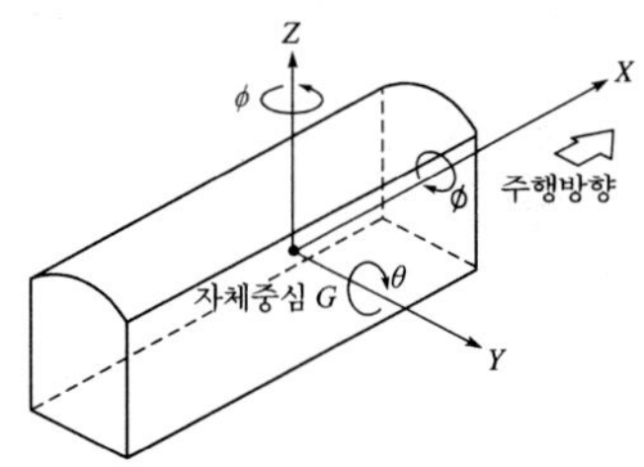

문제 66. 철도차량의 차륜답면 테이퍼에 대한 설명으로 맞지 않는 것은?

① 곡선부통과를 원활히 하기 위해 적용하였다.

② 주행 중인 열차가 좌우로 기울어진 경우에 복원력을 갖게 하므로 사행동(蛇行動)의 원인이 된다.

③ 테이퍼답면을 가진 윤축(輪軸)은 항상 중앙으로 작용하는 힘이 작용한다.

④ 고속차량의 경우 $\frac{1}{10}$의 테이퍼를 갖는다.

해설 철도차량 차륜답면은 곡선통과를 원활히 하기 위하여 적용되었으나, 사행동(snake motion)의 주요원인으로서 작용하고 있으며, 윤축이 S자 형태의 사행동파장을 갖게 한다.
객화차 검수규정 제34조에 의거 120km/h 이하
의 속도에 운용하는 차량은 $\frac{1}{20}-\frac{1}{10}$의 2단 테
이퍼를 갖으며, 121km/h 이상의 속도에서 운용하는 차량은 $\frac{1}{40}$의 테이퍼를 갖도록 되어 있다.

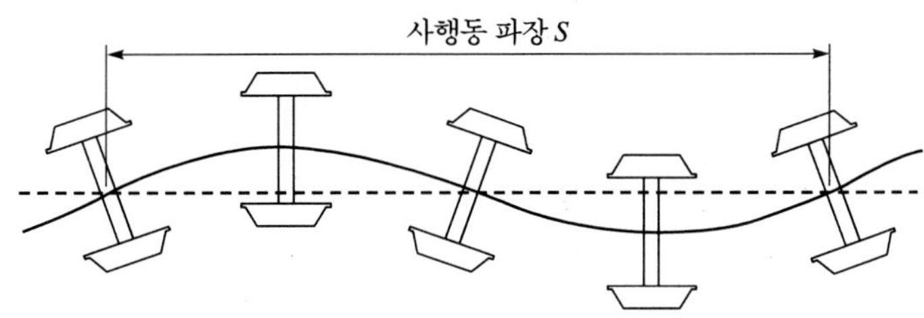

문제 67. 다음 중 열차의 주행저항 요인에서 속도와 무관하다고 볼 수 있는 것은?

① 차륜과 레일간의 마찰저항
② 차륜의 튀김동요에 의한 저항
③ 공기압에 의한 저항
④ 차축저어널의 마찰저항

문제 68. 다음 중 열차속도의 제곱에 비례하는 주행저항의 요인은?

① 기계적마찰부의 마찰저항
② 차륜과 레일의 마찰저항
③ 동요에 의한 저항
④ 차륜의 회전마찰저항

해설 주행저항(Running Resistance)은 열차가 주행할 때 그 진행방향과 반대로 작용하는 모든 저항을 말한다. 주행저항은 차륜직경에 반비례하고 저어널직경과 축당중량에 비례하는 값을 갖는다.

$Rr = A + BV + CV^2$(kg/ton)

$= (A + BV)W + CV^2$(kg)

A : 속도에 무관한 기계부분의 마찰저항

B : 속도에 비례하는 차륜과 궤조간의 마찰저항

C : 속도의 제곱에 비례하는 공기저항 및 동요저항

※ A, B의 인자는 열차중량에 관계되나, C는 열차중량과 무관한 것으로 본다.

문제 69. 열차주행저항의 일반산식 중 속도와 무관한 설명으로 볼 수 없는 것은?

① 기계부분, 차축저어널 등의 마찰저항을 말한다.
② 마찰계수는 속도에 비례하여 증가한다.
③ 마찰력은 속도변화에 따라 큰 차이가 없는 것으로 간주한다.
④ 열차중량에 비례하는 저항력을 갖게 하는 인자이다.

해설 주행저항산식 $Rr = A + BV + CV^2$(kg/ton)에서 A에 관한 값은 속도가 상승함에 따라 마찰의 범위는 커지나 마찰열에 의하여 마찰계수가 저하됨으로서 총 마찰력 즉, 저항력의 크기는 열차의 속도와 무관하게 일정한 것으로 간주하여 계산한다.

문제 70. 열차의 공기저항에 대한 설명 중 맞지 않는 것은?

① 열차의 전면부 또는 후부의 저항은 속도제곱에 비례하고 측면저항은 속도에 비례한다.
② 공기저항은 열차중량과 무관하며, 차량의 외형・연결량 수 등에 영향을 받는다.
③ 톤당 공기저항의 크기는 장대열차일수록 적으며, 단차편성시 가장 큰 값을 갖는다.
④ 톤당 공기저항은 공차에 비하여 영차가 더 크다.

문제 71. 다음 식에서 오음의 법칙에 맞는 것은 어느 것인가?

① R = IE　　② E = IR
③ E = I/R　　④ I = RE

문제 72. 전기동차 주전동기의 출력으로 맞는 것은?

① 회전수×회전력　　② 회전수×전압
③ 회전력×전력　　④ 회전수×전류

문제 73. 선로가 침수되었을 경우 GMC 기관차가 운전불가능할 경우는?

① 선로 위 7.0cm 이상　　② 선로 위 8.0cm 이상
③ 선로 위 8.5cm 이상　　④ 선로 위 7.5cm 이상

문제 74. 동력차 출력(KW)을 마력으로 환산하려면 다음 중 어느 방식을 사용하여야 하는가? (단, 회전력 : F, 속도 : V)

① $F \times \frac{V}{3.6}$
② $F \times \frac{V}{3.6} \div 75$
③ $F \times \frac{V}{3.6} \times 75$
④ $F \times \frac{V}{270}$

문제 75. 동력분산식 동력차의 장점 중 틀린 것은?

① 열차주행저항이 크므로 에너지소비량이 크다.
② 축당중량이 적어 선로부담이 적다.
③ 차량중심이 낮아 곡선통과속도를 높일 수 있다.
④ 인출 및 제동시 충격이 작다.

해설 동력분산식 동력차의 경우 동륜축당중량이 상대적으로 가볍다.

문제 76. 디젤기관의 지시마력은 실린더 내에서 발생하는 연소압력을 측정해서 출력을 결정한 마력수로서 일반적으로 $P \times F \times S \times N \times \frac{Z}{75} \times 60 \times R$에 의해 결정된다. 다음 설명 중 타당치 않은 것은? (시문경기)

① P는 평균유효압력(kg/cm^2)을 말한다.
② F는 피스톤 단면적(cm^2)을 말한다.
③ S는 피스톤 행정(cm)을 말한다.
④ Z는 회전수(r · p · m)을 말한다.

문제 77. 다음 중 대차의 오일댐퍼 역할로 맞는 것은?

① 차체중심의 편위를 방지
② 좌우 진동을 방지한다.
③ 볼스타스프링의 진동을 방지한다.
④ 차체중심으로 편위를 복원시킨다.

문제 78. 다음 중 상구배에서 정차한 경우의 열차인출방법으로 볼 수 없는 것은?

① 자연인출법
② 압축인출법
③ 탄력인출법
④ 후퇴인출법

문제 79. 열차의 구배저항에 관한 설명으로 볼 수 없는 것은?

① 구배저항은 지구중력에 의하여 발생하는 저항이다.
② 구배저항값은 구배량의 제곱에 비례하는 값을 갖는다.
③ 25‰ 구배를 상향운전하는 열차의 경우 25kg의 ton당 저항값을 갖는다.
④ $Rg = W \cdot \tan\theta$ 식을 활용하여 크기를 산정한다.

해설 구배저항(Grade Resistance)은 열차가 지구중력이 작용하는 반대방향으로 진행함으로서 발생하는 저항을 말한다.

문제 80. 다음 중 열차의 견인정수에 대한 설명 중 옳지 않은 것은?

① 열차의 소정 속도종별, 소정운전시분으로 안전하고 이상적으로 운전할 수 있는 최대환산중량수를 말한다.

② 한국철도에서는 환산량수법을 적용하고 있다.

③ 동력차성능, 선로상태 등에 따라 그 값을 설정할 수 있다.

④ ton당 열차저항에 비례하는 값을 갖는다.

해설 견인정수 사정상 고려사항

㉮ 열차의 사명, ㉯ 선로의 상태, ㉰ 동력차종류 및 견인력, ㉱ 사용연료 및 전차선전압
㉲ 선로 및 승강장의 유효장, ㉳ 천후조건, ㉴ 경제성(여객 및 화물수송량, 운전시분 등)
※ 견인정수는 열차저항의 크기에 반비례한다.

문제 81. 다음 중 곡선반경에 의한 열차의 제한속도 산식으로 맞지 않는 것은?

① 1급선 V = $4.0\sqrt{R}$
② 2급선 V = $3.85\sqrt{R}$
③ 3급선 V = $3.75\sqrt{R}$
④ 4급선 V = $3.50\sqrt{R}$

문제 82. 25‰ 이하 구배를 기관차가 견인하는 여객열차를 운전하는 경우 견인정수 초과 가능 환산량수로 맞는 것은?

① 0.3량
② 0.4량
③ 0.5량
④ 0.7량

해설 "시행절차 제12조 (견인정수)"에 의거 견인정수는 다음과 같이 초과 연결할 수 있다.

열 차 종 별	환 산 량 수	기 사
여객열차	0.4	
화물열차	0.5	해결통지서에 초과량수를 기재

문제 83. 장마로 인하여 적재화물의 중량증가 예상시 감축범위내의 최대 환산량수로 맞는 것은?

① 5% 이내
② 8% 이내
③ 10% 이내
④ 15% 이내

해설 "시행절차 제12조(견인정수)"에 의거 다음과 같이 조정할 수 있다.

구분 / 동력차별	적용 속도	감축범위 환산량 수		최대감 축한도
		장마로 중량증가 예상시	이상기후로 차륜공전 예상시	
DL EL	화정 혼갑	8% 이내 "	5% 이내 "	10% 이내 "

문제 84. 다음 중 선로 구배에 대한 설명으로 맞지 않는 것은?

① 선로의 구배는 그 구배율이 같은 구간마다 구분하여 이의 구배 시종 양끝지점의 고저차를 거리의 1000분율로 표시한다.

② 선로의 표준구배는 양끝지점의 고저차가 가장 심한 1구간을 표준의 상(上) 또는 하(下)구배로 하여 거리의 1000분율로 표시한다.

③ 표준구배 계산시 소수점이하는 버리기로 한다.

④ 양끝의 정거장 또는 신호소의 중심점간 거리가 1km 미만인 경우 그 중심점간의 고저차를 표준의 상 또는 하구배로 하여 거리에 대한 1000분율로 표시한다.

문제 85. 디젤동력차가 평상시 발차하는 경우 특성견인력에 의한 제한을 받게 된다. 이때 점착견인력에 대응한 동력차 견인력의 사정값으로 맞는 것은?

① 85% 이하　　② 90%

③ 95% 이하　　④ 100%

해설 "속도정수사정기준규정 제18조" 참조

문제 86. 선로 곡선상 또는 전철기 궤간에 최대 스랙량 값으로 맞는 것은?

① 5mm　　② 15mm　　③ 30mm　　④ 60mm

문제 87. 필요에 따라 5mm의 스랙을 붙일 수 있도록 규정된 원곡선의 크기는?

① 300m 이상　　② 600m 이상　　③ 800m 이상　　④ 900m 이상

해설 곡선반경 800m 이하의 원곡선 및 전철기에는 궤간에 상당한 스랙을 붙여야 한다. 이 경우 스랙은 30mm를 초과하지 못한다. 그러나 800m 이상의 원곡선일지라도 필요에 따라 5mm의 스랙을 붙일 수 있다.

철도차량 구동제어 기술 정답편

1.	②	2.	①	3.	②	4.	①	5.	④
6.	②	7.	③	8.	④	9.	③	10.	④
11.	②	12.	④	13.	④	14.	②	15.	④
16.	③	17.	①	18.	④	19.	②	20.	③
21.	②	22.	③	23.	③	24.	①	25.	②
26.	③	27.	④	28.	③	29.	②	30.	②
31.	③	32.	②	33.	①	34.	④	35.	④
36.	③	37.	③	38.	②	39.	②	40.	④
41.	④	42.	①	43.	④	44.	①	45.	④
46.	③	47.	④	48.	①	49.	④	50.	③
51.	③	52.	②	53.	③	54.	①	55.	②
56.	②	57.	④	58.	②	59.	②	60.	③
61.	③	62.	①	63.	④	64.	④	65.	④
66.	④	67.	③	68.	②	69.	④	70.	②
71.	①	72.	④	73.	①	74.	①	75.	②
76.	④	77.	③	78.	③	79.	②	80.	④
81.	②	82.	②	83.	③	84.	③	85.	③
86.	③	87.	③						

제6절 철도차량 제동제어편

문제 1. DL의 제동관 감압량 1.2kg/cm^2일 때의 제동통압력은?

① 1.2kg/cm^2 ② 2.5kg/cm^2 ③ 3.0kg/cm^2 ④ 3.5kg/cm^2

해설 Cp = 2.5r = 2.5×1.2(kg/cm^2) = 3.0 kg/cm^2

문제 2. 화차의 제동관감압 1kg/cm^2일 때의 정미제동통압력은?

① 1.85kg/cm^2 ② 2.25kg/cm^2 ③ 2.5kg/cm^2 ④ 3.25kg/cm^2

해설 정미제동통압력이란 제동통스트로크에 전달되는 순수한 힘을 말한다.
Cp = 3.25r − 1.4 = 1.85 kg/cm^2

문제 3. DL의 제동관압 6kg/cm^2일 때 최대유효감압에 의한 제동통압력은?

① 3.2kg/cm^2 ② 4.28kg/cm^2 ③ 4.84kg/cm^2 ④ 5.25kg/cm^2

해설 DL의 제동관압력 6kg/cm^2일 때 최대유효감압량은 r = 1.71kg/cm^2이므로,
Cp = 2.5r = 2.5×1.71 = 4.28 kg/cm^2

문제 4. 다음 중 제륜자압력과 무관한 것으로 볼 수 있는 것은?

① 제동통수 ② 제동효율 ③ 제동률 ④ 제동배율

해설 $P = \frac{\pi D^2}{4} \cdot P' \cdot n \cdot E \cdot \eta$ (kg)

문제 5. 축상중량에 대한 제륜자압력의 비는?

① 제동률 ② 제동효율 ③ 제동배율 ④ 제동력

문제 6. 열차편성차량 축수를 n이라 할 때 선두차와 후부차간의 제동시차로 볼 수 있는 것은?

① 5n초 ② 0.005n초 ③ 0.025n초 ④ 0.25n초

문제 7. 다음 중 철도차량의 사행동 발생의 가장 큰 원인으로 생각할 수 있는 것은?

① 레일상하동 ② 차량상하동
③ 좌굴현상 ④ 차륜답면형상

해설 철도차량의 사행동 발생원인은 차량진동에도 기인하나, 가장 큰 원인은 차륜답면형상이 원통형이 아닌 원추형이기 때문이다. 1/20~1/40 비율의 구배로 인해 좌우차륜의 진행시 발생하는 오차를 줄이기 위해 좌우로 이동하면서 발생하는 것을 사행동(snake motion)이라 한다.

문제 8. 공기제동취급시 객화차의 최소 유효제동통압력은?

① 0.16kg/cm^2 이상
② 0.4kg/cm^2 이상
③ 1.43kg/cm^2 이하
④ 1.71kg/cm^2 이하

해설 최소유효제동통압력 〉 제동통리턴스프링압(0.35kg/cm^2) + 제동통피스톤마찰압력(0.05kg/cm^2)

문제 9. DL의 공기제동취급시 최소유효감압량은?

① 0.16kg/cm^2 이상 ② 0.4kg/cm^2 이상 ③ 1.43kg/cm^2 이하 ④ 1.71kg/cm^2 이하

문제 10. 다음에서 제동력을 나타낸 것은? (시문경기)

① 제동통압력×점착력수
② 제륜자압력×마찰계수
③ 제동통압력×마찰계수
④ 제동축압력×마찰률

해설 B = P·f (P : 제륜자압력, f : 마찰계수)

문제 11. 다음 중 틀린 것을 골라라. (시문경기)

① 제동률이란 제륜자 총압력과 차륜상중량의 비를 말한다.
② 제동압력은 제륜자가 차륜을 누르는 압력이다.
③ 제동배율은 제동통압력이 몇곱이 되어 제동압력이 되느냐의 배수를 말한다.
④ 제동압력을 2~3배 하면 제동력도 2~3배가 된다.

해설 본 문제의 제동압력이란 감압량을 의미하여 출제한 듯하다. 최대유효감압량은 제동관압력과 차량형식에 따라 정해져 있으므로 감압량을 크게 한다고 해서 제동력이 계속 커지는 것은 아니다.

문제 12. 공기제동시 객화차 제동체결 가능 감압량은?

① 0.16kg/cm^2 이상
② 0.43kg/cm^2 이상
③ 1.43kg/cm^2 이상
④ 1.71kg/cm^2 이상

문제 13. 다음 중 제동관 감압량 1kg/cm^{2}인 경우의 객차 Cp는?

① 1.25kg/cm^2
② 2.25kg/cm^2
③ 3.35kg/cm^2
④ 4.25kg/cm^2

해설 Cp = 3.25r − 1 = 2.25kg/cm^2

문제 14. 제동통피스톤행정이 과소한 경우 객화차에서 나타날 수 있는 현상인 것은?

① 공주거리가 길다.
② 제륜자압력이 적어진다.
③ 차륜활주가 우려된다.
④ 제동력은 행정길이와 무관하다.

해설 피스톤행정이 과소한 경우 제동통압력이 상대적으로 크다. ①, ②는 과대한 경우

문제 15. 다음 차량중 제동률 적용비율이 가장 적은 것은?

① 기관차　② 새마을호객차　③ 통일호객차　④ 화차

해설 화차의 경우 영·공차의 하중변화율이 크기 때문에 제동률을 가장 낮게 적용한다.

문제 16. 차륜과 제륜자간의 마찰계수 변화요인으로 보기 힘든 것은?

① 접촉면의 재질　② 접촉시간　③ 제동배율　④ 온도

문제 17. 공주시간이라 함은 예정제동력의 몇% 달성시 까지를 산정하는가?

① 70%　② 75%　③ 80%　④ 85%

문제 18. 일반열차의 전편성 평균 부가관성중량계수의 크기로 맞는 것은?

① 0.05　② 0.06　③ 0.07　④ 0.08

문제 19. 열차제동 정지거리 이론 중 타당치 않은 것은? (시문경기)

① 열차중량에 비례한다.　② 제동초속도에 비례한다.
③ 감속력에 비례한다.　④ 제동력에 반비례한다.

문제 20. 디젤기관의 실린더직경 D, 피스톤행정 ℓ일 때 1실린더당 배기량 Ve는? (시문경기)

① $Ve = \frac{\pi D^2}{4} \cdot \ell \times 1000$　② $Ve = \frac{\pi D^2}{4} \times 1000$
③ $Ve = \frac{\pi D^2}{4} \cdot \ell$　④ $Ve = \frac{D^2 \cdot \ell}{4} \times 1000$

문제 21. 제동관 압력 중 절대압력·계기압력·대기압력 등의 관계는 다음 중 어느 것인가(시문경기)?

① 절대압력=계기압력−대기압력　② 절대압력=대기압력+계기압력
③ 절대압력=계기압력×대기압력　④ 절대압력=대기압력−계기압력

해설 균형속도는 (하구배저항 = 제동력 + 기타저항)일 때 유지된다.

문제 22. 하구배선을 동일한 속도로 운전할 수 있는 제동조건은?

① $Fdm = P \cdot fm + Rm \pm Rg + Rc$　② $Bm = P \cdot fm$
③ $B \leq Wu$　④ $B = Rg - (R+Rc)$

해설 균형속도는 (하구배저항 = 제동력 + 기타저항)일 때 유지된다.

문제 23. 다음 중 가속도저항을 표시하는 수식으로서 적합하지 않은 것은?

① 30A
② 108α
③ $\frac{111(V_2{}^2 - V_1{}^{2})}{2S}$
④ Wf(G + L)

해설 뉴튼의 제2법칙 및 운동방정식 참조

문제 24. 다음 중 공기제동장치의 보조공기통과 제동통의 용적비로서 가장 맞는 것은?

① 2.25 : 1
② 2.5 : 1
③ 3.00 : 1
④ 3.25 : 1

문제 25. 제동장치의 공기압력 및 용적변화이론으로서 타당치 않은 것은?

① 등온변화의 경우 압력과 용적의 곱은 항상 일정하다.
② 공기제동기 사용할 때의 압력과 용적변화는 등온변화에 해당한다.
③ 압력이 상승하면 온도도 상승한다.
④ 공기가 팽창하면 압력이 저하한다.

해설 보일의 법칙 $P_1V_1 = P_1V_1$

문제 26. 제동관압력이 5kg/cm²인 경우와 6kg/cm²인 경우 제동관 감압에 의하여 발생하는 현상 중 타당치 않은 것은?

① 압력차로 인하여 제동시간에는 차이가 있으나 균형상태로 된 경우의 압력을 동일하다.
② 1kg/cm² 감압하였을 경우의 제동통압력은 동일하다.
③ 최소무효감압이 되는 감압량은 동일하다.
④ 등온변화의 경우 $P_1V_1 = P_2V_2$ 관계가 성립한다.

해설 최소유효감압량은 최소유효제동통압력을 형성할 수 있는 압력을 말하며 제동관압력에는 무관하다. 단 제동장치 형식에 따라 다르다.

문제 27. 디젤전기기관차의 제동관 감압량과 제동통압력과의 관계사항 중 맞지 않는 것은?

① 5 − r = 2.5r
② 제동통압력은 2.5r로 된다.
③ Pb = 2.5 × 1.4 = 3.5kg/cm²
④ 제동통에 유입되는 압력공기는 주공기통에서 직송되므로 주공기통과 동일한 압력까지 상승한다.

해설 기관차의 제동통에 주공기압력과 동일한 크기의 압력이 유입하는 경우, 필요이상으로 제동력이 커지므로 활주 또는 후부 객화차와의 제동력 불균형에 의한 제동충격 등 위험요인을 유발하므로, 적정압력 4.5kg/cm² 이상시 제한변이 동작하여 대기로 토출시킨다.

문제 28. 보조공기통과 제동통압력의 관계 중 타당치 않은 것은?

① 제동통압력은 항상 제동관감압량에 비례한다.
② 기관차 제동통피스톤 행정의 장단은 제동통압력에 영향을 주지 않는다.
③ PaVa = (Pa − r) · Va + PbVb
④ Pb = 3.25r − 1

해설 ① 보조공기통의 압력은 일정한계(5 또는 6kg/cm²)로 정해진 압력이며, 필요이상의 감압은 무효감압이 된다.
② 기관차의 경우 피스톤행정의 장단은 제동통압력의 크기에는 무관하며 제동시차에 관련한다.

문제 29. 기관차 및 객화차의 유효범위내의 제동통압력 중 맞지 않은 것은?

① 기관차 상용제동시 제동통압력은 Pb = 2.5r
② 기관차 비상제동시 제동통압력은 Pb = 4.5kg/cm²
③ 객차 상용제동시 제동통압력은 Pb = 3.25r − 1
④ 화차 비상제동시 제동통압력은 Pb = 4.5rkg/cm²

문제 30. 제동관압력 0.8kg/cm² 감압의 경우 제동통압력 중 맞지 않는 것은?

① 기관차 2.0kg/cm²
② 객화차 1.6kg/cm²
③ 상용제동의 경우 기관차와 객화차의 제동통압력은 동일하다.
④ 객화차의 제동통 게이지압력은 1kg/cm²를 감한 것이다.

문제 31. 무효감압이론중 타당치 않은 것은?

① 보조공기통과 제동통이 균형상태를 이룬 후에 제동관 감압
② 감압량이 너무 적어서 제동작용이 되지 않는 감압
③ 보조공기통의 충기작용이 충분치 못할 경우의 제동관 감압으로 제동효과가 충분치 못한 경우
④ 제동관압력 5 kg/cm²의 경우 약 1.4 kg/cm² 이상 감압하는 것

해설 보조공기통과 제동통압력이 균형상태에서도 최대유효제동통압력 형성시까지는 유효감압이 가능하다.

문제 32. 다음 중 큰 제륜자압력을 얻기 위한 조치에 해당하는 것은?

① 제동통 직경을 크게 한다.
② 보조공기통과 제동통의 용적비를 작게 한다.
③ 지렛대의 원리를 이용하여 제동통에서 발생되는 압력을 확대한다.
④ 제륜자의 수를 많게 하여 급속가열을 방지한다.

해설 제동배율을 크게 한다.

문제 33. 다음 중 동일한 제동통압력 하에서 보다 큰 제동력을 얻을 수 있는 방법으로 틀리는 것은?

① 제륜자를 크게 한다. ② 제동통의 공기누설을 방지한다.
③ 마찰면의 상태를 깨끗이 한다. ④ 제륜자의 수를 많게 한다.

문제 34. 전기동차 디스크제동장치의 장점이 아닌 것은? (시문경기)

① 마찰계수가 크다. ② 라이닝 마모가 적다.
③ 답면손상이 없다. ④ 열전도가 양호하다.

문제 35. 차륜답면과 제륜자간의 마찰계수의 변동을 가져오는 큰 요인으로 보기 힘든 것은?

① 운전속도의 고저 ② 제륜자압력 ③ 제륜자의 재질 ④ 마찰면의 상태

문제 36. 다음 중 제동력과 점착력의 관계식으로 가장 관련 없는 것은?

① $B \leqq \mu W$ ② $P \cdot f \leqq \mu W$ ③ $\frac{P}{W} \leqq \frac{u}{f}$ ④ $F = ma$

해설 제동력 ≦ 점착력

문제 37. 다음 중 공주시간 및 공주거리 이론으로서 타당치 않은 것은?

① 열차가 갖는 운동에너지를 열로서 흡수·발산시키는 것
② 공기의 흐름이나 기초제동장치의 유간 등으로 인하여 제동취급 후 즉시 제동효과가 나타나는 것은 아니다.
③ 제동효과가 나타날 때까지도 열차는 계속 주행하게 된다.
④ 일반적으로 $S = \frac{V}{3.6} \cdot t$의 식을 사용한다.

문제 38. 다음 중 전기동차열차 제동 정지거리를 산출하는 식으로 가장 맞는 것은?

① $\frac{WV^2}{2g}(1+\alpha)$ ② $\frac{V \cdot t}{3.6} + \frac{4.17V^2}{Fdm}$
③ $\frac{V \cdot t}{3.6}$ ④ $\frac{V \cdot t}{3.6} + \frac{4.29V^2}{Fdm}$

문제 39. 다음 중 열차제동 정지거리 이론으로 타당치 않은 것은?

① 열차가 갖는 운동세력과 감속력에 의한 일량은 동일하다.
② 운동세력은 직진부분의 세력과 회전부분의 세력으로 구분할 수 있다.
③ 열차중량에 비례하고 제동초속도의 제곱에 반비례한다.
④ 총 열차저항에 반비례한다.

문제 40. 철도차량 진동을 경감시키기 위한 조치에 타당치 않은 것은?

① 궤조의 이음매부를 정확하게 한다.
② 속도에 적응되는 캔트를 붙인다.
③ 각 차륜간의 축중을 균등히 한다.
④ 차량 무게중심은 지장이 없는 한 가급적 높게 한다.

문제 41. 제동관 압력과 제동통압력과의 관계 중 타당치 않는 것은?

① 상용전제동이하의 제동통압력은 제동관 감압량에만 관계된다.
② 제동관 소정압력을 높이면 최고제동통압력이 높아진다.
③ 객차의 경우 비상제동시에는 제동통과 보조공기통의 용적비로 인한 압력이상으로 제동통압력을 확보할 수 있다.
④ 보조공기통 충기시간과는 관계없이 항상 감압량에 의한 소정의 제동통압력을 얻을 수 있다.

문제 42. 제륜자압력을 얻게 되는 작용에 해당되지 않는 것은?

① 제동통의 정미압력은 제동통압력에서 완해(복귀)스프링의 저항력만큼을 차인한 값을 말한다.
② 지렛대원리를 이용하여 제동통에서 발생된 압력을 수배로 확대시키게 된다.
③ 확대된 압력은 기초제동장치의 효율에 의하여 다소 감소하게 된다.
④ 총제동통정미압력에 제동배율과 기계효율을 작용시켜 제륜자압력을 얻는다.

해설 제동통정미압력 = 제동통압력 − (스프링저항력 + 피스톤마찰력)

문제 43. 차량설계 표준으로 하고 있는 제동배율의 범위중 맞지 않는 것은?

① 기관차 6～9배 ② 객차 10～12배 ③ 화차 6～13배 ④ 전차 8～12배

해설 객차 3~8 배

문제 44. 다음 중 제동시간 산출이론에 해당치 않는 것은?

① 제동초속도의 제곱에 비례한다. ② 총제동저항에 반비례한다.
③ 열차중량에 비례한다. ④ 공주시간과 실제동시간의 합계로 표시한다.

문제 45. 제륜자압력을 구하는 공식에 맞지 않는 것은(시문경기)?

① 제동통 피스톤직경의 크기에 비례한다.
② 감압량에 따라 제동통피스톤행정이 많이 다르므로 행정길이에 비례한다.
③ 제동통수에 관계가 있다.
④ 기계효율에 따라 달라진다.

해설 제동통압력 $P = \frac{\pi D^2}{4} \cdot P' \cdot n \cdot E \cdot \eta$ (kg)

문제 46. 레진제륜자의 장점이 아닌 것은? (시문경기)

① 속도변화에 따라 마찰계수의 변화가 적다. ② 제동시 제륜자 발생열의 발산이 잘 된다.
③ 고속시 마찰계수가 크다. ④ 정차전의 충동 및 계단완해가 없다.

해설 레진제륜자

- 성분 : [(비철금속+흑연) + 건성유] → 고체화 → 분말
  분말(50~60%) + 석면(10~15%) + 레진 또는 고무(5~10%) + 건성유
- 장점 : ① 고속주행시 마찰계수가 크고 제동 중 속도변화에 따른 마찰계수의 변화가 적다.
  ② 내마모성이 크고(주철제륜자의 약 9배), 분말비산 및 소음이 적다.
  ③ 중량이 작다(주철제륜자의 약 1/3배)
- 단점 : 열발산이 어려워 차륜에 축적되므로 차륜이완이 우려됨.

문제 47. 상용제동취급을 하였을 때 제동관압력과 제동통압력과의 관계로서 맞는 것은? (시문경기)

① 감압력에 관계없이 제동관압력이 다르면 제동통압력도 달라진다.
② 제동관압력이 6kg/cm^{2}일 때 상용전제동시 제동통압력은 약 3.6kg/cm^{2}이다.
③ 제동관압력에 관계없이 제동통압력은 약 3.6kg/cm^{2}이다.
④ 상용전제동사용시에는 제동관압력이 다르면 제동통압력도 달라진다.

문제 48. 차륜과 제륜자간의 마찰계수를 좌우하는 설명에 부적합한 것은?

① 운전속도가 높으면 마찰계수는 감소된다.
② 제륜자의 크기와 마찰계수는 아무 관계가 없다.
③ 제륜자압력이 크면 마찰계수는 적다.
④ 마찰면의 접촉상태에 따라 마찰계수는 달라진다.

해설 마찰계수의 크기를 좌우하는 요소 : 운전속도의 고저, 제륜자의 온도, 제륜자의 재질, 천후상태, 마찰면의 상태, 접촉면 넓이와 형상 등

문제 49. 비상제동거리산출 약산식을 $\frac{V^2}{20}$을 사용했을 때 감속도는 얼마로 계산할 수 있는가?

① 1.25km/h/sec ② 2.13km/h/sec ③ 2.50km/h/sec ④ 2.78km/h/sec

해설 100km/h 속도에서 제동거리는 500m이므로, 운동방정식 ③ $v_2{}^2 - v_1{}^2 = 2aS$에서 감속도 A = $\frac{V^2}{7.2S}$ = 2.78km/h/sec

문제 50. 제동초속이 80km/h인 경우 비상제동거리가 250m일 때 평균감속도는?

① 2.74km/h/sec ② 3.55km/h/sec ③ 4.02km/h/sec ④ 4.85km/h/sec

해설 운동방정식 ③ $v_2{}^2 - v_1{}^2 = 2aS$, $S = \frac{V_2}{7.2A}$ 식을 이용, $250 = \frac{80_2}{7.2}A$

$\therefore A = \frac{6400}{7.2 \times 250} = 3.5\text{km/h/sec}$

문제 51. 초속도 5m/sec에서 3m/sec^{2}의 가속도로 운전하여 72km/h의 속도가 되었을 때 소요된 시간은?

① 3sec ② 4sec ③ 5sec ④ 6sec

해설 계산식에서 단위는 일관되게 적용을 하여야 함에 주의하여야 한다.
운동방정식 ① $v_2 = v_1 + at$에서 $t = \frac{v_2 - v_1}{a}$

문제 52. 10km/sec의 속도로 운전 중이던 열차가 5분 후 60km/sec로 가속되었다. 이때의 ton당 가속도저항은?

① 3ton ② 4kg ③ 5kg ④ 6ton

해설 가속도저항은 가속에 소요되는 견인력을 저항으로서 계산한 값을 말한다. 즉, 가속에 필요한 힘을 말한다.
운동방정식 ③ ${v_2}^2 - {v_1}^2 = 2aS$에서 ${v_2}^2 - {v_1}^2 = (v_2 + v_1)(v_2 - v_1)$, $S = vt$는 $A = \frac{v_2 - v_1}{2t}$

문제 53. 144km/h의 속도로 운전 중이던 열차가 서행 36km/h의 속도를 지키려면 −5m/sec^{2}의 가속도로 몇 m 전방에서 제동취급을 하여야 하는가?

① 110 ② 120 ③ 140 ④ 150

해설 운동방정식 ③ ${v_2}^2 - {v_1}^2 = 2aS$

문제 54. 144km/h의 속도로 운전 중이던 10m/sec^{2}의 감속도로 비상제동취급을 했다면 몇 초 후에 정차할 수 있는가?

① 1sec ② 2sec ③ 3sec ④ 4sec

문제 55. 부산역 진입시 제동취급 개시부터 25sec 경과 후 정차지점에 도달하였다. 가속도가 −2.5km/h/sec일 때 제동취급시점을 약 몇 m전방으로 잡아야 하는가?

① 217.7m ② 221.3m ③ 225.5m ④ 229.4m

해설 V = At = 2.5×25 = 62.5km/h, S = $\frac{V^2}{7.2A} = \frac{62.5^2}{7.2 \times 2.5}$ = 217.7m

문제 56. 선로최고속도 120km/h 구간에서 80km/h의 속도로 운행 중인 열차가 40km/h 서행구간을 진입하려고 서행신호기 설치지점에서 2.2km/h/sec의 감속도로 제동취급을 하였다. 공주시간이 3sec일 때 서행신호기 몇 m 전방에서 소정속도를 이룰 수 있는가?

① 69m이상 ② 54m이상 ③ 30.4m이상 ④ 24.4이상

해설 제동거리 = 공주거리 + 실제동거리 = $\frac{Vt}{3.6} + \frac{{V_2}^2 - {V_1}^2}{7.2A}$ 제동거리

$$S = \frac{80 \times 3}{3.6} + \frac{80^2 - 40^2}{7.2 \times 2.2} = 369.6m$$

임시신호기의 확인거리는 400m이상(선로최고속도 130km/h이상 선구는 700m이상)이므로, 소정속도 달성지점은 400−369.6 = 30.4m 이상의 거리이다.

문제 57. 디젤전기기관차 운전 중 72km/h 속도에서 제동취급을 하였더니 35sec후 정차하였다. 이때 제동거리는 얼마인가? 또 실제동거리에 대한 감속도의 크기는? (단, 공주시간 2sec)

① 350m, 2.05km/h/sec ② 370m, 2.18km/h/sec
③ 380m, 2.20km/h/sec ④ 400m, 2.36km/h/sec

해설 실제동시분 = 총소요시분 − 공주시분

문제 58. 2.5km/h/sec의 감속도로 제동취급하였을 때 30sec 후 정차한 열차의 제동거리는?

① 313m ② 321m ③ 337m ④ 345m

해설 제동거리 = 공주거리 + 실제동거리

문제 59. 70km/h의 속도로 운행 중인 열차의 제동감속도가 2.5km/h/sec일 때 제동거리를 구하시오. (단, 공주시분 3sec)

① 311m ② 321m ③ 331m ④ 341m

해설 제동거리 = 공주거리 + 실제동거리

문제 60. 72km/h의 속도로 운행 중인 열차가 제동취급후 약 400m 진행 후 정차했을 때 실제동구간의 감속도는? (단, 공주시분 2sec)

① 2km/h/sec ② 2.3km/h/sec ③ 2.5km/h/sec ④ 2.8km/h/sec

해설 실제동구간의 감속도를 구하기 위하여 먼저 실제동거리를 구한다.

$$S = \frac{Vt}{3.6} = \frac{72 \times 2}{3.6} = 40m \text{ (공주거리)}$$

∴ 실제동거리 = 360m

문제 61. 전동열차가 1.7km/h/sec의 가속도로 약 300m 운행 중 장애물을 발견하고 비상제동취급을 하였다. 다음 중 틀리는 이론은? (단, 감속도 : 3km/h/sec)

① 제동취급시의 속도는 약 60km/h이다.
② 제동거리는 약 300m이다.
③ 제동거리는 약 170m이다.
④ 가속 중이었으므로 타행중인 경우보다 제동거리가 길다.

해설 감속도가 동일한 경우 가속중인 열차의 제동거리는 타행중인 열차보다 제동거리가 길다. 가속 중인 경우는 운동 중이던 열차의 운동에너지가 증가하고 있는 상황이기 때문이다.

문제 62. 70km/h의 속도로 타력운행 중이던 열차가 20sec동안 달린 후 하구배구간을 500m 달렸을 때 다시 70km/h의 속도를 유지할 수 있었다. 평탄선에서의 감속도를 0.25km/h/sec 라면 하구배에서의 감속도는 얼마인가?

① 0.19km/h/sec ② 0.25km/h/sec ③ 0.29km/h/sec ④ 0.32km/h/sec

해설 평탄선에서의 20sec 후의 속도는 $V = V_1 + at = 70+(-0.25\times20) = 65$km/h 하구배에서의 감속도 A = $\frac{V_2{}^2 - V_1{}^2}{7.2} = \frac{70^2 - 65^2}{7.2\times500}$ =0.187km/h/sec

문제 63. 정차역 진입시 정차제동 개시 후 30sec 후 정차위치에 도착했다면 진입속도와 제동거리로서 맞는 것은? (단, 감속도는 2.5km/h/sec)

① 70km/h, 312.5m ② 75km/h, 312.5m ③ 80km/h, 321.5m ④ 85km/h, 321.5m

해설 운동방정식 ① $V = V_1 + At$에서 $V_1 = 2.5 \times 30 = 75$km/h

제동거리 S = $\frac{V_1 t}{7.2} = \frac{75\times30}{7.2}$ = 312.5m

문제 64. 70km/h의 속도로 열차 운전행중 200m전방에 화염신호가 현시된 것을 보고 비상제동을 체결하였다면 화염신호 몇 m 전방에서 정차할 수 있겠는가? (단, 감속도는 4km/h/sec, 공주시분 1sec)

① 19m ② 15m ③ 13m ④ 10m

해설 제동거리 S = $\frac{Vt}{3.6}+\frac{V^2}{7.2A} = \frac{70\times1}{3.6}+\frac{70^2}{7.2\times4}$ = 189.6m

∴ 200m − 189.6m = 10.4m 전방에 정차하게 된다.

문제 65. 90km/h속도에서 제동취급을 하였더니 84m 경과 후 제동효과(감속현상)가 나타났다면 공주시간은 얼마인가?

① 3.36sec ② 3.10sec ③ 2.90sec ④ 2.79sec

해설 공주시간은 제동취급 후 예상제동력의 75%가 달성되는데까지 소요된 시간을 말한다(속도정수사정기준 규정에 의거). 즉, 제동효과가 나타나기 시작한 후에도 약간의 시간은 공주시간으로 볼 수 있는 것이다. 본 문제에서는 공주거리를 약 84m로 보고 계산할 수 있는 문제이다. $t = \frac{3.6S}{V} = \frac{3.6\times84}{90}$ = 3.36sec

문제 66. 속도가 90km/h인 DL 견인상태 여객열차의 제동력이 ton 당 60kg인 경우 제동거리로서 맞는 것은?

① 563m ② 603m ③ 482m ④ 450m

해설 본 문제는 공주거리를 감안하지 않은 상태로 실제동거리를 묻는 경우이다.

제동거리 S = $\frac{Vt}{3.6} + \frac{4.17V^2}{Fdm}$(기관차견인 일반열차)이므로, 실제동거리 $S_2 = \frac{4.17V^2}{Fdm} = \frac{4.17\times90^2}{60}$ = 562.95m

문제 67. 기관차의 제동관압력이 5.6kg/cm²인 경우 최고제동통압력은 얼마인가?

① 4kg/cm² ② 5kg/cm² ③ 6kg/cm² ④ 7kg/cm²

문제 68. 화차의 제동관압력이 4.8kg/cm²인 경우 최고제동통압력은 얼마인가?

① 3.5kg/cm² ② 4.5kg/cm² ③ 5.6kg/cm² ④ 2.8kg/cm²

문제 69. 객차의 제동관압력을 1.2kg/cm² 감압했을 때 제동통의 절대압력은 얼마인가?

① 3.3kg/cm² ② 3.9kg/cm² ③ 4.2kg/cm² ④ 4.5kg/cm²

해설 객화차의 경우 보조공기통의 제한된 공기량이 제동통에 공급됨으로서 제동통에 진입시 대기압만큼의 순수 손실압력이 발생하며, 그 손실량을 감안하여 게이지압력으로 표시된다. 이와는 달리 기관차의 경우 주공기량(무한량으로 생각할 수 있다)이 직접 제동통에 유입되므로 손실압력을 고려하지 않는다.

객차의 제동통압력 Cp(게이지압력) = 3.25r − 1

Cp'(절대압력) = 3.25r = 3.25×1.2 = 3.9kg/cm²

문제 70. 화차의 보조공기통 압력이 압력게이지로 5kg/cm²가 표시된 경우 이 압력을 대기압과 같은 크기로 팽창시켰을 때 필요한 용적은 보조공기통의 몇 배인가?

① 4배 ② 5배 ③ 6배 ④ 7배

해설 게이지압력은 대기압만큼이 감해진 압력이므로, 실제의 압력 P' = 5 + 1 = 6kg/cm²

∴ 보조공기통의 6배

문제 71. 용적 800ℓ 주공기통에 공기압축기로서 충만시킨 뒤 급기변에서 5kg/cm²로 조정하여 제동관으로 송기하였을 때 송기압력으로 맞는 것은?

① 4kg/cm² ② 5kg/cm² ③ 6kg/cm² ④ 7kg/cm²

문제 72. 제동관압력 6kg/cm²인 객차의 경우 0.6kg/cm²의 감압제동 취급을 하였을 때 제동률로서 맞는 것은? (단, 전제동시의 제동률은 73%)

① 11% ② 13.6% ③ 15% ④ 18.7%

해설 $\text{Kd} = \dfrac{3.25r - 1.35}{3.2325} \times \text{Ka} = \dfrac{3.25 \times 0.6 - 1.35}{3.2325} \times 73 = 13.6\%$

문제 73. 제동관압력 5kg/cm²인 경우 0.8kg/cm²를 감압했을 때 제동률로서 맞는 것은? (단, 전제동시의 제동률은 52%)

① 31% ② 33.6% ③ 25% ④ 28.7%

해설 $\text{Kd} = \dfrac{3.25r - 0.35}{3.485} \times \text{Ka} = 0.646 \times 52 = 33.6\%$

문제 74. 자중 40ton인 객차 10량을 DL7100호대로 견인할 때 전제동의 경우 열차 전체 제동률로서 맞는 것은? (단, 객차 전제동시의 제동률은 75%, 기관차 제동률은 50%)

① 54.5% ② 58.6% ③ 64.7% ④ 68.8%

해설 객차 1량의 제륜자 압력 = 40×0.75 = 30ton, 객차 전체 제륜자압력 = 30×10 = 300ton
기관차 제륜자압력 = 132×0.5 = 66ton, 전열차의 제륜자압력 = 366ton이므로,
열차 전체의 제동률 Ka = $\frac{P}{W} \times 100 = \frac{366}{532} \times 100 = 68.8\%$

문제 75. 총 중량 800ton의 열차가 40ton의 제동력으로 90km/h의 속도에서 비상제동을 체결하였을 때 제동거리는 얼마인가?

① 531.4m ② 580.6m ③ 611.8m ④ 637.8m

해설 $\frac{V^2}{2Fdm} \cdot \frac{W}{g} \cdot \left(\frac{V}{3.6}\right)^2 = \frac{90\times90\times800}{2\times9.8\times40\times3.6\times3.6} = 637.8\text{m}$

문제 76. 다음 중 기초제동장치의 구비조건으로 볼 수 없는 것은?

① 힘의 전달에 대하여 최대의 효율을 가질 것
② 안전도가 낮으며 형상이 대형일 것
③ 항상 일정한 제동력을 가질 수 있을 것
④ 보수·수선이 용이할 것

해설 기초제동장치의 구비조건은 다음과 같다.
㉮ 힘의 전달에 대하여 최대의 효율을 가질 것
㉯ 축중량에 대하여 차륜에 가하는 압력의 분포를 적당히 하여 차륜이 할주하지 않을 범위로 최대의 제동력을 발휘할 수 있을 것
㉰ 안전도가 높은 것으로서 그 중량 및 형상이 작을 것
㉱ 제륜자 및 외륜의 마모에는 관계없이 항사 일정한 제동력을 얻을 수 있을 것
㉲ 보수와 수선이 용이할 것

문제 77. 공기제동장치의 제동원력이라 함은 어느 것인가?

① 제동감압량을 말한다. ② 제동통피스톤에 작용하는 압력을 말한다.
③ 제륜자압력을 말한다. ④ 제동통게이지압력을 말한다.

문제 78. 다음 중 공기제동기의 제동원력을 구하는 식으로 맞는 것은? (단, P=제동통피스톤에 작용하는 유효압력(kg/cm^2), D=제동통직경(cm))

① $\frac{\pi}{4}\times D^2\times P - 0.4$(kg) ② $\frac{\pi}{4}\times D\times P$(kg) ③ $\frac{\pi}{4}\times D^2\times P$(kg) ④ $\frac{\pi}{4}\times D\times P-0.4$(kg)

해설 제동원력이란 진공제동기, 증기제동기 또는 공기제동기와 같이 원동력이 제동통피스톤면에 작용하는 힘을 말한다.

문제 79. 다음 공기제동 취급 중 가장 다른 것은?

① 제동기 설계상의 최대상용제동을 시행하는 것

② 보조공기통과 제동통압력이 균형상태가 되는 경우

③ $\frac{\text{부분제동}}{\text{제동사용율}}$의 값으로 감압하는 경우

④ 공기제동기의 최대제동력이 확보되는 경우

해설 ①, ②, ③ 항의 경우는 전제동에 대한 설명으로 사용제동중 만감압상태의 최대제동취급을 말한다. ④ 항의 경우 공기제동기의 최대제동력 확보는 비상제동의 경우를 들 수 있다.

문제 80. 다음 중 제동압력을 나타내는 식으로서 맞는 것은?

① $\frac{\text{부분제동}}{\text{전제동}}$

② $\frac{\text{제동통피스톤행정}}{\text{제륜자이동거리}}$

③ 제동원력×제동배율

④ 피스톤총압력×피스톤행정

해설 ① 제동사용율, ② 제동배율, ③ 제동압력, ④ 제동통피스톤의 일량

문제 81. DL 7300호대 기관차의 제동관압력을 1kg/cm^2 감압했을 때, 각각의 제륜자압력의 크기로 맞는 것은? (단, 제동통직경 : 20.3cm, 제동통수 : 12, 제동배율:5.75, 기초제동장치효율 : 90%, 제륜자수 : 12개)

① 약 2.45kg　② 약 2kg　③ 약 1.76kg　④ 약 1ton

해설 $Cp = 2.5\gamma = 2.5 \times 1 = 2.5\text{kg/cm}^2$

정미제동통압력 $p' = Cp - 0.4 = 2.1\text{kg/cm}^2$

피스톤면적 $= \frac{\pi}{4}D^2 \times = \frac{3.14}{4} \times 20.3^2 = 323.5\text{cm}$

$\therefore P = \frac{\pi}{4}D^2 \times P' \times n \times E \times \eta = 323.5 \times 2.1 \times 12 \times 5.75 \times 0.9 = 42187.6\text{kg} \fallingdotseq 42.19\text{ton}$

이때 총제륜자의 수는 24개 이므로 각각의 제륜자에 걸리는 압력은, 42.19ton ÷ 24개 ≒ 1.76ton으로 구할 수 있다.

즉, DL7300호대 기관차의 제동관압력 1kg/cm^{2}의 감압시 개당 제륜자압력은 약 1.76ton의 크기로 작용하게 된다.

문제 82. 제륜자압력을 제동력이라 할 수 없는 이유로 가장 맞는 것은?

① 제동력은 제륜자압력에 비례하기 때문이다.

② 제동력은 제륜자압력과 반비례관계를 갖기 때문이다.

③ 제동력은 제륜자압력에 비례하나 차륜활주의 범위가 있기 때문이다.

④ 제동력은 제륜자와 차륜간의 마찰계수와 비례하기 때문이다.

해설 제륜자에 가해지는 압력을 그대로 적용하여 제동력을 산정할 수 없다. 왜냐하면 제륜자에 큰 압력을 가하면 비례하여 제동력이 커지나, 어느 한계에 도달하면 열차중량에 의한 관성력에 의하여 차륜이 활주하게 되므로, 결국 과도한 제륜자압력을 형성하는 경우 도리어 제동력을 작게 하므로 제륜자압력과 제동력을 동일시할 수는 없다.

문제 83. 다음 중 제동률에 대한 설명으로 맞지 않는 것은?

① 제륜자압력에 대한 축당중량의 비를 말한다.
② 기관차의 경우 약 70%를 기준으로 할 수 있다.
③ 제륜자압력은 최소유효제동통압력에 의한 크기로 산정한다.
④ 제동기가 작용하는 차축에 대해서만 계산된 값을 축제동률이라 한다.

해설 제동통압력의 변화는 최소유효감압부터 비상제동시까지 현격한 차이를 갖게 된다. 또한 제륜자압력도 광범위하게 변화되는 것이므로 제동률을 산정할 때는 상용제동취급시 차륜이 활주하는 일이 없도록 설계된 최대제동통압력 3.5kg/cm^{2}로서 산정할 수 있다. 이때의 제동효율은 100%로 본다.

문제 84. 열차의 제동률을 제한하는 근본적인 목적으로 볼 수 있는 것은?

① 열차의 제동력 확보
② 동력차의 공전방지
③ 열차의 활주방지
④ 열차제동거리의 단축

해설 제동률이 큰 경우 제동기의 성능을 크게 하지만, 제동률이 과대한 경우 차량중량에 대하여 제동력의 비율이 너무 크므로 열차는 활주하게 된다. 차륜이 활주하게 되면 제동거리가 연장되며 차륜마모를 유발하는 등 악영향을 갖는다.

문제 85. 화물열차의 공기제동기 제동률에 대한 설명이 아닌 것은?

① 화차의 제동률은 영차를 기준으로 산정한다.
② 화차의 제동률은 50~70%를 표준으로 한다.
③ 화차의 경우 영·공차 운용에 따른 충격을 줄이기 위해 제동률을 낮게 설정한다.
④ 장대한 열차일수록 제동작용에 의한 충격이 크다.

해설 공기제동기의 제동률은 대략 다음과 같이 표준으로 정하고 있다.

기관차	객차(공차)	화차(공차)
60~80%	70~90%	50~70%

문제 86. 다음 중 차륜과 제륜자간 마찰계수에 대한 설명으로 맞는 것은?

① 동절기보다 하절기에 더 큰 값을 갖는다.
② 제동체결 후 최초 접촉시보다 약 5초 후에 가장 큰 값을 갖는다.
③ 제륜자 단면적이 크면 큰 마찰계수를 유지할 수 있다.
④ 제륜자압력이 클수록 마찰계수값도 증가한다.

해설 ① 저온이어야 마찰계수가 더 큰 값을 갖는다.
② 갈론씨의 실험에 의하여 제동시간에 따른 마찰계수값의 변화는 다음과 같다.

속도(km/h)	최 초	5초 후	10초 후	15초 후	20초 후
21.94	0.213	0.193	–	–	–
27.43	0.205	0.157	–	0.116	–
38.40	0.182	0.152	0.133	0.110	0.099
43.88	0.171	0.130	0.119	0.081	0.072
49.37	0.163	0.107	0.099	–	–
54.85	0.153	–	–	–	–
60.34	0.152	0.096	0.083	0.069	–
65.92	0.144	0.093	–	–	–
76.79	0.132	0.080	0.070	–	–
87.76	0.106	–	–	0.045	–
96.54	0.072	0.063	0.058	–	–

③ 제륜자의 단면적이 크면 열전도 및 냉각면적도 크므로 마찰계수는 더 크게 된다.

④ 마찰계수는 제륜자압력이 커짐에 따라 감소한다.

제륜자압력에 따른 평균마찰계수의 실험치는 다음과 같다.

제륜자압력	1270	1880	3100	4538	5440	6800	8160kg
평균마찰계수	0.178	0.153	0.125	0.105	0.099	0.094	0.090

문제 87. 열차의 실제동거리에 대한 설명으로 맞는 것은?

① 열차중량에 반비례 ② 제동초속도에 비례 ③ 제동력에 반비례 ④ 감속력에 비례

해설 $F \cdot S = \frac{1}{2} \times \frac{W}{g} \times V^2 \times (1+0.06)$

문제 88. 공기제동장치의 기초제동장치 이론효율에 대하여 맞지 않는 것은?

① 계산상 제륜자압에 대한 실제륜자압력의 비이다.

② 정지 중 제동취급의 경우 60~80%로 본다.

③ 운전 중 제동취급의 경우 90%로 본다.

④ 디스크제동의 경우 약 80% 정도로 본다.

해설 레버장치가 없는 디스크제동의 경우 이론상 제륜자압력의 100%로 고려된다.

문제 89. 열차의 차륜과 제륜자간의 제동력확보에 유리한 경우로 맞는 것은?

① 제륜자의 두께는 두껍고 면적이 적을수록 유리하다.

② 동일 제동통수에 대하여 제륜자수가 적어야 한다.

③ 마찰면에 요철이 있으면 양호하다.

④ 운전속도가 낮아야 한다.

해설 ① 제륜자두께는 두꺼울수록, 면적이 클수록 양호하다.

② 동일 제동통수에 대하여 제륜자수가 많을수록 1개당 적용압력이 적어지므로 마찰계수의 저하를 저감할 수 있다.

③ 마찰면이 매끄럽게 다듬질되어 있으면 제륜자면과 차륜답면의 압착상태가 좋으므로 마찰계수는 크다.

④ 운전속도가 낮으면 마찰면간의 치합이 쉬우므로 제동력이 커진다.

문제 90. 열차제동 중 공주시간에 대하여 맞지 않는 것은?

① 비상제동보다 상용제동의 경우 시간이 짧다.
② 10량 편성의 전동차 상용제동시 약 3~3.5sec 소요된다.
③ 편성량수에 비례한다.
④ 상하구배 또는 제동률변화에 따라 보정할 수 있다.

문제 91. 다음 중 혼합제동에 대한 설명으로 볼 수 없는 것은?

① 마찰부를 줄임으로서 마찰제동의 단점을 줄일 수 있다.
② 고속도에서는 주로 전기제동을 사용하며, 보완적으로 공기제동이 작용한다.
③ 고속열차의 경우 마이크로프로세서 제어시스템에 의하여 전기 및 공기제동이 적절히 작용되도록 제어된다.
④ 저속에서 공기제동성능이 더 우수하며, 정차제동의 경우 전기제동에 의하여 완벽을 기할 수 있다.

철도차량 제동제어 정답편

1.	③	2.	①	3.	②	4.	③	5.	①
6.	③	7.	④	8.	②	9.	①	10.	②
11.	④	12.	②	13.	②	14.	③	15.	④
16.	③	17.	②	18.	②	19.	③	20.	①
21.	②	22.	④	23.	④	24.	④	25.	②
26.	①	27.	④	28.	①	29.	④	30.	③
31.	①	32.	③	33.	②	34.	④	35.	②
36.	④	37.	①	38.	④	39.	③	40.	④
41.	④	42.	①	43.	②	44.	①	45.	②
46.	②	47.	④	48.	③	49.	④	50.	②
51.	③	52.	③	53.	④	54.	④	55.	①
56.	③	57.	②	58.	①	59.	③	60.	①
61.	②	62.	①	63.	②	64.	④	65.	①
66.	①	67.	①	68.	①	69.	②	70.	③
71.	②	72.	②	73.	②	74.	④	75.	④
76.	②	77.	②	78.	③	79.	④	80.	③
81.	③	82.	③	83.	③	84.	③	85.	①
86.	③	87.	③	88.	④	89.	④	90.	①
91.	④								

참고문헌

1. 신도시철도시스템공학, 구미서관, 손영진, 2011
2. 철도신교통시스템공학, 구미서관, 2012
3. 철도차량시스템기술 총설, 구미서관, 2013
4. 도시철도 기술자료 및 현황 part 1.2.3, 서울메트로
5. 도시철도 기술자료집(6) 차량, 서울특별시 지하철건설본부
6. 경량전철 표준화 기준연구 연구결과보고서(안, .2008
7. 건설관리 업무 매뉴얼. 서울메트로, 토목팀
8. 철도차량기술 2008년~2009년, 한국철도차량엔지니어링
9. 서울메트로 경전철기술 및 철도 SE 전문과정 자료철
10. 서울메트로 교수연구보고서, 2005년~2009년도
11. 중장기 경영전략 2009~2016, 서울메트로
12. 서울메트로 1~4호선 궤도건설지, 2006.12
13. 전기철도 역사 전기설비 RE-Engineering, 설계시공/인계.인수
14. 신호시스템 종합시험 평가 연구 결과보고서(안),2008, 한국건설교통평가원.국토해양부
15. 철도토목 연구발표대회종합철.2008, 서울메트로
16. 알기쉬운 철도용어 해설집, 2008, 한국철도학회
17. 철도기술 중장기 기본계획, 2006~2010, 2005.12, 건설교통부
18. 도시철도 유지보수체계 정보화시스템. 차량유지보수시스템. 표준화보고서. 현대정보기술
19. 한국철도대학 전기동력차 1,2권, 손영진
20. 한국철도기술연구원. 전자웹진기술지. 2006년~2009년
21. 철도차량공학. 철도세상네트워크, 손영진, 2008
22. 전동차 대차 및 기어행거 브라켓트 안전성에 관한 연구. 손영진, 2002
23. 공공교통 전동차 안전운행을 위한 RIMS프로젝트 적용의 성공요인 연구, 손영진, 2007
24. NUREG-0711, Human Factors Engineering Review Model, NRC, Rev.2, 2004
25. 철도청, 철도사고사례집, 2003
26. Rasmussen, J., “A Cognitive Engineering Approach to the Modeling of Decision Making and its Organization”, 1986, RISO-M-2589, RISO.
27. ANSI/ANS 3.5-1998, “Nuclear Power Plant Simulators for Use in Operator

Training", American Nuclear Society, 1998
28. Ministry of Transport in the Netherlands, Public Works and Water Management, "International Study on Intermodal Transport", 1998. 2, The Hague
29. "G7 고속전철기술개발사업 2단계 1차년도 연구성과 보고서", 12/2000
30. "G7 고속전철기술사업과 동역학 및 제어분야 기술개발", 대한기계학회, 11/2000
31. "2000년도 고속전철기술개발사업 기본계획", 9/2000
32. CENELEC Standard prEN 50126, prEN 50128, prEN 50129, 1997.
33. 平尾裕司, 渡郁夫, "鐵道信號の安全性技術規格の動向," RTRI 信號通信技術研究部
34. 平尾裕司, 渡郁夫, "鐵道信號にあける安全性技術," 電子情報通信學會 FTS 99-71.
35. 平尾裕司, 渡郁夫, "列車保安制御システムの安全性技術指針," RTRI REPORT, Vol. 10, No.11, pp. 5-10, 1996. 11
36. Faivre, Alain and Benoit, Paul, "Safety Critical Software of M t or Developed with the B Formal Method and the Vital Coded Processor," The 4th WCRR Conference, Tokyo, 1999
37. Korail 메거진. 김천환. 2009.
38. 손영진. 이도선. 전서학. 이강원. 방연근. 2006. "공공교통전동차 안전을 위한 RIMS 프로젝트 적용의 성공요인 연구" 춘계철도학회 학술대회논문집.
39. 손영진. 이도선. 이강원. 방연근. 2005. "공공교통 전동차 안전운행을 위한 RIMS 프로젝트 적용제고 "추계철도학회 학술대회 논문집.
40. 안태기. 박기준. 정종덕 2005. "확장된 Gene BOM을 이용한 도시철도차량 BOM 구성" 하계 철도학회 논문집 8권 제6호 pp.539-543
41. 김명규. 2007. "도시철도 유지보수체계 BOM 시스템" (주)다인데이타시스템
42. 도시철도 유지보수체계 정보화 시스템 원가분석산정 및 경제성 평가 연구. 2005. 한국철도기술연구원.
43. 박수중. 이도선. 손영진 2006. "도시철도 유지보수체계 RIMS 관련 전동차 BOM 구축에 관한 연구" 하계 철도학회 학술대회 논문집.
44. 서울메트로 전동차분야직원(검수/정비/자재) 입장에서 본 RIMS 관련 전동차 BOM 관련 설문조사. 2007.
45. 손영진. 이강원. 방연근. 2006. "공공교통전동차 안전운행을 위한 RIMS 프로젝트 적용의 성공요인 연구. 한국철도학회 논문집 9권 제5호 pp. 555-560

찾아보기

ㄱ

ㄴ

ㄷ

ㄹ

ㅁ

ㅇ

ㅈ

▣ 저자약력

손 영 진 (孫榮振)
서울과학기술대학교 교수
대한민국 산업현장 교수(고용노동부)
경영학박사(철도경영정책전공)
철도차량기술사
ceoson@seoultech.ac.kr

송 문 석 (宋文錫)
한국철도대학 철도차량기계과 교수
공학박사 / 교통공학박사
철도차량기술사
9288km@hanmail.net

이 희 성 (李熙晟)
서울과학기술대학교 철도전문대학원 철도차량시스템공학과 교수
공학박사
美 Georgia Institute of Technology
hslee@seoultech.ac.kr

황 시 원 (黃時源)
동양대학교 철도대학 철도차량학과 교수
공학박사
swhwang@dyu.ac.kr

신편철도차량공학

저 자 손영진 · 송문석 · 이희성 · 황시원

발행인 임 해 진
발행처 구미서관

발 행 2011년 2월 10일 제1판 1쇄
2013년 9월 27일 제2판 1쇄

주 소 서울시 마포구 신촌로 2길 5-15 구미빌딩
등 록 1979년 6월 29일 No.9-6호
ISBN 978-89-8225-948-7 (93550)

TEL : (代) 333-1101 FAX : 335-2201
http://www.goomibook.com

정가 25,000원

저자와의 협의하에 인지를 생략합니다.
파본이나 잘못된 책은 교환하여 드립니다.